专利分析（修订版）
检索、可视化与报告撰写

Patent Information Analysis
Retrieval, Visualization and Report Writing

主　编　马天旗

副主编　郭大为　丁志新　雷和平　周俊　裴军　赵强　李丽　汪勇　彭文波

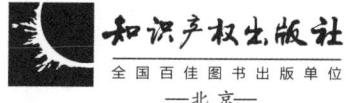

知识产权出版社
全国百佳图书出版单位
—北京—

图书在版编目（CIP）数据

专利分析：检索、可视化与报告撰写/马天旗主编. —2版（修订本）. —北京：知识产权出版社，2021.7（2023.5重印）

ISBN 978-7-5130-7574-9

Ⅰ. ①专… Ⅱ. ①马… Ⅲ. ①专利—分析 Ⅳ. ①G306

中国版本图书馆CIP数据核字（2021）第118267号

内容提要

本书从专利信息分析专业人员所需的基础知识和基本技能入手，首次系统整理了专利分析检索、图表可视化和报告撰写的相关内容。本书从专利检索基本知识开始，重点介绍了专利分析检索和数据处理的流程和策略，为专利分析检索的全面和准确提供了保障，为后续的环节提供了分析基础；紧接着介绍了专利分析各类图表的绘制方法，分享了专利分析实践中积累的可视化思维、原理和工具等经验；最后梳理了专利分析报告撰写的基本要求，并按照宏观、中观、微观3个层次，讲解各类报告的撰写思路。

读者对象：专利代理与咨询机构的工作人员、专利信息服务组织或机构的工作人员、从事专利信息分析和情报挖掘的企业人员、相关专业的大学生等。

责任编辑：黄清明 张利萍		责任校对：谷 洋	
封面设计：回归线（北京）文化传媒有限公司		责任印制：刘译文	

专利分析（修订版）
——检索、可视化与报告撰写

主　编　马天旗
副主编　郭大为　丁志新　雷和平　周　俊　裴　军　赵　强　李　丽
　　　　汪　勇　彭文波

出版发行：知识产权出版社有限责任公司		网　　址：http://www.ipph.cn		
社　　址：北京市海淀区气象路50号院		邮　　编：100081		
责编电话：010-82000860转8117		责编邮箱：hqm@cnipr.com		
发行电话：010-82000860转8101/8102		发行传真：010-82000893/82005070/82000270		
印　　刷：三河市国英印务有限公司		经　　销：各大网上书店、新华书店及相关专业书店		
开　　本：787mm×1092mm　1/16		印　　张：33.75		
版　　次：2021年7月第2版		印　　次：2023年5月第2次印刷		
字　　数：775千字		定　　价：139.00元		
ISBN 978-7-5130-7574-9				

出版权专有　侵权必究
如有印装质量问题，本社负责调换。

本书编写团队

主　编　马天旗
副主编　郭大为　丁志新　雷和平　周　俊　裴　军
　　　　　赵　强　李　丽　汪　勇　彭文波

本书专家顾问

特邀顾问
刘菊芳　国家知识产权局战略规划司副司长
吴泉洲　原国家知识产权局专利局专利文献部副巡视员

指导专家
姚卫浩　北京大学科技开发部部长、研究员
于立彪　国家知识产权运营公共服务平台常务副总经理
王　波　国家知识产权局公共服务司服务体系建设处副处长
薛　松　中国知识产权培训中心教务一处副处长
金云翔　浙江省知识产权研究与服务中心副主任，浙江省专利代理人协会秘书长
马　斌　国家知识产权局运用促进司服务业发展和监管处主任科员
凌赵华　首批全国专利信息实务人才
黄文静　北京合智同创知识产权代理有限公司合伙人，全国专利信息师资人才
马德刚　北京市环球律师事务所合伙人

序 言（一）

专利信息服务几乎贯穿了科技创新活动的全过程，对提升创新效益和产业竞争力具有至关重要的作用，更是企业应对专利侵权纠纷、进行海外专利布局、提升专利价值等战略决策过程中不可或缺的内容。我国经济已从高速增长进入中高速增长的新常态，创新驱动发展战略的实施推进、各产业的转型升级越来越离不开集法律性、技术性、经济性于一体的复合型战略性资源"专利信息资源"的支撑。特别是由于专利挖掘、专利规避设计、专利价值评估、竞争对手专利分析等基于用户价值的高端咨询服务需求和专利质押、专利证券化等专利商业化的新兴业态不断涌现，我国创新主体和市场主体越来越需要专利服务机构能够提供更为个性化、专业化、系统化和规模化的专利信息增值服务。

专利信息高端人才和复合型人才的数量和质量是由专利信息服务人才培养师资队伍的数量和质量以及专利信息服务人才培养体系的完善程度共同决定的。而专利信息服务人才培养师资队伍的质量很大程度上是由专利分析研究的系统和深入程度决定的。此外，专利分析研究的系统性一定程度上也影响了专利信息服务人才培养体系的完善程度。因此，开展专利信息分析理论和实践研究并撰写专利分析相关教材，开展市场化的专利分析系统培训，加快探索形成推进专利信息工作强有力的抓手等是解决上述突出问题的根本思路。

新版《中华人民共和国职业分类大典》于 2015 年 7 月发布，新增了"专利信息分析专业人员"职业（编码为 2-06-12-04），明确了其职业定义和职业描述。

为贯彻《"十三五"国家知识产权保护和运用规划》"完善知识产权职业水平评价制度，制定知识产权专业人员能力素质标准"的要求，落实《知识产权人才"十三五"规划》"吸引人才加入专利信息分析人才队伍，培养评测 1500 名左右能力素质达到中级水平的专利信息分析人才"的部署，国家知识产权局组织编制了《专利信息分析专业人员能力素质指导大纲》（以下简称《指导大纲》），在机构改革之后，该职能归为国家知识产权局公共服务司。中国知识产权培训中心组织修订《指导大纲》并编制评测试题，协调全国多个地区人员参与评测。中国专利信息中心提供评测所需的专利检索工具与数据库，通过报名系统管理报名情况，为设备和系统的运行提供技术支持和保障。为此，还专门成立工作指导组、专家组负责监督和落实。本书的作者和指导专家中有多位属于上述指导组成员和专家组成员。

《指导大纲》从"专利文献基础""专利检索""专利分析基本流程""专利分析方法""专利分析典型应用"5 个部分描述了专利信息分析专业人员需要掌握的相关知识和技能要点。本书对于《指导大纲》的各项知识和技能要点都有较强的支持，相信对于我国专利信息人员的培养、创新主体对专利信息利用水平的提高都大有裨益。

中国知识产权培训中心主任

2019 年 3 月

序 言（二）

知识产权强国建设，人才是核心。"专利信息分析专业人员"作为一个确定的职业已被列入2015年版《中华人民共和国职业分类大典》新增的"知识产权专业人员"小类中。该项举措既是提升我国专利信息服务水平的需要，也是强化知识产权强国建设重要人才支撑的迫切需要。

专利信息分析专业人员是基础性人才，是知识产权专业人员的重要组成部分。专利信息分析是专利代理师、专利价值评估师、专利运营师必备的知识和技能之一。

专利信息分析专业人员还是专业性人才。只有实现对该类人才的标准化、系统化的培养，才能实现专利信息服务行为的规范化，从而提高服务的质量和效率，提升服务的能力和水平。

在专利信息分析专业人员的培养过程中，对其职业素养的评测体系是关键。完善专利信息分析专业人员评价体系，可以有效提升各类机构的专利信息服务水平，对完善知识产权强国建设所需的人才体系发挥重要保障作用。此外，完善专利信息分析专业人员的评价体系，对加强专利信息分析人员队伍的管理至关重要，有利于培养和造就更多专业技术精湛、业务能力突出的专利信息分析人员。

国家知识产权运营公共服务平台开展专利信息分析专业人员的培养和评测工作正是基于上述认知，立足于为我国知识产权运营实践培养基础能力扎实、人才梯队构建合理的专业人才队伍。

在专利信息分析专业人员的培养过程中，培训教材的建设是基础。2015年版《中华人民共和国职业分类大典》对专利信息分析专业人员做出如下职业定义，即从事专利信息检索、产业专利导航、预警分析、价值评价、咨询服务的专业人员。同时明确该职业的工作任务有以下6项：第一，检索、筛选和处理专利信息；第二，进行产业专利导航分析，规划创新发展方向、路径；第三，挖掘、分析专利披露的法律、技术、经济等信息；第四，绘制专利地图，分析技术领域发展和竞争态势，判断、预警专利风险；第五，分析、评价专利的使用价值和市场作用；第六，提供专利信息检索和分析的咨询服务。对专利信息分析专业人员做出职业定义为该类人才职业素质标准和培养大纲的制定指明了方向，同时也提出了高标准的要求。

这本专利信息分析专业人员培养指导教材的出版，是对该类人才培养大纲的细化，能够为该类人才职业素质标准提供评测依据。相信认真研读本书的从业人员必将在专利信息分析的能力上得到系统的提升。

中国专利技术开发公司副总经理
国家知识产权运营公共服务平台总经理　朱宁
2019 年 3 月

前　言

人社部 2015 年 7 月发布的新版《中华人民共和国职业分类大典》新增了"专利信息分析专业人员"职业，明确了其职业定义和工作任务。专利信息分析专业人员是指从事专利信息检索、产业专利导航、预警分析、价值评估、咨询服务的专业人员。专利信息分析是各类知识产权高端实务人才最基本的能力素质，这一观点已经是知识产权相关各界人士的基本共识和认知。

为贯彻落实国务院《关于新形势下加快知识产权强国建设的若干意见》精神和《"十三五"国家知识产权保护和运用规划》的相关部署，国家知识产权局规划发展司、人事司和中国知识产权培训中心于 2017 年组织编写了《专利信息分析专业人员能力素质指导大纲》（2017 年试用版）（以下简称《指导大纲》），并于 2018 年对其进行了修订，还组织专家编撰了《专利信息分析专业人员能力素质规范》（以下简称《规范》）。以上两个文件为专利信息分析专业人员能力素质的全面提升、培养和培训等工作提供了系统的指引。本人作为专家组成员之一有幸参与了《指导大纲》和《规范》制定的全过程。

《指导大纲》从"专利文献基础""专利检索""专利分析基本流程""专利分析方法""专利分析典型应用"5 个部分描述了专利信息分析专业人员需要掌握的相关知识和技能要点。本人之前组织人员编写了《专利分析——方法、图表解读与情报挖掘》一书，对专利分析方法进行了较为系统的梳理。该书一经出版便得到大家的认可，已加印了 6 次。但从专利分析实务操作上来讲，针对专利分析方面的检索、可视化和报告撰写仍然没有一本书从实操层面对其进行深入和系统的整理，无法对《指导大纲》和《规范》进行全面的支撑。鉴于此，才有了本书的出版。

本书分为检索篇、可视化篇和报告撰写篇。检索篇包括专利文献基础知识、专利文献分类体系、行业调研与技术分解、专利检索基本知识、专利分析检索和数据处理 6 章内容；可视化篇包括可视化思维、图表设计基本规范、综合图表制作方法、智能可视化工具 4 章内容；报告撰写篇包括报告撰写基础、区域布局分析报告、行业与产业分析报告、知识产权分析评议报告、专利预警分析报告、专利导航报告、企业典型需求分析报告、专利尽职调查报告 8 章内容。

参与各章节工作的人员情况如下：马天旗，搭建章节框架，参与全书的撰写、修订和统稿工作，重点参与撰写第三、五、七、十一章；郭大为，撰写第一、四、六章，参与撰写第五章；赵强，撰写第二章，参与撰写第三、五章；雷和平，撰写第九、十二章，参与撰写第三章；周俊，撰写第八章，参与撰写第七、十章；丁志新，撰写第十

三、十八章，参与撰写第十一章；裴军，撰写第十五、十六章；李丽，撰写第十七章；汪勇，撰写第十四章；彭文波，参与撰写第八、九、十章。

感谢中国知识产权培训中心主任孙玮、国家知识产权运营公共服务平台总经理朱宁的关心帮助以及亲自为本书作序；感谢国家知识产权局战略规划司副司长刘菊芳、原国家知识产权局专利局专利文献部副巡视员吴泉洲作为特邀顾问给予悉心指导和无私的帮助；感谢北京大学科技开发部部长姚卫浩、国家知识产权运营公共服务平台常务副总经理于立彪、国家知识产权局公共服务司服务体系建设处副处长王波、中国知识产权培训中心教务一处副处长薛松、浙江省知识产权研究与服务中心副主任暨浙江省专利代理人协会秘书长金云翔、国家知识产权局运用促进司服务业发展和监管处主任科员马斌、原富士康智权部门专利工程师暨首批全国专利信息实务人才凌赵华、北京合智同创知识产权代理有限公司合伙人暨全国专利信息师资人才黄文静、北京市环球律师事务所合伙人马德刚作为指导专家参与章节修订，并提供建议和帮助；感谢黄清明编审、张利萍副编审等为本书的编辑和出版所做的辛苦付出。

专利分析方面的知识浩瀚如海，本书虽倾尽编者之心血，仍难免存在疏漏和差错，望广大读者鉴阅！

马天旗

2021 年 6 月

目　　录

检　索　篇

第一章　专利文献基础/003
　　第一节　专利文献和专利信息/003
　　第二节　专利单行本与专利公报/005
　　第三节　专利文献的编号体系/013
　　第四节　常见国家/地区的专利文献/018
第二章　专利文献分类体系/035
　　第一节　IPC/036
　　第二节　CPC/065
　　第三节　其他分类体系/073
第三章　行业调研及技术分解/078
　　第一节　行业调研/078
　　第二节　技术分解/093
第四章　专利检索基本知识/110
　　第一节　专利检索概述/110
　　第二节　专利检索种类/114
　　第三节　中、美、欧的官方专利信息检索系统/125
第五章　专利分析检索实务/161
　　第一节　检索流程与特点/161
　　第二节　检索策略/163
　　第三节　检索要素/178
　　第四节　检索结果评估/186
　　第五节　检索去噪/192
第六章　数据处理/197
　　第一节　数据采集/197
　　第二节　数据清理/200
　　第三节　数据标引/205

可 视 化 篇

第七章　专利分析可视化思维/215
　　第一节　专利分析可视化思维概述/215
　　第二节　专利分析可视化的数据思维/217
　　第三节　专利分析可视化的逻辑思维/224
　　第四节　专利分析可视化的方法思维/227
　　第五节　专利分析可视化的交流思维/232

第八章　专利分析可视化基本原理/236
　　第一节　专利分析可视化的两条路线/236
　　第二节　专利分析可视化的基本流程及主要环节/239
　　第三节　可视化图表的主要类型及设计规范/248

第九章　专利分析常用图表制作方法/256
　　第一节　定量分析图表/256
　　第二节　定性分析图表/282
　　第三节　拟定量分析图表/297

第十章　智能工具辅助可视化/305
　　第一节　自助式商业智能工具介绍/305
　　第二节　在 Power BI 中创建可视化/307
　　第三节　知识图谱分析工具介绍/322
　　第四节　使用 CiteSpace 绘制专利知识图谱/328

报 告 撰 写 篇

第十一章　专利分析报告撰写基础/341
　　第一节　专利分析报告的主要类型/341
　　第二节　报告撰写的基本规范/344
　　第三节　报告框架/348

第十二章　产业专利分析报告撰写/354
　　第一节　产业专利分析概述/354
　　第二节　产业专利分析模块/359
　　第三节　产业专利分析报告框架/369
　　第四节　报告结论与建议/369

第十三章　知识产权区域布局分析报告的撰写/373
　　第一节　知识产权区域布局概述/373

第二节　知识产权区域布局分析模块/375
　　第三节　知识产权区域布局分析指标/382
　　第四节　知识产权区域布局分析报告框架/386
第十四章　知识产权分析评议报告撰写/388
　　第一节　知识产权分析评议概述/389
　　第二节　知识产权分析评议报告框架/392
　　第三节　知识产权分析评议报告典型案例解析/396
第十五章　专利预警分析报告撰写/411
　　第一节　专利预警概述/411
　　第二节　专利预警报告的撰写原则/413
　　第三节　专利预警报告的内容/414
　　第四节　特定场景的专利预警报告内容/428
第十六章　专利导航分析报告撰写/435
　　第一节　专利导航概述/435
　　第二节　产业规划类专利导航项目分析报告的编写/437
　　第三节　企业运营类专利导航项目分析报告的编写/449
第十七章　企业典型需求专利分析报告撰写/461
　　第一节　围绕企业典型需求的专利分析报告类别/461
　　第二节　企业专利风控类分析报告/470
　　第三节　企业专利布局报告/476
　　第四节　企业战略类分析报告/486
第十八章　专利尽职调查报告撰写/493
　　第一节　专利尽职调查概述/493
　　第二节　调查方向及分析模块/496
　　第三节　项目报告框架/513

参考文献/516

案例目录

【案例2-1】 燃气轮机行业专利分析/053
【案例2-2】 燃气轮机结构二级技术分支专利分析/056
【案例2-3】 燃气轮机技术主题"轴承系统"和"密封件"专利分析/062
【案例2-4】 燃气轮机领域重点技术"燃烧方法"专利分析/064
【案例2-5】 燃气轮机透平结构中透平叶片冷却关键技术专利分析/070
【案例3-1】 空间互联网通信产业技术分解/096
【案例3-2】 针对高端光刻机产品的技术分解/098
【案例3-3】 针对3D打印金属粉末技术的技术分解/100
【案例3-4】 "动力锂电池关键材料"技术分解/104
【案例5-1】 光纤活动连接器领域专利分等检索策略/165
【案例5-2】 重型燃气轮机领域总分式专利分析检索策略/167
【案例5-3】 带有贮水器的花盆专利检索要素/183
【案例5-4】 立体影像检索结果去噪/195
【案例12-1】 工业机器人产业链/355
【案例12-2】 可穿戴设备发展进程/355
【案例12-3】 竹产业技术领域/357
【案例12-4】 柔性电池行业专利总体情况分析/359
【案例12-5】 区块链领域全球专利分析/361
【案例12-6】 国内竹产业专利省市分布/361
【案例12-7】 重要专利申请人分析/362
【案例12-8】 海上风力发电导管架形式技术路线图/364
【案例12-9】 硬质合金刀具材料专利技术-功效矩阵/365
【案例12-10】 各国/地区在废橡胶循环利用不同技术分支的专利布局/366
【案例12-11】 某产业高价值专利分布/366
【案例12-12】 智能手机行业中苹果公司的并购历史/367
【案例12-13】 广东省新一代通信产业专利分析结论（有删节修订）/370
【案例13-1】 某区域知识产权创造潜力分析/376
【案例13-2】 某区域知识产权创造能力分析/376
【案例13-3】 某区域知识产权运用能力分析/377
【案例13-4】 某区域知识产权与科技耦合度分析/378

【案例 13-5】 某区域知识产权与企业耦合度分析/378
【案例 13-6】 某区域知识产权与产业耦合度分析/379
【案例 13-7】 某区域知识产权区域布局质量分析/380
【案例 13-8】 某区域知识产权区域布局政策分析/381
【案例 13-9】 知识产权区域布局分析报告框架/386
【案例 14-1】 "×××技术引进项目"评议项目典型报告框架/393
【案例 14-2】 超高清产业专利分析评议报告章节目录/395
【案例 14-3】 ×××产品知识产权问题清单实例/398
【案例 14-4】 智能制造应用模式关键技术发展路线分析/399
【案例 14-5】 人才创新能力分析/401
【案例 14-6】 "一带一路"知识产权风险地图/402
【案例 14-7】 航天科工并购 IEE 公司/403
【案例 14-8】 企业上市中的信息披露知识产权分析评议/405
【案例 14-9】 汉黄芩素专利权稳定性分析/406
【案例 14-10】 超高清产业知识产权分析评议建议/407
【案例 14-11】 MPOS 产品蓝牙专利技术布局图谱分析/408
【案例 15-1】 石墨烯技术相关专利申请趋势分析/415
【案例 15-2】 云计算相关专利的全球分布/416
【案例 15-3】 稀土氧化物陶瓷专利技术分布分析/416
【案例 15-4】 云计算专利申请人分布分析/417
【案例 15-5】 三星集团石墨烯专利分布分析/418
【案例 15-6】 轴承用钢重点专利申请人分析/419
【案例 15-7】 高牌号铝合金技术重点研发团队分析/420
【案例 15-8】 某功能陶瓷材料核心专利分析/421
【案例 15-9】 CVD 法制备石墨烯材料专利技术功效矩阵分析/422
【案例 15-10】 某特种材料重点专利分析/423
【案例 15-11】 专利预警报告内容提纲示例/427
【案例 16-1】 某园区铝产业发展现状研究/438
【案例 16-2】 某园区集成电路设备产业专利导航定位分析/439
【案例 16-3】 某园区超硬材料相关企业产业链实力定位分析/440
【案例 16-4】 某园区太阳能热水器产业技术创新实力定位分析/441
【案例 16-5】 某园区汽车零部件企业专利运营实力定位分析/442
【案例 16-6】 某园区超硬材料产业结构调整方向分析/442
【案例 16-7】 太阳能光热产业创新热点方向分析/443
【案例 16-8】 超临界火电用钢核心专利技术演进分析/444
【案例 16-9】 铜产业龙头企业研发热点方向分析/444
【案例 16-10】 人造金刚石协同创新热点方向分析/445
【案例 16-11】 超硬材料新进入者热点方向分析/446

【案例 16-12】某园区超硬材料产业布局结构优化路径分析/447
【案例 16-13】某园区企业整合培育路径/447
【案例 16-14】某产业创新人才培育引进路径分析/448
【案例 16-15】某产业技术创新提升路径分析/448
【案例 16-16】某园区超硬材料产业专利协同运用路径分析/449
【案例 16-17】某企业发展现状分析/451
【案例 16-18】某企业专利导航分析目标的确定/452
【案例 16-19】聚晶立方氮化硼（PCBN）的核心技术问题分析/453
【案例 16-20】通过专利功效矩阵分析某产品核心技术/453
【案例 16-21】刀具领域主要竞争对手分析/454
【案例 16-22】住友公司在刀具领域重点技术分析/455
【案例 16-23】企业应对侵权风险的解决方案/457
【案例 16-24】某企业重点产品开发策略/457
【案例 16-25】某企业专利布局规划方案/458
【案例 16-26】某企业重点产品的专利运营方案设定/459
【案例 17-1】经营场景——技术升级换代/467
【案例 17-2】切入新市场/470
【案例 17-3】海外专利布局/479
【案例 18-1】某专利组合的专利权核查清单/497
【案例 18-2】重点专利权利要求范围及技术特征/499
【案例 18-3】某授权专利的稳定性评价/502
【案例 18-4】云洲智能专利尽职调查/507
【案例 18-5】一种体外血糖监测方法的专利尽职调查/509
【案例 18-6】某制造模具专利侵权分析/512
【案例 18-7】×××项目的专利尽职调查报告/514

检索篇

专利分析是对专利文献中大量零碎的专利信息进行分析、加工、组合，并利用统计学方法和技巧使这些信息转化为具有总揽全局及预测功能的竞争情报，从而为企业的技术、产品及服务开发中的决策提供参考。

专利文献作为技术信息最有效的载体，蕴藏了全球 90% 以上的最新技术信息。

从对象和目的来看，专利分析就是指以某一技术领域的专利文献信息为分析样本，结合其他非专利文献信息，并在对行业和相关技术进行充分调研和了解之后，对该技术领域的专利技术的整体概况、发展态势、分布状况、竞争格局等内容进行多维度分析，以获取技术情报。

专利分析的流程一般包括 4 个阶段：课题准备阶段、数据采集处理阶段、专利分析阶段、报告形成和验收阶段。

检索篇主要涵盖了上述前两个阶段，具体包括：专利文献基础、专利文献分类体系、行业调研及技术分解、专利检索基本知识、专利分析检索实务、数据处理 6 章。

前两章是基础知识。专利文献中包含哪些专利信息，常见的专利文献著录项目是什么，各国的专利文献有何不同，专利文献如何编号，专利文献的分类规则和意义是什么，这些都会在本书里面找到答案，它们是开展专利分析所必须储备的基础知识。

行业调研是专利分析课题准备阶段的重要工作环节，该工作的成效将直接影响技术分解成果，其间还要收集相关非专利文献，从中了解技术背景和发展沿革等。

技术分解是在开展行业调研的基础上形成的，技术分解是课题准备阶段的重要成果，也是专利检索以及数据处理的重要依据和基础。

专利检索是本篇的核心内容，对于每个专利从业者来说，检索水平是衡量业务技能高低的重要指标，对于整个专利分析来说，专利检索则是后续各个环节的基石。本书从专利检索基本知识开始，继而重点介绍了专利分析检索的流程和策略，为专利分析检索的全面和准确提供了保障，为后续的环节提供了分析基础。

数据处理是数据采集阶段和专利分析阶段的转折点，具有承上启下的意义，其既是专利检索的最终结果，又是专利分析工作开始的依据和基础。

第一章　专利文献基础

专利信息包括文献型专利信息和非文献型专利信息，而且绝大部分专利信息是以文献型信息的形式存在的，例如，它们存在于各种类型的专利单行本以及各种类型的专利公报之中。因此，专利文献基础是做好专利分析所必须要掌握的知识。

第一节　专利文献和专利信息

一、专利文献的概念

世界知识产权组织（World Intellectual Property Organization，WIPO）1988年编写的《知识产权教程》阐述了现代专利文献的概念："专利文献是包含已经申请或被确认为发现、发明、实用新型和工业品外观设计的研究、设计、开发和试验成果的有关资料，以及保护发明人、专利所有人及工业品外观设计和实用新型注册证书持有人权利的有关资料的已出版或未出版的文件（或其摘要）的总称。"[1]

专利文献是各专利管理机构（包括各专利局、知识产权局及相关国际或地区组织）在受理、审批、注册专利过程中产生的记述发明创造技术及权利等内容的官方文件及其出版物的总称。

二、专利文献的特点

专利文献中公开的技术信息涵盖了绝大多数的技术领域。WIPO的统计表明，世界上每年发明创造成果的90%~95%可以在专利文献中查到，而且有80%左右的发明成果仅通过专利文献公开，未在非专利的科技文献中发表过。可见，专利文献是许多技术信息的来源，在专利分析中对专利文献的检索和查阅非常重要。

专利文献是世界上数量最大的信息源之一。2017年，全球平均每10秒钟受理一件专利申请，从2009年起，已经连续8年保持增长势头。截至2017年，全世界累计可查阅的专利文献已超过1亿件。美国专利商标局在当地时间2018年6月19日公布了专利号为10000000的授权专利，美国专利进入8位数时代，距离上次第9000000号专利的授予时间仅相距3年。中国年专利申请量在2015年开始突破100万件。巨大的专利文献数量反映的是全球科技活动的活跃以及经济的蓬勃发展。

---

[1] 李建蓉. 专利文献与信息 [M]. 北京：知识产权出版社，2002.

专利文献是依据专利法规和有关标准撰写、审批和出版的文件资料。各种专利说明书均按照国际统一格式出版，采用统一的著录项目识别代码、统一的国家或地区名称代码，使得专利文献形式统一、数据规范。

由于专利文献中著录项目的统一以及数据的规范，排除了阅读专利文献著录项目时的语言障碍，使得专利文献的信息化更为方便，是专利信息的分析基础和检索基础。

综上，专利文献具有以下特点：
(1) 能准确地提供各种情报，数量巨大；
(2) 内容新颖，定期连续公布，传播最新科技信息；
(3) 信息详尽，对技术的描述清楚、完整、具体；
(4) 集多种信息于一体，参考价值较高；
(5) 涉及领域广泛，分类科学；
(6) 形式统一，数据规范，便于检索。

三、专利文献的作用

专利制度的根本目的是推动科学技术的进步，其是通过在法律保护下公开新的发明创造体现出来的，公开新发明创造的媒介就是专利文献。一方面，只有连续不断地公开、出版新的专利文献，以促进发明创造技术的传播，才能体现专利制度的根本目的。另一方面，专利制度以公开为条件，依法给发明创造以法律保护。专利文献中含有每一件专利的保护范围信息、专利地域效力信息、专利时间效力信息，可以杜绝恶意侵权行为，避免无意侵权过失，利于形成良好的市场竞争氛围。

对专利信息进行分析，可以获得专利信息之外的专利情报，进而用于辅助科研开发、技术创新、技术预测，还可以监视竞争对手、制定竞争策略、指导进出口贸易、维护企业的经济权益等。充分利用专利文献，有效配置科技资源，可以提高技术创新活动的起点和水平，避免盲目性和重复性研究。根据 WIPO 的调查资料介绍，充分利用专利文献可以缩短 60% 的科研周期，节约 40% 的科研经费。

另外，各专利管理机构对发明创造授予专利权之前所进行的专利性审查是建立在对现有技术的充分检索的基础上的。

多数国家对现有技术进行检索的工具是各国拥有的专利文献检索数据库，因此专利文献在专利信息分析和专利审查过程中具有举足轻重的作用，是专利信息分析和专利审查的基础和保障。

四、专利信息特征

专利文献可以反映出专利的信息特征，专利信息特征主要包括两个方面，即专利技术信息和专利法律信息。

1. 专利技术信息

在专利文献所表示的专利信息特征中，专利技术信息是主要组成部分，它包括用以表示有关申请专利的发明创造内容的各种标志，如专利分类号、发明名称、摘要、相关文献、关键词等。通过对这些信息的检索,可以了解本行业的技术发展动态以及新技术的竞争焦点所在。通过对某同类产品和技术专利申请量、同族专利分布情况的定量分析,还可以明确该领域内比较活跃的企业市场占有情况、专利技术市场覆盖面以及其他企业在产品和技术市场上的战略意图。

2. 专利法律信息

每份专利文件都是法律文件,它决定了一项发明创造受到法律保护的技术范围、时限及地域等。专利文献著录项目中的法律信息特征包括以下内容:是何种类型的专利或申请;是否获得专利权;专利权是否仍然有效;专利的时间效力;专利保护的客体及其权利范围;保护的地域效力;优先权及其范围;专利的专利权人;是否有许可的情形等。

第二节 专利单行本与专利公报

作为公开出版物的专利文献包括:

(1) 各专利管理机构以单行本方式公开出版的描述发明创造内容和限定专利保护范围的专利文件,如发明专利申请、发明专利、实用新型专利、外观设计专利等单行本;

(2) 各专利管理机构以公报方式出版的公告专利或专利申请的定期连续出版物,如专利公报、官方公报、工业产权公报、知识产权公报❶。

传统的专利文献为纸质载体的出版物,随着计算机存储及网络技术的飞速发展,专利文献已实现电子化并通过网络向公众传播各种专利信息。

一、专利单行本

专利单行本主要用于清楚完整地公开新的发明创造、请求或确定法律保护的范围。

目前各专利管理机构出版的专利单行本基本包括以下组成部分:扉页、权利要求书、说明书及附图(如果有的话),有些专利管理机构出版的专利单行本还附有检索报告。

1. 扉页

扉页是揭示每件专利的基本信息的文件部分。

扉页揭示的专利基本信息包括:专利申请的时间、申请的号码、申请人或专利权人、发明人、发明创造名称、发明创造简要介绍及摘要附图(机械图、电路图、化学结构式等,如果有的话)、发明所属技术领域分类号、公布或授权的时间、文献号、出版专利文件的国家或地区机构等。

在专利单行本扉页上,专利的基本信息是以专利文献著录项目形式来表达的,如图1-1所示。

---

❶ 曾志华. 专利文献与信息检索 [M]. 北京:知识产权出版社,2013.

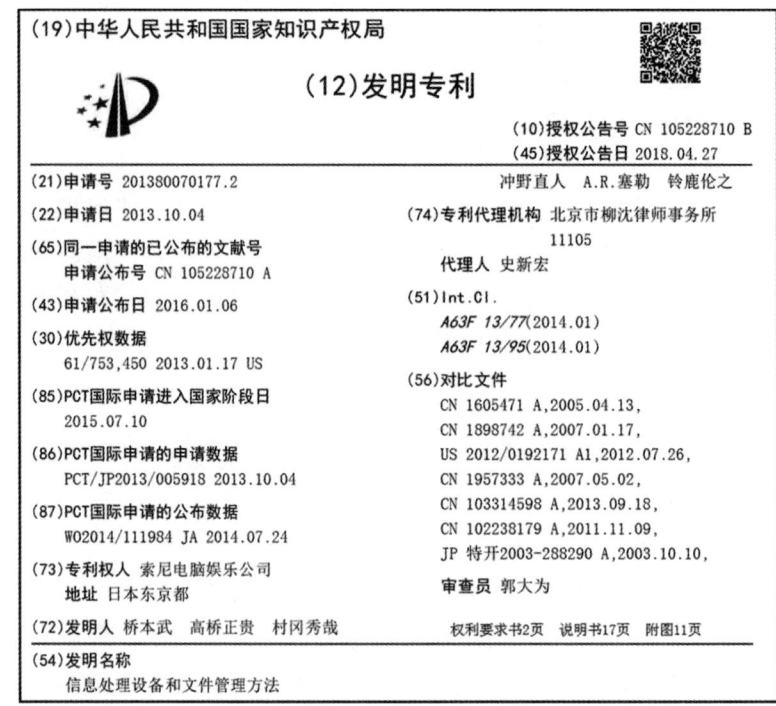

图1-1　中国发明专利CN105228710B单行本扉页（节选）

（1）专利文献著录项目与INID码

专利文献著录项目是各专利管理机构为揭示每一项专利或专利申请的技术信息特征、法律信息特征及可供人们进行综合分析的情报线索而编制的款目❶。简单地说，专利文献著录项目实质上就是用以表示专利情报的特征。

专利具有实用性、新颖性和创造性，使专利文献成为科学研究成果及新产品开发的重要情报来源，作为专利说明书重要组成部分的著录项目可以说是集专利文献技术、法律、经济3种信息为一体的情报源，因此专利文献著录项目是专利分析的基础。

著录数据标识代码 [Internationally agreed Numbers for the Identification of (bibliographic) Data] 是一套为各国专利局所承认的代码，简称INID代码，由圆圈或括号中的两位阿拉伯数字表示。INID代码的优点在于浏览各国专利文献时不受语言限制，可快速检索。

2004年WIPO通过了新版专利文献著录数据目录标准，即《ST.9关于专利及补充保护证书著录项目数据的建议》，它适用于发明、实用新型、补充保护证书等专利文献的著录，其广泛用于各国专利说明书扉页、专利公报以及其他检索工具中。

（2）常见INID代码及对应著录项目解析

在专利检索及分析中常见INID代码及其对应的著录项目主要包括：

---

❶　朱涛，吴泉洲. 专利文献著录项目的情报特征分析 [J]. 专利文献研究，2007（3）：18-22.

文献标志：（11）为文献号、（12）为文献种类、（19）为国家或组织代码；
申请数据：（21）~（26）为申请号、申请日期等；
优先权数据：（31）~（33）为优先权申请的申请号、日期、国家；
使公众获悉的日期：（43）~（45）为各种说明书的出版日期；
技术信息：（51）~（58）为专利分类、发明名称、摘要、权利要求、检索领域等；
与文献有关的人：（71）~（75）为专利申请人、专利权人、发明人等；
除《巴黎公约》之外的国际公约有关数据：（81）为依据《专利合作条约》的指定国、（84）为依据地区专利条约被指定的缔约国。

表 1-1 示出了上述 INID 代码及对应著录项目的示例和解析。

表 1-1 专利检索及分析中常用的 INID 代码及对应著录项目解析❶

INID 代码及著录项目定义	举例说明	使用解析
（11）专利、补充保护证书或专利文献号	公开号 CN1768290 A 专利申请公告号 JP 特公平 8-34772 B2 专利号 US5878290 A	一般统称为文献号，具体名称依不同种类说明书而定。如，专利申请公开说明书为公开号，专利公告说明书为公告号，专利说明书为专利号等
（12）文献种类的文字释义	发明专利申请公开说明书 发明专利说明书 实用新型专利说明书	不同说明书的名称各不相同，通常由文字和说明书种类标识代码共同构成，解释说明书的种类
（19）WIPO 标准 3 规定的代码，或公布文献的局或组织	中华人民共和国国家知识产权局 日本特许厅 美国专利商标局 欧洲专利局	指 WIPO 另一项标准 ST.3 中规定的两位字母代码，用以表示公告专利文献的国家或机构
（21）申请号	200480008555.5 特昭 60-135204 Appl. No.：181.000 专利号 ZL02160832.6	申请号确切地说为申请注册号，是各专利管理机构在受理专利（注册证书）申请时编制的序号
（22）申请日期	2004.12.24 昭和 60 年（1985）6 月 20 日 Filed：Jan. 14. 1994	各国专利局对申请日有不同规定，我国专利法规定申请日是指专利局收到专利申请文件的日期或者寄出专利申请文件的邮戳日期

---

❶ 严笑卫. 专利文献著录项目解析［J］. 中国发明与专利，2007（5）.

续表

INID 代码及著录项目定义	举例说明	使用解析
（31）优先申请号 （32）优先申请日期 （33）优先申请国家或组织代码	（31）013364/2004 （32）2004.1.28 （33）JP	这 3 项共同组成《巴黎公约》优先权数据，是构成同族专利的基础
（43）未经审查的专利文献，对于该专利申请在此日或日前尚未授权，通过印刷或类似方法使公众获悉的日期❶	公开日　2006 年 5 月 3 日	是指专利申请在公开程序中说明书的公布日期
（44）经过审查的专利文献，对于该专利申请在此日或日前尚未授权或仅为临时授权，通过印刷或类似方法使公众获悉的日期❷	公告日　平成 8 年（1996）3 月 29 日	是指专利申请审定公告（也称展出公告）程序中说明书的公布日期
（45）此日或日前已经授权的专利文献，通过印刷或类似方法使公众获悉的日期❸	授权公告日　2005 年 4 月 6 日 Date of patent：Mar. 2. 1999	是指专利说明书的公布日期
（51）国际专利分类	H04L 9/32 **G02B 15/16（2006.01）**	国际专利分类的缩写为"Int. Cl."，2006 年起，国际专利分类分为基本版和高级版。使用基本版分类时，IPC 分类号用普通字体印刷或显示；使用高级版分类时，IPC 分类号用斜体印刷或显示，在每个 IPC 分类号后面的圆括号内标明创建或主要修订的时间版本号（年，月）。其中高级版表示发明信息的，采用黑斜体

❶ 与"（41）未经审查的专利文献，对于该专利申请在此日或日前尚未授权，通过提供阅览或经请求提供复制的方式使公众获悉的日期均指专利申请公开程序中说明书的公布日期"的区别在于：（43）是这种说明书的出版日期，（41）指不出版这种说明书，公开的申请文件经请求仅提供阅览、复制的日期。

❷ 与"（42）经过审查的专利文献，对于该专利申请在此日或日前尚未授权，通过提供阅览或经请求提供复制的方式使公众获悉的日期均指专利申请审定公告（也称展出公告）程序中说明书的公布日期"的区别在于：（44）是这种说明书的出版日期，（42）指不出版这种说明书，公开的申请文件经请求仅提供阅览、复制的日期。

❸ 与"（47）此日或日前已经授权的专利文献，通过提供阅览或经请请求提供复制的方式使公众获悉的日期均指专利说明书的公布日期"的区别在于：（45）是这种说明书的出版日期，（47）指不出版这种说明书，公开的申请文件经请求仅提供阅览、复制的日期。

续表

INID 代码及 著录项目定义	举例说明	使用解析
（52）内部分类或国家分类	U. S. CL. 396/158；396/165；396/201	是指本国使用的专利分类，如美国
（56）单独列出的现有技术文献清单	参考文献 特开昭 60－115234（JP，A） 特开昭 60－5527（JP，A）	刊登在经过专利性审查的专利说明书扉页上，揭示同类技术主题的现有技术信息
（71）申请人名称或姓名 （73）权利人、持有者、受让人或权利所有人名称或姓名	申请人　索尼株式会社 专利权人　华为技术有限公司	专利申请一旦授权，申请人即成为专利权人
（72）发明人姓名，如果是已知的	发明人　张伟 発明者　高頭克衛	对发明创造的实质性特点做出创造性贡献的人
（75）发明人兼申请人的姓名	Inventors：Hidetoshi Masuda；Toshio Nagata，both of Yokohama	主要在美国专利说明书上使用。美国规定发明申请必须由发明人提出，因而在美国发明人与申请人是同一人
（81）依据《专利合作条约》的指定国 （84）依据地区专利条约的缔约国	指定国：AE，BA，CN，DE，ES，GB，IN，JP，MX，RU，US Designated Contracting States：AT，BE，CH，DE，ES，FR，GB，IT，LI，LU，NL，SE	指根据《专利合作条约》提出的国际申请的国家范围或者根据地区专利公约提出的专利申请

（3）摘要及摘要附图

摘要是说明书技术内容的概要，一般写明发明创造的名称和所属技术领域，并清楚地反映所要解决的技术问题、解决该问题技术方案的要点及主要用途。

摘要附图一般是一幅最能说明发明创造技术方案主要技术特征的附图（如果有的话）。

2. 权利要求书

权利要求书是专利单行本中限定专利保护范围的文件部分（见图 1－2）。

```
CN 105228710 B                 权 利 要 求 书                    1/2 页

    1. 一种信息处理设备,包括:
    存储设备,被配置为存储构成数字内容的多个文件;以及
    处理部,被配置为将数字内容的文件记录在存储设备中;
    其中,每个文件属于多个组中的至少一个,并且至少一个文件属于每个组,并且
    处理部包括确定块,该确定块被配置为确定属于多个组中的第一组的一个或多个文件
的全部是否先于多个组中所有其他组已经完成记录在存储设备中。
    2. 根据权利要求1所述的信息处理设备,
    其中,处理部包括被配置为从连接至网络的服务器获得数字内容的下载运行块。
    3. 根据权利要求2所述的信息处理设备,
    其中,在通过下载运行块的下载处理的运行期间,确定块确定是否属于所述第一组的
一个或多个文件的全部被记录在存储设备中。
    4. 根据权利要求3所述的信息处理设备,还包括
    内容运行部,被配置为运行数字内容,
    其中,在通过下载运行块的下载处理的运行期间,在确定块确定属于第一组的所述一
个或多个文件的全部被记录在存储设备中之后,内容运行部在接收到来自用户的指令时或
者没有来自用户的指令而运行数字内容。
```

图1-2 中国发明专利CN105228710B单行本的权利要求书（节选）

权利要求书中至少有一项独立权利要求，还可以有从属权利要求。独立权利要求从整体上反映发明或者实用新型的技术方案，记载解决技术问题的必要技术特征。从属权利要求用附加的技术特征，对引用的权利要求作进一步限定。

如图1-2中国发明专利CN105228710B的权利要求1是独立权利要求，权利要求2~4为从属权利要求。

3. 说明书及附图

说明书是清楚完整地描述发明创造的技术内容的文件部分。附图用于补充说明书文字的描述。

各专利管理机构对说明书中发明创造描述的规定大体相同。以中国为例，说明书应当包括下列内容：技术领域、背景技术、发明内容、附图说明、具体实施方式等。

4. 检索报告

检索报告是专利审查员通过对专利申请所涉及的发明创造进行现有技术检索，找到可进行专利新颖性或创造性对比的文件，向专利申请人及公众展示检索结果的一种文件。

出版附有检索报告的专利单行本的国家或组织有：欧洲专利局、世界知识产权组织国际局、英国专利局、法国工业产权局等。附有检索报告的专利单行本均为未经审查尚未授予专利权的申请公布单行本。

检索报告出版方式有两种：附在公开出版的专利单行本中，或单独出版。附在公开出版的专利单行本中的检索报告被置于专利单行本的最后位置（见图1-3）；单独出版的检索报告是由于出版该专利单行本时检索尚未完成，不能与该单行本一起出版，在检索完成后再单独出版。

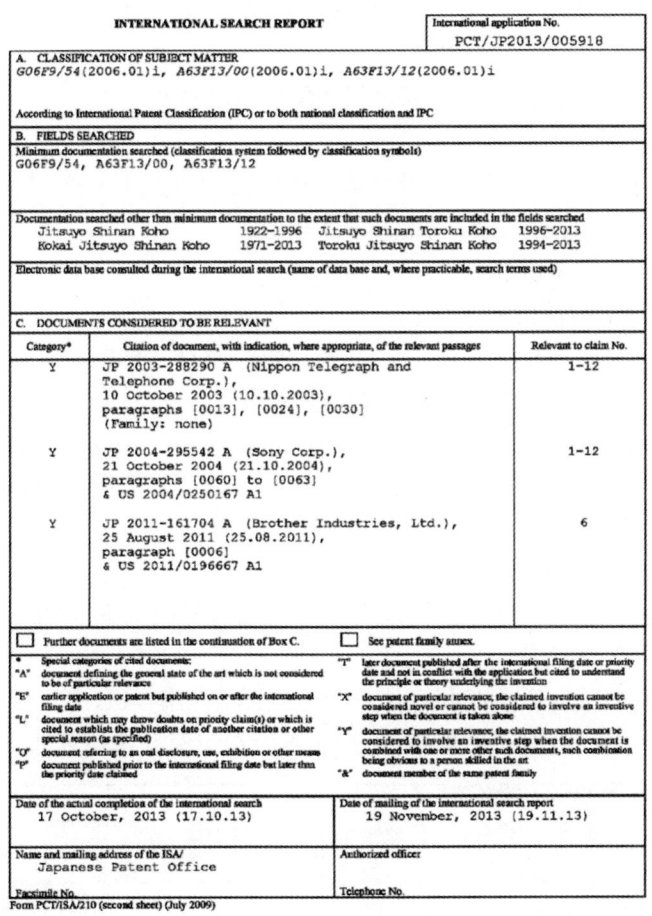

图1-3 世界知识产权组织 WO2014111984A1 单行本的检索报告（节选）

二、专利公报

专利公报是各专利管理机构报道最新发明创造的申请公布、授权公告等情况及专利著录项目事项变更等信息的定期连续出版物。

专利公报的特点在于连续出版、报道及时、法律信息准确而丰富。因此主要用于帮助用户快速、有针对性地从专利单行本中寻找、选择所需要的文献，了解专利申请和授权的相关情况以及掌握各项法律事务的动态信息等。

专利公报主要包括以下内容❶。

（1）申请的审查和授权情况

各国专利公报均按工业产权的审批程序公布有关信息：

a. 有关申请报道；

b. 有关授权报道；

---

❶ 李建蓉. 专利文献与信息[M]. 北京：知识产权出版社，2002.

c. 作为地区、国际性专利组织的成员国，有关地区、国际性专利组织在该国的申请及授权报道；

d. 与所公布的申请和授权有关的各种法律状态的变更信息。

（2）其他信息

a. 由专利局（工业产权局）以及其他机构通过的有关工业产权领域的决定决议；

b. 上述机构的有关法律实践或相关程序报道；

c. 专利文献的订购、获得信息；

d. 专利分类的使用及检索方法；

e. 负责某项内容报道的人员姓名、签名、职务或有关机构；

f. 工业产权局专利图书馆服务的有关信息；

g. 权利继承人、申请人、发明人或专利权人准备签订许可合同的有关信息；

h. 涉及工业产权问题的书籍、文章，一般刊登在公报的第二页或最后一页末，也可单独出版。

（3）专利索引

各国专利公报一般包括以下几种索引：分类号与号码对照索引，人名与号码对照索引，人名与分类号对照索引。

中国专利公报主要包括：专利申请公布、国际专利申请公布、专利权授予、宣告专利权部分无效、事务、索引、更正等，图1-4为发明专利申请公布的节选。

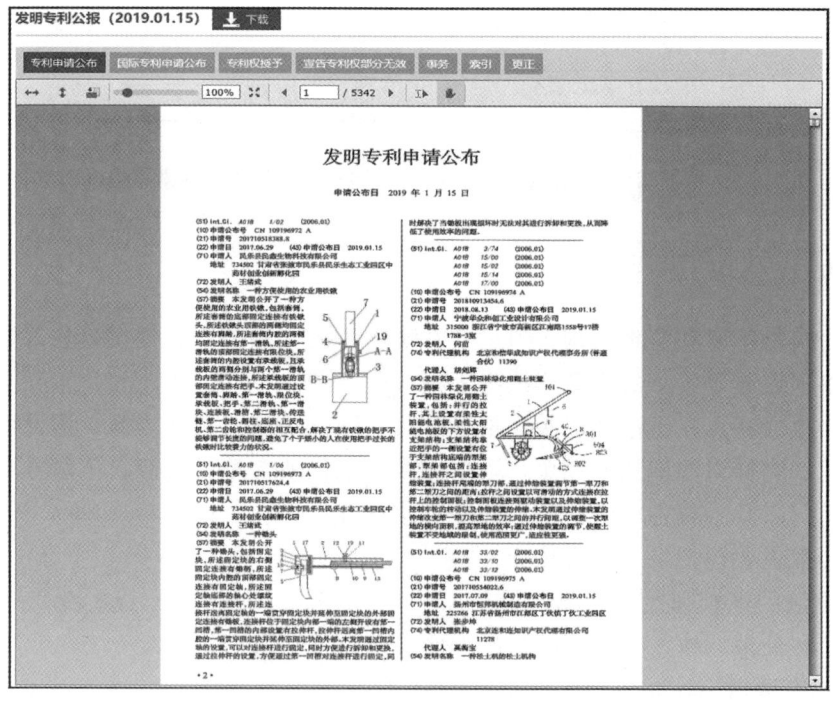

图1-4 中国2019年1月15日发明专利申请公布公报（节选）

第三节 专利文献的编号体系

专利文献的编号从形式上看，是一些简单的阿拉伯数字的排列，但这些简单的阿拉伯数字排列却有着极严格的使用场合和各自不同的作用。因此，掌握各种专利文献编号对专利分析来说有着重要的意义。

专利文献的编号包括申请号和文献号。

申请号确切地说为申请注册号，是各专利管理机构在受理专利申请时编制的序号。申请号是确定发明创造申请受理的标志，通常用于各专利管理机构内部各类申请和审批流程中的文档管理，也是申请人与其进行有关专利事务联系的依据，如申请文件的补正、各种通知的答复、各种费用的缴纳、异议或无效请求的提出等都以申请号为依据，申请号还经常是引证同族专利中所有文献的唯一标识。

申请号包括：申请号、临时申请号、优先申请号、分案申请号、继续或部分继续申请号、增补或再公告专利申请号、复审或再审查请求号等。

文献号是各专利管理机构在公布专利文献（包括公开出版和仅提供阅览复制）时编制的序号。各国对公布的专利文献一般有两种管理方式：一种是根据某一专利分类体系按类编排，另一种则是依公布的文献号顺序编排。当文献号按公布日先后顺序连续编排时，能有效地保证文档的完整性。因此，文献号是索取专利说明书的唯一依据。

文献号包括：公开号、申请公开号、申请公布号；申请公告号；展出号、审定公告号；授权公告号、专利号、注册号、登记号等。

一、申请号的编号方式

WIPO 为使各工业产权局在制定自己的申请号体系时采取统一标准，特制定《ST.13 工业产权申请编号建议》❶ 的标准。标准中关于"申请编号建议"放在第 5 条，以下是第 5 条的全部内容：

> 5. 建议想要改变现行编号体系或有兴趣引入新的工业产权如专利、商标、实用新型、工业设计或其他工业产权申请编号的工业产权局，应使用符合以下 7 个部分要求的申请编号体系：
> （a）总则
> 本标准覆盖所有类型的工业产权申请的申请编号，如专利、实用新型、工业设计和商标申请，但不适用于版权类知识产权。申请号应包括以下 3 个不可或缺的部分：工业产权类型代码、年份和序号。
> 申请号应为 15 位字符的固定长度，包括：表明类型的 2 位数字，表明年份的 4 位数字和表明序号的 9 位数字。有关每个部分的更多详细信息，请参见下面的部分。在申请号格式中，这些不可或缺的组成元素的顺序是〈类型〉、〈年份〉、〈序号〉：

---

❶ https://www.wipo.int/export/sites/www/standards/en/pdf/03-13-01.pdf.

〈类型〉　工业产权类型　　（2位数字）　　参见（b）部分
　　〈年份〉　年份　　　　　　（4位数字）　　参见（c）部分
　　〈序号〉　序号　　　　　　（9位数字）　　参见（d）部分

另外，还建议将以下规则作为可选或附加格式体系：

——申请地代码和管理号也可作为可选部分被包含在申请号中。在这种情况下，可以使用字母和数字字符作为申请地代码。

——WIPO标准ST.3国家/组织代码不是申请号的组成部分，除在（e）部分已说明情形外。但在表达时，申请号前应冠以对应局的ST.3代码。

——申请号和公布号（见WIPO标准ST.6）所使用的格式可以是不同的。

（b）工业产权类型

工业产权类型代码是申请号中不可或缺的一部分。对不同类型工业产权采用混编号码系列的工业产权局，建议使用两位（仅用数字）表示工业产权类型，以避免可能与用两个字母表示的WIPO标准ST.3的国家代码相混淆。以下列出的是每个类别的两位数字字符：

——保留给专利使用的

　　10—19：专利申请

　　10：发明专利的申请

　　11：《专利合作条约》（PCT）专利申请（进入国家阶段的PCT申请）

　　12—19：各局使用

——保留给实用新型申请使用的

　　20—29：实用新型申请

　　20：实用新型的申请

　　21：PCT的实用新型的申请

　　22—29：各局使用

——保留给其他知识产权使用的，如工业设计、商标、集成电路布图设计（拓扑图）、补充保护证书等

　　30—89：各局使用

——保留给WIPO国际局使用

　　90—99：保留给WIPO国际局使用

　　91：在国际阶段根据PCT提交的国际申请

（c）年份

年份是申请号中不可或缺的一部分。年份名称应包括4位数字，根据公历，表示提出申请的年份。但是，如果工业产权局不想提供年份，机器可读形式（例如，用于电子存储、交换或识别）的对应数字应设置为"0000"。如果需要，可以从显示或打印演示文稿中省略数字"0000"。

(d) 序号

序号是申请号中不可或缺的一部分,是准确识别单个申请的基本要素。序号的固定长度应为 9 位。然而,9 位数的使用由各局自行决定。在连续的编号中允许有间隔。序号分配顺序无须反映注册顺序。另一方面,当提交地区的信息成为申请号的组成部分时,必须在序号的前两位对该信息进行编码(参见(e)部分——内部使用代码)。

序号基本规则:

——最好需要固定长度的 9 位数;

——所有 9 位数应用于电子存储、交换或识别(机器可读形式);

——在文档或文档图像(人类可读形式)的显示中,可以省略前面的数字 0;

——因为地区信息必须在前两位进行编码,所以每年的序号不需要从 1 开始编排。

(e) 内部使用代码

内部使用代码构成申请号的可选部分。如果某个国家或组织内不同地区局之间的编号顺序有重叠,而工业产权局又希望使用某个代码来指示地方时,内部使用代码则应被用于申请号的可选部分。但是,当国别代码被用于标识政府间组织的不同成员局时,适用 WIPO 标准 ST.3。内部使用代码可依各局自行决定而使用。

内部使用代码基本规则:

——如果某局希望在申请号中对提交地区信息进行编码,则局内信息可以在 9 位数字的序号中编码(参见(d)部分);

——代码必须位于序号的前两位。在这种情况下,这两个位置也可是字符。

(f) 控制号(校验位)

控制号构成申请号的可选部分。为便于内部控制,一些工业产权局使用了与申请号相关的控制号(校验位)。

控制号基本规则:

——控制号应由单个数字组成;

——控制号应为计算机可读形式;

——控制号应位于 9 位数字序号的最后一个位置(最右边)。

(g) 分隔符

值得注意的是,可以使用分隔符区分申请号中的不同组成元素(工业产权类型、年份和序号)。分隔符不是计算机可读形式的一部分,只能用于表示。可以用作分隔符的符号如下:斜线"/",连字符"-",或空格" "。

专利申请号的编号方式主要有两种:按年编号和连续编号。

(1) 按年编号,即申请号由年份和当年申请序号组成,如图 1-5 所示。

图 1-5 按年编号方式

(2) 连续编号，即申请号的组成仅为连续编排的序号，如图 1-6 所示。

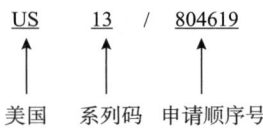

图 1-6 连续编号方式

美国各类申请采用多年循环编号，每一循环期的年份跨度大小不等，由一段时间内的申请数量决定。一般来说，每轮循环专利申请号 000001~999999 号以内连续编排。

二、文献号的编号方式

WIPO 为使各国在制定本国专利文献号体系时采取统一标准，特制定《ST.6 对公布的专利文献编号的建议》❶ 标准。标准基本内容如第 13 段：

> 13. 为指导希望更改现有编号系统或为已公布专利文件启动新编号系统的工业产权局，建议如下：
> (a) 公开号应仅由数字组成。
> (b) 总位数最多 13 位，由各工业产权局根据需要决定。数字位数应尽可能短以满足这些需要。
> (c) 已公布专利文献号码（根据 WIPO 标准 ST.16 的一公布级）应在一年内或更长时间内按数字顺序增加。
> (d) 由一件申请在第二次或其后公布的专利文献的号码，应与由该项申请在第一次公布专利文献时所赋予的号码相同，例如，第一公布级（即一件申请满 18 个月公布），授权专利的公布以及同一申请及其公布引起的任何更正均使用同一个文献号 1/2002/000002，专利文件的完整标识见 WIPO 标准 ST.1❷。
> (e) 该号码只应用于同一申请所产生的专利文件。例如，在一个国家或组织内，同一编号顺序用于多个工业产权类型（如发明和实用新型）或多个地区局的情况下，同一公布编号不应使用多次。
> (i) 为确定足够唯一的文件编号，各局可在必要时使用一个或两个数字的额外标识符，例如用于指定工业产权类型或地区局。任何额外的标识符必须被视为包含在上述第 13 (b) 段中规定的最大位数内。当按照 WIPO 标准 ST.1 的建议使用 WIPO 标准 ST.16 代码时，应遵照所建议的方法提供公布级信息。WIPO 标准 ST.16 还提供了仅与专利文献有关的某些工业产权类型的信息。
> (ii) 如果一件申请产生附加申请（如一件要求了国内优先权的申请，一件在先申请的继续申请，一件分案申请等），这些附加申请应被视为单独申请，因此应分配不同的公布号。

---

❶ https://www.wipo.int/export/sites/www/standards/en/pdf/03-06-01.pdf.
❷ https://www.wipo.int/export/sites/www/standards/en/pdf/03-01-01.pdf.

（f）如果认为合适，专利文件的公布年份可以构成公布号的一部分；在这种情况下，公布号可以由年、序号和上述（e）项规定的附加标识符构成。

（i）关于年，根据公历年份应以4位数字表示，并在序号前。

（ii）关于序号，对于所有专利文件出版物，建议序列号最多为7位序列号，且适用于上述（e）项意义上的唯一性。

（iii）各部分的构成顺序应为：

  a：标识符（如有必要）。

  b：年份（如适用）。

  c：序号。

（g）为了便于阅读，公布号可按如下可视形式呈现：

（i）标识符、年份和序号可以斜线或破折号分开。

（ii）序号可通过使用逗号、点或空格进行额外的数字分组。

根据本建议提供的公布号示例：

2001-12345 2001/12345

2001/1234567 2001/1,234,567 2001/1.234.567 2001/1 234 567

1234567890 1,234,567,890 1.234.567.890 1 234 567 890

如果不同类型的工业产权共用一个数字序列：

  2003/123456 一件发明专利

  2003/123457 一件实用新型

  2003/123458 一件外观设计专利，等

或者，不同类型的工业产权之间的编号顺序有重叠的，用附加的标识确定其唯一性，如，10表示发明专利，20表示实用新型，30表示外观设计专利：

  10/2003/123456 一件发明专利

  20/2003/123456 一件实用新型

  30/2003/123456 一件外观设计专利，等

或者，如果一个国家或组织内不同地区局之间的编号顺序有重叠，则使用标识符来建立唯一性：

  1/2003/1234567 一件使用1作为标识符的A地区发明专利

  2/2003/1234567 一件使用2作为标识符的B地区发明专利

标准中所规定的文献号仅由一组阿拉伯数字表示。国别代码和文献类型标识代码不能构成文献号的组成部分，但是，我们在实务中常常将文献号与所述两种代码组合使用。

文献号的编号方式与申请号的编号方式类似，也分为连续编号和按年编号两种，不同国家/地区的编号方式参见下一节内容。

第四节　常见国家/地区的专利文献

一、中国的专利文献

1. 中国专利单行本种类

1985年9月10日起开始出版中国发明和实用新型专利申请及专利的单行本，2006年1月4日起开始出版中国外观设计专利的单行本。

其间，由于《专利法》的修改以及专利审批程序的变化，专利单行本也随之不断地变化。

（1）1992年12月31日前

a. 发明专利申请公开说明书（单行本），文献种类标识代码为A；

b. 发明专利申请审定说明书❶（单行本），文献种类标识代码为B；

c. 实用新型专利申请说明书❷（单行本），文献种类标识代码为U；

d. 外观设计专利❸（专利公报❹），文献种类标识代码为S。

（2）1993年1月1日❺~2009年12月31日

a. 发明专利申请公开/公布说明书❻（单行本），文献种类标识代码为A；

b. 发明专利说明书（单行本），文献种类标识代码为C；

c. 实用新型专利说明书（单行本），文献种类标识代码为Y；

d. 外观设计专利（专利公报或单行本❼），文献种类标识代码为D。

（3）2010年1月1日至今

a. 发明专利申请（单行本），文献种类标识代码为A；

---

❶ 这是根据我国1985年《专利法》针对发明专利申请的一种经过实质（专利性）审查、尚未授予专利权的审查制度。1985年《专利法》规定，发明专利申请自申请日起3年内，专利局可根据申请人随时提出的请求，对其申请进行实质审查。经实审合格的，作出审定，予以公告，出版发明专利申请审定说明书。自公告起3个月内为异议期，期满无异议或异议理由不成立，对专利申请授予专利权。为减少重复出版，在对其授予专利权时一般不再出版专利单行本。

❷ 这是根据我国1985年《专利法》针对实用新型专利申请的一种不经过实质（专利性）审查、尚未授予专利权的审查制度。1985年《专利法》规定，对实用新型专利申请实行初步审查制，专利申请提出后，经初步审查合格后即行公告，并出版实用新型专利申请说明书。自公告起3个月内为异议期，期满无异议或异议理由不成立，对专利申请授予专利权。为减少重复出版，在对其授予专利权时一般不再出版专利单行本。

❸ 这是根据我国1985年《专利法》针对外观设计专利申请的一种不经过实质（专利性）审查、尚未授予专利权的审查制度。1985年《专利法》规定，对外观设计专利申请实行初步审查制，专利申请提出后，经初步审查合格后即行公告。由于外观设计专利申请公告仅由简要说明、图片或照片组成，因而不再版专利单行本，只在专利公报上进行公告。自公告日起3个月内为异议期，期满无异议或异议理由不成立，对专利申请授予专利权。同样为减少重复出版，在对其授予专利权时一般也不再出版公告。

❹ 在《外观设计专利公报》中全文公告外观设计专利申请公告。

❺ 1993年实施第一次修改后的《专利法》，取消了3种专利申请授权前的异议程序。

❻ 1993~2006年，出版的发明专利申请公开说明书；2007~2009年，出版的发明专利申请公布说明书。

❼ 2005年12月28日前仅在《外观设计专利公报》中全文公告外观设计专利申请公告，2006年1月4日起开始出版中国外观设计专利的单行本。

b. 发明专利（单行本），文献种类标识代码为 B；
c. 实用新型专利（单行本），文献种类标识代码为 U；
d. 外观设计专利（单行本）❶，文献种类标识代码为 S。

2. 中国专利编号体系

由于中国专利的单行本种类繁多，导致在查阅和使用中国专利文献的过程中，经常会遇到看似杂乱无章的编号体系。该体系主要涉及 6 种专利文献编号：

申请号——在提交专利申请时给出的编号；

专利号——在授予专利权时给出的编号；

公开号——对发明专利申请公开说明书的编号；

审定号——对发明专利申请审定说明书的编号（1992 年 12 月 31 日前）；

公告号——对实用新型和外观设计专利申请说明书的编号（1992 年 12 月 31 日前）；

授权公告号——对发明、实用新型、外观设计专利说明书的编号（1993 年 1 月 1 日后）。

下文就开始梳理一下复杂的中国专利编号体系。

（1）申请号编号体系

中国专利文献的申请号编号体系较为简单，大致分为两个阶段：

① 申请日在 2003 年 9 月 30 日以前

1988 年 12 月 31 日以前出版的专利文献中 3 种专利申请号由 8 位数字组成，按年编排，如 85100001，前两位数字表示受理专利申请的年号，第三位数字表示专利申请的种类：1 为发明、2 为实用新型、3 为外观设计，后 5 位数字表示当年申请的顺序号。

自 1989 年 1 月 1 日开始出版的专利文献中，3 种专利申请号由 8 位数字、1 个圆点和 1 个校验位组成，按年编排，如 89100002.X。

自 1994 年 4 月 1 日起，中国专利局开始受理 PCT 国际申请。

在最开始的阶段，为了区分 PCT 国际申请，在其进入中国国家阶段时指定其申请号第四位数字为 9，发明和实用新型的区分仍通过第三位数字来区分，例如 94190008.8 和 94290001.4。

由于进入中国的 PCT 国际申请量急剧增长，容量仅为 1 万件的流水号很快就不能满足需求，从 1996 年 1 月 1 日开始，申请号第四位增加了数字 8 来表示进入中国国家阶段的 PCT 发明申请，例如 96180555.2。

为了从根本上解决申请号容量不足的问题，从 1998 年 1 月 1 日开始，把进入中国国家阶段的 PCT 国际申请当作新的申请类型来看，通过申请号的第三位数字加以区分，用 8 表示进入中国国家阶段的 PCT 发明申请，用 9 表示进入中国国家阶段的 PCT 实用新型申请，例如 98800002.4 和 98900001.X。

这一阶段的申请号示例参见表 1-2。

---

❶ 2010 年以后，仍在《外观设计专利公报》中全文公告外观设计授权公告。

表1-2 申请日在2003年9月30日以前中国专利文献申请号分阶段示例

申请日	1985~1993年	1994~1995年	1996~1997年	1998~2003年
	1988年前出版	1989年后出版		
发明	85100001	89100002.X		
实用新型	85201109	89200001.5		
外观设计	86399425	89300001.9		
进入中国国家阶段的PCT发明		94190008.8	96180555.2	98800002.4
进入中国国家阶段的PCT实用新型		94290001.4		98900001.X

② 申请日在2003年10月1日以后

由于中国专利申请量的急剧增长，原来申请号中的当年申请的顺序号部分只有5位数字，最多只能表示99999件专利申请，在申请量超过10万件时，就无法满足要求。

自2003年10月1日起，3种专利的申请号由12位数字和1个圆点以及1个校验位组成，按年编排，如200310102344.5。其前四位表示申请年份，第五位数字表示要求保护的专利申请类型：1为发明、2为实用新型、3为外观设计、8为指定中国的发明专利的PCT国际申请、9为指定中国的实用新型专利的PCT国际申请，第六位至第十二位数字（共7位数字）表示当年申请的顺序号，然后用一个圆点（.）分隔专利申请号和校验位，最后一位是校验位，该编号方式沿用至今。

这一阶段的申请号示例参见表1-3。

表1-3 申请日在2003年10月1日以后中国专利文献申请号示例

种 类	申请号
发明	200310102344.5
实用新型	200320100002.5
外观设计	200330100001.6
进入中国国家阶段的PCT发明	200380101589.4
进入中国国家阶段的PCT实用新型	200390100001.9

（2）文献号编号体系

上文提到，中国专利文献号有很多种，除了专利号的编号规则❶直接来自申请号之外，其他几种文献号的编号规则均发生过几次较大的调整，以下将按时间阶段分别介绍。

---

❶ 中国专利的专利号用于表明该专利申请已经获得了专利权，其编号方式为：专利标识代码（ZL）+申请号，ZL为"专利"汉语拼音的声母组合，例如：ZL85100001。

① 公布公告日自 1985 年 9 月 10 日～1988 年 12 月 31 日

此阶段的编号特点为一号多用，所有文献号均沿用申请号。公开号、公告号、申请号前面的字母"CN"为中国的国别代码，表示由中国国家知识产权局出版，其后面的字母是文献种类标识代码，其含义为：A 为发明专利申请公开、B 为发明专利申请审定公告、U 为实用新型专利申请公告、S 为外观设计专利公告，如表 1-4 所示。

表 1-4　公布公告日自 1985 年 9 月 10 日～1988 年 12 月 31 日中国专利文献号示例

种　　类	申请号	申请公开号	（发明）审定公告号 （实用新型/外观设计）公告号
发　　明	85100001	CN85100001A	CN85100001B
实用新型	85201109		CN85201109U
外观设计	86399425		CN86399425S

一号多用的编号方式，突出的优点是方便查阅，易于检索。但由于专利审查过程中的撤回、驳回、修改或补正，使申请文件不可能全部公开或按申请号的顺序依次公开，从而造成中国专利文献的缺号和跳号（号码不连贯），给中国专利文献的收藏、管理与使用带来了诸多不便，这是该种编号方式的不足之处。因此，文献号的编排规则于 1989 年作了调整。

② 公布公告日自 1989 年 1 月 1 日～1992 年 12 月 31 日

在此阶段，所有专利说明书文献号均由 7 位数字组成，按各自流水号序列顺排，逐年累计，如表 1-5 所示。

表 1-5　公布公告日自 1989 年 1 月 1 日～1992 年 12 月 31 日中国专利文献号示例

种　　类	申请号	申请公开号	（发明）审定公告号 （实用新型/外观设计）公告号
发　　明	89100002.X	CN1044155A	CN1014821B
实用新型	89200001.5		CN2043111U
外观设计	89300001.9		CN3005104S

起始号分别为：
发明专利申请公开号自 CN1030001A 开始；
发明专利申请审定公告号自 CN1003001B 开始；
实用新型专利申请公告号自 CN2030001U 开始；
外观设计专利申请公告号自 CN3003001S 开始。
其中的字母（CN、A、B、U、S）与上一阶段的含义相同，首位数字表示专利权的种类：1 为发明，2 为实用新型，3 为外观设计，第二位数字到第七位数字表示流水号，逐年累计。

③ 公布公告日自 1993 年 1 月 1 日～2007 年 7 月和 8 月

由于 1993 年 1 月 1 日起执行的修改后的《专利法》取消了"异议期"，取消了发明的"审定公告"和实用新型与外观设计的"公告"，因此自 1993 年 1 月 1 日起出版发明、实用新型、外观设计的专利授权公告的编号都称为授权公告号，分别沿用原发明的审定号和实用新型与外观设计的公告号的序列，文献种类标识代码相应改为：C 为发明专利授权公告，Y 为实用新型专利授权公告，D 为外观设计专利授权公告，A 的含义不变，仍表示发明专利申请公开。

自 1994 年 4 月 1 日起，中国专利局开始受理 PCT 国际申请，相关 PCT 国际申请进入中国国家阶段的发明以及实用新型的文献号编排同普通发明以及实用新型。

这一阶段的文献号示例参见表 1-6。

表 1-6 公布公告日自 1993 年 1 月 1 日～2007 年 7 月和 8 月中国专利文献号示例

种 类	申请公开号	授权公告号
发明	CN1089067A	CN1033297C
实用新型		CN2144896Y
外观设计		CN3021827D
进入中国国家阶段的 PCT 发明	CN1101484A	CN1044447C
进入中国国家阶段的 PCT 实用新型		CN2402101Y

④ 公布公告日自 2007 年 7 月和 8 月至 2010 年 3 月 31 日

由于中国专利申请量的继续增长，专利文献号的位数也不再能够满足需求，自 2007 年 7 月、8 月开始出版的所有专利说明书文献号从原来的 7 位数字升至 9 位数字，即由表示中国国别代码的字母串 CN 加 9 位数字以及文献种类标识代码组成。

其中，发明专利申请公布号自 2007 年 7 月 18 日开始升位，3 种类型专利的授权公告号自 2007 年 8 月 29 日开始升位，其升位起始号分别如表 1-7 所示。

表 1-7 2007 年中国专利文献公布号及授权公告号升位示例

专利文献种类	号码种类	号码升位日期	升位起始号
发明专利申请公布说明书	申请公布号	2007-7-18	CN100998275A
发明专利说明书	授权公告号	2007-8-29	CN100333628C
实用新型专利说明书	授权公告号	2007-8-29	CN200938735Y
外观设计专利（单行本）	授权公告号	2007-8-29	CN300683009D

其中，字母串 CN 以后的第一位数字表示要求保护的专利申请类型，与上一阶段相同；第二位至第九位为流水号，3 种专利按各自的流水号序列顺排，逐年累计。

其中，文献种类标识代码也与上一阶段相同。

⑤ 公布公告日自 2010 年 4 月 1 日至今

自 2010 年 4 月 1 日起，一件专利申请形成的专利文献只能获得一个专利文献号，该专利申请在后续公布或公告（如该专利申请的修正版，专利权部分无效宣告的公告）时被赋予的专利文献号与首次获得的专利文献号相同，不再另行编号。因该专利申请公布或公告而产生的专利文献种类由相应的专利文献种类标识代码❶确定，如表1-8所示。

表1-8 公布公告日自2010年4月1日至今中国专利文献号示例

种 类	申请公开号	授权公告号
发明	CN101207268A	CN101207268B
实用新型		CN201435998U
外观设计		CN301168542S
进入中国国家阶段的PCT发明	CN101164163A	CN101164163B
进入中国国家阶段的PCT实用新型		CN201436162U

综上，将上述5个阶段做以下总结，参见表1-9。

表1-9 中国专利文献号各个阶段对比

		第一阶段 1985.9.10~1988.12.31	第二阶段 1989.1.1~1992.12.31	第三阶段 1993.1.1~2007.7&8	第四阶段 2007.7&8~2010.3.31	第五阶段 2010.4.1 至今
	序号位数	7	7	7	9	9
序号编号规则	发明申请公开号	同申请号	区别申请号单独编号	区别申请号单独编号		
	发明专利审定号（实审，未授权）	同申请号	区别申请号单独编号			
	实用新型专利公告号（不实审，未授权）	同申请号	区别申请号单独编号			
	外观设计专利公告号（不实审，未授权）	同申请号	区别申请号单独编号			
	发明专利授权公告号（实审，授权）			区别申请号单独编号	同公开号	
	实用新型专利授权公告号（不实审，授权）			区别申请号单独编号		
	外观设计专利授权公告号（不实审，授权）			区别申请号单独编号		

---

❶ 《专利文献种类标识代码标准》（ZC0008-2004）中提及的常见文献种类标识代码释义：A为发明专利申请公布，A8为发明专利申请公布（扉页再版），A9为发明专利申请公布（全文再版）；B为发明专利授权公告，B8为发明专利授权公告（扉页再版），B9为发明专利授权公告（全文再版）；U为实用新型专利授权公告，U8为实用新型专利授权公告（扉页再版），U9为实用新型专利授权公告（全文再版）；S为外观设计专利授权公告，S8为外观设计专利授权公告单行本的扉页再版，S9为外观设计专利授权公告（全文再版）。

续表

		第一阶段 1985.9.10~1988.12.31	第二阶段 1989.1.1~1992.12.31	第三阶段 1993.1.1~2007.7&8	第四阶段 2007.7&8~2010.3.31	第五阶段 2010.4.1至今
文献种类标识代码	发明申请公开号	A	A	A	A	A
	发明专利审定号（实审，未授权）	B				
	实用新型专利公告号（实审，未授权）	U				
	外观设计专利公告号（不实审，未授权）	S				
	发明专利授权公告号（实审，授权）				C	B
	实用新型授权公告号（不实审，授权）				Y	U
	外观设计专利授权公告号（不实审，授权）				D	S

二、美国的专利文献

1. 美国专利单行本种类

美国专利单行本包括：专利申请公布、植物专利申请公布、美国专利、美国植物专利、再公告专利、专利再审查证书、设计专利、依法登记的发明，具体如表1-10所示。

表1-10 美国专利单行本种类

单行本种类	文献种类标识代码		备注
	2001年以前	2001年以后	
专利申请公布（Patent Application Publication）		首次公布：A1 申请再次公布：A2 申请公布更正：A9	未实审 尚未授权
植物专利申请公布（Plant Patent Application Publication）		申请首次公布：P1 申请再次公布：P4 申请公布更正：P9	未实审 尚未授权
美国专利（United States Patent）	A	未经过申请公布：B1 经申请公布：B2	经实审 授权

续表

单行本种类	文献种类标识代码		备 注
	2001 年以前	2001 年以后	
美国植物专利 (United States Plant Patent)	P	未经申请公布：P2 经申请公布：P3	经实审 授权
再公告专利 (United States Reissued Patent)	E		经实审 授权
专利再审查证书❶ (Ex Parte/Inter Partes Reexamination Certificate)	第一次复审授权：B1 第二次复审授权：B2 第三次复审授权：B3	第一次复审授权：C1 第二次复审授权：C2 第三次复审授权：C3	经复审 授权
设计专利 (United States Design Patent)	S		经实审 授权
依法登记的发明❷ (Statutory Invention Registration)	H		不实审 不授权

2. 美国的专利文献编号体系

（1）申请号编号体系

美国专利申请号编号方式比较简单，采用"系列码❸/申请序号"的格式。

为区别不同循环期的申请号，使用申请号系列码。这一点对于美国专利文献的数据库检索十分重要。系列码为两位数字，其中：专利申请、植物专利申请、再公告专利申请、依法登记的发明请求共用 01～28 系列❹；外观设计专利申请从 29 系列用起；专利临时申请（1995.6.9 起）从 60 系列用起；单方再审查请求（1981.7.1 起）从 90 系列用起；双方再审查请求（1999.11.29 起）从 95 系列用起，如表 1–11 所示。

申请序号为 6 位数字，从 000001～999999 循环编号。循环期的年份跨度大小不等，由申请量决定。

---

❶ 美国的专利再审查请求分为单方再审查请求（Ex Parte Reexamination Request）和双方再审查请求（Inter Partes Reexamination Request）。专利授权后，任何人（包括专利权人或第三人）在专利有效期内对该专利的有效性提出质疑的，即可提交再审查请求。1999 年以前，无论是专利权人还是第三人提出请求，该程序都按照单方当事人程序进行审查，称为单方再审查请求。第三人仅有提出请求和针对专利权人的书面意见进行一次陈述意见的权利，而不参与该程序，也无权对再审查决定进行申诉。1999 年该程序扩大为包括双方当事人的程序。2002 年进一步修改。根据现行规定，如果请求人是第三人，其既可以选择单方当事人程序也可以选择双方当事人程序。如果选择后者，则有权参加整个程序，享有申诉权并有权参加后续申诉程序，此称为双方再审查请求。

❷ 1985 年前为防卫性公告，1985 年后为依法登记的发明。

❸ 即 Application Number Series Code。

❹ 4 种申请种类混合编排，例如 08/101840 为一件植物专利申请号，08/101841 则为一件发明专利申请号；迄今为止，该类申请已进入第 16 个循环。

表 1-11 美国专利申请种类、系列码与申请年份的对应关系

申请种类	系列码	申请提交年份
发明专利申请 植物专利申请 再公告专利申请 依法登记的发明请求	01	1925～1934
	02	1935～1947
	03	1948.1.1～1959.12.31
	04	1960.1.1～1969.12.31
	05	1970.1.1～1978.12.31
	06	1979.1.1～1986.12.31
	07	1987.1.1～1992.12.31
	08	1993.1.1～1997.12.31
	09	1998.1.1～2001.12
	10	2001.12～2004.12.1
	11	2004.12.1～2007.12.6
	12	2007.12.6～2010.12.17
	13	2010.12.17～2013.10.10
	14	2013.10.10～2016.1.18
	15	2016.1.18～2018.6.5
	16	2018.6.5～
	17～28	暂空
外观设计专利申请	29	1992.10.8～
临时申请❶	60	1995.6.9～
单方再审查请求	90	1981.7.1～
双方再审查请求	95	1999.11.29～

（2）文献号编号体系

① 2001 年 1 月 2 日以前，美国专利商标局对其出版的专利文献常在文献号前用英文缩写来表示文献种类，如 Des.406207，Re.36128。

② 自 2001 年 1 月 2 日起，美国专利商标局开始出版发明专利申请和植物专利申请两种公布说明书。公布号由 4 位数字的文献公布年号和 7 位数字的文献公布顺序号两部分组成，不足位数的，以 0 补位。如 US2006/0070159P1，US2006/0070159A1。

表 1-12 示出了美国各种专利文献的编号示例。

---

❶ 临时申请中可以不提出正式的权利要求、誓词及声明、相关资料及在先的技术公开。临时申请可以在产品（或方法）第一次销售、第一次为销售而提供、第一次公知公用等情况发生后的一年内提出，一年后自动作废。临时申请允许提出多个申请，在正式申请中合为一体。临时申请日可作为优先权日。

表 1-12　美国各种专利文献编号示例

专利文献种类	编号名称	2001 年 1 月 2 日以前编号	2001 年 1 月 2 日以后编号
专利申请公布	申请公布号	无	US2006/0099151A1
植物专利申请公布	申请公布号	无	US2002/0194658P1
美国专利	专利号	6167568	US6167569B1
美国植物专利	专利号	Plant10810	USPP14495P2
再公告专利	专利号	Re. 36128	USRE38399E
专利再审查证书	专利号	B15650703	US5432544C1
设计专利	专利号	Des. 406207	USD485045S
依法登记的发明	登记号	H1789	USH2096H

三、日本的专利文献

1. 日本专利单行本种类

日本专利审批制度也经历了多次变化，因而专利单行本的种类也比较多，下文对 3 种类型的专利分别进行介绍。

（1）发明

1885 年 4 月 18 日发布的《专卖特许条例》被认为是日本的第一部专利法，1888 年对其进行修改，改称《专利条例》，并确立了审查制，1921 年对专利法进行修改，将先发明制改为先申请制，对专利申请进行实质性审查，并采取了申请公告和异议申诉制度❶；1971 年施行早期公开延迟审查制，并保留授权前的公告异议程序，1996 年取消公告制，将异议申诉程序挪到授权后。图 1-7 展示了日本发明专利审查程序及产生的专利文献。

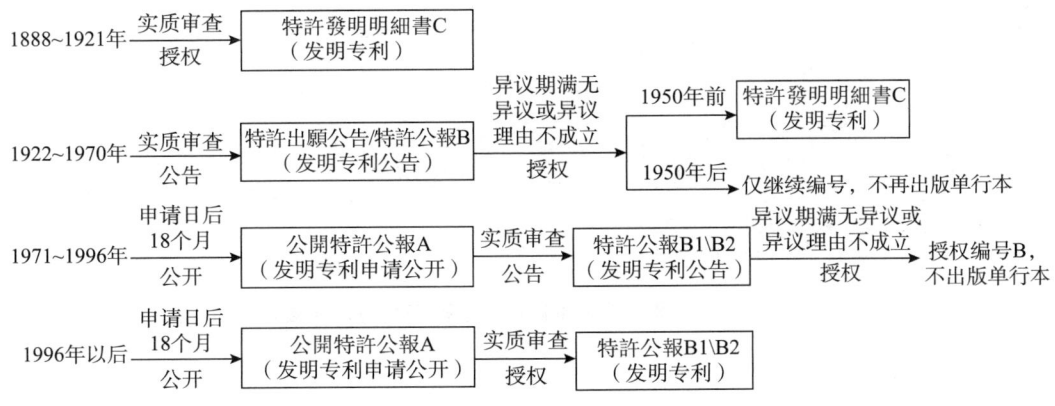

图 1-7　日本发明专利审查程序及产生的专利文献

其产生的发明相关的单行本如表 1-13 所示。

---

❶ 自公告日起两个月为异议期，异议期满无异议或异议理由不成立的，即授予专利权。

表 1-13　各阶段发明相关单行本对比

单行本种类	单行本名称	文献种类标识代码	实质审查制	公告制+异议制	早期公开延迟审查+授权前异议	早期公开延迟审查+授权后异议
			1888~1921年	1922~1970年	1971~1996年	1996年以后
发明专利公告	特許出願公告/特許公報❶	B		经实审未授权		
发明专利	特許発明明細書❷	C	经实审已授权			
发明专利申请公开	公開特許公報	A			未实审未授权	
国际发明申请日文译文	公表特許公報❸	A			未实审未授权	
日文国际发明申请再公开	再公表特許❹	A1			未实审未授权	
发明专利公告	特許公報	B1❺			经实审未授权	经实审已授权
发明专利公告	特許公報	B2❻			经实审未授权	经实审已授权

（2）实用新型

日本第一部实用新型法颁布于 1905 年。长期以来，日本对实用新型专利采取与发明专利同样的审批程序，直到 1994 年才改为登记制，并实行注册后的技术评价报告制。图 1-8 展示了实用新型审查程序及所产生的专利文献。

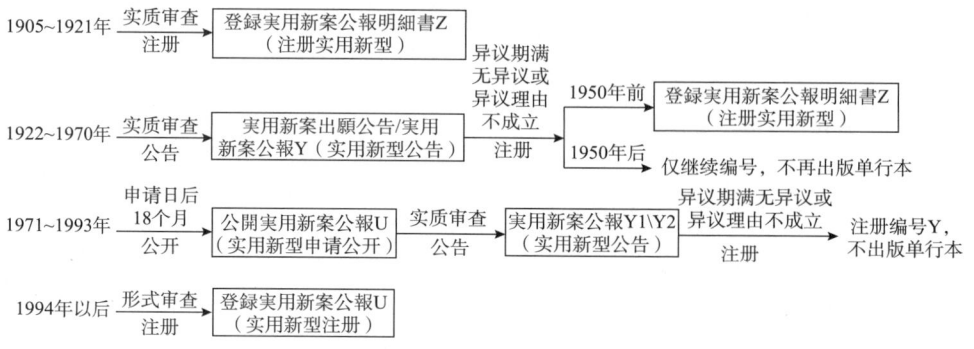

图 1-8　日本实用新型审查程序及产生的专利文献

---

❶ 1950 年以前出版的为特許出願公告，1950 年以后出版的为特許公報。
❷ 1950 年停止出版。1950 年以前，在授予专利权时，同时出版发明专利单行本，1950 年后这种类型的说明书不再出版，改为仅接排专利号。
❸ 指定国为日本，以非日文提交的 PCT 国际申请经国际局公开后，在日本国内用日文公开的未经审查的专利公开说明书，自 1979 年开始出版。
❹ 经日本特许厅提交的 PCT 国际申请，进入国家阶段后，在日本国内再次公布，自 1979 年开始出版。
❺ 在先未公开过，无 A 级文献，一般在 18 个月自动公开期前提出实质审查并公告或授权。
❻ 在先公开过，有 A 级文献。

其产生的实用新型相关的单行本如表 1-14 所示。

表 1-14 各阶段实用新型相关单行本对比

单行本种类	单行本名称	文献种类标识代码	实质审查制 1905~1921年	申请公告+异议 1922~1970年	早期公开延迟审查+授权前异议 1971~1993年	登记制 1994~1996年	登记制 1996年以后
实用新型公告	实用新案出願公告/实用新案公报	Y		经实审未授注册证			
注册实用新型	登録实用新案公报明細書❶	Z	经实审授予注册证				
实用新型申请公开	公开实用新案公报❷	U			未实审未授注册证		
实用新型国际申请日文译文	公表实用新案公报❸	U1			未实审未授注册证		
实用新型公告	实用新案公报	Y1❹			经实审未授注册证		
实用新型公告	实用新案公报	Y2❺			经实审未授注册证		
实用新型注册	实用新案登録公报❻	Y2				经实审授予注册证	
注册实用新型	登録实用新案公报❼	U				未实审授予注册证	

---

❶ 1950 年停止出版。1950 年以前，在授予注册证书时，同时出版注册实用新型单行本，1950 年后这种类型的说明书不再出版，改为仅接排专利号。

❷ 1994 年以后逐步停止出版。

❸ 指定国为日本，以非日文提交的 PCT 国际申请经国际局公开后，在日本国内用日文公开的未经审查的专利公开说明书，自 1979 年开始出版。

❹ 在先未公开过，无 A 级文献，公开前提出实质审查授权。

❺ 在先公开过，有 A 级文献。

❻ 1994 年前的老申请仍适用早期公开延迟审查程序，1996 年之后取消公告制，逐步停止出版。

❼ 1994 年 7 月 26 日开始出版。

(3) 外观设计

1888 年，日本颁布第一部关于外观设计的法规《意匠条例》，1899 年修改后改称《意匠法》，后经历多次修改，但始终采取实质审查制度。

2. 日本的专利文献编号体系

（1）申请号编号体系

日本专利申请号的编号格式为"申请类别 + 年代 + – + 当年序号"（见表 1 – 15）。

其中，"愿"表示申请。

专利类型用日文的第一个字表示，"特"表示发明，"实"表示实用新型，"意"表示外观设计。

2000 年以前，年代采用的是日本本国纪年，2000 年以后，年代采用的是公元年，日本纪年与公元年的换算关系为：明治年（M）+ 1867 = 公元年，大正年（T）+ 1911 = 公元年，昭和年（S）+ 1925 = 公元年，平成年（H）+ 1988 = 公元年。

如"特愿平 3 – 352420"表示平成 3 年（公元 1991 年）提交的第 352420 号发明专利申请。

表 1 – 15　日本申请号编号体系❶

申请类型	申请号格式	2000 年以前	2000 年以后
发明申请	种类 + 申请 + 年份 + 当年序号	特愿平 3 – 352420	特愿 2000 – 1234
实用新型申请		实愿平 6 – 289	实愿 2000 – 2356
外观设计申请		意愿平 5 – 32009	意愿 2009 – 12101

（2）文献号编号体系

① 发明文献

公开、公告号总的特点与申请号一样，按年编排，有固定格式：种类 + 公布方式 + 年份 + 当年序号。区别在于第二个字，即公布方式："开"为公开，"表"为再公开，"公"为公告。2000 年以后，按公元年编排，字母 P 表示专利，参见表 1 – 16。

国际申请日文译本（公表特许公报）的公开号每年从 500001 开始编排。

日本国际申请的再公开（再公表特许）的再公开号沿用国际申请公开号。

专利说明书（特许明细书）的专利号从 1 号开始大流水号顺排。1950 年不再出版这种专利说明书，但授予专利权时仍给予专利号，并继续沿此序列接排，直到 1996 年 5 月 29 日开始出版的专利说明书（特许公报），专利号另从 2500001 开始顺排。

---

❶ 李建蓉. 专利文献与信息 [M]. 北京：知识产权出版社，2002.

表 1-16　日本发明文献编号体系[1]

文献种类	编号名称	2000 年以前	2000 年以后
公開特許公報 A	特許出願公開番号	特開平 5-344801	特開 2000-123456 P2000-123456A
公表特許公報 A	特許出願公表番号	特表平 1-500001	特表 2000-500001
再公表特許 A1	國際公開番号	WO98/23896	WO00/074316
特許公報 B2[2]	特許出願公告番号	特公平 8-34772	无
特許公報 B2[3]	特許番号	第 2500001～	特許第 2996501 号 （P2996501）
特許明細書 C （1885~1950）	特許番号	1-216017，1950 年以后的专利号继续沿此序列接排	

② 实用新型文献编号

日本实用新型公开、公告号总的特点也是按年编排，固定格式：种类+公布方式+年份+当年序号，种类中第一个字：实——实用新型，参见表 1-17。

表 1-17　日本实用新型文献编号体系[4]

文献种类	编号名称	2000 年以前	2000 年以后
公開実用新案公報 U	実用新案出願公開番号	実開平 5-344801	実開 2000-1 （U2000-1A）
公表実用新案公報 U1	実用新案出願公表番号	実表平 8-500003	无
実用新案公報 Y2[5]	実用新案出願公告番号	特公平 8-34772	无
登録実用新案公報 U[6]	実用新案登録番号	第 3000001 号～	第 3064201 号 （U3064201）
実用新案登録公報 Y2[7]	実用新案登録番号	第 2500001 号～	第 2602201 号 （U2602201）
登録実用新案明細書 Z （1905~1950）	実用新案登録番号	1-406203，1950 年以后的注册号继续沿此序列编排	

---

[1] 李建蓉. 专利文献与信息 [M]. 北京：知识产权出版社，2002.
[2] 1996 年 3 月 29 日为止。
[3] 1996 年 5 月 29 日开始从 2500001 号开始顺排。
[4] 李建蓉. 专利文献与信息 [M]. 北京：知识产权出版社，2002.
[5] 1996 年 3 月 29 日为止。
[6] 1994 年 7 月 26 日开始新申请的注册号从 3000001 号开始排。
[7] 1996 年 6 月 5 日之后取消公告制，对于 1994 年以前的老申请继续按照早期公开延迟审查程序出版注册号从 2500001 号开始顺排。

国际申请日文译本（公表实用新案公报）公开号每年自 500001 开始编排。2000 年以后按公元年编排，字母 U 表示实用新型。

注册实用新型说明书（登录实用新案明细书）的注册号从 1 号开始大流水号顺排。1950 年不再出版这种说明书，但授予注册证书时给予注册号，并继续沿此序列接排，直到 1994 年实用新型改以登记制，对于 1994 年 1 月 1 日以后提出的新申请，形审合格即授予注册证书，因而自 1994 年 7 月 26 日开始出版的注册实用新型说明书，注册号另从 3000001 开始顺排。同时，对于 1994 年以前的申请继续按照"早期公开、延迟审查"程序出版，由于取消公告程序，实审合格即授予注册证书，因而自 1996 年 6 月 5 日开始出版的实用新型注册说明书，注册号从 2500001 开始顺排。

③ 外观设计文献编号

日本外观设计文献编号体系比较简单，文献号自 1 号开始顺排，以"意匠登録第××号"来编排，如表 1-18 所示。

相似外观设计注册号在主外观设计注册号基础上加"-n"，n 表示第 n 个相似设计，如 1030711-1❶。

表 1-18　日本外观设计文献编号体系

文献种类	编号名称	编号体系
意匠公报 S	意匠登録番号	意匠登録第 1375534 号 （自 1 号开始顺排）

四、欧洲的专利文献

1. 欧洲专利单行本种类

欧洲专利单行本分为两种，即欧洲专利申请和欧洲专利说明书。

（1）欧洲专利申请（European Patent Application）

根据申请提交时选择的语言（英文、法文或德文）出版欧洲专利申请单行本，进入欧洲阶段用英文作为申请语言的国际申请不再出版欧洲专利申请的单行本，仅公布基本信息，并提供 PCT 国际申请单行本的参见指引。

（2）欧洲专利说明书（European Patent Specification）

根据申请提交时选择的语言（英文、法文或德文）出版欧洲专利单行本，其中的权利要求部分则同时包含英文、法文和德文 3 种文字的权利要求全文。

欧洲专利局文献种类代码如表 1-19 所示。

---

❶ 李晓青. 日本外观设计文献及其检索［J］. 专利文献研究，2005（2）：44-52.

表 1-19　欧洲专利局文献种类代码

文献种类标识代码	专利文献类型	审批程序
A1	带检索报告的申请公布	未实审，未授权
A2	不带检索报告的申请公布	未实审，未授权
A3	单独出版的申请公布的检索报告	未实审，未授权
A4	对国际申请检索报告所做的补充检索报告	未实审，未授权
A8	申请公布的扉页更正	未实审，未授权
A9	申请公布的全文再版	未实审，未授权
B1	授权的专利	经实审，授权
B2	经异议程序修改后再授权的专利	经实审，授权
B3	经限制性修改程序修改后再次授权的专利	经实审，授权
B8	授权专利的扉页更正	经实审，授权
B9	授权专利的全文再版	经实审，授权

2. 欧洲的专利文献编号体系

（1）申请号编号体系

① 2001 年 12 月 31 日之前

申请号编号方式为：申请年代 + 申请地❶ + 申请序号 + 小数点 + 校验位。

申请年代用两位数字表示，由公元年后两位表示，申请序号按年编号，每年自 1 号起编排。

例如：01101330.7，98938886.3。

② 2002 年 1 月 1 日之后

申请号编号方式为：申请年代 + 分配给各申请地的序号❷ + 小数点 + 校验位。

例如：05027827.4，02715400.4。

（2）文献号编号体系

欧洲专利文献号的编号方式为：EP + 申请公开序号 + 文献种类代码（参见表 1-17）。

其中，申请公开序号为连续独立编号，同一件专利申请第二次或其后公布的所有文献号沿用该申请第一次公布的公开号。

如欧洲专利申请 07828838.8 带检索报告的申请公布号为 EP2136079A1，对国际申请检索报告所做的补充检索报告为 EP2136079A4，授权公告号为 EP2136079B1。

五、PCT 国际申请❸文献

1. PCT 国际申请单行本种类

PCT 国际申请（International Application）单行本是世界知识产权组织（WIPO）自

---

❶ 申请地编号一般为一位或两位，例如，其中源于世界知识产权组织的申请用第一位数字 9 或两位数字 27 表示。

❷ 分配给各申请地的序号共 6 位数字，纸件申请和联机申请分别配给相应号段，如欧洲专利局慕尼黑分局纸件申请序号为 000001～075000；欧洲专利局联机纸件申请序号为 100000～250000；世界知识产权组织纸件申请序号为 700001～999999。

❸ 按照《专利合作条约》所公布的国际申请。

国际申请的优先权日起满 18 个月即行公开后出版的一种未经各指定国实质性审查也尚未被各指定国授予专利权的文件，文献种类代码为 A。

PCT 规定，对国际申请经形式审查后由国际检索单位进行专利检索，并作出检索报告。因而公开出版的全部国际申请单行本都应附有检索报告。检索报告通常作为国际申请单行本的一部分与其一起出版，当不能与国际申请单行本一起出版时则单独出版。

为了表明所出版的国际申请说明书是否同时附有检索报告，文献种类代码 A 后加注一位阿拉伯数字，其意义如表 1-20 所示。

表 1-20　PCT 国际申请文献种类标识代码

文献种类标识代码	专利文献类型
A1	带国际检索报告的申请公布
A2	不带国际检索报告的申请公布
A3	单独出版的申请公布的国际检索报告
A4	较晚出版的带有修订扉页的修改的权利要求和/或根据 PCT 第 19 条的声明的申请公布
A8	带有修正扉页著录数据的申请再公布
A9	带有修正、变更或补充的申请或国际检索报告的再公布

2. PCT 国际申请编号体系

（1）PCT 国际申请号

PCT 国际申请号编号方式为：PCT+/+受理 PCT 申请的国家或组织代码+两位或 4 位数字的申请年号❶+/+当年申请顺序号。

（2）PCT 国际公布号

PCT 国际公布号编号方式为：WO+公布年代+/+当年公布顺序号+文献种类代码（参见表 1-21）。

与欧洲专利文献号一样，同一件专利申请第二次或其后公布的所有文献号沿用该申请第一次公布的公开号。

上述申请号和申请公布号的编号格式如表 1-21 所示。

表 1-21　PCT 国际申请的国际申请号与国际公布号编号格式示例

公布年份	国际申请号	国际公布号
2003 年 12 月 31 日以前	PCT/US03/03404	WO03/063972A2 WO03/063972A3
2004 年 1 月 1 日以后	PCT/IB2017/000750	WO2018/234838A1

---

❶ 2003 年 12 月 1 日之前由公元年后两位表示；2004 年 1 月 1 日之后由 4 位完整的公元年表示。

第二章　专利文献分类体系

专利文献的分类体系是保证专利文献检索效率的重要内容，从而成为专利分析过程中重要一环。本章重点介绍了国际专利分类体系和联合专利分类体系，通过发展概况、主要特点、使用方法、注意事项等多个方面的讲解，使读者不仅能够理解不同分类体系的适用条件，还能够熟练运用各个体系，使其在专利分析工作中发挥作用。本章还概要地介绍了欧洲、日本和美国曾经或正在使用的一些分类体系，希望读者可以通过对这些分类体系的了解，提高专利分析的能力和水平。

在专利分析中，构建既全面又准确的数据库是一项基础性工作。这项工作保证了后期分析结果的科学性。"全面"指的是所构建的数据库中，要包含所要分析对象（例如一个产业、一个产品）范围内的所有专利文献，不能有遗漏；"准确"指的是所构建的数据库中，只包括所要分析对象范围内的专利文献，不能有范围外的内容（也称为"噪声"）。高质量的数据库就是要满足这样的条件，既不多，也不少。为了能做到既全面又准确，就需要利用合适的工具来尽可能高效地实现。专利文献分类体系就是这样一种合适的工具。

日常的生活经验告诉我们，分类是一种很好的方式，可以帮你快速找到你想要的东西。例如在我们的衣柜里，四季的服装应该是分类摆放的。如果现在是夏天，那我们只需要在摆放夏季服装的柜子里去找一件合适的就可以，而不需要把所有衣柜都翻找一遍，这样就大大提高了我们找到一件合适的衣服的效率。

专利文献分类体系也是这样的思路，把涉及不同技术内容的不同专利文献分别放在不同的分类位置，每个分类位置都有不同的名字。这样，你需要什么技术内容的专利文献，只需要到相关的分类位置去找就可以，而不需要把所有专利文献都翻找一遍。这对提高专利文献的查找（也称为"检索"）效率，构建高质量数据库有着至关重要的作用。

在全球范围内使用着的专利文献分类体系有多种，例如国际专利分类体系（International Patent Classification，IPC）、联合专利分类体系（Cooperative Patent Classification，CPC）、欧洲专利局分类体系（EPO Classification，ECLA）、针对日文专利文献的 File Index 体系（FI）和 File Forming Terms 体系（FT），以及美国专利分类体系（The USA Classification，UC）。其中最为重要的分类体系是 IPC 和 CPC，本章也将以其作为重点进行讨论，并对其他分类体系做简单介绍。

第一节　IPC

国际专利分类体系（IPC）是目前唯一国际通用的专利文献分类和检索工具。IPC发源于1954年的欧洲。根据在1971年3月24日通过的《国际专利分类斯特拉斯堡协定》，建立了专门的IPC联盟，世界知识产权组织（WIPO）成为IPC联盟的唯一管理机构，负责对IPC分类表进行周期性的修订❶。

一、IPC为什么重要——发展现状及优势

IPC对于专利分析来说具有重要的作用，原因可以从其发展现状及优势看出。

（一）IPC发展现状

目前，世界上有超过100个国家和地区，以及PCT条约的WIPO使用IPC分类法，覆盖全世界95%以上的专利文献。

我国从1985年实施专利法以来，一直采用IPC对发明专利和实用新型专利的技术主题进行分类，标记在所公布的说明书扉页上和专利公报上，并按IPC系统建立、管理审查用的检索文档。1996年6月17日，我国向WIPO递交了加入《国际专利分类斯特拉斯堡协定》的加入书。1997年6月19日，中国正式成为《国际专利分类斯特拉斯堡协定》的成员国。

根据WIPO在2019年1月的统计，IPC目前共分为8个部、131个大类、642个小类、总组数为74503条❷。

（二）IPC对专利分析的优势

根据IPC发展现状，可以看出其对专利分析工作的几点优势。

1. 覆盖范围广

根据IPC使用国的现状，世界范围内超过95%的专利文献使用IPC进行分类，是覆盖范围最广的分类体系。因此，如果使用IPC进行专利文献的检索，可以最大限度地做到全面检索的要求。这也是IPC的最大优势所在。

2. 分类程度细

我们熟知的《国民经济行业分类》，在其2017年版本中，共有20个门类、97个大类、473个中类以及1381个小类。而IPC截至目前，共包括8个部、131个大类、642个小类，总组数为74503条。可见，IPC分类体系分类较为细致，便于我们在查找较为具体的技术分支、技术点时能够快速获得相关专利文献。

---

❶ WIPO. About the International Patent Classification [EB/OL]. [2019-01-06]. https://www.wipo.int/classifications/ipc/en/preface.html.

❷ WIPO. IPC Statistics [EB/OL]. [2019-01-06]. https://www.wipo.int/classifications/ipc/en/ITsupport/Version20190101/transformations/stats.html.

3. 信息体现全

专利文献中有两种类型的信息，即"发明信息"和"附加信息"。发明信息是专利申请的全部文本（例如：权利要求书、说明书、附图）中代表对现有技术的贡献的技术信息，即在专利申请中明确披露的所有新颖的和非显而易见的技术信息。附加信息本身不代表对现有技术的贡献，而对检索可能是有用的，权利要求书、说明书、附图中均可能存在附加信息。而 IPC 会对发明信息和附加信息都给出相应的分类号，方便使用者能够根据不同技术，快速检索到相关专利文献。

4. 定期动态调整

WIPO 根据产业发展情况、新兴技术出现情况等，对 IPC 分类表每年度调整一次，增加新技术分类号，修改或删除变化的技术内容分类号，并相应修改分类定义、类名、附注、参见等信息。因此，对于专利分析来说，尤其是一些新兴技术的专利分析，有可能及时获取相应的分类号，便于工作开展。

（三）IPC 的查询方式

WIPO 的 IPC 网站（www.wipo.int/classifications/ipc）上公布了最新的 IPC 分类表的网络版，包括英文和法文分类表，同时还包括了电子层的数据，即便于分类表使用的辅助信息，例如：分类定义、信息性参见、化学结构式和图解说明；IPC 说明性资料；英文和法文的 IPC《关键词索引》《修订对照表》和最新版的《使用指南》的电子版本。以前各版本的 IPC 分类表以及 IPC 分类表的相关资料，也可从网站上获得。

WIPO 负责 IPC 的修订，IPC 改革后只通过 IPC 网站公布最新版本的分类表，国家知识产权局也会及时将修订内容翻译成中文，并通过官方网站（www.cnipa.gov.cn）公布最新版本的 IPC 分类表的中文版。

二、读懂 IPC——IPC 的内容和结构

对于 IPC 体系，我们可以把它看作一个庞大的、细致的电脑文件存储体系，只不过存储的文件不是歌，不是电影，而是一份份的专利文献。为了能够让每一份专利文献都有合适的文件夹可以存储，IPC 建立了无数条存储路径，即"分类号"，这些分类号（路径）的集合就是"IPC 分类表"。

（一）解读分类号

例如 A43B 13/26，这就是 IPC 体系中的一个完整分类号，也就是一条专利文献的存储路径。在这条路径所指引的文件夹下，存储的都是与鞋底的防滑结构相关的专利文献。如果翻译成计算机存储路径，应该是"人类生活必需—鞋类—鞋类的特征；鞋类的部件—鞋底—以结构形状为特征的—防滑或耐磨的鞋底—用嵌垫—突出鞋底表面的"。图 2-1 则是从 IPC 分类表中摘出来的相关部分，省略了一些其他内容，可以帮助大家有一个直观的了解。

　　　　　A部——人类生活必需

　　　　A43 鞋类

　　　　A43B 鞋类的特征；鞋类的部件

　　　　A43B 13/00 鞋底（鞋内衬底入A43B17/00）；鞋底和鞋跟部件

　　　　A43B 13/14 ·以结构形状为特征的

　　　　A43B 13/22 ··防滑或耐磨的鞋底，例如用浸渍或涂敷耐磨层

　　　　A43B 13/24 ···用嵌垫

　　　　A43B 13/26 ····突出鞋底表面的

　　　　　图2-1　IPC分类表相关部分

"A43B 13/26"是一个完整的分类号，其中，"A"代表"部"，含义是"人类生活必需"，是IPC体系中的最高层级；"A43"代表"大类"，含义是"鞋类"；接着是"A43B"，代表"小类"，它的范围是鞋里面涉及"鞋类的特征；鞋类的部件"的这些专利文献；再往下是"A43B 13"，但是我们从图2-1中的分类表可以发现，没有这种表示，而是用"A43B 13/00"来表示"鞋底"，代表"大组"，需要注意的是，表示大组时，后面要加上"/00"；最后就是"A43B 13/26"，代表"小组"，是IPC体系中最低的层级。

由此看来，一个完整的分类号由代表部、大类、小类和大组或小组的类号构成，如图2-2所示。

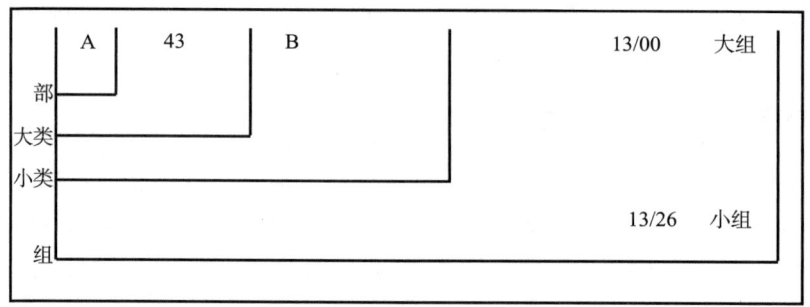

　　　　　图2-2　完整IPC分类号解读示例

1. 部

（1）部的内容，以及类号和类名

部是IPC体系中的最高层级，相当于计算机中C盘、D盘、E盘等这样的地位。IPC体系共包括8个部，以A至H作为类号，其中A部的类名就是我们所熟悉的"人类生活必需"，在分类表中像图2-3中所示的"A 人类生活必需"这样表示。

```
A 人类生活必需
（具体包括有关农、林、牧、渔、食品、烟草、个人与家用物品或设备、医疗保健、文娱体育用品、消防、救生等技术领域的分类号）
B 作业；运输
（具体包括有关分离与混合、成型加工、印刷、办公用品、装饰艺术、交通运输、输送、包装、贮存、卷扬、提升、鞍具、室内装潢、微观结构等技术领域的分类号）
C 化学；冶金
（具体包括有关化学、冶金等技术领域的分类号）
D 纺织；造纸
（具体包括有关纺织、绳缆、造纸等技术领域的分类号）
E 固定建筑物
（具体包括有关建筑、水利工程、锁、保险柜、采矿等技术领域的分类号）
F 机械工程；照明；加热；武器；爆破
（具体包括有关发动机、泵、一般工程、工程元部件、照明、加热、武器、爆破等技术领域的分类号）
G 物理
（具体包括有关仪器、光学、控制与调节、计算与计算机、信号装置、乐器、核子学等技术领域的分类号）
H 电学
（具体包括有关电器元件、发电与输变电、基本电子电路、电通信等技术领域的分类号）
```

图 2-3　IPC 中各部的内容

这就相当于，在 IPC 这台计算机中，一共有 8 块硬盘，分别是 A 盘、B 盘一直到 H 盘，每块硬盘我们又给它取了一个名字，分别是"人类生活必需""作业；运输"等。

（2）分部

分部是一种信息性标题，用来对有关技术领域进行归类，分部只有类名，而没有类号，也就是说，分类号是无法体现出分部相关信息的。例如单纯通过分类号"A43B 13/26"，我们无法知道"鞋"是属于哪个分部，只有通过查看 IPC 分类表，才能够发现"鞋"属于"个人或家用物品"这一分部。例如在 A 部，一共有 4 个分部，除了"个人或家用物品"外，还有"农业""食品；烟草"以及"保健；救生；娱乐"。

2. 大类

如果说部是 IPC 体系这台计算机的各个硬盘，是最高层级的划分，那么大类就是每块硬盘中具体划分的一个个文件夹，是计算机文件存储的第二层级。所以，大类的概念就是指在 IPC 分类表中对每一个部的细分，大类类名是对它所包含的各个技术主题的全面说明。大类是分类表的第二层级。

大类的类号由部的类号及其后的两位数字组成，例如：A43。而大类的类名则表明了该大类包括的内容。图 2-4 为 A 部包括的所有大类的内容，从该图中可以看出，A 部中共有 4 个分部、15 个大类。

```
                        A 部——人类生活必需
    分部：农业
    A01 农业；林业；畜牧业；狩猎；诱捕；捕鱼
    分部：食品；烟草
    A21 焙烤；制作或处理面团的设备；焙烤用面团〔1,8〕
    A22 屠宰；肉品处理；家禽或鱼的加工
    A23 其他类不包含的食品或食料；及其处理
    分部：个人或家用物品
    A41 服装
    A42 帽类制品
    A43 鞋类
    A44 服饰缝纫用品；珠宝
    A45 手携物品或旅行品
    A46 刷类制品
    A47 家具；家庭用的物品或设备；咖啡磨；香料磨；一般吸尘器
    分部：保健；救生；娱乐
    A61 医学或兽医学；卫生学
    A62 救生；消防
    A63 运动；游戏；娱乐活动
    A99 本部其他类目中不包括的技术主题〔8〕
```

图 2-4 A 部所包括的各大类内容

3. 小类

如果说大类是每块硬盘中具体划分的一个个文件夹，是计算机文件存储的第二层级，那么小类则是对每一个大类的进一步细分，可以理解为在每个大类这一文件夹中，再创建若干个文件夹，这些文件夹将该大类所包含的专利文献进一步分门别类地细分存储。所以，小类的概念就是指在 IPC 分类表中对每一个大类的细分，小类类名是对它所包含的各个技术主题的全面说明。那么我们可以理解，每一个大类都会包括一个或多个小类，则小类是分类表的第三层级。

小类的类号由大类的类号及其后的一个大写字母组成，例如：A43B。而小类的类名则表明了该小类包括的内容。图 2-5 为大类 A43 下所包括的所有小类的内容，从该图中可以看出，大类 A43 中共有 3 个小类。

```
    A43 鞋类
    A43B 鞋类的特征；鞋类的部件
    A43C 鞋类的紧固物或附件；一般的鞋带
    A43D 制鞋或修鞋的机械、工具、设备或方法（缝纫入 D05B）〔6〕
```

图 2-5 大类 A43 所包括的各小类内容

4. 组

就像大类是对部的细分，小类是对大类的细分一样，组是对 IPC 分类表中每一个小类的细分。

在前文中，我们提到了大组 A43B 13/00 和小组 A43B 13/26，但没有介绍组这一概念。其实，组是大组和小组的统称，或者说大组和小组是组的表现形式。在一个具体的完整分类号中，要么以大组的形式体现，比如 A43B 13/00，要么以小组的形式体现，比如 A43B 13/26。小组是大组的细分，而组是 IPC 分类表的第四层级。

大组的类号由小类的类号及其后依次的 1 至 3 位数字、斜线以及 00 组成，例如：A43B 13/00。由此可见，大组类号都是以"/00"结尾的，这也是前文中所提到的没有"A43B 13"而只有"A43B 13/00"的原因。大组的类名确切地限定对检索有用的在小类范围内的技术主题。例如，"A43B 13/00 鞋底（鞋内衬底入 A43B 17/00）；鞋底和鞋跟部件"就是大组的类号和类名的表示。

小组的类号由其所从属的大组所使用的小类的类号，及其后依次的 1 至 3 位数字、斜线以及除"00"以外的至少两位数字组成，例如 A43B 13/26。小组的类名确切地限定对检索有用的在大组范围内的技术主题。

（二）分类表的层级结构

1. 金字塔结构

在上文中我们认识了部、大类、小类、大组和小组，这些就构成了 IPC 分类体系中的层级结构。其中，"部"是最高层级，"小组"是最低层级，低层级的内容是其所从属的较高层级内容的细分。这种层级结构类似于金字塔结构。

同时，这种层级结构从分类号就可以清楚地看出，例如，小类 A43B 比大类 A43 低一个层级，则 A43B 中存储的专利文献是 A43 中存储内容的细分。怎么理解呢？同样类比于计算机文件的存储方式，在名称为"A43"的文件夹中存储有大量与"鞋类"相关的专利文献，但这些专利文献不是一股脑儿地全都放在那儿，而是又进一步分门别类地存放在了若干文件夹中，比如在"A43B"文件夹中存储的是与"鞋类的特征"和"鞋类的部件"相关的专利文献，而与"鞋类的紧固物或附件"以及"一般的鞋带"相关的专利文献则放在了"A43C"文件夹中，"A43B"和"A43C"这两个文件夹同时并列存储在"A43"文件夹中，如图 2-6 所示。

```
A43 鞋类
    A43B 鞋类的特征；鞋类的部件
    A43C 鞋类的紧固物或附件；一般的鞋带
    A43D 制鞋或修鞋的机械、工具、设备或方法（缝纫入 D05B）〔6〕
```

图 2-6　A43 下各小类情况

2. 重点内容——"小组"的层级

关于小组的层级，可以与小组类名的解读一起来理解。概要地说，一个小组类名的解读，必须依赖并且受限于其少一点缩排的、最靠近的上一层级的小组的类名。也就是说，小组的层级，由其类名前的"小黑点"的个数来决定。

为什么要这样来设置？我们都知道，从部、大类一直到小组，它们之间的层级从属关系都可以通过分类号本身来确定，下一层级的分类号是在上一层级的基础上后续增加字母或数字来体现的，例如大类 A43 肯定从属于 A 部，小类 A43B 肯定从属于大类 A43，小组 A43B 13/14 肯定从属于大组 A43B 13/00。但是，由于一层层的细分太多，如果细分一次就在分类号后面加一个字母，再细分一次再加几位数字，那么就会出现像"A43B 13/14B23F47G13"这样的超长分类号，使用起来非常不方便。所以，在 IPC 分类体系中，通过后续增加字母或数字来体现层级从属的方式只用到小组，如果要在小组内体现层级从属关系，就不用这种方式了，而是通过小组类名前的"小黑点"的个数来体现。

准确地说，在小组内，分类号中"/"后的数字不代表小组间的层级从属关系，而是通过小组类名前"小黑点"的个数来体现层级从属关系，参考图 2-7。

从图 2-7 我们可以看出，在大组 A43B 13/00 下，以编号"02"到"42"顺序排列着若干小组，但这些编号不决定层级从属关系，它仅仅代表一个顺序，目的是方便我们查找分类号。例如我们想找 A43B 13/26，那我们就会知道，它一定排在 A43B 13/24 的后面，A43B 13/28 的前面。

```
  A43B 13/00 鞋底（鞋内衬底入 A43B 17/00）；鞋底和鞋跟部件
☆ A43B 13/02 · 以材料为特征的
  A43B 13/04 · · 塑料、橡胶或硫化纤维
  A43B 13/08 · · 木质的
  A43B 13/10 · · 金属的
  A43B 13/12 · · 多层不同材料的鞋底
☆ A43B 13/14 · 以结构形状为特征的
△ A43B 13/16 · · 拼合鞋底（多层不同材料的鞋底入 A43B 13/12）
△ A43B 13/18 · · 弹性鞋底
  A43B 13/20 · · · 充气鞋底
△ A43B 13/22 · · 防滑或耐磨的鞋底，例如用浸渍或涂敷耐磨层
○ A43B 13/24 · · 用嵌垫
  A43B 13/26 · · · 突出鞋底表面的
☆ A43B 13/28 · 以连接的方式为特征的，也包括结合鞋底和鞋跟的连接（鞋跟的连接入 A43B 21/36；鞋跟的组件的连接入 A43B 21/52）
  A43B 13/30 · · 用螺钉
  A43B 13/32 · · 用黏合剂
  A43B 13/34 · · 附着于鞋跟内侧的鞋底
  A43B 13/36 · · 易换鞋底（金属制的入 A43B 13/10；保护底入 A43C 13/12）
☆ A43B 13/37 · 鞋底和鞋跟部件
☆ A43B 13/38 · 在制造过程中将内置的内底安装在鞋面，如结构化的内底；在制造过程中将内底胶合到鞋上
  A43B 13/39 · · 带颠倒的内底楞
  A43B 13/40 · · 带垫的
  A43B 13/41 · · 与鞋跟加固物相连的，与足趾加固物相连的，或与鞋底中央部分加固物相连的
☆ A43B 13/42 · 内底与外底之间的填料，加固材料
```

图 2-7　A43B 13/00 及其下位小组相关分类号

真正决定小组间的层级从属关系的，还是小组类名前的"小黑点"的个数。例如在图 2-7 中，共有 6 个一点组（☆示出），它们是大组 A43B 13/00 下的第一层级。紧跟

在一点组后面的两点组（△示出），则是从属于该一点组的低一层级的细分小组。例如，两点组 A43B 13/16 是从属于一点组 A43B 13/14 的，而与其他 5 个一点组没有从属关系。三点组（○示出）、四点组等的层级从属关系也以此类推。

因此小组类号"A43B 13/26"的含义是"人类生活必需—鞋类—鞋类的部件—鞋底—以结构形状为特征的—防滑或耐磨的鞋底—用嵌垫—突出鞋底表面的"，具体可以如图 2-8 这么分解：

人类生活必需	A 部
鞋类	A43 大类
鞋类的部件	A43B 小类
鞋底	A43B 13/00 大组
以结构形状为特征的	A43B 13/14 小组一点组
防滑或耐磨的鞋底	A43B 13/22 小组两点组
用嵌垫	A43B 13/24 小组三点组
突出鞋底表面的	A43B 13/26 小组四点组

图 2-8　A43B 13/26 分解解读过程

通过这种分解，我们就可以来理解"依赖并受限于"具体是什么意思了，也就是说，虽然小组类号 A43B 13/26 中没有体现出一点组 A43B 13/14、两点组 A43B 13/24 以及三点组 A43B 13/24，但由于 A43B 13/26 是四点组，在对其含义进行解读时，必须将其所从属的一点组至三点组含义加入，也就是要加入"以结构形状为特征的—防滑或耐磨的鞋底—用嵌垫"这些内容作为限定。

（三）分类表中的其他内容

在 IPC 分类表中，除了上文介绍的以金字塔形层级关系排列的各种分类条目之外，还有很多其他要素。

1. 不影响分类位置的要素

这类要素也称为信息性要素，是为了让使用者能够更方便地使用 IPC 分类表，快速地查找相关分类号。这类要素与专利文献的存储路径、存储位置没有关系，主要包括目录、索引和导引标题。

目录是 IPC 分类表在每个部之前给出的该部包含的各个技术主题的分类位置的大类与小类的页码，以便于查找。索引的作用是对某些分部、大类或小类的内容进行情报性概要，指出什么样的技术主题在本分部、大类或小类中的什么位置，以便于查找。导引标题是在 IPC 分类表中用于指示小类中涉及一个共同技术主题的多个连续的大组的短语，通常出现在第一个大组前面，带有下画线。

2. 影响分类位置的要素

影响分类位置的要素，会影响到某些专利文献是应该放到 A 文件夹还是应该放到 B 文件夹，对专利文献的查找具有重要的影响。主要包括附注和参见。

附注通常设置在 IPC 分类表中的部、分部、大类、小类、组、导引标题的某些位置，它对分类表中某一个部分的特殊词汇、短语进行解释或对分类位置的范围进行说明，或说明有关技术主题是如何分类的，指示分类规则等❶。

参见是指在 IPC 分类表中包括在大类、小类、大组或小组中的类名，以及附注中涉及的在括号中的短语，其指出技术主题包含在分类表另外的一个或几个位置上。参见的类型包括限定参见和非限定参见两种❷。限定参见对出现该参见的分类位置的范围进行了限制，使得分类位置的范围发生改变；非限定参见起到帮助理解出现该参见的分类位置的范围的作用，对分类位置的范围本身不起限制作用，分类范围也不会发生改变。

3. 混合系统与引得码❸

混合系统由分类号和与其联合使用的引得码组成。引得码只能与分类号联合使用，且只能标引附加信息。引得码具有与分类号相同的格式，通常使用一种独特的编号体系。在带有分类表的小类中，引得码放置在分类表之后而其编号通常以数码 101/00 开始。例如：A61K 101/00 放射性非金属。在分类表中由附注指明可以采用引得码的分类位置。相应地，在每个引得码前面的附注、类名或导引标题中指明了这些引得码与哪些分类号联合使用。

三、找到目标文献——分类位置

分类位置就是部、大类、小类、大组和小组的各级分类类目。我们可以把分类位置理解为专利文献所存储的文件夹，某篇专利文献的分类位置在什么地方就相当于它存储在哪个文件夹里。

分类位置范围（也称分类范围）是某一分类位置所包括的各级分类类目所涵盖的技术内容。我们可以理解为，涉及什么样的技术内容的专利文献应该放在什么样的文件夹里，技术内容的界定就是分类位置范围。分类位置范围是由类名、附注和参见相互作用来决定的。

（一）不同等级分类位置的范围

由于部和分部都是概括地指出它们所涵盖的范围，而且大类是对它所属的各小类包括的技术主题进行全面性的说明，因此在此不再对部、分部和大类所涵盖的范围进行具体的说明，下面从小类开始介绍不同等级分类位置的范围。

1. 小类的范围❹

小类的有效范围在其所属部、分部和大类的有效范围之内。一个小类的有效范围是由下述影响分类位置范围的因素综合起来确定的。

（1）小类类名

小类类名是用少量文字尽可能精确地描述出小类所包括的内容。例如"A47C 椅

---

❶ 田力普. 发明专利审查基础教程·检索分册 [M]. 北京：知识产权出版社，2008：9-10.
❷ WIPO. Guide to the International Patent Classification（V. 2018）[EB/OL]. [2019-01-06]. https://www.wipo.int/export/sites/www/classifications/ipc/en/guide/guide_ipc.pdf：8-12.
❸ 田力普. 发明专利审查基础教程·检索分册 [M]. 北京：知识产权出版社，2008：12.
❹ WIPO. Guide to the International Patent Classification（V. 2018）[EB/OL]. [2019-01-06]. https://www.wipo.int/export/sites/www/classifications/ipc/en/guide/guide_ipc.pdf：18.

子",这个小类类名是一个词语,表明该小类类名的含义是椅子,不是桌子,也不会是床。小类类名也可以是一个短语,例如"B07B 用细筛、粗筛、筛分或用气流将固体从固体中分离;……"。

(2) 附注

这种附注包括在小类类名或其从属的大类、分部和部的类名后面出现的任何附注,可以限定类名中或除类名之外的其他位置使用的术语或词语,或阐明小类和其他分类位置之间的关系。小类的范围示意如图2-9所示。

B31 纸品或纸板或类似纸的方式加工的材料制品制作;纸或纸板或类似纸的方式加工的材料的加工

附注

1. 本类包括的主题限于纸张、卷筒纸或半成品的处理的配合或组合,特别是纸的加工或其机械,例如制纸袋或制纸盒。

2. 本类不包括:

直接由纸浆制作的纸品,这类纸品应分入 D21J;适用性更广的纸张、卷筒纸或半成品的处理,不管其是否述及或要求仅用于纸加工机械,应该认为具有更综合的性质并分入 B65H。

3. 由塑料、层状材料和金属箔等制成的片状材料,可以作为以类似纸的方式加工的材料的示例。

图2-9 小类的范围示意

通常"纸"的含义是:写字、绘画、印刷、包装等所用的东西,多用植物纤维制造,而在本大类的附注中对"纸"的定义明显被扩大了,例如"附注3"将塑料等片状材料也包含在"纸"的范围内。同时,附注中这种"纸"的含义不仅限定了大类的类名,而且还限定了其下面所属的小类类名的有效范围,例如:B31B 和 B31D 中有关纸的含义与 B31 类名后面附注中的含义都是一致的。

(3) 限制性参见

这类限制性参见可以出现在小类或其大类的类名后面,也可以出现在一个小类的各组中,将技术主题指引到另外的大类或小类范围内。

例如,A47D 儿童专用的家具(学校的长凳或课桌入 A47B39/00,A47B41/00)。

在专门适用于儿童的家具中,包括技术主题的很大一部分内容就是学校中的课桌椅,由于参见把学校的长凳或课桌指引到了小类 A47B 下面的专门的组内而被排除在外,所以改变了小类类名本身所包括的范围。

2. 大组的范围[1]

一个大组的有效范围由所有相关参见或附注(结合了大组或包括它的导引标题)所修饰的类名来确定,具体情况包括:

(1) 限于其小类所确定的范围内

例如:

G04B 机械驱动的钟表;一般钟或表的机械零部件;…

G04B 31/00 轴承;……

大组技术主题的范围只限于其小类所确定的范围内,因此受小类 G04B 的限制,大

---

[1] 田力普. 发明专利审查基础教程·检索分册 [M]. 北京:知识产权出版社,2008:16-17.

组 G04B 31/00 所确定的技术主题是"机械驱动的钟表的轴承；一般钟表的轴承"。

（2）本大组的类名和附注以及它们的限制性参见

例如：

A43B 17/00 内底，如鞋垫或嵌体，鞋面结合后依附到鞋（鞋的专用医疗嵌垫入 A61F 5/14）

本大组的类名和附注用来表示大组的范围，如果其后面有限制性参见，那么大组的有效范围就是用限制性参见限定而得出的范围。

（3）出现在一个大组的各小组中，将技术主题指引到另外的大组所确定的范围内或其他高等级类目中的任何限制性参见也限制该大组的范围

例如：

A44C 5/00 手镯；手表带；手镯或手表带的紧固物

A44C 5/18 · 带的扣紧物（带扣入 A44B 11/00）

A44C 5/18 属于 A44C 5/00 大组的一点组，其参见将技术主题指引到另外的大组 A44B 11/00 中，因此 A44C 5/00 大组的范围也因为其下的小组的参见范围的改变而发生改变，换言之，大组下的小组的参见如果将其技术主题引入该大组以外的范围，则会影响到大组的分类范围。

3. 小组的范围❶

小组的范围为该小组所从属的小类、大组以及该小组所从属的小组的有效范围以内。在此条件下，小组范围由结合了所有参见或附注所修饰的类名来确定。在已经说明了小类和大组的有效范围之后，对小组有效范围的认定可以以此类推得知。

（1）其大组和其上面任何一级小组的有效范围内

例如：

A45B 3/00 与其他物体结合的手杖

A45B 3/02 · 带照明装置

A45B 3/04 · · 电的

A45B 3/00 所涵盖的范围：与其他物体结合的手杖

A45B 3/02 所涵盖的范围：与带照明装置结合的手杖

A45B 3/04 所涵盖的范围：与带电的照明装置结合的手杖

经过三者的比较可以看出，小组 A45B 3/02 的有效范围在大组 A45B 3/00 的有效范围之内；小组 A45B 3/04 的有效范围在其上一层级小组 A45B 3/02 的有效范围之内。

（2）小组类名，和它相关的限制性参见、附注

与其相关的限制性参见出现的位置有：大类、小类、附注、大组和小组，值得注意的是附注和导引标题中的限制性参见以及比本小组等级低的小组中的限制性参见；附注出现的位置有：部、分部、大类、小类、大组和小组。

（3）小组类名的解读

与等级较高的组相比较，所有小组的范围是由该小组类名所描述的一种或几种本质

---

❶ 田力普. 发明专利审查基础教程·检索分册 [M]. 北京：知识产权出版社，2008：17-18.

特征来决定的。在前文我们已经详细讨论了小组类名的解读方法，在此不再赘述。

（二）大组和小组的分类位置范围与文档范围

本部分的内容最难理解、最容易出问题。因为本部分要讨论两个概念："分类位置范围"和"文档范围"[1]。先声明，只有组（即大组和小组）才涉及"文档范围"这一概念，原因后述。

"分类位置范围"的定义前文说过，是某一分类位置所包括的各级分类类目所涵盖的技术内容。"文档范围"指的是，组中所直接存储的专利文献的内容，不包括在其层级以下的任何小组中所存储的专利文献的内容，即组的文档范围是其下位组都不包括的专利文献内容。

1. 大组的文档范围

大组的文档范围，是从属于该大组的任何一个低层级小组都没有包括的专利文献的内容。

例如，给涉及羽毛球鞋的专利文献找分类位置。

图 2 - 10 所示是大组 A43B 5/00 的分类情况。

```
A43B 5/00  运动鞋（防滑装置，例如冰刺、足球鞋的钉入 A43C 15/00）
A43B 5/02  ·足球鞋
A43B 5/04  ·滑雪鞋；类似的鞋
A43B 5/06  ·跑鞋
A43B 5/08  ·浴鞋
A43B 5/10  ·网球鞋
A43B 5/12  ·跳舞鞋
A43B 5/14  ·自行车运动员用鞋
A43B 5/16  ·冰鞋
A43B 5/18  ·可附加上的运动用套鞋
```

图 2 - 10　A43B 5/00 分类情况

由图 2 - 10 可以看到大组 A43B 5/00 运动鞋，以及其下位小组中有关运动鞋的技术内容所涵盖的范围。可以看出羽毛球鞋不包括在该大组下面的任何小组的范围内，那么涉及羽毛球鞋的专利文献应直接存储在大组 A43B 5/00 中，属于 A43B 5/00 的文档范围。

说到这里，就可以解释两个前文中提出的问题了。

【问题1】在本节第二部分介绍"组"的时候我们发现，大组的类号由小类的类号及其后依次的 1 至 3 位数字、斜线以及 00 组成，例如：A43B 5/00。为什么不能像部、大类、小类那样，只写 A43B 5 呢？

答案：原因就在于，在大组下会直接存储一些专利文献，比如上例提到的羽毛球鞋。如果我们想检索到与羽毛球鞋相关的专利文献，必须要通过一个完整的分类号才能实现，

---

[1] WIPO. Guide to the International Patent Classification（V. 2018）[EB/OL]. [2019 - 01 - 06]. https://www.wipo.int/export/sites/www/classifications/ipc/en/guide/guide_ipc.pdf：20.

所以大组必须通过一个完整分类号的形式体现，以实现检索到文献的目的。而在部、大类和小类下，不会直接存储专利文献，所以也就没必要通过完整分类号的形式体现了。

【问题2】在本节第三部分介绍文档范围的概念时提到，只有组（即大组和小组）才涉及"文档范围"这一概念，这是为什么？

答案：原因在于，只有大组和小组下才能够直接存储专利文献，部、大类和小类下只有更加细分的下一级文件夹，而不会直接存储专利文献。所以，只有组才涉及"文档范围"。

2. 小组的文档范围

明白了大组的文档范围，以此类推，就不难理解小组的文档范围了。小组的文档范围，是从属于该小组的任何一个低层级小组都没有包括的技术主题。我们通过一个例子来理解就可以了。

如图2-11所示，与弓形弹性鞋底相关的专利文献放在哪个分类位置？

```
A43B 13/00 鞋底（鞋内衬底入 A43B 17/00）；鞋底和鞋跟部件
……
A43B 13/14 · 以结构形状为特征的
A43B 13/16 · · 拼合鞋底（多层不同材料的鞋底入 A43B 13/12）
A43B 13/18 · · 弹性鞋底
A43B 13/20 · · · 充气鞋底
A43B 13/22 · · 防滑或耐磨的鞋底，例如用浸渍或涂敷耐磨层
A43B 13/24 · · · 用嵌垫
A43B 13/26 · · · · 突出鞋底表面的
```

图2-11 小组文档范围示意

答案：A43B 13/18。比该小组的等级低的小组"A43B 13/20 · · · 充气鞋底"没有包括"弓形"这一技术内容。

3. 大组和小组之间的关系

这一部分我们来整体看一看大组和小组之间的分类位置范围和文档范围的关系，如图2-12❶所示，示意性地展示了某大组下的情况。

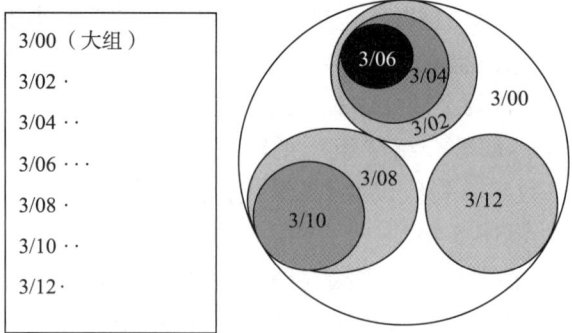

图2-12 大组和小组之间的关系示意

---

❶ 田力普. 发明专利审查基础教程·检索分册 [M]. 北京：知识产权出版社，2008：19.

就文档范围来说，大组 3/00 的文档范围是白色部分，一点组 3/02、3/08、3/12 的文档范围是浅灰色部分，两点组 3/04、3/10 的文档范围是深灰色部分，而三点组 3/06 的文档范围是黑色部分。

就分类位置范围来说，上述大组和小组的分类位置范围是其各自圆圈所包含的范围。

由于 3/06、3/10 和 3/12 下没有细分组，因此它们的分类位置范围和文档范围是一致的。其余组的文档范围，都是除去它下面细分组所包含内容之外的剩余技术内容，这些组的分类范围都是大于文档范围的。具体来说，一点组 3/02 和 3/08 的文档范围不包含比它层级低的两点组 3/04 和 3/10 的内容，以此类推，3/04 的文档范围也不包含 3/06 的内容。

（三）分类位置的种类[1]

IPC 分类体系中分类位置所包含的技术内容按性质来划分可分成功能分类位置和应用分类位置。

1. 功能分类位置

功能分类位置的技术主题的特点是，与任何技术对象的本质属性或功能有关或者与使用或应用某物的方法有关，并且不受某一特定应用领域的限制，或者是即使应用领域不予以说明，在技术上也无影响，也就是说该分类位置的技术主题不专门适于在这一领域应用。

以下是一些典型的功能分类位置：

（1）F16K 以阀本身的结构和功能为特征的阀。
（2）F04 液体变容式机械；液体泵或弹性流体泵。
（3）G05B 一般的控制或调节系统。
（4）C07 以化学结构为特征的有机化合物。
（5）F16F 弹簧；减振器；减振装置。

这些功能分类位置的特点是，某物本质的特性或功能，与其应用没有关系，它独立于特定的使用范围，或者是不说明这个应用领域也不影响这个技术主题本身。例如："F16K 以阀本身的结构和功能为特征的阀"中所表示的阀门只涉及对阀门本身的特征进行改进，而与其特定使用，比如：流过物质的特性，没有关系。F04、C07 与 F16K 有同样的性质。而"C07 以化学结构为特征的有机化合物"，它所表示的有机化合物与化合物结构特征本身有关系，比如：与其结构特征、它的组成、它的物理化学性质和如何制备处理有关。

2. 应用分类位置

应用分类位置的技术内容是受某一特定应用领域限制的，以专门适用于某处为特点，主要有以下 3 种情况。

（1）专门适用于某一特定用途或目的的物
A61F 2/00 假体

---

[1] 田力普. 发明专利审查基础教程·检索分册 [M]. 北京：知识产权出版社，2008：20-22.

A61F 2/02　·能移植到体内的假体
A61F 2/24　··心脏瓣膜

（2）某物的特殊用途和应用

C09B 有机染料或用于制造染料的有关化合物

（3）把某物归入一个更大的系统

B60G 车辆悬架装置的配置
B60G 11/00 以弹簧的布置、定位或类别为特点的弹性悬架
B60G 15/00 以弹簧与减振器组合的布置、定位或类别为特点的弹性悬架

但是，功能分类位置与应用分类位置都是相对概念，不是绝对的。使用时我们应根据实际情况来理解。

3. 剩余分类位置

在 IPC 分类体系中还存在这样的位置，仅在没有其他任何位置包括技术主题时才会考虑这种位置，这样的位置称为"剩余位置"。剩余位置的类名有如下表述："其他类目不包括""不包括在…中的""不包括的…"等。

分类位置的剩余特性与同一个小类的其他小组、其他大组、其他小类甚至是整个 IPC 有关。大组 99/00 贯穿整个 IPC，是特殊的剩余位置。例如：

F21S 15/00 使用不包含在大组 F21S 11/00、F21S 13/00 或 F21S 19/00 内的光源的非电照明装置或系统

G06Q 99/00 本小类的其他各组中不包含的技术主题

A99Z 本部其他类目中不包括的技术主题

F21K 99/00 本小类其他各组中不包括的技术主题

剩余分类位置俗称"杂项分类位置"或"兜底分类位置"，这形象地表示了剩余分类位置的性质，即技术主题不能分到其他任何分类位置时，才会考虑分到剩余分类位置，这种类型的分类位置起到类似兜底的功能，目的是让所有的技术主题在分类表中均有可分类的位置。

四、不同场景下 IPC 的查找和选择

在本节的第一至第三部分，我们一起了解了 IPC 分类体系的发展情况，知道了 IPC 分类号的结构，能够看懂 IPC 分类表，并且最重要的是，我们明确了 IPC 的分类位置，掌握了在哪儿能够检索到我们想要的专利文献。

本部分将结合专利分析中 3 种常见的分析对象，即行业、技术分支和技术主题，讨论不同场景下的 IPC 分类号的查找和选择。

（一）行业（产业）

在现行《国民经济行业分类》（GB/T 4754—2017）中，对行业的定义为："行业（或产业）是指从事相同性质的经济活动的所有单位的集合。"由此可见，行业与产业的定义是一致的，不做区分。行业是专利分析工作中的常见分析对象，例如某省希望重点发展新能源产业，就需要对相关行业进行专利分析。在针对行业进行专利分析的过程

中，如何利用 IPC 分类号划清行业边界，对后续的工作具有关键的作用。本部分将针对行业专利分析的特点，从 IPC 分类体系与行业的对应关系、查找选择 IPC 分类号的方法步骤以及注意事项 3 个方面进行讨论。

1. IPC 分类体系与行业的对应关系

IPC 分类体系的分类方式与《国民经济行业分类》的分类方式并不一致，因此很难直接从我们要分析的行业对应找到相关的 IPC 分类号。

2018 年 9 月 29 日，国家知识产权局编制印发了《国际专利分类与国民经济行业分类参照关系表（2018）》❶，将 IPC 分类与国民经济行业分类进行了对照，这大大方便了行业专利分析工作。

图 2-13 为《国际专利分类与国民经济行业分类参照关系表（2018）》首页的示例，左侧两栏为国民经济行业代码和相应的国民经济行业名称，右侧两栏为与该行业相对应的 IPC 分类号及相应类名。例如我们想对稻谷种植行业进行专利分析，只要找到国民经济行业名称"稻谷种植"或国民经济行业代码"A0111"，通过查表即可知道相对应的 IPC 分类号在 A01 和 C12N 下都有分布，这大大提高了我们查找 IPC 分类号的效率。

国际专利分类与国民经济行业分类参照关系表（2018）

国民经济行业代码	国民经济行业名称	国际专利分类号（说明：标记*的对照关系是完全对应）	国际专利分类号类名
A	农、林、牧、渔业		
01	农业		
011	谷物种植		
0111	稻谷种植		
		A01C1	在播种或种植前测试或处理种子、根茎或类似物的设备或方法（所需化学药物入A01N25/00至A01N65/00）
		A01C21*	施肥方法（肥料入C05；土壤调节和土壤稳定材料入C09K17/00）
		A01D91	农产品的收获方法（要求使用专用机械的，见这类机械各相应组）
		A01G16	稻的种植（A01G9/00优先）（3）
		A01G22/22*	水稻[2018.01]
		A01G25	花园、田地、运动场等的浇水（施液肥的专用设备或装置入A01C23/00；喷嘴或排水管、喷洒设备入B05B；自流、明渠灌溉渠道系统入E02B13/00）
		A01G31	无土栽培，例如水培（其生长基质入A01G 24/00；海藻的栽培入A01G 33/00）[1,2,2006.01,2018.01]
		A01H1*	改良基因型的方法（A01H4/00优先）（5）
		A01H4*	通过组织培养技术的植物再生（5）
		A01H5	特征在于其植物部分的被子植物，即有花植物；特征在于除其植物学分类之外的特征的被子植物[1,2006.01,2018.01]
		A01H6/46	禾本科，例如黑麦草、稻、小麦或玉米[2018.01]
		C12N15/05	植物细胞
		C12N15/29	编码植物蛋白质，如奇甜蛋白（thaumatin）的基因（5）
		C12N15/82	用于植物细胞
		C12N15/83	病毒载体，如花椰菜花叶病毒
		C12N15/84	Ti-质粒（5）
		C12N15/87	使用其他类目中不包含的方法（如共转化）引入外来遗传物质（5）
		C12N15/89	使用微量注射法（5）
		C12N15/90	将外来DNA稳定地引入染色体中（5）

图 2-13 《国际专利分类与国民经济行业分类参照关系表（2018）》首页示例

2. 查找选择 IPC 分类号的方法步骤

这一部分，我们来梳理一下针对行业查找选择 IPC 分类号的方法步骤。行业 IPC 分类号查找选择流程如图 2-14 所示。

---

❶ 关于印发《国际专利分类与国民经济行业分类参照关系表（2018）》的通知 [EB/OL]. [2019-01-01]. http://www.cnipa.gov.cn/gztz/1132609.htm.

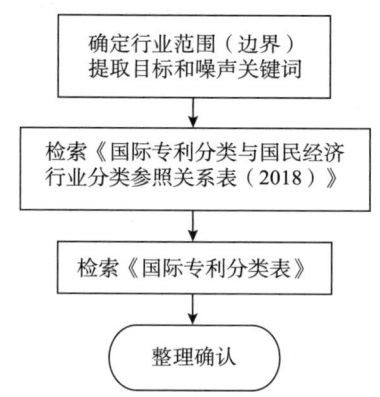

图 2-14 行业 IPC 分类号查找选择流程

步骤 1：确定行业范围（边界），提取目标和噪声关键词

本章引言部分提到，在专利分析中，构建既全面又准确的数据库是一项基础性工作。怎样做到既全面又准确，那就需要我们先确定作为分析对象的行业的范围，也就是划定一个封闭的边界，明确什么样的技术内容在范围内（即全面的要求），什么样的技术内容在范围外（即准确的要求）。所以在本步骤中，需要确定能够明确行业范围的关键词，即目标关键词和噪声关键词。之后利用这些关键词进行分类号的查找和选择也是围绕全面准确的需求，需要查找的分类号主要是两类：一类是利用目标关键词查找与该行业相关的所有分类号，得到目标分类号，目标分类号是为了满足全面的要求；另一类是利用噪声关键词查找明显不相关的分类号，得到噪声分类号，噪声分类号是为了满足准确的要求。简单来说，目标分类号下存储的专利文献"减去"噪声分类号下存储的专利文献就得到了我们期望的既全面又准确的专利文献的数据库。

步骤 2：检索《国际专利分类与国民经济行业分类参照关系表（2018）》

利用目标和噪声分类号相关的关键词，在《国际专利分类与国民经济行业分类参照关系表（2018）》中检索。如果该关系表中存在类似的行业分类，则通过对应关系，确定相应目标和噪声分类号。

步骤 3：检索《国际专利分类表》

由于《国际专利分类与国民经济行业分类参照关系表（2018）》中列出的 IPC 分类号都比较上位，大部分集中在大类或小类这一层级，不够具体，所以需要在步骤 2 的基础上，进一步利用目标和噪声分类号相关的关键词，在 IPC 分类表中进行检索，从而提高分类号查找的全面性和准确性。具体可进入国家知识产权局或世界知识产权组织的相关网页，利用 IPC 关键词索引、直接查找等方式进行相关检索，并确定目标和噪声分类号。

步骤 4：整理确认

综合以上步骤，将确定的目标分类号和噪声分类号整理清楚，明确列出相关类名，为之后检索策略的制定等工作打好基础。

【案例2-1】燃气轮机行业专利分析

步骤1：确定燃气轮机行业范围，提取关键词

根据行业定义并结合专利分析需求，确定燃气轮机在本次专利分析中的定义为：部件较厚重，有较长检修周期和运行寿命并能燃用多种燃料的固定式燃气轮机。

从该定义可以看出，我们希望检索的专利文献应包括所有的燃气轮机，不包括一般交通工具使用的内燃机，以及风力、液力轮机等。

由此可以确定，目标关键词为"燃气轮机"，噪声关键词为"内燃机""风力发动机"和"水力发动机"。

步骤2：检索《国际专利分类与国民经济行业分类参照关系表（2018）》

首先利用目标关键词"燃气轮机"在关系表中查找，没有找到相符的国民经济行业分类。但在关系表中的"国际专利分类号类名"一栏中，多次出现目标关键词，涉及的IPC分类号为"F02C 燃气轮机装置"，该分类号对应的国民经济行业分类为"C3419 其他原动设备制造"。在 C3419 附近，还有锅炉、内燃机、汽轮机、水轮机、风能原动设备等行业分类。这对我们确定目标和噪声关键词都有很大帮助。

通过这样的查找，我们初步得到的结果如表2-1所示。

表2-1 IPC 分类号查询结果

目 标		噪 声	
目标关键词	目标分类号	噪声关键词	噪声分类号
燃气轮机	F02C、F01D、F23R	内燃机	F02B
		风力发动机	F03D
		水力发动机	F03B

步骤3：检索《国际专利分类表》

在步骤2的基础上，我们已经了解到相关分类号集中分布在F部，尤其是大类F01至F03，以及小类F23R。那么我们在IPC分类表中的检索就会更加便捷。通过检索我们发现，组F02C1（实际应为大组F02C 1/00 及从属于该大组的所有小组，简称其为组F02C1，下同）涉及的是汽轮机装置，不属于我们需要分析的燃气轮机的范围，需要排除。则我们将目标分类号F02C具体选择为：F02C3、F02C5、F02C6、F02C7 以及 F02C9。则调整后的结果如表2-2所示。

表2-2 IPC 分类号查询结果

目 标		噪 声	
关键词	分类号	关键词	分类号
燃气轮机	F02C3、F02C5、F02C6、F02C7、F02C9、F01D、F23R	内燃机	F02B
		风力发动机	F03D
		水力发动机	F03B

步骤4：整理确认

综合以上步骤，将确定的目标分类号、噪声分类号及其类名整理清楚，得到的结果如表2-3所示。

表2-3 IPC分类号查询结果确认

	关键词	分类号	类 名
目标	燃气轮机	F02C3	以利用燃烧产物作为工作流体为特点的燃气轮机装置
		F02C5	以工作流体是间歇燃烧产生为特点的燃气轮机
		F02C6	复式燃气轮机装置；燃气轮机装置与其他装置的组合；特殊用途的燃气轮机装置
		F02C7	不包含在组 F02C 1/00 至 F02C 6/00 中的或与上述各组无关的特征、部件、零件或附件；喷气推进装置的进气管
		F02C9	燃气轮机装置的控制；空气助燃的喷气推进装置燃料供给的控制
		F01D	非变容式机器或发动机，如汽轮机
		F23R	高压或高速燃烧生成物的产生，例如燃气轮机的燃烧室
噪声	内燃机	F02B	活塞式内燃机；一般燃烧发动机
	风力发动机	F03D	风力发动机
	水力发动机	F03B	液力机械或液力发动机

3. 注意事项

在针对行业确定IPC分类号时，有以下几点需要注意。

（1）较多涉及大类和小类

由于行业的覆盖范围比较广，包含的技术内容比较多，一般对应的IPC分类号以大类和小类居多，有些会涉及大组，但较少涉及小组。

（2）重点检索IPC分类表

在根据《国际专利分类与国民经济行业分类参照关系表（2018）》查找相关行业时，由于关系表分类条目较少，不够细致，很多技术内容没有体现。因此，要利用相关关键词，重点在IPC分类表中进行检索。

（3）噪声分类号要慎用

在划定行业边界时，尽量以找全目标分类号的方式来进行，慎用通过噪声分类号来排除无关技术的方式。因为在排除的过程中，可能会将有用的专利文献也排除掉，造成信息遗漏。部分噪声文献的排除，可以通过人工筛选、抽样统计的方式进行。

（二）技术分支

针对技术分支确定分类号并检索专利文献，也是专利分析中常见的一种场景。本部分将主要讨论技术分支的含义、针对技术分支确定分类号的方法流程，以及相关注意事项。

1. 含义

大多数企业和科研机构，一般只从事某一行业链条中某一环节技术的研发、产品的生产。这里的某一环节就可以理解为是该行业的某一个或多个技术分支。此外，在进行专利分析的过程中，将分析对象进行技术分解，以得到多层级的技术分解表是一项必需的工作，在技术分解的过程中，就会涉及技术分支的概念（在第三章第二节中会详细讨论技术分解的内容）。

由此可见，技术分支是一个相对的概念。技术分支指的是为了便于专利分析工作，而将一项范围比较大、内容比较多的技术，按照不同种类、不同部分、不同步骤等原则，分解而得到的若干单元。如果有必要，技术分解可以重复进行，第一次技术分解得到的技术分支还可以被分解为不同的分支，形成多级结构。如表2-4所示，燃气轮机行业涉及结构、材料、工艺、使用、维护等不同环节，其中针对一级技术分支之一的结构进行技术分解，可得到总体结构、压气机结构等4个二级技术分支，总体结构还可以技术分解为支撑系统、拉杆转子等9个三级技术分支。

表2-4 燃气轮机行业技术分解表（部分）

一级技术分支	二级技术分支	三级技术分支
结构	总体结构	支撑系统
		拉杆转子
		轴承系统
		通用紧固件
		联轴器
		外部冷却系统
		排气段
		密封件
		进气蜗壳
	压气机结构	……
	燃烧室结构	……
	透平结构	……

2. 查找选择IPC分类号的方法步骤

相对于行业，针对技术分支查找选择分类号的方法要复杂一些。对于行业来说，由于涉及范围比较广，一般行业的技术内容与分类号中的大类、小类相对应。但技术分支可能涉及不同层级，覆盖的范围也就不相一致。有的技术分支可以找到较为合适的对应分类号，而有的技术分支则无法找到，只能通过罗列下一层级技术分支的方式，由多个分类号组合形成。图2-15所示为针对技术分支查找选择IPC分类号的流程。

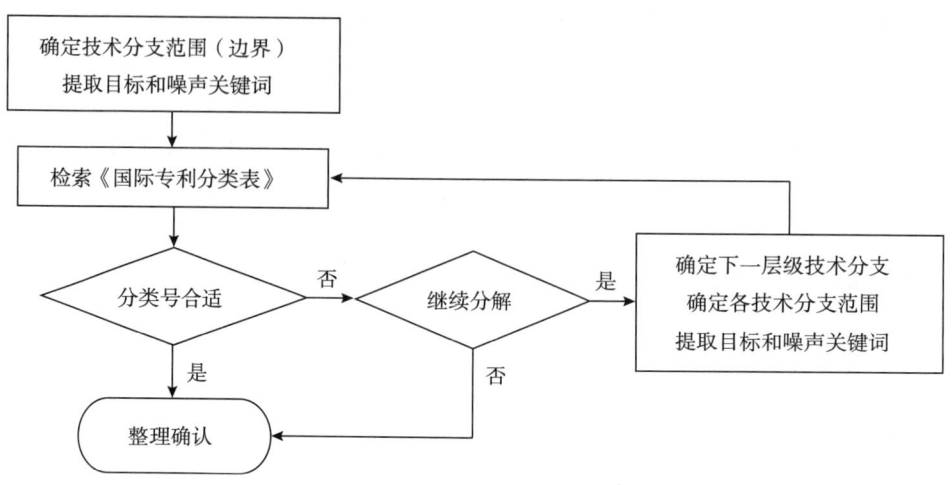

图2-15 针对技术分支查找选择IPC分类号的流程

步骤1：确定技术分支范围（边界），提取目标和噪声关键词

与确定行业范围相似，确定技术分支的范围，也需要确定能够明确技术分支范围的关键词，即目标关键词和噪声关键词，之后利用这些关键词查找得到目标分类号和噪声分类号。

步骤2：检索《国际专利分类表》

利用步骤1中确定的目标和噪声关键词，在IPC分类表中进行检索。如果找到与技术分支对应性比较好的分类号，则进入步骤4；如果没有找到，则判断当前技术分支是否还可以继续分解为下一层级技术分支，如果可以，进入步骤3，如果不能够继续分解，则进入步骤4。

步骤3：确定下一层级技术分支以及各技术分支范围，提取目标和噪声关键词

如果在步骤2中没有检索到合适的分类号，并且当前技术分支还可以继续分解，则把该技术分支继续进行分解，得到下一层级的技术分支；然后确定下一层级的每个技术分支的范围，分别提取相应的目标和噪声关键词。之后，转入步骤2。

步骤4：整理确认

综合以上步骤，将确定的目标分类号和噪声分类号整理清楚，明确列出相关类名。如果是无法继续进行技术分解的情况，则采用"检索关键词"的方式确定技术分支范围，这里不做相应讨论，在检索策略部分会有详细内容。

【案例2-2】燃气轮机结构二级技术分支专利分析

如表2-5所示，为部分燃气轮机结构技术分解情况。我们以二级技术分支"总体结构"和"燃烧室结构"为例进行讨论。

表2-5 燃气轮机结构技术分解

一级技术分支	二级技术分支	三级技术分支
结构	总体结构	支撑系统
		拉杆转子
		轴承系统
		通用紧固件
		联轴器
		外部冷却系统
		排气段
		密封件
		进气蜗壳
	燃烧室结构	……

【燃烧室结构】

步骤1：确定"燃烧室结构"范围，提取目标和噪声关键词

燃烧室是燃气轮机常规结构之一，行业内对其名称较为统一，由此可以确定，目标关键词为"燃气轮机中的燃烧室"。

步骤2：检索《国际专利分类表》

在IPC分类表中，查找"燃气轮机中的燃烧室"。具体查找时，为了能够尽可能多地找到相关分类号，我们可以对上述关键词进行处理，例如实际查找"燃烧室""燃烧""燃料"等，再确认是否属于燃气轮机或没有明显排除用于燃气轮机。按此方法，得到相应结果如表2-6所示。此例中我们找到了合适的分类号，因此进入步骤4。同时，此例中不考虑噪声关键词的情况。

表2-6 分类号查询结果

目标关键词：燃气轮机中的燃烧室	
实际检索关键词	分类号
燃烧室 燃烧 燃料	F02C 3/14 至 3/16、F02C 3/20 至 3/30、F02C 5/00 至 5/12、F02C 7/22 至 7/236、F02C 9/26 至 9/46、F23R

步骤4：整理确认

综合以上步骤，将确定的目标分类号及其类名整理清楚，得到的结果如表2-7所示。

表2-7 分类号查询结果确认

目标 关键词	实际检索 关键词	分类号及类名
燃气轮机 中的燃烧室 结构	燃烧室 燃烧 燃料	F02C 3/14・以燃烧室在装置中的配置为特征的 F02C 3/16・・燃烧室至少是部分地建立在涡轮机转子内
		F02C 3/20・使用特殊燃料、氧化剂或稀释液体以产生燃烧产物 F02C 3/22・・燃料或氧化剂在标准温度和压力下为气态的 F02C 3/24・・燃料或氧化剂在标准温度和压力下为液态的 F02C 3/26・・燃料或氧化剂是固态或粉末状的,如呈稀浆状或悬浮状 F02C 3/28・・・使用单独气体发生器在燃烧前使燃料气化的 F02C 3/30・・在涡轮机排气之前给可燃烧的成分或工作流体加水,加蒸汽或其他液体
		F02C 5/00 以工作流体是间歇燃烧产生为特点的燃气轮机 F02C 5/02・以燃烧室在装置内的配置为特征的 F02C 5/04・・燃烧室至少是部分地建立在涡轮机转子内 F02C 5/06・工作流体是在基本上无机械动力输出的变容式内燃烧气体发生器中产生的 F02C 5/08・・气体发生器是自由活塞式的 F02C 5/10・工作流体形成共振的或振荡的气柱,即燃烧室不设有正动阀,如利用赫姆霍兹(Helmholtz)效应 F02C 5/11・・使用无阀燃烧室的 F02C 5/12・燃烧室具有进口阀或出口阀,如 Holzwarth 燃气轮机装置
		F02C 7/22・燃料供应系统 F02C 7/224・・燃料送入燃烧器前的加热 F02C 7/228・・燃料在不同燃烧器之间的分配 F02C 7/232・・燃料阀;排出阀或排出系统 F02C 7/236・・包括两台或更多台泵的燃料输送系统
		F02C 9/26・燃料供给的控制 F02C 9/28・・对机组或环境参数作出反应的调节系统,如温度、压力、转子速度 F02C 9/30・・以可变燃料泵输出为特征的 F02C 9/32・・以燃料节流为特征的 F02C 9/34・・・对给主燃烧器和辅助燃烧器的各自流量联合控制的 F02C 9/36・・以把燃料返回油箱为特点的 F02C 9/38・・以节流和将燃料返回油箱为特点的 F02C 9/40・・专门适用于使用特殊燃料或多种燃料的 F02C 9/42・・专门适用于同时控制两台或更多台装置的 F02C 9/44・・航空器速度的反应,如马赫数的控制、燃料消耗的优化 F02C 9/46・・应急燃料的控制
		F23R 高压或高速燃烧生成物的产生,例如燃气轮机的燃烧室

【总体结构】

步骤1：确定"总体结构"范围，提取目标和噪声关键词

与"燃烧室结构"不同，"总体结构"并不是燃气轮机行业的特定名词，提取出的关键词"总体结构"也无法明确划出燃气轮机总体结构的边界。

步骤2：检索《国际专利分类表》

由于关键词无法提取，因此在IPC分类表中的检索也不会得到合适的分类号。判断"总体结构"这一技术分支是否还可以继续分解。根据燃气轮机的总体结构，是可以进一步分解为不同的部分的，因此进入步骤3。

步骤3：确定"总体结构"的下一层级技术分支及各分支范围，提取目标和噪声关键词

根据燃气轮机总体结构实际，并结合专利分析重点方向，可进一步将二级技术分支"总体结构"分解为"支撑系统""拉杆转子"等三级技术分支，并确定相关目标关键词。分解情况及相应关键词如表2-8所示。同样，此例中不考虑噪声关键词的情况，转入步骤2。

表2-8 技术分解及关键词确定结果

一级技术分支	二级技术分支	三级技术分支	实际检索关键词
结构	总体结构	支撑系统	支撑
		拉杆转子	拉杆、转子
		轴承系统	轴承
		通用紧固件	紧固
		联轴器	联轴
		外部冷却系统	冷却
		排气段	排气
		密封件	密封
		进气蜗壳	蜗壳

步骤2：检索《国际专利分类表》

根据步骤3确定的关键词，再次在IPC分类表中查找各个三级技术分支相应的分类号，具体情况如表2-9所示。

表2-9 分类号查询结果

一级技术分支	二级技术分支	三级技术分支	实际检索关键词	分类号
结构	总体结构	支撑系统	支撑	无
		拉杆转子	拉杆、转子	无
		轴承系统	轴承	F01D 25/16、F02C 7/06
		通用紧固件	紧固	无

续表

一级技术分支	二级技术分支	三级技术分支	实际检索关键词	分类号
结构	总体结构	联轴器	联轴	无
		外部冷却系统	冷却	无
		排气段	排气	F01D 25/30
		密封件	密封	F01D 11/00 及其小组 F16J 15/00 及其小组
		进气蜗壳	蜗壳	无

其中,三级技术分支"轴承系统""排气段"和"密封件"查找到了合适的分类号,其他分支没有查找到,也无法继续分解,则通过"检索关键词"的方式查找。

步骤4:整理确认

综合以上步骤,将确定的目标分类号及其类名整理清楚,得到的结果如表2-10所示。将各个三级技术分支合并起来即可得到二级技术分支"总体结构"的内容。

表2-10 分类号查询结果确定

二级技术分支	三级技术分支	实际检索关键词	分类号及类名
总体结构	支撑系统	支撑	无
	拉杆转子	拉杆转子	无
	轴承系统	轴承	F01D 25/16・轴承的布置;轴承在壳体中的支承或安装 F02C 7/06・轴承的配置;润滑
	通用紧固件	紧固	F16B 紧固或固定构件或机器零件用的器件,如钉、螺栓、簧环、夹、卡箍或楔;连接件或连接
	联轴器	联轴	无
	外部冷却系统	冷却	无
	排气段	排气	F01D 25/30・排气头、腔室或其类似部件
	密封件	密封	F01D 11/00 防止或减少工作流体的内部泄漏,如在两级之间 F16J 15/00 密封
	进气蜗壳	蜗壳	无

3. 注意事项

在针对技术分支确定 IPC 分类号时,有以下几点需要注意。

(1) 较多涉及大组和小组

由于技术分支一般属于某行业范围内,包含的技术内容要明显少于行业,一般对应的 IPC 分类号以大组和小组居多。

(2) 灵活运用不同方式

在界定技术分支的范围时,由于 IPC 与技术分支的对应不一定吻合,有时会找不到相关分类号。此时应灵活考虑,通过将技术分支进一步划分为下一层级技术分支,通过多次调整,查找相应分类号,再重新组合,得到相应技术分支的范围。

(3) 噪声分类号要慎用

与产业分析相同,在划定技术分支边界时,也应慎用通过噪声分类号来排除无关技术的方式。

(三) 技术主题

针对技术主题的检索是专利分析中的常见场景,例如对某项核心技术的专利分析,就是以技术主题为对象进行的。本部分将从技术主题的含义、针对技术主题查找选择分类号的方法步骤以及注意事项3个方面进行讨论。

1. 含义

技术主题是专利分析对象中的最小单元。如果从技术分解的角度来说,技术主题应该是技术分解的最低层级,也可以称为技术点。可以这样理解,技术主题的集合构成了技术分支。例如在表2-10中示出的三级技术分支"轴承系统""密封件"等,就可以看作技术主题。技术主题往往与IPC分类体系中的多个分类号对应,例如其本身、其功能、其应用领域、其执行的方法等,应将相关分类号都查找全面。

2. 查找选择IPC分类号的方法步骤

技术主题大体可以分为两种类型,即产品和方法。产品还可以分为物品、设备、零部件、化合物、组合物等类型。而方法一般指的是以流程步骤体现的过程,包括使用方法、生产方法、工艺流程、处理方法、制备方法等类型。

(1) 产品

当技术主题的类型为一种产品时,应首先在IPC分类表中查找有没有与产品本身相关的分类号。然后考虑与该产品相关的其他方面有没有相关分类号,主要包括:产品实现的功能、产品应用的领域、产品执行的方法、产品衍生的产品等。具体查找的步骤如图2-16所示。

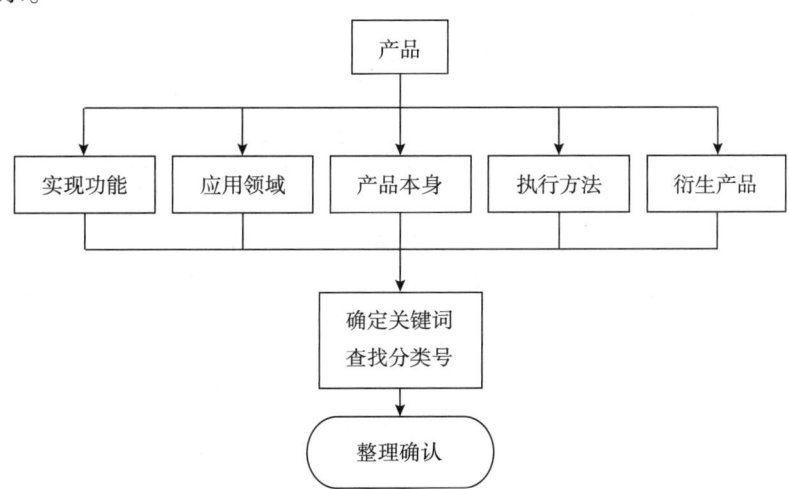

图2-16 针对产品类技术主题查找选择IPC分类号流程

步骤1：确定技术主题类型

根据技术主题内容，确定该主题是否属于产品类型。如果属于产品，进入步骤2。

步骤2：确定相关要素

根据产品的具体类型，确定可能涉及的相关要素。例如产品是一种设备，则在考虑设备本身之外，还要重点考虑设备所执行的方法、设备生产的产品等要素；如果产品是一种零部件，则在考虑零部件本身之外，还要重点考虑零部件应用的领域、零部件实现的功能等要素。

步骤3：确定关键词，查找分类号

在步骤2确定的相关要素的基础上，形成相应关键词，并在IPC分类表中查找。

步骤4：整理确认

将查找到的相关分类号整理，并确认其具体类名。

【案例2-3】燃气轮机技术主题"轴承系统"和"密封件"专利分析

如上文所述，"轴承系统"和"密封件"属于燃气轮机技术分解的三级技术分支，不适合进一步分解，因此是整体技术分解的最底层，可以看作技术主题。

步骤1：确定"轴承系统"和"密封件"类型

根据"轴承系统"和"密封件"的一般含义，确定这两个主题都属于产品类型，且都属于零部件产品类型。

步骤2：确定相关要素

"轴承系统"属于一种零部件，除了考虑其本身外，还需要考虑该零部件所应用的领域，即应用于燃气轮机这一具体领域。同样，"密封件"也属于零部件，在考虑其本身的同时，也需要考虑其应用于燃气轮机领域的情况。

步骤3：确定关键词，查找分类号

在步骤2确定了"轴承系统"和"密封件"都需要从本身和应用领域两个要素考虑查找分类号，因此确定关键词为"轴承"和"密封"，同时关注在燃气轮机相关分类号中，是否也有相关分类。

步骤4：整理确认

将查找到的相关分类号整理，并确认其具体类名，查询结果如表2-11所示。

表2-11 分类号查询结果确定

技术主题	考虑要素	关键词	分类号及类名
轴承系统	本身	轴承	F16C 13/00、17/00至43/00（轴承相关，具体类名省略）及其下位小组
	应用领域	燃气轮机	F01D 25/16·轴承的布置；轴承在壳体中的支承或安装（轴承本身入F16C） F02C 7/06·轴承的配置（轴承入F16C）；……

续表

技术主题	考虑要素	关键词	分类号及类名
密封件	本身	密封	F16J 15/00 密封 及其下位小组
	应用领域	燃气轮机	F01D 11/00 防止或减少工作流体的内部泄漏,如在两级之间(一般的密封入 F16J) 及其下位小组

(2)方法

当技术主题的类型为一种方法时,应首先在 IPC 分类表中查找有没有与该方法本身相关的分类号。然后考虑与该方法相关的其他方面有没有相关分类号,主要包括:执行方法的产品、方法生产的产品、方法处理的产品等。此外,由于方法一般由若干步骤组成,某些步骤可能也会有相关的分类号。具体查找的步骤如图 2-17 所示。

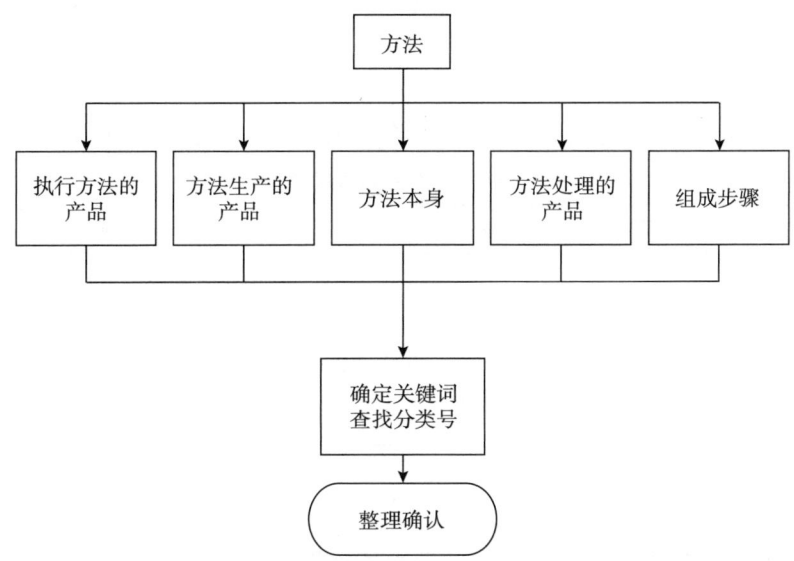

图 2-17 针对方法类技术主题查找选择 IPC 分类号流程

步骤 1:确定技术主题类型

根据技术主题内容,确定该主题是否属于方法类型。如果属于方法,则进入步骤 2。

步骤 2:确定相关要素

根据方法的具体类型,确定可能涉及的相关要素。例如方法是一种生产方法,那在考虑该生产方法本身之外,还要重点考虑执行该方法的设备、该生产方法所生产出的产品等要素。

步骤 3:确定关键词,查找分类号

在步骤 2 确定的相关要素的基础上,形成相应关键词,并在 IPC 分类表中查找。

步骤4：整理确认

将查找到的相关分类号整理，并确认其具体类名。

【案例2-4】燃气轮机领域重点技术"燃烧方法"专利分析

在对燃气轮机进行专利分析的过程中，确定燃烧室中的燃烧方法为重点关注的技术，希望了解燃烧室中的燃烧方法相关专利技术，则需要针对"燃烧方法"进行相关检索。

步骤1：确定"燃烧方法"类型

根据"燃烧方法"的一般含义，确定该主题属于方法类型。

步骤2：确定相关要素

分析对象"燃烧方法"特定使用于燃气轮机的燃烧室中，除了考虑其本身外，还需要考虑执行该方法的产品，即燃烧室。

步骤3：确定关键词，查找分类号

在步骤2确定了"燃烧方法"需要从本身和执行该方法的产品两个要素考虑查找分类号，因此确定关键词为"燃烧"和"燃烧室"，同时关注在燃气轮机相关分类号中，是否也有相关分类。

步骤4：整理确认

将查找到的相关分类号整理，并确认其具体类名，具体结果如表2-12所示。

表2-12 分类号查询结果确定

技术主题	考虑要素	关键词	分类号及类名
燃烧方法	本身	燃烧	F23C 使用流体燃料的燃烧方法或设备 F23N 燃烧的调节或控制
	执行方法的产品	燃烧室	F23R 高压或高速燃烧生成物的产生，例如燃气轮机的燃烧室

3. 注意事项

在针对技术主题确定IPC分类号时，需要注意的是要尽量查全所有分类号。由于技术主题涉及的技术内容非常细致，可能在不同的分类位置都会出现相关的分类号，例如与产品对应的方法，与方法相关的产品，存在不同的功能位置和应用位置等。应尽可能查全所有相关分类号，避免造成目标专利文献的遗漏。

五、使用IPC需要注意的问题

通过以上内容的讨论，我们发现，IPC分类体系确实对专利分析工作起到了至关重要的作用，能够大大提高专利分析检索的效率。但是，IPC也有其自身的局限，使用IPC时必须引起注意。

（一）细分程度不够

虽然IPC体系中的总组数超过7万条，但与世界技术发展的速度和专利文献的迅猛扩增并不相适应。例如，针对最低层级的 IPC 分类号 F01D 5/18 进行检索（检索时间 2018 年 10 月 21 日），会发现共有 6305 件专利存储在这个分类位置上。文献数量过于庞大，对专利文献的进一步筛选非常不利。

（二）过档文献再分类不够

过档文献，指的是在新版分类表生效前，已按老版分类表分类的专利文献。在 2006 年 WIPO 推动 IPC 改革之前，只有分类表不定期进行修订，而专利文献只要给出分类号就不再变动。这意味着，如果原有 IPC 的条目发生变化，那么标记为原来条目的专利文献（过档文献）将不会被新版的分类号所检索到，因此，要进行完全检索，除了使用最新更新的分类表外，还要使用往期版本的分类表检索过档文献，十分麻烦。虽然在改革后，WIPO 要求已经分过类的过档文献应按照最新的分类号重新进行分类，但由于种种原因，这项工作目前进展缓慢。

（三）分类准确性不够

对于 IPC 来说，覆盖国家和地区最多是最大的优势。但在分类过程中，各使用国/地区的分类质量是各自负责的，各使用国/地区都有自己的分类思想和分类偏好，很难保证统一的 IPC 分类标准，使得各使用国/地区之间的分类质量差别较大，一致性也较差。

第二节 CPC

这一节，我们将在 IPC 分类体系的基础上，进一步研究另一种比较常用也非常重要的分类体系，即联合专利分类体系（Cooperative Patent Classification，CPC）。

一、CPC 的特点

CPC 是在欧洲专利局分类体系（EPO Classification，ECLA）和美国专利分类体系（The USA Classification，UC）融合的基础上开发建立起来的❶（ECLA 和 UC 将在本章第三节介绍）。CPC 以 ECLA 为基础，融入了 UC 中主要涉及商业方法的内容。与 IPC 相比，结构近似，但分类更加详细和准确，特别能够满足专利分析中对检索数据"准确"的要求，因此需要我们好好掌握。

以下，我们主要以 CPC 与 IPC 对比的形式，来看一看 CPC 的优势和内容。

（一）CPC 在专利分析中的优势

相对于 IPC，CPC 主要有以下几个方面的优势。

---

❶ Guide to the CPC［EB/OL］.［2019-01-06］. http://www.cooperativepatentclassification.org/publications/GuideToTheCPC.pdf：4.

1. 分类条目更加细致

CPC 的分类条目数超过 25 万条[1]，远大于 IPC 的 7 万余条。也就是说，CPC 中有更多的文件夹分门别类地存储着专利文献，这样就大大提高了专利文献检索的效率和精度。只要找到最合适的 CPC 分类号，就可以快速定位我们想要的专利文献。

2. 分类位置更加准确

分类位置的准确性也会对专利分析检索的结果造成重要影响。对于专利分析来说，分类位置不准会影响分析的结果，对分析结论造成误导，影响专利分析的客观性和权威性。所以，对专利文献进行精准、全面的分类，并维护数据库中分类信息的质量与一致性，是分类号检索的基础和保障。对于 CPC 来说，欧美两局共同进行 CPC 分类质量保证、分类一致性实践，以及为其他知识产权局和公众提供 CPC 相关服务等方面的工作；通过 EPO 对各国家局 CPC 分类数据的核对与反馈，可以较好地保障 CPC 的分类质量和一致性。但对 IPC 来说，各使用国的分类质量是各自负责的，各使用国之间的分类质量差别较大，一致性也较差。

3. 动态调整更加及时

CPC 的动态调整主要涉及两个方面。

一个方面是对 CPC 自身内容的调整。为了适应技术发展和新兴技术的需要，欧美两局会一年数次不定期地修订 CPC。修订时，按照技术发展的实际情况，特别是新技术的出现情况和重要程度，对 CPC 的分类条目进行增加、删减、修改等工作。

另一个方面是对过档文献的分类及时调整。CPC 自身内容调整后，会及时对调整所涉及的过档专利文献重新分类，给出最新的分类号，保证所有文献分类号的一致性。由于 IPC 对过档文献重新分类不及时，所以在检索的时候，就要针对不同时期的专利文献用不同的分类号进行检索。但在 CPC 里不会出现这种问题，无论什么时候，专利文献都会按照最新调整后的分类号重新分类。

（二）CPC 分类表的结构和内容

CPC 分类表的结构和内容，在继承了 IPC 的基础上，在多个方面作出了改进。整体上来看，CPC 与 IPC 既有相同之处，也有不同的地方。

1. CPC 与 IPC 的层级结构一脉相承

图 2-18 为 IPC 与 CPC 对比示例，从中可以看出 CPC 与 IPC 的对比情况（"{……}" 示出的内容即为 CPC 对 IPC 进一步细分的内容）。如图所示，CPC 具有与 IPC 一样的层级结构，其分类表依照层级递降顺序，依次包括部、大类、小类、大组和小组，小组之间通过小组类名前面的圆点数来决定小组之间的层级关系。而 CPC 分类号的编排，是参照 IPC 标准（WIPO ST.8），采用与 IPC 完全相同的数字化编排方式。在 CPC 分类号中，"/" 前面的数字不超过 4 位，"/" 后面的数字不超过 6 位。

2. CPC 新增 Y 部

在 A 至 H 部的基础上，CPC 新增 Y 部，约 7300 个条目。其具有与 A~H 部的主干

---

[1] CPC Annual Report 2016 [EB/OL]. [2019-01-06]. http://www.cooperative patent classification.org/publications/AnnualReports/CPCAnnualReport 2016.pdf.

类号相似的类号格式（例如 Y02B 10/00）。其来源有：新技术和 IPC 跨部交叉技术（包括：Y02B/C/E/T——缓解气候变化技术；Y04S——信息和通信技术对其他技术领域的影响），以及来自 USPC 的交叉参考技术文献的小类（XRACs）与别类（Digests）（Y10S），但只用于标引附加信息，参见表 2-13。

IPC	CPC
A43B 13/00 鞋底（鞋内衬底入 A43B 17/00）；鞋底和鞋跟部件 A43B 13/14・以结构形状为特征的 A43B 13/16・・拼合鞋底（多层不同材料的鞋底入 A43B 13/12） A43B 13/18・・弹性鞋底	A43B 13/00 Soles（｛Skating boots characterised by the sole A43B 5/1641,｝socks A43B 17/00）；Sole and heel units A43B 13/14・characterised by the constructive form A43B 13/141・・｛with a part of the sole being flexible, e. g. permitting articulation or torsion｝ A43B 13/143・・｛provided with wedged, concave or convex end portions, e. g. for improving roll-off of the foot｝ A43B 13/145・・・｛Convex portions, e. g. with a bump or projection, e. g. 'Masai' type shoes｝ A43B 13/146・・・｛Concave end portions, e. g. with a cavity or cut-out portion｝ A43B 13/148・・・｛Wedged end portions｝ A43B 13/16・・Pieced soles（with several layers of different material A43B 13/12） A43B 13/18・・Resilient soles｛（skating boots provided with resilient means A43B 5/1658）｝ A43B 13/181・・・｛Resiliency achieved by the structure of the sole｝ A43B 13/182・・・・｛Helicoidal springs｝ A43B 13/183・・・・｛Leaf springs｝ A43B 13/184・・・・｛the structure protruding from the outsole｝ A43B 13/185・・・・｛Elasticated plates sandwiched between two interlocking components, e. g. thrustors｝ A43B 13/186・・・・｛Differential cushioning region, e. g. cushioning located under the ball of the foot（resilient heel not included in the sole A43B 21/26; resilient supports for the heel of the foot A43B 21/32）｝ A43B 13/187・・・｛Resiliency achieved by the features of the material, e. g. foam, non liquid materials｝ A43B 13/188・・・・｛Differential cushioning regions｝ A43B 13/189・・・｛filled with a non-compressible fluid, e. g. gel, water｝

图 2-18　IPC 与 CPC 对比示例

表 2-13 CPC 各部内容

类 号	类 名
A	人类生活必需
B	作业；运输
C	化学；冶金
D	纺织；造纸
E	固定建筑物
F	机械工程；照明；加热；武器；爆破
G	物理
H	电学
Y	新技术；IPC 跨部交叉技术；来自 USPC 交叉引用技术集和摘要的技术

3. CPC 分类号分为主干类号和 2000 系列类号

按照分类号的作用，CPC 分类号可分为主干类号和 2000 系列类号两种。

（1）主干类号

CPC 在大多数情况下是对现有 IPC 的细分，即与原有的 IPC 相比，CPC 是具有更多细分条目和更多附加文本的分类表。因此，主干类号与 IPC 分类号形式上基本一致。

在"主干"中，CPC 每个层级的类名通常都与相应的 IPC 层级相同（如果存在 IPC 层级）。任何特定 CPC 的类名，或者对现有 IPC 类名进行补充的特定 CPC 细分条目的类名都能从大括号｛ ｝中获得。

主干类号既可标引发明信息，也可标引附加信息。

（2）2000 系列类号

2000 系列类号约有 8.2 万个条目，与 IPC 分类号的编排方式有明显不同，由 4 位以"2"开头的数字组成（例如，A01C 2001/00，C12N 2999/007 等）。在 Y 部无 2000 系列类号。

2000 系列类号主要来源于部分 IPC 引得码和 ICO（包括细分 ICO 和垂直 ICO）（有关 ICO 的内容将在第三节 ECLA 部分讲解）。2000 系列类号只能标引附加信息。

4. 附注、参见和注意

CPC 中的附注和参见均继承了 IPC 的主要思想，部分有所变化。同时，CPC 中新增"Warnings（注意）"。

（1）附注和参见

CPC 中附注和参见的出现位置、适用范围与作用，与 IPC 基本一致。但 CPC 根据与 IPC 的不同，例如新增的分类号、修改的分类号，会对相关附注和参见进行相应的增加和修改，使用时需要多加注意。

（2）Warnings（注意）❶

"Warnings（注意）"是 CPC 分类表的标记，IPC 在分类表中没有。"注意"一般出

---

❶ Guide to the CPC［EB/OL］.［2019-01-06］. http://www.cooperativepatentclassification.org/publications/GuideToTheCPC.pdf：12.

现在小类、大组或小组的类名、参见或附注的后面，适用于其所涵盖的全部分类位置。"注意"主要用来引起对有矛盾或不完全之处的注意，并提醒文献分布位置的变化等。

（三）CPC 分类定义[1]

CPC 分类定义，对 CPC 分类与检索均具有极为重要的作用和影响。它不仅用于明确小类或组所覆盖的技术领域，解释其分类规则，指导分类位置范围的理解，帮助准确确定分类号，还提供了许多对检索有用的其他信息，帮助将相关分类号应用于检索实践中。

CPC 分类定义主要由定义陈述、大范围技术主题领域之间的关系、分类相关参见、信息性参见、分类的特殊规则、术语表以及同义词和关键词等部分构成。

二、CPC 的适用场景——关键技术

由于 CPC 具有分类细致、准确等优势，在专利分析中，尤其是针对关键技术进行分析的过程中，可以充分利用 CPC 的优势，进行准确高效的检索。

1. 适用场景

在专利分析中，除了进行产业态势分析、各级技术分支分析之外，还需要对某些关键技术进行分析，根据检索到的专利文献绘制技术路线图、技术功效矩阵等。这类场景的特点是，关键技术一般范围较小，比较具体，大多数情况下，在 IPC 分类体系中没有细分到这样的层级，因此无法直接找到相适应的 IPC 分类。这时，我们就需要利用 CPC 分类细致的优势，进行相应的检索分析。

例如在燃气轮机专利分析中，我们需要对三级技术分支"透平叶片"相关的"叶片冷却"技术进行有针对性的重点分析，则需要利用相关分类号将与该关键技术相关的所有专利文献检索出来进行分析，具体如表 2 - 14 所示。

表 2 - 14 燃气轮机行业技术分解

一级技术分支	二级技术分支	三级技术分支	关键技术
结构	透平结构	透平叶片	叶片冷却
		透平轮盘	……
		透平气缸	……
		持环 + 护环	……
		级间气封	……
		叶间间隙	……
		排气缸	……
		透平转子（轴）	……
		其他	……

---

[1] Guide to the CPC ［EB/OL］．［2019 - 01 - 06］．http：//www.cooperativepatentclassification.org/publications/GuideToTheCPC.pdf：15．

2. 查找选择分类号的方法步骤

针对关键技术，我们也应首先考虑 IPC 分类号，尽可能找到相关分类号。这样做的好处是，即使没有找到合适的分类号，也能够确定一个大致的分类号范围，例如定位在某些大组或小组，然后利用相关信息重点在 CPC 中查找相应分类号。图 2-19 所示是针对关键技术查找选择 CPC 分类号的流程。

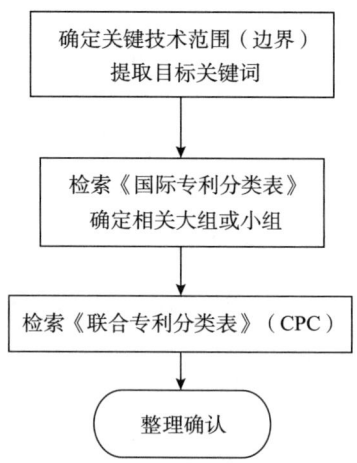

图 2-19　针对关键技术查找选择 CPC 分类号的流程

步骤 1：确定关键技术范围（边界），提取目标关键词

与确定行业、技术分支、技术主题范围类似，也需要确定能够明确关键技术范围的关键词，即目标关键词，之后利用这些关键词查找得到目标分类号。

步骤 2：检索《国际专利分类表》，确定相关大组或小组

利用步骤 1 中确定的目标关键词，在 IPC 分类表中进行检索，尽可能找到与关键技术相应的最低层级的分类号，并将相关大类、小类、大组和小组信息记录下来，尤其是大组或小组的信息，以方便在 CPC 中的检索。

步骤 3：检索《联合专利分类表》（CPC）

可以首先利用步骤 2 中确定的 IPC 大组、小组分类号，直接在 CPC 分类表中查找，快速定位到相关位置，再通过浏览、二次检索等方式查找更准确的 CPC 分类号。也可以利用步骤 1 中确定的目标关键词，直接在 CPC 分类表中检索。

步骤 4：整理确认

综合以上步骤，将确定的目标分类号整理清楚，明确列出相关类名。

【案例 2-5】燃气轮机透平结构中透平叶片冷却关键技术专利分析

针对叶片冷却关键技术进行专利分析，确定其相关分类号的步骤如下。

步骤 1：确定"叶片冷却"范围，提取目标关键词

"叶片冷却"的"叶片"是燃气轮机的透平结构中的叶片，在确定关键词时，除了确定"叶片""冷却"之外，还需要注意把范围限定在燃气轮机的范围内，水轮机、风力轮机的叶片不是分析的对象。

步骤 2：检索《国际专利分类表》，确定相关大组或小组

在 IPC 分类表中，查找"叶片冷却"相关分类号。具体查找时，为了能够尽可能多地找到相关分类号，我们可以对上述关键词进行处理，例如实际查找"叶片""冷却"等，再确认是否属于燃气轮机或没有明显排除用于燃气轮机。按此方法，得到相应结果如表 2-15 所示。由表中可以看出，F01D 5/18 已经是最低层级的小组，它的范围不仅包括对叶片的冷却装置，还包括空气叶片，以及对叶片的加热、隔热装置，并不是最准确对应的分类号。

表 2-15 分类号查询结果

目标关键词：叶片冷却	
实际检索关键词	分类号
叶片 冷却	F01D 非变容式机器或发动机，如汽轮机 F01D 5/12 · 叶片 F01D 5/14 · · 型式或结构 F01D 5/16 · · · 抵消叶片振动的结构 F01D 5/18 · · · 空心叶片；对叶片加热、隔热或冷却装置

步骤 3：检索《联合专利分类表》（CPC）

利用步骤 2 中查找到的分类号 F01D 5/18，在 CPC 分类表中快速定位，并进一步查看在该小组下是否还有进一步的细分分类号。如图 2-20 所示，在三点组 F01D 5/18 下，CPC 进一步细分出了 5 个四点组，有些还进一步细分出了五点组和六点组，涉及 4 种叶片冷却的方式，分别为发散冷却、液体冷却、气膜冷却和对流冷却。由此可见，CPC 中分类更为细致，从中查找到了和关键技术非常切合的 CPC 分类号。

```
F01D 5/18 · · · Hollow blades, {i. e. blades with cooling or heating channels or cavities
(structure of hollow blades in general F01D 5/147)}; Heating, heat–insulating or cooling means on blades
F01D 5/181 · · · · {Blades having a closed internal cavity containing a cooling medium, e. g. sodium}
F01D 5/182 · · · · {Transpiration cooling}
F01D 5/183 · · · · · {Blade walls being porous}
F01D 5/184 · · · · · {Blade walls being made of perforated sheet laminae}
F01D 5/185 · · · · {Liquid cooling (F01D 5/181 takes precedence)}
F01D 5/186 · · · · {Film cooling (F01D 5/187 takes precedence)}
F01D 5/187 · · · · {Convection cooling}
F01D 5/188 · · · · · {with an insert in the blade cavity to guide the cooling fluid, e. g. forming a separation wall}
F01D 5/189 · · · · · · {the insert having a tubular cross–section, e. g. airfoil shape}
```

图 2-20 相关 CPC 分类号

步骤 4：整理确认

综合以上步骤，将确定的目标分类号及其类名整理清楚，得到的结果如表 2-16 所示。

表2-16 分类号查询结果确认

目标 关键词	实际检索 关键词	分类号及类名	
叶片冷却	叶片冷却	IPC	F01D 5/18···空心叶片；对叶片加热、隔热或冷却装置
		CPC	F01D 5/182····{Transpiration cooling} F01D 5/183·····{Blade walls being porous} F01D 5/184·····{Blade walls being made of perforated sheet laminae}
			F01D 5/185····{Liquid cooling (F01D 5/181 takes precedence)}
			F01D 5/186····{Film cooling (F01D 5/187 takes precedence)}
			F01D 5/187····{Convection cooling} F01D 5/188·····{with an insert in the blade cavity to guide the cooling fluid, e.g. forming a separation wall} F01D 5/189······{the insert having a tubular cross-section, e.g. airfoil shape}

3. 注意事项

在使用 CPC 针对关键技术进行检索的过程中，找到最相关的 CPC 分类号是很重要的环节。由于尚没有 CPC 分类表的中文版本，用英文查找对于大多数读者来说，难度大大提高。此外，由于 CPC 分类条目众多，查找的范围和难度也大大增加。因此，经常需要借助 IPC 分类表确定大致的分类位置，再结合 CPC 分类表进一步查询，做到相辅相成，才能够提高查找的效率。

三、CPC 查询途径

可通过以下途径获取 CPC 分类表、分类定义以及修订更新等相关信息。

1. CPC 官网

CPC 官方网站网址为 http://www.cooperativepatentclassification.org，是提供 CPC 相关信息的最全面和权威的网站，不仅包括最新的 CPC 分类表和分类定义，还包括 CPC 介绍、新闻、历次修订版、在线培训课程、出版物下载等丰富资源，是全面了解和学习 CPC 的首选途径。其中查询 CPC 分类表和分类定义的网址为 http://www.cooperativepatentclassification.org/cpcSchemeAndDefinitions/table.html。在该网页中，可以通过浏览单击、关键词检索等方式查询 CPC 分类表以及分类定义，但无法使用 CPC 进行专利检索。

2. 欧专局（EPO）网站

EPO 的 Espacenet 网站，是查询 CPC 分类表、分类定义的推荐途径，网址为 http://worldwide.espacenet.com/classification?locale=en_EP。可在该网站中输入关键词查询显示相关分类号的相关度，该网站还提供了多种方式显示和查询 CPC 分类表，例如类号在前、类号在后、树状显示方式、点组显示方式、是否显示附注和注意、是否高亮显示与 IPC 的区别、版本信息、是否显示参见、是否显示 2000 系列等多种功能可供选择；可以使用 CPC 分类号进行检索，提供勾选检索、是否包含下位点组等可选的功能，并可高亮显示所检索的分类号等。

由于 Espacenet 网站收录的专利文献非常全面，使用 CPC 进行检索的结果更为全面。因此，推荐使用该网站进行 CPC 查询和检索。

3. 美国专利商标局（USPTO）网站

USPTO 网站可以查询和获取 CPC 分类表，也可使用 CPC 进行检索，网址为https://www.uspto.gov/web/patents/classification/cpc/html/cpc.html。但仅限于检索美国专利文献，并且美国专利文献的 CPC 标引也不全，因此在该网站使用 CPC 检索的效果不如 Espacenet 网站。

第三节 其他分类体系[1]

在专利分析中，IPC 和 CPC 是最为重要的分类体系。除此之外，我们还需要了解一下其他几种分类体系，在某些特定情况下可能会用到。

一、ECLA

欧洲专利局分类体系（EPO Classification，ECLA）是欧洲专利局的内部分类体系，是在 IPC 体系基础上的进一步细分，也是 CPC 体系的基础，因此与 IPC 和 CPC 都有很多相同之处。但随着 CPC 的建立和发展，ECLA 逐渐淡出历史舞台，从 2014 年 11 月起，欧专局检索系统中停止提供 ECLA 相应字段，而只提供 CPC 字段，ECLA 的使用也大大减少。因此本部分只对 ECLA 做简要介绍。

（一）ECLA 的结构

由于 ECLA 是在 IPC 基础上的进一步细分，因此 ECLA 的主体结构与 IPC 基本相同，主要表现在以下几个方面：一是层级结构基本相同，ECLA 也是由 8 个部（A 至 H）以及相应的大类、小类、大组和小组构成的；二是术语基本相同，ECLA 中的类名、类号、参见、附注等都可以引用 IPC 中的相关定义；三是 ECLA 中部、大类、小类、导引标题、大组等的内容与 IPC 基本相同，可参照 IPC。

ECLA 与 IPC 的不同之处主要有以下几个方面。

1. 分类号结构中包含层级信息

在 ECLA 分类表中，除了用圆点的个数表示层级信息外，分类号结构也包含层级信息，具体如图 2 – 21 所示。ECLA 分类号通过字母与数字的交替使用来体现不同的层级关系。

---

[1] 田力普. 发明专利审查基础教程·检索分册 [M]. 北京：知识产权出版社，2008：49 – 74.

IPC	ECLA
1/00 大组	1/00 大组
	1/00B・一点组
	1/00B2・・两点组
1/02・一点组	1/02・一点组
	1/02B・・两点组
1/04・・两点组	1/04・・两点组
	1/04B・・・三点组
	1/04B2・・・・四点组
	1/04B2B・・・・・五点组

图 2-21　IPC 与 ECLA 对比

2. 分类位置范围受新增内部内容影响

ECLA 在 IPC 的基础上，新增了内部（补充）内容，主要包括内部（补充）类名、内部（补充）参见、内部（补充）附注等。在查找分类号时应注意这些内容，因为它们会影响分类位置的范围。

3. 过档文献重分类

ECLA 每次修订之后，都会对过档文献根据最新版的 ECLA 进行重新分类，以保证所有专利文献都与最新版的 ECLA 分类号相对应。

（二）ICO

ICO 是 Indexing Code 的缩写形式，是 EPO 开发的与 ECLA 一起使用的分类体系，用来标引专利文献中的附加信息。

1. ICO 的结构

ICO 分类表基于 ECLA 分类表构建，ICO 分类号首字母与 ECLA 分类号首字母具有一一对应的关系，其对应关系如表 2-17 所示。

表 2-17　ECLA 与 ICO 对应关系

ECLA 首字母	A	B	C	D	E	F	G	H
ICO 首字母	K	L	M	N	P	R	S	T

内容上与 ECLA 相比，ICO 无类名外的方括号，并且基本去掉了 ECLA 类名中的参见、附注等内容，如图 2-22 所示。

ECLA	ICO
E05B47/00D・［N：with rotary electromotor（actuators with rotary electromotor H02K7/06，H02K23/68）］［C9606］	P05B47/00D・with rotary electromotor

图 2-22　ECLA 与 ICO 对比

2. 新增加 Y 部

ECLA 在 A 至 H 部的基础上，新增 Y 部，用以对涉及超微技术的专利文献进行分类。

二、FI 和 FT

为了解决 IPC 分类不够细致的问题，日本特许厅建立了日本专利分类体系，即 FI（File Index 的简称）和 FT（File Forming Terms 的简称，也称 F-term）两种分类体系，目前仍在使用。

（一）FI 和 FT 分类体系简介

FI 分类体系与 CPC 近似，是在 IPC 基础上的进一步细分。FI 覆盖了所有的 IPC 领域，具有与 IPC 类似的层级结构。FI 每年更新两次，并对过档文献进行重新分类。

FT 分类体系是日本特许厅创建的用于计算机检索的一种分类体系。其目的是解决由于技术内容日益复杂、不同技术相互融合而带来的检索效率持续下降的问题。FT 从不同角度对 IPC 和 FI 进行再分类，例如从目的、用途、结构、材料、制造方法、使用或运用方法、控制装置等角度，形成一种多维度的分类体系。FT 以对应于 IPC 中相同的技术领域的技术主题构成 FT 的一个组，成为"FT 主题表"。

实际中，日本专利文献同时以 IPC、FI 和 FT 进行分类标引，更加方便检索。因此如果在专利分析中需要检索日本专利文献，FI 和 FT 分类体系是首选。

（二）FI 和 FT 分类体系的结构

FI 分类体系的结构是在继承了 IPC 的基础上演变而来的，而 FT 分类体系的结构则是全新的。

1. FI 分类体系的结构

由于 FI 继承了 IPC 的层级关系，因此其结构与 IPC 相似，不同之处主要有以下两个方面。

（1）细分类号

在 IPC 小组下的细分类，称为细分类号，由 3 位阿拉伯数字组成，从使用场合、结构特征等不同方面进行分类。

（2）文件识别符

对 IPC 小组或细分类号进一步细分的符号称为文件识别符，其由 1 位英文字母构成，字母 I 和 O 除外。

FI 分类号由 IPC 分类号以及细分类号和/或文件识别符构成，其形式如"A61K6/083，500""A01D34/02 A""G06F9/00，320 A"等。

表 2-18 为 FI 分类表结构示意，其中反映了 FI 对 IPC 的继承，以及使用细分类号和文件识别符进一步细分的情况，同时还有相应 FT 分类号的信息。

表2-18 FI分类表结构

分类号	主题			F-term
H04L12/28	··以通路配置为特征的，例如局域网（LAN），广域网（VAN）			5K033
	100	···用于特殊应用的网络占用控制（通常的每种形式的网络）		5K033
		A	运载工具上的（例如船载的）	5K033
		C	计算机系统	5K033
		F	工业网络（设备生产线制造）	5K033
		H	家庭网络（例如适于家用的IEEE1394）	5K033
		S	商用通信网络（适于商用的）	5K033
		Z	其他	5K033
	200	···不具有典型性的局域网络		5K033
		A	地址管理	5K033
		B	宽带分配	5K033

2. FT分类体系的结构

FT分类号由5位字符主题码（Theme Code）、2位字母视点符（Viewpoint）以及2位数字位符（Figure）组成。其中主题码表示技术主题，视点符表示结构、应用等，位符是对视点符的进一步细化。例如，在FT分类号5K067/AA34中，主题码5K067表示技术主题为电话机结构，视点符AA表示应用，位符34表示有关具体应用。

如表2-19所示，为FT分类表（部分）。其中反映了主题码、技术主题、相关FI分类号、视点符、位符等信息。

表2-19 FT分类表（部分）

	5K032	小型网络中的总线系统				
		H04L12/40-12/417				
AA	AA00	AA01	AA02	AA03	AA04	AA05
	目的和作用	·提高传输效率	·高速运转或处理	·负载减少	·提高经济性	·阻止故障或事故
BA	BA00	BA01	BA02	BA03	BA04	BA05
	应用	·家庭使用（例如家用总线）	·商业使用（例如销售点[POS]或者现金售货机[CD]）	··制造业（例如制造业自动协议[MAP]）	·计算机系统	··多处理

（三）FI 和 FT 分类号的查询

日本特许厅工业产权图书馆网站（www.ipdl.inpit.go.jp）提供 FI 和 FT 分类号的查询功能。

三、UC

美国专利分类体系（US Patent Classification，USPC 或 UC）是世界上最复杂的分类体系，是美国专利商标局用来对自己的专利文献进行分类和检索的体系。

1. UC 分类体系简介

UC 是以最接近功能为分类原则。所谓"最接近功能"，表示作用类似的、可获得类似效果的方法、装置等集中放在同一类目里面。例如，将液体的制冷或冷却设置成一个大类，然后关于任何液体的冷却都分类到这里，例如，牛奶的冷却、啤酒的冷却等都放在这里。这跟 IPC 不同，IPC 关于液体冷却，有一个功能分类 F28，并且还有专门针对牛奶、啤酒的应用分类 A23。由于基本分类原则不同，造成 UC 分类在结构和具体分类规则上都与 IPC 存在很大差别。

2. UC 分类体系的结构

UC 分类号由"大类"和"小类"构成，书写方式是"大类/小类"。UC 分类号最早从 2 开始编排，目前增加到 987 大类，但不是连续的，有些数字没有相应的大类，例如，大类直接从 930 多直接跳到 950 多，即它们之间没有大类。

例如 2/410，2 就是大类，410 是小类，是对大类的进一步细分。2 表示服饰，410 表示用于穿戴者头部。整个分类号的含义就是用于穿戴者头部的服饰。

3. UC 分类号的查询

美国专利商标局网站（https://www.uspto.gov）提供 UC 分类号的查询功能。

第三章 行业调研及技术分解

行业调研一般是通过研究行业的技术发展动态、规模结构、竞争格局等信息,了解行业的发展历程、掌握行业的发展现状和未来发展趋势,为专利分析的项目立项、技术分解和报告撰写提供情报支撑。❶ 技术分解是专利分析中的关键环节,技术分解是否合理,直接决定了专利分析的研究方向和专利数据的准确性。本章主要从专利分析的视角重点介绍行业调研与技术分解的目的、原则、方法、流程和应用场景等,并给出了行业调研的调研途径。

第一节 行业调研

一、行业调研概述

(一)调研目的

行业调研是专利分析中的一项重要内容,涵盖专利分析项目立项、项目实施和报告撰写等阶段。项目立项阶段的调研目的是了解行业的技术背景和发展现状,研究行业内亟需进行分析的热点技术和重点技术分支,从而选择合适的技术主题进行分析。项目实施阶段的调研目的是针对分析过程中涉及的研究范围、研究内容和研究方法进行调研,保证项目研究内容准确、方法科学。报告撰写阶段的调研目的是对专利分析结果进行验证,评估专利分析结果的准确性。

(二)调研内容

根据行业调研目的,专利分析行业调研内容通常包括技术、市场、法律等情报信息。❷ 行业调研以技术信息为主线,综合政策信息、经济信息、法律信息、工商信息和其他信息等内容,为专利分析的项目立项、项目实施和报告撰写提供行业情报,调研内容如图 3-1 所示。

---

❶ 王康,王心妍,王晓慧. 基于产业竞争情报的产业风险预警体系框架研究 [J]. 竞争情报,2018,14 (4):26-31.

❷ Gerdsri N, Daim T U. Generating intelligence on the research and development progress of emerging technologies using patent and publication information [C]. Management of Innovation and Technology. 4th IEEE International Conference,2008.

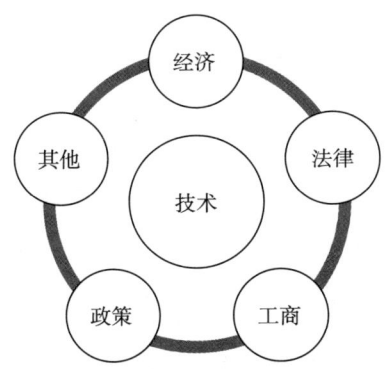

图 3-1 专利分析行业调研内容

技术信息通常包括行业技术发展现状、技术发展趋势和重点技术等科技情报。政策信息通常包括国家、地方和行业协会等主管部门发布的行业发展规划、规范性文件、通知公告等内容。经济信息通常包括行业的规模、营收、利润、进出口额、R&D 经费等经济数据。法律信息通常包括行业相关的法律、行政法规、执法、诉讼等信息。工商信息通常包括企业的注册信息、股东信息、投融资、信用信息和行政许可等信息。

（三）调研原则

以开展专利分析为目的的行业调研一般遵循客观性、全面性、及时性和系统性原则，[1] 如图 3-2 所示。

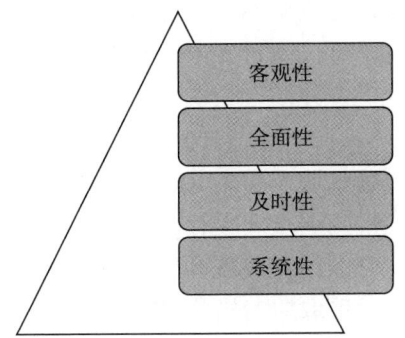

图 3-2 专利分析行业调研原则

1. 客观性

客观性是指行业调研的内容要真实、准确。在专利分析行业调研过程中，需要辩证地对待行业信息，判断信息的真伪。尤其对于二手信息，需要确认信息的来源，只有通过真实的信息情报才能作出客观、准确的分析结论。

2. 全面性

全面性是指行业调研内容和方法的全面。行业调研内容应至少包括技术、政策、经

---

[1] 黄立业，赵辉，王坚，等. 基于专利分析的产业竞争情报分析框架研究 [J]. 情报科学，2015，33（4）：59-63.

济、法律和工商等情报信息。行业调研方法的全面性是指综合运用资料调研、现场调研、问卷调查和专家研讨等多种手段，获取精准的行业情报，为专利分析提供信息支撑。局部和片面的行业信息不足以支撑专利分析的需要。

3. 及时性

及时性是指行业调研的内容应及时可靠。在专利分析过程中应及时捕捉行业的最新发展动态和发展趋势，及时反馈、及时分析，为专利分析的各个环节及时提供参考。过时的政策文件和科技情报对专利分析不具有指导意义和参考价值。

4. 系统性

系统性是指行业调研的内容逻辑清晰、条理清楚。专利分析中的行业调研内容繁杂、类型多样，须通过清晰的逻辑框架对调研内容进行分类汇总，总结出有价值的情报信息，为专利分析提供情报支持。没有逻辑的内容犹如一堆堆砌的信息，杂乱无章。

（四）应用场景

行业调研可应用在专利导航、专利预警和知识产权区域布局等各个层面的专利分析场景中。❶如在产业规划类专利导航项目中，通过调研政策文件可以了解产业定位与发展规划等内容；通过调研产业经济信息可以掌握产业规模和产业现状；通过调研产业技术信息可以明确产业创新发展面临的问题及未来发展趋势；综合行业调研内容与产业专利分析结果，可以指引产业创新资源优化配置的具体路径，研究编写专利导航视角下的产业创新发展政策性文件。❷

在企业运营类专利导航项目行业调研中，通过调研企业所处的政策环境、市场环境及企业技术、产品等自身情况，可以找准定位，明确企业重点发展的产品或产品组合，开展企业重点产品专利导航分析，并结合企业发展的现状，给出企业重点产品的开发策略和专利运营策略。❸

在专利分析和专利预警项目行业调研中，通过调研企业的技术状况、知识产权状况和政策法规等情报信息，将关乎我国企业生存、行业发展以及国家战略层面中的关键技术与国外相关专利进行比较，可以用于发现和警示在科技、经济、贸易、投资等活动中潜在的知识产权风险，以便及时采取应对措施。❹

在知识产权区域布局项目行业调研过程中，通过调研区域技术信息、经济信息及发展规划等情报信息，可以摸清区域创新资源、知识产权资源和产业资源，厘清区域性知识产权资源、创新资源和产业发展的协调匹配关系，优化调整相关创新和产业政策，形成以知识产权为核心的资源配置体制机制。❺

---

❶ 马天旗. 专利分析：方法、图表解读与情报挖掘 [M]. 北京：知识产权出版社，2015：1-5.
❷ 参见2015年《产业规划类专利导航项目实施导则（暂行）》。
❸ 参见2016年《企业运营类专利导航项目实施导则（暂行）》。
❹ 毛金生，等. 专利分析和预警操作实务 [M]. 北京：清华大学出版社，2009.
❺ 贺化. 中国知识产权区域布局理论与政策机制 [M]. 北京：知识产权出版社，2017：1-3.

二、调研流程

行业调研流程通常是以行业技术调研为主线,通过界定行业,搜集科技、政策、经济、法律和工商等信息资料,借助特定的分析模型进行研究分析,最后对研究结果进行推敲验证,完成行业调研,如图3-3所示。

图3-3 行业调研流程

1. 界定行业

界定行业通常是指弄清行业的定义,明确行业的边界,掌握行业的分类标准,明确行业发展在国民经济行业链条中的地位和作用,从而有助于理解专利分析的目标和任务,便于合理进行专利技术分解。

2. 搜集资料

行业调研的目的是使研究人员充分了解行业情报信息,在信息对称的基础上进行专利分析研究。因此,搜集资料是行业调研的一个重要环节,资料的完整性和准确性将直接影响专利分析结论的可靠性。

3. 研究分析

资料搜集完成后需要对相关内容进行研究分析。一是要阅读搜集整理后的资料,对该行业有一个大致的了解;二是要构建研究分析的基本框架,便于内容的梳理;三是针对框架内容进行逐个专题研究分析,归纳总结,形成行业调研报告。

4. 推敲验证

行业调研报告完成后,为了确保研究结论的准确性,需要与行业内的政策专家、产业专家及技术专家沟通交流,听取各方专家的意见和建议,通过多方推敲验证,完善行业调研报告内容。

三、行业调研方法

行业调研方法多种多样,专利分析中的行业调研方法通常包括资料调研、现场调研、问卷调查、专家研讨等,❶ 如图3-4所示。

1. 资料调研

资料调研是专利分析行业调研的常用方法,通过调研行业资料可以深入了解行业技术的发展历程、发展现状及发展趋势。调研资料主要包括学术论文、科技期刊、专利文献、图书、行业标准、行业报告和网络资讯等。资料调研具有方便快捷、省时省力、信息量大等特点,但是资料内容大多属于二手信息,质量参差不齐,需要仔细甄别,筛选出有价值的情报信息。

---

❶ 杨铁军. 专利分析实务手册[M]. 北京:知识产权出版社,2012:16.

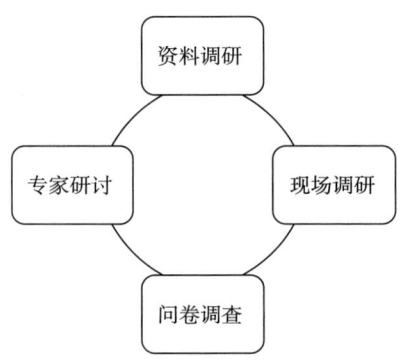

图 3-4 专利分析行业调研方法

2. 现场调研

现场调研是专利分析行业调研的主要方式之一。通过现场调研可以与行业专家和技术人员进行面对面的交流，从而了解整个行业的技术构成、技术现状和发展趋势。针对不同的目的，可以根据行业的整体发展情况具体选择调研对象。如在行业技术调研方面，可以选择高校、科研单位等研发机构。在产品生产和销售方面，可以选择有代表性的相关企业进行调研。在行业政策调研方面，可以选择出台相关政策的政府部门或行业协会。现场调研具有信息准确、互动性强、沟通方便的特点，适合专利分析技术相对复杂、分析人员对该行业了解不多的情况。但是现场调研投入的人力、物力和财力成本较高。

3. 问卷调查

问卷调查是行业专利技术调研和市场调研的主要方式。通过问卷调查可以深入了解行业的技术特点和市场状况。调查问卷需根据调查目的和对象的不同分别制作，一般包括对专利分析的认识情况、技术研发过程中的难点、在市场竞争中面临的挑战、希望了解的专利信息以及可以提供的行业情况、产业政策、行业标准、市场规模等。在问卷调查时需要选择合适的调查对象。一是选择典型的研发主体，重点考虑专利的申请情况和行业内的地位，以确保调查结果的准确性和客观性。二是确保问卷回收率，保证在规定的时间内得到需要的调查内容。最后将回收的调查问卷进行整理和汇总，获得需要的调查内容。问卷调查方式可以有针对性地获得第一手的行业信息，不足是问卷回收和整理相对困难。

4. 专家研讨

专家研讨是通过与行业内的专家沟通交流，深入了解行业的整体情况和发展特点，评估已有研究方法和研究内容的准确性。专家研讨应结合行业本身的特点和发展情况选取在行业内有一定影响力的专家，如科研院所的资深研究人员、企业技术人员、政策标准制定人员及专利分析研究人员等。专家研讨具有信息权威、及时准确的特点。在专利分析的项目开题、项目中期评审和结题评审等环节中常采用专家研讨的方式。

四、行业调研途径

明确行业调研的方法后，就需要通过一定的途径来获取行业调研的内容，本章将重点介绍一些常用的行业资料调研途径。

（一）技术信息调研

技术信息是指经过采集、整理、加工以记录符号存储在载体上的科技文献信息。技术信息的类型大致分为图书、期刊、专利、科技报告、学位论文、会议文献、标准文献、科技档案、报纸、影像、数字出版物等。❶ 利用技术信息可以准确把握专利分析领域的技术发展历程、技术发展现状和未来发展趋势，便于确定专利分析的技术分支和重点技术。

1. 国内技术信息资源

（1）中国知网（CNKI）

CNKI 是专利分析行业调研常用的技术信息调研平台，是由清华大学和清华同方建设的数字图书馆，拥有国内外 1100 多个专业数据库，收录了国内期刊、博士学位论文、优秀硕士学位论文、会议文献、报纸等科技资源。❷ CNKI 提供多种检索功能，包括快速检索、高级检索和出版物检索选项。单击"高级检索"选项，系统还提供包括表单式高级检索、专业检索、作者发文检索、句子检索和框式检索等多项检索方式。根据科技期刊的特点，在平台首页提供了"文献检索""知识元检索"和"引文检索"功能。知识元检索提供了知识互动问答社区，引文检索功能可以看到所引用参考文献的记录、被引用情况及相关文献记录。

（2）万方数据

万方数据是国内主流的科技情报信息平台，整合了数亿条全球优质学术资源，集成期刊、学位论文、会议文献、科技报告、专利、标准、视频、报纸等十余种资源类型，覆盖各研究层次、各学科领域。收录的成果资源主要来源于中国科技成果数据库，涵盖了国内各省、市、部委鉴定后上报国家、科技部的科技成果及星火科技成果。❸ 万方数据知识服务平台提供了一般检索、高级检索两种检索方式，同时提供"检索历史"功能，以及提供检索结果排序、检索结果优化、检索结果浏览、知识网络引文分析、原文获取方式等功能。

（3）维普网

维普网是中文专业技术信息服务网站，其自主研发并推出了《中文科技期刊篇名数据库》《中文科技期刊数据库》《中国科技经济新闻数据库》《中文科技期刊数据库（引文版）》《外文科技期刊数据库》《中国科学指标数据库》，以及智立方文献资源发现平台、中文科技期刊评价报告、中国基础教育信息服务平台、维普 – Google 学术搜索平台、维普考试资源系统、图书馆学科服务平台、文献共享服务平台、维普期刊资源整合服务平台、维普机构知识服务管理系统、文献共享平台、维普论文检测系统等系列产品。❹ 维普网可提供一般检索、高级检索和检索结果管理功能，包括标题、作者、机构、

---

❶ 时雪峰，等. 科技文献信息检索与利用 [M]. 北京：清华大学出版社，北京交通大学出版社，2015：2–3.
❷ http://www.cnki.net/.
❸ http://www.wanfangdata.com.cn/index.html.
❹ http://www.cqvip.com/.

刊名、关键词等查询入口。

(4) 超星数字图书馆

超星数字图书馆是国内专业的数字图书馆解决方案提供商和数字图书资源供应商。超星数字图书馆拥有数字图书80多万种，涉及哲学、宗教、社科总论、经典理论、民族学、经济学、自然科学总论、计算机等各个学科门类。收录1977年至今共计数百万册电子图书，500万篇论文，是目前主流的中文在线数字图书馆之一。❶ 同时超星数字图书馆还提供期刊、论文、会议、报纸和外文文献数字资源。

(5) 百度学术

百度学术是百度旗下提供海量中英文文献检索的学术资源搜索平台，涵盖了各类学术期刊、会议论文等科技资源。百度学术搜索可检索到收费和免费的学术论文，并通过时间筛选、标题、关键字、摘要、作者、出版物、文献类型、被引用次数等细化指标提高检索的精准性。百度学术搜索频道简洁大方，方便易用。

2. 国外技术信息资源

国外技术信息资源非常丰富，较常用的有谷歌学术、SCI、EI和ISTP等。其中，谷歌学术是常用的获取国外科技情报资源的网络应用，可以免费搜索全球学术资源。谷歌学术涵盖了全球绝大部分出版的学术期刊、论文、图书等，可以从一个位置搜索众多学术资料、期刊论文、科技报告、文章引用等内容。

SCI即《科学引文索引》(Science Citation Index)，是由美国科学信息研究所 (Institute for Scientific Information, ISI) 创建的，收录文献的作者、题目、摘要、关键词，不仅可以从文献引证的角度评估文章的学术价值，还可以方便地组建研究课题的参考文献网络。

EI即美国《工程索引》(The Engineering Index)。EI创刊于1884年，由美国工程情报公司 (Engineering Information Co.) 出版发行。EI是工程技术领域内的一部综合性检索工具，包括电类、自动控制类、动力、机械、仪表、材料科学、农业、生物工程、数理、医学、化工、食品、计算机、能源、地质、环境等学科。

ISTP是Index to Scientific & Technical Proceedings的缩写，是美国科学情报研究所的网络数据库。它专门收录世界各种重要的自然科学及技术方面的会议，包括一般性会议、座谈会、研究会、讨论会、发表会等的会议文献，涉及学科基本与SCI相同。

国内外常用的技术信息获取途径如表3-1所示。

表3-1 国内外常用的技术信息获取途径

类 型	网站名称	网 址
国内技术信息资源	中国知网	www.cnki.net
	万方数据	www.wanfangdata.com.cn
	维普网	www.cqvip.com
	百度学术	xueshu.baidu.com

---

❶ http://www.chaoxing.com/.

续表

类　型	网站名称	网　址
中国技术信息资源	超星数字图书馆	book. chaoxing. com
	国家科技图书文献中心	www. nstl. gov. cn
	中国科学院文献情报中心	www. las. ac. cn
	学位论文中心	http：//etd. calis. edu. cn
	香港公共图书馆	webcat. hkpl. gov. hk
	台湾学术书籍数据库	books. twscholar. com/home/index
	台湾学术文献数据库	www. airitilibrary. cn
	台湾博硕士论文知识加值系统	ndltd. ncl. edu. tw
	台湾学术期刊在线数据库	www. twscholar. com
	中国科技统计年鉴	—
	中国火炬统计年鉴	—
	中国知识产权年鉴	—
部分国家和地区技术信息资源	谷歌学术	scholar. google. com
	自然杂志	www. nature. com
	科学杂志	www. sciencemag. org
	Web of Science	www. webofknowledge. com
	EI	www. engineeringvillage. com
	ScienceDirect	www. sciencedirect. com
	Springer	link. springer. com
	SAGEPUB	journals. sagepub. com
	化学文摘	www. cas. org
	生物学文摘	www. biosis. org
	JSTOR	www. jstor. org
	EBSCO	connect. ebsco. com
	IEL 全文数据库	http：//ieeexplore. ieee. org
	美国计算机学会会议录	http：//portal. acm. org
	国际光学工程学会会议录	http：//www. spiedl. org
	WorldCat	https：//firstsearch. oclc. org

3. 标准信息资源

标准是专利分析中经常用到的技术资料，通常分为国际标准和国家标准。常用的国际标准和国家标准信息获取途径如表 3－2 所示。

表 3-2 标准信息获取途径

类型	网站名称	网址
国际标准	IEEE	www.ieee.org
	国际标准化组织	www.iso.gov
	国际电工委员会	www.iec.ch
	国际电信联盟	www.itu.int
	美国国家标准学会	www.ansi.org
	美国石油学会	www.api.org
	美国机械工程师协会	www.asme.org
	美国材料与实验协会	www.astm.org
	英国标准协会	www.bsi.org.uk
	德国标准化学会	www.din.de
	日本工业标准调查会	www.jisc.ge.jp
国内标准	中国国家标准化管理委员会	www.sac.gov.cn
	中国标准服务网	www.cssn.net.cn
	中国标准化协会	http://www.china-cas.org

（二）政策信息调研

政策信息调研是专利分析行业调研的重要内容之一。政策信息主要是指国家部委、地方政府及行业协会等行业主管部门出台的行业相关政策、法规等官方文件。专利分析中的政策信息调研通常包括产业规划类、科技发展类和知识产权类等政策类型。从文件发布主体来看，政策文件可分为国家政策文件和地方政策文件。通过行业政策信息调研可以为专利分析内容提供政策环境情报，如产业规划类政策有助于把握当前行业的发展规划、行业定位及发展趋势，便于确定专利分析的研究方向和研究内容；科技政策有助于明确专利分析的技术链条、技术发展方向和重点技术分支；知识产权政策有助于专利分析结论及建议的撰写。政策信息获取途径如表 3-3 所示。

表 3-3 政策信息获取途径

类型	网站名称	网址	栏目
产业政策	中国政府网	www.gov.cn	政策
	国家发改委	www.ndrc.gov.cn	政策发布中心
	地方发改委	www.ndrc.gov.cn/xglj/201402/t20140213_588302.html	政策法规
	工信部	www.miit.gov.cn	信息公开

续表

类　型	网站名称	网　址	栏　目
产业政策	地方工信部门	www.miit.gov.cn/n1146322/n4423959/index.html	政策文件
	中国知网政府文件	http://r.cnki.net/kns/brief/result.aspx?dbprefix=gwkt	政府文件
科技政策	科技部	www.most.gov.cn	科技政策
	地方科技部门	www.most.gov.cn/地方科技	政策法规
	科技协会	www.cast.org.cn	服务
知识产权政策	国家知识产权局	www.cnipa.gov.cn	政策法规
	地方知识产权局	www.cnipa.gov.cn/gzjxglj/xgljdfzscqjwz	政策法规
	国外知识产权组织	www.cnipa.gov.cn/gzjxglj/xgljgwzyzscqwz	政策文件

1. 产业类

产业类政策信息主要来源于中共中央、国务院、国家部委、地方政府、行业协会等部门，相关政策文件一般会公布于行政部门的官方网站。如国务院政府网站设有"政策"专栏，发布中央和国家层面的产业类政策文件。与产业类文件相关的规范性文件会公布于国家发展和改革委员会、工业和信息化部等系统官网，网站均设有政策文件专栏，包括文件公示、文件发布和政策解读等模块。网站同时提供信息检索功能，可通过标题、正文、发文字号、年份字号、公文种类和成文日期等入口进行检索。

2. 科技类

科技类政策文件主要来源于部委层面的科技部、科技协会，地方层面的科技厅、科委和科技局等部门。国家层面科技类政策文件主要公布于科技部官网的科技政策专栏，在该专栏设有国家科技政策、国家试点科技政策、地方政策精选栏目和科技政策动态栏目，可浏览不同类型的科技政策文件。专栏设有政策检索功能，可通过标题、发文日期进行检索。在网站首页提供地方科技主管部门、其他科技组织的网站入口，可以获取地方及其他组织的科技相关政策文件。

3. 知识产权类

知识产权类政策文件主要来源于国家知识产权局、地方知识产权局等部门。国家层面知识产权类政策文件主要公布于国家知识产权局官网政策法规专栏，该专栏设有专利、商标、版权及其他知识产权相关的政策法规，包括法律、行政法规、部门规章和司法解释等内容。网站设有站内检索功能，可通过关键词检索相关文件信息。在网站首页提供各地方知识产权局和国外主要知识产权组织的网站入口，可以获取地方和国外的知识产权相关政策。

（三）经济信息调研

经济信息是指与行业相关的经济类统计信息，是反映经济活动实况和特征的各种信息、情报的统称。经济信息至少包括国民经济行业运行信息、工业运行信息、进出口贸易信息、海关知识产权保护信息和科技创新信息等。通过经济信息数据可以分析专利数据与创新投入、创新产出和创新效益等经济数据的关联关系，如分析专利指标与研发投入、主营收入、净利润、进出口贸易等指标的关联性，探究专利技术对经济社会发展的促进作用。从地域层面来看，经济信息主要分为中国经济信息和国外经济信息两大类。经济信息获取途径如表3-4所示。

表3-4 经济信息获取途径

类型	网站名称	网址	栏目
中国经济信息资源	国家统计局	www.stats.gov.cn	统计数据
	国家数据	http://data.stats.gov.cn/	全站
	海关总署	www.customs.gov.cn	海关统计
	工信部	www.miit.gov.cn	工信数据
	科技部	www.most.gov.cn	科技统计
	前瞻数据库	https://d.qianzhan.com/	全站
	前瞻产业研究院	https://bg.qianzhan.com/report/	全站
	产业信息网	http://www.chyxx.com/	全站
	中国市场调查网	http://www.cncmrn.com/	全站
	中国金融信息网	http://dc.xinhua08.com/	全站
	中国经济与社会发展统计数据	http://tongji.cnki.net/kns55/	全站
	研究院	www.sts.org.cn	全站
	投资界	https://www.pedaily.cn/	全站
	Wind 资讯	www.wind.com.cn/	经济数据库
	城市统计数据服务	http://data.acmr.com.cn/member/city/	全站
	证券及期货事务监察委员会	https://sc.sfc.hk/gb/www.sfc.hk/web/TC/	全站
部分国家和地区经济信息资源	国家统计局	www.stats.gov.cn/tjsj	国际数据
	联合国统计司	www.unstats.un.org/home	Data
	经济合作与发展组织	www.oecd.org	Data
	世界银行	www.worldbank.org	Data
	美国政府数据	www.data.gov	全站

1. 中国经济信息

中国经济信息主要来源于国家宏观统计部门，如国家统计局、海关总署、工业和信息化部及科技部等。国家统计局主要承担组织实施全国经济、科技、社会资源的统计工作。[1] 国家统计局官网设有"统计数据"专栏，包括最新发布、数据查询、数据解读、统计指标、统计标准、统计公报和统计年鉴等栏目，可查询月度、季度和年度的价格指数、工业、能源、固定资产投资（不含农户）、房地产、国内贸易、对外经济、交通运输、邮电通信、采购经理指数、财政和金融指标数据。部门数据栏目可查询国家各部委、各行业的经济统计数据。在网站首页下方设有地方统计局网站、国外统计网站、国际组织网站和全球统计指标等入口。海关总署官网设有海关统计栏目，主要公布进出口商品统计、海关稽查、知识产权海关保护等贸易数据。工信部官网设有工信数据专栏，通报工业行业运行相关数据，主要包括工业和信息化综合数据、原材料工业、装备工业、消费品工业、通信业、电子信息和软件业的统计分析数据。科技部官网设有科技统计专栏，通报科技领域的人才、经费、技术市场等相关监测数据，如技术市场、创业风险投资、高新区创新发展、高技术产品贸易、R&D 活动等统计分析数据。Wind 资讯是国内金融数据服务商，主要提供上市公司经济数据和国内宏观经济数据。

2. 国外经济信息

对于国外的行业经济数据，可重点参考国家统计局、经济合作与发展组织（OECD）、世界银行和美国政府建设的数据公开网站等。国家统计局官网设有"国际数据"栏目，可查询全球各个国家的经济、贸易和金融等数据。经济合作与发展组织汇编的统计数据涵盖所有成员国及其他国家的年度数据和历史数据，包括主要经济指标数据，如经济产出、就业和通货膨胀数据等。世界银行设有"data"专栏，统计数据主要包括所有成员国及一些其他国家的经济数据和金融数据。美国数据公开网站的统计数据主要涵盖美国各行业的经济数据。

（四）法律信息调研

法律信息主要是指与行业相关的法律法规、诉讼信息、行政执法信息等。通过法律信息可以分析专利技术的权属、法律状态、运营状况及诉讼信息，进而分析该专利行业的竞争态势与发展方向。法律信息主要来源于国家知识产权局、最高人民法院、各高级和中级人民法院、中国裁判文书网及北大法宝等网站。最高人民法院官网"裁判文书"专栏收录了上万篇刑事案件、民事案件、行政案件、知识产权案件、赔偿案件和执行案件裁判文书，专栏提供裁判文书检索功能，包括关键词、案号和裁判时间等检索入口。中国裁判文书网收录了 5000 多万篇刑事案件、民事案件、行政案件、赔偿案件和执行案件裁判文书，网站提供了快捷检索和高级检索功能，检索入口包括案由、法院、当事人、律师、案号等。该网站还设有全国各省市辖区的法院导航功能，提供全国各级法院的网站入口。北大法宝是一个综合性的法律信息平台，收录了国家及地方层面的各类法律法规信息。同时收录了近 5000 万份案例与裁判文书，包括刑事案件、民事案件、行政案件、知识产权案件、国家赔偿案件和执行案件裁判文书，可以按照案由、参照级别和审理法院分类查询，也可以按照法院级别、审理程序、文书类型等进行筛选。

---

[1] 国家统计局机构职能 [EB/OL]. http://www.stats.gov.cn/zjtj/jgzn/201310/t20131029_449581.html.

智南针由国家知识产权局保护司指导，中国知识产权报社主办，解决中国企业"走出去"过程中获取海外知识产权信息不足的问题，网站提供各个国家（地区）知识产权法律法规和国际条约等内容。其他国家和地区的法律信息主要来源于官方建立的法律法规数据库网站。法律信息获取途径如表3-5所示。

表3-5 法律信息获取途径

类型	网站名称	网址	栏目
中国法律法规信息资源	国家知识产权局	www.cnipa.gov.cn	政策法规
	海关总署	www.customs.gov.cn	政策法规
	北大法宝	www.pkulaw.cn	法律法规、司法案例
	最高人民法院	www.court.gov.cn	裁判文书
	全国法院网	www.court.gov.cn	全国法院政务网站群
	中国裁判文书网	wenshu.court.gov.cn	全站
	中国司法大数据服务网	data.court.gov.cn	全站
	汇法网	www.lawxp.com	全站
	威科先行法规数据库	law.wkinfo.com.cn	全站
	中国法院网—法律文库	www.chinacourt.org/law.shtml	全站
	法信	www.faxin.cn	全站
	法律之星	http://law1.law-star.com	全站
	法律图书馆	http://www.law-lib.com	全站
部分国家和地区法律法规信息资源	智南针网	www.worldip.cn	各国知识产权法律法规
	美国法律资源在线	www.lawsource.com/also	全站
	美国国会法律图书馆	www.lawreview.org	全站
	美国法典网	www.cit.uscourts.gov	全站
	美国联邦案例网	caselaw.findlaw.com	全站
	美国联邦法规数据库	www.gdtbt.gov.cn/lawcfr.aspx	全站
	欧盟法律法规数据库	www.gdtbt.gov.cn/laweurlex.aspx	全站
	欧盟法规网	www.eur-lex.europa.eu/homepage.html	全站

（五）工商信息调研

工商信息主要涉及企业工商注册信息、企业信用信息、关联企业信息、司法拍卖信息、失信信息、被执行人信息和知识产权等企业信息。通过工商信息可以了解企业的注册状况、股东、子母公司、关联公司等情况，进而分析专利行业的技术竞争态势、合作关系网络和投融资等内容。工商信息主要来自政府机构和商业机构，政府机构如国家工商总局的国家企业信用信息公示系统，商业机构如天眼查、启信宝和企查查等商业数据库。

1. 中国工商信息

中国企业工商信息主要来自国家企业信用信息公示系统，它提供全国企业、农民专业合作社、个体工商户等市场主体信用信息的公示、查询和异议等功能，提供企业信用信息、经营异常名录和严重违法失信企业名单查询3个入口。在搜索栏输入企业名称、统一社会信用代码或注册号即可查询该公司的工商信息。同时设有导航功能，可进入全国各省市的企业信用信息公示系统，查询某一省市的企业工商信息。香港企业工商信息和台湾企业工商信息主要来自香港和台湾工商行政管理部门。中国企业工商信息还可通过天眼查、启信宝和企查查等商业工具查询，商业工具可以批量查询和下载企业工商信息。

2. 其他国家和地区工商信息

其他国家和地区的企业工商信息主要来自官方工商行政管理部门和商业服务机构。本书提供了美国、新加坡、英属维尔京群岛、澳大利亚、印度、德国、英国等部分国家和地区的工商信息查询地址。

工商信息获取途径如表3-6所示。

表3-6 工商信息获取途径

类型	网站名称/地区	网址
中国工商信息资源	国家企业信用信息公示系统	www.gsxt.gov.cn
	香港公司注册查询系统	www.icris.cr.gov.hk/csci
	台湾公司注册查询系统	gcis.nat.gov.tw
	企查查	www.qichacha.com
	天眼查	www.tianyancha.com
	启信宝	www.qixin.com
	企查猫	www.qichamao.com
部分国家和地区工商信息资源	美国	www.wysk.com/index
	德国	www.firmenwissen.de/index.htm
	英国	www.gov.uk
	新加坡	www.acra.gov.sg
	印度	www.mca.gov.in
	特拉华州	delecorp.delaware.gov

五、行业调研结果分析

1. 分析方法

完成对行业信息的搜集后,需要结合专利分析的研究目的,对行业信息进行结构化分析。行业调研结果分析方法多样,可以采用 PEST 分析法[1],P 代表政治,E 代表经济,S 代表社会,T 代表技术。PEST 分析方法主要从政策法规、经济环境、社会文化、技术革新等维度分析外部环境因素对于行业发展的影响,重点关注与行业相关的某一因素变化带来的机会或者威胁,对行业的宏观趋势、产品目标市场以及导致趋势变化背后的相关因素进行分析,从而为专利分析的研究方向和研究内容提供客观情报信息,如图 3-5 所示。

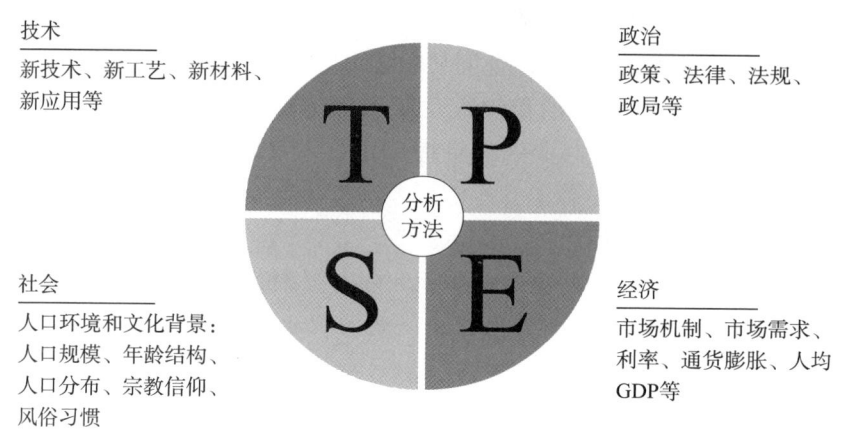

图 3-5 PEST 分析法原理图

政策法规是指对目标行业的规模、增长、盈利和竞争等具有影响作用的政策、法律、法规,例如产业政策、行业法规、法律风险、国家差异等。经济环境是指对目标行业的规模、增长、盈利和竞争等具有影响作用的经济环境趋势,例如宏观经济增长、货币环境、资本市场热度等。社会文化是指对行业发展等产生影响的人口统计学特征、生活方式、价值观念、道德风险等因素,例如性别、年龄、用户习惯、宗教信仰等。技术革新是指对目标行业的可利用技术产生影响的新技术研发、技术迭代、基础设施等因素,例如新技术研发、技术迭代、基础设施等。

针对专利分析领域,从政策法规、宏观经济、社会文化、技术革新 4 个维度分析外部环境对该领域的影响,结合专利信息等竞争情报,借助 SWOT、波特五力等分析工具,识别出影响该专利领域发展的关键成功因素。

2. 调研报告

行业调研的成果通常以行业调研报告或技术综述的形式体现,不同的行业调研目的,报告呈现的内容不尽相同,通常专利分析行业调研报告至少包括以下内容:

---

[1] 付立伟. 新时期图书情报服务的 SWOT—PEST 分析影响研究 [J]. 科技创新导报,2017,14 (27):255-256.

（1）行业基本概述。主要介绍行业范畴、行业分类和行业发展历程等内容。
（2）行业发展特性。主要介绍行业发展现状、行业发展周期、产业链情况等内容。
（3）行业政策导向。主要介绍行业政策、发展规划、行业标准与规范等内容。
（4）行业市场分析。主要介绍行业市场容量及增速、行业市场细分、行业供需分析等内容。
（5）行业竞争状况。主要介绍行业竞争格局、行业盈利水平、主要竞争者等内容。
（6）行业技术发展。主要介绍行业国内外技术特点、行业关键核心技术、行业技术发展趋势等内容。
（7）行业发展模式。主要介绍行业商业模式、发展模式方向等内容。
（8）行业资本市场。主要介绍国内外资本市场、重点上市公司等内容。
（9）行业关键因素。主要介绍行业进入壁垒、行业发展关键因素、行业发展趋势、行业驱动因素、行业发展趋势等内容。

第二节　技术分解

一、技术分解的目的和原则

技术分解的目的和原则主要有以下3个方面。

1. 紧密结合产业实际

专利分析直接面向的对象是产业，这就要求专利分析的内容必须紧密结合产业实际，既要保障与产业的交流效果，又要保证报告的使用推广价值。一方面，既然面向的是产业，就要使用业内人士能够认可的方式进行技术分解，使用业内人士能够看懂的文字图表表达相应的技术内容，这样才不会出现各说各话、相互误解的情况，从而很好地保障专利分析内容与产业的交流效果。另一方面，在保障交流效果的基础上，才有可能让业内人士理解专利分析报告的内容，明确专利分析报告的重点，才有可能将报告与产业实际相结合，解决产业问题，取得实际成效，从而才能够保证报告的使用推广价值。

2. 提高检索与数据处理效率

技术分解是专利检索与数据处理的基础。一是技术分解为专利检索界定了清晰的范围，明确了分析对象的轮廓，确定了检索的主题；二是检索要素需要围绕技术分解的内容来确定，检索中使用的分类号、关键词等要素都需要围绕技术分解的内容来扩展、筛选和确定；三是技术分解为数据清理和标引提供指南，检索获得的专利数据的取舍，需要以技术分解的内容作为标准来判断，有效专利数据的标引需要以技术分解的内容作为标准来归类。

3. 便于专利分析与报告撰写

技术分解明确了专利分析的整体内容和具体分支，有助于在专利分析的过程中梳理关键技术分支、明确分析重点，也有利于在专利分析报告撰写的过程中，确定分析逻辑，厘清撰写思路，从而整体上提高专利分析的质量和分析报告的可读性。

根据技术分解的目的，应遵从以下原则进行技术分解：第一，应尊重行业习惯，通过调研、座谈等方式充分了解行业现状和特点，让技术分解的结果能够与产业实际相符；第二，应利于关键技术分支剥离，明确关键技术分支边界，将研究重点作为相对独立的整体体现出来；第三，专利文献量应适中，确保检索结果的可靠性和分析结论的权威性；第四，应便于检索和数据标引，提高专利分析工作的效率和质量。第五，应尽可能减少技术交叉，避免相同技术重复分析，造成分析结论失真。

二、技术分解的方法和常见场景

（一）技术分解的方法

常见的技术分解方法主要有专利分类法、行业分类法和学科分类法❶。

1. 专利分类法

由第二章中介绍的内容我们可以发现，专利分类体系实际就是一种技术分解，从部、大类、小类，一直分解到大组、小组，呈现出逐层细化的结构。因此，按照专利分类体系，结合分析对象内容进行技术分解，是一种常见的技术分解方法。

该方法的优势在于，专利分类体系较为完善，各种分类定义较为明确，可以直接参考使用，省去重新设计分解体系的麻烦；此外，由于按照分类体系进行分解，各技术分支都会很好地与分类号对应，也有利于下一步的检索工作。

但是，按照专利分类体系进行技术分解，也有明显的缺点。首先是易与产业脱节。当专利分类体系的分类原则与产业分类原则不一致时，会得不到业内人士认可，失去专利分析的意义。其次是不能构成完整的技术体系。专利分类体系中存在功能位置、应用位置等多种情况，造成分类分散，很难构成完整的技术体系、覆盖分析对象全部，会对专利分析的全面性带来影响。

2. 行业分类法

行业是国民经济中同性质的生产或其他经济社会的经营单位或者个体的组织结构体系的详细划分❷。行业分类自成体系，具有确定的标准和规范。

行业分类法的优势在于，它自然与行业习惯相符，可以与既有产业链、产品链无缝衔接，与行业、技术专家的对接也毫无阻碍。

但行业分类法不是从技术角度出发的分类，不同产品间往往包含共有技术，不利于专利分析的进行。

3. 学科分类法

学科分类法是以教科书中学科分类为基础的分类法，其分类全面、自成体系，具有较高的权威性，比较适合基础类研究的专利分析分类。但其发展与技术发展不同步，体现出较大的迟滞性，因此不适应新兴技术的技术分解工作。

分解方法的选择：在具体技术分解的过程中，往往是多种分解方法的融合使用。如果分解对象是产业和产品，则优先利用行业分类法进行分解，配合使用专利分类法和学

---

❶ 杨铁军. 专利分析实务手册［M］. 北京：知识产权出版社，2012：23.
❷ 百度百科［EB/OL］.［2019-01-06］. https://baike.baidu.com/item/%E8%A1%8C%F4%B8%9A/2063999? fr=aladdin.

科分类法进行进一步细分和完善。如果分解对象是关键技术，则优先利用专利分类法进行分解，结合行业分类习惯进行调整完善。

（二）技术分解的常见场景

根据专利分析对象的不同，技术分解的常见场景主要包括产业、产品、技术构成等。此外，由于技术的高速发展和不断融合，多种场景交叉出现，多要素、多维度进行技术分解的情况也越来越普遍。

1. 产业

为了掌握某一产业的发展态势，厘清产业发展脉络，预测产业发展方向，经常需要针对产业开展专利分析工作。现行《国民经济行业分类》❶ 中对行业的定义为："行业（或产业）是指从事相同性质的经济活动的所有单位的集合。"由此可见，行业与产业的定义是一致的，不做区分。

（1）产业的特点

产业主要具有以下两个特点：一是覆盖范围广。通常产业的内涵丰富，覆盖的技术内容范围广泛，从产业源头到终端，涉及各种技术的量级一般在百项以上，相应专利文献的数量也非常庞大。二是技术类型多。由于产业技术内容范围广泛，涉及的技术类型也十分复杂，例如产品结构、物质构成、制造方法和设备、运行方法和设备、维护方法和设备等。

（2）产业技术分解的对策

根据产业的特点，在进行产业技术分解时，应以产业构成和产业链条为基础，梳理上中下游各个环节，并逐级分解，以确保技术分解既覆盖产业整体，又不遗漏重要环节。

（3）产业技术分解流程

图3-6为产业技术分解流程。

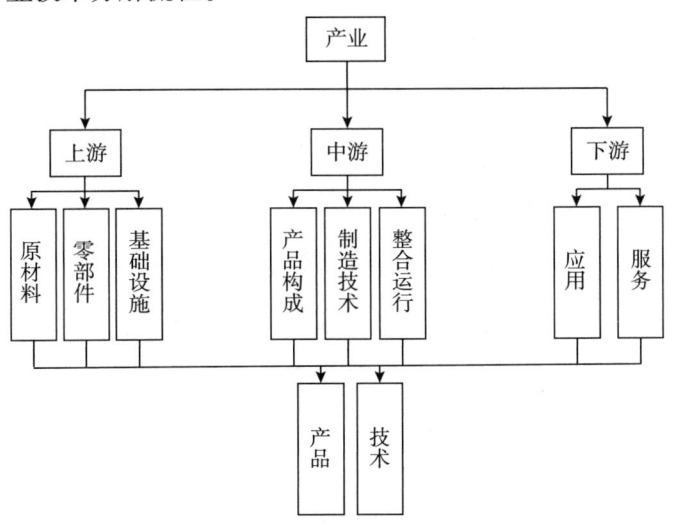

图3-6 产业技术分解流程

---

❶ 国民经济行业分类 [EB/OL]. [2019-01-01]. https://baike.baidu.com/item/%E5%9B%BD%E6%B0%91%E7%BB%8F%E6%B5%8E%E8%A1%8C%E4%B8%9A%E5%88%86%E7%B1%BB/1640176?fr=aladdin.

其主要方法步骤如下：

步骤1：确定产业定义。针对待分析的产业对象，通过产业调研、资料查询、专家咨询等方式，确定产业定义，明确产业范围，划清产业边界。

步骤2：产业上中下游分析。在步骤1确定的产业定义范围内，分析产业所涉及的上中下游的技术内容。产业上游通常涉及原材料（例如矿产）、零部件、基础设施等产业，中游一般涉及由原材料生产或零部件组装的产品本身、相应的制造生产技术、整合运行技术等，下游则较多涉及产品、技术的应用，所提供的服务等方面。需要注意的是，上中下游的分类是相对的，同一产品或技术在不同产业中会归属于不同的环节。

步骤3：产品和技术分解。在步骤2确定的上中下游不同环节中，分别从产品和技术的角度出发，进行相应的技术分解。

【案例3-1】空间互联网通信产业技术分解

步骤1：确定空间互联网通信产业定义。针对空间互联网通信产业，课题组通过对中国、日本、美国、欧洲等国家和地区相关研究现状、政策基础进行分析，结合产业调研情况以及专家咨询意见，确定了空间互联网通信产业的定义为："以空间平台（如同步卫星或中、低轨道卫星、平流层气球、有人或无人驾驶飞机等）为载体，实时获取、传输和处理空间信息的网络系统。"

步骤2：产业上中下游分析。空间互联网产业的发展目前还处于初级阶段，尚未形成系统、完整的产业链。参照空间互联网产业中占据核心地位的卫星产业的产业链研究，可以将空间互联网产业链分解为以卫星运营商为核心，由卫星制造商、火箭制造商、发射服务商、运营服务商、内容提供商、终端用户等上中下游多个部分共同组成的链条，链条上的每一个元素紧密联系，互相作用，创造出比单一环节更大的协同效应。因此，空间互联网产业链自上而下可以分为上游的空间设施制造和发射，中游的运行管理以及下游的服务提供。

步骤3：产品和技术分解。在步骤2确定的上中下游不同环节中，分别从产品和技术的角度出发，进行相应的技术分解。例如在上游产业"空间设施制造"技术下，可从产品的角度进一步分解为"空间层用户航天器制造"技术和"临近空间层用户飞行器制造"技术，下游产业"服务提供"中，可从不同类型通信技术的角度进一步划分为"卫星通信""导航通信"和"遥感通信"。

按照上述步骤进行产业技术分解得到的技术分解表如表3-7所示。

表3-7 空间互联网通信产业技术分解表

空间互联网通信产业										
上游				中游				下游		
空间设施制造			发射	运行管理				服务提供		
空间层用户航天器制造		临近空间层用户飞行器制造		火箭／航天飞机	星座组网	星载路由交换	链路传输	网络安全防护	卫星通信	导航通信	遥感通信
卫星	空间站	高空气球／高空无人机／飞艇			星座设计	星载电路交换／星载分组交换	微波链路／激光链路		移动通信业务／广播业务		

2. 产品

针对产品进行专利分析也是一种常见场景,例如一种设备、一个器件等。

(1) 产品的特点

产品的特点主要有以下3个方面:一是类型化。同种产品可能存在不同类型,针对产品的技术分解往往先从产品的不同类型入手。二是结构化。产品往往都是由不同的结构、部件组合而成的,具有天然的可分解特性,这对技术分解来说具有有利的一面。三是复杂性。产品的不同结构还涉及材料、制造、组装等多方面,分支较多,容易遗漏。

(2) 产品技术分解的对策

根据产品的特点,在进行产品技术分解时,应以产品类型和结构为基础,梳理各个结构自身特点、结构之间的关系等要素,逐级分解,并注意各个结构涉及的材料、制作等相关因素,确保技术分解全面准确。

(3) 产品技术分解流程

图 3-7 为产品技术分解流程。

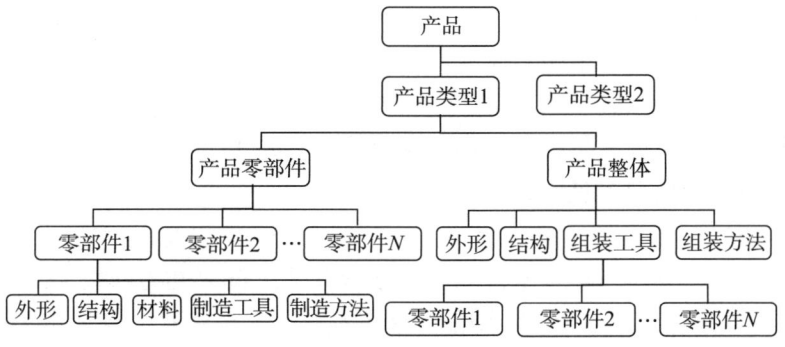

图 3-7 产品技术分解流程

其主要方法步骤如下:

步骤1:确定产品定义。针对待分析的产品,通过产品调研、资料查询、专家咨询等方式,确定产品定义,明确产品范围,划清产品边界。

步骤2:产品结构分析。首先按照产品类型将产品进行分类。接着将每类产品的结构分为产品零部件和产品整体两大技术分支。然后针对产品零部件,可以进一步细分为不同的零部件 $1 \sim N$,这一步细分完全可以按照产品实际结构进行,产品有哪些系统、哪些零件,就细分出哪些分支。而针对产品整体,则没有下一层级的技术分支了。

步骤3:相关要素分析。在技术分支的基础上,这一步主要考虑每一技术分支所涉及的技术要素。对于零部件来说,主要的技术要素在于零部件自身的结构、材料、外形、制造零部件的工具、制造零部件的方法等。而对于产品整体来说,产品整体的结构,也就是各个部件之间的组装位置关系等需要关注,其次还有组装产品的工具及方法等。而对于细分出的制造工具、组装工具等技术要素,还可以进一步细分出该工具的零部件,从而在另一个起点上进行技术分解。

【案例3-2】针对高端光刻机产品的技术分解❶

步骤1：确定高端光刻机定义。

高端光刻机是光刻设备中的一类产品，特指用于半导体集成电路芯片制造的高端光刻设备。定义的明确有利于确定高端光刻机的产品范围，排除不属于高端光刻机的内容。

步骤2：分别对高端光刻机产品的系统结构和整体进行技术分解。

对光刻机技术分支的分析可以按3个层次：第一层次，将光刻机分为系统结构和整体结构两个分支；第二层次，在系统结构的基础上进一步细分为照明系统、投影系统、对准系统、工作台系统以及调焦调平系统5大技术分支，这也是光刻机典型的5大分系统，而对光刻机在整体上进一步细分出框架减振这一技术分支；第三层次，在5大分系统的基础上，进一步将每一个分系统细分为更具体的技术分支，例如将照明系统按照光源波长细分出极紫外照明系统，按照照明方式细分出离轴照明系统。

步骤3：分解每个技术分支的相关技术要素。

针对第一步中细分出的每个技术分支，进一步分解出相关的技术要素。例如，针对极紫外照明系统，其涉及辐射源、光学系统设计以及系统污染控制等技术要素；而对于离轴照明系统，则涉及离轴照明方式生成的元件、照明系统光学设计、照明光源的选择设计等技术要素。相关要素不仅是结构，有的还涉及方法。

具体技术分解的情况参见图3-8。

3. 技术构成

在专利分析中，针对一项技术构成进行分析也是比较常见的场景，例如人工智能技术等。针对技术构成的专利分析要求既要能够体现技术全貌，又要突出关键技术重点，做到全面基础上的重点突出。

（1）技术构成的特点

技术构成的最大特点是其复杂性。技术的构成往往涉及较多的因素，例如技术相关的产品、技术的实施方法、技术的应用领域、技术的性能参数、实施技术的设备等。梳理一项技术的具体分支，既能够全面覆盖技术整体，又能够突出关键技术，则是一项难题。

（2）技术构成的技术分解对策

根据技术的特点，在针对一项技术进行技术分解时，应以该项技术所呈现的技术链条为基础，梳理链条上的每个环节，然后逐级分解，并注意各个环节、各个层级涉及的相关因素，确定关键技术，确保技术分解全面准确、重点突出。

（3）技术构成分解流程

图3-9为针对技术构成的技术分解流程。

---

❶ 改编自：崔伯雄. 高端光刻机专利分析与预警报告［G］//国家知识产权局办公室政策研究处. 优秀专利调查研究报告集（Ⅵ）. 北京：知识产权出版社，2012.

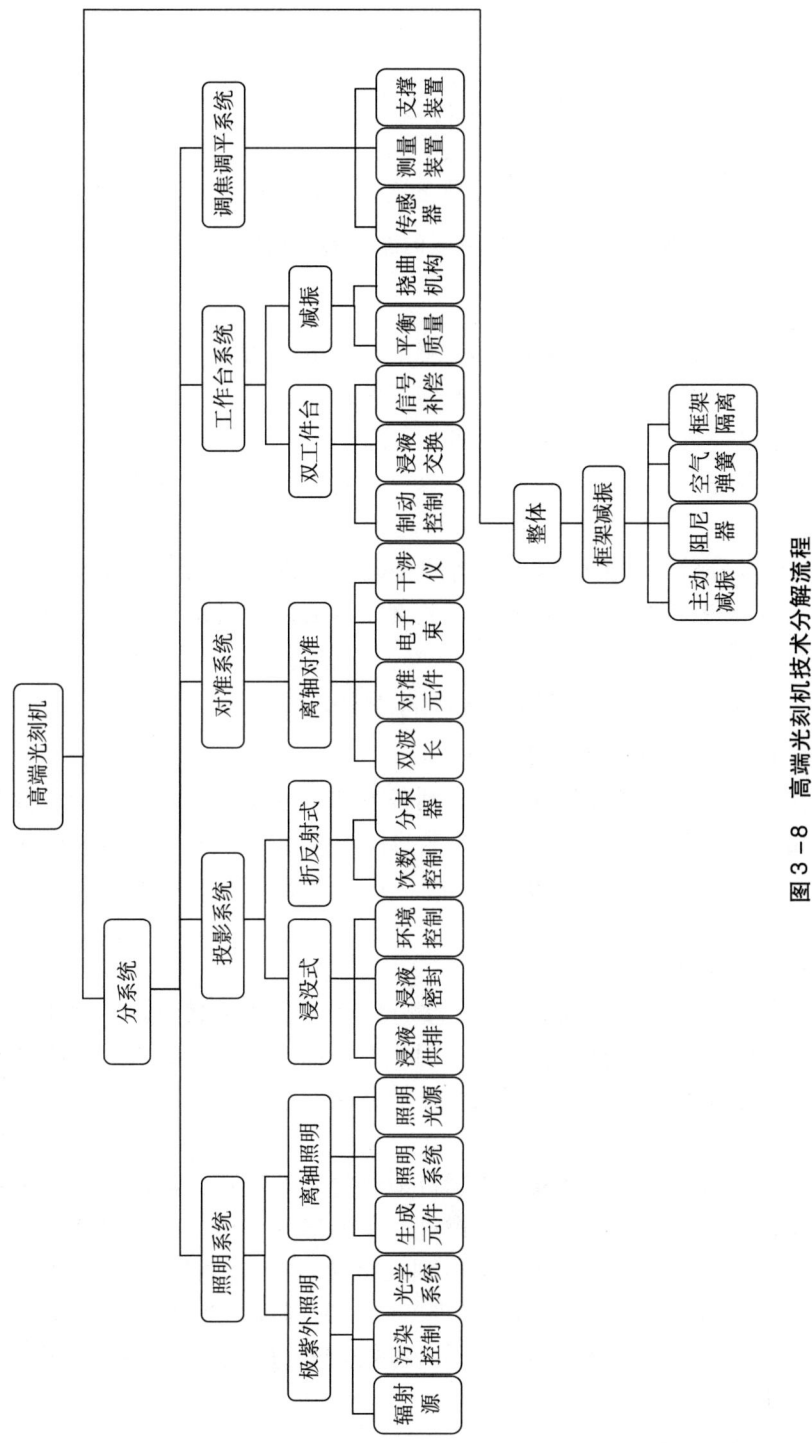

图3-8 高端光刻机技术分解流程

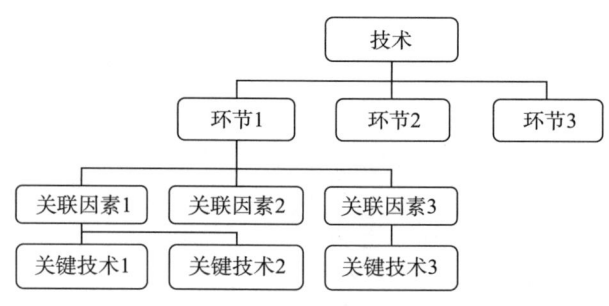

图 3-9 针对技术构成的技术分解流程

其主要方法步骤如下：

步骤1：梳理技术链条。针对待分析的技术，通过技术调研、资料查询、专家咨询等方式，确定技术定义，明确技术链条，梳理各个技术环节。

步骤2：关联因素分析。针对不同技术环节，确定相应的关联因素。例如针对技术相应的产品，分析不同的产品类型、产品结构等；针对实施技术的方法，分析不同的技术路线。

步骤3：关键技术分析。在关联因素分析的基础上，进一步确定关键技术，针对关键技术，可进一步进行更加详细的技术分解。关键技术的确定可结合分析需求、分析目标、技术发展趋势等因素。

【案例3-3】针对3D打印金属粉末技术的技术分解

步骤1：梳理3D打印金属粉末技术链条。

根据技术对应产品，产品对应制备方法，制备方法对应制备设备、性能、参数、应用等这一整体思路，可将3D打印金属粉末技术的技术链条分解为金属粉末产品、粉末制备方法、制备设备、应用领域、性能参数和3D打印方法等技术环节，得到一级技术分支。

步骤2：分析各环节的关联因素。

在步骤1梳理的技术环节的基础上，进一步分析各环节的关联因素。例如针对金属粉末产品，进一步分解出由不同材料制备的不同类型产品；针对制备方法，则进一步分解出不同技术路线的制备方法，由此得到二级技术分支。

步骤3：关键技术分析。

由于该专利分析项目重点关注气雾化法制备金属粉末的设备，且针对二级技术分支的检索发现气雾化设备的专利申请量足以支撑进一步的专利分析，所以将这一技术确定为关键技术，从而进一步按照设备结构分解得到三级技术分支（表3-8中灰色背景所示）。同时，在针对二级技术分支的检索中发现，激光3D打印方法专利申请量较大，且随时间推移呈明显上升趋势，有可能是未来的发展方向，所以也将该技术选作关键技术，进一步进行技术分解。

具体技术分解的情况参见表3-8。

表3-8 3D打印金属粉末技术构成技术分解表

一级分支	二级分支	三级分支	
3D打印金属粉末技术	金属粉末产品	Fe基合金	
		Ti基合金	
		Co基合金	
		Al基合金	
		Ni基合金	
		……	
	制备方法	水雾化法	
		气雾化法	
		等离子旋转电极法	
		……	
	制备设备	气雾化	熔炼系统
		PREP	真空系统
		等离子球化	雾化系统（喷嘴、喷盘）
		等离子雾化	收粉系统
		水雾化	……
	应用领域	航空航天	
		医用植入	
		模具工具	
		……	
	性能参数	球形度	
		流动性	
		……	
	3D打印方法	激光	选择性激光熔化
			激光近净成型
		电子束	电子束熔融

三、技术分解流程

本部分我们重点讨论技术分解的一般流程及相关案例。

（一）一般分解流程

技术分解的一般流程如图3-10所示。总体上分为4个阶段，即准备、实施、调整和规范。

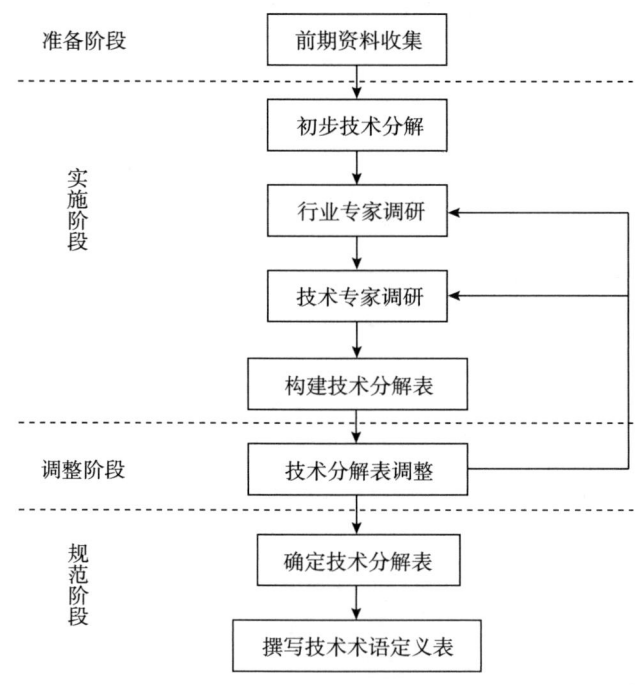

图 3-10 技术分解流程

1. 准备阶段

步骤 1：前期资料收集。

作为技术分解的第一步，应充分了解分解对象的概况，通过搜集产业宏观报告、产业期刊文献、相关硕博论文、国家和行业技术标准等方式，梳理产业发展情况、产品更新换代情况、技术发展路线等态势，明确分析对象所包含的具体内容、定位等。如果分析对象是产业，则需要明确产业上中下游的各个环节及其具体内容；如果分析对象是产品或技术，则需要明确该产品或技术在产业中的定位以及所起到的作用等，同时确定关键产品结构或关键技术环节。

2. 实施阶段

步骤 2：初步技术分解。

在步骤 1 的基础上，结合专利分析需求、产业、产品和技术的实际发展情况，对分析对象进行初步技术分解，一般分解到一级或二级技术分支即可。例如针对产业的初步技术分解，应划分出产业链的上中下游，同时可对关注的某些环节进行二级技术分解；如果针对的是产品或技术，在分解出主要结构或技术构成的同时，还应确定关注的关键结构或关键技术属于哪一技术分支并明确出来，以便更有针对性地进行下一步的专家调研工作。

步骤 3：行业、技术专家调研。

在得到初步技术分解的结果后，需要及时进行行业和技术专家的调研工作。针对产业的技术分解应重点面向产业专家调研，包括相关行业协会、产业研究中心等单位的专家学者，重点调研上述结果是否符合行业习惯、是否符合产业实际；针对产品和技术的技术分解则重点面向技术专家调研，包括相关高校、科研院所、龙头企业的技术研究人员，重点调研的内容是技术分类是否合理、关键结构或技术的表述和位置是否准确等。

步骤4：构建技术分解表。

根据初步技术分解的结果，结合产业、技术专家给出的意见和建议，进行全面技术分解，构建技术分解表。具体分解的思路包括自上而下、自下而上以及上下结合。针对定义比较明确、包含内容相对确定的分析对象，可以主要采用自上而下的思路逐级分解，例如结构相对确定的产品等，自上而下的分解思路可以保证技术分解的全面性。对于定义相对模糊，同时又需要关注重点技术的分析对象，可主要采用自下而上的思路，先确定相对重要的技术分支以及关注的关键技术，逐级向上确定不同层级的技术分支的内容，自下而上的分解思路可以保证技术分解的准确性，能够突出重点。而上下结合的技术分解思路是实际中比较常见的情况，既可保证全面，又可突出重点，一般先采用自上而下的思路逐级分解，再针对关键结构、技术等内容自下而上进行对应调整。

3. 调整阶段

步骤5：技术分解表调整。

在步骤4构建的技术分解表的基础上，结合多种因素进行技术分解表的调整。常见的调整因素主要有以下4个❶。

（1）根据行业调查反馈情况调整。虽然之前进行过行业和技术专家调研，但该调研只针对初步分解的结果，内容尚未充实，专家意见是否在后续的技术分解过程中充分体现也尚不确定，因此需要针对技术分解表初稿进一步进行专家调研，并根据专家意见调整技术分支、完善分支定义，从而使技术分解更加符合行业习惯和产业实际。调研的过程中难免遇到专家之间意见矛盾的情况，这时需要从项目整体的角度来把握，辨别采纳更加合适的意见建议并进一步验证确定。

（2）根据检索文献总量及其分布调整。完成技术分解后，需要针对每一个技术分支进行文献检索。一方面，如果某一最低层级分支的文献量过大，会对该分支的专利分析造成困难，这时需要考虑将该技术分支进一步分解，以便于下一步的分析工作。另一方面，如果某一技术分支的文献量过小，则失去统计分析的意义，此时应考虑通过调整分解方法、重新定义分支内容等方法将该分支与其他分支合并。

（3）根据数据清理和标引情况调整。由于不同技术分支之间可能存在技术交叉，造成后期难以进行数据清理和标引。此时，应尽量采取微调的方式，对不同技术分支的定义进行调整，从而尽可能减少技术交叉的情况。如果此种情况不可避免，则可以采用明确标引原则的方式，减少重复标引的情况。

（4）根据研究过程中的初步结论调整。专利分析进行到一定阶段会得出一些阶段性结论。如果发现阶段性结论（例如专利申请量趋势）与行业实际明显不符，则很有可能是技术分解出了问题。这时应从得出结论的依据数据出发，反推技术分解

---

❶ 杨铁军. 专利分析实务手册［M］. 北京：知识产权出版社，2012：27.

中分支定义、技术划分等是否合理、有无问题，持续进行相应调整，直到结论与实际相符。

4. 规范阶段

步骤6：确定技术分解表。

经过调整后，需要最终确定技术分解表是否满足要求。判断原则主要有3个方面。一是是否符合行业实际，确定后的技术分解表要综合行业、技术各方面专家的意见，符合行业习惯和产业实际，既体现行业整体，又能突出关注的重点。二是文献量是否合适，各技术分支的文献量应相对平衡，避免出现过多和过少的情况，单个技术分支的文献量应控制在百篇至千篇之间。三是是否便于检索标引，技术分支之间的技术交叉应尽可能减少，分析对象整体以及各技术分支之间的边界应清晰明确。

步骤7：撰写技术术语定义表。

由于同一技术术语在不同环境、不同行业、不同技术领域下可能具有不同的技术含义，因此需要对技术分解中出现的技术术语进行详细定义。这样做可以使技术分支所包含的内容更加明确，技术分支之间的边界更加清晰，从而减少技术交叉的情况，有利于专利分析的准确。

（二）技术分解案例

【案例3-4】"动力锂电池关键材料"技术分解

针对"动力锂电池关键材料"专利分析的技术分解的流程主要包括技术主题的确定、技术分支的划分以及适应性调整等内容。

该专利分析的对象表面看是一种产品类型的分析对象，可首先利用针对产品的思路进行技术分解。但需要注意的是，分解到具体电池结构的时候，可能会涉及技术构成的相关因素，例如制备方法、性能参数等，此时应利用针对技术的思路来进行进一步的技术分解。

具体步骤如下。

1. 准备阶段

步骤1：前期资料收集。

针对"动力锂电池关键材料"，课题组对行业内领先的研究机构、咨询公司、龙头企业等进行了深入调研。

首先，通过行业信息，摸清了锂电池产业链状况，明确了研究主题"关键材料"在整个产业链中的定位及作用，为确定技术分解的广度和深度打下了良好的基础，如图3-11所示❶。

---

❶ 锂电池化学品：最具应用前景的电子化学品材料［EB/OL］．（2013-12-09）［2019-01-06］．http：//www.chyxx.com/industry/201312/224860.html．

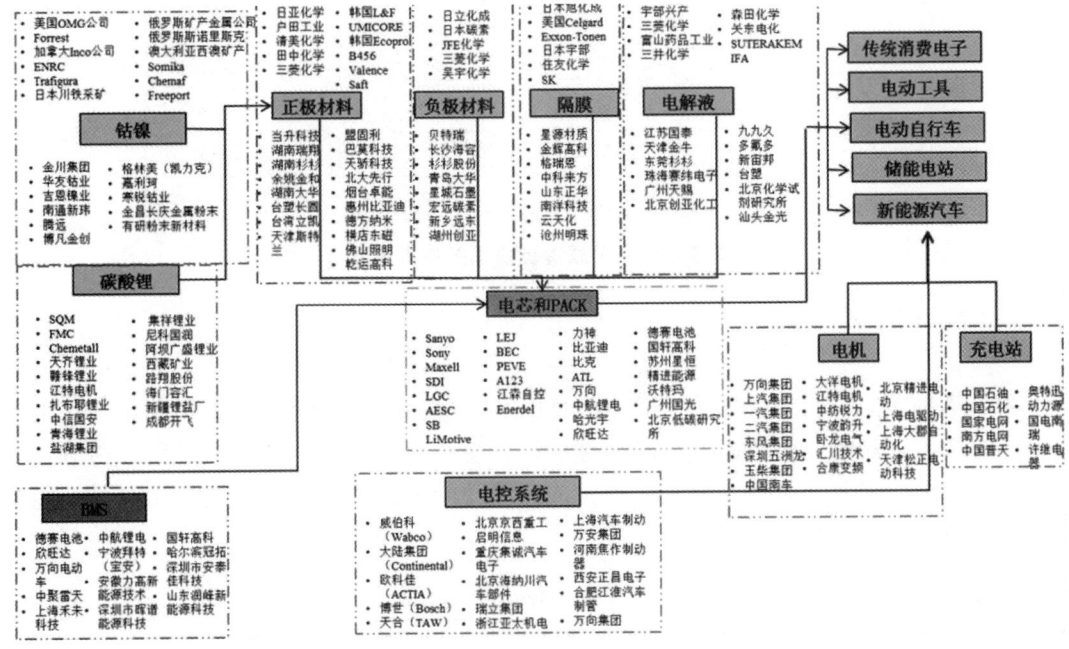

图 3-11　锂电池产业链状况

其次，通过行业发展态势，梳理出动力锂电池技术发展路线及升级换代方向，为技术分解中的重点技术分支的确定提供决策依据。如图 3-12 所示，根据相关信息，项目组确定了锂离子电池和锂金属电池为两大重点分支。

图 3-12　动力锂电池技术发展路线

此外，项目组还通过座谈的形式与产业技术专家就锂电池关键材料技术的具体内容进行了交流，为技术分解的具体划分提供了重要参考。图 3-13 所示为产业技术专家提供的金属锂负极相关技术内容。

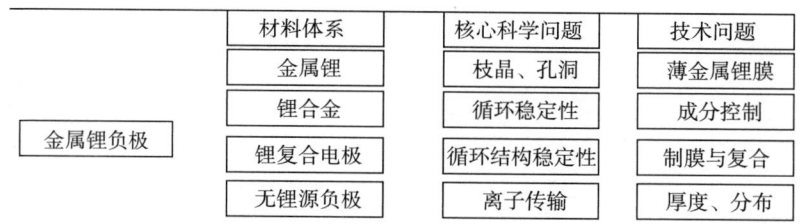

图3-13 金属锂负极相关技术内容

2. 实施阶段

步骤2：初步技术分解。

在步骤1的基础上，课题组按照产品类型思路，进行了初步技术分解。如图3-14所示，分别针对锂离子和锂金属两类电池的关键材料，按照电池的结构进行了分解，得到二级技术分支。进一步又针对每个电池结构，按照涉及的不同类型材料，进行了分解，得到初步的三级技术分解图。

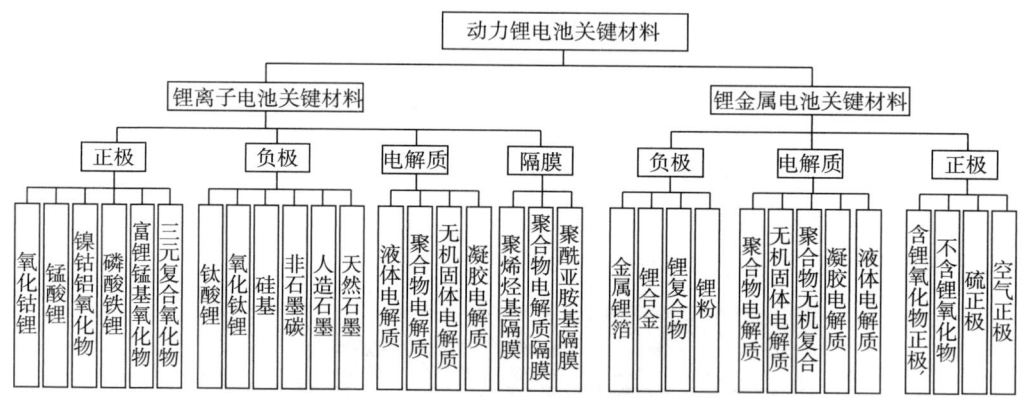

图3-14 初步三级技术分解

步骤3：行业、技术专家调研。

在得到初步技术分解的结果后，项目组又进行了相关行业和技术专家的调研工作。根据调研结果，纠正了初步分解时的错误和不当之处，明确了重点研究的技术分支并进一步深入分解。

在纠正不当之处方面，例如，根据行业技术定义，"镍钴铝氧化物"属于"三元复合氧化物"中的一种，两者并列在同一层级的技术分支中不恰当；根据术语一致性的要求，"锰酸锂"的表述应调整为"氧化锰锂"，从而与"氧化钴锂"的表述一致；由于不是研究重点，"人造石墨"和"天然石墨"可统一表述为"石墨"，从而有利于精简技术分解表，也有利于后期技术分析时重点突出。

在明确重点技术分支方面，确定了"磷酸铁锂""三元材料"、锂金属负极材料等为研究重点，为下一步更加详细的技术分解指明了方向，具体如图3-15所示。

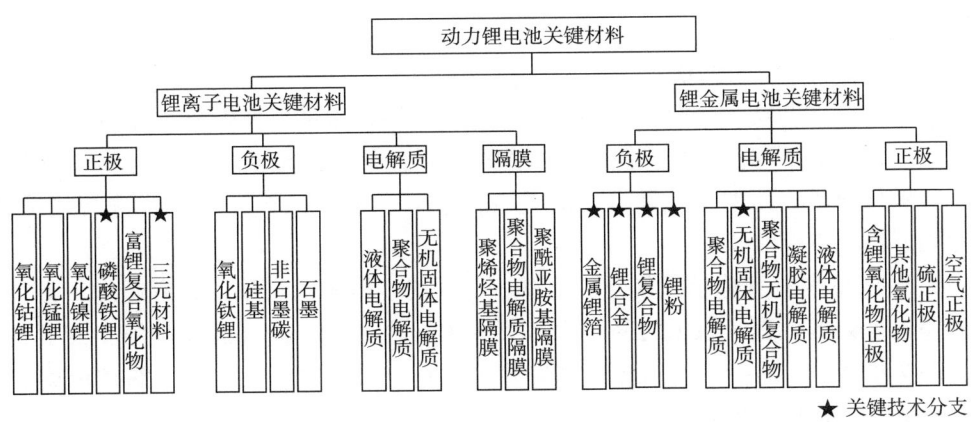

图 3-15　初次调整后的技术分解

步骤 4：构建技术分解表。

根据上述步骤的结果，采用上下结合的技术分解思路，通过自上而下确保三级技术分支全面不遗漏，通过自下而上，确保重点研究方向的技术分解足够详细和深入。具体技术分解表如图 3-16 所示。在四级和五级技术分支中，多涉及具体材料的制备方法和性能参数，这些分支都是与下一步专利分析的重点方向紧密结合的。

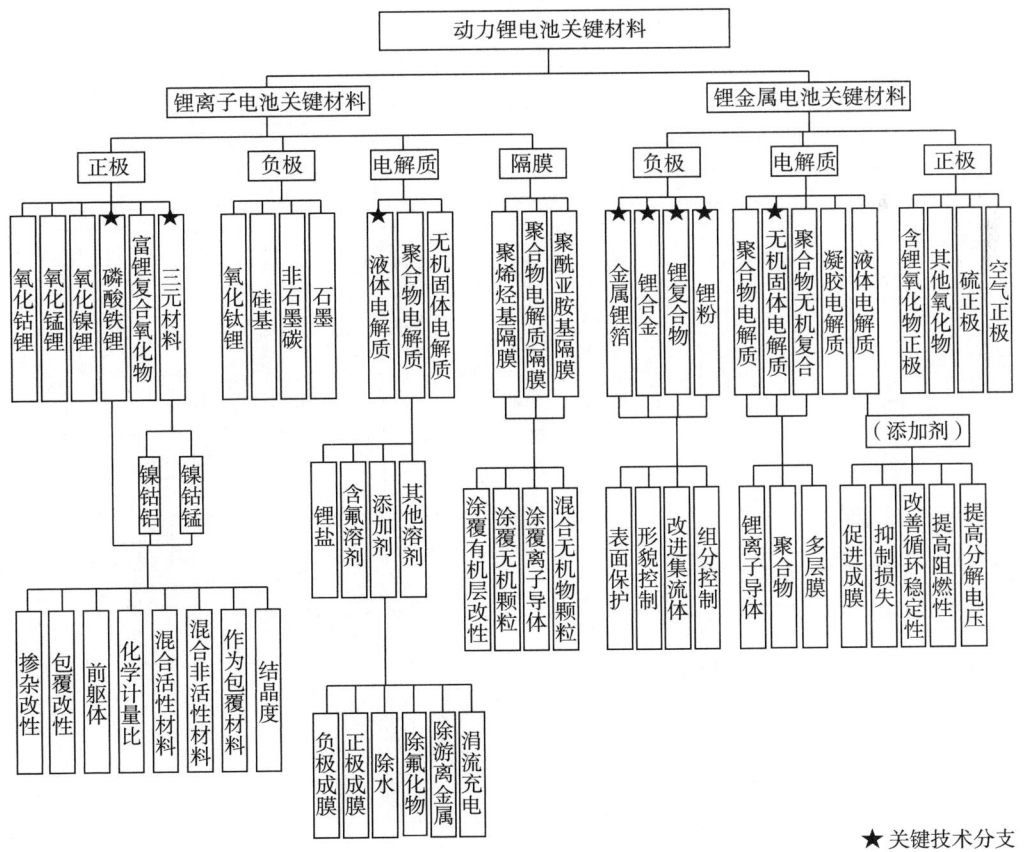

图 3-16　详细技术分解

3. 调整阶段

步骤5：技术分解表调整。

在步骤4构建的技术分解表的基础上，结合多种因素进行技术分解表的调整。

（1）根据行业调查反馈情况调整。根据专家意见，锂金属电池负极材料是研究重点，而负极材料的表面保护是重点中的重点，应对"表面保护"进一步进行技术分解，确保专利分析重点突出。

（2）根据检索文献总量及其分布调整。根据初步检索的结果，共有超过5万件专利文献需要进行数据处理。根据时间、人力等成本综合考虑，需要进一步缩小需要精准人工标引的文献量。结合产业和技术专家的相关意见，对锂离子电池的"液体电解质"和"隔膜"分支不做深入分解。

根据其他因素的调整在此不一一赘述。

4. 规范阶段

步骤6：确定技术分解表。

经过调整后，通过判断是否符合行业实际、文献量是否合适以及是否便于检索标引，确定了最终的技术分解表成果，如图3-17所示。

步骤7：撰写技术术语定义表。

根据技术分解表内容，撰写技术术语定义表，如表3-9所示。

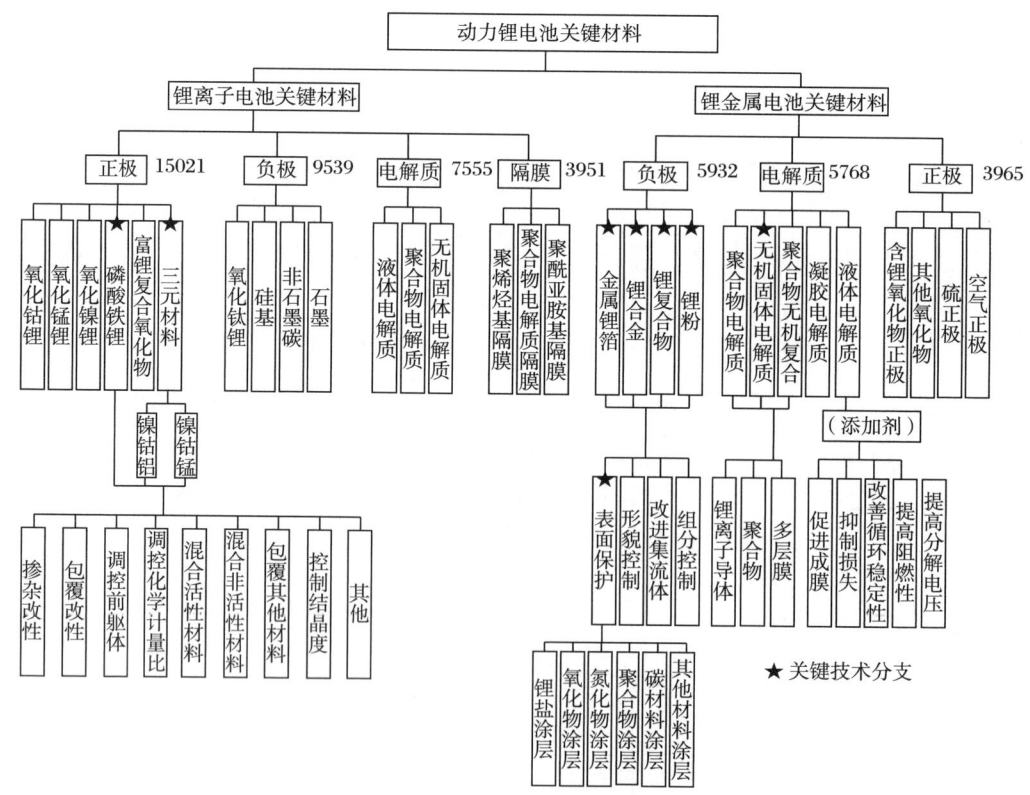

图3-17 再次调整后的详细技术分解

表3-9 技术术语定义表

技术分支	定义
锂离子电池	锂离子电池不含有金属态的锂,主要依靠锂离子在正极和负极之间移动来工作
锂金属电池	专指锂金属二次电池,用金属态的锂作为电极,通过金属锂的氧化产生电能
……	……

第四章 专利检索基本知识

专利检索是根据一项或多项专利信息特征,从大量的专利文献或专利数据库中挑选出符合某一特定要求的专利文献或信息的过程。

专利信息数据库是构成专利信息检索系统的最重要的组成部分,是专利信息检索的物质基础,是影响专利信息检索效果的重要客观因素。

第一节 专利检索概述

一、专利信息数据库

数据库是指基于计算机的、根据一定需要进行信息传递而建立的一种有序化的信息集合体。而专利信息数据库正是为传递各种专利信息而建立的有序的专利信息集合体。

1. 专利信息数据

专利信息数据库中的数据大体可以分为两类:专利题录数据和专利全文数据。专利题录数据是指基于专利文献著录项目而建立的数据;专利全文数据则是指基于专利说明书全文而建立的数据。专利题录数据是为便于检索而建立的,因此专利题录数据是编码型数据,是可检索数据。而专利全文数据主要是为浏览而用,因而专利全文数据,特别是早期专利全文的数据,是图像型数据,是不可检索的数据;随着数据加工技术的不断进步,特别是 OCR 技术的应用,专利全文数据亦被加工成编码型数据,用于全文检索。因此专利全文数据被处理成两类:图像型数据和编码型数据❶,如图 4-1 所示。

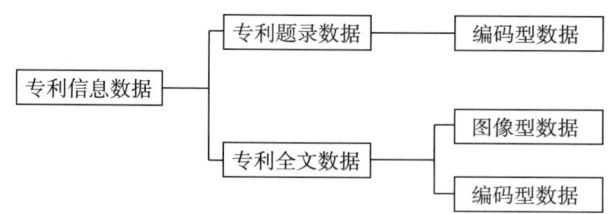

图 4-1 专利信息数据的类型

在以编码型专利文献著录项目构成的专利题录数据中,每件专利被处理成一个记

---

❶ 曾志华. 专利文献与信息检索 [M]. 北京:知识产权出版社,2013.

录。根据检索需要,将专利题录数据中的每个专利记录的专利文献著录项目处理成若干字段,每个字段设有字段名称和字段代码,供编制检索软件时设立检索入口。

2. 专利信息数据库的组成

虽然编码型专利题录数据的数据库是基于专利文献著录项目而建立的,但数据库加工者并不会把每件专利的所有专利文献著录项目收录到一个数据库中。数据库加工者会根据检索需要,把专利题录数据的数据库分别处理成专利(全文)检索数据库、专利全文图像数据库、专利法律状态数据库、同族专利数据库、专利引文数据库等,具体如表4-1所示。

表4-1 专利信息数据库的组成

名 称	收录内容	作 用
专利检索数据库	专利题录数据,具体包括:专利号或文献号、申请号、申请日、申请人或专利权人、发明人或设计人、专利分类号、优先权信息、发明名称、摘要等❶	查询专利对比文件或参考文献
专利全文检索数据库	编码化专利全文,具体包括:各种专利文献著录项目,编码化的专利说明书和权利要求书	在专利全文(说明书和权利要求书)中进行主题词检索
专利全文图像数据库	TIFF 或 PDF 格式的专利单行本扫描图像	浏览专利单行本
专利法律状态数据库	简单专利法律状态数据以及专利申请、审查过程数据等,其中简单专利法律状态数据通常包括:不同公布级别的公布时间和公布类型等数据,如申请号、申请日、文献号、公布或公告日、法律状态说明。而专利申请、审查过程数据涵盖专利申请审查过程中的所有相关信息	查询专利申请是否授权、专利是否有效等状态,以及失效原因等信息
同族专利数据库	同一专利族的不同国家出版或公布的文献号、申请号、申请日、公布或公告日、名称、IPC号、申请人、发明人等	查询同一专利族的专利数量、所属同族专利种类等信息
专利引文数据库	引用的参考文献和/或审查对比文件的专利文献号(或非专利文献号)及其被引用的相关信息	查找专利的引用和被引用关系

二、专利检索信息特征

在进行专利检索时,首先要以某一项或多项专利信息特征(或称专利文献特征)为检索依据,在设有以该一项或多项专利信息特征作为检索依据的检索系统中进行检索。

可作为专利信息检索依据的专利信息特征有很多。一般情况下,所有专利文献著录

---

❶ 专业化的专利检索数据库还会包括经过标引的关键词、细分的专利摘要等数据,特别是专利摘要数据会进一步细分成新颖性、用途、有益效果、技术描述等若干个子字段。

项目都可以作为专利信息检索依据。我们可以把专利检索数据库中常用作检索字段的数据分为以下几种。

1. 号码型数据

号码型数据一般包括申请号、公开号、公告号、优先权号等。

号码与文献一一对应，具有唯一性地用于索取专利文献的依据，可以直接根据号码查询专利的著录项目、法律状态和全文。优先权号可以方便、快捷地检索出同一发明的全部同族专利，能获取全部同族专利的技术来源国，进而了解全球市场布局情况。常见号码型数据所包含的字段及其示例与用途如表4-2所示。

表4-2 常见的号码型数据

字段名称	示例	字段用途
申请号	CN201480020815.4	（1）准确确定文献
公开号	CN105122871A	（2）获取著录项目、全文、法律状态
公告号	CN105122871B	（3）全球市场布局情况
优先权号	US61813062 US14254691	获取全部同族专利技术来源国

2. 名称型数据

名称型数据往往包括申请人/标准化申请人、发明人、转让人/受让人、许可人/被许可人、无效请求人/被请求人、被告/原告、地址等，通过名称型数据进行检索可以查询在上述字段范围内的相关专利文献的著录项目、法律状态和全文。常见的名称型数据所包含的字段及其用途如表4-3所示。

表4-3 常见的名称型数据

字段名称	字段用途
申请人/标准化申请人	查询某一市场主体的申请状况
发明人	某人的专利申请信息
转让人/受让人	查询专利转让、许可、诉讼的状态
许可人/被许可人	
无效请求人/被请求人	
被告/原告	
地址	区域专利分析

专利申请人会因翻译、更名、合资、兼并重组等原因导致申请人名称多样化，因而通过传统的申请人字段进行检索前需要收集到相关信息，如果遗漏则会导致专利漏检。而如果采用简单的概括，则会导致噪声的出现。例如，需要检索申请人为"京东方"相关申请时，若在申请人字段检索"京东方科技集团"，则会漏检"北京京东方光电科技

有限公司",若在申请人字段检索"京东方",则会引入噪声,如"北京东方雨虹防水技术股份有限公司"。此时,如果我们采用标准化申请人字段[1]检索"京东方",则可以一次性获取所有京东方集团的相关专利。

3. 日期型数据

一件专利申请的时间往往先后经历优先权日(如果有优先权的话)、申请日、最早公开日、授权日/失效日,这些字段都属于日期型数据,常见的日期型数据所包含的字段及其用途如表4-4所示。

表4-4 常见的日期型数据

字段名称	字段用途
优先权日	用于分析技术最早出现时间
申请日	用于分析技术在某国布局时间
最早公开日	用于专利性检索
授权日/失效日	用于分析维持年限

4. 文本型数据(关键词)

文本型数据[2]一般包括发明名称、摘要、权利要求、全文以及关键词。

在同一数据库中,使用相同的关键词分别在发明名称、摘要、权利要求、全文的字段中进行检索,对检索结果作比较,会发现检索结果的全面性依次升高,但是准确性依次降低,这是由于发明名称、摘要、权利要求、全文中所反映的信息与技术主题核心信息的相关程度依次变弱。

因此,我们可以根据不同的检索需要作出合理的选择,例如,在做专利技术主题检索的初期,要通过初步检索来获得准确的相关文献,这时就可以采用发明名称作为主要检索字段;而到后期,需要进行查全检索时,则可以根据前期收集的关键词,在发明名称、摘要以及权利要求中进行联合检索,以保证检索结果的全面。

5. 代码型数据(分类号)

有关分类体系和分类号的内容在本书第二章已经全面介绍,此处不再赘述。

三、检索功能与检索运算符

检索功能是指专利信息检索系统为了专利数据库中的各种相关信息能够被有效地检索出来而提供的特定设置。

表4-5所示的检索功能及其相关检索运算符在大多数检索系统和数据库中均被广泛引用,只是表达形式可能有所不同。

---

[1] 由于标准化申请人字段不属于原始字段,而是检索数据库自己加工的字段,所以要在数据加工质量比较高的检索数据库中使用。

[2] 后文中用"关键词"指代"文本型数据"。

表4-5 常见的检索功能及其相关检索运算符

检索功能	相关检索运算符❶	示例
字段检索	= all any	pa = siemens ti all "paint brush hair" ti any "motor engine"
截词检索	有限截词符： # （表示有且仅有一个字符） ？（表示最多一个字符）	cent## wheel?
	无限截词符：＊（表示后方任意数量字符）	transmit ＊
布尔逻辑检索	逻辑或：or	car or automobile or vehicle
	逻辑与：and	solar and powered and car
	逻辑非：not❷	nail not finger
位置检索	邻近运算符： prox/distance＜n（n为1、2、3…）	mouse prox/distance＜3 trap
	同在运算符： prox/unit = sentence prox/unit = paragraph	mouse prox/unit = sentence trap
范围检索	范围运算符： 区间内用within、区间后用＞=、区间前用＜=	pd within "2005 2006" pd ＞= 2005

第二节 专利检索种类

一、专利检索种类概述

专利检索从技术角度可以分为两大类，即非技术角度检索和技术角度检索，如图4-2所示。

1. 非技术角度检索

非技术角度的检索由于不涉及具体的技术方案，因此在检索过程中，相对简单，并且准确性和全面性较高。

根据专利检索信息特征的不同，可以将非技术角度检索分为号码相关检索、名称相关检索和日期相关检索。其中，号码相关检索主要涉及申请号（包括优先权申请号）、

---

❶ 不同的检索系统和数据库的运算符表达形式有所不同，本表以欧洲专利局Espacenet中的运算符为例，在其他数据库中检索前，请查阅相关说明文档来确定其表达形式。

❷ 也有的用andnot来表示，例如美国专利商标局的检索中经常使用andnot来表示逻辑非。

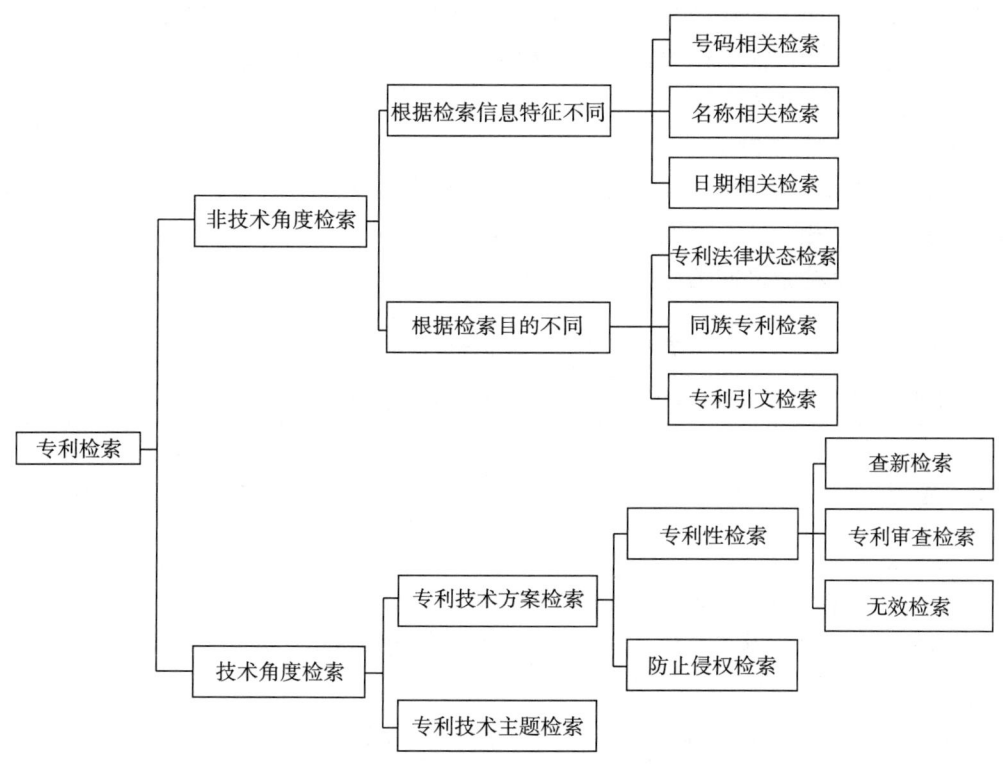

图 4-2 专利检索的分类

文献号（包括公开号、授权公告号等）等特定字段的检索；名称相关检索主要涉及申请人、专利权人、发明人、国别、地区等特定字段的检索，常用于对相关非技术角度的检索统计分析等；日期相关检索主要涉及申请日、公开日、授权公告日等特定日期或者日期区间的检索，一般用于对其他检索结果的进一步限定。

根据检索目的的不同，又可以将非技术角度检索分为专利法律状态检索、同族专利检索、专利引文检索（分别见本节第二、三、四部分）等。

2. 技术角度检索

技术角度检索是指从技术的角度对专利文献进行检索，从而找出一系列参考文献的过程，根据检索目的的不同可将其分为专利技术方案检索和专利技术主题检索。

常见的专利技术角度检索有以下 3 种。

（1）专利性检索

专利性检索又称专利对比文件检索，是为了判断一项发明创造或者技术方案是否具备新颖性、创造性而进行的检索。

专利性检索按照应用情况又可以分为：专利申请前的专利性检索（又称查新检索）、专利审查时审查员所进行的专利性检索以及专利授权后有人主张专利无效请求前所进行的专利性检索（又称无效检索、稳定性检索）。

（2）防止侵权检索

防止侵权检索又称为 FTO（自由实施，Freedom to Operate）专利检索或使用权检索，是指在一项新的工业生产活动开始前，为防止侵犯他人的专利权所进行的侵权检索。因此，其检索的对象为可能的侵权客体，往往是实物产品或具体工艺，而检索范围则为具有有效专利权的权利要求。

（3）专利技术主题检索

专利技术主题检索是指从某个技术主题角度对专利文献进行的检索，其目的是找出与被检索技术主题相关的一系列专利文献组合。

三种技术角度检索之间的异同参见表4-6。

表4-6 三种技术角度检索比较

检索类型	专利性检索	防止侵权检索	专利技术主题检索
意 义	专利申请 专利审查 专利无效请求	制造、使用、（许诺）销售、进口	技术分析
检索对象	相关技术方案或权利要求书（以及预期修改后的技术方案或权利要求书）	实物产品或具体工艺	行业、产业、技术
范围	专利、非专利	有效专利	专利
对比文本	全文	权利要求	全文
时间性	申请日前	一般为检索日前20年内	依需求
地域性	全球	制造地、使用地、销售地	依需求
目标	一篇或多篇	一篇或多篇	专利文献集合

需要注意的是，非技术角度检索和技术角度检索不是完全互相孤立的，在技术角度检索中往往也会需要结合非技术角度的检索来达到最终的检索目的。

例如，在做专利性检索时，除了从技术角度之外，时间❶也是需要考虑的因素之一，另外，在特定情况下还可以结合相关申请人，结合同族引证等潜在关系进行追踪检索；在做防止侵权检索时，需要对时间和地域以及法律状态做限定；而在专利技术主题检索中，所需要的检索策略更为多样，针对特定竞争对手、特定地域、特定时间、特定法律状态的检索都有可能涉及。

二、专利法律状态检索概述

专利法律状态检索是指对一项专利或专利申请当前所处的状态所进行的检索，其主要目的是了解在某一特定时间，某项专利申请或授权专利在某一国家/地区的权利维持、

---

❶ 技术方案的新颖性或创造性是针对公众可以获知的已公开现有技术而言的，因而其检索范围具有一定的时间限制。《专利法》所称的现有技术是指在申请日以前在国内外为公众所知的技术，因此，专利性检索的时间一般限定在申请日以前。

权利范围、权利类型、权利归属等状态及其在产生、发展和变化过程中出现的其他法律信息。

1. 专利保护期限

在不同的国家/地区，专利制度、专利审批程序不同，因此专利的保护期限也不同。这也就使某项相同的专利或专利申请在不同国家/地区的法律状态产生差异。表 4-7 反映了中国、美国、欧洲、日本不同专利类型的保护期限。

表 4-7　中国、美国、欧洲、日本专利保护期限

国家/地区	专利类型	保护期限	备注
中国	发明	20 年	自申请日起算
	实用新型	10 年	自申请日起算
	外观设计	15 年❶	自申请日起算
美国	发明专利	17 年	1995 年 6 月 8 日以前，自授权日起算
		20 年	1995 年 6 月 8 日（含）以后❷，自申请日起算
	植物专利	20 年	自申请日起算
	外观设计	14 年	自授权日起算
欧洲	发明	20 年	自申请日起算
	外观设计	5 年/25 年	自申请日起算，期满后可以 5 年为期进行续展
日本	发明	20 年	自申请日起算
	实用新型	6 年	自申请日起算
	外观设计	15 年	自注册日起算

2. 专利法律状态的类型

通常，在专利产生、发展和变化中，专利会出现多种不同的法律状态，以表 4-8 中所示的常见的中国专利法律状态❸为例，其包括：专利申请尚未授权、专利申请撤回、专利申请被驳回、专利权有效、专利权终止、专利权转移、专利权有效期届满、专利权无效、专利权质押。

---

❶ 为适应我国加入关于外观设计保护的《海牙协定》需要，2020 年 10 月修正的《专利法》将外观设计专利权的保护期延长至 15 年。

❷ 对于 1995 年 6 月 8 日前申请但在 1995 年 6 月 8 日后获得授权或在 1995 年 6 月 8 日仍有效的发明专利，专利保护期为以下两期间之较长者：从获得授权日起算 17 年或从申请日起算 20 年。

❸ 由于中国专利法的各个不同阶段，导致在专利法律状态字段中存在很多曾经使用但现已不再使用的法律状态，本节提及的中国专利法律状态为现阶段使用的法律状态。

表 4-8 中国专利法律状态类型及含义

专利法律状态类型	注　　释
公布	专利申请已公布但尚未授予专利权
发明专利申请公布后的视为撤回	专利申请被申请人主动撤回或被专利审批机关判定视为撤回
发明专利申请公布后的驳回	专利申请在审查阶段被专利审批机关驳回
授权	专利已获权,并且在下一个缴费日前专利是有效的
专利权的终止	专利虽已获权,但由于未缴纳专利年费,而在专利权有效期尚未届满时提前失效
专利权的主动放弃	专利虽已获权,但由于专利权人主动放弃,而在专利权有效期尚未届满时提前失效
专利申请权、专利权的转移	专利或专利申请发生专利权人或专利申请人变更
专利权质押合同登记的生效、变更及注销	专利权质押是担保物权的一种重要形式;质押后,专利权仍归属于原权利人,但该专利权已成为有负担的权利,权利的行使受到限制
专利实施许可合同备案的生效、变更及注销	专利权人作为让与人许可受让人在约定的范围内实施专利,由受让人支付约定的使用费
专利权的保全及其解除	人民法院在审理民事案件中裁定对专利权采取保全措施的,国务院专利行政部门在协助执行时中止被保全的专利权的有关程序,从而"冻结"有关专利权,使权利人不能行使放弃、转让、许可等权利
专利权有效期届满	专利已获权,但专利权有效期已超过专利法规定的期限而失效
专利权的无效、部分无效宣告	专利曾获权,但由于无效宣告理由成立,被专利审批机构判定为全部无效或部分无效

3. 专利法律状态检索的适用范围

专利法律状态检索的适用范围如表 4-9 所示❶。

表 4-9 专利法律状态检索的适用范围

适用范围	具 体 情 形
技术引进	技术引进前,检索准备引进的专利技术的法律状态,以获得专利是否有效和专利保护期剩余时间信息
产品出口	已经确定准备出口的产品利用了国外专利技术且产品还将出口到专利所在国,产品出口前,检索该专利法律状态,以确定该专利是否在该国仍然有效

---

❶ 曾志华. 专利文献与信息检索[M]. 北京:知识产权出版社,2013.

续表

适用范围	具 体 情 形
专利预警	当准备采用一项新技术并对此开展专利预警分析时,不仅要进行专利技术方案检索和专利相似性对比,同时还要对找到的相似专利的法律状态进行检索,以获得专利有效性信息,为判断潜在的侵权可能性提供依据
侵权应诉	当被告知侵犯他人专利权时,可马上进行专利法律状态检索,以确定被诉侵权的专利的有效性
市场监管	执法部门在技术交易会展中,针对被举报有假冒欺骗行为的专利技术进行专利法律状态检索,以核实其真实性、有效性
审查意见参照	当需要参照针对专利族成员的他国审查意见时,通过专利法律状态检索,找出他国专利审查意见通知书等审查过程文件,以获得参照信息

三、同族专利检索概述

同族专利检索也称专利地域性检索,是指为查找某一专利或专利申请的地域性信息以该专利或专利申请为线索,查找与其同属于一个专利族的所有成员的过程。

1. 同族专利基本概念

由于专利保护的地域性,相同的发明创造专利申请需由不同的专利管理机构批准才能在不同地域获得保护,以及由于各专利管理机构的专利审批制度不同,形成专利多级公布,从而出现一组组有着类似于家族的特殊关系的专利文献,称为专利族或同族专利。

同族专利之间通过一种特殊的联系媒介——优先权❶,相互联系在一起。

由至少一个共同优先权联系的一组专利文献,称一个专利族(Patent Family)。

按照 WIPO 的定义,在同一专利族中每件专利文献被称作专利族成员(Patent Family Members),同一专利族中每件专利互为同族专利。

在同一专利族中,由其他成员共享优先权的最早申请的专利文献称为基本专利。

例如,表 4 - 10 所示为一个专利族,其基本专利为 JP2008124642A。

表 4 - 10 JP2008124642A 的专利族

基本专利	优先权申请号 (基本专利的 申请号)	优先权日 (基本专利的 申请日)	其他同族专利
JP2008124642A	JP2006304218	20061109	US20080114912A1 (申请日:20071109) CN101249308A (申请日:20071109) CN102728064A (申请日:20071109) EP1920801A2 (申请日:20071109)

---

❶ 所谓优先权,是指已在《巴黎公约》联盟一成员国提出发明、实用新型、外观设计或商标申请的人或其权利合法继承人,在规定的期限(发明和实用新型为 12 个月,外观设计和商标为 6 个月)内,享有在其他成员国提出申请的优先权,其后来申请的日期可视同首次申请的日期。

2. 专利族种类

WIPO《工业产权信息与文献手册》将专利族分为6种。

(1) 简单专利族（Simple Patent Family）：指一组同族专利中的所有专利都以共同的一个或共同的几个专利申请为优先权。如图4-3中共有两组简单专利族，分别是D1&D2&P1（D1&D2共同的一个优先权为P1）、D3&D4&P1&P2（D3&D4共同的两个优先权均为P1和P2）。

(2) 复杂专利族（Complex Patent Family）：指一组同族专利中的专利至少共同具有一个专利申请为优先权。如图4-3中共有两组复杂专利族，分别为D1&D2&D3&D4&P1（D1&D2&D3&D4以P1为共同优先权）、D3&D4&P2（D3&D4以P2为共同优先权）。

(3) 扩展专利族（Extended Patent Family）：指一组同族专利中的每个专利与该组中的至少一个其他专利至少共同具有一个专利申请为优先权。如图4-3所示，由于D1&D2&D3&D4之间至少共同具有一个优先权P1和/或P2，因此图中所有专利均为同一个扩展专利族。

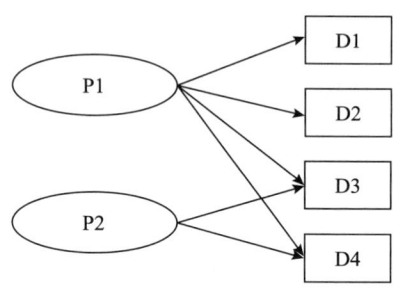

图4-3 专利族示意

(4) 本国专利族（National Patent Family）：指在同一个专利族中，每个专利族成员均为同一专利管理机构的专利文献，这些专利文献属于同一原始申请的增补专利、继续申请、部分继续申请、分案申请等，但不包括同一专利申请在不同审批阶段出版的专利文献。

例如，US5323396A、US5606618A、US5530655A、US5539829A、US5777992A、US6289308B1、US2001/0044731A1为一组美国本国专利族。

(5) 内部专利族（Domestic Patent Family）：指仅由一个专利管理机构在不同审批程序中对同一原始申请出版的一组专利文献所构成的专利族。

例如，欧洲专利局的EP509230A2、EP509230B1、EP509230B2、EP509230B9属于一组内部专利族。

(6) 人工专利族（Artificial Patent Family）：也叫智能专利族、非常规专利族，即内容基本相同，但并非以共同的一个或几个专利申请为优先权，而是根据专利文献的技术内容，人为地进行归类，组成的一组由不同专利管理机构出版的专利文献构成的专利族，但实际上在这些专利文献之间没有任何优先权联系。

3. 同族专利检索的适用范围

同族专利检索的适用范围如表 4-11 所示❶。

表 4-11 同族专利检索的适用范围

适用场景	具体情形
科研立项/技术创新	检索所有已找到的与科研或创新项目技术主题相关的专利的同族信息,以便于掌握现有技术的专利地域性信息
技术引进	检索准备引进的专利技术的同族信息,了解该专利技术在其他国家是否也提出过专利保护,以便于进一步了解其在其他国家的审批情况
产品出口	检索出口产品所涉及的专利的同族信息,了解该专利在产品出口目的地国及其他国家/地区的地域效力
专利预警	检索已找到可能被侵权专利的同族信息,了解该专利在其他国家/地区的地域效力,以便于制定规避方案
侵权应诉	检索被诉侵权的专利的同族信息,以便于了解该专利还在哪些国家申请了专利,以便于了解在其他国家的审批情况,以及是否得到不同审批结果
产业分析/趋势预测	检索已找到的特定技术领域的所有专利的同族信息,以便于去除重复的技术方案,使产业技术分析和技术发展趋势预测更加准确

四、专利引文检索概述

专利引文检索是指查找特定专利所引用或被引用的信息的过程,其目的是找出专利文献中刊出的申请人在完成发明创造过程中曾经引用过的参考文献和/或专利审查机构在审查过程中由审查员引用过并被记录在专利文献中的审查对比文件,以及被其他专利作为参考文献和/或审查对比文件所引用并记录在其他专利文献中的相关信息❷。

专利引文是指在专利文件中列出的与本专利申请相关的其他文献,如专利文献以及科技期刊、论文、著作、会议文件等非专利文献。

专利引文与申请专利的发明创造密切相关,它记录了专利审查员在专利审查过程中、发明人在进行发明创造时的智力活动,能全面反映专利信息交流的现状与趋势。它内容丰富、新颖,使用者可以通过它,也就是通过专利审查员或发明人的力量,获取更丰富的信息资源。

1. 专利引文的类别

根据引用目的的不同,专利引文可以分为两类。

---

❶ 曾志华. 专利文献与信息检索 [M]. 北京:知识产权出版社, 2013.
❷ 曾志华. 专利文献与信息检索 [M]. 北京:知识产权出版社, 2013.

(1) 审查对比文件

专利审查员在审查专利申请时，根据申请的权利要求等文件进行专利性检索，找到的文献称为审查对比文件。

① 扉页上的审查对比文件目录

通常只有经过实质性审查出版的专利单行本的扉页上才刊出审查对比文件目录，该审查对比文件来自专利审查员在审查专利"三性"时对现有技术文献进行检索得到的对比文献，又称为现有技术文献目录，INID 代码❶为（56）。

如图 4-4 为中国发明专利单行本 CN103801078B 的扉页，其右上部列出的即是对比文件目录。

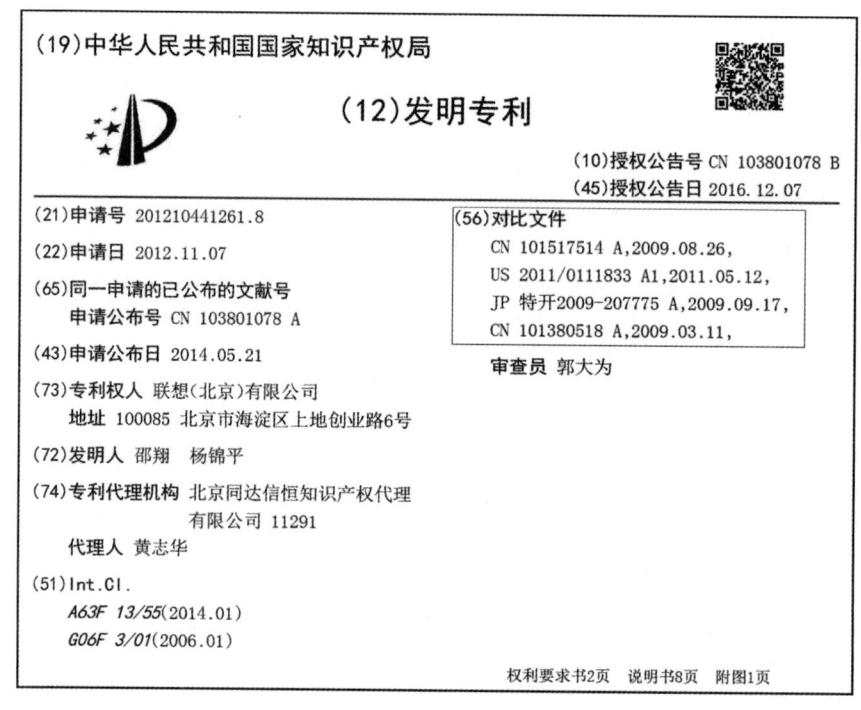

图 4-4 中国发明专利单行本 CN103801078B 的扉页

美国专利商标局在专利单行本扉页的专利文献著录项目（56）中列出了申请人引证的引用文献和审查对比文件，并对后者标注"﹡"以示区别。

美国专利单行本扉页的专利引文按照本国专利文献（U.S. PATENT DOCUMENTS）、外国专利文献（FOREIGN PATENT DOCUMENTS）、非专利参考文献（OTHER PUBLICATIONS）的顺序编排。

例如，美国专利单行本 US8585500B2 扉页上的（56）引用参考文献如图 4-5 所示。

② 检索报告中的审查对比文件目录

检索报告是专利审查员通过对专利申请所涉及的发明创造进行现有技术检索，找到

---

❶ 1997~2003 年，出版的发明专利说明书中已有部分在扉页中著录了（56）项的引文信息；但是 2004~2006 年停止著录该项信息；自 2007 年 1 月 3 日起，又重新在发明专利说明书的扉页上列入了引文信息。

(12) **United States Patent**
Smith et al.

(10) **Patent No.:** **US 8,585,500 B2**
(45) **Date of Patent:** **Nov. 19, 2013**

(54) **GAME APPARATUS**

(75) Inventors: **Jessica Smith**, LA, CA (US); **Soon Park**, Cypress, CA (US)

(73) Assignee: **Mattel, Inc.**, El Segundo, CA (US)

(*) Notice: Subject to any disclaimer, the term of this patent is extended or adjusted under 35 U.S.C. 154(b) by 626 days.

(21) Appl. No.: **12/629,765**

(22) Filed: **Dec. 2, 2009**

(65) **Prior Publication Data**

US 2011/0130202 A1　Jun. 2, 2011

(51) **Int. Cl.**
A63F 9/24 (2006.01)
A63F 13/00 (2006.01)
G06F 17/00 (2006.01)
G06F 19/00 (2011.01)

(52) **U.S. Cl.**
USPC **463/37**; 463/35

(58) **Field of Classification Search**
USPC 446/175; 463/30
See application file for complete search history.

(56) **References Cited**

U.S. PATENT DOCUMENTS

4,363,482 A 12/1982 Goldfarb
4,604,065 A 8/1986 Frazer et al.
4,648,086 A 3/1987 Koike
4,729,564 A 3/1988 Kuna et al.
4,770,416 A 9/1988 Shimizu et al.
4,799,678 A 1/1989 Terzian et al.
4,846,480 A 7/1989 Oliver
5,120,065 A 6/1992 Driscoll et al.
5,285,437 A * 2/1994 Yokota et al. 369/64
5,314,336 A 5/1994 Diamond et al.
5,331,141 A 7/1994 Kaneko
5,334,022 A 8/1994 Kitagawa et al.
5,411,259 A 5/1995 Pearson et al.
5,478,240 A 12/1995 Cogliano
5,482,277 A 1/1996 Young
5,768,223 A 6/1998 Li et al.
5,813,861 A 9/1998 Wood
5,855,001 A 12/1998 Doederlein et al.
5,906,492 A 5/1999 Putterman
5,959,281 A 9/1999 Domiteaux
6,089,943 A 7/2000 Lo
6,179,682 B1 * 1/2001 Plain et al. 446/141

(Continued)

FOREIGN PATENT DOCUMENTS

GB 2206287 1/1991
GB 2289423 9/1996

OTHER PUBLICATIONS

Amazon, LeapFrog2, http://www.amazon.com/Change-anyone-possible-change-names/forum/Fx1NES1XY8M3Z72/Tx35DL6DI2WH1ZC/1?_encoding=UTF8&asin=B00134PM71\, Created on Dec. 27, 2008.*
2004 Tyco Games—Talking Magic 8 Ball.

(Continued)

Primary Examiner — Omkar Deodhar
Assistant Examiner — Reginald Renwick
(74) *Attorney, Agent, or Firm* — Kolisch Hartwell, PC

(57) **ABSTRACT**

A game apparatus that includes a processor, a microphone, a memory, a speaker, and an audio playback actuator. The memory stores a first plurality of audio messages, each corresponding to an audio input received by the microphone, and a second plurality of pre-recorded audio messages. The audio playback actuator causes the processor to randomly select a first audio message from the first plurality of audio messages and a second audio message from the second plurality of pre-recorded audio messages, and to play the first and second audio messages through the speaker.

22 Claims, 2 Drawing Sheets

图 4－5　美国专利单行本 US8585500B2 的扉页

可进行专利性对比的文件，向专利申请人及公众展示检索结果的一种文件，与扉页上的审查对比文件目录相比，检索报告中的审查对比文件目录所提供的信息更详细。

例如，国际申请单行本 WO2013161284A1 检索报告中的审查对比文件目录如图 4－6 所示。

C. DOCUMENTS CONSIDERED TO BE RELEVANT

Category*	Citation of document, with indication, where appropriate, of the relevant passages	Relevant to claim No.
Y	WO 2005/067384 A2 (BEYOND TECHNOLOGIES LTD.), 28 July 2005 (28.07.2005), column 11, line 31 to column 12, line 27; column 14, line 16 to column 15, line 30; column 18, lines 19 to 22; fig. 5 to 10 & US 2005/0156046 A1	1-26
Y	JP 2012-61023 A (Angel Playing Cards Co., Ltd.), 29 March 2012 (29.03.2012), paragraphs [0040] to [0048]; fig. 2 & WO 2012/035742 A1 & AU 2011303293 A	1-26
Y A	JP 3674560 B2 (Sega Corp.), 20 July 2005 (20.07.2005), paragraphs [0077], [0111]; fig. 21 & US 2005/0248088 A1 & US 2008/0182636 A1 & US 2008/0188313 A1 & EP 1176543 A1 & EP 2045758 A2 & WO 01/041048 A1 & DE 60041764 D & ES 2323487 T	1-26 2,9,16,22

图 4－6　国际申请单行本 WO2013161284A1 检索报告中的审查对比文件目录

（2）说明书中的引用参考文献

专利发明人在完成本专利申请所述发明创造过程中参考引用过并被记录在申请文件中的文献称为引用参考文献。

对于大多数国家的专利文件来说，引用参考文献主要记录在专利单行本的说明书部分，通常由申请文件撰写者以文字描述方式写入"背景技术"部分中。

如图4-7为中国发明专利 CN103845895B 的背景技术中的描述。

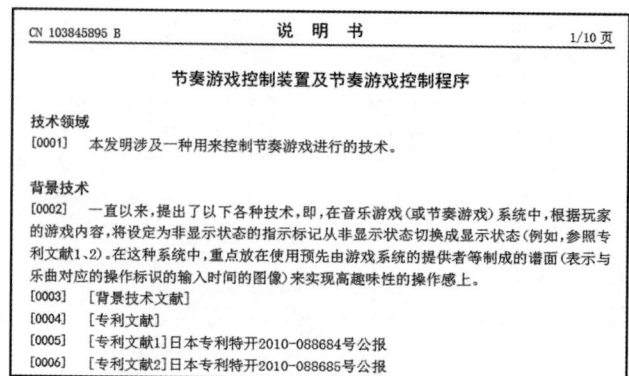

图 4-7 中国发明专利 CN103845895B 的背景技术描述

对于美国专利文件来说，扉页上的专利文献著录项目（56）中包含了引用参考文献目录。

表4-12示出了主要专利组织在专利文献中列入引用文献的做法区别。

表4-12 主要专利组织在专利文献中列入引用文献的做法比较

比较内容	中国	美国	日本	欧专局
列入引用文献的专利保护客体类型	发明	发明 植物 外观设计	发明 实用新型 外观设计	发明
公开文本是否有列入引用文献，在何处	无	无	部分有 检索报告 或（56）项	有 检索报告
授权文本是否有列入引用文献，在何处	有 （56）项❶	有 （56）项❷	有 （56）项	有 （56）项
（56）项是否有引用文献类型的标识	否	否	否	否
（56）项是否对引用文献进行划分和排序	否	是	否	否
（56）项是否包括申请人引证的引用文献	否	是	否	否

---

❶ 1997~2003年部分扉页标注（56）项；2004~2006年不再标注；2007年1月3日起重新标注（56）项。

❷ 2001年前，（56）项包括审查对比文件和发明人引用文献，且两者混排；2001年起，标注"＊"的为审查对比文件，不标注"＊"的为发明人引用文献。

2. 专利引文检索的适用范围

专利引文检索的适用范围如表 4-13 所示[1]。

表 4-13 专利引文检索的适用范围

适用场景	具体情形
科研立项/技术创新	在专利技术主题检索的基础上,检索已命中专利的引用文献,通过搜索检索命中目录中未列出专利来扩大专利技术主题检索结果命中范围
侵权应诉	在检索被诉侵权专利的专利族成员的基础上,检索其美、日、欧专利族成员的审查对比文件,通过比较了解美、日、欧专利审查员审批被诉侵权专利的同族申请的依据及审查结果,寻求更多对应诉有益的依据
技术发展轨迹分析	在专利技术主题检索的基础上,检索已命中专利之间的引用关系,通过排列引用顺序来分析技术发展轨迹
核心专利技术分析	在专利技术主题检索的基础上,检索已命中专利的被引用信息,通过比较被引用频率来分析核心专利技术
专利技术生命周期分析	检索特定专利的引用文献,通过计算所有被引用专利与该特定专利之间的时间差的平均值来分析该专利技术生命周期

第三节 中、美、欧的官方专利信息检索系统

目前,很多商业专利数据库中已经融合了专利检索数据库、专利法律状态数据库、专利同族数据库、专利引文数据库等多种数据库,极大地提高了检索效率。但是各专利管理机构官方提供的专利检索系统和数据库仍然是值得学习和掌握的,其不仅使用免费,而且还具有数据全面准确、更新及时、权威可信等优点。

本节将着重介绍中国国家知识产权局、美国专利商标局以及欧洲专利局的几种常用的专利信息检索系统。

表 4-14 列出了中、美、欧常用的专利检索系统网址。

表 4-14 中、美、欧常用的专利检索系统网址

常用数据库		参考网址
中国国家知识产权局	中国专利公布公告查询	http://epub.cnipa.gov.cn/
	中国及多国专利审查信息查询	http://cpquery.cnipa.gov.cn/

---

[1] 曾志华. 专利文献与信息检索 [M]. 北京:知识产权出版社,2013.

续表

常用数据库		参考网址
美国专利商标局	专利授权数据库 PatFT	http://patft.uspto.gov/netahtml/PTO/search-bool.html
	专利申请公布数据库 AppFT	http://appft.uspto.gov/netahtml/PTO/search-bool.html
	专利申请信息检索系统 PAIR	https://portal.uspto.gov/pair/PublicPair
欧洲专利局	Espacenet 检索系统	https://worldwide.espacenet.com/
	European Patent Register	https://register.epo.org
	Common Citation Document	http://ccd.fiveipoffices.org

一、CNIPA 专利信息检索系统

1. 中国专利公布公告查询系统

中国专利公布公告查询系统是中国国家知识产权局定期公布公告中国专利的系统，收录自 1985 年 9 月 10 日以来公布公告的全部中国专利信息。

该系统可查询的数据范围包括：中国专利公布公告信息，实质审查生效、专利权终止、专利权转移、著录事项变更等事务数据信息，PDF 全文（包括专利单行本和专利公报）。具体包括：

a. 发明公布、发明授权（1993 年以前为发明审定）、实用新型专利（1993 年以前为实用新型专利申请）的著录项目、摘要、摘要附图，其更正的著录项目、摘要、摘要附图（2011 年 7 月 27 日及之后）及相应的专利单行本（包括更正）。

b. 外观设计专利（1993 年以前为外观设计专利申请）的著录项目、简要说明及指定视图，其更正的著录项目、简要说明及指定视图（2011 年 7 月 27 日及之后）及外观设计全部图形（2010 年 3 月 31 日及以前）或外观设计专利单行本（2010 年 4 月 7 日及之后）（均包括更正）。

c. 事务数据，包括表 4-8 中各种专利法律状态类型。

d. 专利公报，包括发明专利公报、实用新型专利公报、外观设计专利公报。

该系统设置了 6 种查询页面：公布公告查询（首页），高级检索，IPC 分类查询，LOC 分类查询，事务数据查询，以及专利公报查询。

其网址为：http://epub.cnipa.gov.cn，主页如图 4-8 所示。

该系统有 3 种常见的查询模式，以下分别介绍。

（1）公布公告查询

通过网站进入该系统后的默认页面即为公布公告查询模式，如图 4-8 所示的页面中，检索页面仅设置一个检索式输入框，可输入任何检索要素，如关键词、IPC 分类号、申请人、日期、号码等。

通过在输入框内输入待检索的内容，默认对 4 种专利（发明公布、发明授权、实用新型和外观设计）进行查询，也可以通过勾选输入框下方所列的专利类型进行特定专利类型的查询。

图4-8　中国专利公布公告查询系统主页

执行检索后，将跳转到检索结果页面，查询结果同一专利类型默认按照公布公告日（更正专利按照更正文献出版日，解密专利按照解密公告日）降序排列，一种专利类型查询结果超过10000条则不再排序。

如图4-9所示为某一检索结果页面展示。

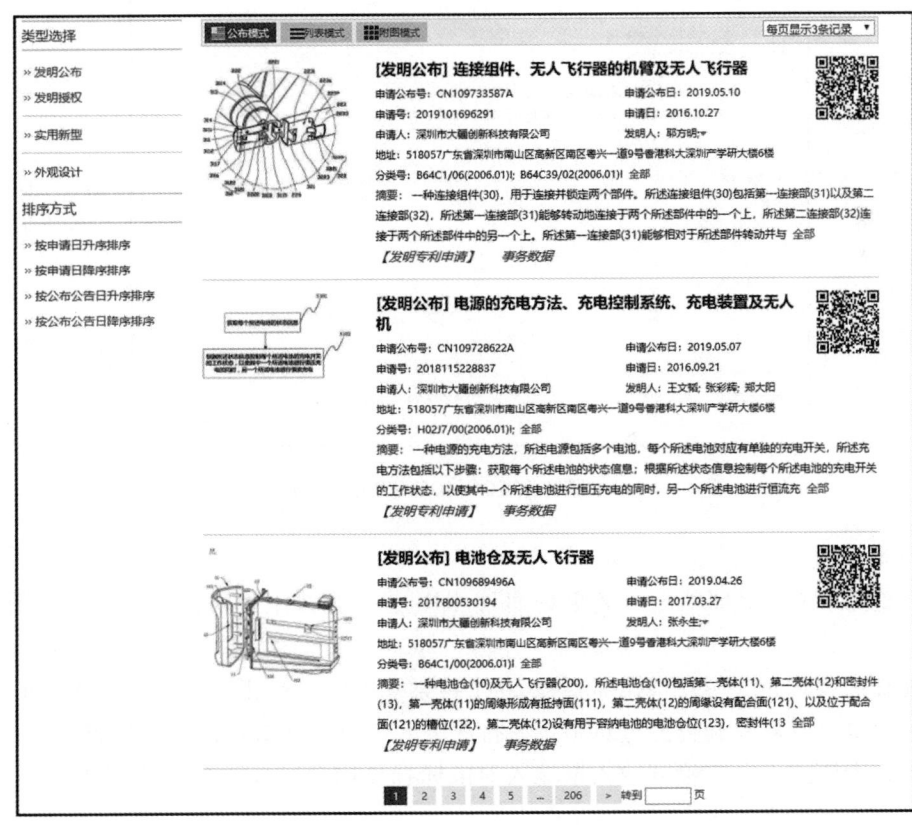

图4-9　公布公告查询结果页面

默认页面的浏览模式为公布模式，每页显示 3 条记录，可以根据需要将浏览模式设为列表模式或附图模式，每页显示记录数也可以设置为 10 条。

页面左侧可以对类型进行筛选，对检索结果按照申请日或者公布公告日进行升降序排列。

检索结果页面可以对当前页面显示的专利的基本著录项目进行概览，如需查看详细信息时，可在公布模式显示状态下选择每条题录信息下方的全文链接图标（发明公布的全文链接——【发明专利申请】；授权发明专利的链接图标——【发明专利】和【发明专利申请】；实用新型专利的链接图标——【实用新型专利】；外观设计专利的链接图标——【外观设计专利】）和事务数据图标。所链接的专利全文为 PDF 格式，允许直接下载。事务数据按照事件发生时间的倒序排列信息。

图 4－10 为中国专利 2014101793068 的事务数据。

控制装置、及其应用的云台以及控制云台的方法

申请（专利）号	2014101793068	授权公告号	CN 103926940 B
事务数据公告日	2019.01.25	事务数据类型	授权

授权

申请（专利）号	2014101793068		
事务数据公告日	2017.04.05	事务数据类型	专利申请权、专利权的转移

专利申请权的转移
IPC(主分类):G05D3/12
登记生效日:20170316
变更事项:申请人
变更前权利人:深圳市大疆创新科技有限公司
变更后权利人:深圳市大疆灵眸科技有限公司
变更事项:地址
变更前权利人:518057 广东省深圳市南山区高新区南区粤兴一道9号香港科大深圳产学研大楼6楼
变更后权利人:518057 广东省深圳市南山区高新南四道18号创维半导体设计大厦西座12层

申请（专利）号	2014101793068		
事务数据公告日	2014.08.13	事务数据类型	实质审查的生效

实质审查的生效
IPC(主分类):G05D3/12
申请日:20140430

申请（专利）号	2014101793068		
事务数据公告日	2014.07.16	事务数据类型	公布

公布

申请（专利）号	2014101793068		
事务数据公告日	2014.07.16	事务数据类型	公布

公布

图 4－10　中国专利 2014101793068 的事务数据

（2）高级查询

在该查询系统的上部单击“高级查询”，即可进入高级查询页面，其页面如图 4－11 所示。

高级查询模式允许用户根据需要在 20 个检索字段中进行相关查询，默认对 4 种专利进行查询，也可以对专利类型进行限定，排序方式也可以在查询前进行设置。

高级查询模式下，在检索输入框输入前鼠标悬浮均会对检索规则进行提示，部分规则和示例汇总如表 4－15 所示。

第四章 专利检索基本知识

图 4-11 中国专利公布公告查询系统高级查询页面

表 4-15 中国专利公布公告查询系统高级查询模式下的检索规则和示例

查询字段	规 则	示 例	备 注
公布公告号、 申请号	支持"?"代替 1 个字符、"%"代替多个字符的查询	102853527A、10285、 % 285352%；2005101185097、 2005? 0118509	自左至右 匹配查询
公布公告日、 申请日、 专利文献出版日[1]、 PCT 进入国家阶段日	输入具体日期或通过日历选择，至少应输入完整的年份	201812 或 20181228 或通过日历选择该日期	自左至右 匹配查询
申请（专利权）人、 发明人、 地址、 专利代理机构、 代理人	支持"?"代替 1 个字符、"%"代替多个字符的查询	浙江大学、马克%公司； 北京市海淀区、北京市海?区、北京市%西直门； 邱则有、邱?有； 中国专利商标代理有限责任公司、中国专利%公司	

[1] 专利文献出版日一般指公布公告日；对于更正专利，指其更正文献出版日；对于解密专利，指其解密公告日。

续表

查询字段	规则	示例	备注
分类号❶	支持"?"代替1个字符、"%"代替多个字符的查询	B61G3/04、26－05、B61G、B61G?/04、%3/04%	自左至右匹配查询
名称、摘要、简要说明	可进行and、or、not运算，and、or、not前后应有空格	计算机、计算机 and 应用	
优先权、本国优先权、分案原申请	支持"?"代替1个字符、"%"代替多个字符的查询	102011008792.3、02011008792；2012100663195、201210066319；2012100840734、201210084073	
生物保藏	支持"?"代替1个字符、"%"代替多个字符的查询	%7640%、CGMCC NO.7640、CGMCC NO.7640 2013.05.24	
PCT申请数据	支持"?"代替1个字符、"%"代替多个字符的查询	PCT/EP2011/005305、20111021、PCT/EP2011/005305、20111021	
PCT公布数据	支持"?"代替1个字符、"%"代替多个字符的查询	WO2012/062406、DE、20120518、WO2012/062406、DE 20120518	

执行检索后的检索结果与公布公告查询相同，不作重复介绍。

（3）事务数据查询

在该查询系统的上部单击"事务数据查询"，即可进入事务数据查询页面，具体如图4－12所示。

事务数据查询模式下可以对专利的各种法律状态类型进行查询。

事务数据查询模式向用户提供了3个查询入口，分别是申请号、事务数据公告日、事务数据信息，另外，可以对专利类型以及事务类型进行限定。其中，申请号、事务数据公告日、事务数据信息的具体查询规则和示例如表4－16所示。

---

❶ 还可通过"IPC分类查询/LOC分类查询"获得分类号后直接查询。

图 4-12 中国专利公布公告查询系统"事务数据查询"页面

表 4-16 中国专利公布公告查询系统事务数据查询模式下的检索规则和示例

查询字段	规 则	示 例	备 注
申请（专利）号	支持"?"代替1个字符、"%"代替多个字符的查询	2012204588004、201220458？004、2012%8004	自左至右匹配查询
事务数据公告日	由年、月、日组成，至少应输入完整的年份	20131030、2013.10.30、201310、2013.10	自左至右匹配查询
事务数据信息	常规的检索字段等	A01K61/00（分类号）、2013990000636（专利权质押合同登记号）、一种靠背垫上部带有转动靠枕的沙发（名称）	

查询结果中可以对专利类型进行筛选，并可以对检索结果根据申请号或者事务数据公告日进行排序。图 4-13 示出的为实用新型 2012204588004 的事务数据查询结果列表。

图 4-13 实用新型 2012204588004 的事务数据查询结果

2. 中国及多国专利审查信息查询系统

中国及多国专利审查信息查询系统网址为 http://cpquery.cnipa.gov.cn，主页如

图 4-14 所示。

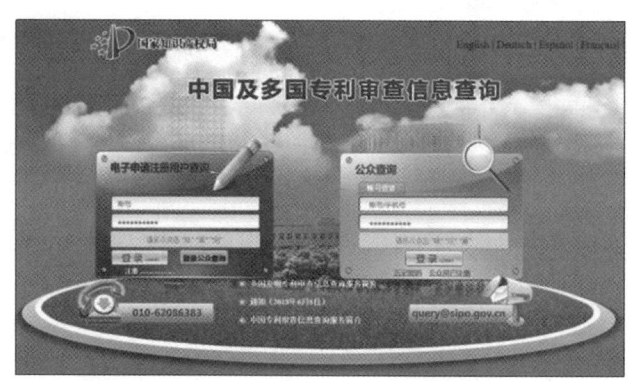

图 4-14 中国及多国专利审查信息查询系统主页

该系统包含两个模块，即中国专利审查信息查询以及多国发明专利审查信息查询❶。其中，中国专利审查信息查询系统是为满足申请人、专利权利人、代理机构、社会公众对专利申请的查询需求而建设的网络查询系统❷。

用户分为注册用户和普通用户，注册用户是指电子申请注册用户，可以使用电子申请的注册名和密码登录，查询该注册用户名下的所有专利申请的相关信息，包括专利申请的基本信息、费用信息、审查信息（提供图形文件❸的查阅、下载）、公布公告信息、专利授权证书信息的查询；普通用户是指社会公众，可以通过输入申请号、发明名称、申请人等内容，对已经公布的发明专利申请，或已经公告的发明、实用新型及外观设计专利申请的基本信息、审查信息、公布公告信息进行查询。

表 4-17 为普通用户与注册用户查询权限对比。

表 4-17 中国及多国专利审查信息查询系统普通用户与注册用户查询权限对比

查询类别	普通用户/注册用户均可的查询权限	仅注册用户的查询权限
基本信息	申请号、发明创造名称、申请日、主分类号、案件状态、申请人姓名或名称、申请人国籍、代理机构名称、代理人姓名、发明人/设计人姓名、优先权在先申请号、在先申请日、原受理机构名称、申请国际阶段国际申请号、国际申请日、国际公布号、国际公布日；著录项目变更信息	申请人国籍或总部所在地、邮政编码、详细地址、联系人姓名、联系人详细地址、邮政编码

---

❶ 多国发明专利审查信息查询服务可以通过输入申请号、公开号、优先权号查询该申请的同族（由欧洲专利局提供）相关信息，并可以查询中国国家知识产权局、欧洲专利局、日本特许厅、韩国知识产权局、美国专利商标局受理的发明专利审查信息。由于篇幅所限，本书仅对中国专利审查信息查询模块进行介绍。

❷ 查询系统根据《专利法》《专利法实施细则》和《专利审查指南》中的相关规定，对不同用户设有不同的查询权限。

❸ 本系统只提供申请日在 2010 年 2 月 10 日之后的专利申请文件的图形文档。

续表

查询类别	普通用户/注册用户均可的查询权限	仅注册用户的查询权限
费用信息	无	应缴费信息（截止缴费日、费用种类、应缴费金额）、已缴费信息（缴费日期、缴费种类、缴费金额、缴费人、收据号）、退费信息（费用种类名称、退费金额、退费日期、收款人姓名、收据号）
审查信息	案件信息（申请文件、中间文件、通知书文件）❶； 发文信息（发文方式、发文日、收件人姓名、审查部门、挂号号码、发文序列号、类型代码）； 退信信息、专利证书发文信息	可查阅任何类型案件信息的文件图形文档； 发文信息（收件人地址和邮编、下载时间、下载IP地址、用户名称）
公布公告信息	发明公布/授权公告（公告/公布号、卷期号、公告/公布日）； 事务公告（事务公告类型、公告卷期号、公告日）	发明公布/授权公告（还可以提供下载）； 事务公告（可以查阅事务公告详情）
专利授权证书信息	无	专利授权证书图形文件（可以下载PDF格式的图形文件，该文件已经予以加密处理，不能进行修改）

以下介绍通过该查询系统进行中国专利法律状态检索的方法。

在图4-14所示的页面中，用户可以根据自己的用户类别选择以注册用户还是普通用户❷身份登录查询系统。

由于电子申请注册用户的局限性，下文仅对公众查询系统进行介绍。

公众查询系统采用精确查询，登录到系统后，必须在查询条件中的发明名称、申请号、申请人三者中输入一个来进行检索，也不支持三者之外的其他检索字段。输入的申请号必须为9位或13位，不需输入字母"CN"或"ZL"，并且不能包含"."。

例如，在该系统中检索申请号为201080053885.1的中国专利申请，在"申请号/专利号"后输入"2010800538851"，输入验证码，单击"查询"，在下方可以查看查询结果，如图4-15所示。

在查询结果中可以分别对"申请信息""审查信息""费用信息""发文信息""同族案件信息"进行查询，具体内容不再展开介绍。

---

❶ 对于已经公布但尚未公告的发明专利申请，可以查阅申请文件和通知书文件的图形文档；对于已经公告的专利，还可以查阅中间文件的图形文档。

❷ 公众用户首次使用仍需要账号注册。

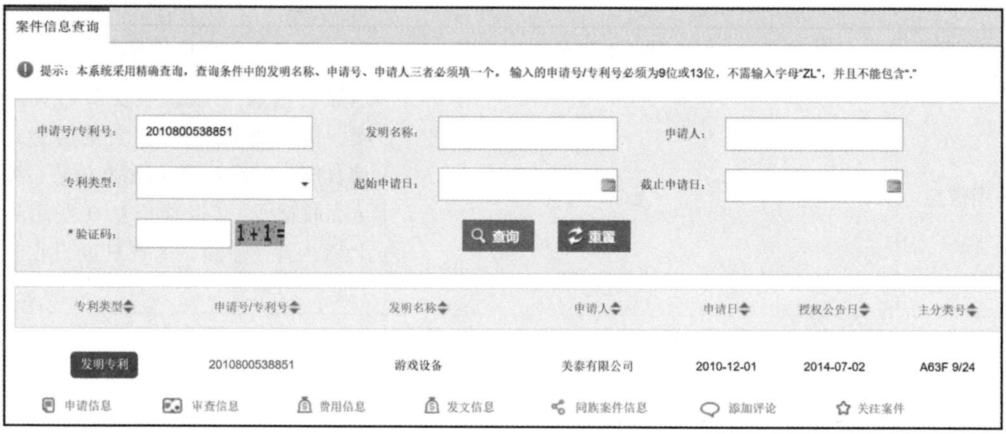

图4-15　申请号为201080053885.1的中国专利申请案件信息查询结果

二、USPTO专利信息检索系统

1. 专利授权数据库 PatFT

美国专利授权数据库提供1790年至今的美国授权专利文献，其中1790～1975年的数据只有图像型专利全文数据，只能从专利号、公告日、分类号3种途径检索；1976年以后的数据除了图像型专利全文数据外，还提供编码型专利全文数据，可以通过所提供的多种字段进行检索。

美国专利授权数据库收录了授权专利说明书中的全部信息，能满足大部分专利检索的需要，也包括专利引文的检索，但是对专利文献的引用数据也限于1976年后。

如图4-16所示，可以通过在美国专利商标局官网右侧快速导航中单击 Patents，然后在下拉菜单中选择 PatFT 来进入。

图4-16　美国专利商标局官网主页

也可以通过如图4-17所示的美国专利商标局专利检索页面http://patft.uspto.gov或http://appft.uspto.gov的左栏单击PatFT相关的链接Quick Search、Advanced Search或者Number Search来进入检索页面。

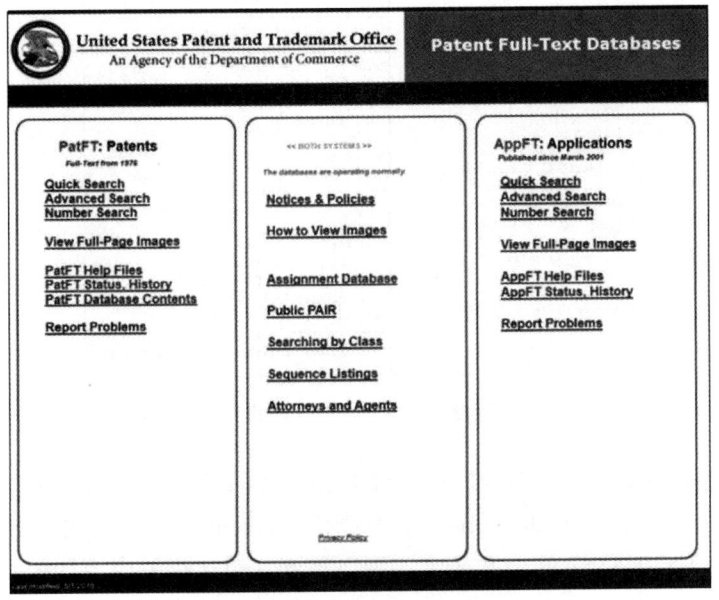

图4-17 美国专利商标局专利检索页面

还可以通过在浏览器地址栏直接输入PatFT检索系统的网址http://patft.uspto.gov/netahtml/PTO/search-bool.html来进入。图4-18示出的即为进入后的页面。

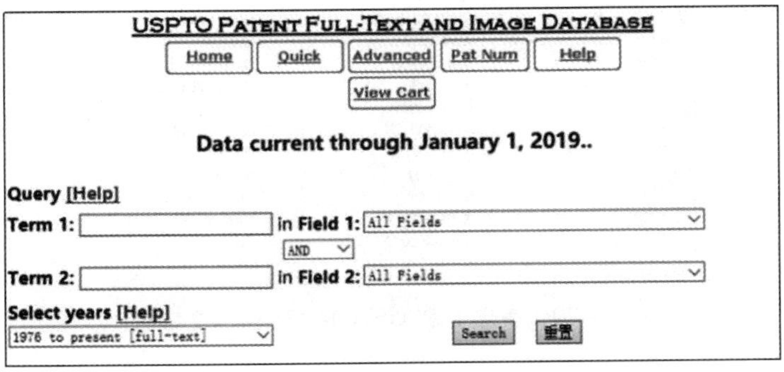

图4-18 PatFT数据库Quick Search模式页面

PatFT共提供3种检索方式。

（1）Quick Search

如图4-18所示，进入系统后默认的就是Quick Search模式下的检索页面。

Quick Search模式下设有两组检索输入框：Term1和Term2，每个检索输入框后有对应的检索字段下拉菜单选项（见图4-19），默认检索字段为All Fields（所有字段）；两组检索输入框之间设有逻辑运算符（AND、OR或ANDNOT）的下拉菜单选项。

Title	Parent Case Information
Abstract	PCT Information
Issue Date	PCT 371C124 Date
Patent Number	PCT Filing Date
Application Date	Foreign Priority
Application Serial Number	Reissue Data
Application Type	Reissued Patent Application Filing Date
Applicant Name	Related US App. Data
Applicant City	Related Application Filing Date
Applicant State	Priority Claims Date
Applicant Country	Prior Published Document Date
Applicant Type	Referenced By
Assignee Name	Foreign References
Assignee City	Other References
Assignee State	Claim(s)
Assignee Country	Description/Specification
International Classification	Patent Family ID
Current CPC Classification	130(b) Affirmation Flag
Current CPC Classification Class	130(b) Affirmation Statement
Current US Classification	Certificate of Correction
Primary Examiner	PTAB Trial Certificate
Assistant Examiner	Re-Examination Certificate
Inventor Name	Supplemental Exam Certificate
Inventor City	International Registration Number
Inventor State	International Registration Date
Inventor Country	Hague International Filing Date
Government Interest	International Registration Publication Date
Attorney or Agent	

图 4-19 PatFT 数据库 Quick Search 模式下 Field 下拉菜单选项

例如，欲在 Quick Search 模式下查询美国专利 US7044857 的引文情况，可以在 Term1 中输入 7044857，在 Field 下拉菜单中选择"Patent Number"然后执行检索，跳转后，显示的即为 US7044857 的全文文本，可以找到其引文相关内容如图 4-20 所示。

References Cited [Referenced By]		
U.S. Patent Documents		
4794838	January 1989	Corrigau, III
5095799	March 1992	Wallace et al.
5121668	June 1992	Segan et al.
5166463	November 1992	Weber
5373768	December 1994	Sciortino
5540608	July 1996	Goldfarb
5670729	September 1997	Miller et al.
5744744	April 1998	Wakuda
5889224	March 1999	Tanaka
5893798	April 1999	Stambolic et al.
6034308	March 2000	Little
6086478	July 2000	Klitsner et al.
6210278	April 2001	Klitsner
6225544	May 2001	Sciortino
6225547	May 2001	Toyama et al.
6274800	August 2001	Gardner
6342665	January 2002	Okita et al.
2001/0046895	November 2001	Kondo et al.

图 4-20 美国专利 US7044857 的引文情况

在默认的引用文献页面下单击链接"Referenced By"则可跳转至施引专利，图 4-21 所示为美国专利 US7044857 施引专利的节选。

（2）Advanced Search

在图 4-17 所示的页面中，选择"Advanced Search"或在图 4-18 所示的页面中单击上方的"Advanced"框，都可以进入 Advanced Search 模式，其页面如图 4-22 所示。

Advanced Search 仅有一个输入框，检索时得根据需要自行编辑检索式，检索式由逻辑运算符连接检索字段以及检索词组成，其中，检索字段如图 4-22 下部表格所示，例如需要检索授权日为 2002 年 1 月 8 日的有关摩托车的专利，可以输入：isd/20020108 and motorcycle。

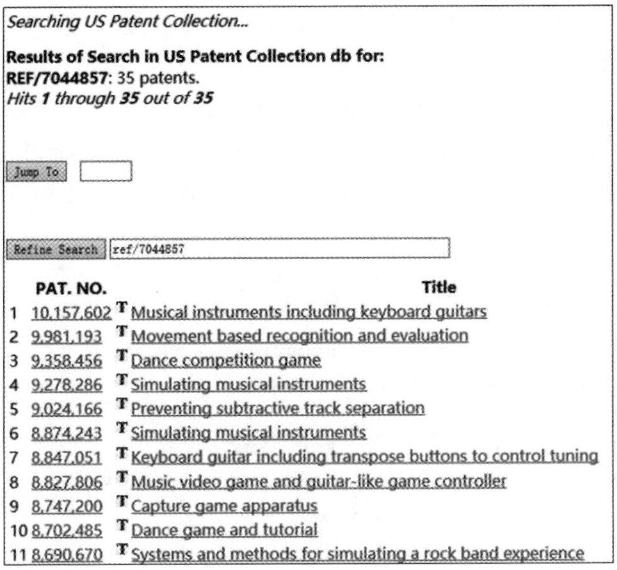
Searching US Patent Collection...

Results of Search in US Patent Collection db for:
REF/7044857: 35 patents.
*Hits **1** through **35** out of **35***

Jump To

Refine Search　ref/7044857

	PAT. NO.		Title
1	10,157,602	T	Musical instruments including keyboard guitars
2	9,981,193	T	Movement based recognition and evaluation
3	9,358,456	T	Dance competition game
4	9,278,286	T	Simulating musical instruments
5	9,024,166	T	Preventing subtractive track separation
6	8,874,243	T	Simulating musical instruments
7	8,847,051	T	Keyboard guitar including transpose buttons to control tuning
8	8,827,806	T	Music video game and guitar-like game controller
9	8,747,200	T	Capture game apparatus
10	8,702,485	T	Dance game and tutorial
11	8,690,670	T	Systems and methods for simulating a rock band experience

图 4 –21　美国专利 US7044857 施引专利的节选

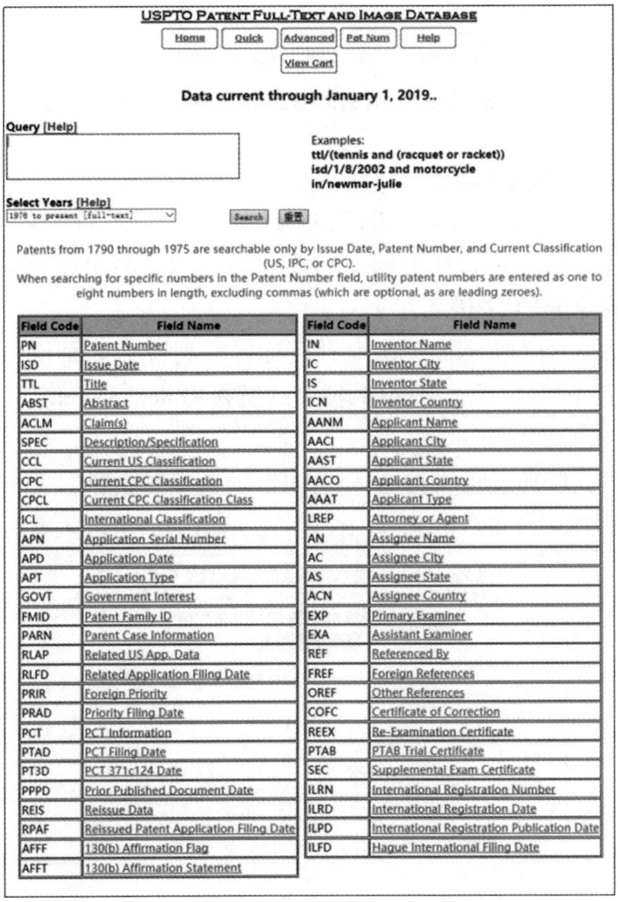
USPTO PATENT FULL-TEXT AND IMAGE DATABASE

Home　Quick　Advanced　Pat Num　Help

View Cart

Data current through January 1, 2019..

Query [Help]

Examples:
ttl/(tennis and (racquet or racket))
isd/1/8/2002 and motorcycle
in/newmar-julie

Select Years [Help]
1976 to present [full-text]　Search　重置

Patents from 1790 through 1975 are searchable only by Issue Date, Patent Number, and Current Classification (US, IPC, or CPC).
When searching for specific numbers in the Patent Number field, utility patent numbers are entered as one to eight numbers in length, excluding commas (which are optional, as are leading zeroes).

Field Code	Field Name
PN	Patent Number
ISD	Issue Date
TTL	Title
ABST	Abstract
ACLM	Claim(s)
SPEC	Description/Specification
CCL	Current US Classification
CPC	Current CPC Classification
CPCL	Current CPC Classification Class
ICL	International Classification
APN	Application Serial Number
APD	Application Date
APT	Application Type
GOVT	Government Interest
FMID	Patent Family ID
PARN	Parent Case Information
RLAP	Related US App. Data
RLFD	Related Application Filing Date
PRIR	Foreign Priority
PRAD	Priority Filing Date
PCT	PCT Information
PTAD	PCT Filing Date
PT3D	PCT 371c124 Date
PPPD	Prior Published Document Date
REIS	Reissue Data
RPAF	Reissued Patent Application Filing Date
AFFF	130(b) Affirmation Flag
AFFT	130(b) Affirmation Statement

Field Code	Field Name
IN	Inventor Name
IC	Inventor City
IS	Inventor State
ICN	Inventor Country
AANM	Applicant Name
AACI	Applicant City
AAST	Applicant State
AACO	Applicant Country
AAAT	Applicant Type
LREP	Attorney or Agent
AN	Assignee Name
AC	Assignee City
AS	Assignee State
ACN	Assignee Country
EXP	Primary Examiner
EXA	Assistant Examiner
REF	Referenced By
FREF	Foreign References
OREF	Other References
COFC	Certificate of Correction
REEX	Re-Examination Certificate
PTAB	PTAB Trial Certificate
SEC	Supplemental Exam Certificate
ILRN	International Registration Number
ILRD	International Registration Date
ILPD	International Registration Publication Date
ILFD	Hague International Filing Date

图 4 –22　PatFT 数据库 Advanced Search 模式页面

检索结果显示页面与 Quick Search 模式相同，不作重复介绍。

(3) Number Search

在图 4-17 所示的页面中，选择"Number Search"或在图 4-18 所示的页面中单击上方的"Pat Num"框，都可以进入 Number Search 模式，其页面如图 4-23 所示。

该模式下，按照下方不同类型的专利号格式直接在检索框中输入即可进行检索。

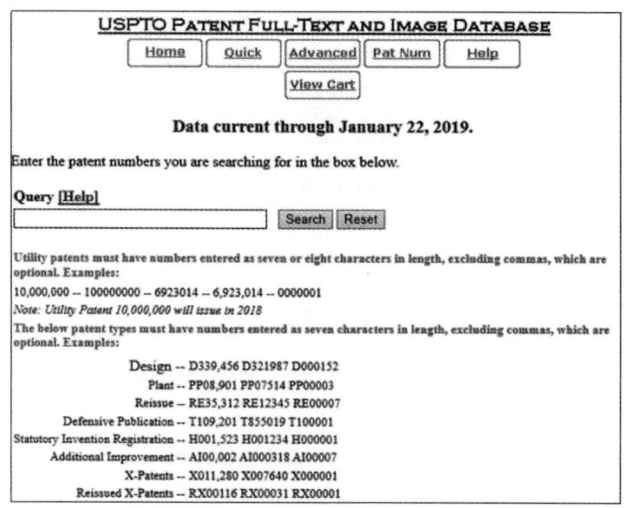

图 4-23　PatFT 数据库 Number Search 模式页面

2. 专利申请公布数据库 AppFT

AppFT 数据库收集了 2001 年以来的全部美国专利申请公布数据。

如图 4-16 所示，可以通过在美国专利商标局官网右侧快速导航中单击 Patents，然后在下拉菜单中选择 AppFT 来进入。

也可以通过如图 4-17 所示的美国专利商标局专利检索页面 http://patft.uspto.gov 或 http://appft.uspto.gov 的右栏单击 AppFT 相关的链接 Quick Search、Advanced Search 或者 Number Search 来进入检索页面。

还可以通过在浏览器地址栏直接输入 AppFT 检索系统的网址 http://appft.uspto.gov/netahtml/PTO/search-bool.html 来进入。图 4-24 示出的即为进入后的页面。

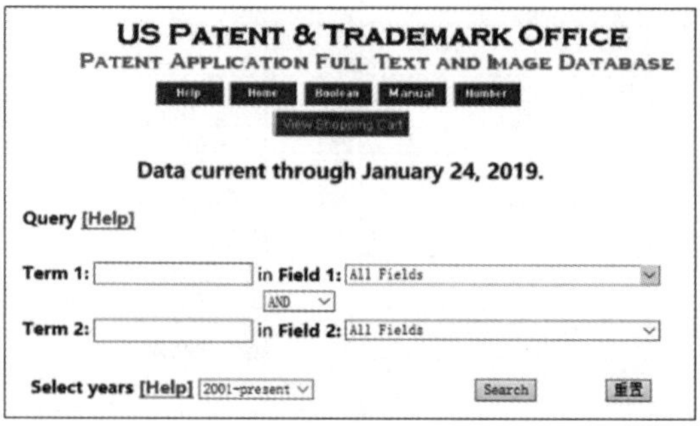

图 4-24　AppFT 数据库 Quick Search 模式页面

与 PatFT 数据库一样，AppFT 数据库也设有 3 种检索模式：Quick Search、Advanced Search 和 Number Search。

（1） Quick Search

如图 4 –24 所示，进入系统后默认的就是 Quick Search 模式下的检索页面。

Quick Search 模式下设有两组检索输入框：Term1 和 Term2，每个检索输入框后有对应的检索字段下拉菜单选项（见图 4 –25），默认检索字段为 All Fields（所有字段）；两组检索输入框之间设有逻辑运算符（AND、OR 或 ANDNOT）的下拉菜单选项。

Title	Government Interest
Abstract	PCT Information
Publication Date	Foreign Priority
Document Number	Related US App. Data
Application Date	Claim(s)
Application Serial Number	Description/Specification
Assignee Name	Cross Reference To Related Applications
Assignee City	Publication Document Kind Code(s)
Assignee State	Priority Claims Date
Assignee Country	PCT 371C124 Date
International Classification	PCT Filing Date
Current US Classification	Related Application Filing Date
Current CPC Classification	Prior Published Document Date
Current CPC Classification Class	Applicant Name
Publication Filing Type(s)	Applicant City
Inventor Name	Applicant State
Inventor City	Applicant Country
Inventor State	Applicant Type
Inventor Country	Patent Family ID

图 4 –25 AppFT 数据库 Quick Search 模式下 Field 下拉菜单选项

（2） Advanced Search

在图 4 –17 所示的页面中，选择“Advanced Search”或在图 4 –24 所示的页面中，单击上方的“Manual”框，都可以进入 Advanced Search 模式，其页面如图 4 –26 所示。

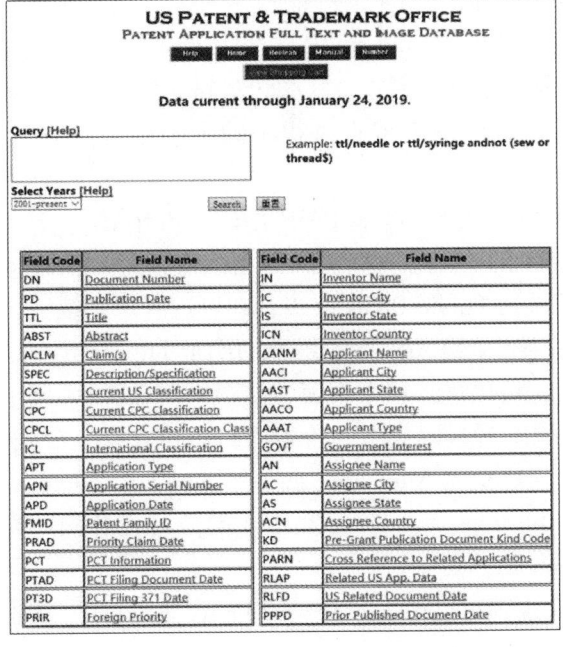

图 4 –26 AppFT 数据库 Advanced Search 模式页面

Advanced Search 仅有一个输入框，检索时得根据需要自行编辑检索式，检索式由逻辑运算符连接检索字段以及检索词组成，其中，检索字段如图 4-26 下部表格所示。

（3）Number Search

在图 4-17 的页面中，选择"Number Search"或在图 4-24 的页面中，单击上方的"Number"框，都可以进入 Number Search 模式，其页面如图 4-27 所示。

该模式下，在检索输入框中输入美国专利公开号即可进行检索。

图 4-27　AppFT 数据库 Number Search 模式页面

PatFT 和 AppFT 的全文浏览页面中，均可通过单击"Images"图标来对 PDF 原文进行查看和下载。

3. 专利申请信息检索系统 PAIR❶

专利申请信息查询系统是美国专利商标局向用户提供的供查询和下载专利申请相关信息的数据库。PAIR 可以供用户在线浏览发送至 USPTO 的专利所处的状态和专利文献，并随时查看处于审查过程中的专利申请进程。

PAIR 有两种使用类型：Public PAIR（公共专利申请信息查询系统）和 Private PAIR（私人专利申请信息查询系统）。其中，Public PAIR 提供授权专利和专利申请公布的信息；Private PAIR 提供处于审查过程中的专利申请状态信息和应用数字证书的历史信息。

以下仅针对面向公众开放的 Public PAIR 做进一步介绍。

通过如图 4-17 所示的美国专利商标局专利检索页面 http：//patft. uspto. gov 或 http：//appft. uspto. gov 的中部单击 Public PAIR 链接，即可进入该系统。

还可以在浏览器直接访问 PAIR 检索系统的网址 https：//portal. uspto. gov/pair/PublicPair，通过身份验证后，可以进入检索页面，如图 4-28 所示。

PAIR 的检索页面有 6 种号码类型的检索入口可供选择，分别是：申请号（Application Number）、控制号（Control Number）、专利号（Patent Number）、国际申请号（PCT Number）、公布号（Publication Number）和工业品外观设计国际注册编号（International Design Registration Number）。

该 6 种号码的输入规则可以单击"Search for Application"后的蓝色圈"i"来查看。

---

❶　PAIR 为 Patent Application Information Retrieval 的缩写。

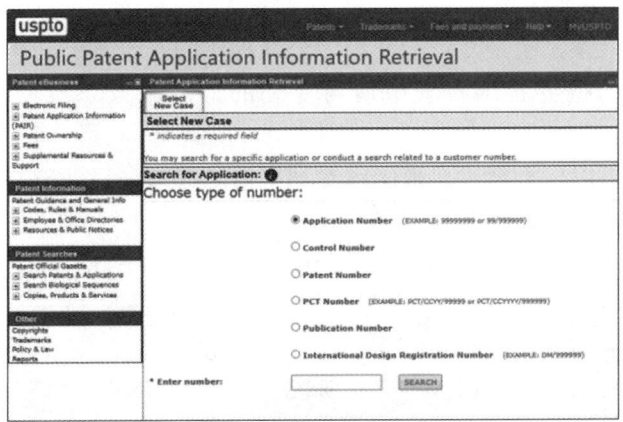

图 4 – 28　Public PAIR 的检索页面

例如，图 4 – 29 是通过 PAIR 专利申请信息检索系统查询到的申请号 12/629765 的美国专利的申请信息（查询结果的默认页面）。

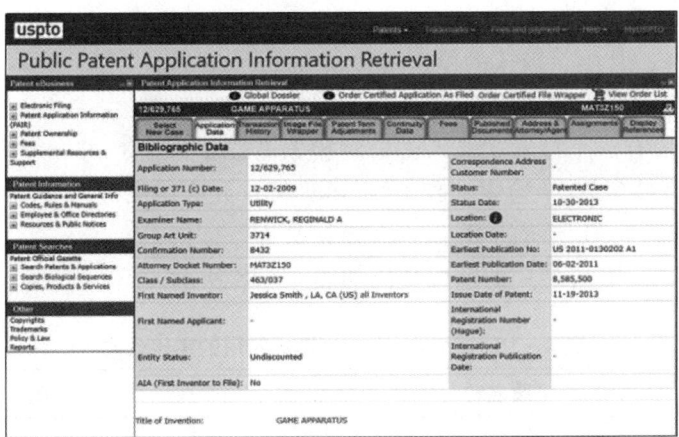

图 4 – 29　Public PAIR 中美国申请 12/629765 的检索结果

除了申请数据（Application Data）外，Public PAIR 还提供处理历史（Transaction History）、图像文件包（Image File Wrapper）、专利期限调整（Patent Term Adjustments）、外国优先权（Foreign Priority）、继续申请数据（Continuity Data）、费用（Fees）、公布的文献（Published Documents）、地址及律师/代理人（Address & Attorney/Agent）、专利权转移（Assignments）、参考文献（Display References）等。

三、EPO 专利信息检索系统

欧洲专利局有多个专利信息检索系统，本书将重点介绍其中 3 种，分别是 Espacenet Patent Search（简称 Espacenet）、European Patent Register（简称 EP Register）和 Common Citation Document（简称 CCD）。

1. Espacenet 检索系统

Espacenet 专利检索系统是欧洲专利局为公众提供的基于其已公布的欧洲专利申请与专利以及其收集到的世界各国专利申请与专利的信息服务系统。其采用的数据库为 Worldwide 数据库❶。

Espacenet 除了可以检索全世界范围内专利申请的著录项目、专利申请说明书外，还可以检索同族专利、法律状态等信息。

其网站为 https://worldwide.espacenet.com，主页如图 4-30 所示。

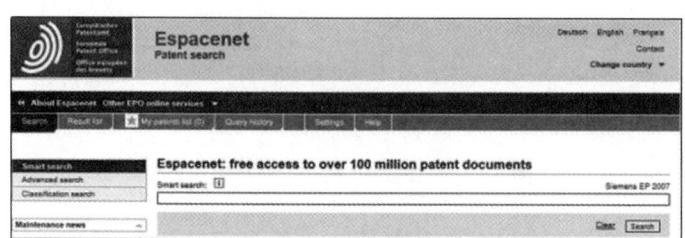

图 4-30　Espacenet 检索系统主页

Espacenet 提供两种检索模式：Smart search 和 Advanced search，可在图 4-30 所示页面的左侧进行选择，其中，默认的检索模式是 Smart search。

（1）Smart search

Smart search 仅有一个检索式输入框，对检索有以下限定：每一字段最多 10 个检索词；每个检索页面最多 20 个检索词和 19 个运算符；允许使用截词符。

检索页面即图 4-30 所示的 Espacenet 默认页面。

其中，Smart search 可使用的字段代码如表 4-18 所示。

表 4-18　Smart search 模式使用的字段代码

字段代码	字段名称	示　　例
in	发明人	in = smith
pa	申请人	pa = siemens
ti	名称	ti = "mouse trap"
ab	摘要	ab = "mouse trap"
pr	优先权号	pr = ep20050104792
pn	公布号	pn = ep1000000
ap	申请号	ap = jp19890234567
pd	公布日期	pd = 20080107, pd = "07/01/2008", pd = 07/01/2008

---

❶ Worldwide 数据库提供超过 100 个不同国家和地区公布的专利申请信息，它以 PCT 最低文献量为基础。

续表

字段代码	字段名称	示　例
ct	引文	ct = ep1000000
cpc	CPC 分类号	cpc = "A61K31/13"
cpcc	分类号组合	cpcc = "C08F8/30", pcc = "C08F297/02"
desc	说明书	desc = lens
claims	权利要求	claims = laser
ftxt	说明书，权利要求	ftxt = microscope
extftxt	说明书，权利要求，名称，摘要	extftxt = nanoparticle
ia	发明人和申请人	ia = Apple ia = "Ries Klaus"
ta	名称和摘要	ta = "laser printer"
txt	名称，摘要，发明人和申请人	txt = microscope lens
num	申请，公布和优先权号	num = ep100000
ipc	IPC 号	ipc = A63B49/08
cl	IPC 号和 CPC 号	cl = C10J3

Smart search 除了可以输入检索词、字段代码和/或运算符作为检索式之外，还可以仅输入检索词和/或运算符作为检索式，系统会自动匹配检索词和字段从而得到检索结果。

（2）Advanced search

在图 4-30 所示的页面左侧单击"Advanced search"则可以切换成 Advanced search 模式，其页面如图 4-31 所示。在该模式下可以对以下 4 种检索数据库进行选择：100 多个国家已公开申请的全部数据（默认选项），以英文、法文或者德文全文公开申请的数据库。

Advanced search 提供了多个检索字段，涉及标题或摘要中的英文关键词、公开号、申请号、优先权号、公开日、申请人、发明人、CPC 和 IPC。其中，每个字段中可一次性输入最多 10 个检索词，检索词也可以使用截词符（其规则与 Smart search 相同），检索时可以只在一个检索字段中进行检索，也可在多个字段中进行联合检索，使用不同字段联合检索时，缺省运算符为 AND。

（3）检索结果

例如，在 Smart search 的检索框中输入"US2011130202"，单击"Search"执行检索，即可得到公开号为 US2011130202A1 的相关专利，如图 4-32 所示。

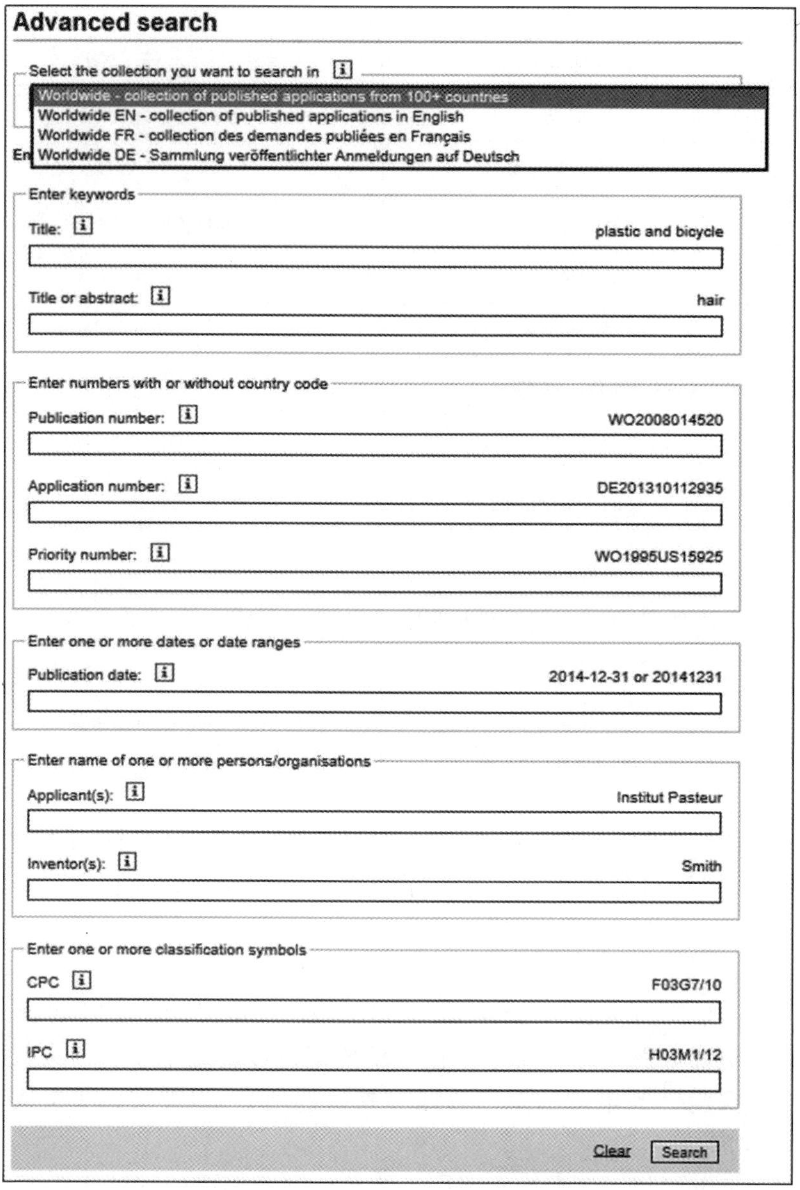

图 4–31　Espacenet 检索系统 Advanced search 模式检索页面

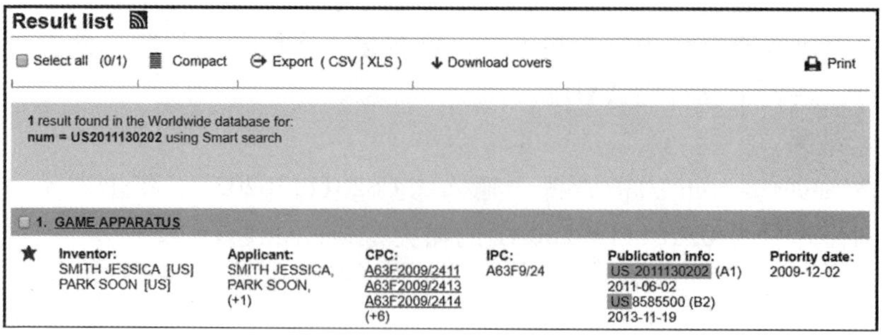

图 4–32　Espacenet 检索系统检索结果显示页面

在检索结果中单击该篇专利文献的标题即可进入该专利的概览页面，如图 4 - 33 所示。

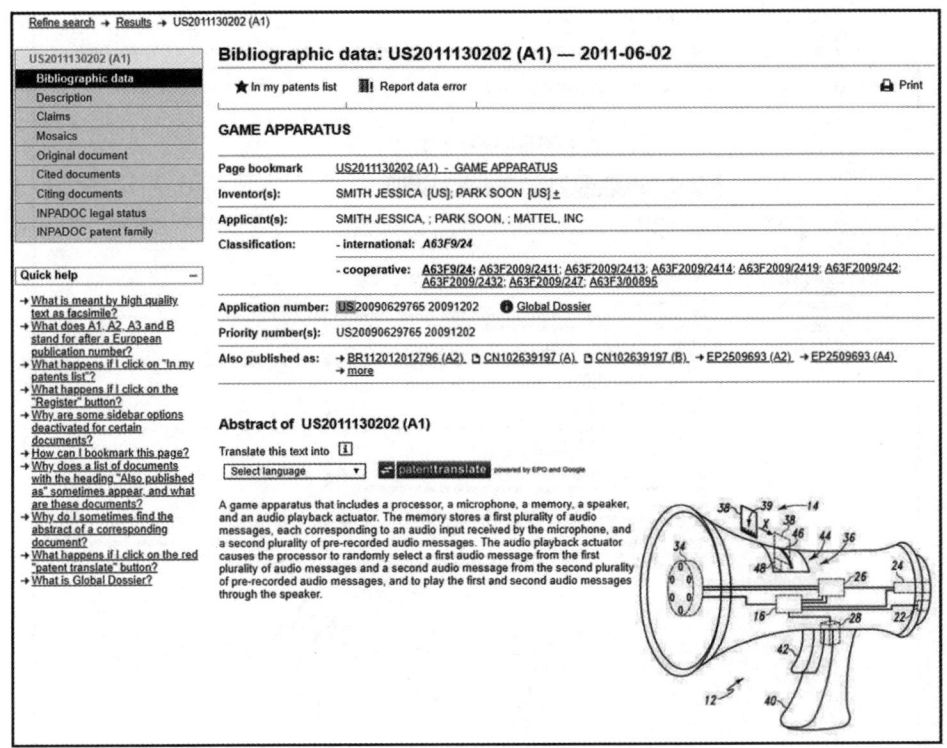

图 4 - 33　Espacenet 检索系统专利概览页面

默认的概览页面显示了该专利的著录项目数据（Bibliographic data），在页面左边导航栏中还可以选择 Description/Claims（说明书/权利要求书的全文文本，并支持在线机器翻译）、Mosaics/Original document（缩略图/专利单行本的 PDF，并支持下载到本地）、Cited documents/Citing documents（引证/被引文献）、INPADOC legal status/INPADOC patent family（INPADOC 数据库中的法律状态/专利同族情况）。

单击页面左边导航栏中的"Claims"，进入 Claims 显示页面，该页面下除了可以看到该专利权利要求书的全文文本之外，还对文本是英、德、法的专利权利要求建立了 Claimstree（权利要求关系树），以便于分析多项权利要求之间的从属关系，如图 4 - 34 所示为专利 US2011130202A1 的 Claimstree 页面。

单击页面左边导航栏中的"INPADOC legal status"，进入 INPADOC legal status 显示页面，该页面下，按照时间顺序列出了专利法律状态变化的情况❶，图 4 - 35 即为专利 US2011130202A1 的 INPADOC 法律状态页面。

---

❶　由于系统提供的法律状态依赖于各国/地区提供的信息，对于部分国家/地区而言，其提供的数据不完全甚至没有提供数据，因此系统提供的信息只能提供参考，不能保证其时效性和准确性。

◎ 专利分析（修订版）

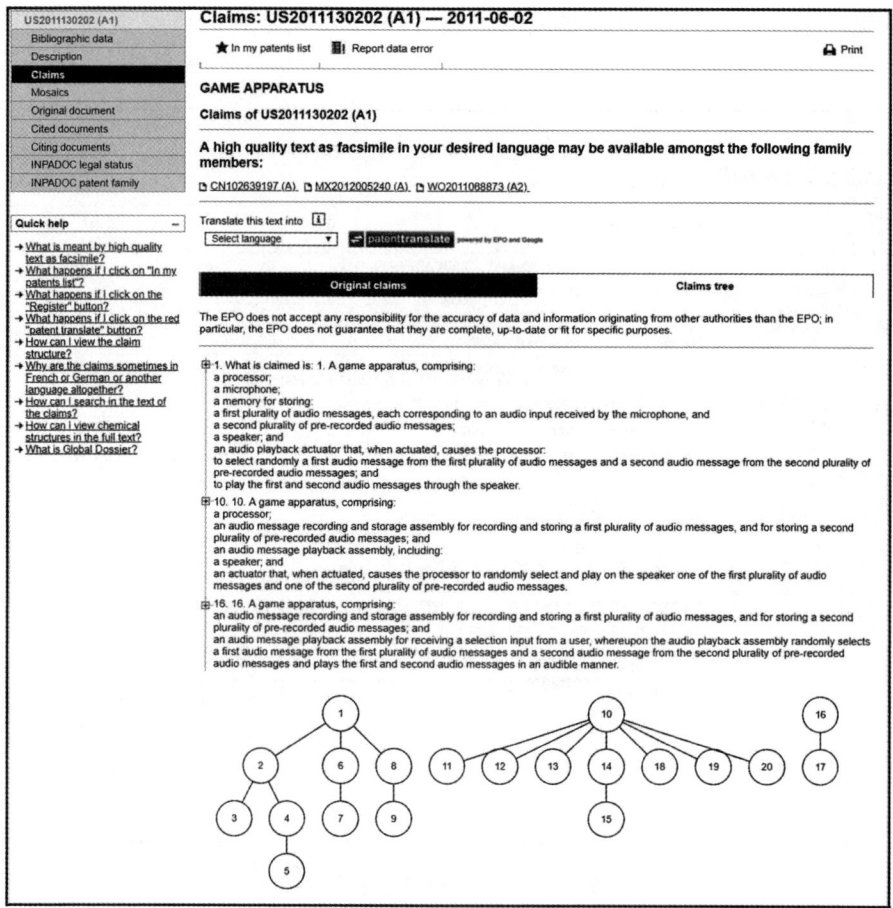

图 4-34　Espacenet 检索系统中专利 US2011130202A1 的 Claimstree 页面

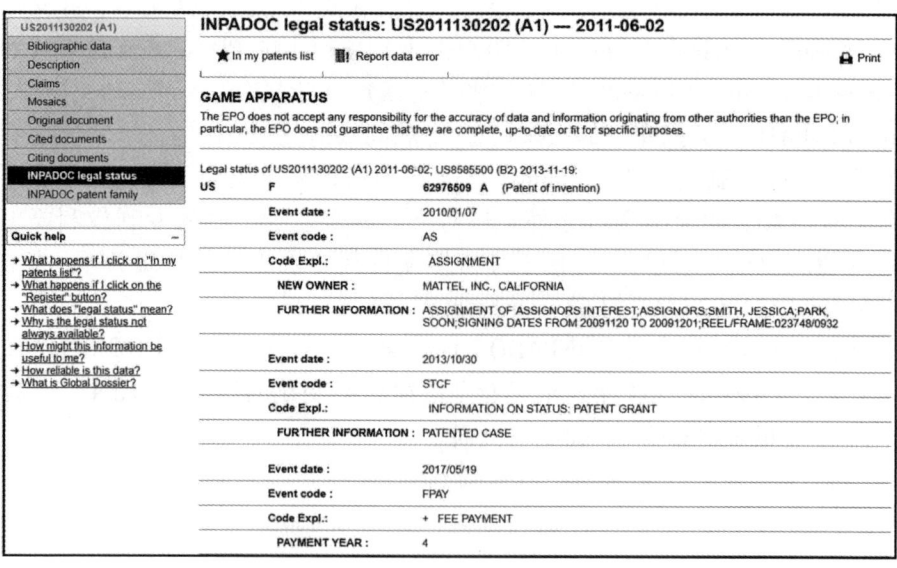

图 4-35　Espacenet 检索系统中专利 US2011130202A1 的 INPADOC 法律状态页面

·146·

关于同族专利，Espacenet 提供了简单专利族以及扩展专利族的浏览查询：

首先，在相关专利的概览页面可以查看其简单专利族的情况，这些专利显示在"Also published as"之后。如图4-33所示，可以查看到 US2011130202 的简单专利族❶有：BR112012012796（A2）、CN102639197（A）、CN102639197（B）、EP2509693（A2）、EP2509693（A4）、MX2012005240（A）、US8585500（B2）、WO2011068873（A2）和 WO2011068873（A3）。

其次，通过单击页面左边导航栏中"INPADOC patent family"可进入 INPADOC 专利族列表的页面，在这里可以查看其扩展专利族的专利情况。图4-36示出了专利 US2011130202A1 的扩展专利族。

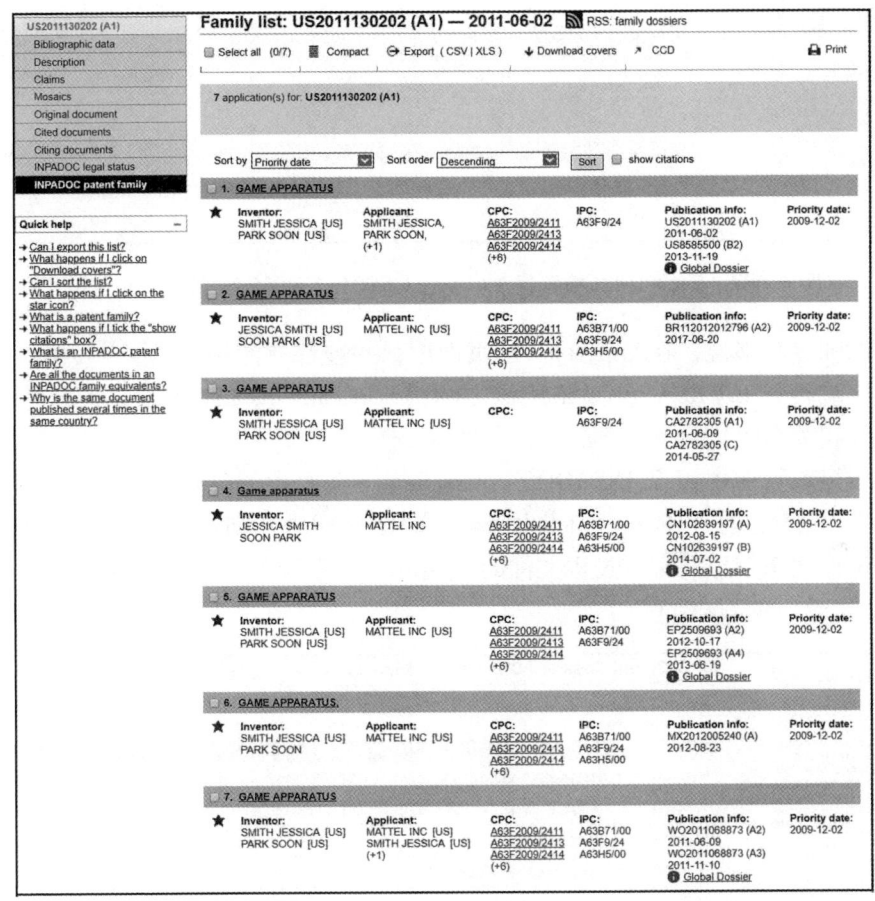

图4-36　Espacenet 检索系统中专利 US2011130202A1 的扩展专利族

需要注意的是，Espacenet 中"Also published as"后的专利并未做申请号的合并，亦即同一专利申请会出现多个公布级的文献重复出现的情况，而 INPADOC 扩展同族中，则对申请号进行了合并处理。因此，很多时候看似简单同族的数量众多，但实际上，都要少于扩展同族的数量。例如，上述结果中的 CA2782305 仅出现在了扩展同族中，但未

---

❶ 单击"Also published as"的专利列表后的"more"可以查看全部专利。

在简单同族中提及。

单击页面左边导航栏中的"Cited documents"或者"Citing documents",可分别进入"Cited documents"或者"Citing documents"的显示页面,从而对其引用的专利以及本专利被引用的情况进行查询。例如,图 4-37 所列出的即是上述专利 US2011130202A1 的被引用情况(Citing documents)。

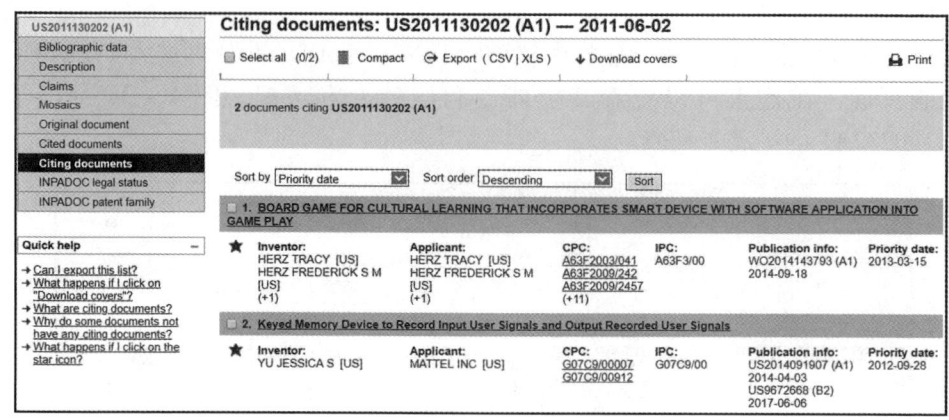

图 4-37　Espacenet 检索系统中专利 US2011130202A1 的被引用情况

对于欧洲专利来说,在 Espacenet 的页面中,一般都有图标 EP Register,通过单击,则可以跳转到 EP Register 系统中该专利的"About this file"这一默认页面(参见图 4-42 及相关介绍)。

另外,概览页面中以及 INPADOC patent family 页面中的红色标记"Global Dossier"为全球档案服务❶,通过单击"Global Dossier"链接标志,则可直接链接到收录该专利族成员的法律状态信息及审批过程文件的 EP Register 系统中。图 4-38 示出的为中国专利 CN102639197 的全球档案。

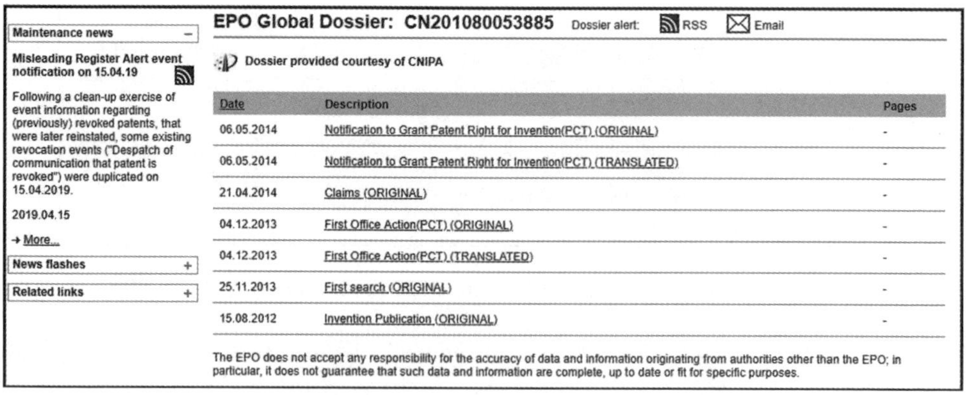

图 4-38　中国专利 CN102639197 的全球档案

---

❶ Global Dossier 是在五大知识产权局 IP5(中国、日本、韩国、美国和欧专局)合作的基础上建立的,旨在为用户提供专利申请在上述五大局的同族专利信息(就同一发明向多个专利局提起专利申请)。

2. EP Register 检索系统

EP Register 是欧洲专利局为公众提供的欧洲专利申请以及进入欧洲阶段的国际申请的法律状态及审查过程等信息的查询系统。

其网站为 https://register.epo.org，主页如图 4-39 所示。

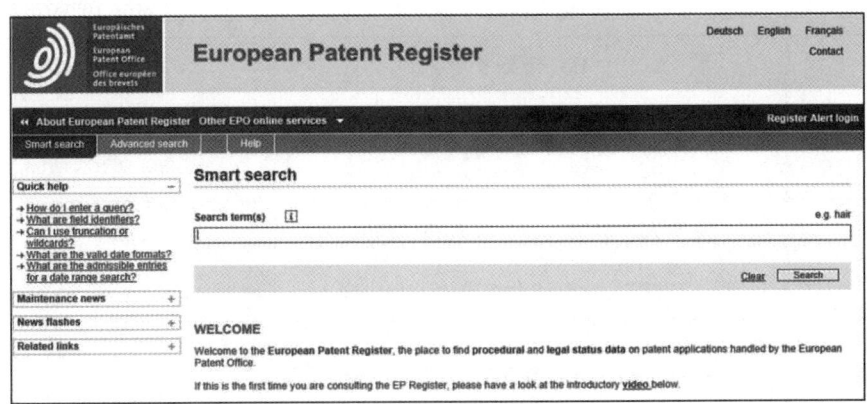

图 4-39　EP Register 检索系统主页

EP Register 提供两种检索模式：Smart search 和 Advanced search，可在图 4-39 所示页面的上部进行选择，其中，默认的检索模式是 Smart search。

（1）Smart search

Smart search 仅有一个检索式输入框，对检索有以下限定：每一字段最多 10 个检索词；每个检索页面最多 20 个检索词和 19 个运算符；允许使用截词符。

检索页面即图 4-39 所示的 EP Register 默认页面。

Smart search 可使用的字段代码如表 4-19 所示。

表 4-19　Smart search 模式使用的字段代码

字段代码	字段名称	示　例
in	发明人	in = siemens
pa	申请人	pa = smith
re	代理人	re = "vande gucht"
op	异议人	op = basf
ti	名称	ti = "mouse trap"
ap	EP/WO 申请号	ap = ep99203729
pn	EP/WO 公布号	pn = ep1000000
pr	优先权号	pr = ep20050104792
fd	申请日	fd = 20010526

续表

字段代码	字段名称	示 例
pd	公布日	pd = 20020103
prd	优先权日	prd = 19780707
ic	IPC 分类号	ic = a63b49/08
ia	发明人和申请人	ia = Apple ia = "Ries klaus"
nm	发明人，申请人，异议人和代理人	nm = Sony
txt	名称，发明人，申请人，异议人和代理人	txt = microscope lens
num	EP/WO 申请号，EP/WO 公布号和优先权号	num = ep1000000 num = wo2007117737
apl	上诉案件号	apl = "T050014"
grd	授权日	grd = 2010

Smart search 除了可以输入检索词、字段代码和/或运算符作为检索式之外，还可以仅输入检索词和/或运算符作为检索式，系统会自动匹配检索词和字段从而得到检索结果。

（2）Advanced search

在图 4-39 页面上部单击"Advanced search"则可以切换成 Advanced search 模式，其页面如图 4-40 所示。

该检索模式下，检索词也可以使用截词符（其规则与 Smart search 相同）。检索时可以只在一个检索字段中进行检索，也可在多个字段中进行联合检索，多字段联合检索时，默认运算符为"and"，但是对于文献号和日期字段来说，当仅有日期字段或仅有文献号字段的联合检索时，其默认运算符为"or"。

（3）检索结果

例如，在 Smart search 模式下，检索 ti = "game apparatus"，会得到如图 4-41 所示的检索结果。

在页面上部有可以对检索结果排序设置的选项，可以将检索结果按照申请号、公开号、申请人、代理人或 IPC 分类号进行正序或逆序排列。

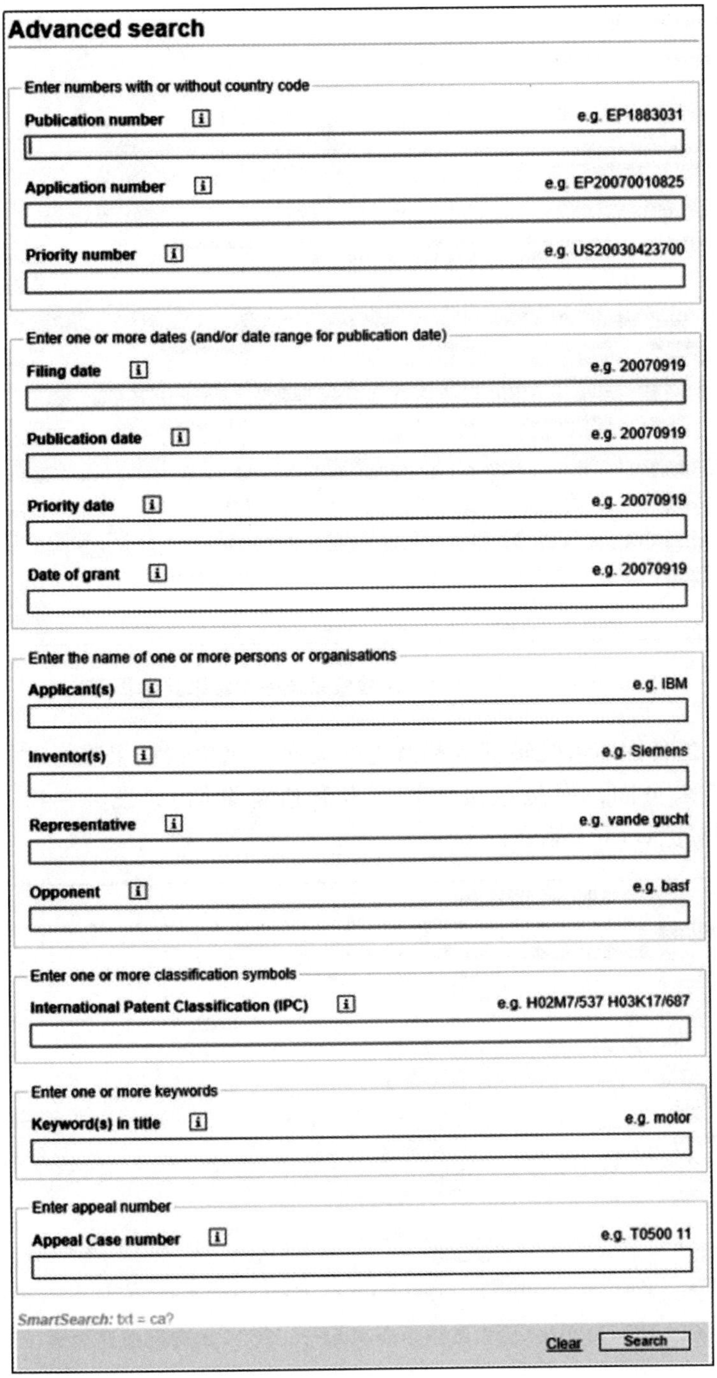

图 4 −40　EP Register 检索系统 Advanced search 模式检索页面

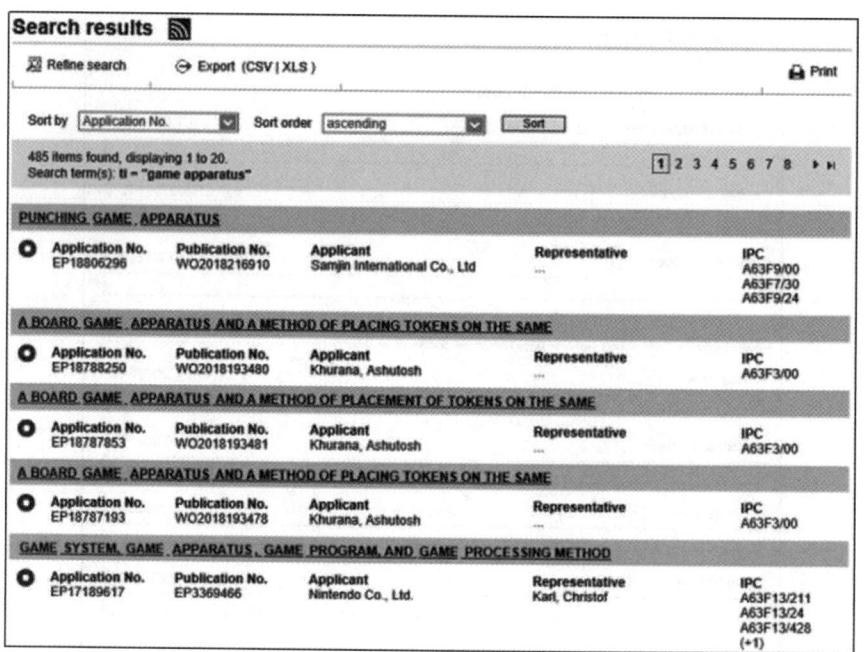

图 4-41　EP Register 检索系统检索结果显示页面

通过单击主题名称即可跳转到专利概览的页面（当检索结果唯一时，在检索完成时也不会有检索结果页面，而是直接跳转到专利概览页面），图 4-42 所示为专利 EP 2509693 的专利概览页面（部分）。

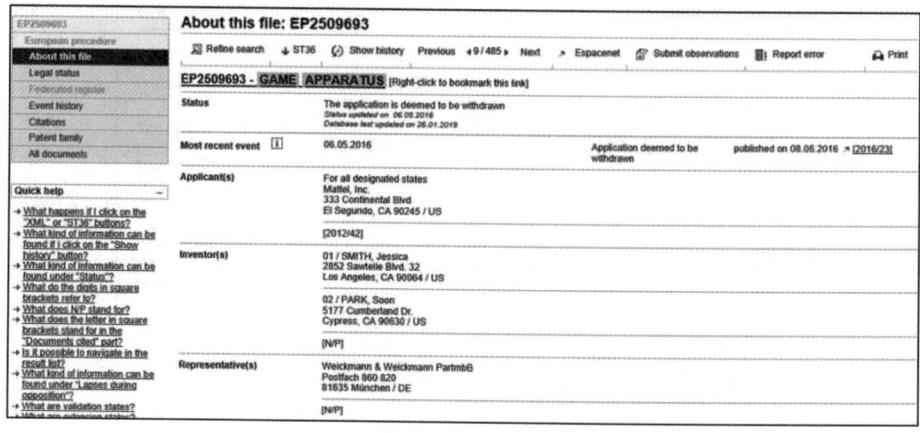

图 4-42　EP Register 检索系统中专利 EP2509693 的专利概览页面（部分）

该默认页面显示了专利的基本信息（About this file），包括：状态；最近事件；申请人；发明人；代理人；申请号；申请日期；优先权号；优先权日；申请语言；审查语言；公布（种类，号码，日期，语言）；国际与补充检索报告；专利分类；指定国；发明名称（英文、法文、德文）；进入区域阶段；审查过程（按日期升序排序）；上诉审查；母案申请；分案申请；费用缴纳；引文（分为审查员检索和申请人提供）。

此外，在页面左边导航栏中还可以选择 Legal status（法律状态）、Federated register（联邦注册）、Event history（历史事件）、Citations（引文）、Patent family（专利族）、All documents（所有文件）。

在 EP Register 的页面中，一般都有图标 ↗ EP Register，通过单击，则可以跳转到 Espacenet 系统中该专利的"Bibliographic data"这一默认页面。

单击页面左边导航栏中的"Legal status"，进入 Legal status 显示页面，图 4-43 示出了该页面的局部内容。

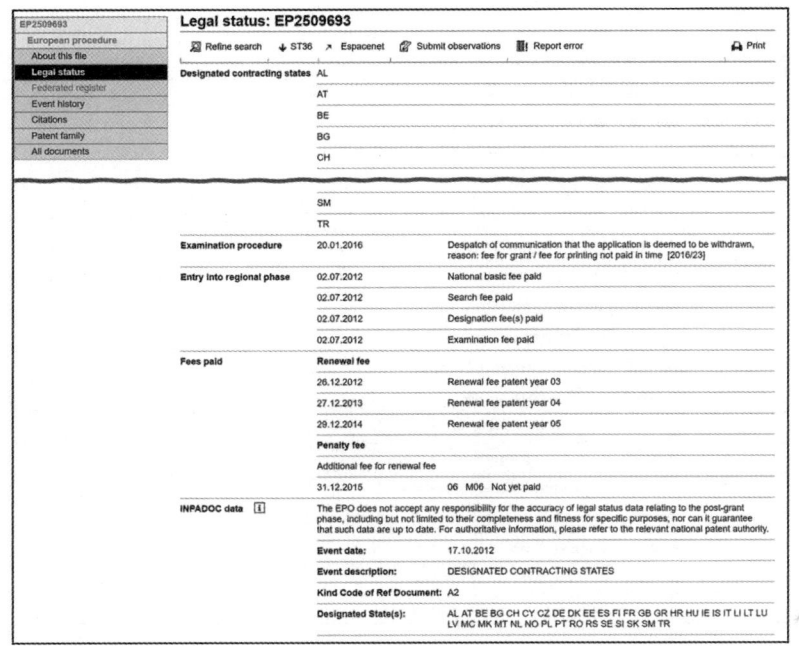

图 4-43　EP Register 检索系统中专利 EP2509693 的 Legal status 显示页面

该页面显示的信息包括：指定国（按国别代码字母顺序排序）；审查过程；进入区域阶段；费用缴纳；上诉审查；INPADOC 法律状态数据（同 Espacenet 中的"INPADOC Legal Status"）。

单击页面左边导航栏中的"Event history"，进入 Event history 显示页面，该页面按照时间顺序（通过单击日期上方的"Date"按钮，可正序或逆序排列，默认为时间逆序）排列该专利的全部历史事件，如图 4-44 所示。

单击页面左边导航栏中的"Citations"，进入 Citations（引文）显示页面，如图 4-45 所示。具体引文信息包括：类型（专利文献或非专利文献），文献公布号（链接 PDF 格式全文）。对于审查检索引用的文献还会进行相关性❶标引，如图 4-45 所示，本专利在

---

❶ 引文相关性字母与释义：X—单独特别相关文献；Y—与所列其他文献结合的特别相关文献；A—不影响新颖性或创造性的现有技术文献；O—非书面披露；P—中间文件；T—理论或原理性发明；E—较早的专利申请，但在被检索的申请的申请日之后公布（抵触申请专利文件）；D—申请中引用的文献；L—因其他原因引用的文献；&—同一专利族成员对应的专利文献。

审查过程中的 4 篇引文的相关性均为 A。

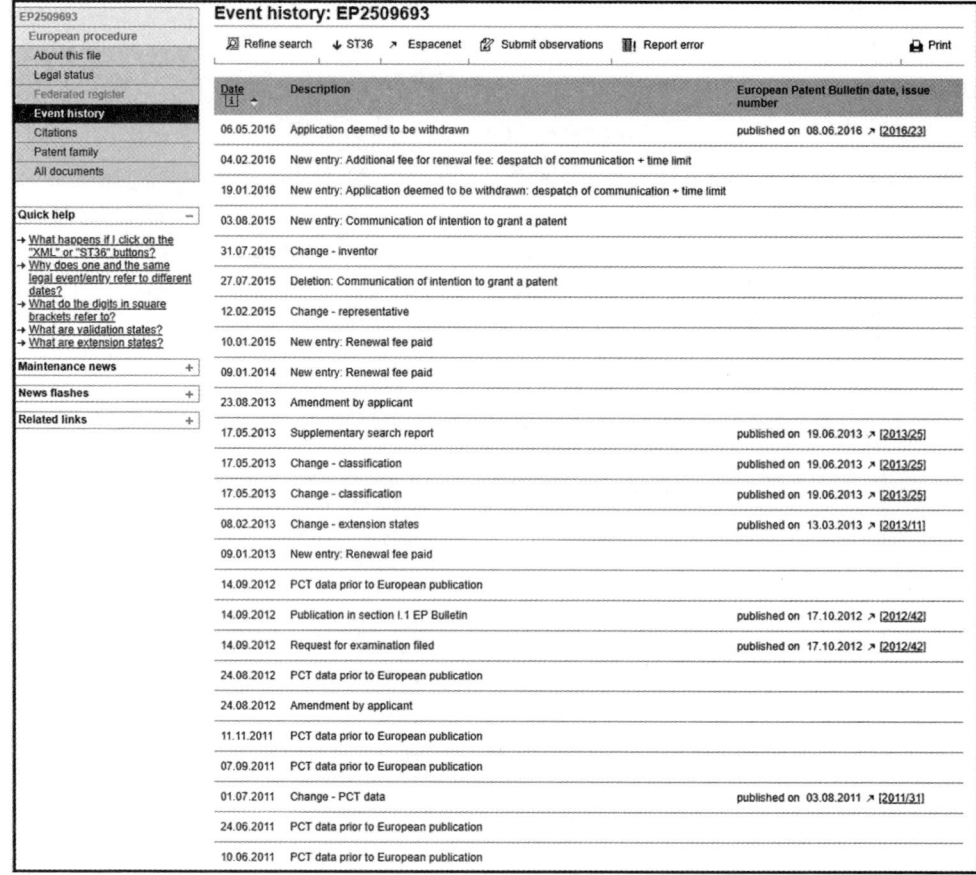

图 4-44　EP Register 检索系统中专利 EP2509693 的 Event history 显示页面

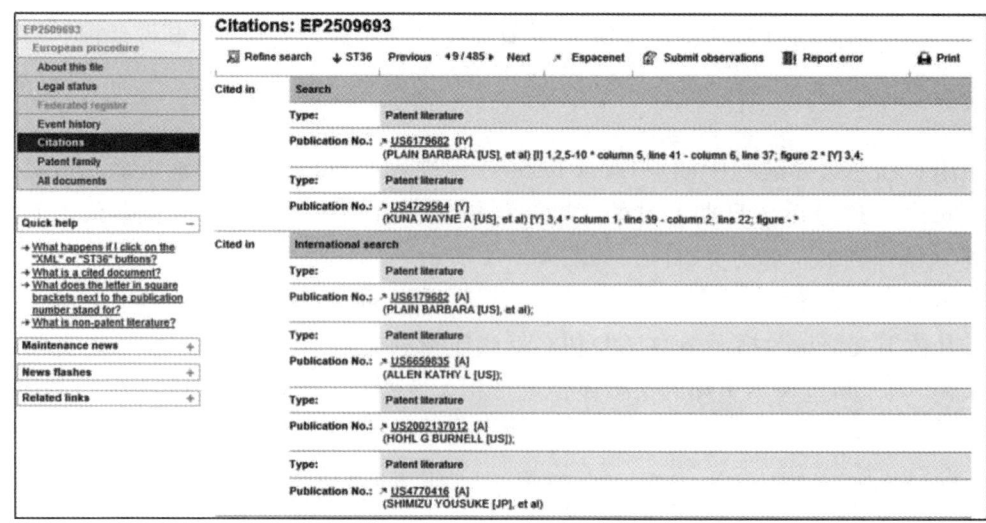

图 4-45　EP Register 检索系统中专利 EP2509693 的 Citations 显示页面

单击页面左边导航栏中的"Patent family",进入 Patent family 显示页面,该页面下显示了以下同族信息:专利族成员类型❶;公布号,日期,公布级;优先权号,优先权日。该页面下也有"Global Dossier"图标,示意与作用与 Espacenet 系统中的一致(参见图 4-38 及相关介绍)。图 4-46 为 Patent family 显示页面的节选。

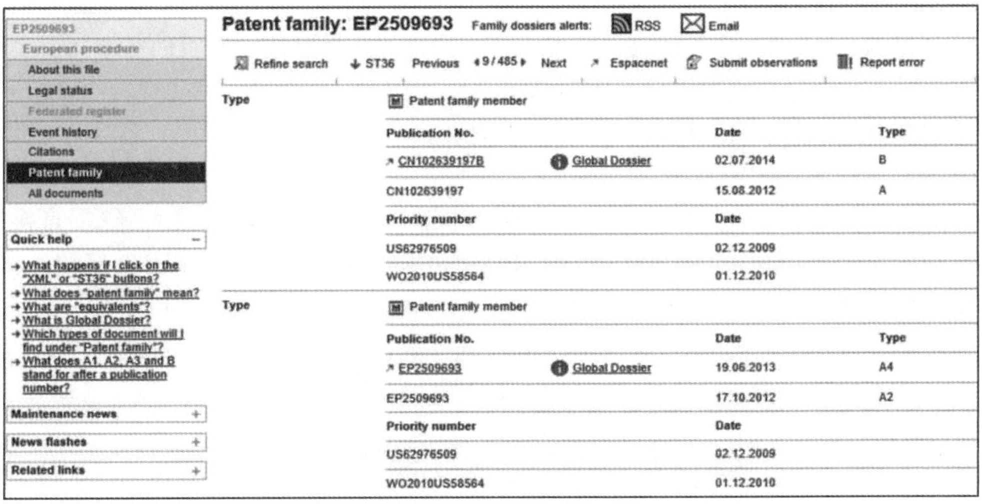

图 4-46 EP Register 检索系统中专利 EP2509693 的 Patent family 显示页面

单击页面左边导航栏中的"All documents",进入 All documents 显示页面,图 4-47 示出了 All documents 中的部分文件。

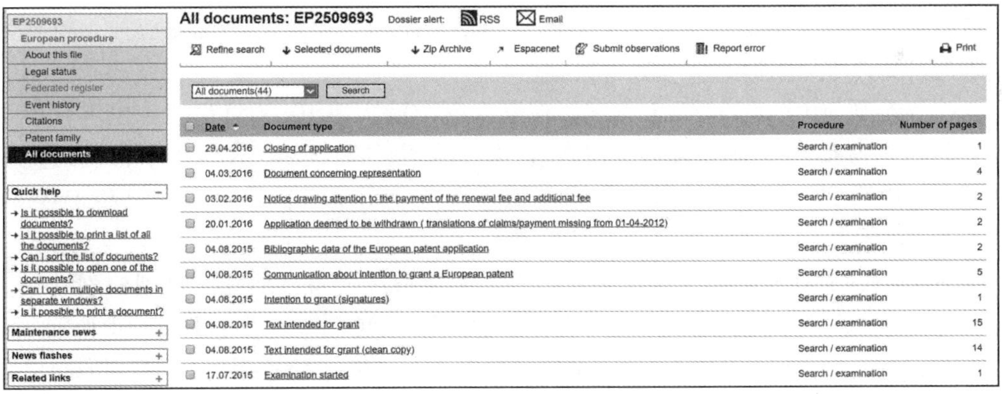

图 4-47 EP Register 检索系统中专利 EP2509693 的 All documents 显示页面

该页面上部通过下拉菜单设有 6 种显示过滤,分别是:All documents(所有文件),search/examinaion(检索/审查文件),Send by EPO(EPO 寄出的文件),Received by EPO(EPO 收到的文件),Internal(内部文件),Appeal(上诉文件)。并且可以按照时

---

❶ 专利族成员类型用字母代码表示:D(Divisional application)表示分案申请的专利族成员;E(Equivalent)表示优先权完全相同的专利族成员;M(Patent family member)表示至少有一个优先权相关的专利族成员;P(Earlier application)表示较早的分案申请的专利族成员。

间正序或逆序来排列（通过单击日期上方的"Date"按钮）。

其中默认为 All documents 模式，排序方式为时间逆序。

单击文件名可打开该文件的 PDF 全文，还可以对文件勾选后单击图标 ↓ Selected documents 直接下载到本地。

3. CCD

CCD 即 Common Citation Document 检索系统❶，其通过对同一发明创造申请提供各局的引文资料，结合参与局对同一发明创造申请所引用的已有技术，实现在一个统一的页面上看到多个局对同一发明创造申请的检索结果。

CCD 检索有两种使用方法：

一是通过 Espacenet 专利检索的 INPADOC 同族专利结果显示链接↗ CCD直接进行检索。例如，图 4-36 中对 US2011130202A1 的 CCD 检索可以直接单击上部的↗ CCD 进入该系统的默认检索结果显示页面。

二是通过输入网址 http://ccd.fiveipoffices.org 直接进入 CCD 检索页面。

CCD 检索页面仅设置一个号码输入框，如图 4-48 所示。

图 4-48 CCD 检索页面

检索输入框仅支持输入专利相关号码，包括文献号、申请号、优先权号。输入号码后，单击"Search"图标，即可执行检索。

以中国专利 201080053885.1 为例，在输入框中输入 2010800538851（也可在申请号前加上国别代码 CN，但不可输入"."）后执行检索，系统会在数据库中自动匹配相关文献号，可以看到如图 4-49 所示的检索结果默认显示页面，其中左侧为 CCD Viewer，右侧为 Inspector。

CCD Viewer 默认检索结果显示为：按照专利族成员公布日期降序排列检索结果，并在每个专利族成员下列出相关引文列表，而且还要指出引文来源：National Examination（源于审查过程），National/International Search Report（源于检索报告），Applicant（源于申请人）。

单击"Citations only view"按钮，CCD Viewer 将显示如下信息：申请，相关性代码，引文信息，相关权利要求。所有专利族成员的引文作为主排序依据，按引文公布时间降序显示列表。同一篇引文被两个以上专利族成员引用，则在列表中按同量重复列出，如图 4-50 所示。

---

❶ Common Citation Document 检索系统是 2011 年 11 月由美国专利商标局、欧洲专利局及日本特许厅共同组成的三边局（Trilateral）推出的一种专利信息服务系统，参与局现已增加至 5 个，包括韩国知识产权局和中国国家知识产权局。

图4-49 CCD检索结果默认显示页面

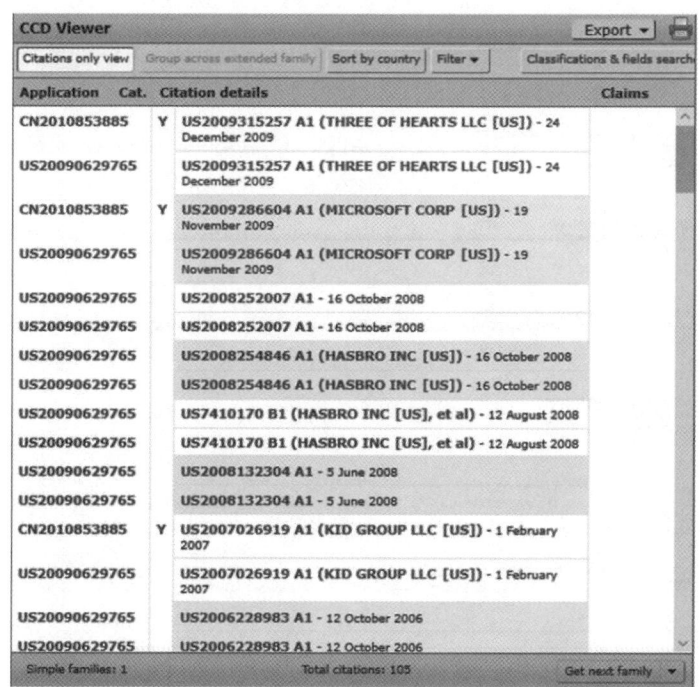

图4-50 CCD Viewer 中的 Citations only view 显示页面

在检索结果默认页面中单击"Compact View"按钮,则 CCD Viewer 将显示同族专利成员,如图 4 – 51 所示,单击"Expand View"选项,恢复到默认页面。

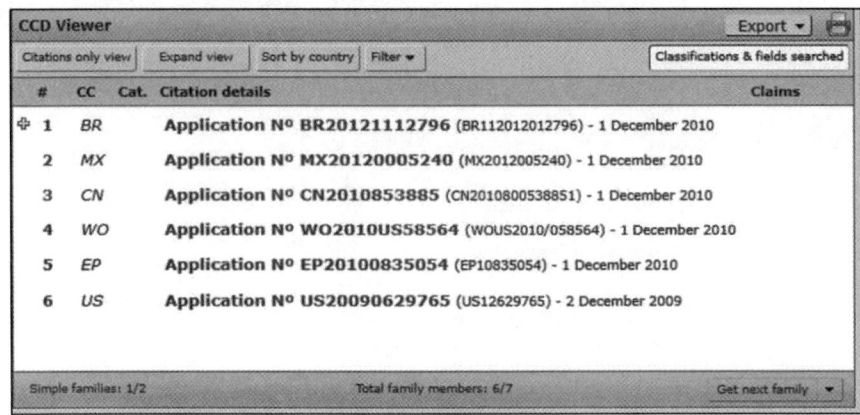

图 4 – 51　CCD Viewer 中的 Compact View 显示页面

通过单击 Classifications & fields search 按钮使其变成淡黄色,来激活 Inspector 侧显示 Classifications & Fields searched 的内容。

Classifications & Fields searched 的显示页面分为上下两部分,上部为各专利族成员专利文献的分类信息,包括 IPC、CPC、UC 等,如图 4 – 52 所示。

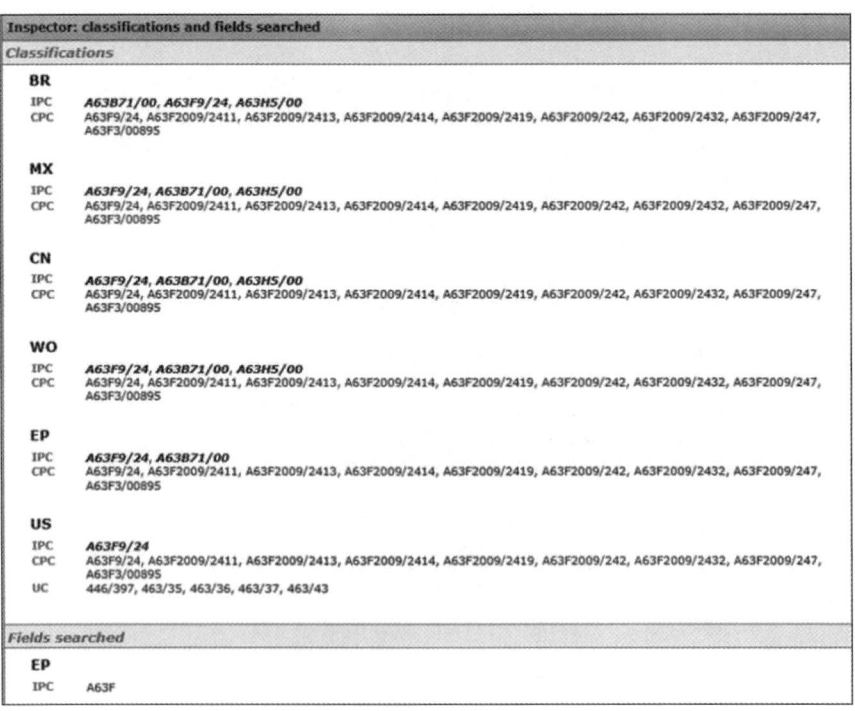

图 4 – 52　Classifications & Fields searched 显示页面

在"Classifications & Fields searched"被激活的情况下(按钮为白色),单击 CCD Viewer 中的专利,则可在 Inspector 侧显示该专利的文本浏览,默认为显示其著录项目(Biblio 按钮呈淡黄色),如图 4-53 所示为 Inspector 中所显示的 EP 1003144 的著录项目。

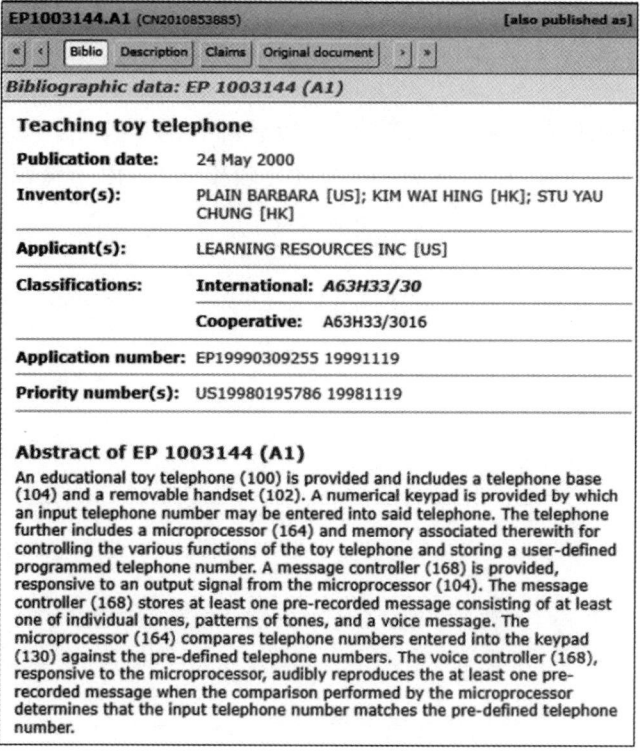

图 4-53　Inspector 中显示的著录项目

通过单击"Description""Claims"或者"Original document"按钮,可以分别切换到说明书文本、权利要求文本、PDF 原文的显示。

在检索结果默认页面中单击 Timeline 按钮,则 CCD Viewer 下方出现时间轴显示框,即开启了时间轴显示,如图 4-54 所示。

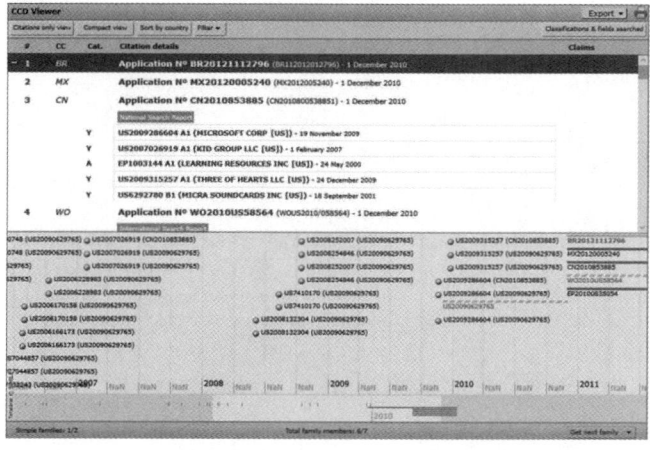

图 4-54　CCD Viewer 中的时间轴显示页面

该模式下，将所有专利族成员按申请日、所有引文按公布日顺序排列在时间轴上。所有专利族成员标示申请号，所有引文标示文献公布号。CCD 浏览器中被高亮度条覆盖的专利申请、其优先权申请及其引文的字体为淡蓝色，其他为黑色。所有专利族成员的申请号上方标有黑色粗线。优先权申请的申请号上标有淡蓝色粗虚线。所有引文前标有圆点标志。

单击 Timeline 图标后方的下拉箭头，可以看到有两个选项，分别是 Single application mode（单个申请模式）和 Compare mode（比较模式）。由于篇幅原因，此处不再展开介绍。

第五章　专利分析检索实务

专利检索可以分为专利法律状态检索、同族专利检索、专利引文检索、专利性检索、防止侵权检索、专利技术主题检索等，其中专利法律状态检索、同族专利检索、专利引文检索等非技术角度检索在前一章已经做过介绍，本章将着重介绍在专利分析中最为重要的专利技术主题检索。

第一节　检索流程与特点

一、检索流程

在专利技术主题检索前往往需要充分的准备工作，包括技术调研、技术分解等。

检索时一般要依据在准备工作时的技术调研以及技术分解表来选择数据库、制定检索策略，并表达相应的检索要素。从初步检索开始，逐步完善检索要素，逐步得到最终的检索结果，然后对检索结果进行评估。如果达到既定要求则中止检索，否则还要进行补充检索或者去噪的工作，具体流程如图 5-1 所示。

1. 技术调研和技术分解

相关内容参见第三章。

2. 制定检索策略

相关内容参见本章第二节。

3. 选择数据库

检索系统及数据库的选取一般需要考虑如下因素：待检索技术方案所属的技术领域；专利文献的国别、年份；检索时拟采用的特定字段和需要检索系统所提供的特定功能等。

例如，在技术调研时发现该技术在日本比较成熟，日本可能作为一个重要的分析地域，在专利检索前就要考虑充分检索到日本专利。为了更高效地对日本专利进行检索，可能使用日本独有的 FI/FT 分类体系，那么在选择数据库时就要优先考虑收录有 FI/FT 字段的数据库。

4. 提取检索要素

相关内容参见本章第三节。

5. 初步检索

在提取基本检索要素后可以进行初步检索，进而扩展新的检索要素，来补充检索要素表。

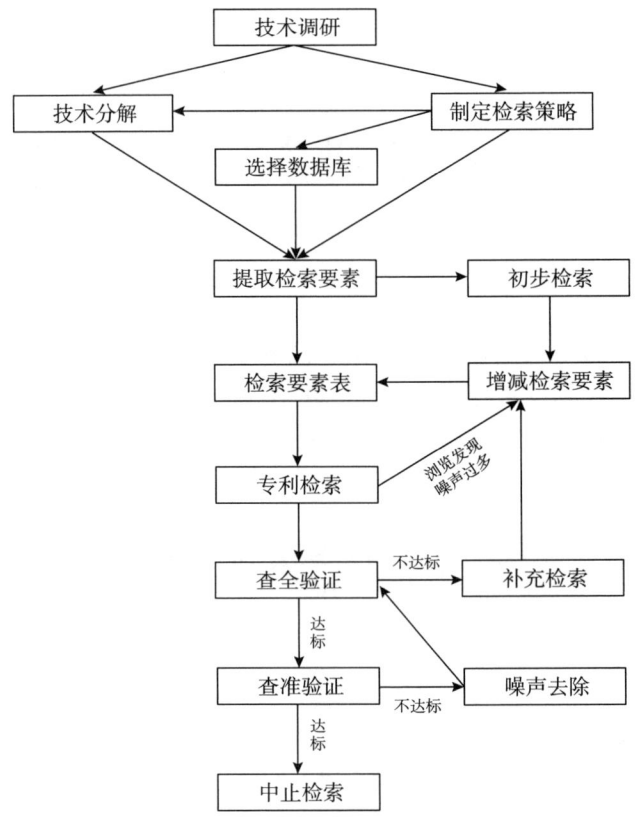

图 5-1 技术主题检索流程

6. 制作检索要素表

相关内容参见本章第三节。

7. 执行检索

根据检索要素表,在选定的数据库中执行检索。这个环节往往是循序渐进的,需要根据检索结果来增减检索要素从而完善检索要素表,随着检索要素表的不断完善,检索结果也趋于全面准确。

8. 检索结果评估

对初步检索结果进行查全率和查准率的验证,具体方法请参见本章第四节。

9. 补充检索和噪声去除

检索者通过对检索结果的初步浏览,可能会发现该技术主题下的新的检索要素,或者纯噪声检索要素,此时可以增加、改变或减少检索要素。

当评估结果不甚理想时,可以视情况进行补充检索或者噪声去除,但均应重新验证新的检索结果。

10. 中止检索

当检索结果满足既定的查全率和查准率后,即可中止检索。

二、检索对象的特点

1. 抽象性

专利分析的技术主题一般来说仅是一个抽象的概念,如"无人机"的技术主题,不能直接对此进行检索,需要针对技术主题进行分解,从而得到具体的可检索对象,即检索要素。

2. 层次性

为实现不同的检索目的,检索对象往往也包括宏观、中观、微观等各个层次。

除了从技术角度出发对整个技术相关信息做全面检索外,还可能需要针对重点申请人、重点专利等检索其他相关信息。

3. 时效性

由于专利文献的公开公布及其相关信息具有动态变化性,我们进行专利技术主题检索也是具有时间期限的,因此要注意文献量的变化,同时也要注意所能使用的文献截止期限。

一般需要考虑的有:专利文献申请日和公开日的差异、数据库收录文献的延迟、数据库文献的持续更新等。

第二节 检索策略

一、主题检索策略

专利技术主题检索目的是获取与技术主题相关的文献集合。常用的检索策略包括分总式检索和总分式检索两种策略。

1. 分总式检索策略❶

分总式检索策略可以概括为:分别对技术分解表中的各个技术分支展开检索,获得该技术分支之下的检索结果,而后将各技术分支的检索结果进行合并,得到总的检索结果。

一般而言,分总式中的"各技术分支"指的是一级技术分支,对每一个一级技术分支可以继续选择分总式或者总分式检索策略。分总式检索策略适用于技术领域和分类领域等涵盖范围好且较为准确,或者各技术分支之间的相似度不高(即各技术分支的检索结果之间的交集较小)的情形。

采用分总式检索策略可以多人并行检索各技术分支,提高检索效率。

例如,在燃烧设备技术主题检索中,采用分总形式,分别检索层燃炉、室燃炉和沸腾炉3个一级分支最后组合来得到想要的结果。

2. 总分式检索策略

总分式检索策略是指:在对各个分支进行检索时,如果其下一级分支不易于检索,

---

❶ 杨铁军. 专利分析实务手册[M]. 北京:知识产权出版社,2012.

则先对该分支进行整体检索,然后对检索结果进行批量或人工标引,获取其下一级分支的文献量。

例如,在对低功耗设计分支进行检索时,由于其下级分支(结构设计、操作模式、通信流程、系统进程以及应用场景)不易于检索,因此,先对低功耗设计进行整体检索,然后通过人工标引的方式获取其下一级分支的文献量。

二、具体检索策略

专利分析中常用到的具体检索策略有简单检索策略、追踪检索策略、分筐检索策略、钓鱼/网鱼检索策略、补充检索策略等。

1. 简单检索策略

简单检索是指不进行深入的分析,只使用基本的分类号或关键词来进行检索,其注重检索的快速性。适合于试探性的初步检索以及需要了解现有技术状况、查找主题分类的情形。

一般不需要对关键词以及分类号进行扩展,检索的字段仅涉及摘要甚至发明名称。

2. 追踪检索策略

追踪检索是指从一个比较相关的文献出发,利用文献之间的关系,检索其他相关文献的检索策略。

一般是以专利文献的引证/被引证情况、同族情况、发明人/申请人情况等为线索进行追踪。

3. 分筐检索策略

分筐检索又叫块检索,将检索的技术主题分为几个技术点或者技术块,每一技术块称为一个筐。这里的"筐"可以是一个技术分解中的某个技术分支,还可以是对某技术分支的更进一步的分解,前提是这种分解是为了便于检索。

分解出来的技术点或者技术块应当能够通过简单的检索式进行查全与查准,分的块越多,每个块就越小,涉及的噪声和漏检就越少。但是块也不能过多,过多则会增加检索的工作量。

分筐检索策略适用于某一技术分支拆分成易于检索的技术点或者技术面的情形。

块的组合常见的有以下几种。

(1) 并列式

并列式块检索即分别构造每个检索要素对应的块,然后将多个块进行逻辑运算。其优点是逻辑关系清楚、便于后续调整,但也可能存在运算速度比较慢的缺点。

(2) 渐进式

渐进式块检索是在已有块检索的基础上,逐渐增加新的块组合,从而逐步缩小检索范围。其优点是运算速度较快,但是调整起来相对比较困难。

(3) 混合式

混合式即为并列式和渐进式相结合,混合式兼具了二者的优点。

4. 钓鱼检索策略

钓鱼检索策略是先找出一个简单检索要素进行检索，通过对检索结果的分析进而发现更多有效检索要素的检索策略。这里，检索要素应当是一个具体的非宏观性的要素，否则起不到挖掘有效检索要素的作用❶。

个人的知识储备终归有限，而检索要素的表达方式太过于丰富，通过直接限定关键词、分类号的方式不可能穷尽所有的表达方式，采用钓鱼检索策略则可以从检索中发现新的检索要素，从而逐步完善检索。

以上列举了几种常见的检索策略，在实际操作过程中，策略是由需求和效率等因素综合决定的，可能采用单一检索策略，也可能需要采用组合的检索策略。检索策略也并不是一成不变的，可能需要根据实际情况反复多次调整。

【案例 5-1】 光纤活动连接器领域专利分筐检索策略

整体策略：先确定查全筐，再确定查准筐，最后通过排除筐，确定需要人工筛选的待清理筐。

步骤 1：确定检索要素表

通过查询 IPC 分类表、初步检索等方式，确定不同相关层级的分类号和关键词，具体如表 5-1 所示。

表 5-1 光纤活动连接器不同相关层级的分类号和关键词

技术主题	相关性	分类号	关 键 词
光纤活动连接器	第一级	G02B 6/36 G02B 6/38 G02B 6/40	光纤连接器、光纤联接器、光纤联接装置、光纤连接装置
	第二级	G02B 6/00 G02B 6/42	连接器、联接器、联接装置、连接装置
	第三级		插头、插座、跳线、插芯、套管、插针、套筒、套管、套圈、套箍、接头、接续、适配、转换器、转接器

步骤 2：构建查全筐

第一，利用第一级分类号（最相关分类号）检索出相关文献。这些文献由于分类准确，属于查全类文献范围。

第二，利用第一级关键词以标题为入口进行检索，得到相关文献。这些文献由于在标题中使用了准确的关键词，应该既属于查全类文献范围，又属于查准类文献范围。这样的检索策略还避免了因错分入其他分类号而丢失查全类文献的情况。

第三，利用第二级分类号和第二级、第三级关键词相"与"，得到相关文献。由于

---

❶ 杨铁军. 专利分析实务手册 [M]. 北京：知识产权出版社，2012.

第二级分类号属于扩展分类号,涵盖文献范围较大,因此适当通过关键词限定,可以保证较高的查全类文献比例。

以上三部分文献组合构成了查全筐,具体检索式[1]如表5-2所示。

表5-2 构建查全筐的检索式

序号	检索式	注释
1	F IC G02B6/36 + G02B6/38 + G02B6/40	第一级分类号构建第一部分查全文献
2	F TI 光纤连接器 + 光纤联接器 + 光纤联接装置 + 光纤连接装置	第一级关键词标题检索构建第二部分查全文献
3	F IC G02B6/00 + G02B6/42	第二级分类号
4	F TX 连接器 + 联接器 + 联接装置 + 连接装置	第二级关键词
5	F TX 插头 + 插座 + 跳线 + 插芯 + 套管 + 插针 + 套筒 + 套管 + 套圈 + 套箍 + 接头 + 接续 + 适配 + 转换器 + 转接器	第三级关键词
6	J 3 * (4 + 5)	第二级分类号与第二级、第三级关键词相"与"构建第三部分查全文献
7	J 1 + 2 + 6	组合得到查全筐

步骤3:构建查准筐

首先,利用第二级关键词在标题入口检索,同时利用第一级、第二级分类号加以限定,得到相关文献。这些文献是对检索式2所得到的文献的扩展,两者都是准确率较高的文献,属于查准类文献范围。

其次,利用第三级关键词在标题入口检索,同时利用第一级分类号加以限定,得到相关文献。与上步获得的文献相比,这些文献是在放宽了标题范围,但严格了分类号范围的情况下获得的,同样是准确率较高的文献,属于查准类文献范围。

以上两部分文献组合构成了查准筐。具体检索式如表5-3所示。

表5-3 构建查准筐的检索式

序号	检索式	注释
8	F TI 连接器 + 联接器 + 联接装置 + 连接装置	第二级关键词标题检索
9	J (1 + 3) * 8	用第一级、第二级分类号对检索式8加以限定
10	J 2 + 9	构建第一部分查准类文献

---

[1] 本案例的检索是在专利之星检索系统中完成的。

续表

序号	检索式	注 释
11	F TX 插头+插座+跳线+插芯+套管+插针+套筒+套管+套圈+套箍+接头+接续+适配+转换器+转接器	第三级关键词标题检索
12	J 1 * 11	用第一级分类号对检索式11加以限定,得到第二部分查准类文献
13	J 10 + 12	组合得到查准筐

步骤4:构建排除筐

根据数据清理过程中反馈的一些情况,需要对上述检索范围进行调整。在上述过程中会发现某些特定的噪声需要排除,例如标题里如果出现了盘、盒等关键词,与需要分析的技术主题"连接器"不相关,需要排除;如果在文献中出现熔接、熔融等关键词,也不是我们需要的"活动连接"相关内容,也需要排除。具体检索式如表5-4所示。

表5-4 构建排除筐的检索式

序号	检索式	注 释
14	F TI 盘+盒+箱	标题中需要排除的文献
15	J 7 * 14	限定在查全筐里
16	F TX 熔接+熔纤+熔融+融纤+融接	关键词中需要排除的文献
17	J 7 * 16	限定在查全筐里
18	J 15 + 17	组合得到排除筐

步骤5:构建待清理筐

在查全筐中,查准筐是准确率较高的一部分文献,不需要人工筛选。而排除筐中的文献是不相关文献,排除即可,也不需要人工筛选。因此,查全筐中去掉查准筐和排除筐后的文献,就是待清理筐,需要人工进行相关数据的清洗工作。具体检索式如表5-5所示。

表5-5 构建待清理筐的检索式

序号	检索式	注 释
19	J 7 - 13 - 18	得到待清理筐

【案例5-2】重型燃气轮机领域总分式专利分析检索策略

1. 检索的基础——技术分解表

燃气轮机的结构分为总体结构、压气机、燃烧室、透平、其他5个部分。技术分解主要从以上几个方面进行分解,并根据每个分支进行细分。各技术领域技术分解表如表 5-6 所示（由于篇幅限制，只列到三级技术分支）。

表 5-6 重型燃气轮机技术分解表

一级技术分支	二级技术分支	三级技术分支
结构	总体结构	支撑系统
		拉杆转子
		轴承系统
		通用紧固件
		联轴器
		外部冷却系统
		排气段
		密封件
		进气蜗壳
	压气机	进气缸
		可变导叶
		转子
		动叶
		轮盘
		静叶环
		气缸
		气封
		排气缸
		扩压段
		静叶
		其他
	燃烧室	过渡段
		火焰筒
		整流罩
		燃料喷嘴
		旋流器
		预混器
		燃料管路
		其他

续表

一级技术分支	二级技术分支	三级技术分支
结构	透平	透平叶片
		透平轮盘
		透平气缸
		持环+护环
		级间气封
		叶间间隙
		排气缸
		透平转子（轴）
		其他
	其他	控制、材料以及其他结构

2. 数据库的选择

各技术分支在检索中均考虑了不同数据库的特点，并根据技术特点确定最终检索策略。各分支均在"专利之星检索系统"中检索，中文数据在"中国专利"数据库中检索，全球数据在"世界专利"数据库中检索。

3. 制定检索策略

（1）采用总分模式。

首先，确定一级技术分支燃气轮机的范围，二级技术分支在此范围内独立检索。具体为：先在燃气轮机的范围下检索出燃烧室的数据，然后在燃气轮机的范围下检索出压气机的数据；由于压气机和透平很多部件关键词的表达非常类似，为了明确区分压气机和透平的数据从而能够对压气机和透平进行独立研究，先在燃气轮机的范围下减去压气机的数据后，在此基础上检索得出透平数据。

其次，总体结构中的各个三级技术分支没有关联性，先在燃气轮机的范围下检索出各三级技术分支数据，然后将各三级技术分支数据进行汇总后减去燃烧室、透平、压气机的数据即可得到总体结构的数据。

最后，将一级技术分支的数据减去燃烧室、压气机、透平和总体结构的数据即可得到剩余的其他部分数据。

（2）对于三级技术分支的检索，采用总分的模式，在上述检索出的压气机、燃烧室、透平和总体结构的数据范围下，分别检索出各自的三级技术分支数据。

（3）在实际检索中，尤其是使用关键词在"AB"字段进行检索时，有时会出现结果文献量过大的情况，影响后续专利分析工作，因此会根据情况，适当采用"TI"字段进行检索。

4. 选取分类号

首先，在分类表中找出所有涉及燃气轮机的分类号 F02C3、F02C5、F02C6、F02C7、F02C9、F23R、F01D，上述分类号的表达含义如表 5-7 所示。

表 5-7 IPC 分类号查询结果确认表

关键词	分类号	类 名
燃气轮机	F02C3	以利用燃烧产物作为工作流体为特点的燃气轮机装置
	F02C5	以工作流体是间歇燃烧产生为特点的燃气轮机
	F02C6	复式燃气轮机装置；燃气轮机装置与其他装置的组合；特殊用途的燃气轮机装置
	F02C7	不包含在组 F02C 1/00 至 F02C 6/00 中的或与上述各组无关的特征、部件、零件或附件；喷气推进装置的进气管
	F02C9	燃气轮机装置的控制；空气助燃的喷气推进装置燃料供给的控制
	F01D	非变容式机器或发动机，如汽轮机
	F23R	高压或高速燃烧生成物的产生，例如燃气轮机的燃烧室

选取了分类号之后，再根据分类表和确定的边界去掉不必要的分类号，形成初步检索式中的分类号集合，适当使用通配符，避免漏掉相近分类号的误分类文献。得到检索结果后，通过对检索结果的分类号统计分析，发现存在一些之前没有注意的分类号下的文献，或者是分类中易于混淆为其他分类号的但是和本技术领域很相关的文献，然后根据这些分析调整检索式中的分类号。检索中或者增加或者减少分类号，再次进行检索，对结果进行分析。通过这样一个不断反馈的过程完善检索式中的分类号。

5. 确定关键词

首先列出各种可能的表达方式，在检索小组人员讨论的同时，也征询行业、企业专家的意见，了解一些通俗的常用表达方式，从而形成关键词的合集。而在检索关键词的取舍上，主要遵循以下原则：①核心关键词必须保留，例如"燃气轮机"就是燃气轮机技术领域常用的核心关键词，在行业期刊、硕博论文中经常出现，其含义相对明确不易混淆，因此可作为核心关键词；②其他关键词要慎重取舍，对于每一个加入或拿出检索式的关键词要对其可能带来的噪声文献量进行评估；③关键词之间尽量使用准确的逻辑运算符，如"＜ADJ0＞""＜NEAR0＞"。

6. 确定去噪策略

任何一个检索式都会不可避免地带来噪声，专利文献的检索过程主要是利用分类号和关键词，因此检索结果中噪声也主要形成于以下两个方面：①分类号带来的噪声，主要包括：分类不准确导致的噪声；专利文献本身内容丰富导致其具有多个副分类号，而这些副分类号中必然会有一些并不体现该专利文献所记载的技术方案本身的发明点所在，这样就会形成噪声文献。②关键词带来的噪声，主要包括：关键词本身使用范围很广带来的噪声，如"燃气轮机"可以是指用于交通工具的燃气轮机，当"燃气轮机"指代交通工具的燃气轮机时就会带来噪声；利用关键词表述但是和技术主题并不相关，如"一种新型的交通工具"，其中会提到"燃气轮机"，这样虽然出现了检索的关键词，但是确实和检索的技术主题关系不大，形成另一类型的噪声。

基于对噪声来源的分析，课题组确定了以下去噪策略：①利用分类号去噪，对检索结果的分类号进行统计分析，将噪声分类号分为两类：a. 大部不相关分类号，例如 A 部分类号，几乎和本领域不相关，可以明确去除；b. 同部不同类的不相关分类号，例如 F 部的关于风力发动机的分类号，可以明确去除。②利用关键词去噪，例如在燃气轮机技术领域，可利用"水轮机"去除用于水轮机的燃气轮机的相关文献的噪声。③利用否定词去噪，如"不""非""无"等。④在后续的标引过程中还会发现噪声文献，可以通过标引的过程同时去噪。

去除噪声的步骤可归纳为以下几步。

（1）确定去除的噪声分类号或者关键词或者特殊字符，在检索结果中进行噪声去除。

（2）浏览去除的文献，评估去噪的效果，如果去除的文献中含有较多的和技术主题相关的文献，对相关文献进行统计分析，对去噪检索式进行调整。

（3）利用调整后的去噪检索式继续去噪，重复步骤（2），直至达到满意的去噪效果。

需要注意的是，在调整的过程中，调整的分类号或者关键词不宜过多，否则无法准确判断每个分类号或者关键词的去噪效果。对于效果较好的去噪检索式中的误伤文献，需要将这些误伤文献合并到最终经过检索去噪的结果中，重新作为目标文献。

7. 具体检索过程

本检索过程是在"专利之星检索系统"中进行的，各检索过程中的检索式见表 5-8、表 5-9。个别检索式由于扩展的关键词太多，限于篇幅而进行了省略展示。

（1）一级技术分支检索过程

表 5-8 检索式

序号	数据库	命中条数	检索式	检索式注释
001	世界专利	14388	gas <ADJ0> turbine $/ab	燃气轮机关键词
002	世界专利	239198	F02C3/IC + F02C5/IC + F02C6/IC + F02C7/IC + F02C9/IC + F23R/IC + F01D/IC	燃气轮机分类号
003	世界专利	242650	001+002	检索式 001 和 002 的并集
004	世界专利	3613544	AUTOMOTIVE $/ab + VEHICLE $/ab + CAR $/ab + AUTOMOBILE $/ab + WIND <ADJ0> MILL $/ab + WINDMILL $/ab + WINDTURBINE $/ab + WIND <ADJ0> TURBINE $/ab + WIND <ADJ0> POWER/AB + ……	涉及车、风力、液力、蒸汽、涡轮增压、油动机、汽动机等噪声关键词的表达（未全部列出）
005	世界专利	398105	F03D/IC + F03B/IC + F02B/IC	涉及液力、风力等噪声分类号

续表

序号	数据库	命中条数	检 索 式	检索式注释
006	世界专利	3904524	004＋005	检索式 004 和 005 的并集
007	世界专利	102925	003－006	检索式 003 减去检索式 006
001	中国专利	9326	燃气轮机/AB＋燃气涡轮/AB＋燃气透平/AB	燃气轮机关键词
002	中国专利	23443	F02C3/IC＋F02C5/IC＋F02C6/IC＋F02C7/IC＋F02C9/IC＋F23R/IC＋F01D/IC	燃气轮机分类号
003	中国专利	29370	001＋002	检索式 001 和 002 的并集
004	中国专利	1994434	蒸汽装置/AB＋蒸汽设备/AB＋蒸汽透平/AB＋蒸汽涡轮/AB＋蒸汽机/AB＋蒸气机/AB＋蒸气轮机/AB＋蒸气涡轮/AB＋汽轮/AB＋风轮机/AB＋风车/AB＋风涡轮/AB＋风能/AB＋风力/AB＋……	涉及车、风力、蒸汽、液力、涡轮增压、油动机、汽动机等噪声关键词的中文表达（未全部列出）
005	中国专利	79827	F03D/IC＋F03B/IC＋F02B/IC	涉及液力、风力等噪声分类号
006	中国专利	2021923	004＋005	检索式 004 和 005 的并集
007	中国专利	18170	003－006	检索式 003 减去检索式 006

（2）二级技术分支检索过程

表 5－9 检索式

序号	数据库	命中条数	检 索 式	检索式注释
017	世界专利	382472	F23/IC ＋ F02C3/IC ＋ F02C3/IC ＋ F02C5/IC ＋ F02C7/IC ＋ F02C9/IC	燃烧室分类号
018	世界专利	293244	COMBUST＄/TI＋BURN＄/TI	燃烧室关键词

续表

序号	数据库	命中条数	检 索 式	检索式注释
019	世界专利	490222	COMBUST $ < ADJ0 > LINER $ /TI + FLAME < ADJ0 > TUBE $ /TI + BURN $ < ADJ0 > LINER $ /TI + INNER < ADJ0 > LINER $ /TI + INJECT $ /TI + COMBUST $ < ADJ0 > NOZZLE $ /TI + BURN $ < ADJ0 > NOZZLE $ /TI + ……	燃烧室中零部件关键词（未全部列出）
020	世界专利	27795	(017 + 018 + 019) * 007	检索式017~019相并之后与检索式007相交，得到燃烧室数据
021	世界专利	3574	F02C3/055/IC + F02C3/06/IC + F02C3/067/IC + F02C3/073/IC + F02C3/08/IC + F02C3/09/IC + F02C3/107/IC + F02C3/113/IC + F02C3/13/IC	压气机分类号
022	世界专利	196361	compress $ /TI – (GAS < ADJ0 > COMPRESSOR? /TI + SCROLL < NEAR9 > COMPRESSOR $ /TI + RECIPROCAT $ < NEAR9 > COMPRESSOR $ /TI)	压气机关键词
023	世界专利	9557	007 * (021 + 022)	检索式021与022相并之后与检索式007相交，得到压气机数据
024	世界专利	83368	007 – 023	检索式007减去检索式023，得到燃气轮机中除了压气机之外的数据
025	世界专利	9072	F02C3/04/IC + F02C3/045/IC + F02C3/05/IC + F02C9/16/IC + F02C9/18/IC + F02C9/20/IC + F02C9/22/IC	F02C下透平分类号集合
026	世界专利	152882	F01D/IC – (F01D25/30/IC + F01D25/32/IC + F01D25/34/IC + F01D25/36/IC)	F01D减去排气腔、冷凝水等噪声分类号

续表

序号	数据库	命中条数	检索式	检索式注释
027	世界专利	2441545	blade $/TI + vane $/TI + stator $/TI + wheel/TI + disc $/TI + disk $/TI + dish $/TI + seal $/TI +（outlet/TI + exhaust/TI + discharg $/TI）*（casing/TI + cylinder/TI + plenum/TI）+……	透平中零部件关键词
028	世界专利	49749	024 *（025 + 026 + 027）	检索式025～027相并之后与检索式024相交，得到透平数据
029	世界专利	7303855	Fasten $/AB + fix $/AB + secur $/AB + lock $/AB	通用紧固件关键词
030	世界专利	6908	007 * 029	在燃气轮机下检索通用紧固件
031	世界专利	1953485	SEAL $/AB	密封关键词
032	世界专利	132917	F01D11/IC + F16J15/IC	密封分类号
033	世界专利	10365	（031 + 032）* 007	在燃气轮机下检索密封
034	世界专利	151220	OUT <ADJ0> COOL $/AB + cool $ < NEAR9 > supply $/AB + compressor < NEAR9 > bleed $/AB + compressor < NEAR9 > supply $/AB + secondary < ADJ0 > air/AB +……	外部冷却关键词（未全部列出）
035	世界专利	2504	007 * 034	在燃气轮机下检索外部冷却
036	世界专利	2488	INLET <ADJ0> volute $/AB + INLET <ADJ0> chamber $/AB + INLET <ADJ0> housing $/AB + INLET <ADJ0> casing $/AB + INLET <ADJ0> cylinder $/AB + INLET <ADJ0> SHELL $/AB	进气蜗壳
037	世界专利	105	007 * 036	在燃气轮机下检索进气蜗壳

续表

序号	数据库	命中条数	检索式	检索式注释
038	世界专利	2510362	Coupl $/AB + clutch $/AB	联轴器关键词
039	世界专利	3197	007 * 038	在燃气轮机下检索联轴器
040	世界专利	11498	F01D25/16/IC + F02C7/06/IC	轴承分类号
041	世界专利	1101886	BEARING $/AB	轴承关键词
042	世界专利	4137	(040 + 041) * 007	在燃气轮机下检索轴承
043	世界专利	4447824	SUPPORT $/AB	支撑关键词
044	世界专利	4187	007 * 043	在燃气轮机下检索支撑
045	世界专利	294224	((EXHAUST/AB + TAIL/AB) * (PIPE $/AB + DUCT $/AB + TUBE $/AB)) + DIFFUSER $/AB	排气段关键词
046	世界专利	3439	F01D25/30/IC	排气段分类号
047	世界专利	2314	(045 + 046) * 007	在燃气轮机下检索排气段
048	世界专利	2278278	(tie/AB + pull $/AB + cross $/AB + slid $/AB + tension/AB + drag $/AB + draw $/AB + rotat $/AB) * (rod/AB + bar/AB + line/AB + shaft/AB)	拉杆转子关键词
049	世界专利	2312	007 * 048	在燃气轮机下检索拉杆转子
050	世界专利	27832	030 + 033 + 035 + 037 + 039 + 042 + 044 + 047 + 049	检索式合集
051	世界专利	5123	050 - 020 - 023 - 028	检索式050减去透平、压气机、燃烧室数据,得到总机数据
052	世界专利	77638	051 + 020 + 023 + 028	压气机、燃烧室、透平和总体结构的合集

续表

序号	数据库	命中条数	检 索 式	检索式注释
053	世界专利	14356	007-052	得到燃气轮机中除了压气机、燃烧室、透平和总体结构之外的其他部分
008	中国专利	721665	紧固/TI+固定/TI+锁定/TI+锁紧/TI+密封/TI+（外/TI＊冷却/TI）+（冷/TI＊供应/TI）+（（压缩机/TI+压气机/TI）＊（抽气/TI+供应/TI））+二次空气/TI+主动间隙/TI+（（空气/TI+水/TI+蒸汽/TI）＊供应/TI）+（进气/TI＊（蜗壳/TI+室/TI+腔/TI+壳/TI+罩/TI））+联轴器/TI+离合器/TI+耦合器/TI+轴承/TI+支撑/TI+（排气/TI＊（段/TI+管/TI+扩散/TI））+拉杆/TI+系杆/TI+转轴/TI+中心轴/TI+大螺栓/TI	总体结构下的三级技术分支的中文关键词
009	中国专利	1768	F01D11/IC+F16J15/IC+F01D25/16/IC+F02C7/06/IC+F01D25/30/IC	总体结构下的密封、轴承、排气段的分类号
010	中国专利	7873	007＊（008+009）	检索式008与009相并之后与检索式007相交，得到去噪前的总体结构的中文数据
011	中国专利	99371	F23/IC+F02C3/IC+F02C3/IC+F02C5/IC+F02C7/IC+F02C9/IC	燃烧室分类号
012	中国专利	77592	燃烧/TI+火焰/TI+联焰/TI+旋流/TI+预混/TI+预燃/TI+（燃料/TI＊（喷嘴/TI+喷头/TI+喷射/TI+注入/TI+注射/TI+喷油/TI））+燃料管路/TI+过渡/TI+整流/TI	燃烧室中文关键词

续表

序号	数据库	命中条数	检 索 式	检索式注释
013	中国专利	5864	007 * (011 + 012)	检索式 011 与 012 相并之后与检索式 007 相交,得到燃烧室的中文数据
014	中国专利	232	F02C3/055/IC + F02C3/06/IC + F02C3/067/IC + F02C3/073/IC + F02C3/08/IC + F02C3/09/IC + F02C3/107/IC + F02C3/113/IC + F02C3/13/IC	压气机分类号
015	中国专利	38784	(压气机/TI + 压缩机/TI) – (油压机/TI + ((涡旋/TI + 往复/TI + 蜗杆/TI + 螺杆/TI) * 压缩机/TI)) <hits：>	压气机关键词
016	中国专利	1644	007 * (014 + 015)	检索式 014 与 015 相并之后与检索式 007 相交,得到压气机的中文数据
017	中国专利	17357	007 – 016	燃气轮机减去压气机数据
018	中国专利	655	F02C3/04/IC + F02C3/045/IC + F02C3/05/IC + F02C9/16/IC + F02C9/18/IC + F02C9/20/IC + F02C9/22/IC	透平分类号
019	中国专利	19469	F01D/IC – (F01D25/30/IC + F01D25/32/IC + F01D25/34/IC + F01D25/36/IC)	透平分类号
020	中国专利	152447	叶片/TI + 动叶/TI + 静叶/TI + 轮盘/TI + (排气缸/TI + 排气罩/TI + 排气室/TI) + 气封/TI + 密封/TI + 护环/TI + 持环/TI	透平零部件中文关键词
021	中国专利	9919	017 * (018 + 019 + 020)	检索式 018~020 的合集与检索式 017 相交,得到透平的中文数据

续表

序号	数据库	命中条数	检索式	检索式注释
022	中国专利	2556	010－021	得到总体结构的中文数据
023	中国专利	3671	007－（022＋021＋016＋013）	得到燃气轮机中除了压气机、燃烧室、透平和总体结构之外的其他部分

第三节　检索要素

在专利检索系统中进行技术方案检索时，需要通过系统可识别的检索要素来进行，因此，针对每一个体现发明构思的检索要素需要用该检索要素来表达。

检索系统中，会对一些重要的关键词和分类号等进行加工标引，所以对于专利检索而言，基本检索要素最重要的表达形式就是关键词和分类号，但是二者也有所区别，具体如表5－10所示。

表5－10　关键词与分类号作为检索要素的区别

关键词	分类号
以自然语言为基础	以统一的分类体系为基础
直观易懂	专业性强
检索词变化多样	同一主题一种标识
受限于语种	通用于各种语言
领域性	领域性较弱
检索结果多而杂	检索结果少而精
指向模糊	指向具体

一、关键词

关键词是专利文献内容最直观的表现。通过关键词尤其是通过对专利文献的摘要信息的解读，可以直接区分专利文献的技术主题、技术内容的重要信息。

关键词是获得专利信息的基础，直接影响专利检索的全面性和准确性，决定着专利分析结果的质量。在专利分析中，划定检索范围、制定检索策略、数据清理、标引等工作都离不开关键词，关键词不仅用于确定相关的专利文献，也常用于排除噪声文献。

1. 关键词的确定

（1）结合技术调研与技术分解确定关键词

在技术调研的过程中，可以从科技文献、教科书等技术资料中挖掘相关关键词，还可以根据行业标准、专利分类表等的记载，来确定关键词的表达。在与技术专家、企业技术人员沟通研讨时，还可以向他们收集相关的行业惯用技术术语作为关键词。另外，技术分解表作为检索前期准备工作的重要产物，应当重点关注表中技术主题和各级技术分支，并依据它们来确定关键词。

（2）结合检索策略确定关键词

在检索时，并非每个确定的关键词都会被用于执行检索任务，关键词的具体使用还依赖于检索策略。

例如，采用总分式的检索策略对薄膜太阳能电池进行分析，其根据电池的材料构成能够容易地对各二级技术分支进行划界。此时，对于"太阳能电池"，可以选择"太阳能电池""太阳电池""光伏"等关键词来表达。但对于"薄膜"，太阳能电池中的一些电池类型例如铜铟镓硒电池和碲化镉电池，本身即以薄膜形态存在，有关这些电池文献的摘要中并不一定会使用到"薄膜"来表达其电池特征，因此主要从构成该化合物的元素角度选取相应的关键词即可。而太阳能电池中的硅基薄膜电池，因为硅基电池中同时包含有薄膜类型和硅片类型，仅以硅元素作为检索要素时，会带来大量的有关硅片电池的噪声文献，不能获取准确的检索结果。为了将硅基薄膜类电池和硅片电池相区别，则需要从其不同于硅片电池的形态特征、晶体结构、半导体结构及其光电特性等角度，选取关键词作为检索要素❶。

（3）检索工具基于语义与相关性所提示的高频词

现有的数据库中，部分具有对检索式中的技术特征进行智能语义识别、语义联想等的功能，在检索时可以参考给出的相关技术特征来确定关键词。

部分数据库还提供对检索结果某一字段中所出现的关键词进行分析统计的功能，并按照频次呈现出来，在检索时也可以参考这些内容来确定关键词。

（4）基于文献阅读确定关键词

随着检索的进行，在对初步检索结果的专利文献进行阅读的过程中，有可能发现更多或更准确的关键词，或去除一些会引入大量噪声的关键词（注意积累在典型的噪声文献中频繁出现的去噪关键词，在后续去噪的过程中会用到）。

2. 关键词的扩展

关键词扩展一般有如下方法。

（1）语意扩展

可以通过同义词、近义词进行扩展，通过不同语言之间的翻译、同种语言不同的表达习惯（例如中国大陆的中文简体与中国台湾的中文繁体）、名称的缩写以及通过反义词表达进行扩展。

例如"电脑 - 计算机 - PC""surface - 表面""RAM - 存储单元 - 内存 - 記憶體"

---

❶ 杨铁军. 专利分析实务手册［M］. 北京：知识产权出版社，2012.

"固定-（防止）脱落"等。

(2) 适当的上下位扩展

当某上位技术特征的含义过于抽象，直接用于检索会导致准确性不足时，可以通过上下位概念使得抽象的特征具体化，得到适当的关键词来提高检索精度，但是要结合本领域的专利文献中的表达特点来考虑其是否会影响检索的完整性，导致漏检；同样地，当使用某一单一检索词不足以概括技术主题范围时，除了可以通过对该检索词进行语意上的扩展外，还可以直接进行一个上位的概括，但是需要结合该领域的专利文献中的表达特点来充分考虑其可能带来噪声量的大小。

例如"处理器-计算机/单片机""信号发射装置-天线"。

(3) 用中心词进行概括

关键词应该尽量采用其中心字或词。由于中文的表达习惯，有许多定语很长的名词，从这些关键词中"截取"出"核心词"，可以提高检索的全面性和检索效率。例如我们要表达"散热器"这一关键词，其同义词或近义词很多，如"散热片""散热块""散热板""散热装置"等，我们可以使用"散热"这一核心词来代表以上所有的这些同义词。

英文词的不同时态、单复数、语态也是由中心词派生出来的，例如我们在选择关键词"传输（信号）"时，考虑到可能的表达形式包括"transmit""transmits""transmitted""transmitting""transmission"等不同时态、语态，就可以使用"transmit＊"的形式来表达，其中"＊"为截词符❶。

(4) 译文多样性的考虑

由于语言翻译时的一词多义或多词同义，导致部分关键词扩展后无法准确命中相关文献以及扩展不充分会遗漏相关文献的情况。

例如，cell 这个单词翻译成中文有"细胞""（单个）电池"等含义，因此当扩展 cell 作为关键词表达某层含义时，要考虑到其可能引入另外一层含义的噪声文献。

再比如，需要检索"槽"，一般将其翻译为"groove""slit""slot"，但是日本申请中则通常会将其翻译为"pit""ditch"等。如果用英文摘要检索相关日本专利文献，则需要充分考虑到这些情况。

这些词汇除了通过日常的积累之外，还可以通过借鉴已有专利的相关同族、引证与被引证、同领域专利的外文翻译来获取关键词的常规表达，进而保障检索结果的准确性。

(5) 常见的错误表达方式

一些数据库中的数据是未经过加工的，因此撰写不规范的词语甚至是错别字在申请文件中就得到了保留，为了全面，就需要将这些错误的拼写形式也扩展为关键词的表达方式。

例如中文的以下表达形式：桂圆-桂园（误），聚酯-聚脂（误），树脂-树酯（误），活性炭-活性碳（误），阈值-阀值（误）。

---

❶ 参见本书第四章第一节"检索功能与检索运算符"。

二、分类号

分类号在整个专利分析过程的诸多方面都起到非常重要的作用。获取专利数据是专利分析的基础，专利数据是否全面准确，直接影响专利分析的结果。分类号是专利检索中获取专利数据的重要入口之一，因此，分类号的确定与使用将影响专利数据的全面性和准确性。

在技术分解中，应当重视并利用分类号的辅助功能，尤其是各国分类号体系的指导意义。

在检索时，由于分类号包含了某些关键词的上下位概念，是所述关键词的集合，因此利用分类号可以弥补因使用关键词检索造成的漏检，提高查全率和查准率。还可以结合技术分解表、检索策略、分析统计、专利族、关键词索引、引证和被引证文献等多个方面确定专利分析所需的分类号，从而保证检索的全面性和准确性。

在数据处理时，可以利用合适的分类号快速标引或去噪，提高数据的处理效率。

在划定检索范围、制定检索策略、数据的清理、标引与评估等工作中，也可以适时适当地使用分类号以获得事半功倍的效果。例如，在划定检索范围时，通过分类号可以将某些分类号的专利文献直接纳入作为专利分析的对象，同样也可以将某些分类号的专利文献排斥在专利分析对象之外。

分类号与关键词都是检索要素的基本表达手段，两者都是为了更好地表达相应的检索要素，不能简单、割裂地考虑这两个要素。在具体使用时，应当合理选择与使用，以得到更加满意的效果。

1. 分类号的确定

（1）查阅分类表来确定分类号

查阅分类表来确定分类号是比较安全的方式，但是要求检索人员了解专利分类体系并熟悉相关技术领域的分类号。在正确理解技术方案的基础上，运用专利分类体系相关知识在专利分类表中进行分类号的查询，应注意在分类表中进行上下级浏览和彼此交叉指引，以获取准确和全面的分类位置。

（2）结合技术调研和技术分解确定分类号

不同的技术领域，其分类标准是不同的。专利分析时，通常以产业结构、专利分类系统或者以产业分类标准为主、专利分析系统为辅等分类标准，对所分析的技术领域进行技术分解。通常，对于一份确定的技术分类表，其中的某一项技术分支可能涵盖多个分类号下的专利文献，而一个分类号下的专利文献有可能分别归属于多个不同的技术分支。

另外，国家知识产权局制定了《国际专利分类与国民经济行业分类参照关系表（2018）》，该表建立了专利与国民经济行业的映射关系，为专利的行业分类提供直接对照，提高了确定分类号的效率。

通常，可以通过上述方法找到相关技术内容的大致分类位置，再通过在分类表中进行上下级浏览和彼此交叉指引，以获取准确和全面的分类位置。

(3) 结合检索策略确定分类号

如前所述,检索时可以根据情况选择不同的检索策略,在不同的检索策略中,分类号的确定方法也不尽相同。

在进行总分式检索时,首先通过关键词和/或分类号圈定一个较大的检索范围,然后使用已有的分类号和/关键词检索属于不同级别的技术分支中的专利文献。在获得分类号检索结果后,通过阅览相关文献的分类号,来核对所需的分类号并对已有的分类号进行修正和补充。

在简单检索策略中,使用比较准确的关键词检索获得一定数量的专利文献,然后通过分析统计查看出现频次较高的分类号,通过分类号以及其对应的解释,进而确定分类号与所分析的技术领域的相关性,并通过在分类表中进行上下级浏览和彼此交叉指引,以获取准确和全面的分类位置。

在追踪检索策略中,可以着重关注相关专利的同族、引证与被引证的相关专利的分类号,再通过在分类表中进行上下级浏览和彼此交叉指引,以获取准确和全面的分类位置。

2. 多种分类体系的使用

根据本书第二章有关多种分类体系的介绍可知,使用对应的分类体系对某些特定国家和地区进行专利检索时会有更好的效果。比如针对日本文献可以多考虑使用 FI/FT 分类号,而针对欧洲文献,可以使用 ECLA/ICO 以及 CPC。

多种分类体系除了在针对特定国家和地区使用时会有好的效果外,在某些特定的技术领域,不同的分类体系检索的效果也有着较大的差异。例如,FT 分类体系对太阳能电池领域各个不同技术分支做了精确的分类,因此,在对该领域进行日文专利检索时,就可以采用以 FT 分类号为主、关键词为辅的检索方式,从而检索到更为准确的专利文献。

三、检索要素表

检索要素表是整个检索工作的核心,是检索过程的重要成果物和执行检索的依据。

如图 5-2 所示为技术主题检索中的某一技术分支拆分的检索块(即分筐检索策略中提到的筐/块)和检索要素的表达,图中检索块的个数以及检索要素的个数只是示例,不代表实际数量。

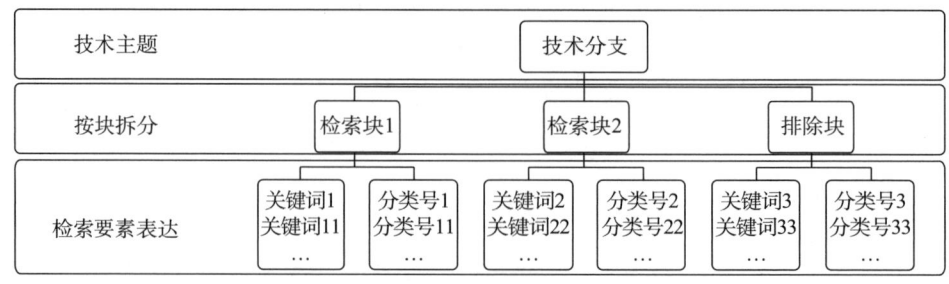

图 5-2 技术分支拆分及检索要素表达

按照图 5-2 的检索要素表达关系可以得到如表 5-11 所示的检索要素表,这也是在技术主题检索中最常见的检索要素表的格式。

表 5-11　检索要素表示例

检索块	检索块1	检索块2	排除块
块名称	块1名称	块2名称	排除块名称
关键词	块1的关键词表达	块2的关键词表达	排除块的关键词表达
分类号	块1的分类号表达	块2的分类号表达	排除块的分类号表达
	块1和块2共同的分类号表达		

结合上述内容可以得到各个检索要素之间的逻辑关系如下：

相同检索块的不同表达（包括同一检索块的关键词与分类号，同一检索块的多个关键词表达、同一检索块的多个分类号表达）之间为逻辑或；不同检索块之间为逻辑与；一般检索块与排除块之间为逻辑非。

需要注意的是，在专利检索中，使用最多的检索要素是关键词与分类号，但往往也需要通过可以确定的申请人或发明人（往往是本领域比较重要的申请人或发明人）为入口对以其他方式获得的检索结果进行补充。

检索要素表的核心作用在于检索过程中，每一次的新发现和反思都可以通过检索要素表记录下来，从而对检索要素表逐步地调整完善，反馈到下一步的检索中，直至得到相对全面而准确的检索结果。

【案例 5-3】带有贮水器的花盆专利检索要素❶

本案例以检索"带有贮水器的花盆"这一技术主题的中国专利文献为例❷，来阐述以检索要素表为核心开展的技术主题检索的一般步骤。

1. 初步检索

为了了解检索主题的技术背景，同时对检索主题下专利文献的特点进行初步了解，首先对检索主题进行初步检索。

根据检索主题"带有贮水器的花盆"可知，该技术主题由2个技术特征构成——贮水器和花盆。初步检索时，可以"贮水器"和"花盆"作为检索依据。

初步检索时，为了得到与检索主题密切相关的专利文献，首先考虑将检索依据在标题字段中检索。当检索结果不理想时，再逐步扩展至其他字段检索。

本例中，目标文献中必须同时具备"贮水器"和"花盆"两个技术特征，因此两检索词之间应当为"与"的逻辑关系，构造基本检索式如下：

(001) F TI 贮水器 * 花盆 < hits：0 >

上述检索式的检索结果为0。考虑到本例的两个技术特征中"花盆"为核心概念，而"贮水器"是对"花盆"的限定，为了扩展检索，将"花盆"检索词输入标题字段中，而将"贮水器"这一词汇输入至摘要字段中，形成检索式2：

---

❶ 改编自杨铁军. 专利信息利用技能 [M]. 北京：知识产权出版社，2011.
❷ 使用的检索系统为专利之星，检索日期为2019年1月30日。

（002） F XX 贮水器/AB * 花盆/TI ＜hits：10＞
根据检索式 2，共获得 10 件检索结果。

2. 检索要素的确定和表达，制定检索要素表

通过初步检索过程中的分析可知，技术主题由"花盆"和"贮水器"两个技术特征构成，该两个技术特征可分别作为进行分筐检索的两个拆分块。

为了在专利数据库中检索技术主题，应当将该两个块以分类号和/或关键词的形式进行表达。

对检索式 2 的检索结果的分类号进行统计，得到表 5－12。

表 5－12 "带有贮水器的花盆"初步检索结果的分类号情况

主分类号	数量	分类表相关位置
A01G 9/02	8	A01G 9/00 用于园艺的容器、促成温床或温室（蘑菇的培养入 A01G 18/60；无土栽培入 A01G 31/00）；花坛、草坪或类似物的边饰〔1，2006.01，2018.01〕 **A01G 9/02**·容器，例如花盆或花箱（悬挂花篮、装花盆用的容器入 A47G7/00）；栽培花卉用的玻璃器皿〔1，2006.01，2018.01〕 A01G 9/029··播种容器〔2018.01〕 A01G 9/033··草皮，草坪或类似物用的扁平容器，例如用于覆盖屋顶〔2018.01〕
A01G 9/04	1	**A01G 9/04**·花盆的垫碟
A01G 27/06	1	A01G 27/00 自动浇水装置，如用于花盆的 A01G 27/02·具有 1 个贮水器，其主要部分完全位于生长基质周围或直接位于生长基质旁边（A01G 27/06 优先）〔6〕 A01G 27/04·利用油绳或类似物〔6〕 **A01G 27/06**··具有 1 个贮水器，其主要部分完全位于生长基质周围或直接位于生长基质旁边〔6〕

对照统计结果中的分类号可以判断，A01G 9/02 能够表达"花盆"这一检索块；A01G 27/06 能够表达"贮水器"这一检索块，其上位一点组 A01G 27/02 及大组 A01G 27/00 也能够表达"贮水器"这一检索块。这两个分类号可以分别作为检索要素的表达。

通过浏览初步检索结果还可以发现，某些专利文献中描述了用于花草种植的"盆"。由此不难想象，"盆"即"花盆"的同义词，可以作为"花盆"的另一检索要素表达；此外，在浏览 A01G 9/02 类名时，可以找出"花盆"的同义词"花箱"，关于第二个检索块"贮水器"，在浏览初步检索结果时，可以发现"容器"等同义词；同时，根据常识不难想象在表示"贮水的容器"这一概念时，"储水器"也是常用的表达方式。由此，可获得基本检索要素表，如表 5－13 所示。

表 5-13 "带有贮水器的花盆"基本检索要素表

	检索块 1	检索块 2
块名称	花盆	贮水器
关键词	盆，花箱	贮水器、储水器、容器
分类号	A01G 9/02	A01G 27/00 A01G 27/02 A01G 27/06

3. 根据检索结果调整检索要素表

检索结果中必须同时包含 2 个基本检索要素，因此，根据各检索要素的表达方式，可以构造以下检索式：

（003） F IC A01G9/02 ＜hits：28380＞

（004） F TX 盆 + 花箱 ＜hits：105491＞

（005） F IC A01G27/00 + A01G27/02 + A01G27/06 ＜hits：12107＞

（006） F TX 贮水器 + 储水器 + 容器 ＜hits：393445＞

（007） J （3 + 4） ＊ （5 + 6） ＜hits：14579＞

在浏览检索结果时发现，检索结果中存在一定数量的文献与技术主题不相关。如申请号 CN86202347 的文献涉及一种盛水容器，尤其适用于旅行用的可折叠充气盛水盆，该文献由于在摘要中包含"容器"和"盆"两词而出现在检索结果中，造成了检索结果的偏差；又如申请号 CN86106043 的文献"微波装置"，与本技术主题并不相关，由于其摘要中包含"一种煮食物的微波装置，其下部有装盛食物的钵、碟或盆形容器"这一描述，使其出现在检索结果中。此类文献不一一列举，总而言之，由于在检索式中使用"盆"及"容器"两个词汇来表达基本检索要素，引起了检索结果的偏差。为了纠正偏差，对基本检索要素的表达方式进行调整，如表 5-14 所示。

表 5-14 第一次调整后的基本检索要素表

	检索块 1	检索块 2
块名称	花盆	贮水器
关键词	花盆，花箱	贮水器、储水器
分类号	A01G 9/02	A01G 27/00 A01G 27/02 A01G 27/06

在浏览检索结果时，还发现了对于基本检索要素的新的表达方式。如申请号 CN86201546 的文献，记载了一种"保温隔热式新型花盆、花盘、花缸、花槽、花管"。通过阅读专利文献的内容可知，所述"花盘、花缸、花槽"与本技术主题中的花盆实现同样的功能，可作为同义词来表达"花盆"这一技术特征。通过浏览其他文献，还可得

到"花钵""栽培容器"等表达方式。

综上所述,通过浏览检索结果,可将基本检索要素表进行再次调整,如表 5-15 所示。

表 5-15 第二次调整后的基本检索要素表

块名称	检索块 1	检索块 2
关键词	花箱,花盆,花缸,花槽,花钵,栽培容器	贮水器、储水器
分类号	A01G 9/02	A01G 27/00 A01G 27/02 A01G 27/06

4. 根据最终确定的检索要素表执行检索

根据基本检索要素表构造检索式为:

(008) F IC A01G9/02 ＜hits:28380＞

(009) F TX 花箱+花盆+花缸+花槽+花钵+栽培容器 ＜hits:3853＞

(010) F IC A01G27/00+A01G27/02+A01G27/06 ＜hits:12107＞

(011) F TX 贮水器+储水器 ＜hits:3354＞

(012) J (8+9) * (10+11) ＜hits:7988＞ ❶

第四节 检索结果评估

在专利分析中,过多的漏检和误检都会导致我们得出错误的分析结果,而全面准确的检索结果是后续各种研究分析、结论获得的基础。因此,检索结果的评估,对调整检索过程、获得符合预期要求的检索结果集起着至关重要的作用。

专利分析的检索结果一般用查全率与查准率进行评估。查全率用来评估检索结果的全面性,即评估检索结果涵盖检索主题下的所有专利文献的程度;查准率用来衡量检索结果的准确性,即评估检索结果是否与检索主题密切相关。

1955 年美国的佩里(J. W. Perry)和肯特(A. Kent)最先提出了查全率和查准率的概念,其中:

查全率❷ = 被检出相关文献量/总文献中所有相关文献量×100%

查准率❸ = 被检出相关文献量/被检出文献总量×100%

在专利分析的检索结果评估中,查全率是指被检出的相关文献占总文献内所有相关

---

❶ 需要说明的是,该案例的目的是介绍通过调整检索要素表来指导检索的进程,检索过程没有对所有可能的检索要素进行扩展补充,该检索结果也未进行最终的评估验证。

❷ 英文为 Recall,也称为召回率。

❸ 英文为 Precision,也称为准确率。

文献的百分比,查准率是指被检出的相关文献占被检出文献总数的百分比。

由于专利分析的检索结果评估属于抽样评估,因此这里采用的是相对概念的查全率与查准率。专利检索结果中各类型文献关系如图5-3所示。

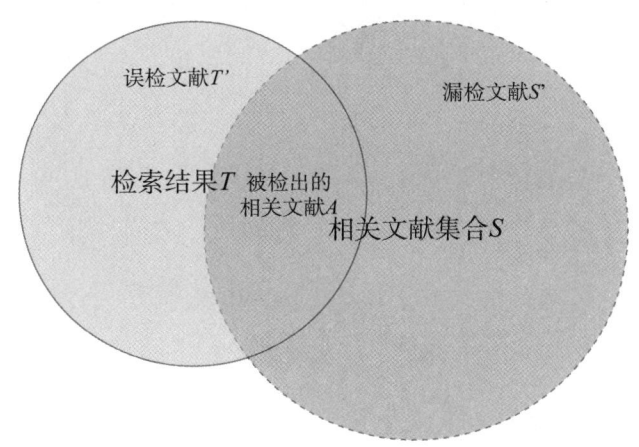

图5-3 专利检索结果中各类型文献关系图

图5-3中各符号含义为:

S——相关文献集合,即用户检索时的需求目标,是一个不可确定的常量;

T——检索结果,随检索策略的变化而变化,是一个可确定的变量;

A——检出结果中的相关文献,随检索结果T的变化而变化,也是一个可确定的变量;

S'——漏检文献,即本应检索到但没有检到的文献,是一个不确定的变量;

T'——误检文献,即检索结果中不相关的文献,随检索结果T的变化而变化,也是一个可确定的变量。

因此,查全率和查准率可以分别表示为 $r = \text{num}(A)/\text{num}(S) = \text{num}(A)/\text{num}(A+S')$,$p = \text{num}(A)/\text{num}(T) = \text{num}(A)/\text{num}(A+T')$❶。

一、查全验证

1. 查全评估操作流程

上文提到,查全率可以表示为 $r = \text{num}(A)/\text{num}(S) = \text{num}(A)/\text{num}(A+S')$,其中$A$为可确定的变量,而实际操作中由于无法明确相关文献集合S或者漏检文献数S',我们就不能直接根据被检出的相关文献A来判断整个检索结果T的查全率。

因此,从整体上说,以下介绍的查全验证方法都属于抽样检验的方法。

为了便于对专利分析的检索结果进行查全验证,定义一个查全率评估样本V(该集合中的每一篇文献都必须与分析的主题相关,即"相关文献",并且该集合V是一确定的常量),则查全率r可以表示为$r = \text{num}(V \cap T)/\text{num}(V)$❷,如图5-4所示。

---

❶ num( )表示集合中元素的数量。
❷ $V \cap T$表示V与T的交集。

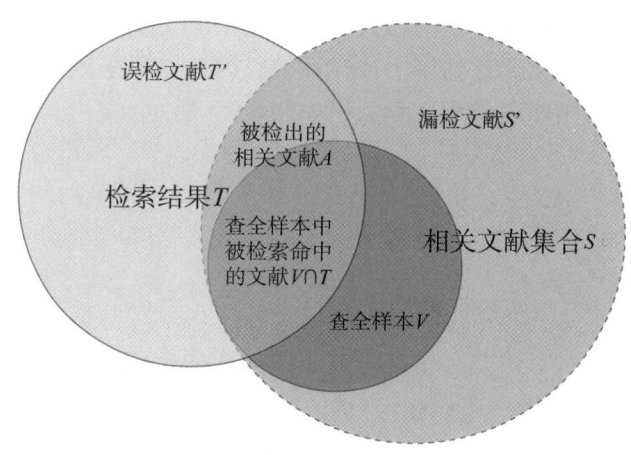

图 5-4 查全率示意

2. 查全率评估样本的构建

（1）查全率评估样本的构建条件

查全率评估样本的构建必须满足两个条件：

① 必须基于完全不同于检索过程中所使用过的检索要素来构建

也就是说，用于查全专利文献集合的检索要素与用于构建查全率评估样本的检索要素之间不能存在任何交集，否则将出现用子集检验全集的查全率的现象，必然影响到评估结果的科学性。对于技术分支的检索采用的是关键词和分类号相结合的检索方法，此时，构建查全率评估样本集时则不适于采取与检索过程存在交集的检索方法。由于关键词和分类号难以穷举，容易存在遗漏，因此，构建查全率评估样本集通常不使用关键词和分类号。

构建查全率评估样本时可以选用不受分析者主观因素影响的检索要素，如时间、国别、申请人、发明人等，从文献量适中与易于操作的层面考虑，最常用的方法是通过申请人和发明人来构建查全率评估样本。

② 有合理的样本数

由于查全率评估属于抽样调查，因此若样本过小，则可能不能全面地反映其全貌，出现评估结果的失真；若样本过大，将带来较大的工作量，失去抽样调查的本意。因此，应当根据待评估集合的数量将样本数量控制在合理的范围内。实践中，可根据待评估文献量 T 的多少以及检索结果的要求，参考值取 5%～10%。

通常，对于待评估查全专利文献集合而言，其数量为 5000 篇以下，查全率评估样本的文献量不应少于总量的 10%；若数量超过 5000 篇，则查全率评估样本的文献量不应少于总量的 5%。

（2）查全率评估样本的构建方法

① 基于重要申请人/重要发明人

使用重要申请人来构建查全样本专利文献集合，重要申请人应当满足以下条件：其一，该申请人的申请量应当足够大；其二，该申请人的申请主题集中度较高，利于检索确定。

选择本领域重要申请人进行评估：利用申请人作为检索入口进行检索，对获得的检索结果针对待评估的检索主题进行人工阅读、清理和标引，将阅读、清理和标引后的数据作为评估样本集。接着，以相同的申请人为入口，在待评估的检索集合中进行二次检索，同样对获得的检索结果针对待评估的检索主题进行人工阅读、清理和标引，之后将获得的检索结果集与评估样本集进行比对。

其中，重要申请人的选取主要有以下两种方法：

a. 在检索前，通过非专利数据库查找与检索主题相关的综述类文献；通过外网搜索引擎查找相关市场与销售情况，以及通过企业调研从而了解相关行业的技术背景与发展现状，确定行业中具有技术优势和/或市场优势的重要公司、企业与研发机构作为重要申请人。

b. 通过简单的关键词、分类号进行初步检索，对申请人进行排序，选取申请量较大的申请人。

需要注意的是，在选取用于检索结果评估的重要申请人时，应选取研发及专利申请方向比较集中，而申请量又符合构成评估样品的申请人。如果申请人的申请数量过多且申请方向较为分散，则不便于进一步对检索主题进行人工逐篇阅读筛选，导致样本构建的困难。

如果通过重要申请人为入口进行检索获得的申请量较大，为了缩小待浏览的范围，也不可以通过分类号、关键词的手段进行限定。由于查全率的评估样本集获得的基本原则是基于与查全过程不同的检索策略进行，因此，当使用分类号和关键词进行二次限定的时候，则容易重复检索过程产生的疏漏，出现文献遗漏。此时有两种方法可供参考，一是可通过年份进行二次检索，缩小样本数量，进而进行人工阅读筛选；二是通过关键词和分类号提取与待评估主题密切相关的文献，对提取后剩余的文献进行人工阅读筛选，作为补充。

当选取的一个申请人的样本数量较小时，可以使用多个申请人构建查全率评估样本集。而且为了消除不同申请人的专利文本中对同一技术特征的描述习惯差异，也应当尽量选择多个申请人进行评估，以综合评估查全率。

基于重要发明人的构建方法类似于重要申请人。但发明人一般为自然人，其重复概率要远高于非自然人的申请人，因此在查全样本构建时优先使用的还是申请人。有时申请人会在补充检索时作为检索要素使用，则在构建查全样本时不能再使用已用的申请人，此时往往发明人就会成为构建查全样本的检索要素。为了保证构建查全样本的高效性和准确性，应尽量选择重名率低的发明人。

② 重要专利评估方法

选择前期调研中获得的涉及侵权、诉讼以及行业技术发展中的基础专利或核心专利作为样本，判断在检索结果范围内是否包含样本专利，来评判专利检索的全面性。需要注意的是：

重要专利评估方法的评估样本集的获取取决于前期调研中已获取的重要专利的数量，当样本数量较少时，该方法具有一定的局限性，不适于用来评估检索结果。

该方法仅作为检索评估的一个辅助方法，通常而言，收集的重要专利一般是与本技术领域最为密切相关的专利文献，当待评估的样本集中未包含这些专利时需分析漏检原因，如是否遗漏了重要的分类号或关键词，据此对前一阶段的检索策略作出调整。相反，当重要专利集均包含在待评估样本集中时，也并不能直接得出查全率达标的结论。

③ 中英文库反证法

对同一技术分支分别在中文库和外文库检索，将外文库检索结果中的中国申请数据与中文库检索结果比较。

由于受到文献量及人力、物力、时间等因素的影响，该方法适于对文献量适中的某一技术分支的检索结果进行评估，不适于对检索结果文献量较大的技术分支或整体检索结果进行评估。

当在中文库中获得的评估样本集较大时，可作为初步评估外文库检索结果的参考，通常应用于外文库的检索初期。例如，技术主题检索时一般先对中文库进行检索，因为中文库检索结果数量适中，便于进行精细的数据去噪与补充检索，此时，可在一定程度上认为获得的中文库检索结果是全面和准确的。在外文库的检索初期，可对外文库的检索结果中的中文文献集的数量与中文库检索结果数量进行比对，如相差过大，则需要对外文库的检索作出调整。

中英文库反证法一般要求中文库和英文库的检索要素、检索过程和策略应基本一致，进而适于发现由于翻译的多样性导致的漏检，但是这种验证方法难以发现检索策略上的失误，因而不适宜作为主要的评估手段，只适合作为辅助手段使用。

④ 年份评估法

年份评估法即利用申请日作为检索入口对整体检索结果作进一步的限定，对限定后的结果针对待评估的技术分支进行人工阅读、清理和标引，将阅读、清理和标引后的数据作为评估样本集。接着，以相同的申请日为入口，在待评估的检索集合中进行二次检索，同样对获得的检索结果针对待评估的检索主题进行人工阅读、清理和标引，之后将获得的检索结果集与评估样本集进行比对。

需要注意的是，该方法仅适用于特定的检索策略下的查全率评估，例如总分式的检索策略。总分式检索策略中，先对整体技术领域进行检索，在总的检索集下进行各级技术分支的检索情形下，对于各个技术分支的检索结果全面性评估可采取年份抽样方法。

⑤ 技术特征验证

对某个具体的技术特征选择精确的分类号或精确关键词直接或组合检索，得到该技术特征的一个精确样本集，对检索结果进行评估。

应用这种方法时要注意：

这种评估方法适用于对该技术点所属上级技术分支的检索结果进行评估。

制作技术点样本集时，所使用的精确分类号或精确关键词应该是在其上级技术分支的检索过程中未涉及的。

该方法实质上是通过判断某技术点的查全，从而间接验证整体的查全，因此在使用该方法时应选择多个不同技术点同时进行评估。

鉴于该评估方法的适用性，一般应结合上述其他手段一起使用。

二、查准验证

1. 查准评估操作流程

上文提到,查准率可以表示为 $p = \text{num}(A)/\text{num}(T) = \text{num}(A)/\text{num}(A+T')$,其中 A 为可确定的变量,检索结果 T 虽然随检索的调整而变化,然而当检索确定后,该检索结果也是可确定的,因此,查准率可以直接通过人工对检索结果进行阅读来得到评估结果。

定义一个查准率样本 T_0,该样本从检索结果 T 中随机提取产生,A 为被检出的相关文献,A_0 为查准样本中通过人工阅读确定的相关文献,则查准率可以表达为 $p = \text{num}(A)/\text{num}(T) = \text{num}(A_0)/\text{num}(T_0)$,具体参见图5–5。

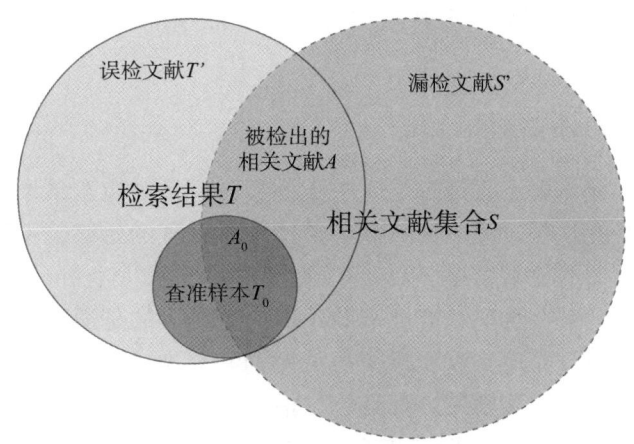

图5–5 查准率示意

例如,一个项目的检索结果一共有1000篇文献,假设经过人工对所有的检索结果进行阅读,发现其中900篇均是和主题密切相关的文献,则可以得出查准率为90%的结论,该查准率实际上是上述待评估检索结果的绝对查准率。

但是绝对查准率仅仅适用于待评估检索结果的文献量较少的情况,当待评估检索结果文献量较多时,通过全部人工验证的方法会极大地影响评估效率。此时则需要采用抽样检测的方法,通过人工阅读、清理、标引,获得与检索主题密切相关的样本集,通过将样本集与待评估的抽样检索结果集相比,获得该检索主题的相对查准率。

相对查准率可通过对待评估检索结果的抽样,人工统计有效文献量来进行评估。

由于绝对查准率的评估方式较为简单,下文将着重针对相对查准率评估中的样本构建展开说明。

2. 查准率评估样本的构建

为了保证评估的科学性与客观性,查准率评估样本的构建过程应当注意以下规则。

(1)随机性

避免通过检索的方式直接限定出评估样本,例如,避免以关键词、分类号、申请人、年份等检索要素作为抽样条件。

实际应用中，查准率评估样本的构建一般通过按年份分布抽样、按技术分支抽样、按申请人或发明人抽样、按国家或地区分布抽样或者随机抽样来获取，为保证其客观性，尽量避免采取单一的抽样方法，而应当采取多种抽样方法来组合得到查准率评估样本。

（2）足够大的样本容量

由于相对查准率评估也需要抽样调查，因此当样本过小时，则可能不能全面地反映其全貌，出现评估结果的失真；若样本过大，将带来较大的工作量，失去抽样调查的本意。因此，应当根据待评估集合的数量将样本数量控制在合理的范围内。实践中，可根据待评估文献量 T 的多少以及检索结果的要求，参考值取 5% ~ 10%。

通常，对于待评估查准专利文献集合而言，其数量在 5000 篇以下，查准率评估样本的文献量不应少于总量的 10%；若数量超过 5000 篇，则查准率评估样本的文献量不应少于总量的 5%。

三、查全查准的评估时机

虽然检索结果的评估决定着是否可以中止检索，但是对检索结果的评估不是仅在即将完成检索前才执行的步骤，而应当贯穿于整个检索过程的始终，不断对检索过程进行调整，以获得符合预期的检索结果。

在初步检索阶段，对查全率和查准率的评估的主要目的是通过阅读遗漏文献积累关键词和分类号，以及通过噪声文献积累噪声关键词和分类号。这一阶段，查全率和查准率主要是为初步检索作引导和辅助，其具体的指标并不是关注的重点。

在检索的中期阶段，对查全率和查准率的评估的主要目的是对检索作进一步的完善，进行补充检索和去噪处理。此时需要开始关注查全率和查准率指标，并在每一步补充检索之后关注查准率（关注补充新文献的同时，是否新增过多的不相关文献，导致查准率下降），以及在去噪之后关注查全率（关注去噪的同时，是否误删过多的有效文献，导致查全率下降），这是一个不断往复的过程。

在检索后期，查全率和查准率成为评估检索结果是否全面准确的重要指标，并以此评判是否可以中止检索过程。

实际操作中，对于母语检索结果的查全率和查准率一般需达到 90% 以上，对于外语检索结果的查全率和查准率一般达到 80% 即可。

第五节　检索去噪

一、噪声的分类

根据噪声与技术主题边界的关系将噪声划分为绝对噪声与相对噪声。

1. 绝对噪声

绝对噪声是与技术主题边界明显不相关的噪声。绝对噪声的去除可选用针对性较强的分类号或者关键词作为噪声检索要素。相较而言，绝对噪声比较容易去除。

2. 相对噪声

相对噪声则是与技术主题研究边界不相关，但是有可能包含有效检索要素的噪声。相较而言，相对噪声很难通过单一手段去除。

二、噪声的来源

1. 专利数据库的加工质量

专利检索数据库一般根据专利文献的主题词进行加工标引，该加工质量直接影响检索结果的全面性和准确性。由于不同数据库的加工规则，加工质量也不尽相同，即便使用同样的检索要素也可能得到不同的检索结果，进而也导致噪声的不同。

2. 分类号的使用

利用分类号进行检索时，会引入一定的噪声文献。由分类号引入噪声文献的原因主要有以下几方面：检索确定的分类号所包括的专利文献超出了专利分析所需的覆盖范围；检索过程中扩展的上位分类号或者功能应用分类号下与技术主题无关的文献过多；在分类号版本变动时，未根据分类号对已有文献进行动态的修订和再分类；分类员赋予某篇专利文献过多的分类号时，其中存在与技术内容不紧密相关的分类号（即存在多个与发明点无关的副分类号）。

3. 关键词的使用

由于关键词检索的准确性往往低于分类号，因此在确定关键词以及检索过程中，对于每个用关键词表达的检索要素的引入，都要结合本领域的专利文献中的表达特点来考虑其是否会影响检索的完整性，以及其可能带来的噪声量的大小。

（1）检索字段本身导致

关键词的检索范围一般包括标题、摘要、独权项等，在确定了某一关键词检索要素时，该关键词一般都会或多或少带来噪声。

例如，在关键词字段检索"显示器"，当其出现在标题中时，命中的专利文献一般与主题名称十分相关，但是当其出现在摘要字段时，可能就会有一部分与"显示器"关系不大的专利文献，也就带来了一部分噪声。

（2）一词多义或一词应用多个领域

在对"切削刀具"技术主题进行检索时，使用"刀具"作为检索词，但是"刀具"除了可以指切削加工用的车刀外，还可以指水果刀，当"刀具"指代水果刀时就会给该检索结果带来噪声。

（3）关键词的扩展

在检索时一般要对关键词进行适当扩展，当采用近义词扩展、上下位概念扩展以及因漏检发现的非惯用表达方式的扩展等手段时，所扩展的关键词往往都会有多重含义，从而导致噪声的出现。

例如检索"3D电视"这一技术主题，在使用"立体"或者"3D"等关键词进行检索时，会出现与"立体声""3D环绕"相关的文献，这样虽然出现了检索的关键词，但是确实和检索的技术主题关系不大，形成了噪声文献。

4. 检索运算的选择

检索过程中，检索运算符使用不当也会导致噪声的产生，例如同样的两个检索要素，使用布尔逻辑运算符 AND 和使用某种位置算符来进行运算所得到的检索结果可能在准确性上有着较大的差异，进而导致噪声的不同。

三、去噪方式

1. 检索批量去噪

通过对去噪检索要素集的各关键词、分类号及其组合进行检索，将检索到的噪声文献从总的检索结果集中除去，即可完成批量的去噪处理。

检索批量去噪的特点是效率高，可以批量地除去噪声文献。但在某些情况下准确率不高，因而可能还需要将检索除去的噪声文献进行再清理。

检索批量去噪用检索式表达为 $A' = A \text{ not } m$，其中 A 为含噪声的检索结果，m 为去噪使用的检索要素，A' 为去除噪声检索要素 m 后的检索结果。

（1）去噪手段

① 关键词检索去噪

当检索结果的准确性（查准率）不太理想时，需要在检索结果中有效地去除相关噪声文献。将检索结果准确性评估过程中获得的与检索主题不相关的噪声文献进行分析，寻找相应的噪声关键词，以其作为检索要素来进行检索策略的调整或者直接去噪。

例如，在生物芯片检索过程中，会出现大量光学器件方面的专利，通过阅读噪声文献，可以确定"阵列"等为噪声关键词，"阵列"一词不仅可以表征生物芯片的探针阵列，同时也可以表征 CCD 等光学器件。因此，不能简单地将涉及噪声关键词或噪声分类号的文献均去除，而可将涉及噪声关键词或分类号的文献从检索结果集中单独取出，采用其他分类号、关键词进一步限定，获取与检索主题相关的专利文献[1]。

② 标题检索去噪

标题虽然也是关键词的一部分，但是标题是最能反映技术主题核心信息的字段，如果可以在名称中提取出与检索主题不相关的噪声检索要素，则可以将其直接作为检索要素通过标题字段去除掉。但是出现在标题中的检索要素仅适用于去除绝对噪声，对于相对噪声应当慎用。

在对"太阳能薄膜电池"的检索结果进行去噪时，发现有一类噪声文献，是由于在液晶显示器中使用了太阳能电池而在检索过程中被引入，此时，在"标题"字段检索"液晶""显示器"等关键词，能有效地将其去除；而如果仍是在摘要中检索"液晶""显示器"，在去除该文献的同时还会把一些有用文献误除掉，例如有些文献是针对太阳能薄膜电池的改进的，但其在用途中提到了在液晶显示器中的应用，这种有用文献在执行上述去噪检索时同样会被当作噪声文献除去。

③ 分类号检索去噪

分类号去噪主要是通过统计分析各分类号下的噪声率，视情况选择合理的分类号层

---

[1] 杨铁军. 专利分析实务手册[M]. 北京：知识产权出版社，2012.

级作为检索要素来对检索结果去噪。对于边界广泛或者边界模糊的分类号,使用其进行去噪要谨慎,以免将有用文献误除掉。

例如,在切削刀具检索中,利用分类号去噪,对检索结果的分类号进行统计分析,将噪声分类号分为两类:a. 大部不相关分类号,例如 A 部分类号,几乎和切削刀具领域不相关,可以明确去除;b. 同部不同类的不相关分类号,例如 B 部的关于磨削加工的分类号,可以明确去除。

④ 申请年份去噪

如能明确某一特定的技术领域或申请主体的专利申请的最早年份,则可以通过申请年份过滤掉在该日期以前的相关专利申请,从而起到去噪的目的。

(2) 去噪步骤

① 确定去噪手段,构建去噪检索式,在检索结果中进行噪声去除。

② 浏览去除的文献,评估去噪的效果,如果去除的文献中含有较多的和技术主题相关的文献,则需要对去除的相关文献进行统计分析,对去噪检索式进行调整,并通过特定的检索要素将误除的文献找回。

③ 利用调整后的去噪检索式继续去噪,重复步骤②,直至达到满意的去噪效果。

需要注意的是,在调整的过程中,调整的分类号或者关键词不宜过多,否则无法准确判断每个分类号或者关键词的去噪效果。

【案例 5-4】 立体影像检索结果去噪

在对"立体影像"技术主题的检索结果进行评估时,发现其查准率过低,需要进行去噪处理。

假设 A 为含噪声的检索结果,B 为该检索结果内的疑似噪声文献集,C 为疑似噪声文献集中的有效文献,则我们所期望的准确结果 S =(A not B)or C,如图 5-6 中阴影部分所示。

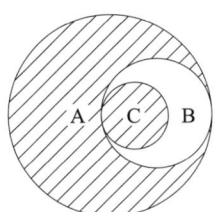

图 5-6 去噪示意图

整个去噪过程如下:

步骤 1:构建疑似噪声文献集 B

疑似噪声文献集 B 是检索结果 A 中的一部分,因此可以通过对检索结果浏览来构建,也可以选取查准验证的样本中与主题无关的文献来构建。

步骤 2:提取噪声相关的检索要素"立体声"

通过分析统计疑似噪声文献集 B,发现导致大部分 B 与技术主题无关的检索要素是"立体声",其原因在于在对"立体影像"进行扩展时,使用了关键词"立体",从而命中了"立体声"相关的部分文献。

步骤3：通过去噪检索要素"立体声"将疑似噪声文献集 B 中与"立体声"相关的噪声从检索结果 A 中去除

只需要执行检索"A not 立体声"即可。

如果该检索结果中仍然存在其他噪声，则需要按照同样的方法再次提取去噪检索要素执行相关操作。即返回到步骤1。

步骤4：构建疑似噪声文献集中的疑似有效文献集 C

如果该检索结果中无任何噪声，则不需要继续对 A 进行去噪操作，但是需要对去除的噪声进行分析，查看是否有被误除的文献，被去除的文献的检索式表达为"A and 立体声"。

与步骤1类似，通过浏览结果来找到目标文献，加入在浏览的过程中我们发现了"立体声"的"立体电视"这一与主题密切相关的文献。

步骤5：提取疑似有效文献集中的检索要素

与步骤2类似，通过分析统计疑似有效文献集 C 来提取相关检索要素，例如"立体电视"即为该检索要素。

步骤6：找回误除的有效文献

通过执行检索"（A not 立体声）or（A and 立体声 and 立体电视）"即可。

步骤7：检索结果再次评估

对检索结果评估，当查准率达标时，则中止去噪工作。

若查准率不达标，则返回步骤1重新开始，此时疑似噪声集合 B' 可能是一个全新的集合，可能是在步骤2中漏提相关检索要素，也可能是由于步骤6检索增加新的检索要素导致了新的噪声产生。

整个批量去噪按上述步骤进行即可，当查准率满足既定条件时即完成去噪工作。否则返回步骤1重复上述步骤。

2. 人工阅读去噪

人工阅读去噪是指通过人工阅读每篇文献的技术信息（一般通过阅读标题、摘要等，必要时浏览全文）来逐篇对噪声文献进行去除。

人工阅读去噪的特点是准确率高，可以准确地去除相对噪声，但是缺点是效率低，只能单篇去噪。

在人工阅读文献时，为了提高阅读效率，一般通过阅读标题、摘要等著录项目来获取文献技术信息，并且尽可能地使用关键词高亮功能。但是对于那些专利文献的摘要撰写得较为上位笼统，仅仅通过阅读摘要可能难以判定是否为有用文献，此时可能就需要浏览其全文。

由于噪声的产生原因多种多样，通常很难明确其噪声来源，在条件允许的情况下，尽可能地采用人工去噪的方式会使得处理结果更加准确。在采用人工阅读方式进行去噪时，应将阅读的文献量控制在一定范围，否则会消耗大量的时间和精力，影响检索进程。对于数量庞大的检索结果，一般可以先进行检索批量去噪，当通过批量去噪很难提升准确率时再引入人工阅读去噪。

第六章　数据处理

数据处理又称为数据加工,是指当专利检索完成后,以专利分析目的为导向,对采集的数据进行加工整理,形成分析样本数据库。

数据处理是连接专利检索和报告撰写的纽带,是后续统计分析、数据可视化呈现的基础。从一定程度上讲,数据处理的好坏决定了报告撰写的质量和报告内容的准确性。

数据处理主要包括数据采集、数据清理以及数据标引 3 个方面。本章将依次展开介绍。

第一节　数据采集

专利数据采集是数据处理过程的第一步,其主要目的是将检索获得的原始专利数据根据后续专利分析的需要,定义需要采集的字段,转化成统一的、可操作的、便于分析的数据格式,并进行数据导出与保存。数据采集的过程主要分为以下几个步骤:定义需要采集的字段、列出检索结果中相关的字段、将检索结果导出。

在从各个检索系统中导出检索结果数据量较大时,应注意采取相应的数据导出策略,例如设置每次导出的数量为较小值,分批多次下载;根据后续分析的需要对不同技术分支选择不同的采集字段进行下载,例如避免大数据量下载摘要。其中,相应的检索结果导出后可以保存为记事本文件(txt 文件格式)或 Excel 文件(xlsx 或 csv 文件格式)。

一、专利分析中的常规采集字段

专利分析中的常规采集字段可以分为以下几类:
(1) 与申请号/文献号和日期相关的信息;
(2) 技术信息;
(3) 相关案件信息;
(4) 相关人信息;
(5) 引证与被引信息;
(6) 与法律状态相关的信息;
(7) 复审/无效/诉讼信息;
(8) 其他字段。

根据上述各个方面的考虑,专利分析中常规采集字段如表 6-1 所示。

表6-1 专利分析中常规采集字段

字段类别	常规采集字段
与申请号/文献号和日期相关的信息	申请号/申请日
	公开号/公开日
	授权公告号/公告日
	PCT申请号/公开号
技术信息	分类号
	名称
	摘要
	主权利要求
相关案件信息	优先权信息
	同族信息
	分案信息
相关人信息	申请人信息/专利权人信息
	发明人信息
	代理机构信息
引证与被引信息	引证与被引文献号
	引证与被引申请人
	引证与被引发明人
	引证与被引分类号
与法律状态相关的信息	法律事件/时间
	当前法律状态
复审/无效/诉讼信息	复审信息
	无效信息
	诉讼信息
其他字段	权利要求项数
	说明书页数

由于专利检索系统以及各自数据库种类众多，其涉及的字段也丰富多样，在上述常规字段之外，一些检索系统也对自己的数据库进行深度加工，形成有自己特色的字段。由于篇幅所限，无法对相关检索系统数据库一一介绍，在实务中，完全可以从专利分析的目的出发，以特殊字段作为数据源的选取依据之一，从而提高数据处理的效率。

二、数据采集方法

检索系统不同，其数据采集方法也不同，一般的商业数据库会提供检索结果导出的功能。在导出前,系统一般会提供字段的选择,用户可以根据需要有针对地来选择所需要的相关字段,避免因为选择全部字段导致的导出速度慢,导出文件过大,甚至影响后续的清理以及标引工作。

下面以 SOOIP❶ 检索分析系统为例,来介绍一下数据采集的方法。

假设我们检索 2018 年授权的主题名称含"无人机"的中国发明专利,在检索结果概览页面(见图 6-1)中,单击"全部下载"。

图 6-1　SOOIP 检索系统中"无人机"检索结果页面

单击后,将进入采集字段选择页面,如图 6-2 所示。

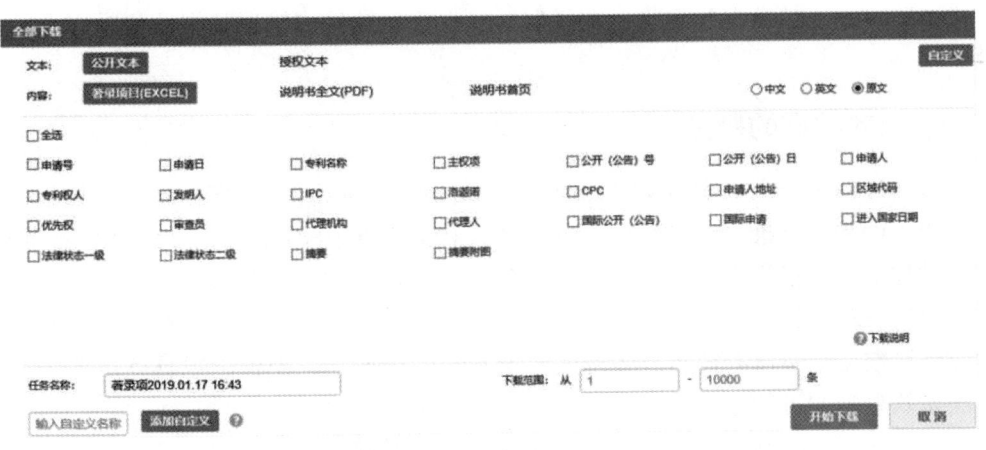

图 6-2　SOOIP 检索系统中数据下载前的字段选择页面

该默认页面为著录项目导出页面,可以对需要采集的字段进行勾选,勾选后,在下载范围内选择待下载的起始数即可。比如通过概览后,需要下载第 11~20 项共 10 篇申

---

❶ SOOIP 是由西安科技大市场创新云服务股份有限公司推出的检索系统,网址为 www.sooip.com.cn。

请，只需在下载范围内分别输入"11""20"后单击"开始下载"，即在后台提交了下载任务。

有些检索系统除提供著录项目的字段导出外，还可以批量导出 PDF 全文。如上述 SOOIP 的检索结果导出中也可以执行说明书全文 PDF 导出，只需根据页面的提示进行相关的选择即可，在此不再赘述。

返回到概览页面后，单击右侧的"下载任务"按钮，即可看到提交的任务列表，待任务出现在已经完成的标题栏中，单击下载图标，就可以将下载结果保存到本地，如图 6-3 所示。

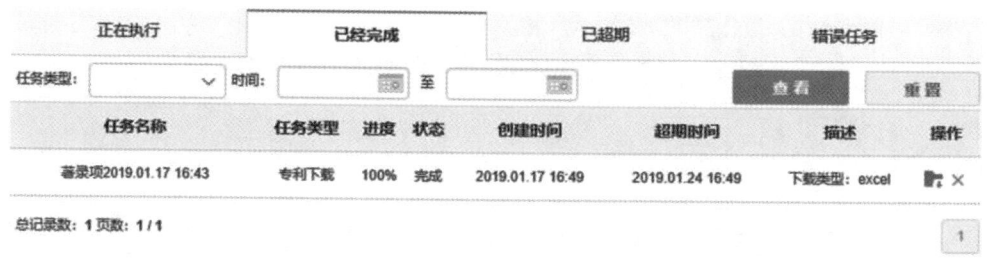

图 6-3　SOOIP 检索系统中数据下载任务页面

第二节　数据清理

数据清理是指对采集到的数据相关数据项的格式和/或内容进行规范化加工处理并修正其中的一些错误，使之具有统一的格式，以便于后续统计分析的过程。其内容主要包含 4 个阶段：无效数据的剔除、重复数据的去重、缺失或错误数据的修补以及不规范数据的统一。

一、无效数据的剔除

在检索过程中会产生噪声文献，通过去噪的方法可以去除一部分噪声文献，但是中止检索的条件并非查准率 100%，这就导致了检索结果中仍存在着一系列的噪声文献，在后续过程中就要根据实际情况来决定是否对其进行处理。若文献量较小，而且后续有数据标引的需求，就可以在标引的同时或者标引之前对噪声数据进行剔除。若文献量较大，而且对数据标引没有需求或者精度要求不高的情况下，则可以视具体情况来评估逐项清理无效数据的可行性。

除了检索产生的噪声文献外，如果数据导出后根据专利分析的需求，对检索结果的要求发生了变化，有些情况下就不需要重新进行检索，往往在本地进行相关数据的清理更加方便。例如，执行检索时未对专利类型进行限定，中止检索并导出检索结果后，明确仅需要针对发明专利进行分析，此时则可以直接在本地剔除掉发明专利之外的实用新型、外观设计等其他类型专利。如图 6-4 示出的在 Excel 中某检索结果的"专利类型"字段中，通过筛选仅保留"发明"即可。

图 6-4 Excel 中对"专利类型"字段进行筛选

与检索过程中的去噪不同的是,检索去噪往往是在检索系统中通过输入检索式来操作,而数据清理中的无效数据剔除往往是在检索结果导出后,在本地来操作。

二、重复数据的去重

对于重复的数据,可以做去重处理。在专利数据中,出现较多的情形是同一申请号有多个公布级,此时可根据申请号进行去重(有的数据库支持在数据采集前进行申请号的合并处理,也可以避免数据重复)。例如在 Excel 中就提供了多种去重的方式:可以通过"条件格式"来凸显重复值进而有选择性地去重,也可以直接在数据标题栏中选择"删除重复值"或者"高级筛选"中的"选择不重复的记录"来自动去重。

例如,图 6-5 为 Excel 中的某检索结果,现需要通过申请号来对授权发明专利因申请公开和授权公告先后两次产生的两个文献进行去重,可采用"条件格式"凸显申请号,然后通过人工来确定保留公开文本或是公告文本。

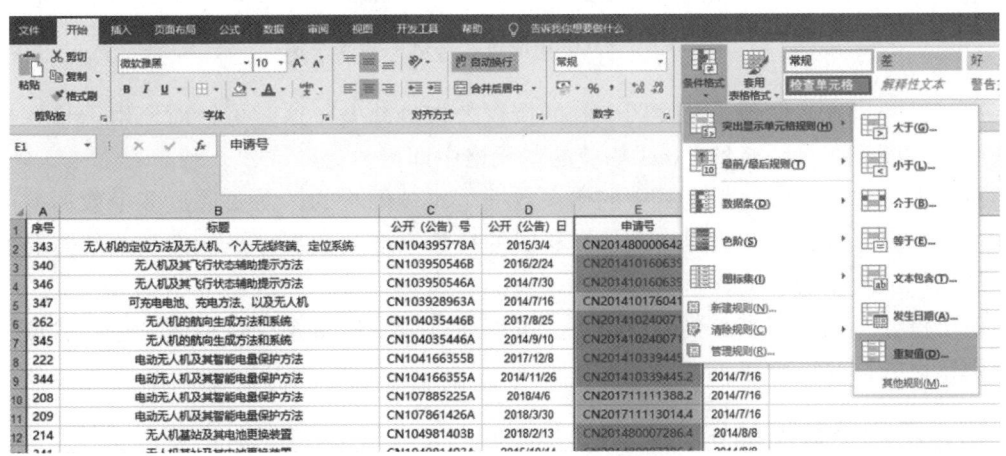

图 6-5 Excel 中通过"条件格式"对申请号进行去重

自动去重是自动保留前面出现的而删除后面的重复值的方法,如果需要统一保留授权文本或公开文本时就比较局限，但是自动去重的效率显然要高于条件格式＋人工去重，所以两种方法可以根据情况进行选择。

另外，同族专利重复也是常见的一种情况，此时需要根据情况选择是否进行去重处理。例如，在分析某项技术的原创国或者申请人时，可以做去重处理，消除因为同族专利数量不同产生的影响；而在分析某项技术的海外布局，或者做市场竞争分析时，又往往需要这些同族数据来进行统计。

三、缺失或错误数据的修补

数据错误或缺失的原因可能来自原始的数据源，例如因为不同数据库的收录情况导致的信息有误或者不全的情况；也可能来自在本地的误操作，例如在操作Excel表格时不小心删除、增加或修改了某个单元格内的相关数据。

例如，图6-6为Excel中的某检索结果，在筛选时发现了"公开（公告）日"一列中有空值。

图6-6　Excel中通过"筛选"查找空值

通过进一步查找发现，某发明专利的授权公告日缺失，这时可针对该申请号在检索系统中查到该日期，补充到Excel相应的单元格中即可。

对于大量数据来说，识别其中的错误数据是比较困难的，需要通过多个数据源的比对才可能发现，因此，应当尽可能选择权威的检索系统及数据库来检索和采集需要的数据，从而保证数据的准确性。

对于重要专利，在有必要的情况下，可以通过多个检索系统数据库来进行验证，从而识别错误数据并进行修正。

四、不规范数据的统一

数据规范化是对原始数据源的部分或全部数据项的格式和/或内容进行规范化加工处理，修正其中的一些错误，使之具有统一的格式，以便于后续的统计分析工作的开展。专利分析中需要进行规范化处理的字段一般包括以下内容。

1. 申请人[①]信息合并

由于存在同一申请人在相同数据库中名称的不统一、申请人名称的重复/叠加出现,以及在不同数据库中同一申请的申请人的名称、申请人数量的不同,因此在对文献检索获得的申请进行数据处理时,需要对申请人信息进行合并,以确认申请人的实际申请数量、申请类型等信息。如果没有合并同一申请人的申请,那么以申请人信息为基础进行的统计分析,如进行申请量排名、区域分布、申请人合作类型等将会出现偏差甚至与实际情况严重不符。

数据处理中申请人合并后,就可进一步确定申请人的实际申请数量、某领域的申请人类型分布与合作申请情况等。还可根据合并后的申请人确定申请人国籍,从而对专利申请流向、各国籍申请人在某特定国家/地区的专利布局等做进一步分析。

申请人信息合并主要包括以下方面。

(1) 申请人名称的表述差异

造成申请人名称的表述差异主要有以下原因:不同检索系统中专利数据库的不同(例如加工以及翻译的不同),申请人名称中的符号(如括号)或空格的输入格式差异等。经核实为同一申请人的不同表达形式应当合并为同一申请人。

(2) 母公司与子公司

母公司及其下属的子公司可能在同一领域都有相关的申请,但它们以子公司作为申请人进行申请,此时应当将这些子公司的名称与母公司的名称统一,或者使用简洁易辨的统一名称。对于申请人同时包括母公司和子公司的申请,应当将其合并为一个申请人,并在进行相关分析时进行相应的说明。

在某些情况下,如当子公司业务比较专一时,则可不必将子公司名称与母公司名称相统一。

(3) 合资公司

对于由两个或两个以上出资方共同组成的公司的申请,一般将其归属于股份最大的出资方。对于由等额股份的出资方组成的公司的申请,不能将其归属于任何一方,而是将其作为独立的申请人。

(4) 重组兼并

对于已经发生重组兼并的公司,在重组兼并前的申请专利,需要按照重组兼并后的公司名称进行整理。

(5) 公司更名

对于已经发生过名称变更的公司,应当将其申请人名称整理为变更后的名称。

对于技术领域和/或技术分支中申请量较大的申请人,不能明确其股份构成或其与其他申请人的关系时(涉及合资、转让、并购、更名等),可以根据期刊、公司年报、公司主页或综合性网站中披露的相关信息,或者相关申请的发明人信息等途径进行合并确认。

对于申请量较小的申请人,综合考虑合并前后对各种排名和/或分布分析的影响,

[①] 此处申请人为泛指,也适用于专利权人的规范处理,下同。

以及时间、精力与成本等因素，可不进行合并。

例如，表6-2 示出了涉及杜邦公司的申请人标引节选，通过信息确定，将表中提及的申请人均标引为"杜邦"。

表6-2　杜邦公司的申请人标引节选

申请人	标引后的申请人
纳幕尔杜邦公司	杜邦
e.i.内穆尔杜邦公司	杜邦
杜邦公司	杜邦
e·i·内穆尔杜邦公司	杜邦
先锋国际良种公司	杜邦
先锋高级育种国际公司	杜邦
纳慕尔杜邦公司	杜邦
e i du pont de nemours and company	杜邦
pioneer hi-bred international, inc.	杜邦
e. i. du pont de nemours & co.	杜邦
du pont canada inc.	杜邦
du pont-mitsui polychemicals co., ltd.	杜邦
ei du pont de nemours and company	杜邦
イー・アイ・デュポン・ドウ・ヌムール・アンド・カンパニー	杜邦

2. 发明人名称的规范

发明人名称的规范化就是对同一发明人在不同数据库中因语言不同、拼写表达方式不同等导致的名称不一致进行的统一化处理。由于发明人一般涉及数量众多，在对大量数据进行处理时，可以对根据需要排名靠前和比较知名的发明人或者研发团队进行规范化处理即可。

3. 分类号的规范

确定是否保留类号和组号之间的空格，例如有的数据库分类号格式为"F41G 7/22"（小类之后带空格），有的为"F41G7/22"（小类之后不带空格），为了后续在统计时不将其识别为两种分类号，则需要按照统一的方式进行规范。

对由于 IPC 版本升级带来的分类号的变更进行处理。

对原始数据源中分类号的输入错误进行清理。例如在某些数据库中，有些分类号中的数字"0"被误写为英文字母"O"。

4. 日期的规范

对于来自不同数据库的数据源中的日期格式进行统一，以便于统计和按时间排序。例如在某个数据库中的日期格式为2018年12月6日；而在另一个数据库中为20181206。

另外，对于有多个优先权的专利来说，部分数据库中其优先权日或者申请日会有多个日期，一般需要处理成仅保留一最早日期的格式。在 Excel 中可以先分列，再通过 MIN 函数对所分的多个列进行运算来得到。

5. 公开号的规范

对于各国家/地区对同一公布级在不同时期所使用的不同的字母代码进行统一化规范处理。例如通过规范公开号，可更方便地统计授权专利量以及实用新型专利量。

第三节　数据标引

数据标引是指根据不同的分析目标，对原始数据中的记录加入相应的标识，从而增加额外的数据项来进行特定分析的过程。通常数据标引是数据处理的最后一步，根据数据不同的分析目的与分析项目，确定用于图表制作与统计分析的规范的数据❶。专利分析中，对专利文献进行数据标引，便于分析者根据分析的主题对标引字段进行直观的统计分析。

按标引字段的不同，标引通常可以分为以下两类：常规标引字段的标引与自定义标引字段的标引。常规标引字段的标引主要涉及年份标引、申请人相关标引、分类号标引以及法律状态标引等；自定义标引字段的标引常见的有重要专利标引和技术功效字段标引等。

一、年份标引

年份标引在数据标引中最为常见，很多数据库导出的数据中有关日期的往往是年月日的格式，例如 20180808 或者 2018/08/08，没有年份的数据。而根据分析的需要，需要从时间的角度以年份进行分析，此时则需要对该日期格式进行标引，例如在 Excel 中，可以采用 LEFT、LEFTB 或者 YEAR 等函数直接进行年份的提取。

其中 LEFT 和 LEFTB 函数适合对常规格式或者文本格式的单元格进行处理，YEAR 函数适合对日期格式的单元格进行年份标引，例如图 6－7 所示的是在 Excel 中使用 YEAR 函数对申请年份进行提取。

E	F	G
申请号	申请日	申请年
CN201480000642.X	2014年3月11日	=YEAR(F2)
CN201410160639.6	2014年4月21日	YEAR(serial_number)
CN201410176041.6	2014年4月28日	
CN201410240071.9	2014年5月30日	
CN201711111388.2	2014年7月16日	
CN201480007286.4	2014年8月8日	
CN201480019813.3	2014年9月24日	
CN201710470977.3	2014年9月30日	
CN201480020547.6	2014年10月20日	

图 6－7　Excel 中使用 YEAR 函数对申请年份进行提取

❶ 毛金生. 专利分析和预警操作实务 [M]. 北京：清华大学出版社，2009.

二、申请人相关标引

1. 申请人类型的标引

申请人类型包括企业申请、研究机构申请、高校申请、个人申请、合作申请等。其中合作申请还包括企业与企业、企业与高校、研究机构与高校等多种合作形式。

某一申请的申请人类型由申请人的属性决定。应当注意的情形是，当某一申请中同时出现母公司和子公司的名称或同时出现两家子公司名称时（不包含其他类型的申请人），应当对申请人类型进行修正，该类申请的申请人应当归类为企业申请而不是合作申请。

如表6-3所示的石墨烯领域的申请人类型节选，其中海洋王照明科技股份有限公司与深圳市海洋王照明技术有限公司是某申请的共同申请人。但是经确认，海洋王照明科技股份有限公司是深圳市海洋王照明技术有限公司的股东，因此其属于子母公司关系，应当归为企业申请而非合作申请❶。

表6-3 石墨烯领域的申请人类型节选

申 请 人	申请人类型
成都新柯力化工科技有限公司	企业申请
南京旭羽睿材料科技有限公司	企业申请
浙江大学	高校申请
林荣铨	个人申请
中国科学院大连化学物理研究所	研究机构申请
天津大学	高校申请
杭州高烯科技有限公司 浙江大学	合作申请
北京石墨烯研究院 北京大学	合作申请
北京师范大学 北京师大科技园科技发展有限责任公司 中国空间技术研究院	合作申请
海洋王照明科技股份有限公司 深圳市海洋王照明技术有限公司	企业申请

2. 申请来源国的标引

每一项或每一件申请的来源国应当是唯一的。每一项或每一件申请的来源国由该申

---

❶ 在专利转移或者许可等情况时，也可以用类似的方法去标引是属于因专利价值产生的外部转移许可，还是出于某些其他原因的内部转移许可。

请第一申请人的国籍确定。

当某一国家/地区的申请人在其他国家/地区进行申请时，即使该申请的优先权号中的国家代码为该申请目的国家/地区，或者是另外的国家/地区，该申请的国籍仍应当由该申请的申请人所属的国籍/区域来决定。例如，对于申请 EP1998389A1 和 JP2003142451A，它们的优先权号或第一项优先权号分别为 EP2007000109357 和 JP2001000335105，但由于它们的申请人均为美国公司 APPLIED MATERIALS INC，因此上述两件申请的申请人国籍应当确定为美国，而不是 EP 或 JP❶。

在一般操作中，从优先权号（没有优先权号的，指申请号）中提取国家代码作为每一项或每一件申请的国籍。对于存在多个优先权号的申请，其国籍由第一项优先权号中的国家代码决定。对于以 WO 开头的优先权号，可将其中的 WO 及随后年份删除，此时，年份后的国家代码即为该申请的国籍代码，例如，对于优先权号 WO2010US0024240，可以手工将 WO2010 删除，保留 US0024240，此时该申请的国籍确定为 US。

对于已经发生重组兼并的公司在重组兼并前申请的专利，需要按照重组兼并后的公司名称进行整理，如果重组兼并后第一申请人国籍发生改变的也应该对该申请所属国籍进行修正。

根据需要，可以将加入了欧洲专利局的欧洲各国申请人的申请所属国籍统一改为欧洲。

三、分类号标引

一篇专利文献可能涉及多个分类体系，每个分类体系下可能涉及多个分类号。根据不同的需要，可能需要对这些分类号进行标引，例如以第一分类号来进行统计分析，此时就需要对相关分类号进行标引。

另外，分类体系本身有层次和等级，例如 IPC 分类体系的部、大类、小类、大组以及小组等，可根据不同的需要来提取❷相关分类号的部分内容作为标引项。

我们在对 IPC 统计分析时，若针对部、大类或者小类，只要所选的等级一样，进行对比分析时一般不会存在什么问题。但是如果在大组或者小组层面，不能准确地把握 IPC 大组和小组的分类位置，而直接对数据进行统计，则往往会得出没有意义的结论。

我们知道，分类员在对专利文献进行分类时会至少给到小组或者大组的分类位置。而 IPC 分类号的大组和小组长度一样，IPC 的小组又向下细分很多点位组，按照分类位置的规则，除了参见和附注指明的优先规则和特殊规则以外，分类员都会按照大组、小组（小组下的一点组、二点组……N 点组）逐级进行分类，直到找到最低等级合适的组。因此，大组以及各点位小组之间往往会存在复杂的层级以及从属关系，在进行统计分析前应当慎重。

例如，拟分析 2017 年授权的与"玻璃"相关的中国实用新型涉及的具体分类号，经过在检索系统中执行检索后，对检索结果做小类的标引，可以统计出小类的排名，如

---

❶ 杨铁军. 专利分析实务手册 [M]. 北京：知识产权出版社，2012.
❷ 在 Excel 中常用到的函数也包括 LEFT、LEFTB 等。

图6-8所示。由于小类之间各自独立，这种统计没有太大问题。

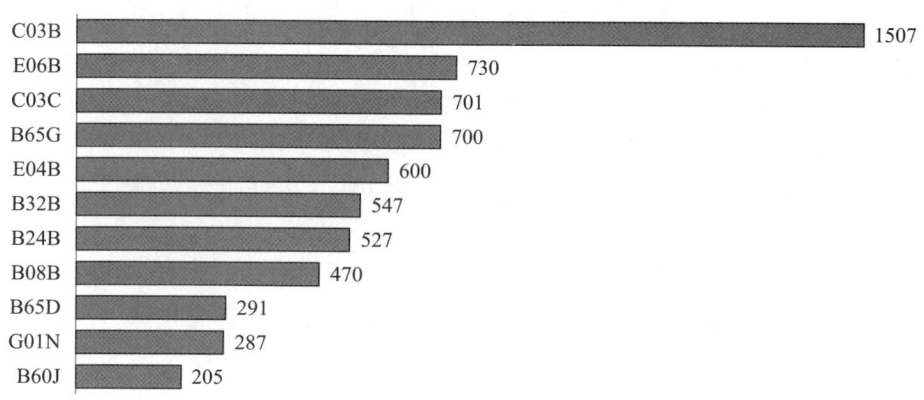

图6-8 "玻璃"检索结果的分类号按小类统计

如果我们通过提取各专利的第一分类号直接进行统计，则会将大组和小组，以及不同级别的小组放在一起对比，如图6-9所示。

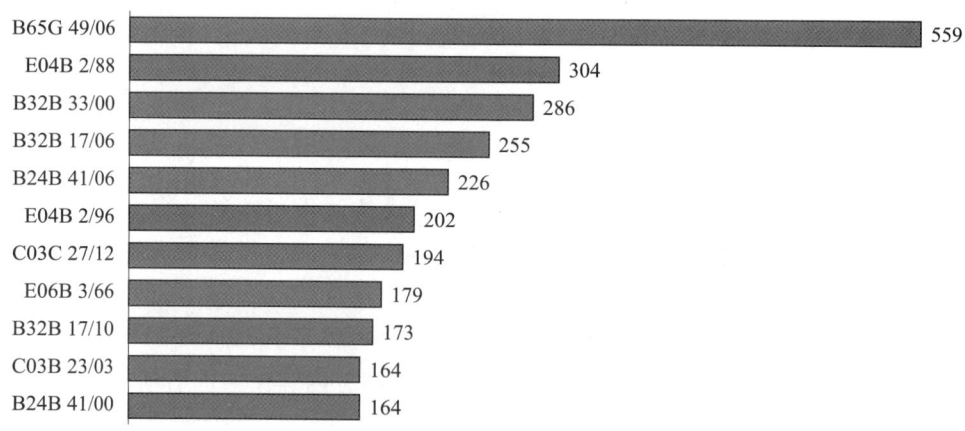

图6-9 "玻璃"检索结果的分类号按组统计

以上对比看似也没任何问题，但是仔细观察会发现，大组 B24B 41/00 与其下属的小组 B24B 41/06 放在了一起进行比较。我们来看分类表中二者的位置：

B24B 41/00　　磨削机床或装置的部件，比如机架，床身，滑板，床头箱的
B24B 41/02　　·机架；床身；滑板
B24B 41/04　　·床头箱；工作主轴；其有关特征
B24B 41/047　　··用于加工平面的磨头〔4〕
B24B 41/053　　···用于磨削或抛光玻璃的〔4〕
B24B 41/06　　·工件支架，如可调中心架（B24B 37/27 优先）〔1, 2012.01〕

B24B 41/06 是一点组，其虽然是工件支架，但是从技术范围看仍从属于 B24B 41/00 所限定的磨削机床或装置的部件，所以这种并列的比较显然是没有意义的。

通过查找分类表还会发现，E04B 2/88 与 E04B 2/96 分别为某一点组和对其进一步

细分的二点组，二者同样是包含与被包含的关系，基于同样的原因，将该二者进行并列比较也没有实质的意义。相关分类表如下所示：

E04B 2/88 · 幕墙
E04B 2/90 · · 包括直接装在建筑物上的墙板〔4〕
E04B 2/92 · · · 夹层型墙板〔4〕
E04B 2/94 · · · 混凝土墙板（E04B 2/92 优先）〔4〕
E04B 2/96 · · 包括过门窗的竖柱或横楹装到建筑物上的墙板〔4〕

四、法律状态标引

商业专利数据库往往对法律状态做了一定的加工，其加工依据一般是来自各国家知识产权局的法律事件（Legal Event）信息，但由于不同的加工规则以及不同的名称定义导致同一专利文献的法律状态被标引得五花八门。

例如，同一件发明专利申请在某检索系统的数据库中法律状态为"审查中"，在另一检索系统数据库中为"公开"；再比如，同一件发明专利申请在某检索系统的数据库中法律状态为"驳回"，但是在另一检索系统数据库中为"失效"。

建议将常规的当前法律状态分为：公开未结、驳回、撤回、有效、失效（可进一步分为未缴年费、专利权到期、放弃同样的发明创造、全部无效），如图6-10所示。不同级且没有从属关系的法律状态不宜放在一起比较，例如用有效专利和驳回专利进行对比所得出的结论就没有太大意义，但是授权专利和驳回专利之间则可以进行对比的比较，授权专利和有效专利之间也可以进行占比的比较。

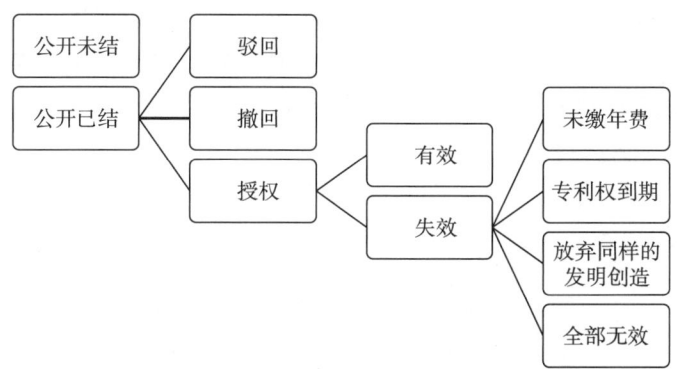

图6-10 各级法律状态示意图

五、技术功效字段标引

随着技术创新过程的日趋复杂、创新周期的不断缩短和市场需求的不稳定性，使得决策管理者获取决策信息的需求向快速、精确和微观层面推进。基于著录项目等常规专利字段的统计分析已经不能完全满足科技管理决策者和技术研发人员对专利分析的应用需求，专利文本内容的潜在利用需求更为突出。专利文献中的文摘、权利要求项、全文等文本信息蕴含了重要的技术细节和技术保护等内容，从这些非结构化文本中抽取潜在信息、揭示技术的细节及其相互关联关系、挖掘暗含的商业趋势、启发工业技术创新、辅助决策制定等,成为当前专利分析领域的研究热点,这就产生了自定义字段的标引。而自定义字段中最为常见的就是技术功效字段的标引。

技术功效的标引是指根据专利文献内容对专利的功能效果、技术手段、发明目的进行归纳整理和分类,通过这种分类,将专利文献划分至技术分解表中的技术分支和功效。这样后面就可以对自己定义的技术细节进行分析,使得专利分析的内容更具体,也更有针对性,从而满足技术层面的需要。

由于技术功效主要取自技术主题和技术方案本身,所以不同的技术主题,其技术功效的标引内容也千变万化。但是技术功效的标引往往又是字段标引中需要投入大量精力的环节,为了提高标引效率,首先应该遵循以下 3 个原则。

1. 统一标引内容

标引是为了生成一个提供分析维度的新的字段,从分析统计角度上来讲,对这个新的字段最基本的要求就是统一内容。例如,该字段涉及 7 个不同的功效,为了在标引前能够确定标引内容,则需要标引人员在标引前对技术待标引的数据集进行泛读并总结归纳,也可以征求技术专家的意见后开始标引。

2. 统一标引规则

很多标引的工作需要团队分工协作完成,此时就要在标引前对标引的标准做一个定义或者给出若干的标引范例,进而保证标引规则的一致。在标引过程中如遇到疑问,应该由团队讨论后决定。

3. 逐条标引

在需要同时标引多个字段时,为提高标引效率,应当对数据进行逐条标引。即泛读或者精读一条专利数据或专利文献后,将该条数据下的所有标引项全部标引完成,而不是在标引一个字段时通读全部专利数据,在标引另一个字段时再次通读全部专利数据,否则会使得标引效率大大降低。

例如,某 RFID 防碰撞技术专利分析在标引前,制作了如表 6-4 所示的技术分支定义表以及表 6-5 的功效定义表。

表 6-4 RFID 防碰撞技术技术分支定义表

一级分支	二级分支	技 术 定 义
标签防碰撞	TDMA	时分多路法(TDMA)是按时间对通信带宽进行分配的一种通信技术
	SDMA	空分多路(SDMA)是将通信资源进行分离,在分离的空间范围内进行多个目标识别的多路接入技术
	FDMA	频分多路(FDMA)是将给定的射频带宽划分为许多小的频带,每个频带分配一个独立的载波频率,那么若干个使用不同载波频率的标签可以同时与读写器分别进行通信

续表

一级分支	二级分支	技　术　定　义
标签防碰撞	CDMA	码分多路（CDMA）是在扩频通信技术的基础上发展起来的一种新的无线通信技术
阅读器防碰撞	调度方法	通过对时隙或者频率资源的分配，避免读写器之间的碰撞
	功率控制方法	多个读写器同时给标签发送信号，以此达到避免读写器之间碰撞的目的

表6-5　RFID防碰撞技术功效定义表

功　效	功效定义
高效率	（略）
高可靠性	（略）
低成本	（略）
降低能耗	（略）
简单易于实现	（略）
高安全性	（略）

在团队分工时也应当避免按照字段分工，而应当按照数据的数量进行分配。

标引方法主要包括人工标引方法和批量标引方法。

人工标引是指在文献量可阅读范围内，通过人工阅读的方法，对技术分支、功效进行标引。一般在Excel中进行，可以采用下拉菜单选择法❶来进行标引，这种标引效率会大幅提高，而且会保证标引的数据规范统一，不会给后期的统计分析带来不必要的影响。由于受到人力、物力、时间等因素的影响，人工标引方法具有一定的适用范围，通常适用于微观分析。

表6-6为RFID防碰撞技术专利技术功效标引的节选。

表6-6　RFID防碰撞技术专利技术功效标引（节选）

申请号	申请日	申请人	…	一级技术分支	二级技术分支	功　效
CN＊＊＊＊＊	…	…	…	标签防碰撞	CDMA	低成本
DE＊＊＊＊＊	…	…	…	标签防碰撞	CDMA	高安全性
US＊＊＊＊＊	…	…	…	标签防碰撞	CDMA	高效率
JP＊＊＊＊＊	…	…	…	标签防碰撞	CDMA	降低能耗
CN＊＊＊＊＊	…	…	…	标签防碰撞	FDMA	高安全性

---

❶　Excel"数据"标题栏中的"数据验证"-"序列"。

续表

申请号	申请日	申请人	…	一级技术分支	二级技术分支	功　效
CN＊＊＊＊＊	…	…	…	标签防碰撞	FDMA	高可靠性
EP＊＊＊＊＊	…	…	…	标签防碰撞	FDMA	高效率
DE＊＊＊＊＊	…	…	…	标签防碰撞	FDMA	简单易于实现
CN＊＊＊＊＊	…	…	…	标签防碰撞	FDMA	降低能耗
US＊＊＊＊＊	…	…	…	标签防碰撞	SDMA	低成本
US＊＊＊＊＊	…	…	…	标签防碰撞	SDMA	高可靠性
CN＊＊＊＊＊	…	…	…	标签防碰撞	SDMA	简单易于实现
US＊＊＊＊＊	…	…	…	标签防碰撞	SDMA	降低能耗
EP＊＊＊＊＊	…	…	…	标签防碰撞	TDMA	低成本
CN＊＊＊＊＊	…	…	…	标签防碰撞	TDMA	高可靠性
CN＊＊＊＊＊	…	…	…	标签防碰撞	TDMA	高效率
JP＊＊＊＊＊	…	…	…	标签防碰撞	TDMA	降低能耗
DE＊＊＊＊＊	…	…	…	阅读器防碰撞	功率控制方法	高安全性
EP＊＊＊＊＊	…	…	…	阅读器防碰撞	功率控制方法	高可靠性
EP＊＊＊＊＊	…	…	…	阅读器防碰撞	功率控制方法	高效率
CN＊＊＊＊＊	…	…	…	阅读器防碰撞	功率控制方法	降低能耗
JP＊＊＊＊＊	…	…	…	阅读器防碰撞	调度方法	低成本
JP＊＊＊＊＊	…	…	…	阅读器防碰撞	调度方法	高安全性
US＊＊＊＊＊	…	…	…	阅读器防碰撞	调度方法	高效率
EP＊＊＊＊＊	…	…	…	阅读器防碰撞	调度方法	简单易于实现
JP＊＊＊＊＊	…	…	…	阅读器防碰撞	调度方法	降低能耗

批量标引主要适用于大文献量的标引。批量标引的过程有时是在检索过程中一并完成的，例如在针对一级技术分支的检索过程中即完成了对一级技术分类的标引。而在对二级或三级技术分支进行批量标引时，通常采用在一级技术分支的总体文献量范围内通过关键词与分类号进行二次检索。

多数情况下，技术功效是按照前期确定下来的技术分支和功效表进行标引，但也存在特殊情况。如果发现存在一定量的专利文献在技术分支和功效表中没有对应的归类位置，这说明之前的技术分解表是不完备的，还需要加以修正，而不能勉强把这些文献归入某类不合适的范围。此时可以考虑在技术分解表中引入新的技术分支，将这些之前不能够合适标引的专利数据利用新的技术分支进行标引。

标引过程中还会面临这样的问题——一篇文献涉及多个技术分支，对于这样的文献，通常的做法是将其所属的多个技术分支都标引出来，以保证其标引的全面性和客观性。在后续关于其技术分支的统计中，都要统计进来。

可视化篇

随着专利分析工作的不断发展，动辄数百页的专利分析报告屡见不鲜，而在专利分析报告中，图表是一项非常重要的组成部分。俗话说，"一图胜千言"，专利分析图表的设计越来越受到专利信息分析人员的重视。以前绘制专利分析图表的过程常被称作"图表制作"，随着对这项工作重视程度的加强，更多的时候已被称为"专利分析可视化"。但众多专利工作者是否真正理解专利分析可视化的精髓，还需要打上一个问号。

实际上，如果专利分析师将统计好的数据和已知的结论，不加太多思考地按照一定规范将其绘制成图，那么这项工作注定没有太高的价值。相反，如果精通专利地图的设计方法，了解数据透视的基本理论，则能够设计多种综合图表展示结论，还能够在分析过程中利用各类工具构建多维交互的图表以挖掘情报。

专利分析师若能将大量可视化的技巧内化为一种思维模式，能够基于不同的需求，选择合适的展示方式，绘制便于解读的数据图表，梳理信息以挖掘情报，能够重现分析逻辑并方便交流，那么可视化就能成为专利分析师发现、思考和解决问题的重要工具。

本篇不仅介绍绘制图表的方法，更希望将实践中积累的可视化思维、原理和工具等经验与读者分享。

第七章　专利分析可视化思维

专利分析可视化是专利分析中的重要环节，在情报挖掘和情报展示中占有重要地位。专利分析可视化不是简单的图表制作，而是展示整个分析的思维过程和分析结果的技巧的统称。因此，要掌握专利分析可视化，首先要掌握其思维方式。本章首先阐述专利分析可视化的3个层次和可视化的思维角度，接着分别从数据思维、逻辑思维、方法思维和交流思维4个层面阐述如何卓有成效地开展专利分析可视化工作。

第一节　专利分析可视化思维概述

不能仅仅将专利分析可视化简单地理解为利用专利数据进行图表制作，或者理解为如何把图做得美观。应当更为全面地理解专利分析可视化的丰富内涵，其核心是可视化的思维逻辑，这种思维逻辑主要是为了解决一个核心问题：专利分析可视化的根本目的是什么？

有时花费了大量时间和精力绘制图表，力求美观和复杂，但最后报告的最终阅读人员却并不买账，根本原因在于制作这些图表的人没有理解可视化的关键，即通过什么样的可视化能够呈现出想要表达的内容和观点。

一、可视化的3个层次

百度百科中"可视化"的定义是：利用计算机图形学和图像处理技术，将数据转换成图形或图像在屏幕上显示出来，再进行交互处理的理论、方法和技术。❶ 这个定义实际上表述了将数据转换为图形这样的概念。但在专利分析中，可视化仅仅是将数据变为图表吗？我们认为，数据可视化仅仅是可视化的一个组成部分或者其中一个步骤，而信息可视化和思维可视化才是体现专利分析结论的关键，数据可视化、信息可视化和思维可视化的关系如图7-1所示。

将数据转换为图表是专利分析可视化的基础环节。在做专利分析的过程中，先接触到的就是专利数据，需要将这些数据变为更易于观察和理解的可视化图表，进而更好地开展分析。但如果思维角度停留在这一层，只开展一些数据分析工作，通过一些简单的加工和处理获得可视化图表，则往往不能达到目的，无法准确地挖掘和传递更深层次的信息。

---

❶ https://baike.baidu.com/item/%E5%8F%AF%E8%A7%86%E5%8C%96/1252349?fr=aladdin.

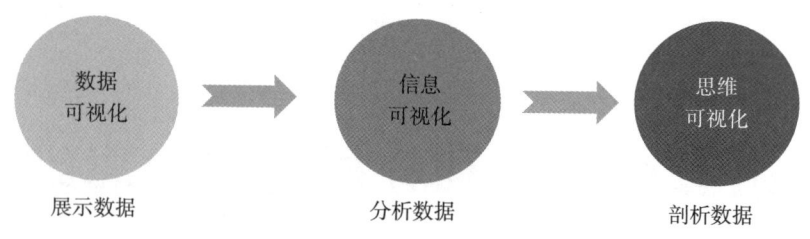

图 7-1 可视化的 3 个层次

比数据可视化更深一层的是信息的可视化，即通过图表的形式展示想要展示的信息。具体而言就是分析师要对获得的数据进行加工和整理，从这个数据里面获得更深层次的信息，并通过图表体现出来。

在展示信息的层次之上，还有思维的可视化，或者说情报的可视化。数据是最浅层也是最客观的要素，而基于数据提炼出的信息则是分析价值的第一层体现，进一步将大量信息进行深度加工和整合，并结合专利分析师或分析团队综合分析得出的情报才是整个专利分析的最终价值体现。这个最终价值如何从专利分析师的思维角度和阅读报告人的角度进行呈现，让这种价值能够尽可能全面地展示和得到读者的信任，就只有依赖于思维的可视化，就是把数据到信息最后到情报的思维过程展示出来。

上面这 3 个阶段实际上也围绕着专利数据，但对数据的处理深度是层层递进的。数据可视化的核心是展示数据，信息可视化的核心是分析数据，思维可视化则是剖析数据。理解了上述 3 个层次的可视化，就理解了专利分析可视化的关键。

二、可视化的思维角度

理解可视化的第二个方面是理解可视化的思维角度。任何一个可视化图表的产生，都将经历 4 个角度的思维过程：数据、逻辑、方法和交流，如图 7-2 所示。

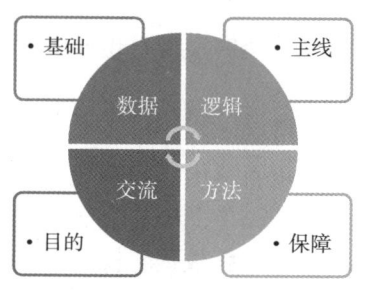

为了更好地理解这 4 个角度，我们用一个日常生活的例子来做比喻：假如说你要在家宴请宾客，那么首先想到的是要去菜场转一圈，把所需的菜全部买回家，这是宴请宾客的基础。同样，收集数据就是开展专利分析可视化的基础。

图 7-2 可视化的思维角度

那么接下来要考虑今天晚上做菜的主题是什么。这时你会根据宴请对象的口味偏好，确定晚宴菜品的主题。同样我们撰写专利分析报告，也有一个主题或者说叫逻辑主线，即分析的目标是什么，最终要解决什么问题。

当你决定要做哪几样菜的时候，就要有具体的菜谱，必须清楚地知道先放什么调料，后放什么食材。同样，方法是专利分析可视化的重要保障，如果不懂专利分析的方法，再好的作图方法最终也无法解决实际所要解决的问题。

最后，要时刻清醒地认识到做菜的根本目的不是要自己喜欢就行，而是要客人们喜欢。专利分析师开展可视化工作，也要时刻思考，客户能不能理解每个图表，有没有获得他需要的情报，有没有触到他的"痛处"，挠到他的"痒处"。也就是说，能够达到与客户的高效交流,得到客户的认可才是专利分析可视化的最终目的。

总而言之,专利分析可视化要以数据作为基础,以逻辑为主线,以方法为保障,以交流为目的。

第二节 专利分析可视化的数据思维

数据思维是专利分析可视化思维的基础。第一是要保证数据的正确展示,这里既包括了确保数据的准确,还包括了采用合适的可视化图表展示数据,避免展示过程导致读者的错误理解。第二是要保证数据与情报的对应性,即数据要与图表最后所表达的情报信息对应,数据能够支撑信息和情报的输出。第三是要保证数据的全面性,尽可能通过更多的数据角度支撑最终的结论,以保证结论的正确性。第四是要尽可能通过专利分析可视化表达出数据解读成情报的逻辑过程。

一、数据的正确展示

同样一组数据可以用不同的图表表达,例如一组申请人的申请量的统计数据,可以画出柱状图、条形图、饼图等多种不同的图表,而选择哪个图表则是根据你要展示和表达的内容决定的,如果你选择的图表不适合表达你要展示的内容,那么这个可视化就是失败的。

如图7-3所示,通过树状图的形式展示技术来源国和目标国。通过该图我们可以获取一些信息,例如:日本是最大的技术来源国,也是最大的技术输出目标国。但这个可视化形式对于表达专利技术的输入输出情况却并不是最合适的,在这个图中没有办法解答如下问题:技术来源国是中国的专利都在哪些目标国进行了布局?因为它左右的树形图是独立的,没有展示出每个技术来源国与每个目标国之间的关系。

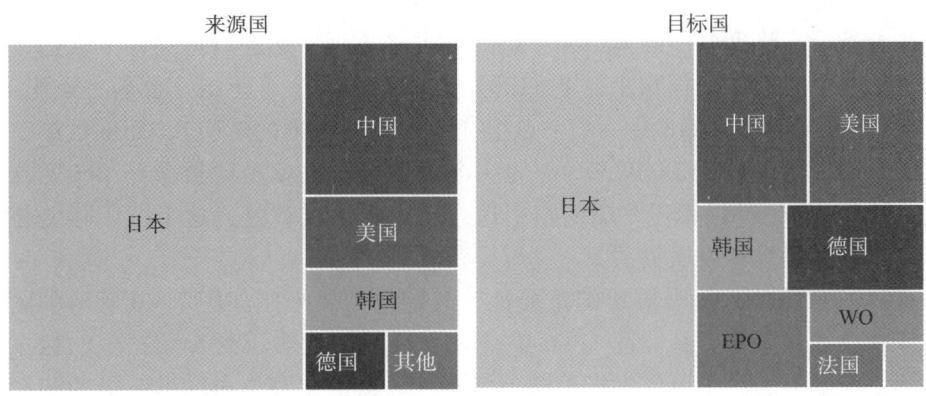

图7-3 技术来源国与技术目标国树状图[1]

---

[1] 马天旗. 专利分析:方法、图表解读与情报挖掘[M]. 北京:知识产权出版社,2015:33-36.

但是如果我们采用如图7-4所示的矩阵气泡图，技术来源国与技术目标国之间的关系就一目了然了。通过这个图，我们很容易给客户传达这样的信息：我们国家"走出去"的专利很少，大部分只在中国申请；相反，瑞典籍的申请人在各大专利局的申请较为均匀。

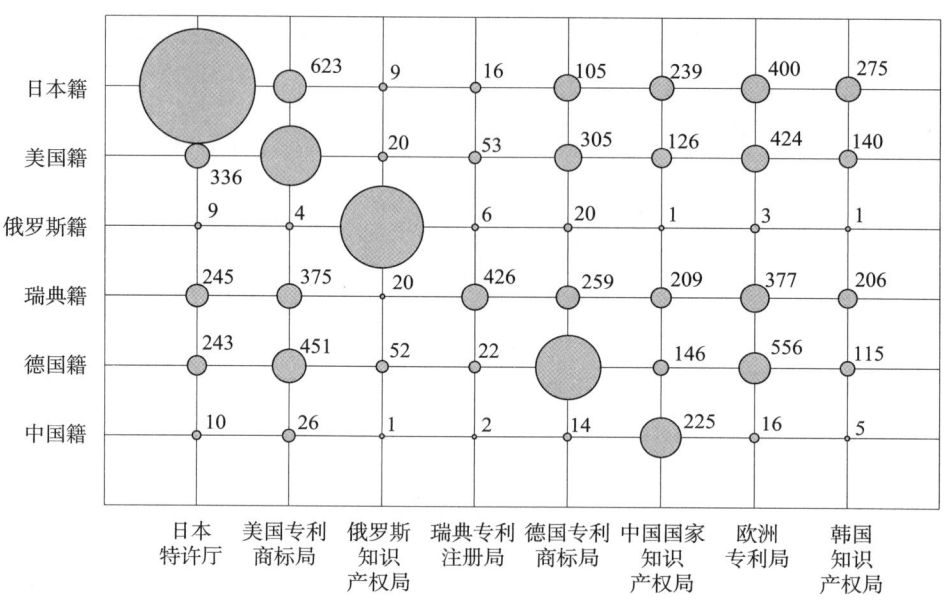

图7-4 技术来源国与技术目标国矩阵气泡图 ❶

注：图中数字表示专利申请量，单位为件。

图7-5所示是一种常见的IPC分类号统计排序方法，它是将IPC小组统计出来的申请量直接进行条形图排名的可视化。但这种可视化是否准确表达了我们想要表达的信息呢？是否有可能带来一些错误的结论？在这个图中，每一个不同的颜色都代表不同大组和小组的分类号，将这些不同大组和小组的分类号放到一起进行排序并不合适，至少其技术层级不完全在同一个层次上。我们都知道即使在同一个小组，也是有点组层级的，例如排名首位的B60W30/18是一个一点组（其含义是车辆的牵引），而倒数第三个分类号B60W30/182是隶属于B60W30/18的一个二点组，也就是说被分到B60W30/182的457件专利实质上也都是属于车辆的牵引这个技术的。也就是说这个图实际上并没有很好地表达出这种层级和隶属关系。

如果我们意识到分类号层级的重要性，我们就需要采用如图7-6所示的图例，该图能够反映层级和隶属关系。图7-6中最大一级的圆代表了整个数据包的数据量，通过对比第二级圆形的大小可以看出不同大组专利数量的多寡，再向下一级的圆形则是大组下一点组的数量，以此类推。通过这样的可视化反映出的IPC分类号统计才是对分类数据的正确展示。

---

❶ 马天旗. 专利分析：方法、图表解读与情报挖掘 [M]. 北京：知识产权出版社，2015：33-36.

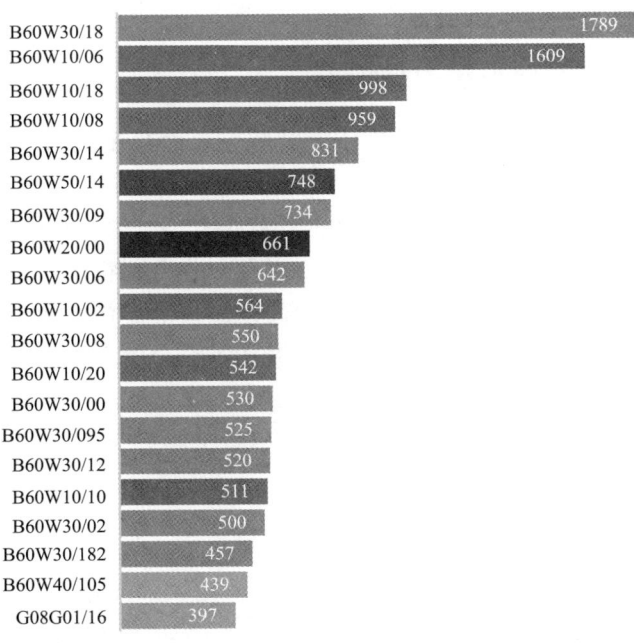

图 7-5 IPC 分类号申请量排序

注：图中数字表示申请量，单位为件。

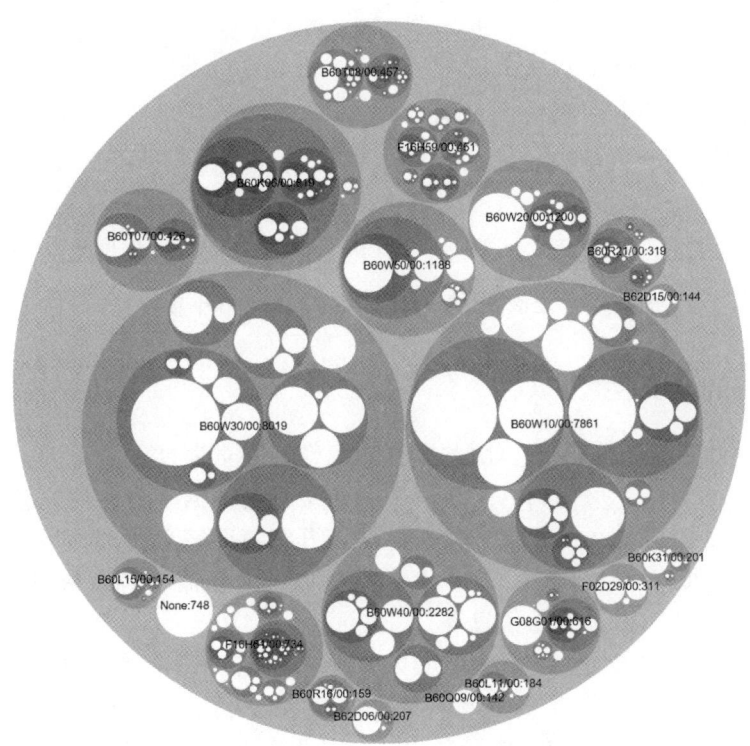

图 7-6 IPC 分类号申请量比较❶

---

❶ 分析方法及图片来自索意互动信息技术有限公司的 Patentics 专利检索分析系统。

二、从数据中有针对性地挖掘情报

做专利分析不能仅仅从数字层面统计专利数据,而是要从数据中挖掘出技术、产业、竞争层面的情报。

图 7-7 是治疗阿尔茨海默病药品专利的聚类分析,通过聚类可以发现针对 Amyloid 和 Tau 的两种类型的专利集群是明显独立的,但有一些专利将这些集群连接起来。从聚类图中可以看到,淀粉样肽与 Tau 蛋白组之间仅存在 3 个连接,而当研究人员详细研究这些连接时,每个连接都可以归结为一个具有潜在影响力的专利。这些专利很重要,因为它们意味着治疗方案涵盖一个或多个治疗途径[1]。若不是采用这种聚类的方式对专利数据进行观察,是很难发现这些情报的。

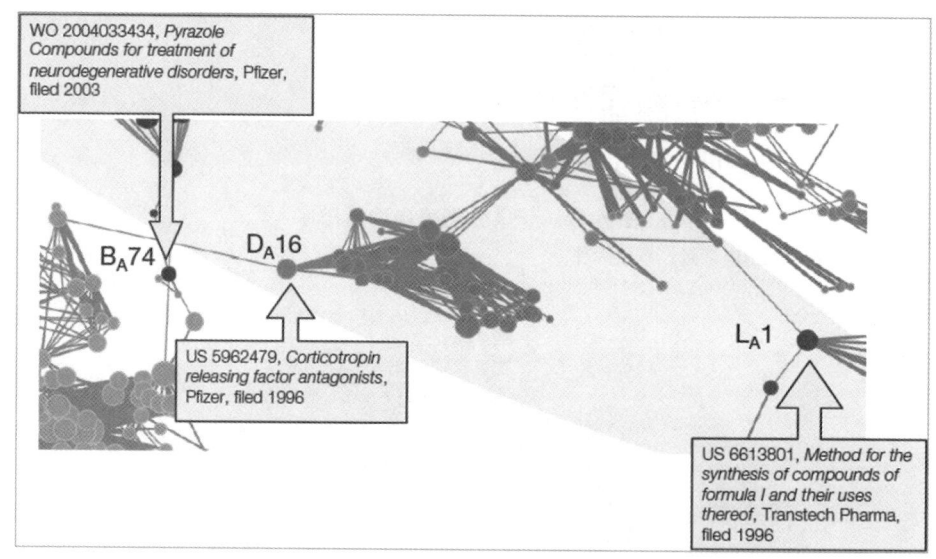

图 7-7 连接 Amyloid 和 Tau 专利群的 3 个重要专利

三、数据的全面性

数据是专利分析情报的来源,因此数据的完整性和全面性至关重要。这里所指的完整性和全面性,包含两个层面的含义:一个层面是专利数据本身需要完整和全面,否则获得的信息就是不准确的,甚至导致分析结论与真实情况完全背离;另一个层面的全面性,是指在一个好的专利分析中,除了专利数据以外,还需要利用好其他类型的数据,例如政策数据、市场数据、产品信息等。

图 7-8 是石化领域企业财务和专利实力分析气泡图,不同的气泡代表不同的企业,气泡大小代表该企业的专利数量,横坐标代表企业技术综合指标(亦称愿景轴),纵坐标代表企业财务指标(亦称资源轴)。愿景轴中结合了 3 个因素:专利组合的规模、专利涉及

---

[1] 互联网报告. Clearing the fog: Patenting trends for the treatment of Alzheimer's disease [EB/OL]. www.ambercite.com.

的分类号的数量以及引证专利数量。资源轴也结合了 3 个因素：企业的总收入、诉讼数量以及子公司分布的国家和地区数量。虽然气泡图只有横轴、纵轴和气泡大小这 3 个维度，但该图实际上融合了 7 个指标。数据的全面性使得该图表达出的信息更为客观可信。

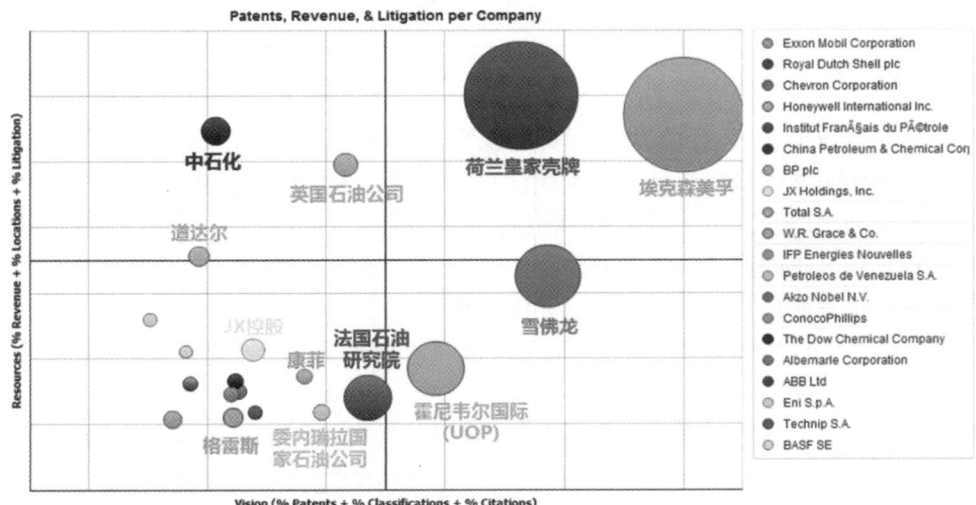

图 7 - 8　石化领域企业财务和专利实力分析气泡图❶

图 7 - 9 是对有机发光二极管（OLED）主要专利申请人专利运用策略的分析❷。在获得专利权后，申请人最直接的目标是运用专利权获取更大的市场份额，从而体现专利的价值。专利合作和诉讼是运用专利策略的两个主要方式，专利合作又包括专利引进、交叉许可和合作生产。

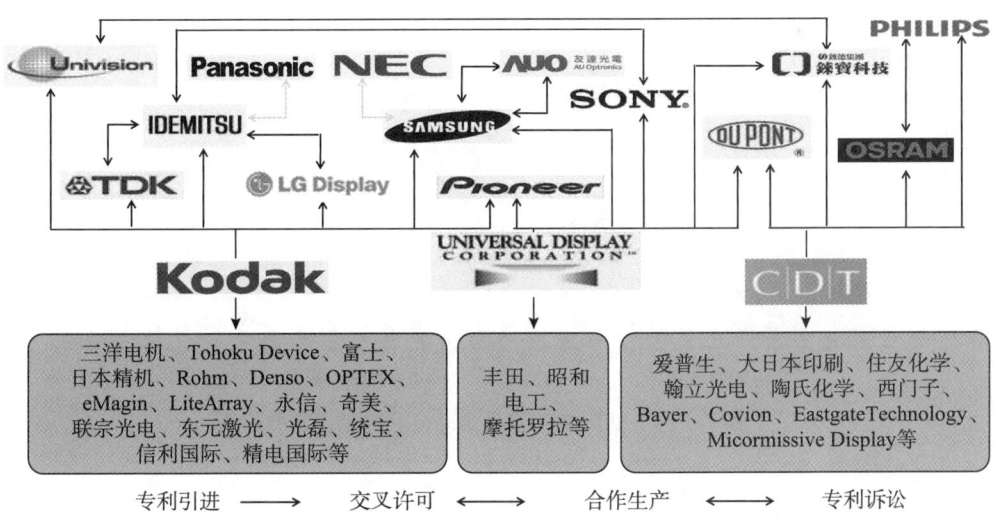

图 7 - 9　对 OLED 主要专利申请人专利运用策略的分析

---

❶ 马天旗. 专利分析：方法、图表解读与情报挖掘 [M]. 北京：知识产权出版社，2015：59 - 60.
❷ 杨铁军. 产业专利分析报告（第 4 册）：有机发光二极管 [M]. 北京：知识产权出版社，2012：168.

在有机发光二极管领域,主要专利申请人之间存在复杂的专利合作和诉讼关系,将这些信息全部整合到一张图中,可以充分了解该行业专利竞争合作的全貌。它能够为处于激烈竞争中的企业,特别是新进入行业的企业,在研发过程中避免可能来自其他竞争对手的诉讼,以及通过合作提升行业竞争力提供全面的信息。

四、数据的解读过程

对于专利分析师而言,可视化的目的不仅仅是最终呈现结果,更是在专利分析的过程中挖掘数据中蕴含的情报。能够带着解读数据的思维来开展可视化工作,是专利分析师必须要具备的思维能力。通常,仅仅通过观察一些简单的统计图表就能够获得的信息,往往不具备真正的商业价值,而对企业竞争至关重要的情报,往往需要在专利分析可视化的过程中不断地挖掘和深入解读才能获得。

下面以图 7-10 的切削加工刀具全球专利申请趋势为例介绍如何挖掘和深入解读数据。

找出数据拐点,将数据趋势曲线分段。切削加工刀具领域的全球专利申请趋势可分为 4 个阶段:缓慢发展期(1953~1968 年)、第一快速发展期(1969~1990 年)、调整期(1991~1993 年)、第二快速发展期(1994 年至今)。

仅从图 7-10 分析获得信息是远远不够的,进一步结合图 7-11 展示的刀具重要技术分支的技术图谱,在图谱中标明 4 个发展阶段涉及的技术,能够将时间和技术两个要素相互关联,解释 4 个阶段专利数量与技术发展之间的对应关系。

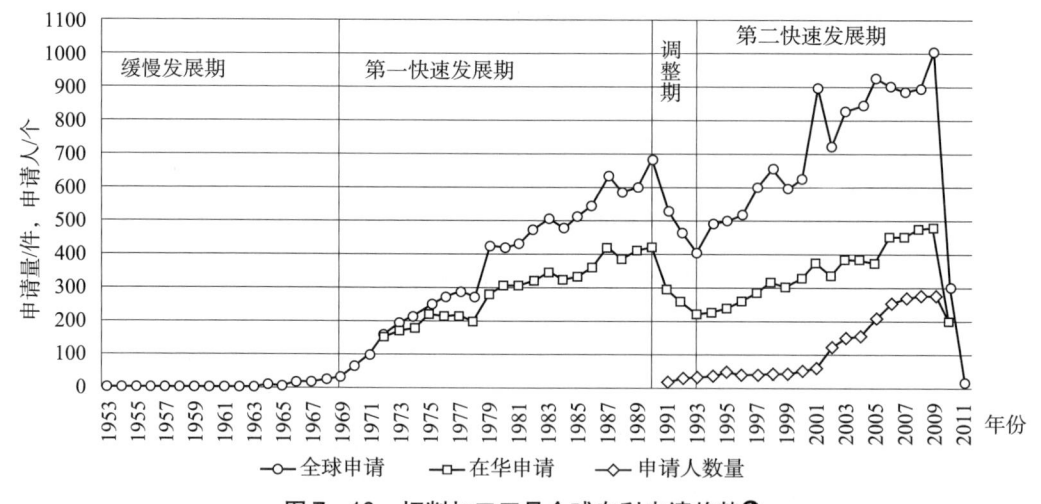

图 7-10 切削加工刀具全球专利申请趋势❶

---

❶ 改编自杨铁军. 产业专利分析报告(第 3 册):切削加工刀具 [M]. 北京:知识产权出版社,2012:37-40.

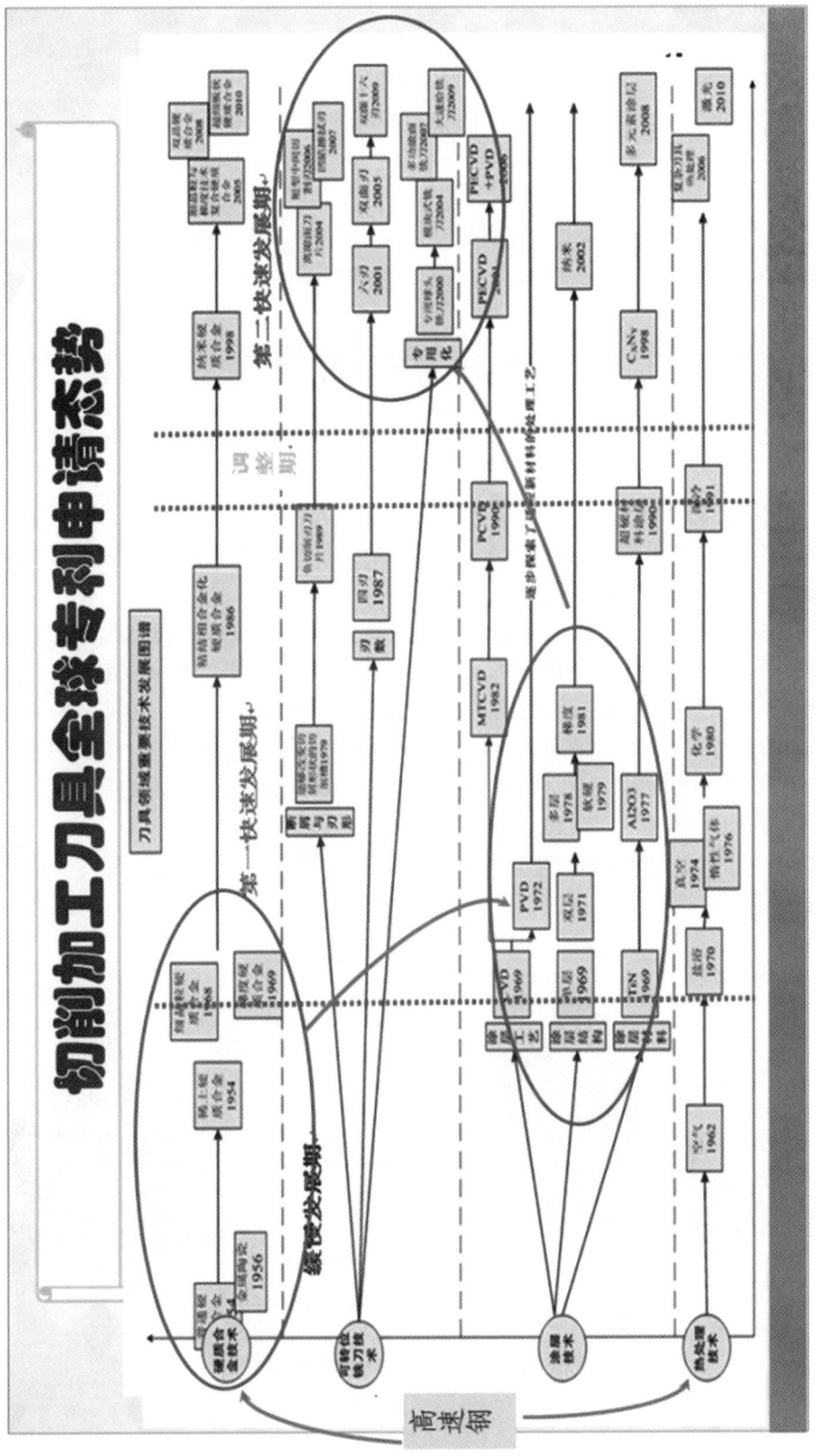

图7-11　刀具重要技术分支的技术图谱

结合图 7-11 补充的数据信息，可以分析出拐点出现的原因：

缓慢发展期步入第一快速发展期主要得益于 20 世纪 60 年代末出现了可转位铣刀技术，并且涂层技术、硬质合金材料技术和陶瓷材料的发展十分迅速。

第一快速发展期转变为调整期主要由于苏联解体，其经济和科技遭到重创，失去了在刀具技术上的主导地位，专利申请量从每年 300 件下降到了每年 50 件以下，间接影响了全球专利申请的总体趋势。

调整期进入第二快速发展期主要由于计算机技术的普及，刀具的设计进入一个新的发展阶段，各种复杂曲线的刃形设计能够得以实现，各种刀具的新技术也不断涌现。

第三节　专利分析可视化的逻辑思维

一、直线逻辑

专利分析可视化的直线逻辑是其他逻辑思维的基础，其核心是要在可视化图表制作的过程中，充分考虑读者阅读图表时的直接逻辑推断，保证读者在阅读相应图表时所理解的信息与作者想要表达的内容相一致。

例如读者在看到柱状图时，依照直接的逻辑推断，会认为柱状的高低代表了数值的大小，从而对各个元素数据的大小比例产生误判。因此，为了更好地对比同一组数据，应该选用零基线为起始线，这是直线逻辑思维最典型的一种应用。与此类似的有：条形图通常用于排名的比较，条形的排列应当从上至下由最大值排到最小值；饼状图用于观察各部分在总体中所占的比例，因此总体中的全部数据均应该在一个饼图中体现，而不应该截取一部分进行展示。

图 7-12 对比了某领域国内申请与国外来华申请的趋势，由于两个图表 Y 轴（纵轴）的刻度没有统一，会导致读者误以为国外来华申请数量已经超过了国内申请量。

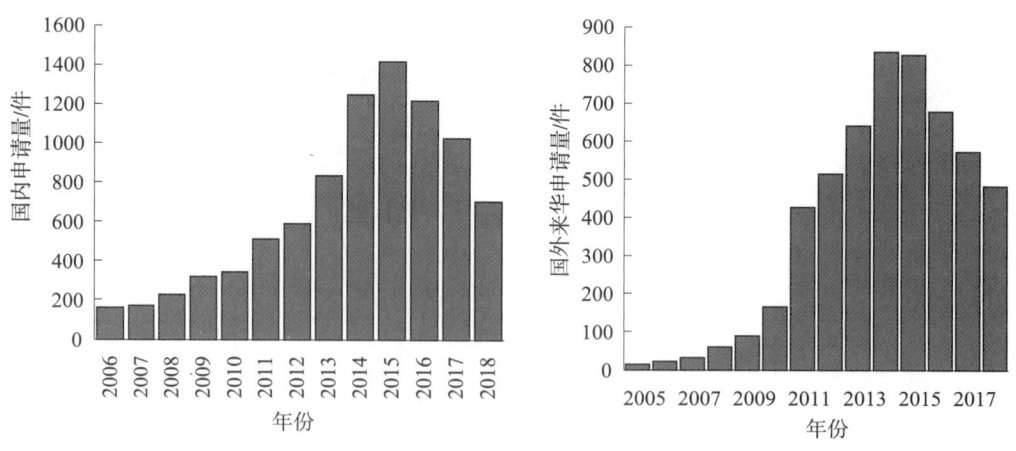

图 7-12　某领域国内申请与国外来华申请趋势对比

二、辅助逻辑

辅助逻辑是在可视化图表制作的过程中,能够紧密围绕分析需求的重要逻辑思维,其核心在于通过可视化图表中元素的设置辅助说明作者要表达的内容。

图7-13是伺服点焊钳小型轻量化技术的需求-技术手段分析的可视化图。机器人伺服点焊钳小型轻量化采用的技术手段主要分为元件省略、元件替换、元件位置改变和元件改进4大类型。在进行可视化制作的时候,可在图中设置多个描述这4种类型改进的示意图,既可以辅助读者理解这4种技术手段,也佐证了4种手段的可行性,相比单纯采用文字定义来描述4种类型的技术手段更为具体和直观。

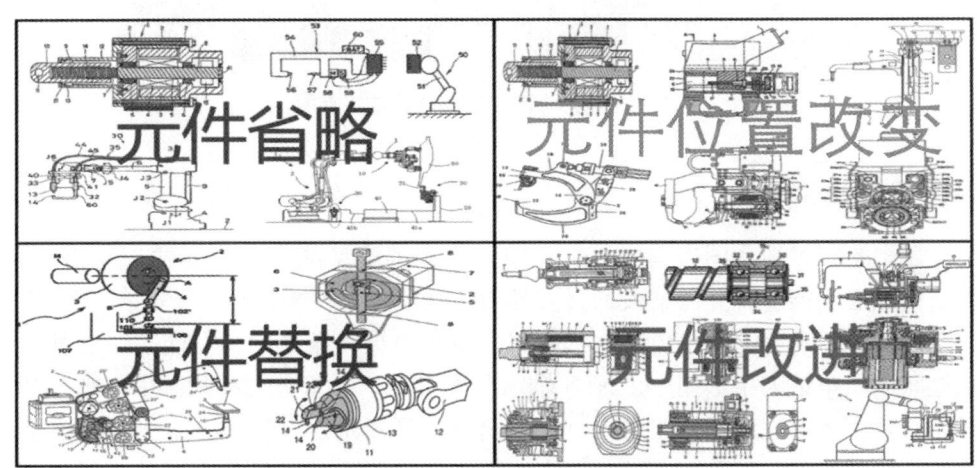

图7-13 伺服点焊钳小型轻量化技术的需求-技术手段分析❶

三、周延逻辑

周延逻辑是在可视化图表的制作以及解读的过程中,保证通过图表所展示的内容推断得出结论的过程是有效的和可靠的。缺乏周延逻辑思维,可能会导致分析内容无法支撑分析结论,甚至自相矛盾。

在专利分析中,经常使用技术功效矩阵来判断技术热点和空白点。在个别分析报告中能够看到类似于这样的分析结论:"专利空白的地方是蓝海,建议在这里布局专利,专利多的地方是红海,这个地方的竞争非常激烈,不建议在这里布局专利。"然而,这样的结论并非"放之四海而皆准",需要结合技术、市场等多个维度的辅助信息才能够作出判断。

图7-14所示的发动机改进技术功效矩阵图,直接套用类似上面的分析结论就是不周延的。一方面,该功效矩阵的总体数据量小,专利布局最多的位置也仅有几件专利,数据之间的可比性差;另一方面,技术研发的空白和热点也并不是仅仅专利布局的数量能够代表的。

---

❶ 改编自杨铁军. 产业专利分析报告(第19册):工业机器人 [M]. 北京:知识产权出版社,2014:129-149.

功效\技术	改善可用空间	改善振动	提升进排气与引擎效率	提升冷却与散热效率	操作维修容易	降低重量与成本
修改化油器	1		4		1	
修改进气系统	2		7	1	1	
修改排气系统	2		3	3		
修改空气滤清器	2		3		1	
修改引擎悬吊	2	3	1			1
修改散热器	2			1		
修改油箱	1				2	
修改传动轴	1					
修改水冷系统				1		
修改引擎设计	1		2			1

图 7-14　发动机改进技术功效矩阵图

四、组合逻辑

组合逻辑是在可视化图表制作的过程中，将多种类型或多个维度的信息组合起来，使得多组信息之间能够相互印证或通过差异对比产生新的情报信息。

如图 7-15 所示，左侧是轮毂电机领域的重要申请人条形图，右侧是一级技术分支申请量柱状图。申请人条形图中"NTN 轴承"被高亮，技术分支柱状图中每个柱的一部分被高亮，两个图构建起的图表组合，反映出申请量领先的 NTN 轴承相比其他企业更加重视传动结构的布局。可见，单独从两个图表中能够读出的信息是有限的，但将两个图表构成一个交互的图表组合，就能从中解读出远多于两个图独自存在时的信息。

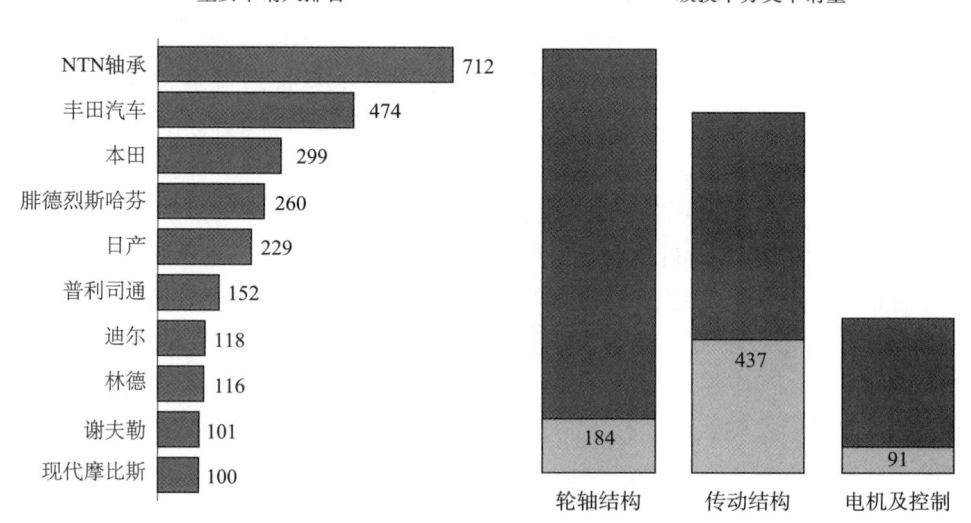

图 7-15　交互筛选获取信息

注：图中数字为专利申请量，单位为件。

第四节　专利分析可视化的方法思维

一、比较法

比较法是专利分析可视化最基本的方法。无论是从时间、地域、主体和技术的哪一个维度开展分析，通常都会使用比较法。例如：比较不同时间段专利申请的数量以判断相关领域技术发展所处的阶段；比较不同区域、主体的专利指标，区分不同区域和主体的专利布局差异；比较不同技术分支的专利情况，以判断重点技术和热点技术等，都是比较法的应用。相应地，在使用图表对上述分析进行可视化时，多数图表也是通过比较传递信息。

图 7-16 是根据芳砜纶领域在中国公开的 58 件专利申请权利要求保护的主题绘制而成的[1]。将权利要求保护的主体分为上游、中游、下游产业链，并将产业链上的重点技术分支绘制在一个虚拟地图上。图中填充颜色的部分表示有专利申请文件要求对相应的技术主题进行保护，蓝色表示国内申请人在该处布局，红色表示国外申请人在华布局，紫色表示国内申请人和国外申请人均在该技术主题布局，从不同技术主题的颜色（此处无法体现）和深浅可直观地对比国内申请人与国外来华的专利布局差异。

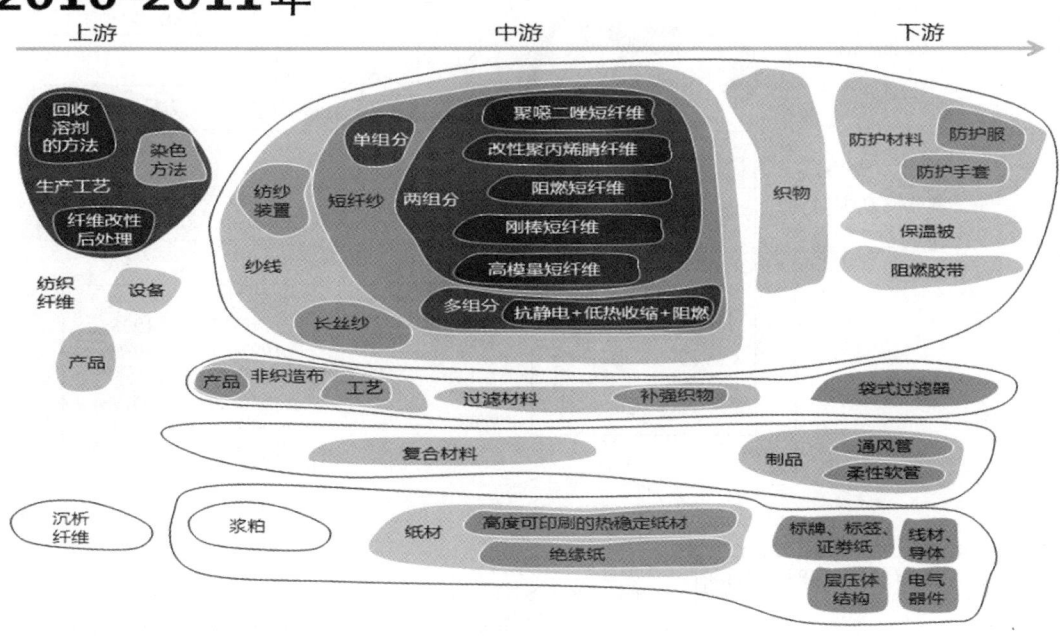

图 7-16　芳砜纶在华保护状况

---

[1] 杨铁军. 产业专利分析报告（第 14 册）：高性能纤维 [M]. 北京：知识产权出版社，2013：15.

二、归纳法

在进行专利分析可视化的时候，需要兼顾信息展示的全面性和信息传递的效率，但如果一个图表中的内容太少，就会丢失大量信息，而图表中的内容太多，读者就难以快速理解作者想要表达的信息，因此需要做好平衡。利用归纳法可以将复杂的信息简化，保留主要信息，略去次要信息，保证信息传递的效率。

图7-17详细展示了三菱材料公司与合作申请伙伴的合作关系，该图体现的信息十分全面，包括与合作申请伙伴的申请人名称、合作申请量、合作申请的年份和涉及的技术分支。但通过该图并没有凸显出三菱材料合作研发的核心战略。

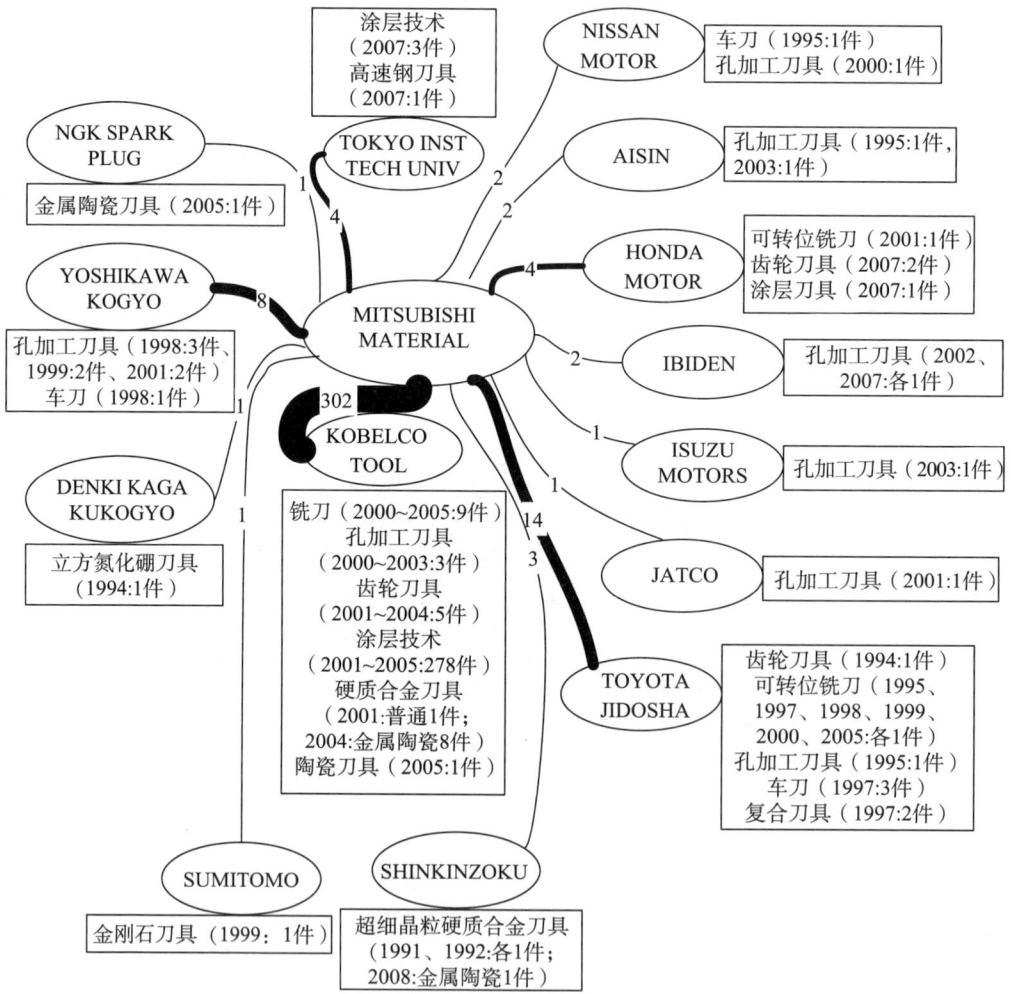

图7-17 三菱材料与合作申请伙伴的合作关系

（图中如2005：1件，表示2005年申请量为1件）

图7-18则是对三菱材料合作研发核心战略的归纳。三菱材料根据合作对象的研发重点不同，专利技术合作的领域也会有所差异，例如：三菱材料与下游企业（汽车、航空航天、电子产品行业）的研发合作就侧重于刀具的具体应用；与上游企业（原材料行业）的合作偏重于刀具的材料；而与大学、研究机构的合作，则侧重于前沿理论的探索，这种基础理论的突破会在不久的将来应用于实际，引领刀具行业的发展方向；至于同行企业，它们之间的合作偏向于刀具领域的通用型问题，这种取长补短式的合作模式更有利于吸取同行企业的技术特长，帮助企业研发人员更好地拓展思维及调整研发方向。采用这种经过归纳的可视化图表，直观反映出三菱材料的合作研发策略，相比前一个图更有利于国内企业学习和借鉴。

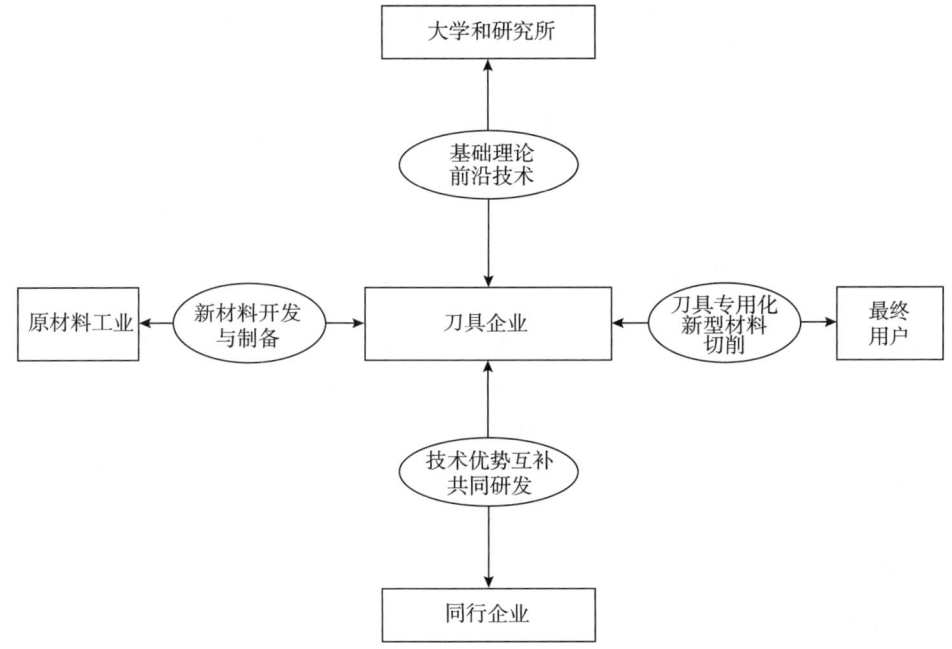

图7-18 三菱材料公司合作申请归纳

三、剖析法

前面的归纳法是对大量信息的归纳简化，而剖析法则是对一些细微的环节进行深入分析，最终获得在产业中具有较强实际应用价值的信息情报。

图7-19是三菱材料围绕山特维克核心专利布局的示意图。山特维克早在20世纪90年代初就完成了刀具双层涂层的技术研发，并申请了核心专利对其技术进行保护。由于该项技术除了专利披露的内容以外，还有诸多未公开的技术秘密，因此仅仅通过这一项专利很难全面了解这项技术。经过前期分析，获知三菱材料公司为了开发出技术效果类似，并且能够规避山特维克专利壁垒的技术，从多个角度对该项技术开展规避设计，围绕山特维克的核心专利布局了大量专利。

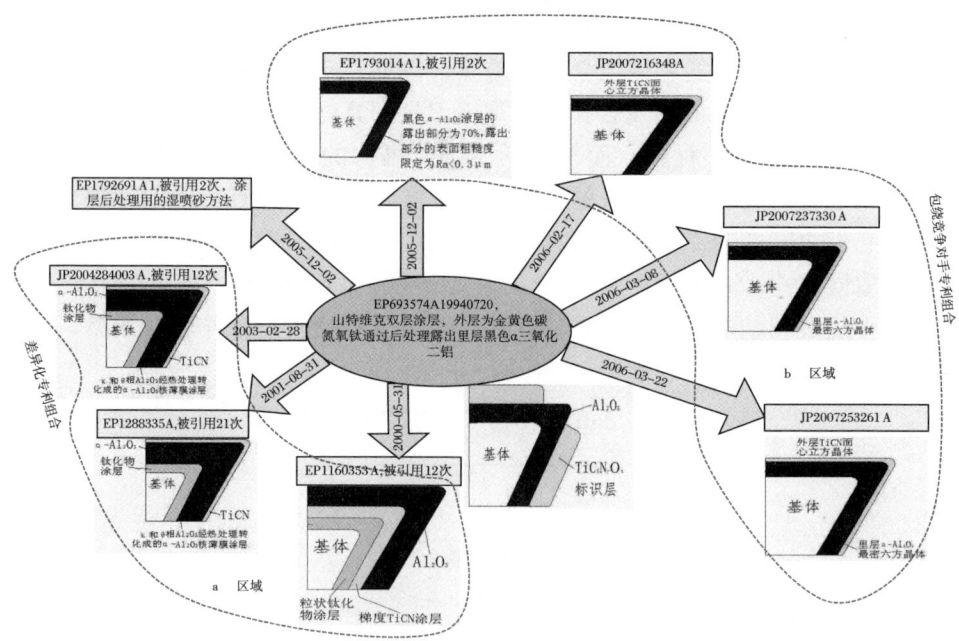

图7-19 三菱材料围绕山特维克核心专利的布局

按照时间顺序,深度分析三菱材料围绕山特维克布局的专利,可以总结出三菱材料历经6年时间针对山特维克核心技术,开展规避设计的思路和方法。如图7-20所示,三菱材料从产品结构和加工方法两个维度开展规避设计,在加工方法上通过挖掘空白点布局了一件专利,在产品结构上分别采用了技术方案差异化和技术方案优化的思路挖掘和布局了多件专利。该图清晰表达了山特维克核心专利挖掘的思路,可为国内企业开展相应技术的研发起到重要的借鉴作用。

四、模型法

在专利分析中的每一个待研究的问题都十分复杂,涉及众多因素,通常需要忽略次要因素,通过套用相应的模型解决相应类型的问题。

表7-1展示了山特维克与三菱材料的多项专利指标,可以看出在不同指标上双方各有优劣,因而难以判断双方谁在该领域的研发更具有优势,此时就可以引入一些分析模型对双方进行评价。

表7-1 山特维克与三菱材料的专利指标

公司	国籍	总申请量(件)	五局申请量(件)	被引用5次以上专利件数	平均被引次数	平均自引次数
山特维克	瑞典	54	21	27	20.6	12.4
三菱材料	日本	756	28	8	8.1	6

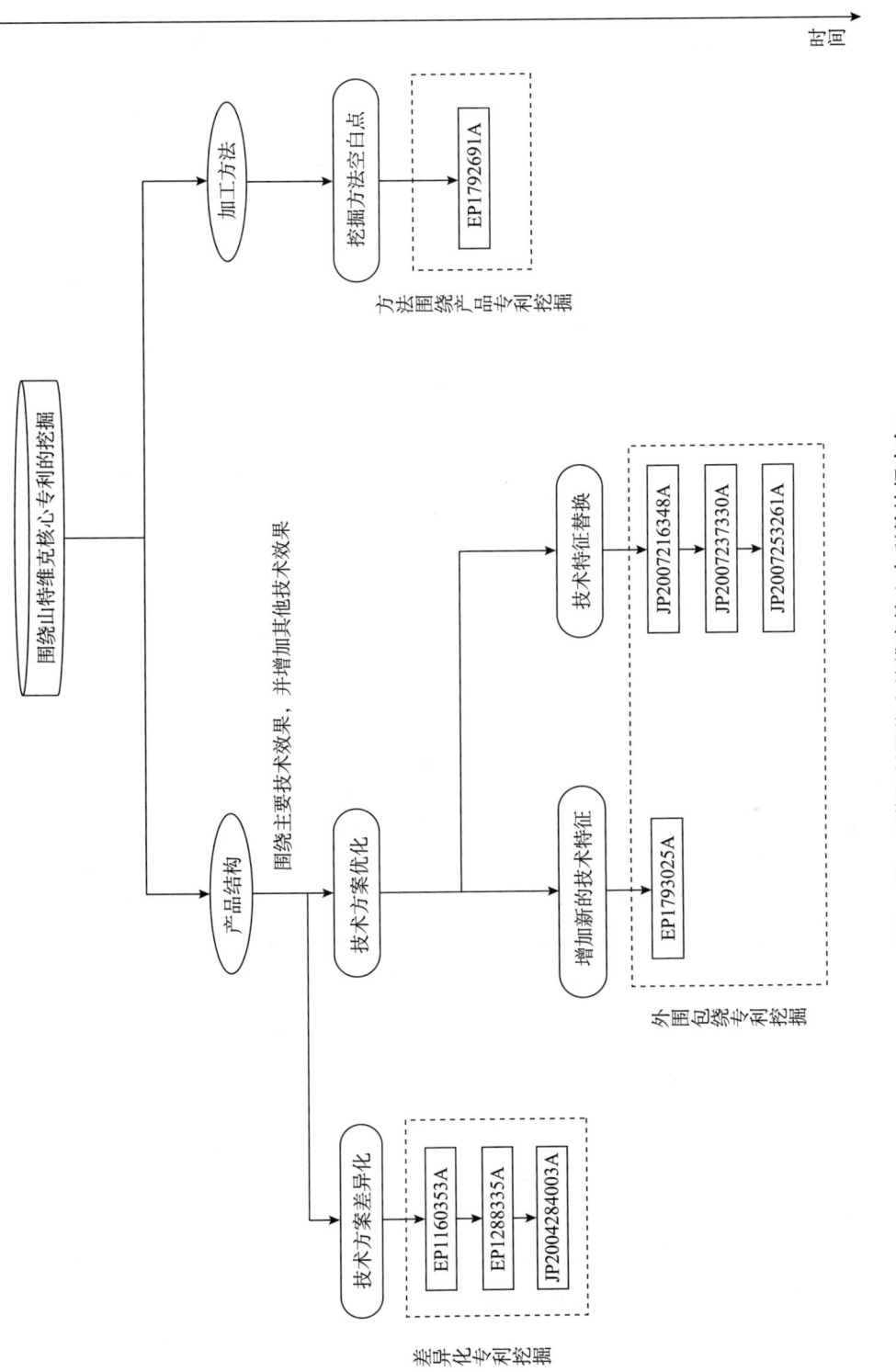

图 7-20　三菱材料围绕山特维克核心专利的挖掘方向

对重点申请人的专利质量进行分析时，可利用专利引证率矩阵模型，分析企业专利技术的被引用情况和自引用情况来评判该企业的技术地位。例如，如果企业专利技术的被引次数和自引次数都很高，则该企业被视为该领域的技术先驱者；相反，如果企业专利技术的被引次数和自引次数都很低，则该企业被视为该领域的技术模仿者。如图7-21所示，将三菱材料与山特维克放置在专利引证率矩阵模型中，可看出山特维克是该领域的技术先驱者，而三菱材料是技术模仿者。

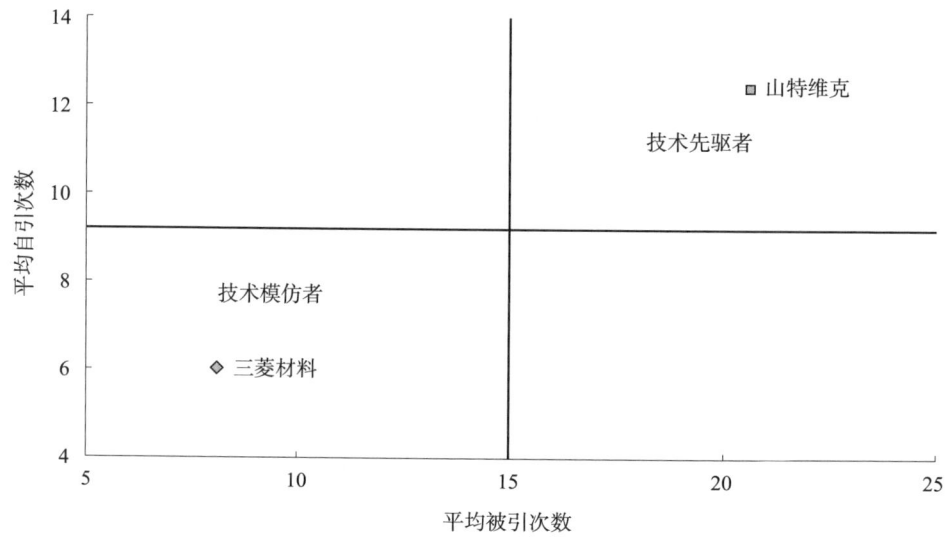

图7-21 专利引证率矩阵

第五节 专利分析可视化的交流思维

专利分析可视化的最终目的，是在交流中将信息用更为直观的方式展现出来，这里提出的交流不仅包括分析师与他人的交流，还包括分析工具与分析师之间的"交流"。具备交流的思维才能设计出更加符合需要的可视化图表。根据应用场景的不同，可以将交流思维归纳为以下3个方面：需求模式、演讲模式、发布模式。

一、需求模式

需求模式是围绕专利分析项目的目标需求，开展分析和可视化的思维方式。根据需求的层次不同，分析的深度和可视化的内容自然也有较大的差异，但需求模式下不需要考虑可视化图表的数量、复杂性，而以能够获得满足分析需求的结论为根本目标。

图7-22是incoPat专利数据库为用户提供的一个可视化的分析工具——专利沙盘对抗。利用该可视化工具可对两个专利申请人进行沙盘推演和对抗。图上部是专利指标对比区域，分别从专利数量、专利价值度、技术影响力、权利范围、运用经验值等角度对比两组专利申请人的专利情况；图下部是技术分布对比区域，可快速对比出双方在不同技术分支的布局差异。通过整个可视化界面，解决了专利工程师迅速掌握两个申请人的

竞争态势的需求。

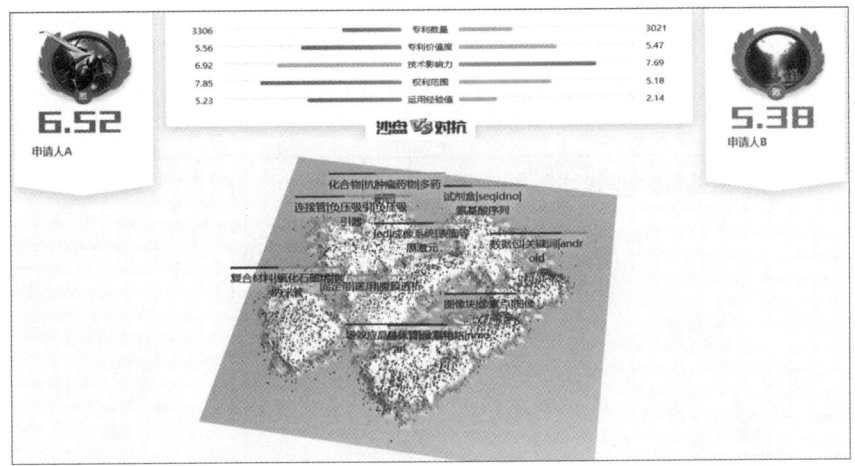

图 7-22　专利沙盘对抗❶

二、演讲模式

演讲模式是在公开演讲或项目汇报演示文档中进行可视化的思维方式。演讲中采用可视化是要辅助演讲人在规定的时间清晰准确地传达信息，因此需要更强的可读性并突出重点。此外还要重视多个页面的衔接，通过多个不同的可视化图表的切换，展示所要表达内容的整体逻辑脉络。

图 7-23 示例性地展示了两页用于演讲的 PPT，两个页面组合在一起表达了智能驾驶技术的研发方向由简单场景向复杂场景的转变。在第一个页面，突出显示了申请热度分区图中，申请量大但是申请热度低的 3 个简单场景，并配以简单场景下的一个技术示例；在第二个页面，进一步突出显示申请量小但是申请热度高的多个复杂场景，并通过一个箭头表达了智能驾驶技术研发方向已经从简单场景向复杂场景转变。在演讲中，通过在两页 PPT 间的切换，可以很好地配合演讲者将其对于这种转变的判断以及相应的证据展现给听众。

三、发布模式

一种发布模式是在报告中配合报告文字传达信息，这类可视化图表需要保证各类信息的完整性，例如轴的名称、图例。有时还需要标明数据的来源，另外还要考虑黑白印刷无法辨认色彩的问题。另一种发布模式是将多个主要图表配以简单的文字介绍，在一个页面中加以展示，能够使读者快速获得分析的核心结论。图 7-24 所示世界知识产权组织（WIPO）发布的阿扎那韦专利景观报告，就采用了这种模式。

---

❶ 分析方法及图片来自北京合享新创信息科技有限公司的 incoPat 专利数据库。

智能驾驶技术由简单场景向复杂场景转变
应用于简单场景的技术逐渐成熟，高存量低增长

散点图显示了应用于不同场景智能驾驶技术的专利存量与近期申请热度指数。应用于曲线、坡度、减速时刻等简单场景的专利存量大，但申请热度低，反映出此类技术进入成熟期，右图是应用于简单场景下的避让技术示意图。

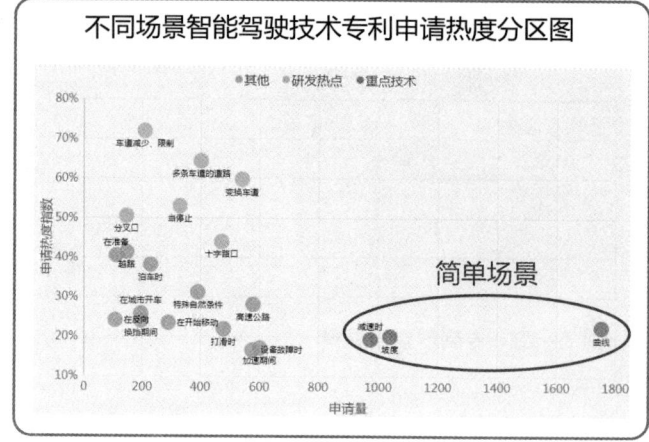

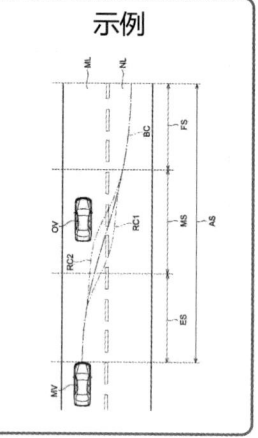

智能驾驶技术由简单场景向复杂场景转变
应用于复杂场景的技术是当前研发的热点

应用于十字路口、变换车道等复杂场景的专利存量小，但申请热度高，此类技术正处于成长期，右图是应用于复杂场景下的路径规划技术示意图。

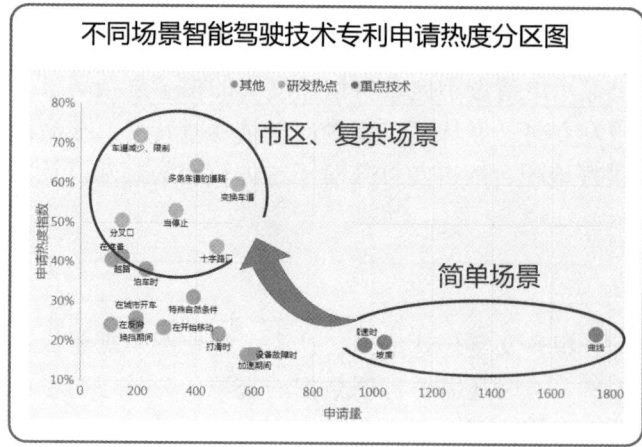

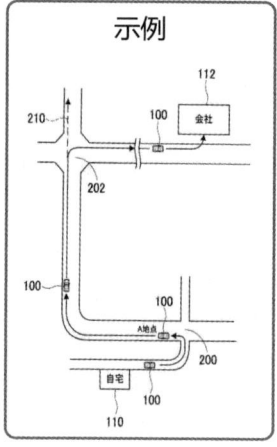

图 7-23　两页用于演讲的 PPT 示例

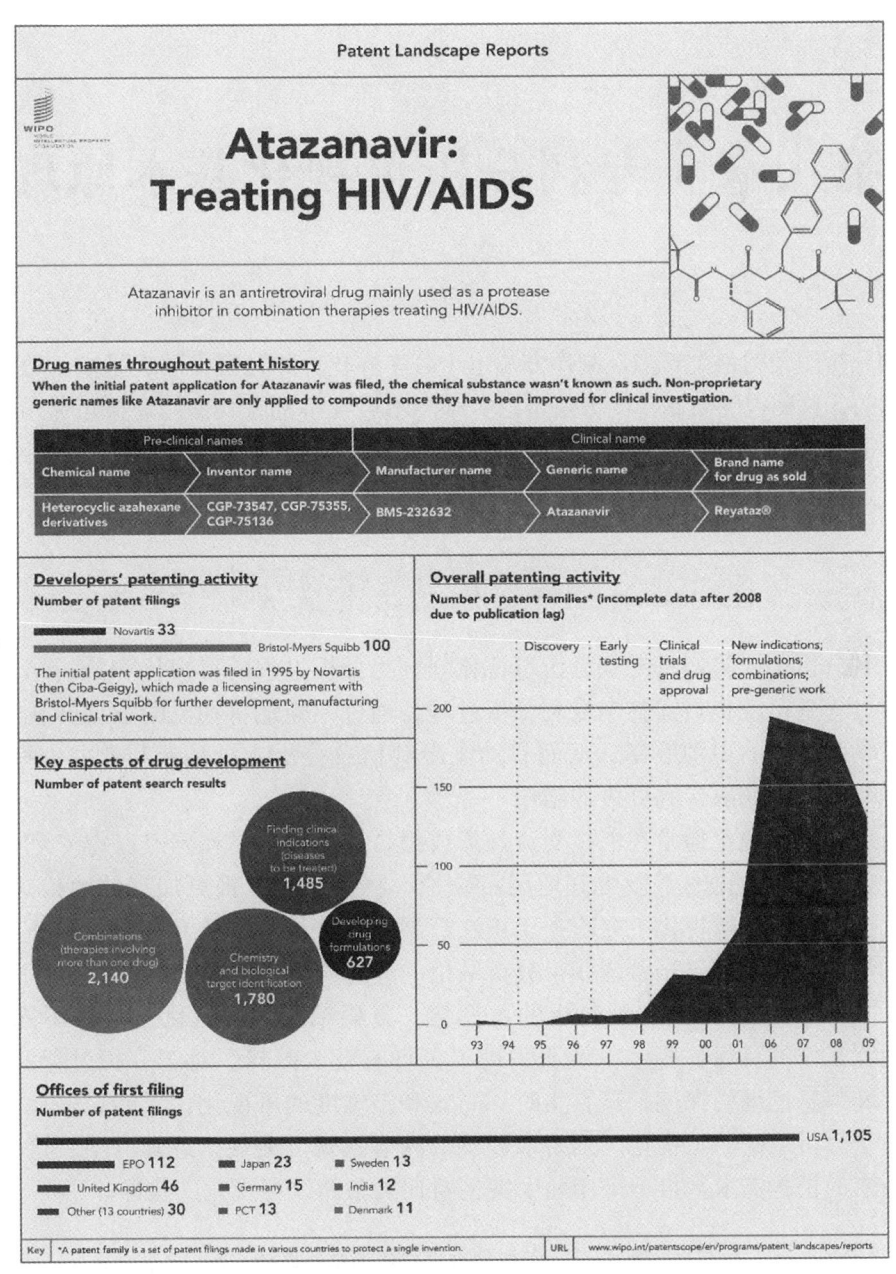

图7-24 WIPO发布的阿扎那韦专利景观报告❶

---

❶ 来自世界知识产权组织官方网站 https://www.wipo.int/edocs/pubdocs/en/wipo_pub_946_2-tech2.pdf。

第八章 专利分析可视化基本原理

专利分析图表的种类繁多,制作方法也十分多样化,并且很多图表是基于分析需求定制化绘制的,这使得图表制作的方法难以穷举。不过凡事都有共性的规律可循,只要掌握了专利分析图表制作的基本原理和规范,便能够触类旁通。本章旨在阐述专利分析图表的基本设计方法,包括专利分析图表类型、制作步骤、设计原理等。

第一节 专利分析可视化的两条路线

在专利分析中,我们将专利分析可视化划分为分析过程的可视化和分析结论的可视化。分析过程的可视化贯穿整个专利分析过程,通过不断地将抽象的数据转化为可感知的图形,增强数据的识别效率,从而有助于专利信息分析人员从专利数据中挖掘情报,更加准确和高效地获取专利分析的结论。

分析结论的可视化通常在汇报交流和形成报告前开展,是在已经获得专利分析结论的情况下,利用可视化的手段更好地展示结论,将信息和情报更加有效地传达给他人。简言之,分析过程的可视化主要服务于正在开展专利分析工作的专利信息分析人员,分析结论的可视化主要服务于希望获得分析结论的读者群体。

如表8-1所示,针对专利分析的可视化、分析结论的可视化这两种不同的路线,开展可视化工作的目标、要求以及所采用工具均有较大差异。对于分析过程的可视化,追求效率和信息挖掘的深度,只有实时、高效和多维度的可视化,才能更好地满足这一需求。对于分析结论的可视化,则要求展现的内容直观、美观、逻辑清晰,这样才能满足信息分享的根本需求。接下来用两个案例对比两条路线可视化的差异。

表8-1 专利分析可视化的两条路线

对比内容	分析过程的可视化	分析结论的可视化
目标	获取专利分析结论:将抽象的数据转化为可感知的图形,增强数据的识别效率,便于分析师高效地挖掘情报	展示分析结论:将专利分析后获得的信息或者结论,通过美观的图表,更加有效地传达给受众
要求	实时、高效、多维度	直观、美观、逻辑清晰
工具	Excel、BI、网络图等	Excel、PPT、Visio、Xmind等

一、分析过程的可视化

任何一个专利分析项目,都是专利信息分析人员与专利分析数据不断交互的过程,一方面专利信息分析人员对专利数据开展检索、去噪、清洗、标引、透视分析等分析操作,同时专利信息分析人员需要从数据中不断地获取信息。在这样的交互过程中,设计合理的可视化是连接专利信息分析人员与专利数据的重要纽带。

图 8-1 是日本东丽公司重要发明人活跃年份及技术方向桑基图。该图是对东丽公司申请量较大的 10 个发明人进行初步分析获得的图表。该图左、中、右 3 列柱形元素分别代表申请时段、发明人、技术方向;各列元素之间的浅色缎带代表了元素之间的交集。专利信息分析人员可以通过阅读该图,发现时间、主体和技术 3 个维度之间的相互关系,从而获得情报。例如:从图中可以看出"山田胜成"从 2005 年以来在 3 个时段都有专利申请,最多的申请集中在 2010~2014 年,其专利主要涉及膜过滤器。

由于从图中发现只有山田胜成申请了膜过滤器相关技术方向的专利,提示专利信息分析人员要高度关注该发明人和该技术方向,进而开展更加深入的分析。

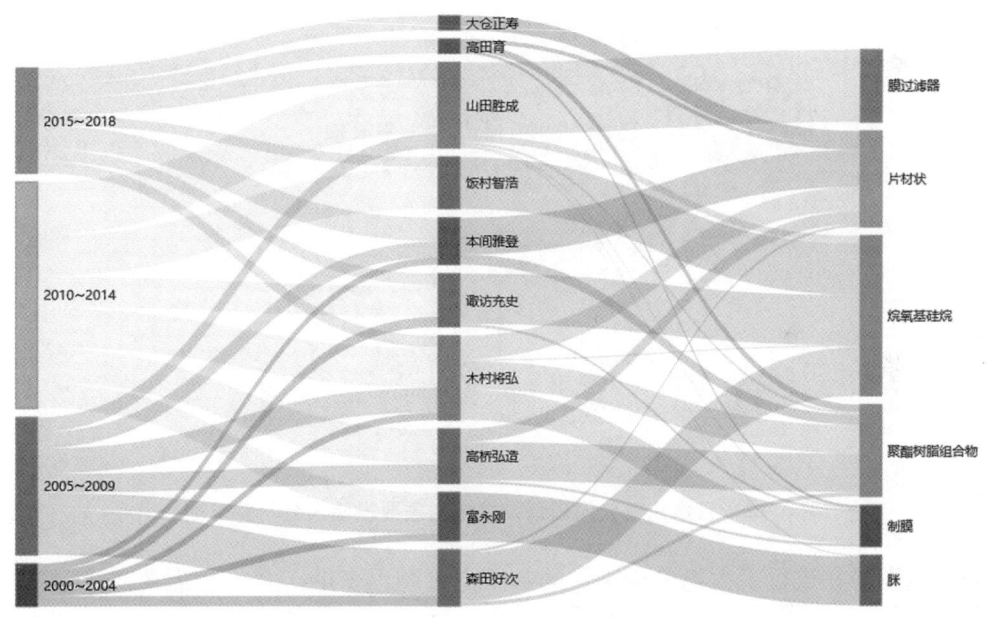

图 8-1　日本东丽公司重要发明人活跃年份及技术方向桑基图❶

开展分析过程的可视化,除非要展示给报告的受众,否则尽量不要花费太多的时间,通常只对数据进行一些基本的处理,生成满足图表制作所需的数据结构后,在可视化工具或专利分析工具中快速生成此类型的图表。

---

❶ 分析方法及图片来自索意互动信息技术有限公司的 Patentics 专利检索分析系统。

二、分析结论的可视化

当专利信息分析人员通过专利分析获得分析结论后,希望将结论通过演示文档或报告传递给别人时,需要开展分析结论的可视化,将大量用文字难以表达的信息通过图表来表达。优秀的可视化专家,能够充分利用设计优良的图表,将专利分析的结论和分析逻辑清晰准确地传递给读者。

图 8-2 为日本东丽公司碳纤维领域的主要发明人分析罗盘图❶。该图的每个扇形表示东丽公司一个牌号的碳纤维产品,圆环表示年份变化,最里面的圆环表示 1970 年,向外依次是 1980~2000 年,发明人名称字体的大小代表该发明人所涉及授权专利的多少。通过构建这样一个罗盘图,能够看到一些发明人在不同年代参与不同碳纤维产品研发的情况。

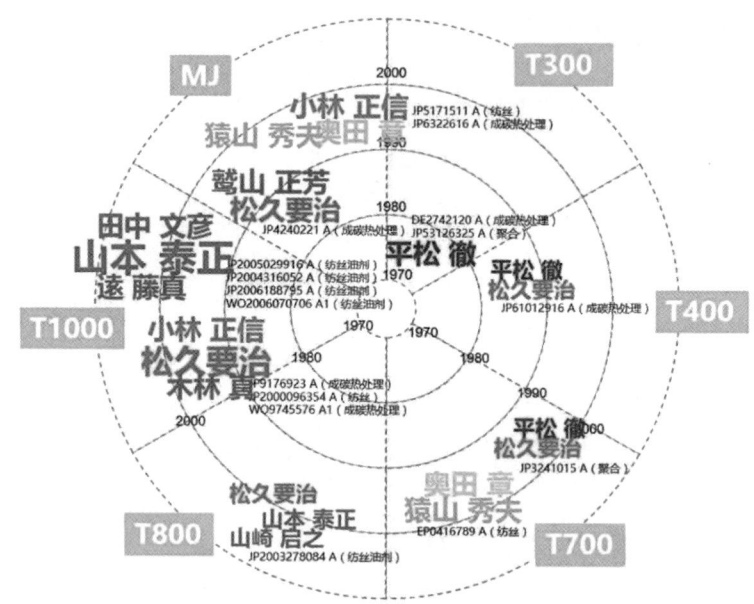

图 8-2　日本东丽公司碳纤维领域的主要发明人分析罗盘图

该罗盘图是在进行了大量分析工作的基础上绘制出来的。首先,需要对大量的发明人进行多维度分析,包括专利申请的活跃年份、技术方向、重要专利,以及发明人之间是否存在共同申请的合作关系等;接下来,对获取的信息加以整合和提炼,保留主要信息;最后,还要充分发挥图表设计想象力,将最终提炼出的重要信息通过这种罗盘的方式进行可视化。

---

❶ 杨铁军. 产业专利分析报告(第 14 册):高性能纤维[M]. 北京:知识产权出版社,2013:153.

第二节 专利分析可视化的基本流程及主要环节

一、专利分析可视化的基本流程

在开展专利分析可视化时,"分析"和"可视化"是有机统一的整体,不应该简单地将专利分析可视化解读为对"专利分析"的"可视化",而应该理解为对"专利"的"分析"和"可视化"。也就是说,专利分析可视化包含了两个主要环节,首先是分析,即从专利原始数据中获取信息的环节;其次才是可视化,是将信息绘制成图表的环节。图 8-3 示意性地展示了专利分析可视化的两个环节,先是通过数据分析从专利原始数据表格中获取申请人的申请量信息,接下来将申请人的申请量信息绘制成条形图。

图 8-3 专利分析可视化的两个环节示意

图 8-4 体现了专利分析可视化的基本流程,该流程整合了前文提到的分析过程可视化和分析结论可视化这两条不同的路线,也反映了分析环节和可视化环节之间的相互关系。

如图 8-4 所示,获取待分析的专利数据后,首先要经过包含数据分析和技术分析的分析环节获得初步的信息,在开展分析的同时或在分析环节后立即开展分析过程的可视化,以提升专利信息分析人员获取和解读情报信息的能力。在这个阶段往往会形成很多的可视化图表,但并不都是具有情报价值的。

分析环节是专利信息分析人员对专利数据进行的正向作用,分析过程可视化是专利数据对专利信息分析人员的负向反馈。专利信息分析人员通过对分析过程可视化的解读和判断,可能获得 3 种信息:第一种信息是发现了数据中存在的问题,此时需要调整用于分析的专利数据;第二种是产生了新的分析思路,那么要回到分析环节开展进一步的分析;第三种是获得了重要的分析结论,此时基于分析结论开展最后的分析结论可视化,分析结论可视化可以是对分析过程可视化所获得图表的进一步优化,也可以重新绘制符合呈现分析结论需要的图表。

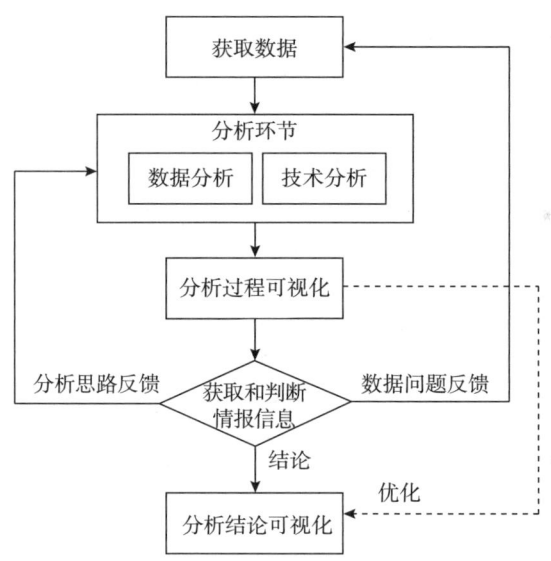

图8-4 专利分析可视化的基本流程

二、分析环节需要熟悉专利数据的特点

专利分析可视化的分析环节包含了专利数据分析和专利技术分析。专利技术分析是在专利数据分析的基础上结合专利的技术内容开展的进一步深入分析。专利数据分析虽与其他数据分析有共通之处,但只有熟悉专利知识、了解专利数据的特点才能够做好专利数据分析。

专利数据通常存储于数据库或电子表格中,最简单的单一数据表包含行、列和值,其中行和列又被称作记录和字段。表格中的首行通常存储字段名称,除首行以外的每一行都是一条"记录";表格中的每一列都称作一个"字段",每个字段记录了各个专利的一个著录项目、补充信息以及非结构化的数据。

如图8-5所示,专利的字段可以根据其在专利分析中的功能分为4种:标识字段、维度字段、度量字段和关联字段。

标识字段:这类字段记录的是一件专利特有的信息,如公开号、申请号、标题、权利要求等。在专利分析中,标识字段的作用是搜索特定的记录或开展技术分析。

维度字段:这类字段存储的是一件专利的描述性属性或特征,常见的维度有以下几类:表征时间属性的时间维度字段,如申请日、公开日、优先权日等;表征权利主体属性的主体维度字段,如申请人、专利权人等;表征技术属性的技术维度字段,如分类号、技术标引项等;以及表征地域属性的地域维度字段,如申请目标国、优先权国等。在专利分析中,可以使用维度字段对一组专利进行分组、分类,从而能够对一组专利的某一个或多个维度开展更加深入的分析。

度量字段:在专利数据表中存储为数值的字段通常为度量字段,例如一件专利同族的个数、被引用的次数、权利要求的数量、权利要求特征的数量等。在专利分析中,度量字段能对一件专利的某一个特性进行量化,并且可以进行聚合运算。

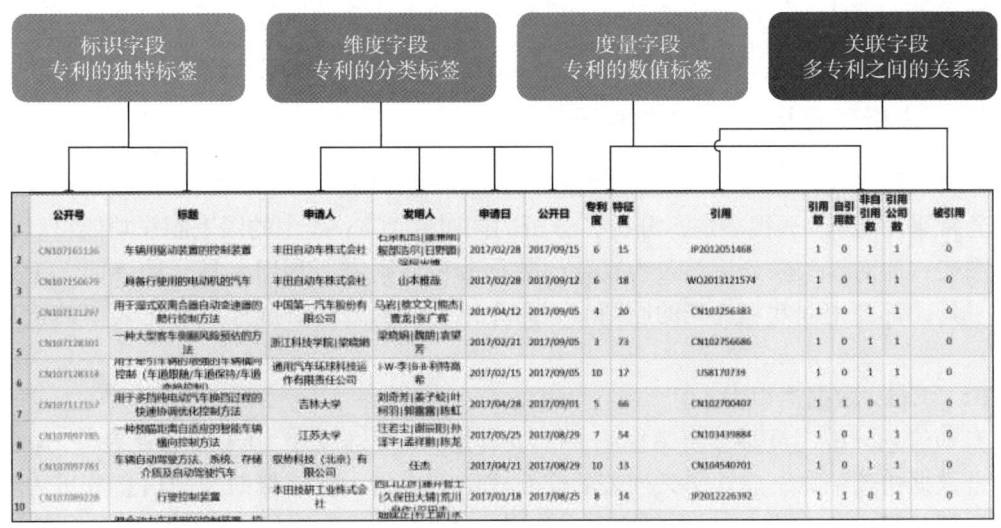

图 8-5 不同类型的专利的字段

关联字段：此类字段所描述的是专利与专利之间、专利与主体之间或主体与主体之间的关系，常见的关联字段包括：同族专利、引用专利、被引用专利等。在专利分析中，关联字段可以用于开展关联分析，如通过专利引证网络分析技术发展脉络。

如图 8-6 所示，标识字段通常用于技术分析。另外 3 种字段常用于专利数据分析，并且在数据分析中起到不同的作用。基于维度字段、度量字段和关联字段 3 种字段的应用，产生了专利数据分析的 3 种基本方法：比较分析法、关联分析法和指标分析法。

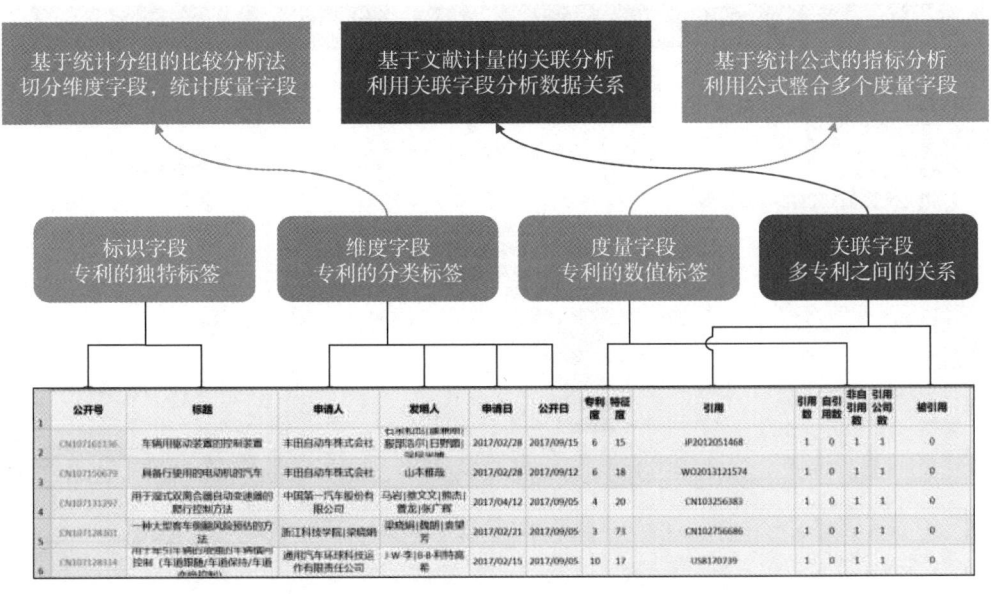

图 8-6 专利数据分析的 3 种基本方法

其中比较分析法是利用维度字段切分数据，将切分后的数据相互比较，了解不同数据块之间的数据差异的方法。关联分析法是利用关联字段挖掘多篇专利或多个主体之间的相互关系的方法。指标分析法是基于度量字段的可运算的属性,在不同度量字段之间实施各类运算产生新的指标的方法。

三、分析过程可视化的主要环节

分析过程可视化通常是与专利数据分析同步进行的。对于一些简单的专利数据分析,通常采用 Excel 透视表进行分析,分析的同时利用 Excel 中的图表制作功能可以快速生成图表;而对于关联分析等较为复杂的数据分析,则需要利用工具开展。但无论采用何种工具,都要把握效率优先的原则。下面介绍一些提升分析过程可视化效率的技巧或工具。

(1) Excel 数据透视表

专利信息分析人员必须要掌握的一个工具是 Excel 透视表。Excel 透视表是 Excel 中对大量数据快速汇总、建立交叉列表的交互式动态表格,能够帮助专利信息分析人员更好地分析与组织专利数据,进行排序、汇总、筛选,实现对专利数据指标的计算和统计,并利用不同字段从多个视角对专利数据进行透视❶。

数据透视表的操作便捷快速,只需要拖曳鼠标,就可以获得不同的报表,提高专利数据分析效率。它可以动态地改变其版面布局,以便按照不同模式分析数据,也可以重新安排行标签、列标签和报表筛选。每一次改变字段位置时,数据透视表会立即重新统计汇总数据。另外,如果原始数据发生更改,也可以更新数据透视表来反映变化。图 8-7 展示了数据透视表的工作界面,通过拖动字段图中右下角框选的到字段列表的 4 个区域,可以快速构建数据表格,并一键式生成图表。

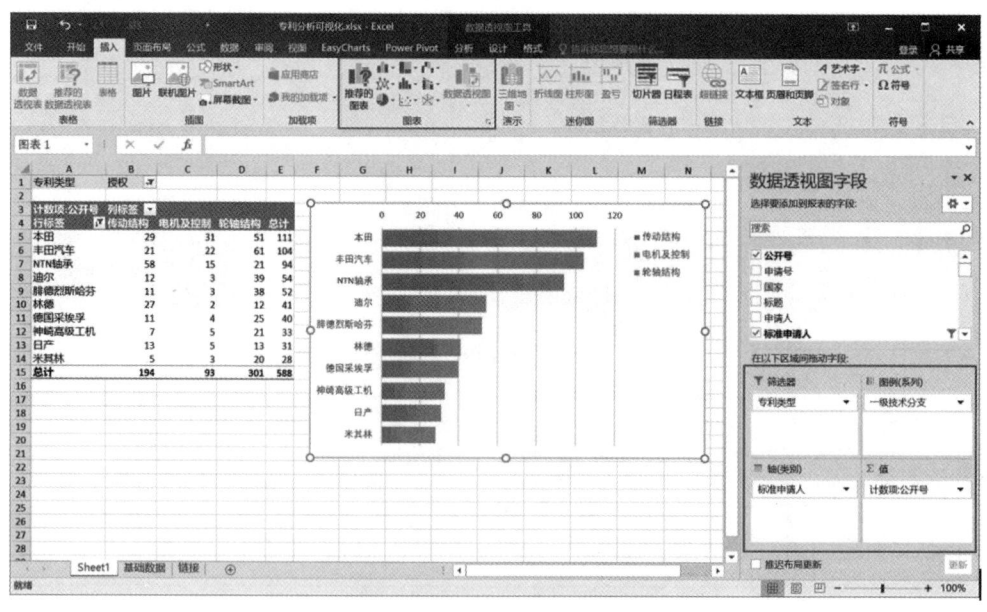

图 8-7 数据透视表工作界面

---

❶ 马竹青. 数据透视表实现数据分析 [J]. 电脑知识与技术, 2015, 11 (21): 58-59, 63.

图中右下角为字段列表,其包含的 4 个区域和功能如下:

筛选器:添加字段到筛选器区域可以在数据表格上增加一个筛选器,利用该筛选器可以对该字段的数据进行筛选;

列:添加一个字段到"列"区域,可以在数据表格顶部按列显示来自该字段的独特的值;

行:添加一个字段到"行"区域,可以在数据表格左侧按行显示来自该字段的独特的值;

值:添加一个字段到"值"区域,可以使该字段包含在数据表格的数值区域中,并使用该字段中的值进行指定的计算,如求和、计数、平均值、最大值等。

(2)巧用切片器提升效率

在 Excel 数据透视表界面生成的图表,可以随着透视表的数据变化而实时变化,善于利用"切片器"这一交互式筛选工具可以事半功倍。图 8-8 显示了在数据透视表界面上添加"切片器",实现多维度地筛选数据,从而快速观察不同维度数据的特点。图中通过切片器筛选了分类号为 B60K 的中国有效专利,数据透视表和图表就显示出了筛选后数据的申请人排名情况。

图 8-8 使用切片器筛选数据

(3)构建 Power BI 交互式报表

微软旗下的 Power BI 是开展分析过程可视化的工具之一,使用该工具可以在一个画布上通过拖曳快速生成图表,多个图表之间可以互为"切片器",即单击一个图表中的元素，其他图表能够相应地实现筛选，极大地提升了探索信息的效率。图8-9展示了利用 Power BI 制作的交互式报表，单击主要申请人"NTN 轴承"，以及该公司的重要发明人"suzukiminoru"，即可通过另外3个图表观察该发明人的专利基本情况。本书第十章将对 Power BI 在专利分析可视化中的应用进行进一步的介绍。

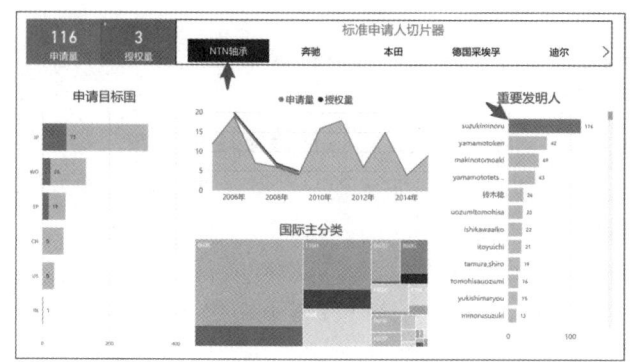

图8-9　利用 Power BI 制作的交互式报表

（4）熟练掌握专利分析工具的可视化功能

目前大部分专利检索和分析工具都提供了可视化功能，一些工具的可视化功能十分适合在分析过程中使用。以索意互动公司的 Patentics 智能客户端为例，其用于分析专利数据的分类器界面，采用了文件树的方式显示专利数据。如图8-10所示，分析人员对任意一个文件夹进行"分组"操作，即可根据选定的字段获得一个或多个文件树。这种具有分层结构的文件树，是一种非常直观的可视化形式，能够让分析人员快速观察数据的构成。

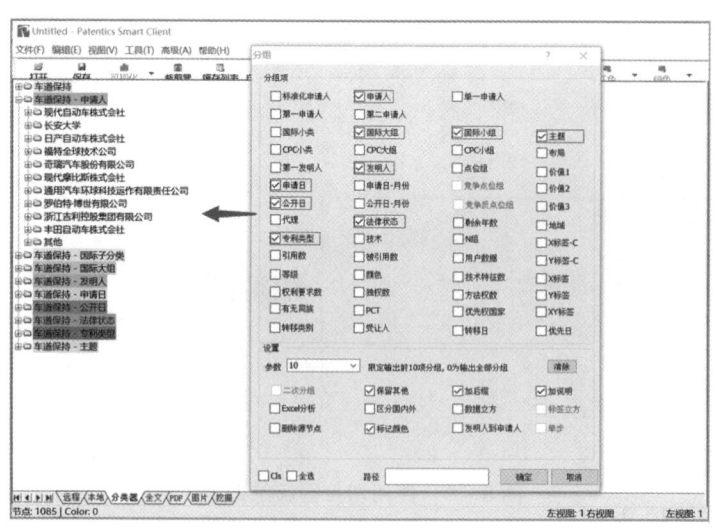

图8-10　通过分组操作获得分层结构的文件树

但文件树的分层结构只显示了"维度"，并没有显示"度量"。因此该工具还包括可视化功能，可快速对任意一个文件树进行可视化。如图8-11所示，通过分组操作对

"车道保持-申请人"这一文件树结构进行可视化,生成排名前十申请人的条形图。

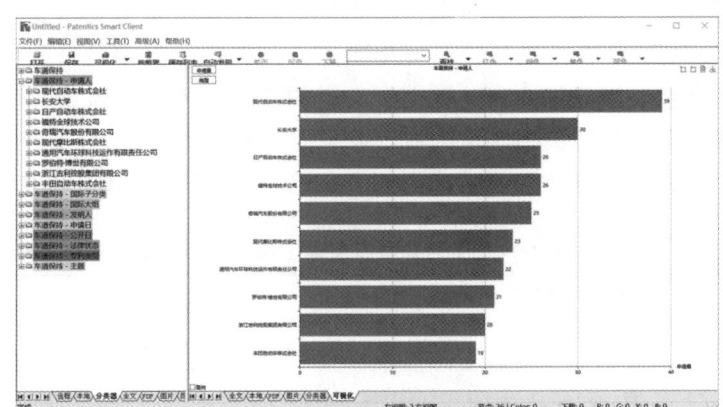

图 8-11 对文件树进行可视化

该工具的可视化功能还包括单击钻取的功能。如图 8-12 所示,单击生成图表中的元素"现代自动车株式会社",可弹出进一步分组的选框,选择希望进一步分析并生成可视化的字段,即可在可视化界面中追加一个新的图表,该图表是对之前单击的元素的进一步钻取。这一功能在专利分析的过程中,为分析师探索专利数据提供了便利。

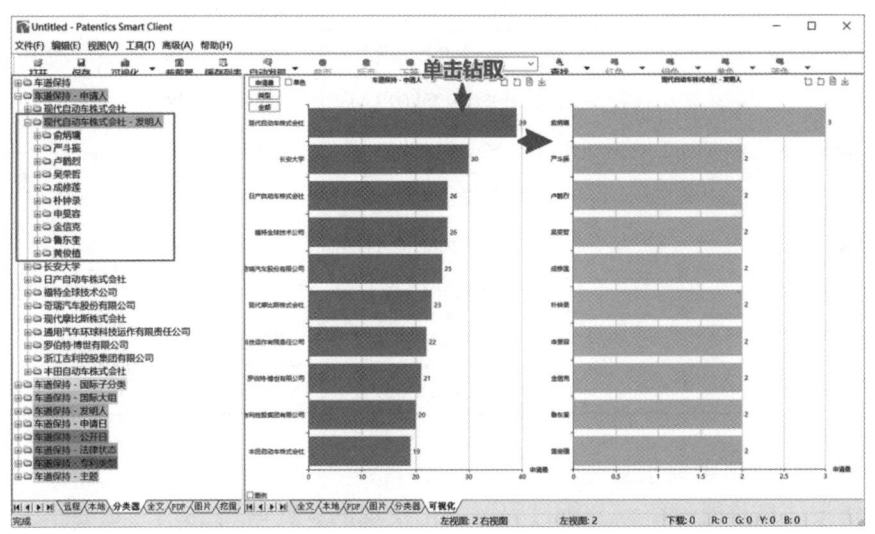

图 8-12 对可视化中的元素钻取分析

四、分析结论可视化的主要环节

分析结论可视化是在获得确定的分析结论后开展的工作。即使是同样的一组数据或同样的一个结论,根据不同的可视化应用场景,可以用不同的形式展现数据或结论。因此,需要把握目标导向的原则,基于不同的目的制作不同类型的可视化图表。下面介绍一些结论可视化的展现形式及其对应的应用场景。

（1）部分场景下表优于图

表给人的感觉是内容太多没有重点，因此很多时候都希望将表转变为图，但这实际上是没有理解表的优势。图之所以能够突出重点，是提炼了表中的一些重要信息，因此也会过滤掉一些信息。当只需要表达数据中少量的几个维度，且数据量较大的时候常采用图的形式。但对于要表达更多维度内容，并且不希望将这些维度过滤掉，采用图形的形式就会导致复杂和难以解读，此时采用如表8-2所示的表能够更好地展示此类信息。

表8-2 Tiragolumab序列专利在全球主流药品市场的申请情况❶

国际公开号	技术主题	同族专利	申请日期	授权公告日
WO2017053748A3	一种特异性结合人TIGIT的抗体，其高可变区氨基酸序列及结合人TIGIT的抗原表位	WO2017053748A3	2016.09.23	—
		CN108290946A	2016.09.23	—
		US10017572B2	2016.09.23	2018.07.10
		US2018186875A1	2016.09.23	—
		EP3353210A2	2016.09.23	—
WO2009126688A8	TIGIT的抗体，评估TIGIT的表达水平方法	WO2009126688A8	2009.04.08	—
		CN102057272B	2009.04.08	2015.02.18
		CN104655854A	2009.04.08	—
		US9499596B2	2009.04.08	2016.11.22
		US2009258013A1	2009.04.08	—
		US2018145093A1	2009.04.08	—
		EP2279412B1	2009.04.08	2017.07.26
		EP3208612A1	2009.04.08	—
		JP5770624B2	2009.04.08	2015.08.26
		JP6246158B2	2009.04.08	2017.12.13
		JP2017215332A	2009.04.08	—

（2）在图中标出重要信息

很多情报信息是通过解读分析过程可视化发现的，此时将发现的重要信息标注在图中，即可作为分析结论可视化图表用于展示结论。如图8-13所示的3D非易失性存储器的申请趋势❷，该图就是在一个基本的数据分析趋势图的基础上，标注出了多个重要信息：1994年东芝的基础专利、2000年三星的基础专利、2008年的数据增长是由美国申请量增长贡献的，以及2008～2016年间维持22%的年复合增长。正是在图中标注这些重要信息，将一个普通的申请趋势图变为了能够展示结论的综合信息图。

---

❶ 改编自互联网信息 https://mp.weixin.qq.com/s/zlBUw0Wyr–Iip9qnOMVP_A。

❷ 来自互联网信息 www.knowmade.com/wp–content/uploads/2015/07/Sample_Resistive–Memory–Patent–Landscape.pdf。

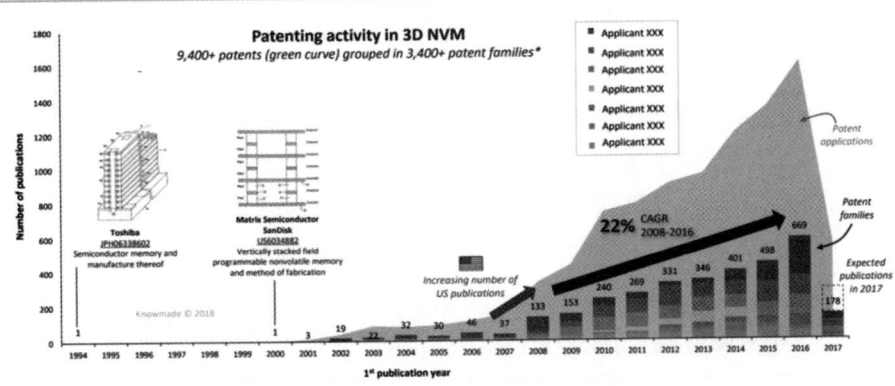

图 8-13　3D 非易失性存储器的申请趋势

（3）高度凝练的结论需要抽象的图表

在专利信息分析中最能够体现功力和凸显情报价值的，往往是将零散的数据和信息加以整合，在更高的维度上对这些信息提升和高度凝练获得的竞争性情报。对于这种高度凝练的结论，也无法用一般的数据分析图表来展示，需要用抽象的示意性图表来表达。图 8-14 展示的是三星与东芝在 3D NAND 重要研发节点上的专利竞争态势。该图分析了这两家企业在多个重要研发节点的专利布局先后顺序，以专利竞争的视角解读了两家企业的研发和专利申请策略。

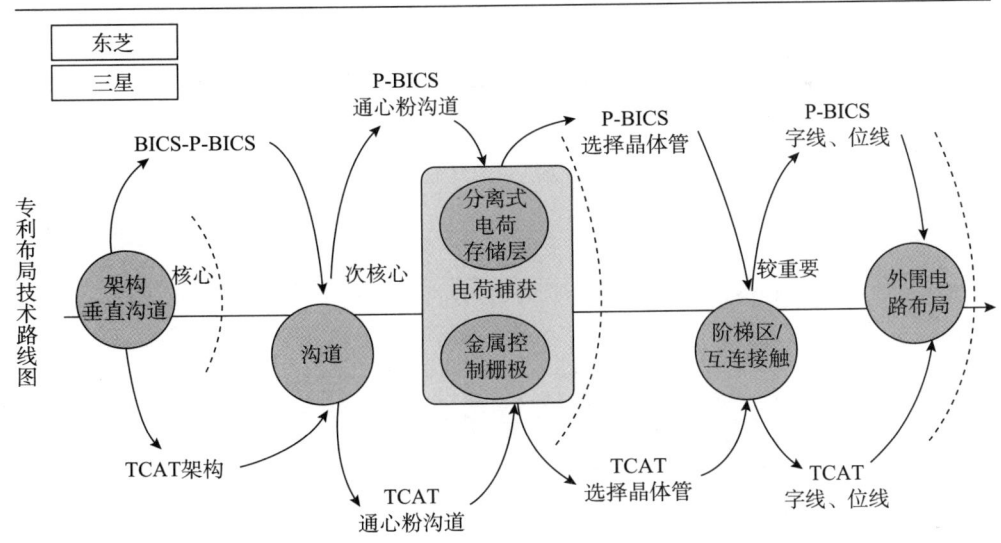

图 8-14　三星与东芝在 3D NAND 重要研发节点上的专利竞争态势

2008 年，面对东芝的基础专利布局障碍，在已经失掉最核心的垂直沟道基础专利的情况下，三星公司进行了连续的改进创新，从核心专利层，到次核心专利层，再到外围较重要专利层，三星采取了一系列的替代、抢占策略，形成了自己独有的专利竞争技术分布特点❶。

在核心技术层，三星公司创造性地研发出可替代 P – BICS 架构的 TCAT 架构。在次核心技术层级上，三星公司先是抢占了内部填充绝缘层的通心粉沟道基础专利；接着，在次核心技术的关键节点——存储单元结构上，尽管两家企业都采用了电荷捕获的存储单元结构，但三星公司创新性地采用金属作为控制栅极，提出了存储单元结构核心专利。在外围技术层级的重要技术节点上，三星又抢先布局了阶梯区/互连接触的重点专利；另外，为了提高存储密度，三星在 2014 年开始大量申请将包括页缓冲器的外围逻辑电路制作于阵列下方的专利，为推向市场的产品提供了强有力的专利支撑。

第三节 可视化图表的主要类型及设计规范

一、比较分析类可视化图表

比较分析法是一种统计方法，是根据一个或多个字段对专利数据进行分组，然后对比多个分组数据的一个或多个指标，以获得相应情报信息的方法。

如表 8-3 所示的申请人列表，展示了在某领域排名前十的申请人和他们申请量的对比清单。该清单在生成时即包含了比较分析，比较全部申请人的申请量才能选取出排名前十的申请人。同时在阅读该清单时，仍能通过比较分析每个项目获得进一步的情报信息，如丰田汽车的申请量要比其他申请人大得多。

表 8-3 某技术领域排名前十位申请人列表

申请人	申请量（项）
丰田汽车	61
福特	24
日产汽车	19
本田	18
通用汽车	17
罗伯特·博世	16
日立	12
吉林大学	12
浙江吉利控股	9
上海三菱电梯	8

虽然比较分析法的概念易于理解，但在实际分析工作中，选择哪些字段作为分组的

---

❶ 三星公司在 3D NAND 存储领域的后发赶超策略解析 [EB/OL]. https://mp.weixin.qq.com/s/Gx – vr3fvF78MPqQjcbdSxQ.

"维度",以及选择哪些指标作为比较分析的"度量"则需要大量的项目实践经验。在这里我们总结一些常用的比较分析的应用经验:

(1) 确定分析维度。维度的确定可以采用四要素(4W)分析法,即从专利的时间维度(When)、地域维度(Where)、主体维度(Who)和技术维度(Which)4个方面开展比较分析❶。针对每个维度,采用不同的度量也能够产生不同的对比分析结果。

(2) 时间维度比较分析。通常用于反映不同指标随时间发展的趋势。采用申请量作为指标,表征了专利申请的趋势信息,显示出专利数量在时间上活跃的情况;采用授权量作为指标,可表征专利权获得的趋势信息;此外还可以采用申请人数量作为指标,表征申请人活跃度的变化趋势。

(3) 地域维度比较分析。通过该维度,比较不同区域专利指标的情况,对于描述和理解不同国家、区域的创新模式非常重要❷。地域维度的比较分析通常在地区政策制定中能够发挥重要作用,例如各地区创新和生产活动的空间分布(或集中度)、区域内和区域之间的互动和技术合作。地域维度可选取申请目标国家、技术来源国家、国内专利省市区域等字段。此外,同样可选择不同的度量来反映不同区域在不同指标上的分布情况。

(4) 主体维度比较分析。通过比较不同申请人的专利组合,有助于分析不同申请人的技术活跃度、专利布局策略以及专利控制力等情况。而对发明人进行比较分析,有助于发现技术领域中有重大影响力的研发人员,并在追踪技术研发方向、寻找合作伙伴和引进人才方面起到重要的作用。

(5) 技术维度比较分析。专利主要涉及技术发明,因此是了解技术发展趋势、形成未来发展规划的重要资料来源。对技术维度开展比较分析,对识别重要技术、了解新技术领域的出现、分析技术发展阶段和寻找核心专利具有重要作用。

以上内容仅涉及了比较分析中最简单的一种情况,仅是对数据进行一个维度的比较,进一步我们可以对多个维度进行分布比较以获取更深层次的信息。常用的组合方式有:

(1) 时间维度与其他3个维度分别结合。专利历年申请量结合区域维度、主体维度和技术维度信息反映了专利背后所属区域、主体和技术的专利活跃度情况。

(2) 地域和技术维度结合。反映了不同区域的技术研发、布局的热度差异,反映了政策差异或开发新技术的能力差异。

(3) 主体维度和技术维度结合。反映了不同申请主体或创新主体的技术研发侧重点,还能综合其他信息判断技术热点和空白点。

以上内容反映了比较分析法的两个核心要素:维度和度量。在这两个要素的基础上,增加"表达"这个要素,就构成了比较分析类图表的三要素。比较分析类图表的设计方法遵循以下3个步骤:首先选取分析维度对数据切分,接下来选择度量对切分后的数据进行对比,最后根据对比所表达重点选择图表。

---

❶ 贺化. 专利导航产业和区域经济发展实务 [M]. 北京:知识产权出版社,2013.

❷ OECD Patent Statistics Manual [EB/OL]. https://www.oecd-ilibrary.org/docserver/9789264056442-en.pdf.

如图 8-15 中的 4 个图，它们采用了同一组统计数据，即维度和度量均相同，但采用了不同的图表，呈现了不同的表达：柱状图用于对比不同维度分组数据的度量值大小，条形图用于对分组数据进行排名，饼状图用于展示不同分组数据占总量的比值，折线图通常用于表达趋势。因此在这个例子中，根据不同需要选择柱状图、条形图或饼状图都是没有问题的，但折线图就不适合用于表达此类数据了。

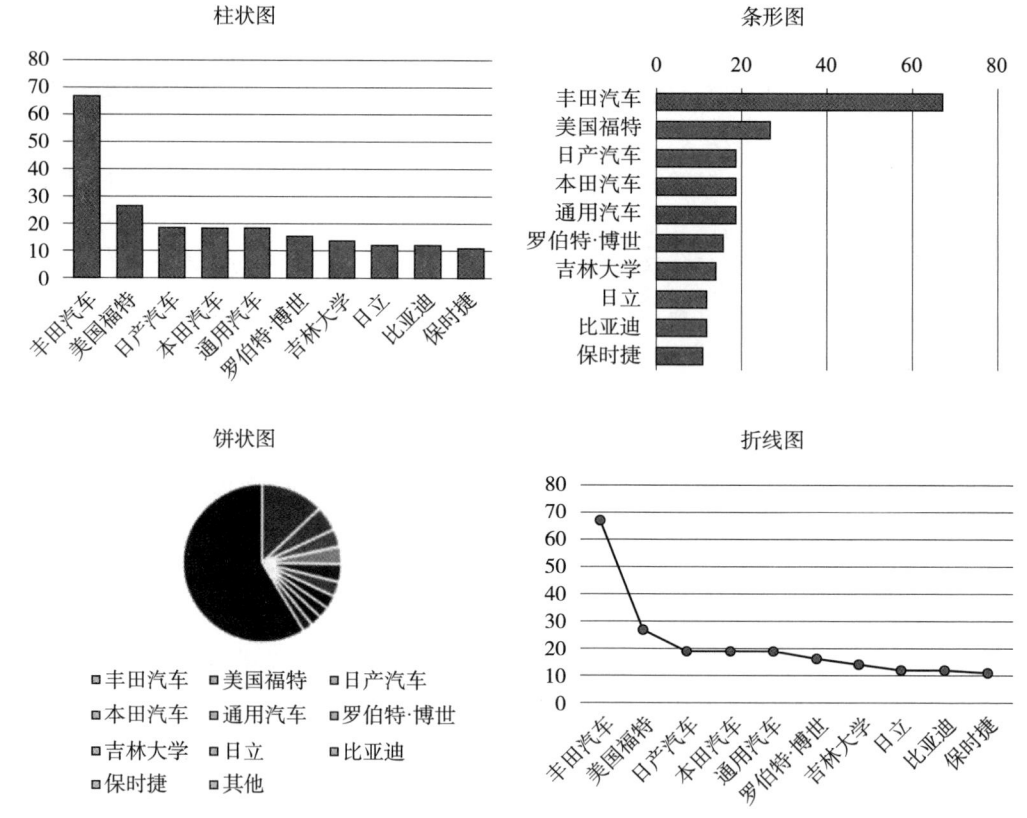

图 8-15 同一组数据的多种不同展示方式

因此，在确定了维度、度量的基础上就能生成统计表，根据想要表达和展现的内容，确定图表类型，就能确定一个比较分析类图表。

二、关联分析类可视化图表

关联分析法，其核心在于获得多个要素之间的相关关系。例如对申请人、发明人、代理人、索引词的共现分析，以及对引文树、互引用分析等的引证分析，都是关联分析法的具体体现。

关联分析法获得数据要比统计分组分析法困难，需要用到一些文献计量工具，例如 Bibexcel、Pajek、CiteSpace 等。但对于小数据量的关联分析则可以采用表格展示，如表 8-4 所示。大数据量的关联分析法通常采用共现矩阵。

表 8-4 某领域重要发明人合作关系

发明人	申请量	所属主要申请人	前三位合作人
Doering J A	245	ford global technologies [245]	Gibson A C [128] Reed D C [99] Banker A N [71]
Tabata A	238	toyota jidosha [233]	Matsubara T [136] Imamura T [114] Kumazaki K [78]
Kuang M L	208	ford global technologies [204]	Wang Xiaoyong [95] Liang Wei [88] Johri Rajit [87]
Gibson A C	200	ford global technologies [198]	DoeringJ A [128] Reed D C [87] Lee S H [76]

关联分析中，树状图、网络图、桑基图都是常用的可视化方法。关联分析类图表的设计方法如图 8-16 所示，这些可视化方法的共同点就是包含节点和连线。节点代表关联的客体，例如具体的单件专利、发明人、申请人或分类号；节点大小通常代表一个度量，例如专利数量、被引用次数等；连线代表两个节点之间具有关联关系，例如共同出现、相互引用；连接线条的粗细通常代表关联关系的强弱。

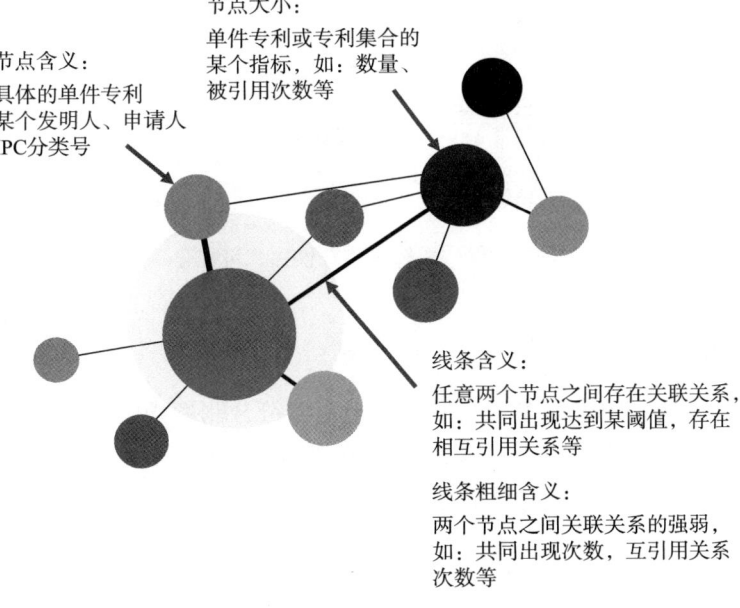

图 8-16 关联分析类图表设计方法

三、指标分析类可视化图表

指标与度量通常都表现为数字的形式，其区别在于：度量通常是一个绝对的数值，例如专利的数量、被引用的数量，这个数值不会随着分析目的的不同而随意改变。而指标通常是由多个度量之间运算获得的，例如申请增长率、近五年申请占比等。

指标分析法的核心在于根据不同的分析目标构建不同的专利指标，从而在比较分析或关联分析中更好地体现情报。例如，借鉴产业经济学中用于测量产业集中度的赫芬达尔—赫希曼指数（HHI 指数），将其应用到专利分析中，可以通过一个标准化的指标判断专利聚集的程度，即分布在众多申请人手中还是集中在少数申请人手中。

专利申请量就是最基本的专利分析指标，复杂的指标需要使用统计公式，现在很多数据商都提供了统计指标。统计指标分为单件专利的统计指标和专利组合的统计指标，前者例如将一件专利的同族数量、被引用数量等指标加权求和，后者例如专利授权比例。

指标通常用于对比，如果只对一个指标开展对比分析，一个指标就可以作为比较分析图表三要素中的度量来使用。但如果希望同时对比多个指标，使用一般的图表可能会导致图形过于复杂。此时可以直接在矩阵表格中应用条件格式的方式进行可视化，如图 8-17 展示了数据条、色阶（颜色的深浅）、KPI 图标和突出显示 4 种条件格式可视化方法。

	专利数量	平均分类个数	平均同族数		平均引用数	平均被引用数
丰田汽车	67	6.81	8.91	→	1.79	1.69
美国福特	27	4.04	4.26	↓	1	1.19
日产汽车	19	8.16	8.42	↑	2.53	1.74
本田汽车	19	13.74	9.63	↓	0.84	1.32
通用汽车	19	4.42	3.21	→	1.53	2.53
罗伯特·博世	16	4.63	4.06	↓	0.44	0.06
吉林大学	14	4.57	0.57	↓	0.36	1
日立	12	7.92	8.42	↑	2.83	1.92
比亚迪	12	4.83	0.58	↓	0.67	4
保时捷	11	4.18	4.09	↑	2.18	0.55
其他	307	4.49	2.84	↓	0.81	1.06

图 8-17 矩阵表格条件格式可视化

四、常用图表的制图规范

任何一个数据分析图表都有相应的制图规范，符合制图规范的图表能够以最清晰有效的方式传递信息给读者，而不符合制图规范的图表往往无法传递预期的信息[1]。下面针对几类常用的图表，列举出一些有误导性或存在错误的案例，这些案例在制图的过程中是要尽量避免的。

---

[1] 黄慧敏. 最简单的图形与最复杂的信息：如何有效建立你的视觉思维 [M]. 杭州：浙江人民出版社，2013.

1. 饼图的制图规范

饼图用于展示一个数据系列中各项的大小与各项总和的比例。制作饼图时，建议满足如下制图规范：饼图的扇区数量不宜过多，顺时针方向从大到小排列，起始角度为0°，标签置于扇区外侧。图8-18展示了符合制图规范和几种不符合制图规范的饼图。

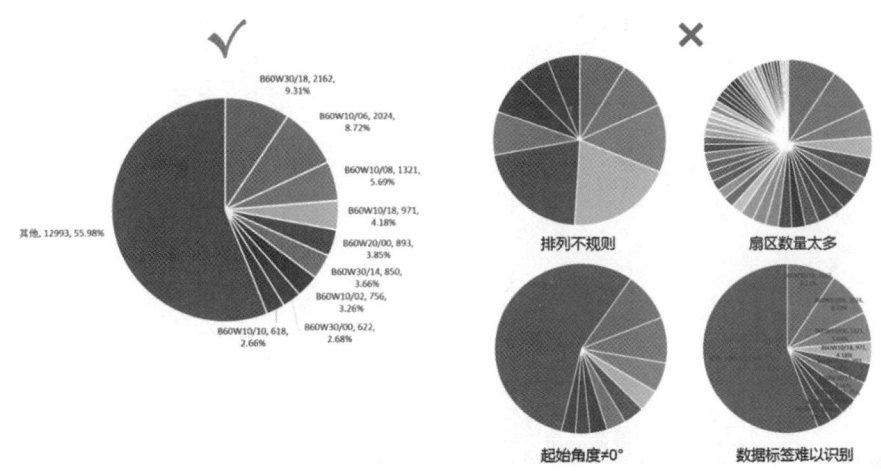

图8-18 饼图的制图规范

2. 条形图的制图规范

条形图用于对比展示一个数据序列各项数据的大小及排名。制作条形图时，建议满足如下制图规范：条形图应该从大到小排列，条形的宽度大于两个条之间的间隙，在条形内部或外部设置数据标签，不过度使用色彩，通常所有条形均为一个颜色，如果需要强调某些数据，则仅将需要强调的数据变换一个颜色。图8-19展示了符合制图规范和几种不符合制图规范的条形图。

3. 多系列折线图的制图规范

折线图通常用于显示随时间变化的连续数据。制作多系列折线图时，建议满足如下制图规范：不要将图表类型选为堆积折线图；折线图线条不宜过细，不宜采用虚线；多个折线重叠时，数据标签重叠看不清时可以只标注重点数据；尽可能将 X 轴标签水平放置，建议用于绘制多系列折线图的系列数量不多于3个。图8-20展示了符合制图规范和几种不符合制图规范的多系列折线图。

4. 折线柱状组合图的制图规范

折线柱状组合图通常用于对比一个维度的两个度量值。制作折线柱状组合图时，建议满足如下制图规范：折线线条要细一些，并配有较明显的标记点；折线标签不宜过多，仅标明几个重要数据；主次坐标轴的0点尽量对齐。图8-21展示了符合制图规范和几种不符合制图规范的折线柱状组合图。

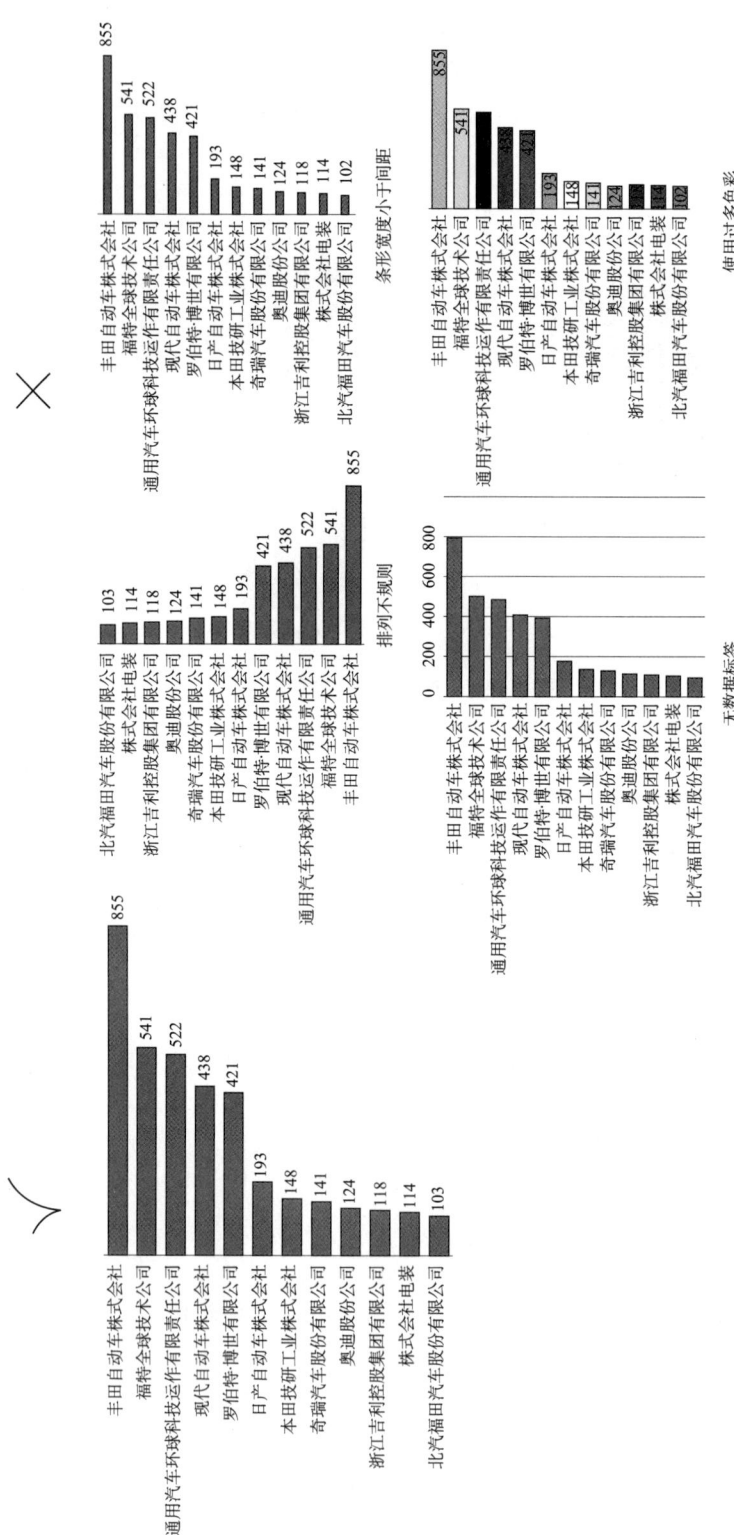

图 8-19 条形图的制图规范

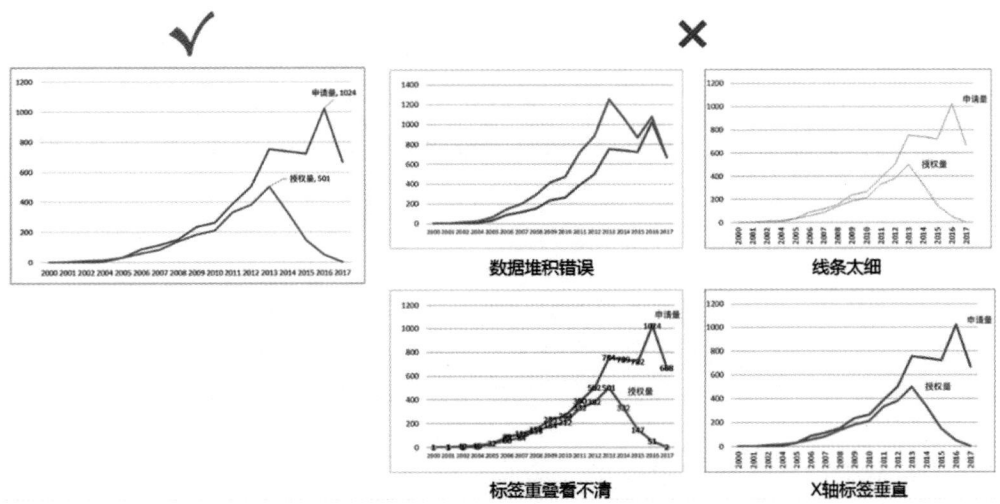

图 8-20　多系列折线图的制图规范

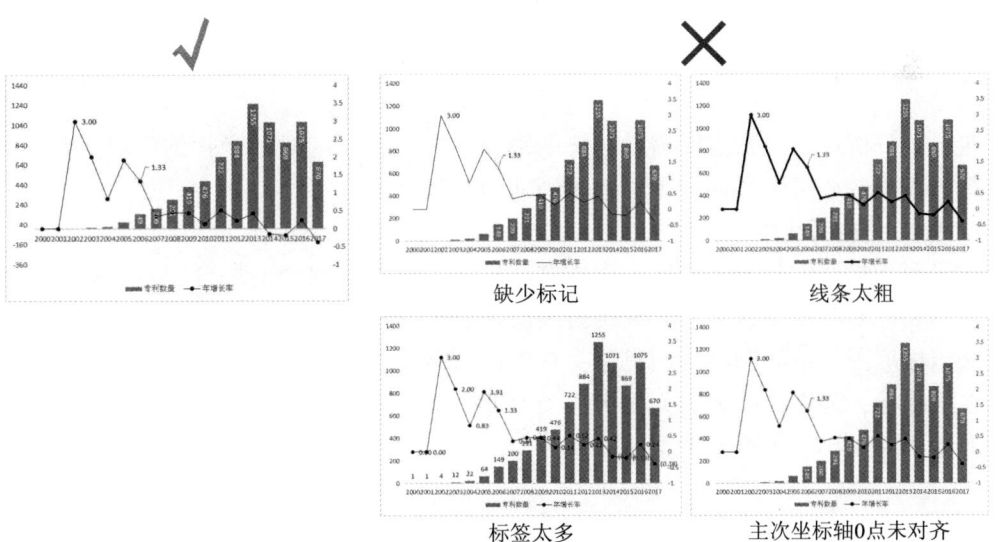

图 8-21　折线柱状组合图的制图规范

第九章 专利分析常用图表制作方法

专利分析图表是利用可视化手段展示专利信息的一种图表形式,能够最大化地挖掘专利数据背后的信息。专利分析图表可分为定量分析图表、定性分析图表和拟定量分析图表等。本章将重点介绍这3类图表的制作思路、作图方法和常用作图工具。

第一节 定量分析图表

定量分析图表是指用于表达定量分析内容的图表形式,通常包括趋势图、技术构成图和地域分布图等类型。❶

一、趋势图

在专利分析中,常常需要借助趋势图来分析专利数量随时间变化的情况,常见的趋势图有折线图、柱形图、面积图和生命周期图等类型。

1. 柱形图加折线图

柱形图加折线图是指一张图表中既有柱形图,又有折线图的综合图表。如利用常规的柱形图表征专利申请的数量,利用折线图来表征专利申请的增速情况。以 Excel 2016❷ 为例介绍柱形图加折线图的作图思路:首先插入两个柱形图系列,再将其中一个柱形图设置在次坐标,并更改图表类型为折线图,即形成柱形图加折线图,如图9-1所示。因作图方法相对简单,本章不再赘述。

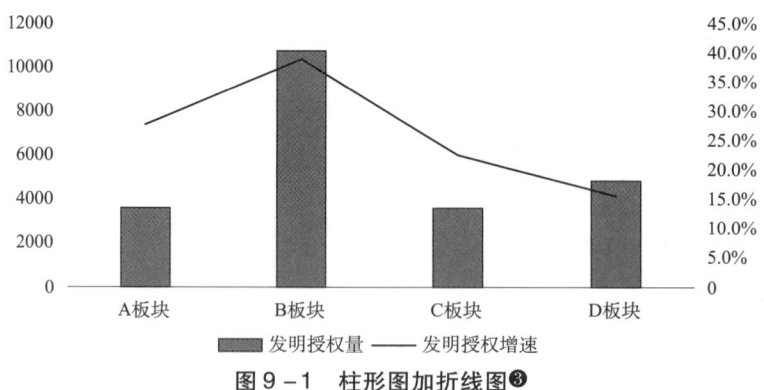

图9-1 柱形图加折线图❸

---

❶ 马天旗. 专利分析:方法、图表解读与情报挖掘 [M]. 北京:知识产权出版社,2015:2-3.
❷ 本章所指的 Excel 均为 Excel 2016 版本。
❸ 本章此类图可能未完整标明横纵坐标名称、单位等。

2. 带系列线的柱形图

带系列线的柱形图是指在普通堆积柱形图的基础上添加系列线，使图表更加直观明了，便于分析不同系列的变化趋势。作图思路为先制作堆积柱形图，然后添加系列线。作图方法如下。

第一步：准备数据。统计某一地区 1~5 月的专利申请量和授权量，如表 9-1 所示。

表 9-1　1~5 月的专利申请量和授权量❶

时　间	申请量	授权量
1 月	100	60
2 月	120	55
3 月	130	65
4 月	140	75
5 月	160	80

第二步：插入堆积柱形图。在 Excel 中选中数据后，单击菜单栏的"插入"—图表—堆积柱形图，如图 9-2 所示。

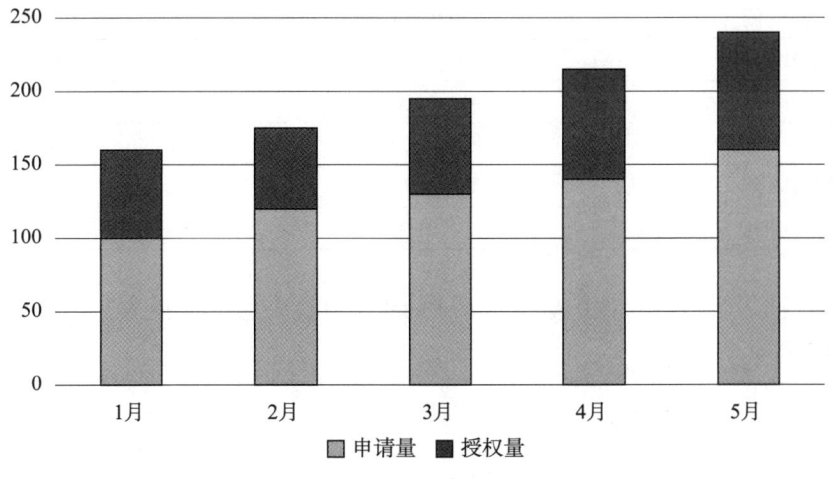

图 9-2　堆积柱形图

第三步：添加系列线。先用鼠标左键选中图表，再单击菜单栏上的"设计"—添加图表元素—线条—系列线。

第四步：完善图表。对图表的柱形宽度、坐标轴、图例和图标题等进行完善后，形成带系列线的柱形图，如图 9-3 所示。

---

❶ 本章此类表可能未完整标明数值单位等。

◎ 专利分析（修订版）

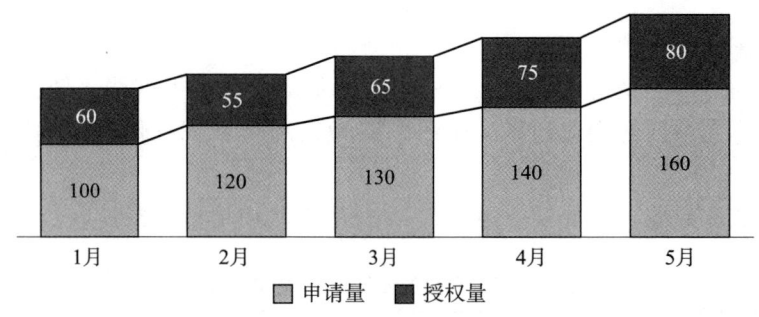

图9-3 带系列线的柱形图

3. 带高低点连接线的折线图

带高低点连接线的折线图是指在多重折线图的高点和低点添加连接线而形成的综合图表。它可用于对两组数据进行对比，使数据差异更加明显，连接线越长，差异越大。作图思路为先插入两个系列的折线图，再添加图表元素中的高低点连接线，作图方法如下。

第一步：准备数据。以某地区 2013～2017 年的专利授权量和专利申请量为例，观察近五年的专利变化趋势情况，如表 9-2 所示。

表9-2 近五年专利授权量与申请量

时 间	专利授权量	专利申请量
2013 年	2800	1038
2014 年	2200	1391
2015 年	2000	1663
2016 年	1871	2339
2017 年	2500	2862

第二步：插入折线图。选中数据，在 Excel 菜单栏中选择"插入"—图表—折线图，如图 9-4 所示。

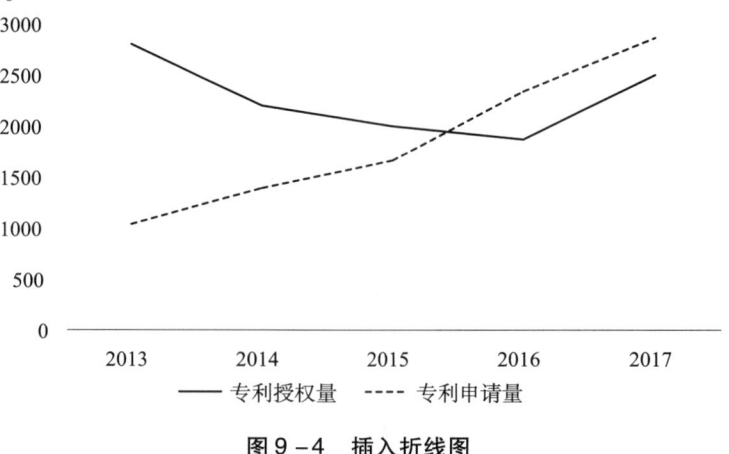

图9-4 插入折线图

第三步：添加连接线。选中图表，单击菜单栏上的"设计"—添加图表元素—线条—高低点连接线，如图9-5所示。

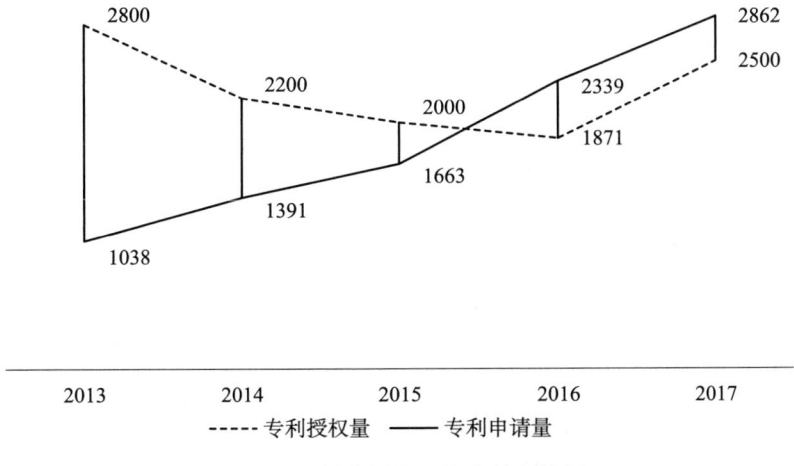

图9-5 带高低点连接线的折线图

4. 带垂直线的折线图

带垂直线的折线图是指在折线图上添加垂直线而形成的综合图表。它可使折线图中对应的数据系列数值更加明了且便于比较。添加垂直线的方法类似添加高低点连接线，选中图表后，单击菜单栏上的"设计"—添加图表元素—线条—垂直线，如图9-6所示。

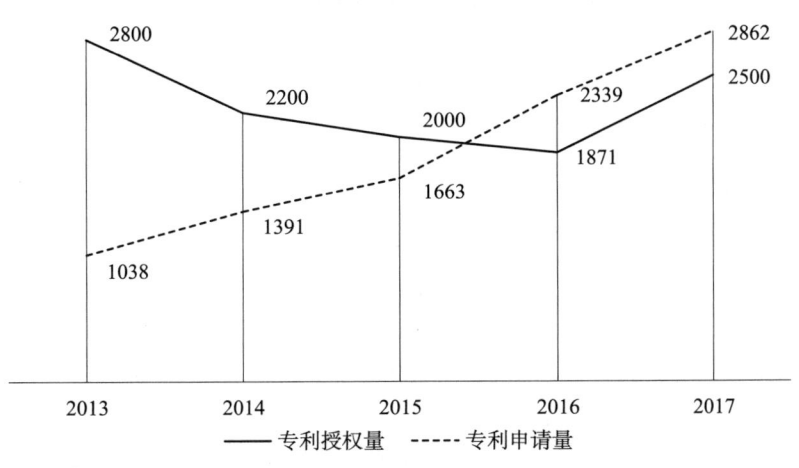

图9-6 带垂直线的折线图

5. 带分割线的折线图

带分割线的折线图是指在折线图中添加分割线的一种图表。分割线将图表分为多个区域，便于添加其他信息进行综合分析。作图思路为借助辅助数据，利用散点图的思维添加分割线。作图方法如下。

第一步：准备数据。以某地区2013~2017年的专利授权量和专利申请量为作图主数据。添加辅助数据，X轴为分割线的横坐标，Y轴为分割线的纵坐标，如表9-3所示。

表9-3 作图数据及辅助数据

时间	专利授权量	专利申请量	辅助数据	
2013年	2800	1038	X	Y
2014年	2200	1391	2	0
2015年	2000	1663	2	4000
2016年	1871	2339	4	0
2017年	2500	2862	4	4000

第二步:插入折线图。选中主数据,在 Excel 菜单栏上选择"插入"—图表—折线图。

第三步:添加系列。选中图表,单击鼠标右键选择"选择数据",添加系列3。

第四步:更改图表类型。选中图表的系列3,单击菜单栏"更改图表类型",将系列3的图表类型更改为"散点图"。

第五步:编辑数据系列格式。单击鼠标右键选中图表,单击"选择数据",编辑系列3的数据格式,设置散点图的横纵坐标。

第六步:添加趋势线。单击图中散点,鼠标右键选择"添加趋势线",完善图表后得到带分割线的折线图,如图9-7所示。

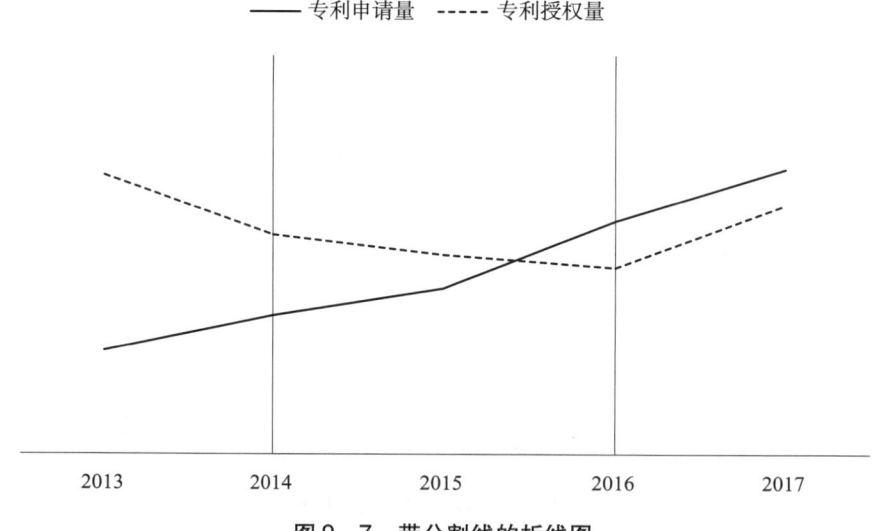

图9-7 带分割线的折线图

6. 分段堆积面积图

面积图能利用折线与坐标轴围成的图形来表现数据的累积值,还能展示数据随时间变化的趋势。在专利分析中,可以在堆积面积图中增加垂直线,即分段堆积面积图,便于观察不同阶段数据的变化情况。作图思路为先制作堆积面积图,再添加图表元素中的垂直线。作图方法如下。

第一步：准备数据。以 2010～2015 年北京、上海、广州和深圳的虚拟数据为例，如表 9-4 所示。

表 9-4　分段堆积面积图数据

区域	2010 年	2011 年	2012 年	2013 年	2014 年	2015 年
北京	20	40	50	80	110	130
上海	15	30	40	60	80	110
广州	12	20	30	40	60	90
深圳	10	15	20	30	40	80

第二步：插入堆积面积图。选中数据，在 Excel 菜单栏选择"插入"—图表—堆积面积图，如图 9-8 所示。

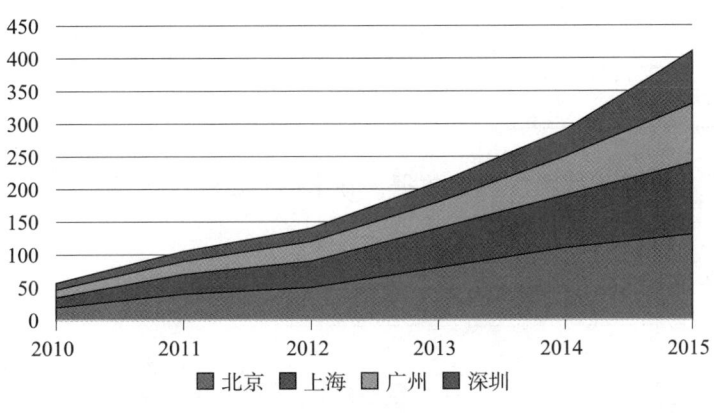

图 9-8　堆积面积图

第三步：添加垂直线。选中图表，单击菜单栏上的"设计"—添加图表元素—线条—垂直线，完善图表后形成分段堆积面积图，如图 9-9 所示。

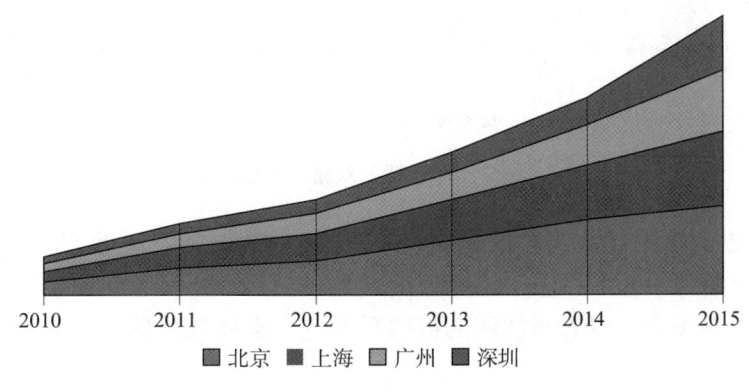

图 9-9　分段堆积面积图

7. 粗边面积图

粗边面积图是指在面积图中带有粗边的综合图表，可表达折线与坐标轴围成的面积大小，又可表达数据的变化趋势。作图思路为借助辅助数据，插入两个系列的面积图，然后将其中一个系列更改为折线图，然后调整折线的格式。作图方法如下。

第一步：准备数据。以 2013~2017 年某地区的专利授权量为例，同时复制专利授权量为辅助数据，如表 9-5 所示。

表 9-5 作图数据和辅助数据

时 间	专利授权量	辅助数据
2013 年	1500	1500
2014 年	2200	2200
2015 年	2500	2500
2016 年	2600	2600
2017 年	3000	3000

第二步：插入双重面积图。选中数据，在 Excel 菜单栏选择"插入"—图表—面积图，如图 9-10 所示。

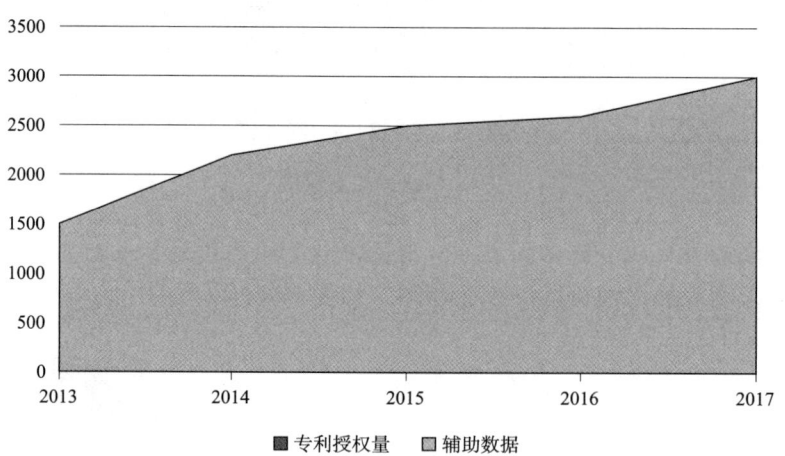

图 9-10 插入双重面积图

第三步：更改图表类型。选中图表，单击鼠标右键选择"更改图表类型"，将辅助数据的图表类型更改为折线图。

第四步：完善图表。设置折线图的粗细和颜色、坐标轴标题等内容后，形成粗边面积图，如图 9-11 所示。

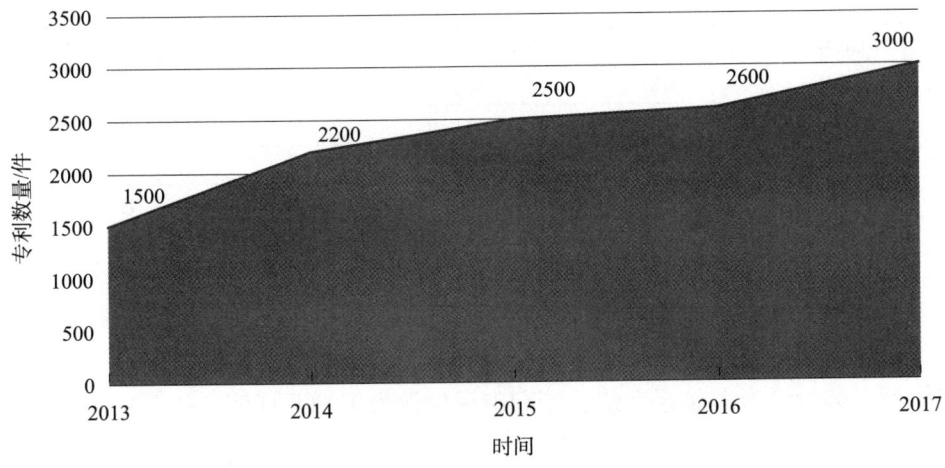

图 9-11 粗边面积图

8. 技术生命周期图

技术生命周期,是描述一项技术的使用,从基础科学或应用科学衍生发展,将之应用于产品开发与设计上,到该产品导入市场,直至该项产品退出整个市场的一段时间。[1] 专利技术生命周期图是利用专利申请量与专利申请人数量随时间的变化来分析技术生命周期的图表类型。[2]

技术生命周期图一般采用申请人数量为横坐标、申请量为纵坐标来表达某个技术领域技术生命周期的不同阶段,以表现出不同的阶段性特征。技术生命周期图可以借助散点图来表达,作图方法如下。

第一步:准备数据。以某技术领域在 2000~2014 年的专利申请量和申请人数量为例,如表 9-6 所示。

表 9-6　2000~2014 年的专利申请量和申请人数量

申请年份	申请人数量	专利申请量
2000	64	55
2001	116	78
2002	124	101
2003	179	144
2004	297	214
2005	258	250
2006	374	310
2007	401	353
2008	413	397
2009	445	525

---

[1] 李春燕. 基于专利信息分析的技术生命周期判断方法 [J]. 现代情报, 2012, 32 (2).
[2] 马天旗. 专利分析:方法、图表解读与情报挖掘 [M]. 北京:知识产权出版社, 2015: 15-18.

续表

申请年份	申请人数量	专利申请量
2010	512	630
2011	667	797
2012	792	1117
2013	958	1343
2014	815	1317

第二步：插入散点图。在 Excel 菜单栏选择"插入"—图表—散点图—带平滑线和数据标记的散点图，鼠标右键单击图表，选择"选择数据"，添加图例项，编辑数据系列。将申请人数量设为 X 轴系列值，专利申请量设为 Y 轴系列值，如图 9-12 所示。

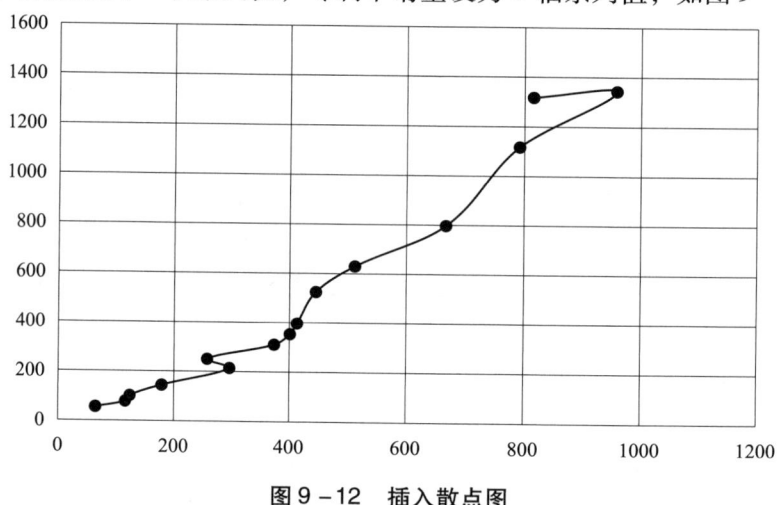

图 9-12 插入散点图

第四步：完善图表。单击鼠标右键选择折线图—添加数据标签—设置数据标签格式—标签选项—单元格中的值设置为申请日。完善图表后形成如图 9-13 所示的技术生命周期图。

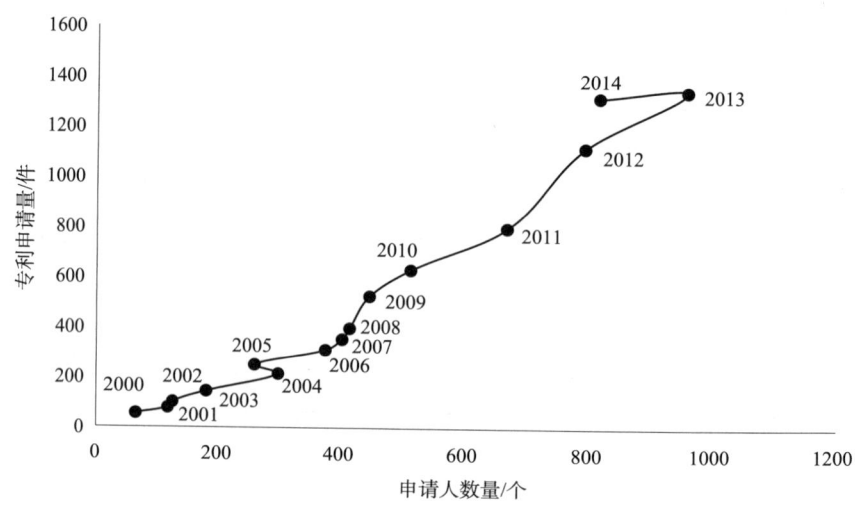

图 9-13 技术生命周期图

二、技术构成图

技术构成分析图表用于直观、系统地展示分析对象的专利技术整体构成情况。[1] 它通常可采用饼图、柱形图、树图、散点图等图表形式来表达。

1. 复合饼图

复合饼图是指从第一个饼图中提取一部分值,将其合并在第二个饼图中的综合图表。复合饼图既可以表达整体的构成,又可以展示局部的构成,便于强调第二个饼图中系列的百分比。复合饼图可以借助 Excel 来制作。具体作法如下。

第一步:准备数据。以某地区三种类型的专利为例,既要分析发明授权、实用新型和外观设计三种类型的占比情况,又要观察外观设计专利中 A、B、C 三个公司的专利占比情况,如表 9-7 所示。

表 9-7 复合饼图数据

专利类型	专利数量
发明授权	1038
实用新型	800
外观设计	500
A 公司	300
B 公司	100
C 公司	100

第二步:插入复合饼图。选中数据,在 Excel 菜单栏选择"插入"—图表—复合饼图,如图 9-14 所示。

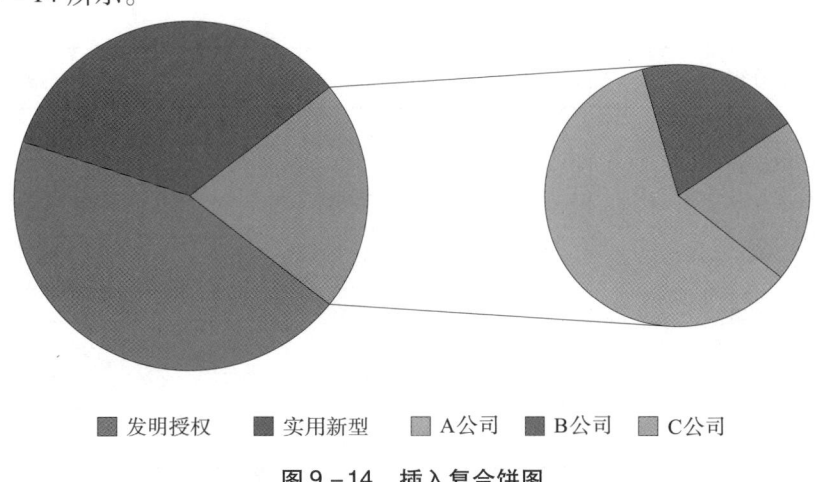

图 9-14 插入复合饼图

---

[1] 马天旗. 专利分析:方法、图表解读与情报挖掘 [M]. 北京:知识产权出版社,2015:26-27.

第三步：设置图表参数。选中图表，单击鼠标右键选择"设置数据系列格式"，在系列选项中将第二绘图区中的值设置为3，即第二个饼图的扇区数量。设置数据标签格式，并删除外观设计数据，形成复合饼图，如图9-15所示。

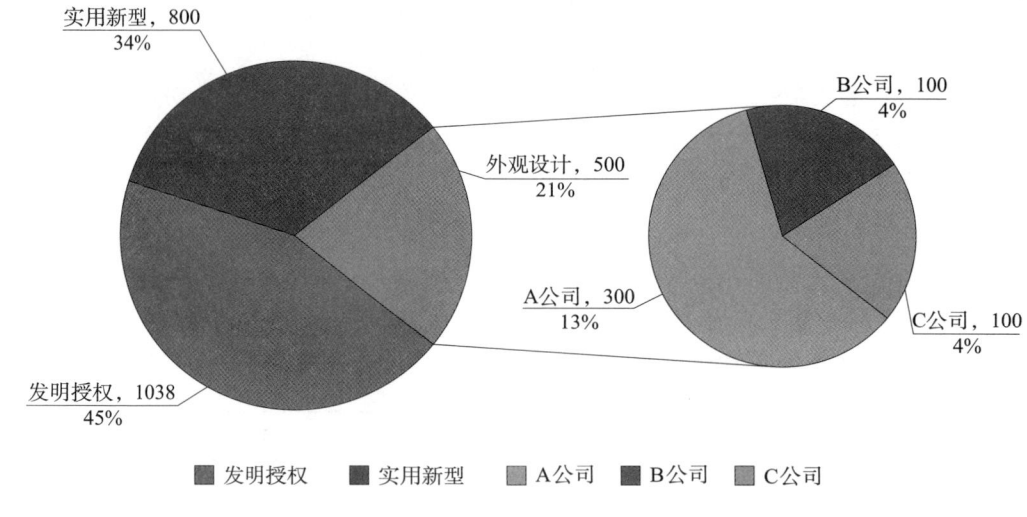

图9-15 复合饼图

2. 多环图

多环图也叫旭日图，可以表达某一技术领域技术分解的情况，又能展示不同层级技术分支中专利数量的占比情况。其最内层的环为一级指标，次内层的环为二级指标，以此类推。多环图可以借助Excel来制作，作图方法如下。

第一步：准备数据。以某区域人工智能技术各分支的专利数据为例，包括3个一级分支和6个二级分支，如表9-8所示。

表9-8 旭日图数据

一级分支	二级分支	专利数量
人工智能软件	人工智能基础软件	25
	人工智能应用软件	32
人工智能系统	人工智能系统	50
	人工智能芯片	48
	人工智能关键器件	54
人工智能平台	人工智能平台服务	80

第二步：插入旭日图。选中数据，在Excel菜单栏选择"插入"—图表—旭日图，完善图表后形成旭日图，如图9-16所示。

第九章　专利分析常用图表制作方法

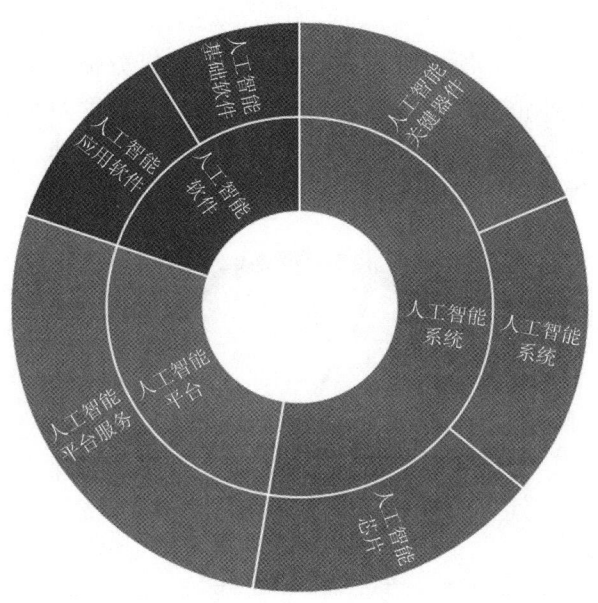

图 9-16　多环图

在多环图的基础上，可加入发明人、技术领域和专利文献号等信息，可以进行专利发明人的综合分析。如图 9-17 为东丽历年研发团队随时间变化的多环图，圆环外蓝色标识（此处无法显示）代表不同的技术领域，名字的大小代表该发明人专利数量的多少。从图中可以看出，在不同技术领域、不同时间段内，发明人参与技术创新的程度有所不同。

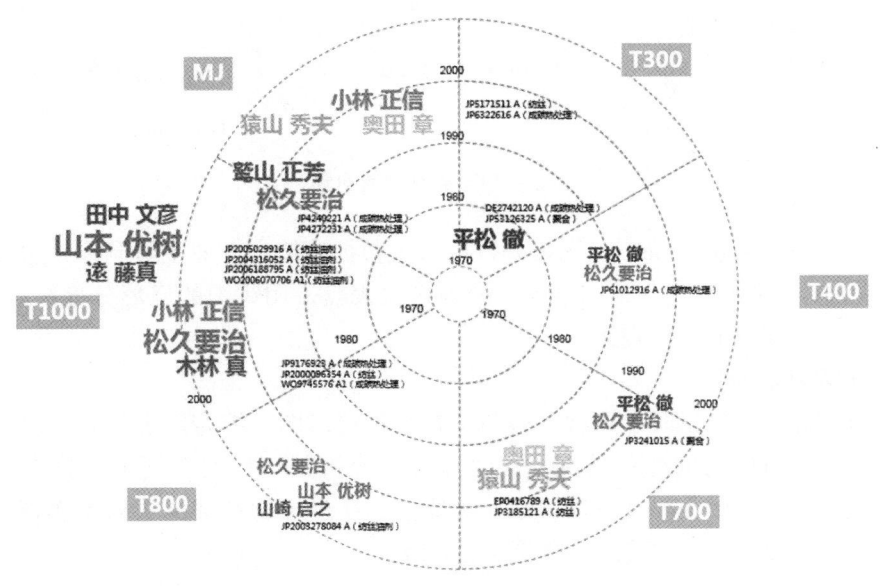

图 9-17　东丽历年研发团队多环图❶

---

❶ 杨铁军. 产业专利分析报告（第 14 册）：高性能纤维 [M]. 北京：知识产权出版社，2013：153.

3. 仪表盘

仪表盘因其形状像仪表，所以被称为仪表盘。仪表盘分配最小值和最大值，并定义一个颜色范围来划分指示值的类别，指针表示维度，指针角度表示数值，表达关键指标的数据或当前进度。在专利分析中，仪表盘可用于表达专利增速、规模、占比、项目进度、完成率、满意度等指标，如图9－18所示。

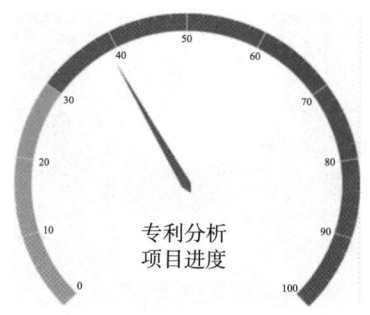

图9－18　仪表盘❶

仪表盘适合展示单一的价值和衡量标准，其指针数量不宜太多，一般不超过3个。当需要展示多个数据时，建议使用多个仪表盘来表达，如图9－19所示。

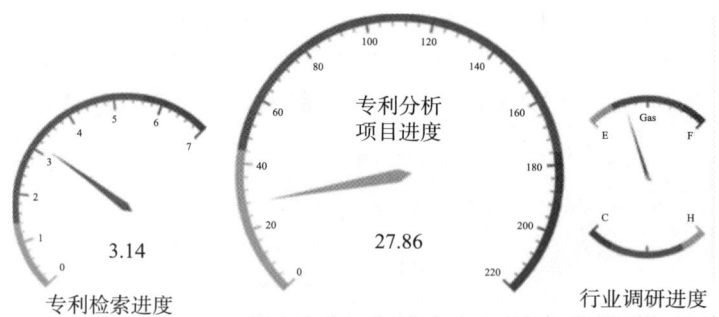

图9－19　组合仪表盘❷

仪表盘可通过百度Echarts、图表秀、国云大数据魔镜等专业工具制作。也可以借助Excel的环形图与饼图来实现，用半环形图制作仪表盘，用饼图的扇形分界线制作指针，调整图表格式后即可形成仪表盘。

4. 族状堆积柱形图

族状堆积柱形图是指既有族状柱形图又有堆积柱形图的综合图表。它可以比较多个数据系列在一段时间内的变化情况，同时又可以分析某些数据系列中各分支所占的比例。因图表中既有族状图，又有堆积图，需要借助次坐标轴和辅助数据来实现，先插入堆积柱形图，再设置族状柱形图。作图方法如下。

---

❶❷　图片来源于https://vis.baidu.com/chartusage/gauge。

第一步:准备数据。比较北京、上海和广州前3个月的专利申请量,同时需要观察北京前3个月的专利类型占比。作图主数据和辅助数据格式如表9-9所示。

表9-9 北京、上海和广州前3个月的专利申请量

地区	月份	申请量	辅助数据	发明	实用新型
北京	1月	100	0	30	70
北京	2月	110	0	40	70
北京	3月	123	0	45	78
上海	1月	90	90		
上海	2月	100	100		
上海	3月	115	115		
广州	1月	121	121		
广州	2月	128	128		
广州	3月	133	133		

第二步:插入堆积柱形图。选中所有数据,在Excel菜单栏选择"插入"—图表—堆积柱形图,如图9-20所示。

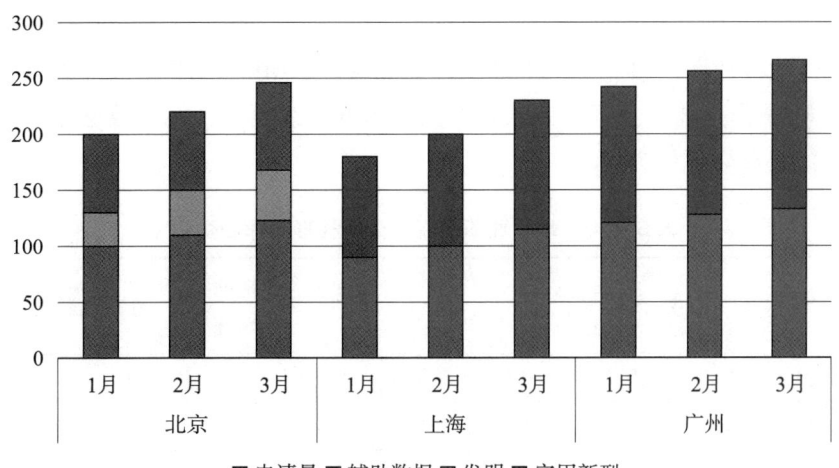

图9-20 插入堆积柱形图

第三步:将主数据(申请量)、辅助数据分别设置在次坐标轴。
第四步:将主数据(申请量)、辅助数据图表类型更改为簇状柱形图。
第五步:调整柱形图的颜色和柱形宽度,形成簇状堆积柱形图,如图9-21所示。

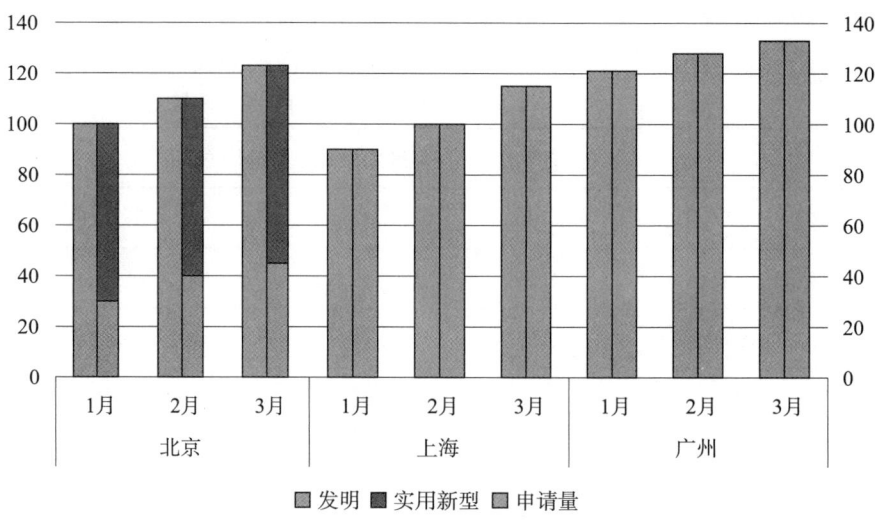

图 9-21 族状堆积柱形图

5. 堆积面积图 + 百分比柱形图

堆积面积图 + 百分比柱形图是指图中既有堆积面积图又有百分比柱形图的综合图表。堆积面积图反映专利数据随时间变化的趋势，紧接着用一个堆积百分比柱形图展示分项构成百分比，逻辑顺畅，阅读自然。作图思路为把最后一列的数据引用延展一次，一起做堆积面积图，然后用一个辅助的序列绘制一条白色的竖线，将面积图"遮断"为分开的面积图和柱形图。再用这个辅助序列来显示堆积百分比柱形图的标签。作图方法如下。

第一步：准备数据。以北京、上海、广州和深圳 2010～2015 年的虚拟数据为例，并将 2015 年的数据作为辅助数据，以散点数据作为分割线数据，标签数据作为百分比柱形图的标签值，如表 9-10 所示。

表 9-10 堆积面积图 + 百分比柱形图作图数据

	主 数 据						辅助数据	分割线数据		标签数据
	2010	2011	2012	2013	2014	2015		X 轴	Y 轴	
北京	20	40	50	80	110	130	130	6.1	410	31.7%
上海	15	30	40	60	80	110	110	6.1	280	26.8%
广州	12	20	30	40	60	90	90	6.1	170	22.0%
深圳	10	15	20	30	40	80	80	6.1	80	19.5%
						410		6.1	0	

第二步：插入堆积面积图。选中基础数据和辅助数据，在 Excel 菜单栏选择"插入"—图表—堆积面积图，如图 9-22 所示。

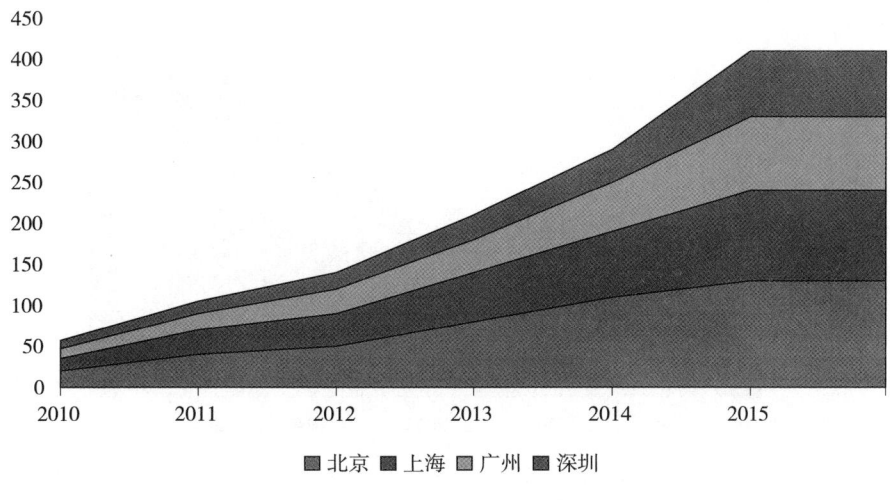

图 9-22　插入堆积面积图

第三步：插入分割线。选中图表，单击鼠标右键选择数据，添加一个序列，并将该序列图表类型更改为散点图，指定 X 轴、Y 轴数据源位置。选中散点图，单击鼠标右键设置数据系列格式，线条设置为实线、白色，宽度设置为 5 磅，如图 9-23 所示。

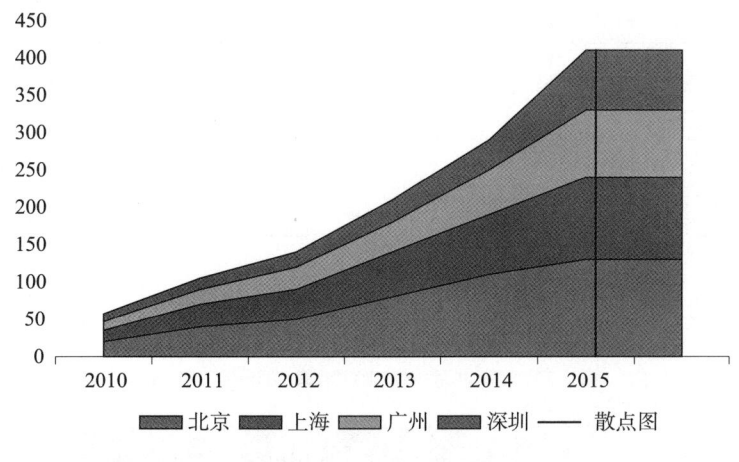

图 9-23　插入分割线

第四步：添加数据标签。散点图添加数据标签，并指定为标签数据的值，完善图表后，形成堆积面积图+百分比柱形图，如图 9-24 所示。

6. 矩形树图

矩形树图是指通过变换矩形的方向和嵌套矩形来表示不同层级的综合图表。其可用于比较同一层级中各个并列项的数值大小。用矩形的大小和颜色来表示多个指标的数值。矩形树图可以借助百度 Echarts、图表秀、国云大数据魔镜等专业工具制作，也可以用 Excel 制作。作图方法如下。

第一步：准备数据。以广东、山东、浙江、北京和河南某一时期的专利授权量和专利申请量为例，如表 9-11 所示。

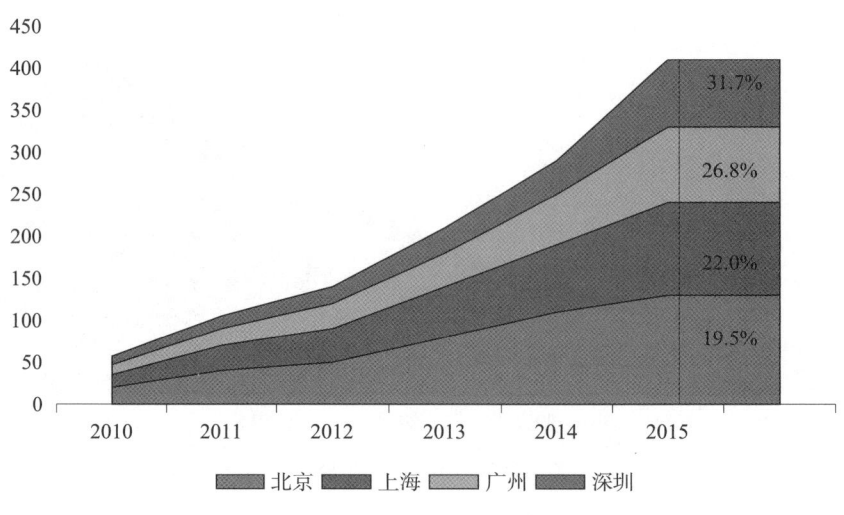

图 9-24 堆积面积图 + 百分比柱形图

表 9-11 矩形树图数据

省市	专利授权量	专利申请量
广东	2500	2862
山东	1871	2339
浙江	2000	1663
北京	2200	1391
河南	1500	1038

第二步：插入矩形树图。选中数据，在 Excel 菜单栏选择"插入"—图表—树状图，如图 9-25 所示。

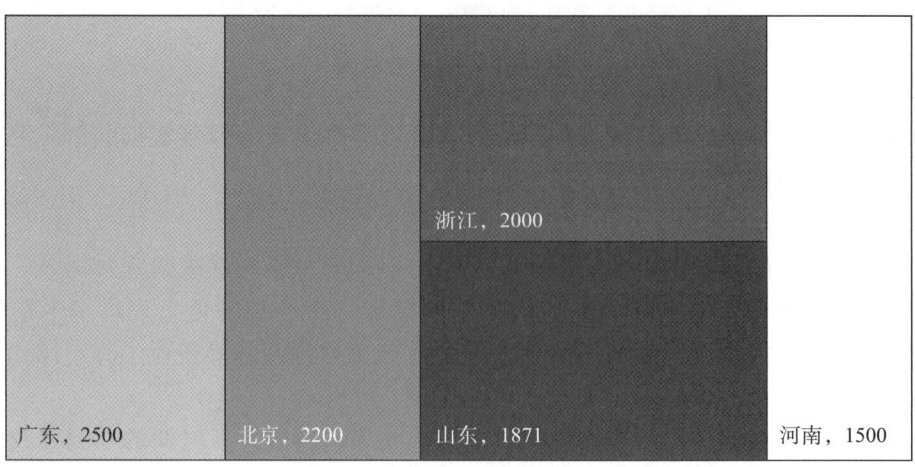

图 9-25 插入矩形树图

第三步：设置图表颜色为单一色系，并对专利申请量进行降序排列，得到如图 9-26 所示的矩形树图。

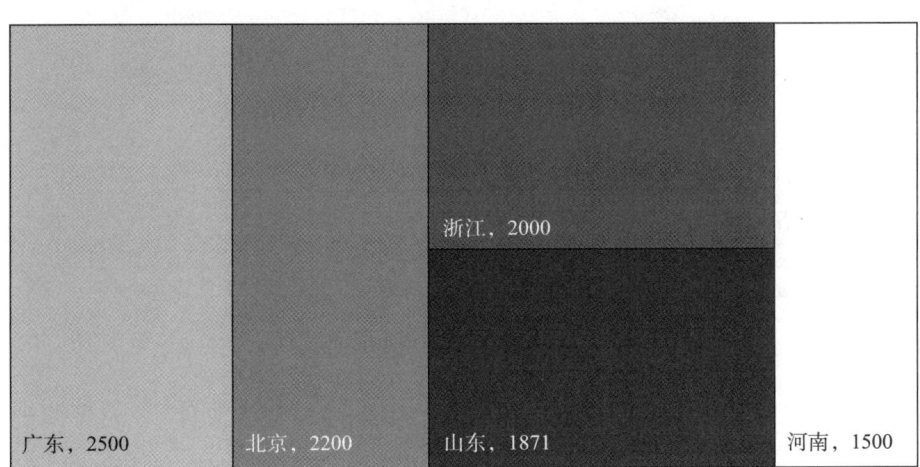

图 9-26　表达二维数据的矩形树图

7. 瀑布图

瀑布图因其形状像瀑布流水，所以被称为瀑布图。瀑布图采用绝对值与相对值结合的方式表达总量和构成之间的关系。可以借助百度 Echarts、图表秀、国云大数据魔镜等专业工具制作，也可以用 Excel 制作。作图方法如下。

第一步：准备数据。以某地区无人机领域各技术分支专利授权量为例，如表 9-12 所示。

表 9-12　瀑布图数据

技术分支	专利授权量
整机	2500
导航	2200
飞控	2000
载荷	1871
总计	8571

第二步：插入瀑布图。选中数据，在 Excel 菜单栏选择"插入"—图表—瀑布图，如图 9-27 所示。

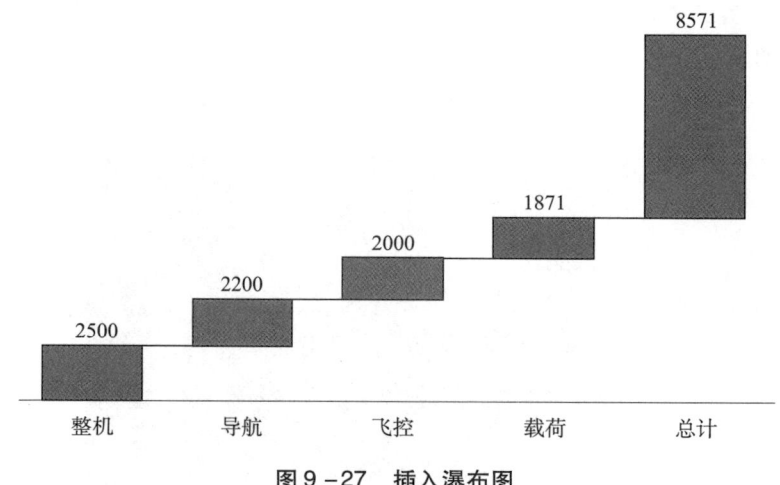

图 9-27 插入瀑布图

第三步：完善图表。单击总计柱形图，右键选择"设置为总计"，完善图表后形成瀑布图，如图 9-28 所示。

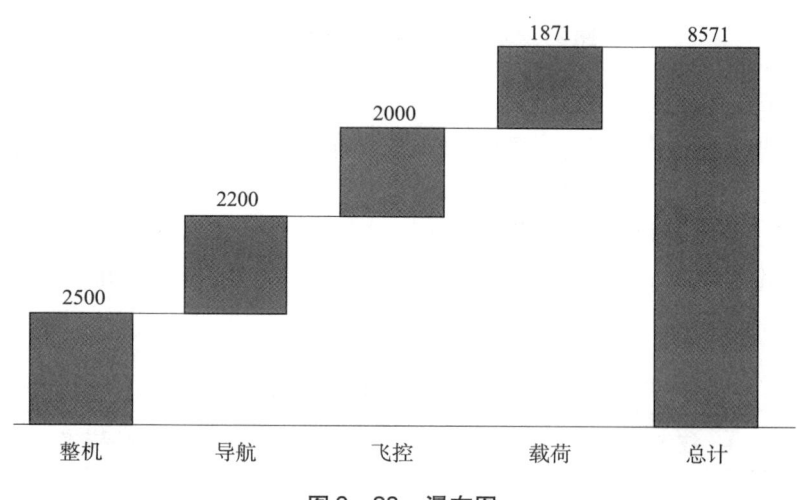

图 9-28 瀑布图

8. 比较条形图

比较条形图通常是指在一个图中有两个条形图的综合图表。它可以对比两个数据系列在某些技术领域的数据情况。比较条形图中每一组条形图表示一个系列，每组条形图中的各个条形表示不同项目。可以借助百度 Echarts、图表秀、国云大数据魔镜等专业工具制作，也可以用 Excel 制作。因涉及两组不同方向的条形图，需借助次坐标轴来实现。作图方法如下。

第一步：准备数据。以北京和广东某一时期无人机各技术分支的虚拟专利数据为例，如表 9-13 所示。

表 9-13　比较条形图数据

技术分支	北京	广东
地面	20	15
载荷	38	45
飞控	40	39
整机	50	60
导航	60	50

第二步：插入簇状条形图。选中数据，在 Excel 菜单栏选择"插入"—图表—簇状条形图。

第三步：设置次坐标。将某一数据系列设置为次坐标。

第四步：设置逆序刻度值。选中主坐标轴，单击鼠标右键选中"设置坐标轴格式"，在坐标轴选项中选择"逆序刻度值"，如图 9-29 所示。

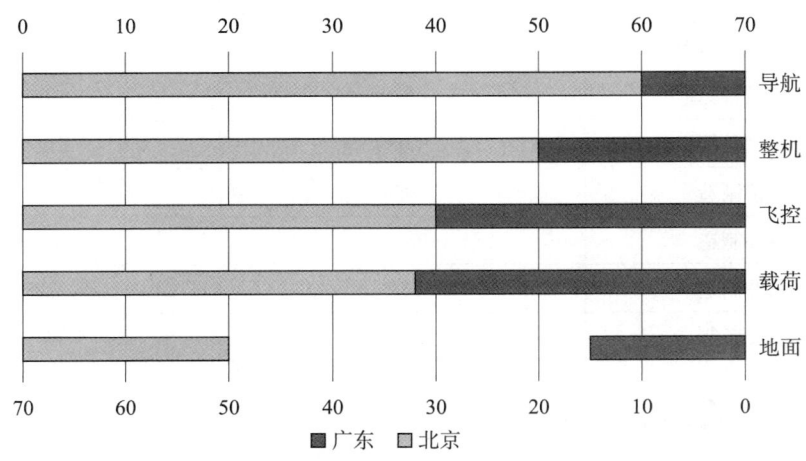

图 9-29　设置坐标轴格式

第五步：完善图表。设置坐标轴边界的最大值和最小值，完善图表后，形成比较条形图，如图 9-30 所示。

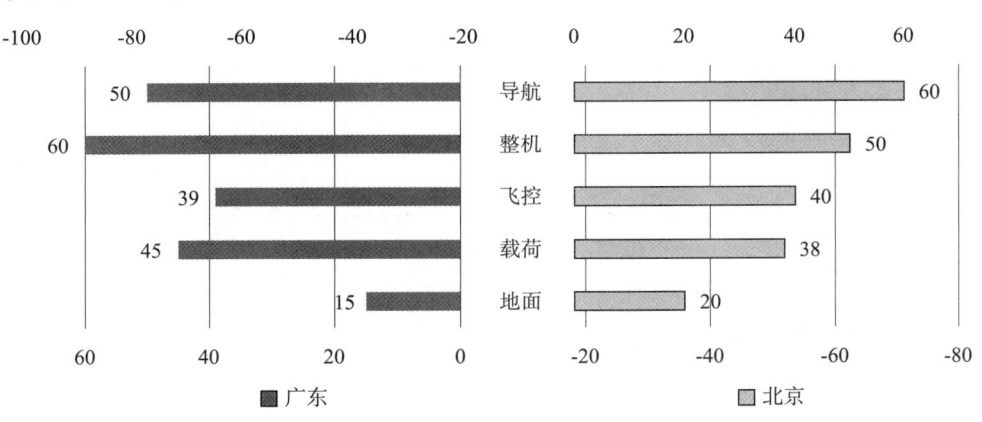

图 9-30　比较条形图

9. 散点图

散点图通常用来表达两个变量之间的相关性，即在直角坐标系显示数据的两个变量之间的关系，数据显示为点的集合，适合在不考虑时间的情况下比较大量的数据点。可以借助百度 Echarts、图表秀、国云大数据魔镜等专业工具制作，也可以用 Excel 制作。作图方法如下。

第一步：准备数据。以部分行业 R&D 人员折合全时当量与专利申请量为例，如表 9-14 所示。

表 9-14 部分行业 R&D 人员折合全时当量与专利申请量

行业名称	R&D 人员折合全时当量/人年	专利申请量/件
医药制造业	5049	396
化学药品制造	1869	130
生物药品制造	1502	157
航空、航天器及设备制造业	3137	580
航空航天器修理	53	25
电子及通信设备制造业	10089	2764
通信设备制造	4954	721
电子器件制造	2342	948
电子元件制造	889	225
其他电子设备制造	1251	673

第二步：插入散点图。在 Excel 菜单栏选择"插入"—图表—散点图，单击"选择数据"—添加图例项，将 R&D 人员折合全时当量数据和专利申请量数据分别设为 X 轴系列值和 Y 轴系列值，如图 9-31 所示。

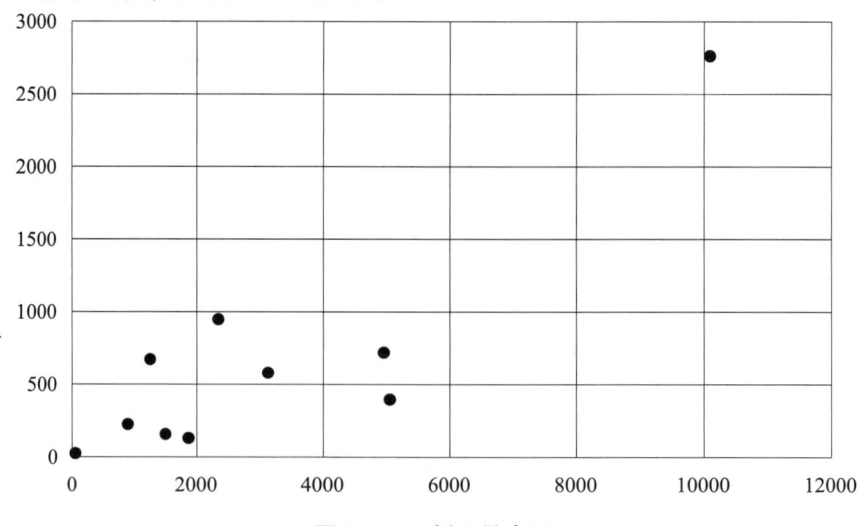

图 9-31 插入散点图

第三步：添加趋势线。鼠标右键单击散点图，选择"添加趋势线"。完善图表后形成散点图，如图9-32所示。

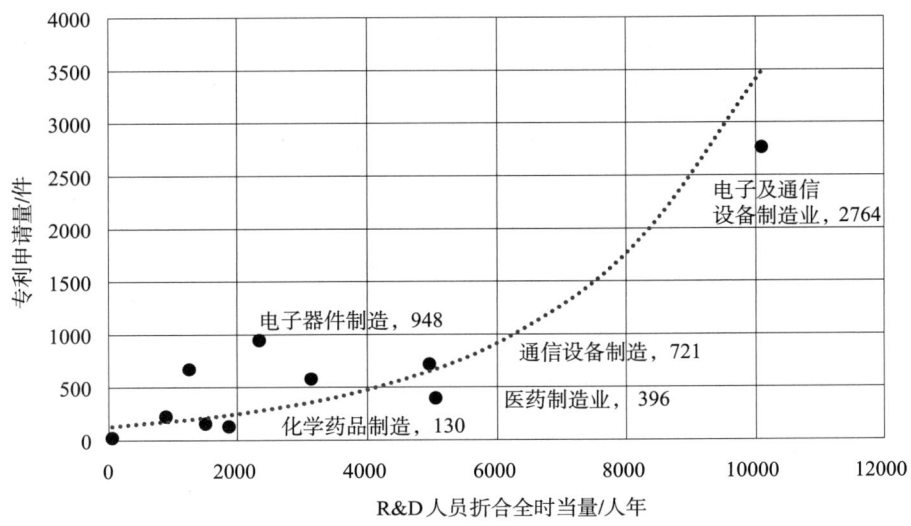

图9-32 散点图

10. 雷达图

雷达图常用来展示多个数据系列不同指标的对比情况，使读者能直观明了地观察不同系列各项指标的对比情况。可以借助百度Echarts、图表秀、国云大数据魔镜等专业工具制作，也可以用Excel制作。作图方法如下。

第一步：准备数据。以广东、江苏、浙江、北京和上海的各个专利指标数据为例，观察5个地区在各个专利指标的对比情况，如表9-15所示。

表9-15 雷达图数据

区域	申请量	授权量	有效量	发明专利量	实用新型专利量
广东	100	80	50	60	49
江苏	80	60	60	80	67
浙江	110	50	80	66	55
北京	90	70	50	77	66
上海	70	90	70	81	70

第二步：插入雷达图。选中数据，在Excel菜单栏选择"插入"—图表—雷达图，如图9-33所示。

◎ 专利分析（修订版）

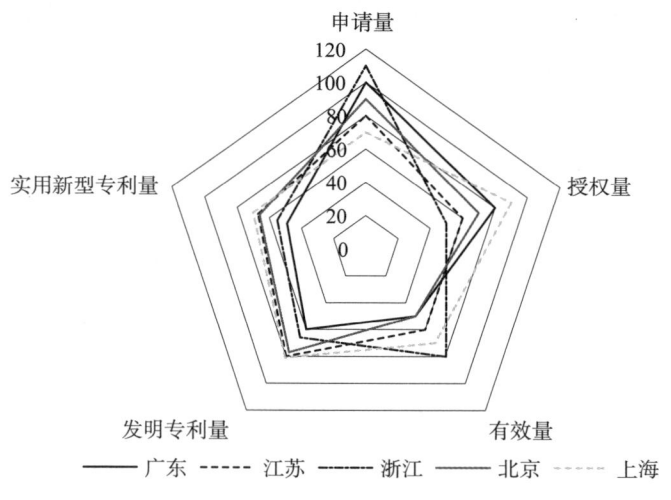

图 9-33　雷达图

雷达图形式多样，还有带数据点的雷达图和填充雷达图等形式，如图 9-34 所示。

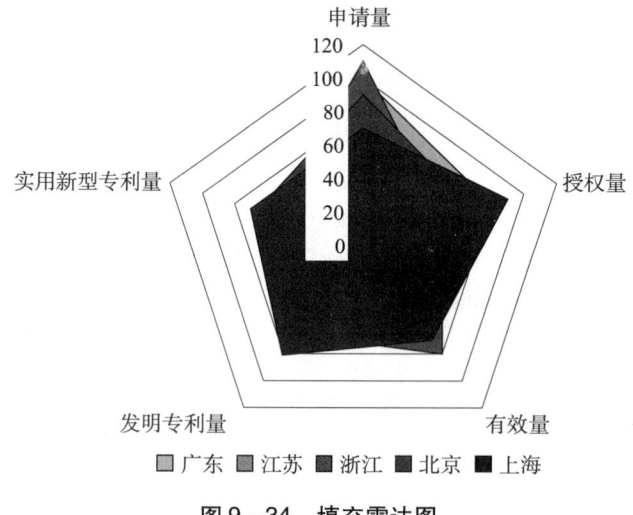

图 9-34　填充雷达图

11. 漏斗图

漏斗图因形状像漏斗而得名。漏斗图将数据呈现为几个阶段，每个阶段的数据都是整体的一部分，从一个阶段到另一个阶段数据自上而下逐渐下降或逐渐上升。[1] 漏斗图是展示数据变化的一个逻辑流程，如果数据是无逻辑顺序的占比比较，使用饼图更合适。漏斗图可通过百度 Echarts、图表秀、Python 等专业工具制作，也可以借助 Excel 的堆积条形图来实现。

在专利分析中，漏斗图可以展示某一创新主体从专利申请量、专利公开量、专利授权量到最后的有效专利数量的变化情况，如图 9-35 所示。

---

[1] https://vis.baidu.com/chartusage/funnel.

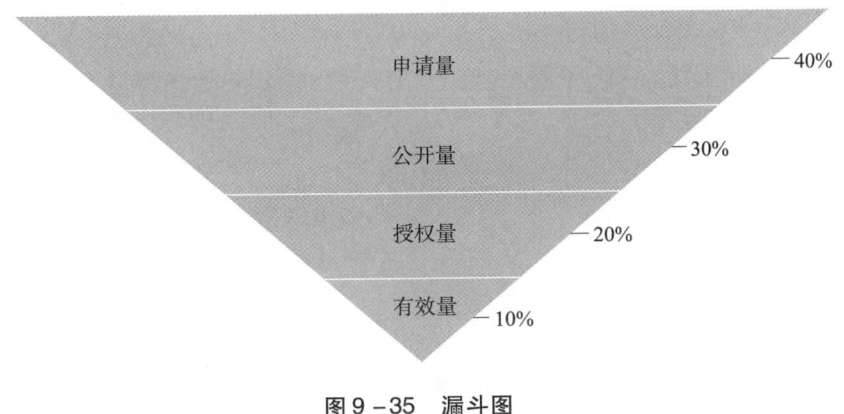

图 9-35 漏斗图

如需对两个基于同一事情前后的两份数据进行对比,可使用叠加漏斗图,例如图 9-36 通过专利申请量、授权量、有效量、运营量和转让数量的对比,分析从专利申请数量到专利转化数量的偏差。

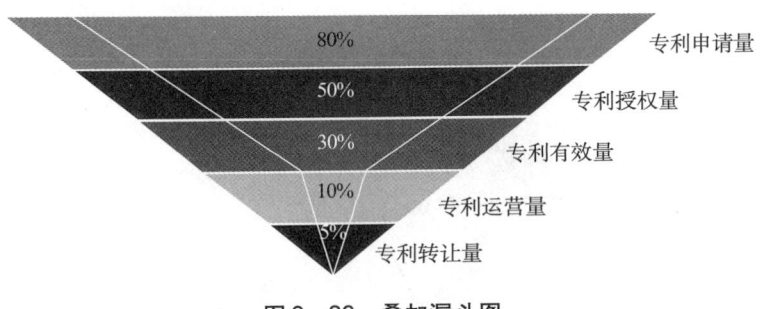

图 9-36 叠加漏斗图

如需对两个数据系列的不同阶段的数据占比进行比较时,可以用左右对比的漏斗图,同时分析两个系列的变化情况。如图 9-37 所示为两个城市从专利申请到专利转让各个阶段的数据对比情况。

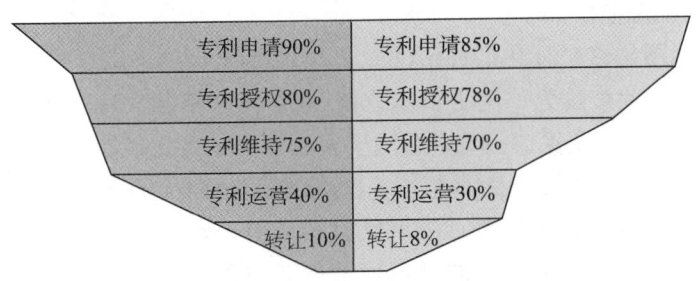

图 9-37 左右对比漏斗图

12. 桑基图

桑基图通常是从左到右布局数据流,并使用连接线的宽度指示流量。在节点的每一侧,连接堆积在入口点和出口点,代表了总的进入和离开流量。桑基图可以用于专利分析中的目标国分析和来源国分析等,如图 9-38 所示。

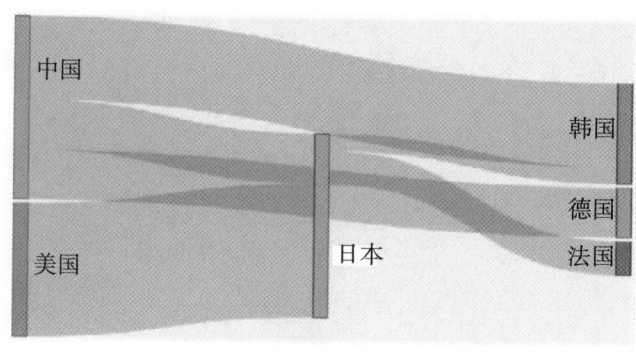

图9-38 中美在日、韩、德、法的专利布局对比图

桑基图有多种变形,如将桑基图的形状调整为圆形后,形成圆形的网络图。图9-39为战略性新兴产业全球发明专利布局图,从图中可以看出,发明专利申请主要面向中、美、日布局,中国成为欧洲、日韩、美国战略性新兴产业域外专利布局的第一、二、三目标国。❶

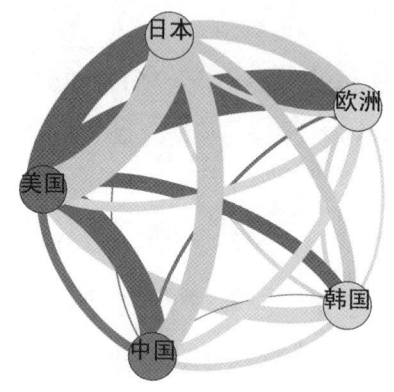

图9-39 战略性新兴产业全球发明专利布局图

13. 南丁格尔玫瑰图

南丁格尔玫瑰图是极坐标化的柱形图,最早由战地女护士南丁格尔发明,且形状像一朵绽放的玫瑰,因此被称为"南丁格尔玫瑰图"。南丁格尔玫瑰图使用扇形的半径表示数据的大小,各扇形的角度保持一致,适用于表达多个系列比较数据。南丁格尔玫瑰图可通过百度Echarts、图表秀等专业工具制作,也可以借助Excel的多环图来实现。

图9-40为两组数据对比的南丁格尔玫瑰图,用于表达中美在科技、健康、财富和环境发展等方面的对比数据,不同的颜色表示不同的数据系列,红色表示中国的各项数据,蓝色表示美国的各项数据(此处无法显示颜色)。从图中可以清晰地看出中美两个国家在各项指标方面的对比情况,如美国人均国内生产总值(GDP)高于中国,美国拥有世界上最大的赤字负担,而中国拥有世界上最大的预算盈余。

---

❶ 参见国家知识产权局《战略性新兴产业专利统计分析报告》。

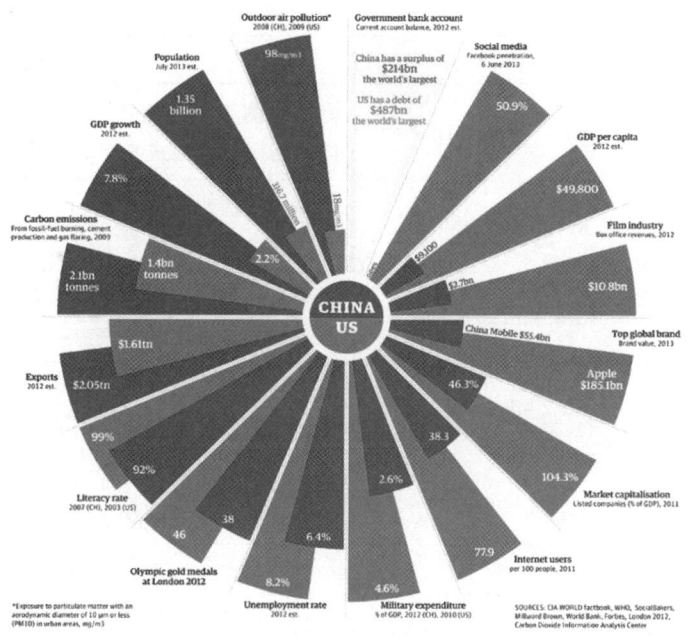

图 9-40　中美科技经济数据比较图❶

三、地域分布图

地域分布图是指借助地理位置分布来表征专利信息的一种图表形式，简称地图。专利分析中，可借助地图来表达不同行政区域在某些技术领域的对比情况，反映一个国家或一个区域的技术研发实力和市场主体情况等。

1. 地域分布图的类型

从地域来看，地图可分为世界地图、中国地图、省市地图、区县地图及功能区域图等。从形式来看，地图可分为热力地图、气泡地图、柱形地图、流向地图、脚印地图、交通路况地图和其他综合地图等。

热力地图是将数据系列划分为多个范围段，并赋予不同的颜色，通过地图的颜色来展示不同区域数值的差异程度。热力地图有平面热力地图和 3D 热力地图等不同形式。气泡地图和柱形地图是将数据系列用气泡大小和柱形高度来表达，并结合地图来展示不同区域数值的差异程度。流向地图是用弧线连接数据的起点和终点位置，表达不同区域之间数据的流动情况。脚印地图是在地图上制作不同的标记来表达数据的差异程度，如产品销售区域分布图可以用脚印地图来表达。交通路况地图是通过赋予道路不同的颜色来表达道路的车流量情况。同时也可将以上几种地图形式综合起来使用，如在热力地图的基础上增加气泡图和柱形图，表达多个数据系列在不同区域的数据变化情况。

2. 常用地图制作工具

地图一般需要借助专业工具来制作，常用地图制作工具如表 9-16 所示。

---

❶　http://www.guardian.co.uk/news/datablog/2013/jun/07/china-us-how-superpowers-compare-datablog.

表9-16 常用地图制作工具

序号	名称	网址	特点
1	地图慧	www.dituhui.com	专业地图工具,免费在线制图,地图形式多样,简单易用,一键式制作专业地图,自定义程度低
2	百度Echarts	www.echarts.baidu.com	开源免费在线制图,地图美观,形式多样,自定义程度高,用户需要了解编程语言
3	图表秀	www.tubiaoxiu.com	免费在线制图,地图形式多样,简单易用,适用于制作数据报表或仪表盘
4	亿图	www.edrawsoft.cn	简单易用,功能强大,提供矢量设计图形及主题模板,需要下载安装使用,工具收费
5	兰图绘	www.ldmap.net	在线地图标绘平台,适合将业务数据搬上地图展现和管理,支持团队协作绘图,支持在线分享
6	国云大数据魔镜	www.moojnn.com	免费在线制图,无须写代码,拖曳完成图表制作,可视化效果酷炫,支持仪表板、团队协作
7	地图无忧	www.dituwuyou.com	地理信息可视化、分析与管理平台,支持业务网点标注、区域划分管理、智能路线规划、地理商业智能
8	极海	https://geohey.com	免费在线地图制作,提供二十余种不同风格地图,可与任何地图系统无缝对接,满足不同场景需求
9	Power BI	powerbi.microsoft.com	免费图表制作,地图形式多样,图表美观,支持仪表盘和报表,需要下载安装使用
10	国家测绘局	219.238.166.215/mcp/index.asp	提供官方测绘地图,如公路交通、农业区划、自然地理等测绘地图,权威准确,自定义程度低
11	Tableau	(单机版)	专业制图工具,自定义程度高,用户需要了解编程语言
12	Python	(单机版)	专业制图工具,自定义程度高,用户需要了解编程语言
13	D3	(单机版)	专业制图工具,自定义程度高,用户需要了解编程语言

第二节 定性分析图表

定性分析图表是指用于表达定性分析内容的图表形式,通常包括技术功效矩阵图、

专利技术路线图等类型。❶

专利技术功效矩阵分析属于专利定性分析的一种,其通过对专利文献反映的技术主题内容和主要技术功能效果之间的特征研究,揭示它们之间的相互关系。❷ 该分析适用于特定的专利组合或集群,便于相关技术人员掌握该专利组合或集群的技术布局情况,用于寻找技术空白点、技术研发热点和突破点,以规避技术雷区,发现潜在研发方向。通常由技术分支和功能效果构建的技术功效矩阵表和技术功效矩阵图来分析专利技术行业发展的整体情况。❸

一、技术功效矩阵图

技术功效矩阵采用表格的形式表示技术手段和技术效果的关系。一般采用横轴表示技术效果,纵轴表示技术手段,横纵轴交叉确定的是某种技术手段产生某种技术效果的专利数量。专利技术功效矩阵表的制作流程一般分为数据准备、技术功效划分、数据标引、数据统计和图表制作5个环节,如图9-41所示。

图9-41 技术功效矩阵表的制作流程

第一步:数据准备。数据准备是技术功效矩阵表制作的最基本环节。对特定技术主题进行检索得到原始专利数据,在此基础上进行必要字段采集、数据清理和数据项规范,形成与技术主题相关的可用专利数据。其中,采集的数据应包括发明名称、摘要、主权项、分类号等包含技术手段和技术效果的基本字段信息,必要时通过阅读说明书来识别技术功效。

第二步:技术功效划分。专利技术功效划分是对专利技术的技术问题、技术手段和技术效果进行归纳总结,提炼出特定技术常见的技术手段和技术效果,是技术功效矩阵表制作最重要的环节。技术功效划分得准确与否直接影响专利分析结果的好坏。因此,在技术功效划分时一般需要与相关技术人员进行深入沟通,确保技术功效划分准确,归纳总结的标准相同。

第三步:数据标引。数据标引是对每篇专利的技术效果和技术手段进行标记,便于进行数据统计。标引方法包括批量标引和人工标引等。人工标引是指专利分析人员通过人工逐篇阅读专利文献进行技术手段和技术效果等的标引,人工标引适用于专利文献较少的技术领域。批量标引主要适用于大量专利文献的标引,批量标引可通过关键词与分类号等进行二次检索实现。

第四步:数据统计。数据统计主要是针对标引好的专利数据进行分类计数,如统计各个技术手段对应的各技术效果的专利数量。

---

❶ 马天旗. 专利分析:方法、图表解读与情报挖掘 [M]. 北京:知识产权出版社,2015:2-3.
❷ 陈燕,方建国. 专利信息分析方法与流程 [J]. 中国发明与专利,2005 (12).
❸ 陈颖,张晓林. 专利技术功效矩阵构建词汇模型研究 [J]. 情报科学,2012 (11).

第五步：图表制作。图表制作是指基于数据统计结果制作技术功效矩阵表，一般以技术效果为横轴，技术手段为纵轴绘制表格。如表9-17展示了某专利技术进行技术功效标引后的数据情况，表格左边一栏为技术手段，最上面的一行为技术效果。

表9-17 技术功效矩阵

技术功效	技术效果 A	技术效果 B	技术效果 C	技术效果 D
技术手段1	40	20	6	21
技术手段2	23	80	35	43
技术手段3	46	30	54	61
技术手段4	12	66	17	15

技术功效矩阵表的特点是可以在表格中加入更多维度的信息，使分析的内容更加丰富。如可以在技术功效矩阵表格中加入时间维度、技术主体维度、法律状态维度等信息，这样可以看出每个技术点的专利申请趋势、研究人员分布以及专利的有效性等信息。

技术功效矩阵图是采用气泡的大小表达矩阵表中数值的大小，是技术功效分析最常用的表达形式，相比技术功效矩阵表，技术功效矩阵图具有清晰、直观的视觉效果。技术功效矩阵图还可根据用途分为重叠气泡图、饼状气泡图和族状气泡图等。气泡图用3个数值进行表征，X值、Y值以及Z值，其中X值和Y值主要起到对气泡进行定位的作用，即确定气泡的圆心位置，而Z值则用于确定气泡面积的大小。

1. 常规技术功效气泡图

第一步：准备数据。通常我们经过统计分析可以获得关于技术功效和技术手段的数据❶，以此数据源来绘制气泡图，如表9-18所示。

表9-18 技术功效矩阵数据

技术功效	技术效果1	技术效果2	技术效果3	技术效果4	技术效果5	技术效果6	技术效果7
技术手段1	40	20	6	21	8	33	26
技术手段2	20	80	30	43	12	56	55
技术手段3	40	30	54	61	33	10	12
技术手段4	12	66	17	15	10	60	22
技术手段5	55	10	44	55	66	16	18

第二步：设置辅助数据。由表9-18可以看出，原始数据中仅给出了表征气泡大小的Z值，还需要确定气泡位置的横坐标和纵坐标，即X值和Y值，因此需要通过辅助数据来确定气泡的位置。辅助数据表中，X列表示技术功效矩阵数据的横坐标，Y列表示

---

❶ 本章图表制作所用数据，如无特别说明，均为虚构数据。

技术功效矩阵数据的纵坐标，通过辅助数据的 X 值、Y 值确定技术功效气泡的位置，如表 9-19 所示。

表 9-19 技术功效矩阵图辅助数据

	Y	Y	Y	Y	Y	Y	Y
X	1	2	3	4	5	6	7
X	1	2	3	4	5	6	7
X	1	2	3	4	5	6	7
X	1	2	3	4	5	6	7
X	1	2	3	4	5	6	7
X	1	2	3	4	5	6	7
X	1	2	3	4	5	6	7

第三步：插入气泡图。准备好技术功效矩阵数据和辅助数据后，利用 Excel 2016 进行作图，在不选择任何数据的情况下，在 Excel 菜单栏单击"插入"—图表，选择"气泡图"。

第四步：添加数据系列。在图表中单击鼠标右键"选择数据"，然后单击图例项的"添加"开始添加数据系列，选择数据系列的对应数据源，并选择技术功效矩阵表的数据放入"系列气泡大小"栏，选择辅助数据表的行放入 X 轴系列值，辅助数据表的列放入 Y 轴系列值，确定后即可生成原始的技术功效矩阵图。

第五步：图表完善。生成技术功效矩阵图后，还需对图表进一步编辑，如调整气泡的大小、气泡的颜色、气泡的位置、坐标轴设置、技术手段和技术效果标签等，方可形成符合制图规范的图表，如图 9-42 所示。

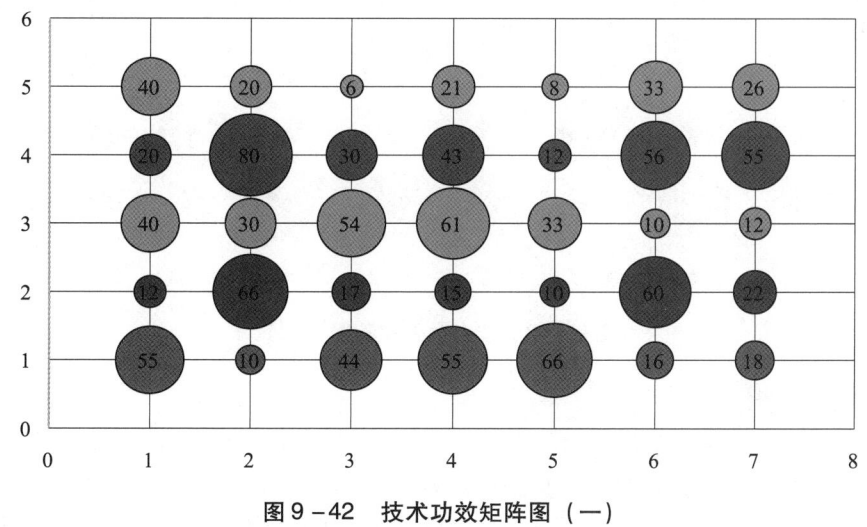

图 9-42 技术功效矩阵图（一）

第六步：添加"技术手段"和"技术效果"名称。添加"技术手段"和"技术效果"名称的方法有多种，本章采用辅助气泡的方法，借助辅助气泡图，设置气泡为透明色,标签值设置为"技术手段"和"技术效果"名称,可以达到添加"技术手段"和"技术效果"的目的。首先添加辅助数据,如表9-20所示辅助数据A为纵坐标,辅助数据B为横坐标,坐标值均设置为0。

表9-20 名称添加辅助数据

辅助A	辅助数据						
0	1	2	3	4	5	6	7
0	1	2	3	4	5	6	7
0	1	2	3	4	5	6	7
0	1	2	3	4	5	6	7
0	1	2	3	4	5	6	7
0	1	2	3	4	5	6	7
0	1	2	3	4	5	6	7
辅助B	0	0	0	0	0	0	0

第七步:插入气泡图。气泡图的横坐标选择辅助数据,纵坐标选择辅助数据B,气泡值选择任一辅助数据的横坐标。

第八步:设置标签值,勾选"单元格中的值",选择"技术效果名称",最后将气泡图设置为透明色,"技术效果"名称添加完成。"技术手段"名称添加同理,不再赘述,如图9-43所示。

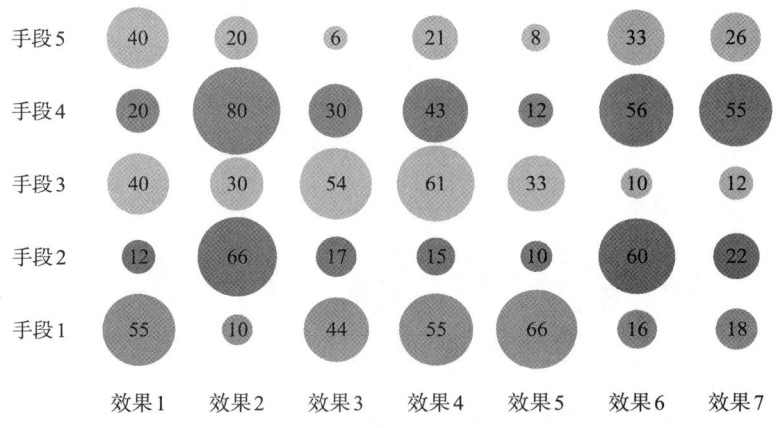

图9-43 技术功效矩阵图(二)

2. 饼状气泡图

如需表示具有构成关系的两个以上区域或申请人在同一领域的技术功效图,可以选择饼状气泡图。❶ 饼状气泡图把气泡细分为多个扇形,从而增加数据维度,可用于展示技术功效的时间、申请人、地域分布等。饼状气泡图的作图思路为:首先针对每个气泡

---

❶ 杨铁军. 专利分析可视化[M]. 北京:知识产权出版社,2017:61.

绘制对应的饼图，饼图的尺寸与气泡尺寸相同，然后将制作好的饼图粘贴到对应的气泡上，形成饼状气泡图，如图9-44所示。

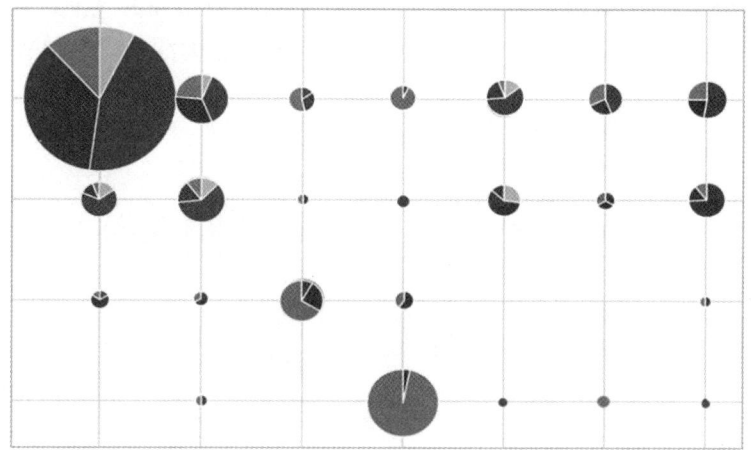

图9-44　饼状气泡图

3. 族状气泡图

族状气泡图可用于比较多个系列在某一技术领域的技术功效。如多个申请人或多个国家在某一技术领域的技术功效对比。具体作图思路为：在同一位置附近绘制多个系列的气泡图，调整不同系列气泡的位置，得到族状气泡图，如图9-45所示。

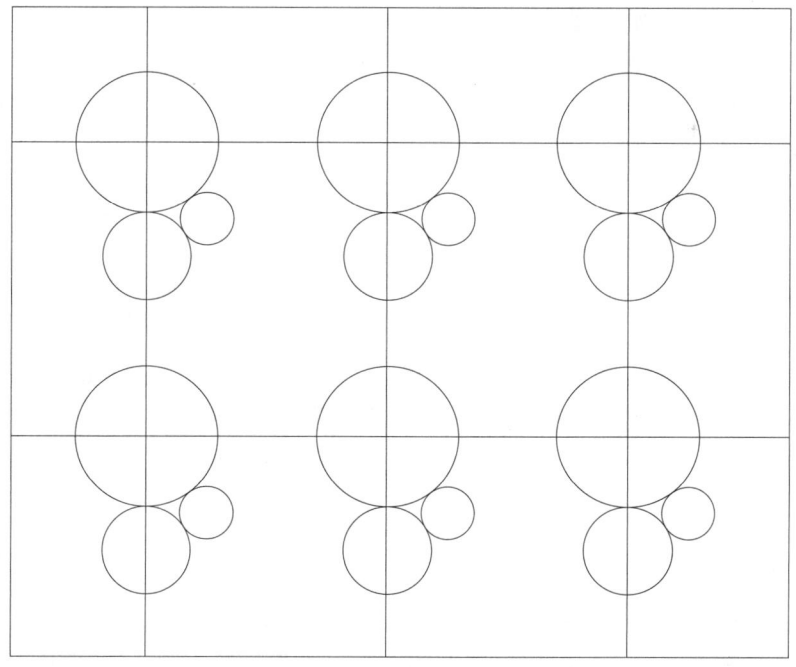

图9-45　族状气泡图

4. 重叠气泡图

重叠气泡图可用于对比两个系列的技术功效，如比较两个申请人或国家在同一技术领域的技术功效分布。❶ 具体作图思路为在同一位置绘制两个系列的气泡，上层气泡填充色设置一定的透明度，下层气泡填充色设置为白色，边框设置为深色，如图9-46所示。

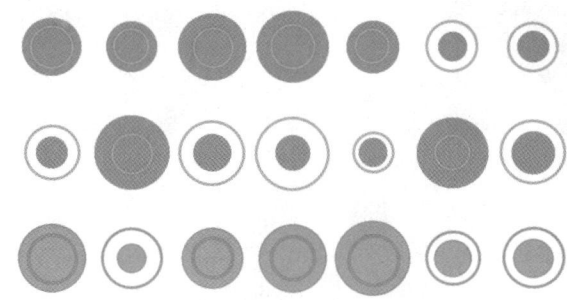

图9-46 重叠气泡图

5. 左右对比气泡图

左右对比气泡图类似于重叠气泡图，可用于比较两个系列的技术功效，如两个申请人或国家的技术功效对比。具体作图思路为：将系列一的气泡设置为左侧填充，右侧透明；将系列二的气泡设置为左侧透明，右侧填充，即可形成左右对比气泡图，如图9-47所示。

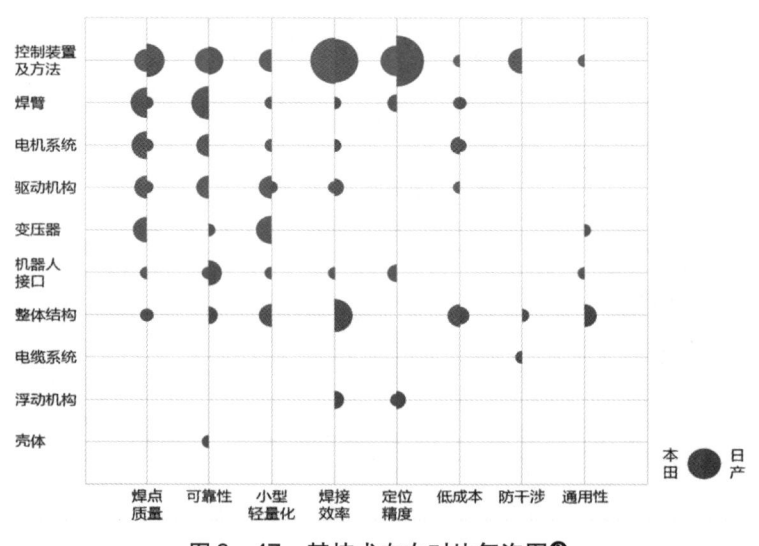

图9-47 某技术左右对比气泡图❷

二、专利技术路线图

专利技术路线分析是基于专利文献信息分析描绘某技术领域的主要技术发展路径和关键技术节点。无论对于国家层面、行业层面、企业和研究机构层面来说，还是对于一

---

❶ 杨铁军. 专利分析可视化[M]. 北京：知识产权出版社，2017：59.
❷ 马天旗. 专利分析：方法、图表解读与情报挖掘[M]. 北京：知识产权出版社，2015：143.

个技术领域的主流专利技术发展状况来说,技术路线分析具有很好的认知功能;技术路线分析能够从技术链的完整视野提供较为全面的决策信息,具有不可替代的决策功能;技术路线图可以清晰直观地展现技术发展路径和关键技术节点,具备良好的沟通功能。❶专利技术路线图通常有线性进程图、鱼骨图、跨职能流程图、专利引证关系图和其他专利技术路线图等。❷

1. 线性进程图

线性进程图是指以时间发展顺序来表达事件进程的图形表现方式,如图 9 – 48 所示。

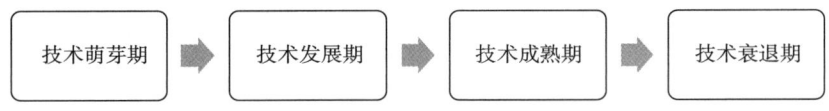

图 9 – 48　简易线性进程图

简易线性进程图可通过 Word 2016 中的 SmartArt 图形制作。单击 Word 菜单中的"插入"—"SmartArt",选择"流程",有 16 款流程图可供选择,每个流程图的节点可根据需要自由进行扩展和缩减,如图 9 – 49 所示。

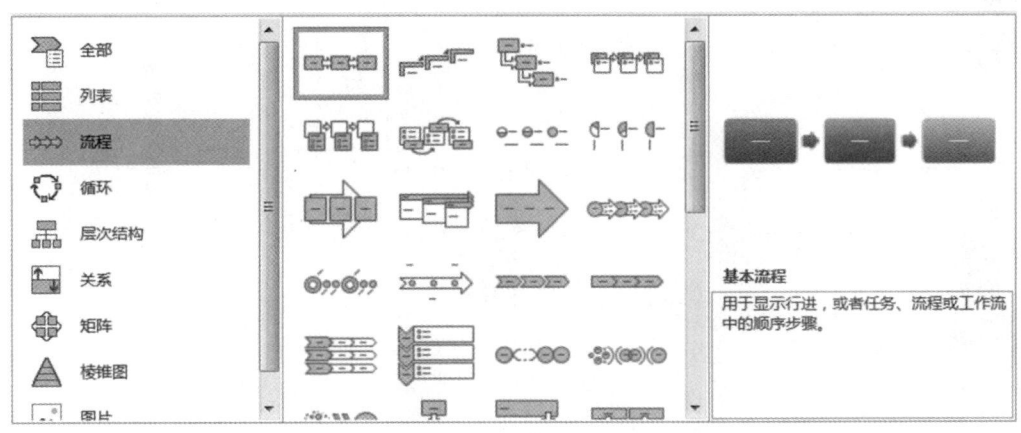

图 9 – 49　SmartArt 图形

一般情况下,为使图表信息更加丰富,可在线性进程图时间轴上下的相应位置添加标注信息,如专利文献号、日期信息、技术信息、申请人及发明人信息。普通线性进程图可通过 Microsoft Visio、PPT 制作,如图 9 – 50 为 EOSINT 系列的技术路线图。

---

❶ 马天旗. 专利分析:方法、图表解读与情报挖掘 [M]. 北京:知识产权出版社,2015:174.

❷ 杨铁军. 专利分析可视化 [M]. 北京:知识产权出版社,2017:64.

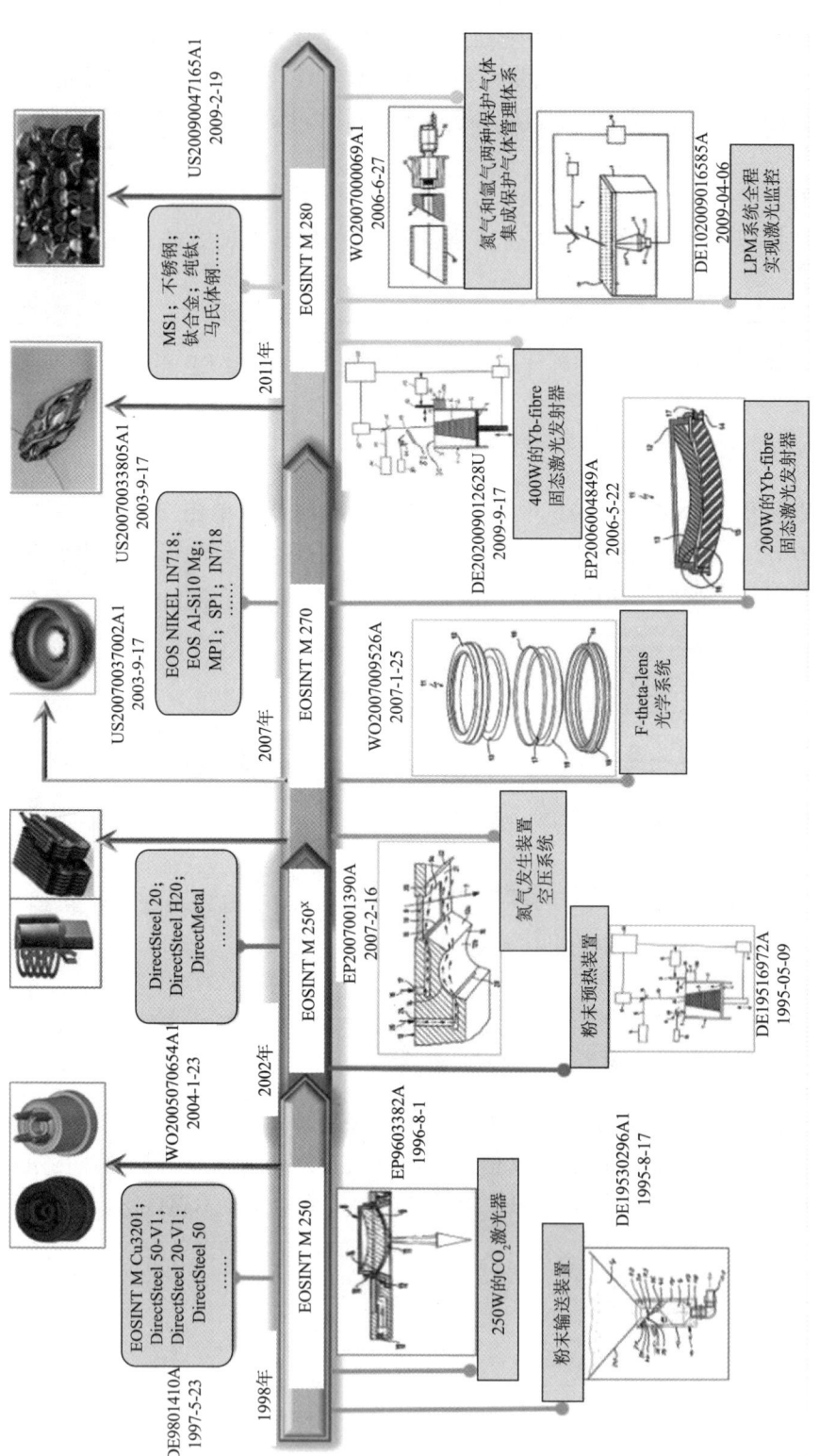

图 9-50 EOSINT 系列的技术路线图[1]

[1] 杨铁军. 产业专利分析报告（第 18 册）：增材制造 [M]. 北京：知识产权出版社，2014：123-125.

2. 鱼骨图

鱼骨图是分析根本原因的有效方法，它是利用头脑风暴，逐条分析，得出最佳结论。鱼骨图可展示线性进程，其主骨可以表达事件进程的主线，大骨和小骨可以表达事件进程中的各类信息，鱼骨图的大骨和小骨可以根据需要自由扩展。鱼骨图可通过 PPT、XMind、Photoshop 等工具制作，本书以 XMind 为例介绍鱼骨图的制作方法。

第一步：打开 XMind，单击"文件"—新建—鱼骨图。

第二步：在鱼骨图上单击鼠标右键，单击"插入"—主题，生成大骨。在大骨上单击鼠标右键，单击"插入"—子主题，形成中骨。在中骨上还可以继续生成子主题，形成小骨。主题和子主题的数量可根据需要进行选择。

第三步：根据线性进程图所要表达的事件添加事件信息。图 9-51 所示为某公司工业机器人技术发展路线图，示出了示教机器人、感知机器人和智能机器人 3 个重要阶段。

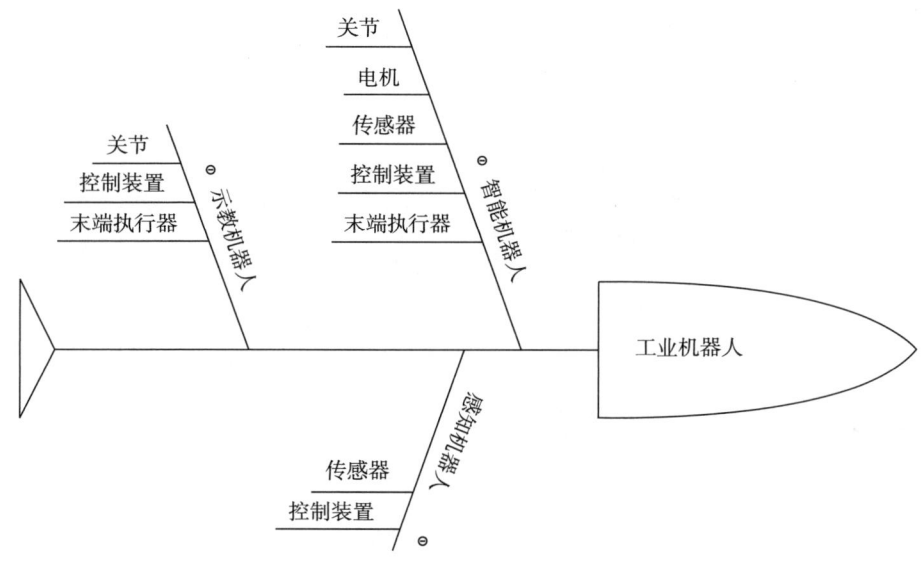

图 9-51 工业机器人技术发展路线图

3. 跨职能流程图

跨职能流程图是将项目类别划分为多个区域，各项目类别的活动分布在其对应的区域上，旨在展示各个技术分支发展的过程及技术之间的关联。在专利技术分析中跨职能流程图以一个共同的轴为基准，不同技术或产品对应不同区域，以分别展示对应技术或产品的专利技术演进过程。

跨职能流程图的特点是直观明了、逻辑清晰、结构明确，可通过 Microsoft Visio、PPT、Photoshop 等工具制作，其中使用 Microsoft Visio 制图较为方便。图 9-52 所示为刀具涂层结构专利技术路线图。

◎ 专利分析(修订版)

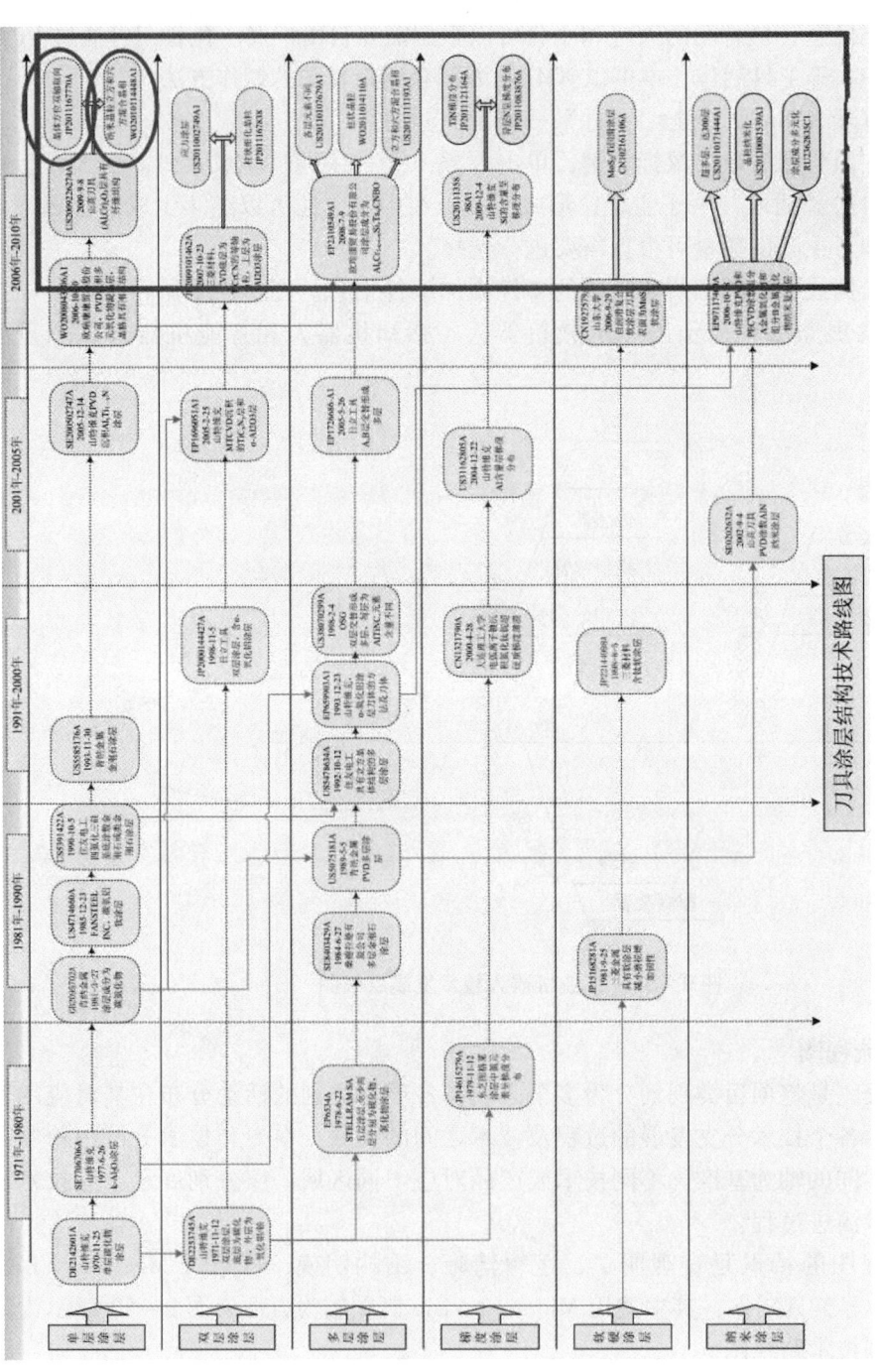

图 9-52 刀具涂层结构专利技术路线图[1]

---

[1] 杨铁军. 产业专利分析报告(第3册):切削加工刀具 [M]. 北京:知识产权出版社, 2012: 115-117.

·292·

4. 专利引证关系图

专利引证关系图是分析专利技术路线的常用图表，通过专利引证关系所表现出的专利技术之间的关联性，可以分析知识和技术的流动情况，通过专利被引用可以分析专利技术发展路线和专利技术影响。

制作专利技术路线图的第一种思路是利用专利引证关系图挖掘专利技术路线。如图 9-53 中朗科的闪存盘专利被后续专利大量引用，从专利引证关系图可以看出闪存盘技术的发展路线——从独立的闪存盘技术发展到后来的移动终端存储技术。专利引证关系图的制作方法参考本章第三节拟定量分析图表。

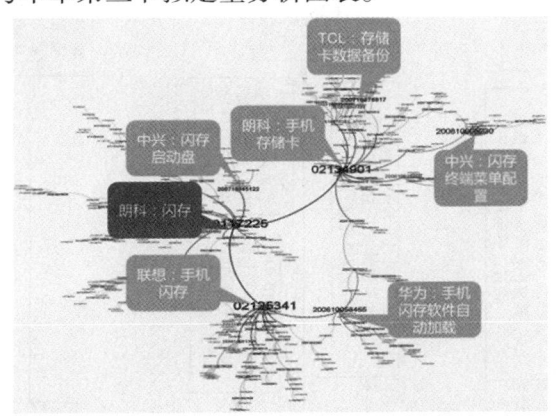

图 9-53 闪存盘领域基于引证路径的专利技术路线图

第二种思路是从重点专利技术入手，利用该专利被其他专利引用的链条，分析重点专利技术路线情况和申请人引证关系情况，从而形成基于重点技术的专利技术路线图。如石墨烯领域基于引证关系的专利技术路线图（见图 9-54），从申请号为 CN200810113596 的专利出发，分析该专利被后续专利引用的情况、该专利申请人被后续专利申请人引用情况。以此类推，从而形成石墨烯领域的专利技术路线图，如图 9-55 所示。

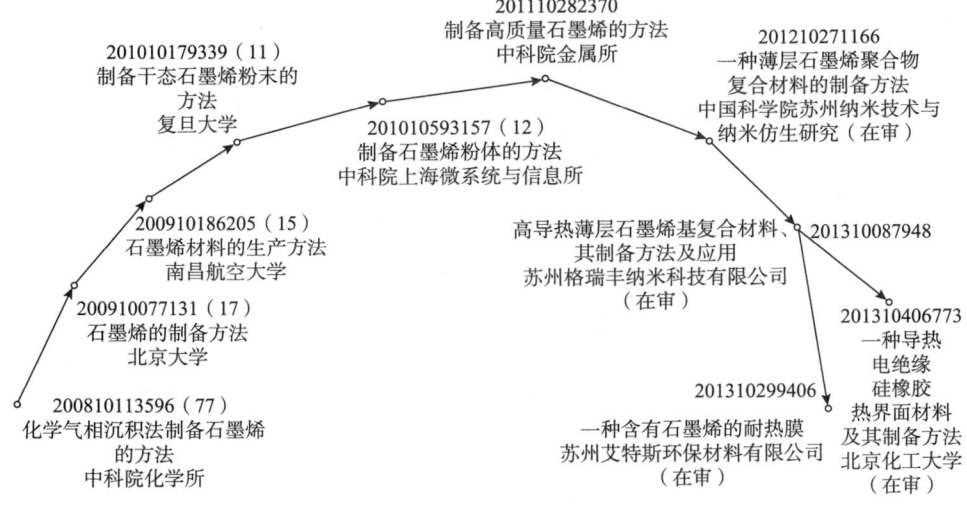

图 9-54 石墨烯领域基于主要引证关系的技术路线图

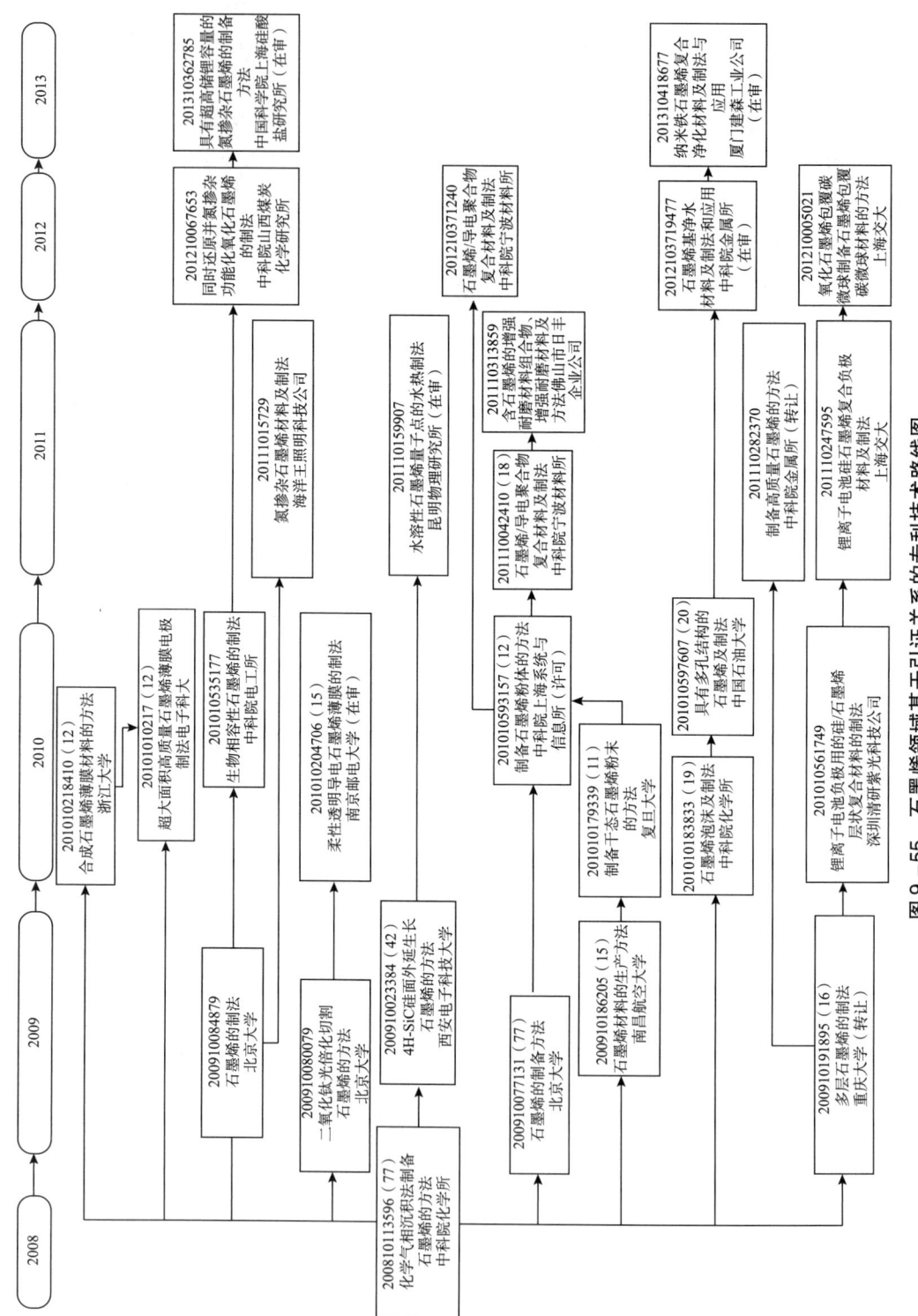

图 9-55 石墨烯领域基于引证关系的专利技术路线图

第三种思路是从技术发展中需要解决的功能或效果入手，结合专利引证关系，综合挖掘专利技术路线图，如图 9-56 所示。

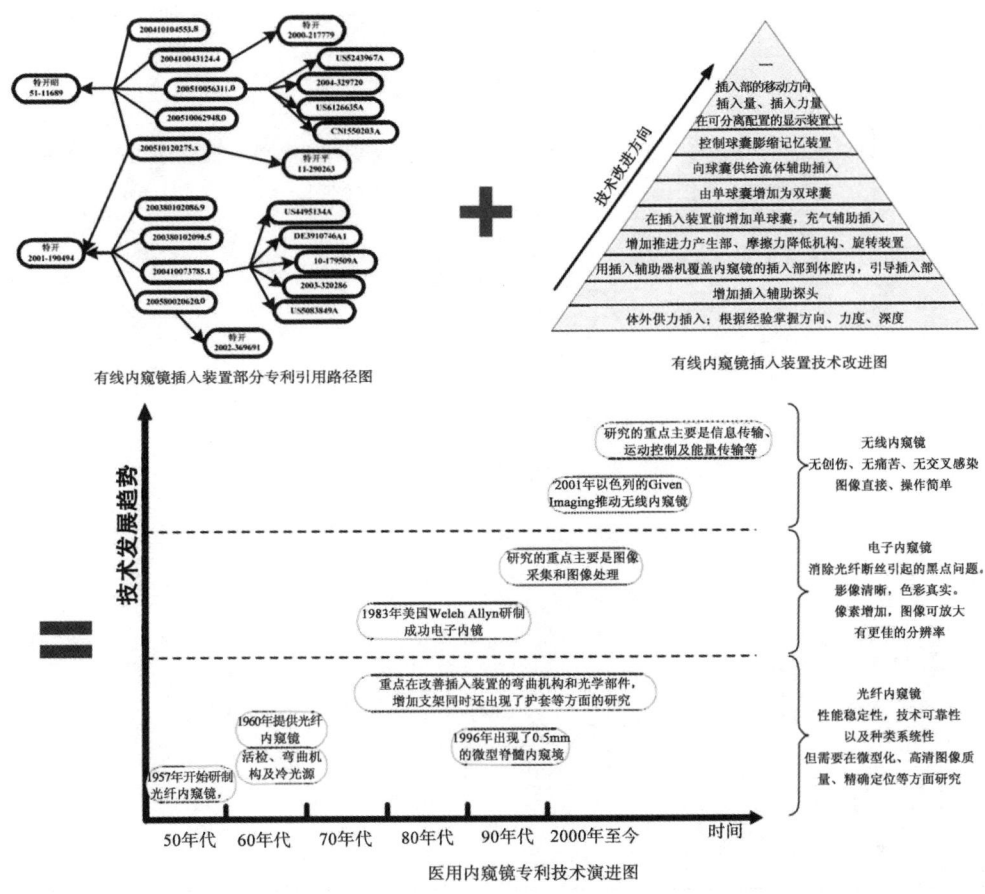

图 9-56 综合技术功效和引证关系的专利技术路线图❶

5. 其他专利技术路线图

根据不同的技术领域、研究对象或研究方法等因素，专利技术路线图具有不同的展现形式。如通过化学式可以展现化学领域的技术路线，通过机械结构或零部件可以展现机械领域的技术路线。针对研究对象的不同，可通过重点专利的不同申请人的技术情况展现不同的技术研发方向和技术竞争态势，可围绕某一具体的产品展现相关技术的发展路线情况。针对研究方式的不同，可以采用专利引证主路径图进行年代切分以分析不同阶段的技术沿革情况，也可以利用文本聚类后的技术主题词分析技术主题的变化和关联情况，❷ 如图 9-57~图 9-60 所示。

---

❶ 侯筱蓉. 基于引文路径分析的专利技术演进图研究 [D]. 重庆：重庆大学，2008.
❷ 马天旗. 专利分析：方法、图表解读与情报挖掘 [M]. 北京：知识产权出版社，2015：183.

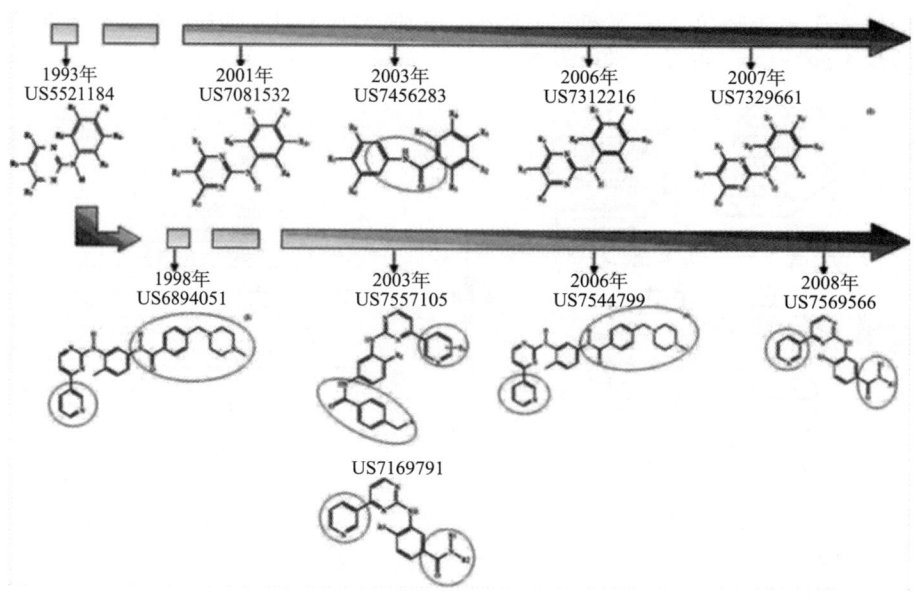

图9-57 某化学领域技术路线图❶

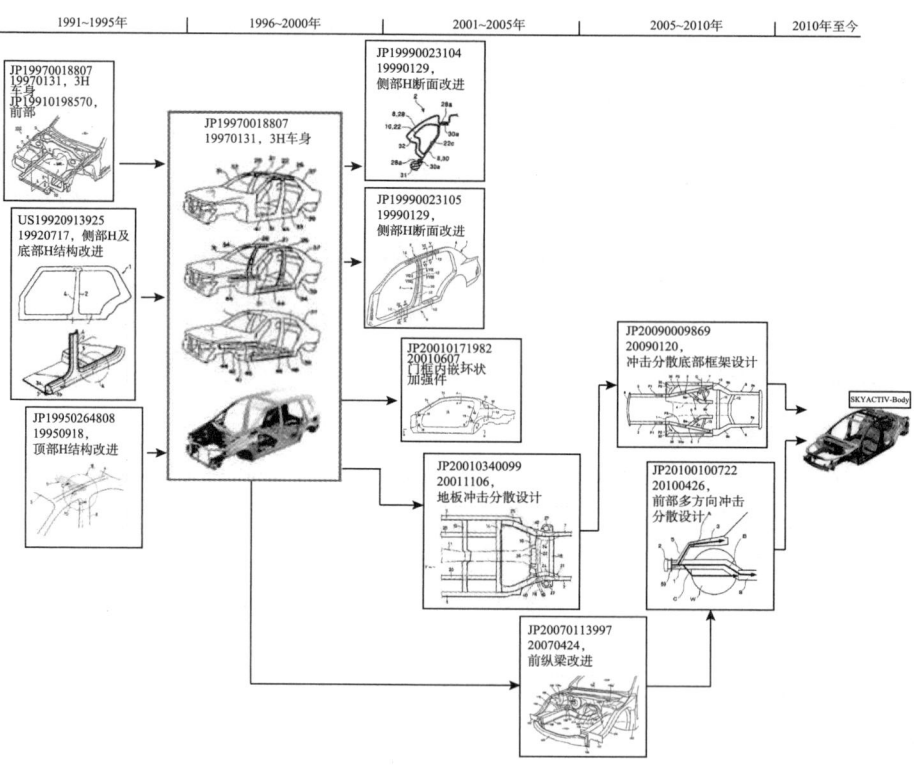

图9-58 某机械领域技术路线图❷

---

❶ http://www.ipama-age.org.
❷ 杨铁军. 产业专利分析报告（第9册）：汽车碰撞安全[M]. 北京：知识产权出版社，2013：44.

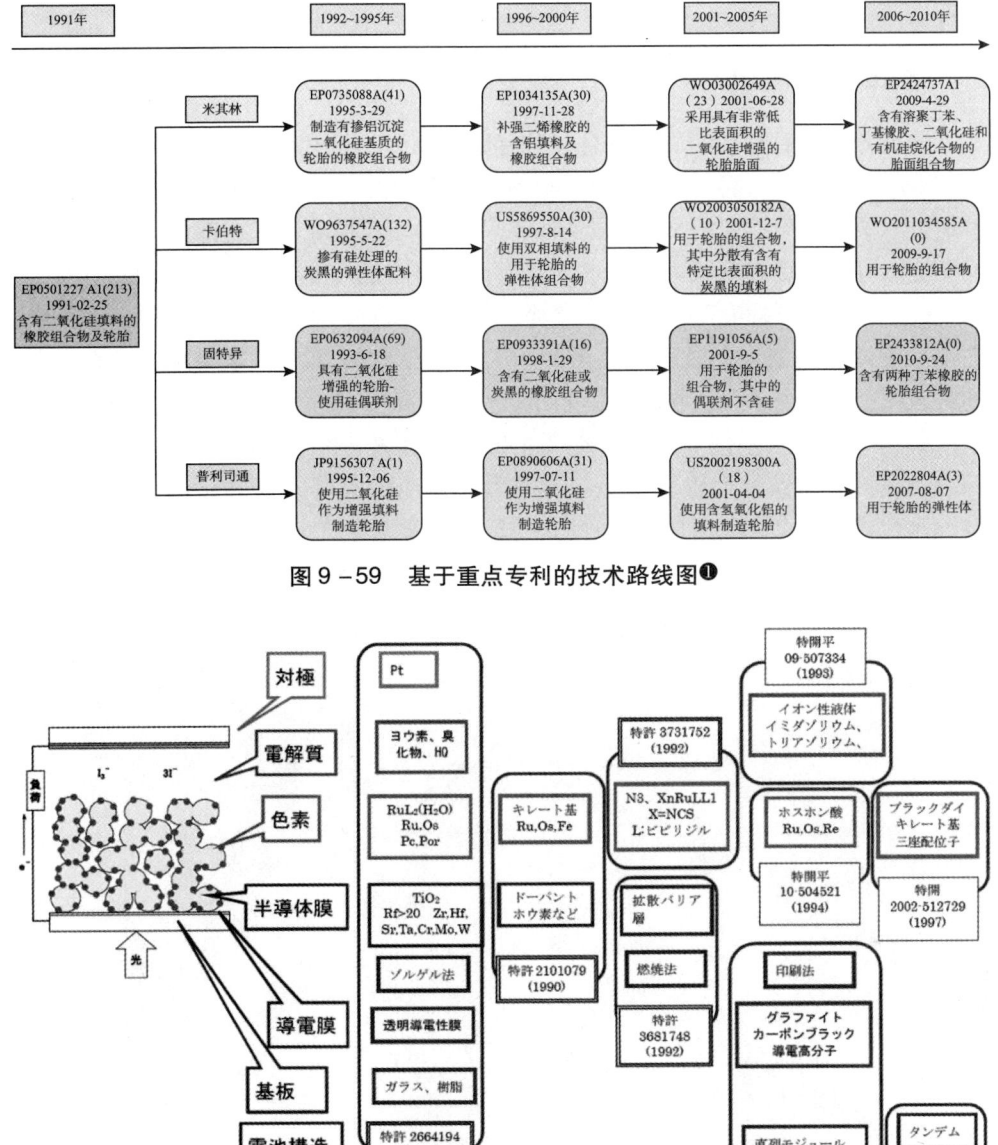

图 9-59　基于重点专利的技术路线图 ❶

图 9-60　基于主要产品的技术路线图 ❷

第三节　拟定量分析图表

拟定量分析图表通常包括文本聚类地图、引证聚类地图、其他聚类地图和社会关系

---

❶ 杨铁军. 产业专利分析报告（第15册）：高性能橡胶［M］. 北京：知识产权出版社，2013：95.

❷ http://www.jpo.go.jp.

网络图等图表类型。[1]

一、文本聚类地图

文本聚类分析是对专利的文本信息（如标题、摘要、权利要求书、说明书等）进行聚类分析的方法，它可以将隐含在专利数据中不易于直接统计得出的信息显性化。为了便于对文本聚类结果进行分析，将文本聚类结果以图表的形式呈现出来，即形成文本聚类地图。文本聚类地图可以直观展现某一项技术领域或竞争对手的专利布局情况，有助于研究人员了解专利技术布局，掌握专利技术发展态势，分析技术空白点和指导技术路线规划等。[2]

文本聚类地图的表现形式多样。图9-61为常见的海洋山地聚类地图，蓝色的海洋显示的是技术空白点区域（此处无法显示颜色），高峰显示的是专利较为密集的区域。地图中的每一个点代表一件专利，而地图上的方格代表一个专利聚类簇。一个专利簇中聚集的专利越多，该簇便会隆起一座与专利数相对应的高峰，反之则为大海。在地图上相隔越远则代表技术领域差别越大。竖立的标签，显示的是该聚类中专利普遍具备的特性，从中可以判断该专利簇所聚类的专利类别。[3] 通过专利地图可以了解企业技术布局的整体情况，洞察竞争对手的专利布局特点，为企业技术研发、市场布局提供决策参考。

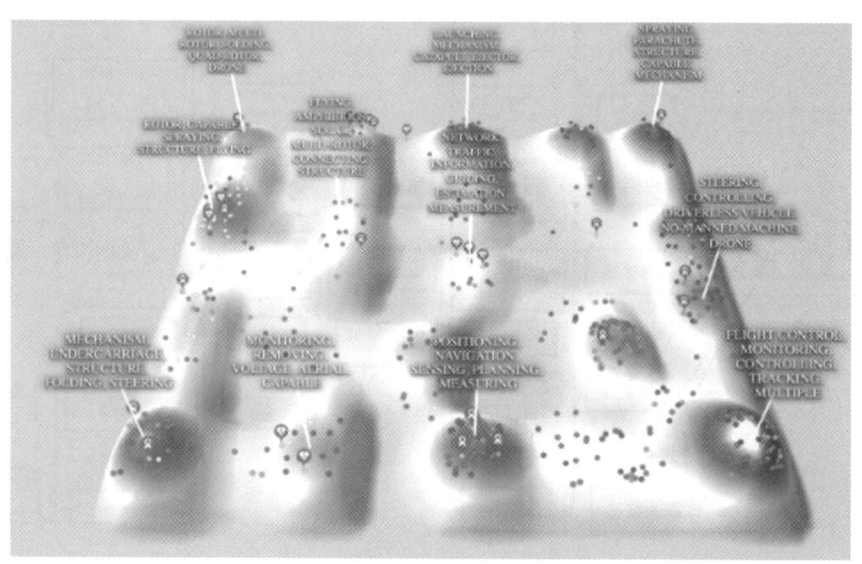

图9-61 文本聚类专利地图

以稀土萃取技术专利聚类地图为例。[4] 为了便于对稀土萃取专利技术进行分析，按照专利的申请年度生成一系列图谱以更直观地表达出众多专利和技术术语之间的关系。图中每个黄色圆球代表一件专利，文本框中的文字代表技术术语，括号中的数字代表与此术语相关的专利数量，主题词与黄色小球连线代表主题词与专利之间的相关性。从图

---

[1] 马天旗. 专利分析：方法、图表解读与情报挖掘［M］. 北京：知识产权出版社，2015：2-3.
[2] 马天旗. 专利分析：方法、图表解读与情报挖掘［M］. 北京：知识产权出版社，2015：63-64.
[3] www.zhihuiya.com/kehu/faq/3/.
[4] 刘佳，宋之杰. 基于文本聚类的稀土萃取技术专利信息分析［J］. 燕山大学学报，2014，38（3）：243-251.

中可以看出，主题词反映了目前稀土萃取技术领域的主要研究方向和内容。括号中的数字越大，代表该技术领域所涉及的专利越多，即这些主题是近年来专利申请的热点领域。处于整个图谱中核心位置的黄色圆球上的连线越多，代表该项专利所包含的聚类主题词越多，即专利所涉及的内容越广泛，专利技术通常更复杂，技术含量较高，是稀土萃取技术领域的重要专利，❶ 如图9-62所示。

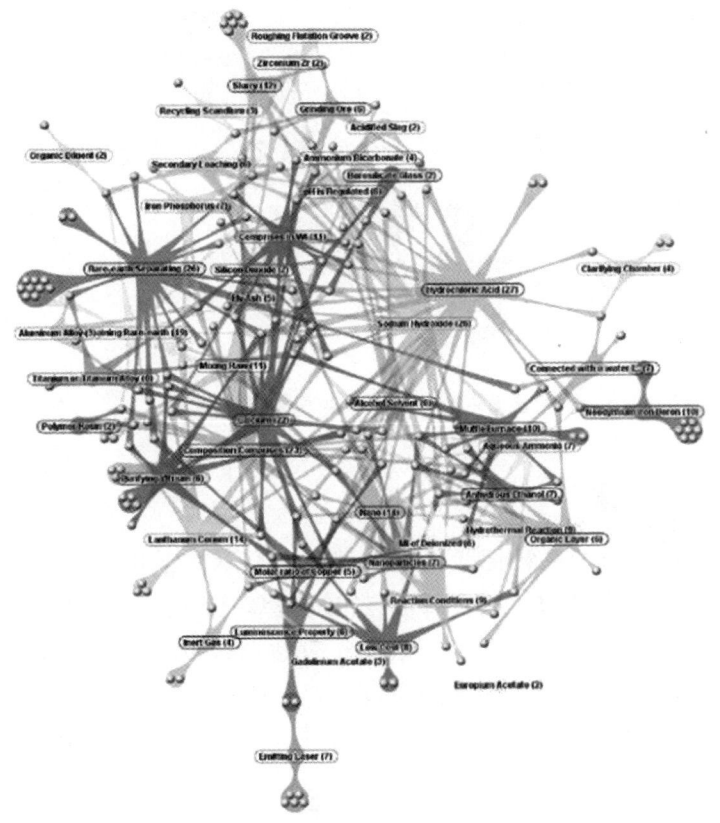

图9-62 稀土萃取技术专利聚类地图❷

二、引证聚类地图

专利引证信息包含了不同专利之间的关联信息，对专利的引证情况进行聚类分析，从中可以挖掘出技术相似度、技术发展路线、技术竞争力等信息。❸

以苹果公司专利共被引聚类分析为例。❹ 如图9-63所示，图中每一个节点代表一件专利，边的权重与专利之间共引证专利的数量成正相关关系。节点距离越近表示该节点所代表的专利的技术方案越相近。从图9-63中可以看出，苹果公司的专利按技术领

---

❶ 马天旗. 专利分析：方法、图表解读与情报挖掘［M］. 北京：知识产权出版社，2015：66-69.
❷ 刘佳，宋之杰. 基于文本聚类的稀土萃取技术专利信息分析［J］. 燕山大学学报，2014，38（3）：243-251.
❸ 马天旗. 专利分析：方法、图表解读与情报挖掘［M］. 北京：知识产权出版社，2015：70.
❹ 王贤文，刘趁，毛文莉. 基于专利共被引方法的技术聚类分析——以苹果公司专利为例［J］. 科学与管理，2014，34（5）：31-37.

域可划分为音频、视频传输与同步技术，触屏技术，用户界面与视觉效果技术，通信技术，处理器与存储器技术5大类。

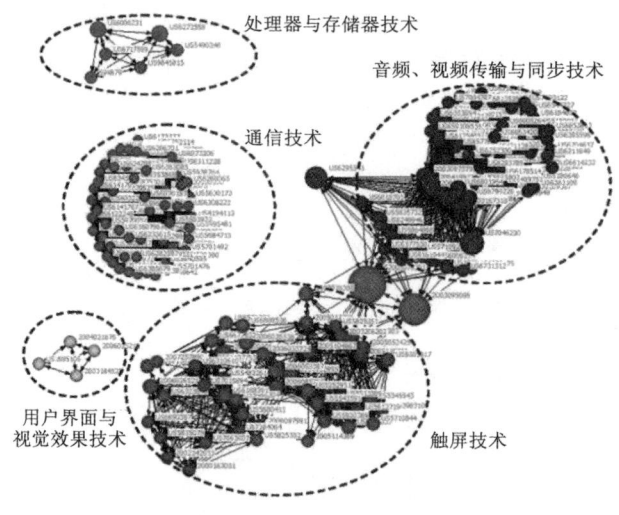

图9-63 专利共被引聚类分析

三、其他聚类地图

"词云"是文本聚类的一种图表形式。即突出显示文本中出现频率较高的"关键词"，形成"关键词云层"，从而过滤掉大量出现频率较低的文本信息，便于直观地获取重要的文本信息。如图9-64所示，图表用于表达地级以上城市高被引专利拥有量情况，城市名称越大，表示该城市拥有的高被引专利数量越多。从图9-64中可以看出，北京市、上海市和深圳市高被引专利拥有量在全国地级以上城市中排名前三。

图9-64 地级以上城市高被引专利拥有量

词云的形状可以根据需要自定义,如图9-65为眼睛形状的词云,形象生动。

图9-65 眼睛形状的词云

词云需要借助专业的工具来制作,常用工具如表9-21所示。

表9-21 常用词云制作工具

序号	名称	网 址	特 点
1	Wordart	www.wordart.com	免费在线词云制作工具,可自定义形状,英文界面
2	Tagxedo	http://www.tagxedo.com	免费在线词云制作工具,可自定义词云的形状
3	易词云	http://yciyun.com	免费在线词云制作工具,中文界面,方便易用
4	魔字云	http://moage.com	免费在线词云制作工具,可自定义形状
5	Python	https://www.python.org	词云自定义程度高,需要具备编程技能
6	R语言	https://www.r-project.org	词云自定义程度高,需要具备编程技能

四、聚类分析工具

聚类分析一般需通过计算机对专利文献或专利文本进行大量复杂的计算,因此聚类分析通常需要借助数据库或软件等专业工具实现。提供文本聚类分析的工具主要有Thomson Innovation、Patentics、Themescape、Innography、Relecura、Treparel、Ambercite、Python和R语言等。提供引证聚类分析的工具主要有Gephi、Ucinet、Pajek等,如表9-22所示。

表9-22 聚类分析常用工具

序号	名称	网 址	特 点
1	Python	https://www.python.org	自定义程度高,计算能力强,聚类效果好,需要了解编程知识

续表

序号	名称	网址	特点
2	R语言	https://www.r-project.org	自定义程度高,计算能力强,聚类效果好,需要了解编程知识
3	Gephi	https://gephi.org/	开源免费工具,简单易用,可视化效果好,数据量不宜太多
4	Ucinet	http://www.analytictech.com/	计算能力强,擅长计算并分析各种类型的指标,可视化效果相对较弱
5	Pajek	http://mrvar.fdv.uni-lj.si/pajek/	免费制图工具,计算能力强,适合大量数据的文本聚类,可视化效果一般
6	Patentics	www.patentics.com	收费商业工具,计算能力强,可视化效果一般
7	智慧芽	www.zhihuiya.com	收费商业工具,可视化效果好
8	incoPat	www.incopat.com	收费商业工具,可视化效果好
9	Derwent Innovation	www.derwentinnovation.com	收费商业工具,可视化效果好
10	Themescape	www.themescape.net	收费在线工具,根据专利技术进行自动聚类,呈现等高线图和主题景观图
11	Innography	www.innography.com	收费商业工具,根据专利技术进行自动聚类,呈现等高线图

五、社会关系网络图

社会关系网络分析是社会学领域比较成熟的分析方法,社会关系网络由节点和关系组成,节点通过关系连接在一起组成一个关系网络,❶用于分析节点之间的相互关系。如图9-66所示为专利引证社会关系网络图。

---

❶ 陈绍宇,等. 关系网格:一种基于小世界模型的社会关系网络[J]. 计算机应用研究,2006(5):194-197.

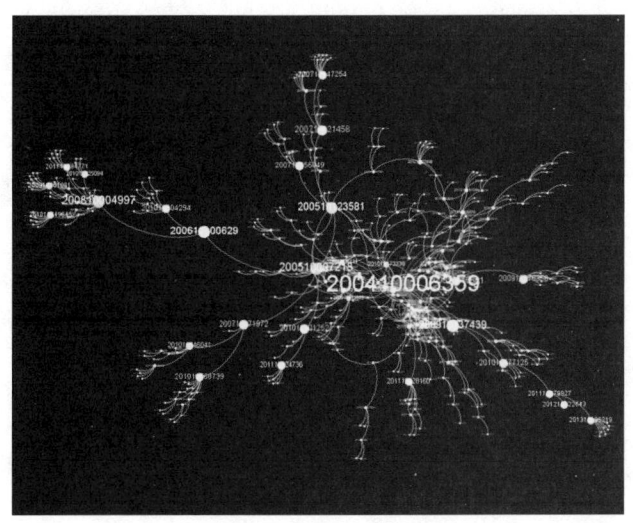

图 9-66 社会关系网络图

社会关系网络图一般需要借助专用工具制作,常用的作图工具如表 9-23 所示。

表 9-23 社会关系网络图常用工具

序号	名称	网　址	特　点
1	Gephi	https://gephi.org	开源、免费的社会网络分析工具,适用于节点数量较少的网络分析和可视化操作。便于安装、易于上手、图表酷炫,开发者可以编写自己感兴趣的插件,创建新的功能
2	NodeXL	https://archive.codeplex.com/?p=nodexl	用于复杂网络分析的开源、免费的Excel插件,容易入门,按照模板添加数据后就可以进行相关的分析,可以简单方便地制作社会关系网络图
3	Cytoscape	https://cytoscape.org/index.html	开源、免费的复杂网络可视化工具,最早用于生物网络可视化,适用于大规模交互作用的网络分析
4	CiteSpace	http://cluster.cis.drexel.edu/~cchen/citespace	用于科学文献中识别并显示科学发展新趋势和新动态的软件。利用CiteSpace可以寻找某一学科领域的研究进展和当前的研究前沿(本书第十章有详细介绍)
5	Pajek	http://mrvar.fdv.uni-lj.si/pajek	大型复杂网络分析工具,可用于各种复杂非线性网络分析可视化,适用于节点数量较多的大型网络分析和可视化操作。计算功能强,图表美观性差

续表

序号	名称	网址	特点
6	VOS viewer	http://www.vosviewer.com	可以对文献引用、关键词等进行可视化分析，图形化展现的方式较为丰富，显示清晰，使得文献计量学的分析结果易于解释
7	Ucinet	http://www.analytictech.com	擅长计算并分析各种类型的指标，可视化效果相对较弱
8	NetMiner	http://www.netminer.com	可对大型数据进行分析和可视化，以可视化和交互方式分析数据，提供网络分析、数据转换、统计、可视化等功能
9	Python	https://www.python.org	自定义程度高，可视化效果好，需要了解编程语言，门槛相对较高
10	R语言	https://www.r-project.org	自定义程度高，可视化效果好，需要了解编程语言，门槛相对较高

第十章 智能工具辅助可视化

将商业智能工具应用于专利分析工作中,能够提升专利数据分析和可视化的效率以及情报挖掘的能力。本章第一、二节主要介绍商业智能工具在专利分析中的应用,第三、四节介绍知识图谱工具在专利分析中的应用。

第一节 自助式商业智能工具介绍

一、自助式商业智能工具概述

应用商业智能工具开展专利分析,是一个新兴的研究方向。商业智能,可以看成是针对数据分析和挖掘的解决方案,这种解决方案在专利分析中也同样适用。图 10-1 展示了利用商业智能工具将数据转换为知识的全流程。商业智能产品及解决方案大致可分为数据仓库产品、数据抽取产品、OLAP 产品、展示产品和集成以上几种产品功能的针对某个应用场景的整体解决方案等❶。

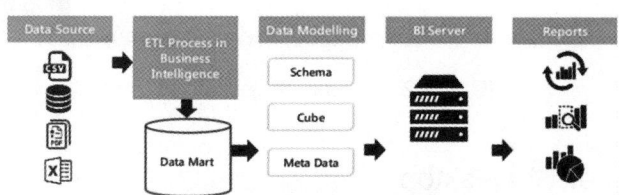

图 10-1 商业智能将数据转换为知识的全流程

传统商业智能平台的构建十分复杂,需要投入大量的时间和金钱,因此相关技术很难在专利分析中应用。近些年,自助式商业智能快速崛起,通过一个集成式的工具就能实现从数据采集、分析到可视化的全流程。这类工具效率高、成本低且易于学习,能够实时地满足专利分析特别是专利数据分析的需求,使得应用这类工具开展专利分析成为可能。

---

❶ 高飞. 这是一个自助式 BI 的时代 [EB/OL]. https://www.jianshu.com/p/904f537115f5.

二、微软 Power BI 简介

微软在 2015 年推出了一款免费的商业智能工具 Power BI。该工具由三大部分组成，分别是运行在电脑桌面的应用程序 Power BI Desktop，运行在云端的 Power BI 服务，以及在手机和平板电脑上的移动版 Power BI 应用。

使用 Power BI 开展专利分析可视化主要使用 Power BI Desktop，它是一款安装在本地计算机上的免费应用程序，我们使用它连接专利原始数据、实现数据清洗和转化，并实现数据的可视化效果。图 10-2 展示了 Power BI Desktop 界面。

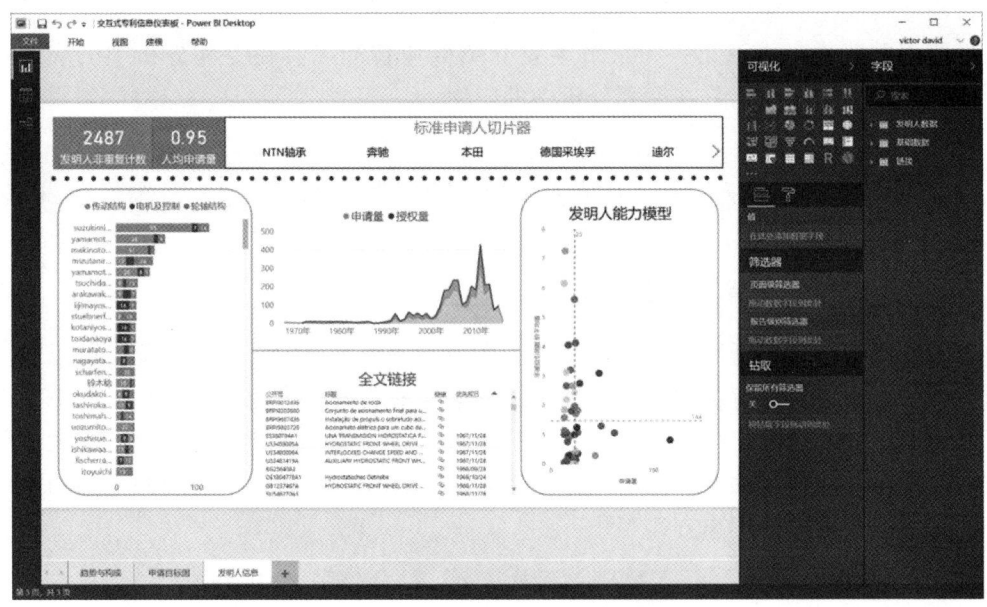

图 10-2　Power BI Desktop 界面

三、获取 Power BI Desktop

可以通过两种方法获取 Power BI Desktop：第一种是从官方网站❶直接下载应用程序安装包（MSI），另一种方式是从微软应用商店（Microsoft Store）中安装。推荐从微软应用商店安装，该安装方式有以下几个优点：Windows 能够自动在后台下载和更新已发布的最新版本，减少每次更新的下载量，并能够自动检测之前安装版本的语言。

启动 Power BI Desktop 时，将显示欢迎屏幕，并提示用户注册账号或登录。即使不使用账号登录，仍然可以使用该软件的大部分功能，但有些功能必须要登录才能使用。如果想要注册账号，可以单击"免费试用"跳转到账号注册页面，网页会提示输入工作电子邮件地址。根据提示即可完成注册。

---

❶ https://powerbi.microsoft.com/zh-cn/.

第二节 在 Power BI 中创建可视化

学习使用 Power BI Desktop，需要学习如何连接到专利数据，调整连接到软件中的专利数据并构建数据模型，以及使用数据模型来创建专利信息报表。本节将通过一个简单的实例，介绍如何使用 Power BI Desktop 快速开展专利分析工作，熟悉它的运作方式，了解其最基本的功能。

一、基本工作界面介绍

图 10-3 展示了 Power BI Desktop 的工作界面，该工作界面是打开软件后默认的报表视图页面，除此之外还可以切换到数据视图或关系视图。Power BI Desktop 还包含查询编辑器，其会在单独的窗口打开。在查询编辑器中，你可以生成查询和转换数据，然后将优化后的数据模型加载到 Power BI Desktop 中，用于创建报表。

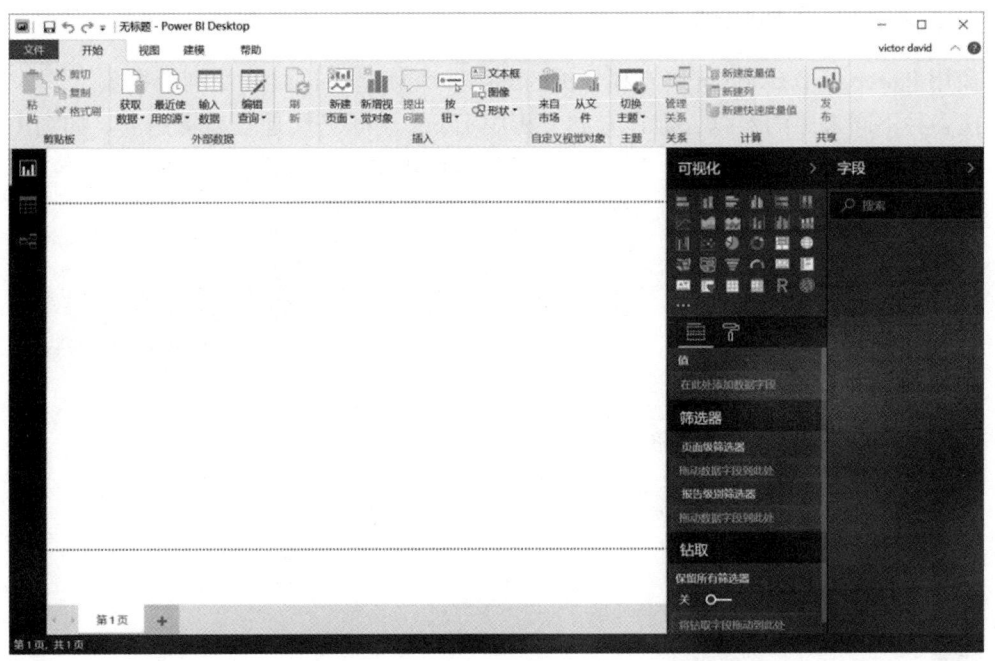

图 10-3　Power BI Desktop 工作界面

图 10-4 展示了 Power BI Desktop 左侧自上而下的 3 个视图图标：报表视图、数据视图和关系视图。在此示例中，当前显示了报表视图。可以通过选择这 3 个图标的任意一个更改视图。

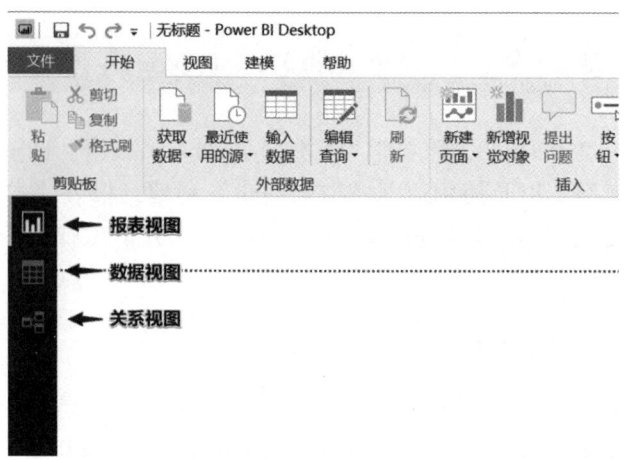

图 10-4　视图切换图标

二、连接到专利数据

使用 Power BI Desktop 开展专利分析的第一步，就是要连接到专利数据集。该软件可以连接多种不同来源的数据，但在专利分析中 Excel 数据仍然是最为常用的。如图 10-5 所示，单击"开始"菜单中的"获取数据"，然后单击"Excel"。

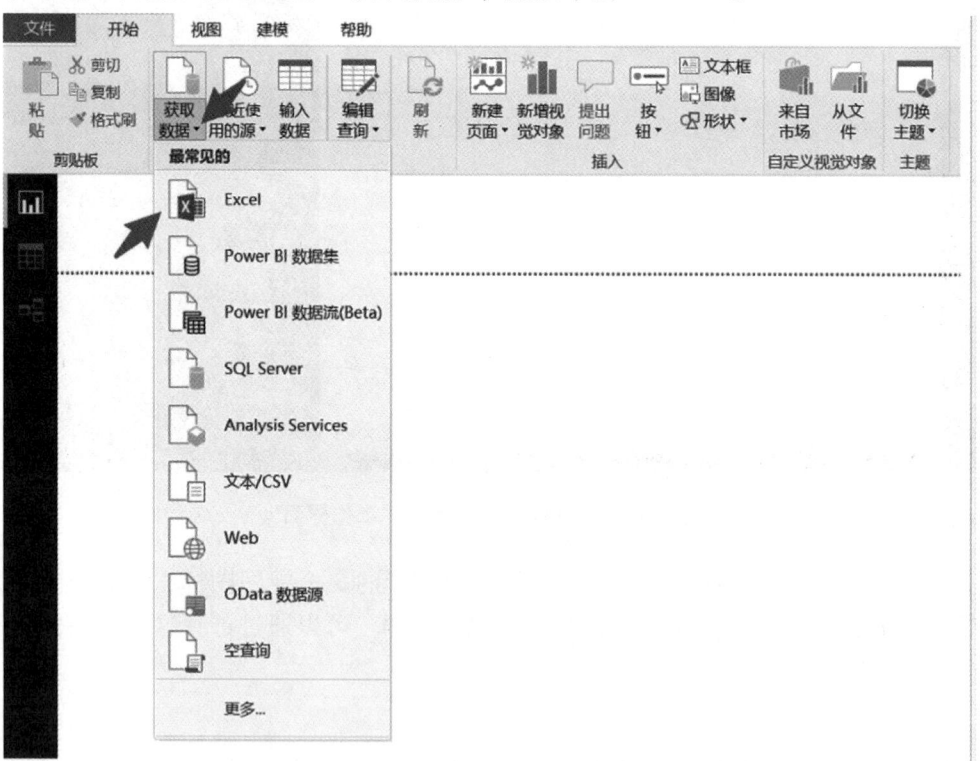

图 10-5　连接到 Excel 数据

在弹出的窗口中选择希望连接的 Excel 文件，单击"确定"后，Power BI Desktop 的查询功能就会开始运行。稍等片刻后，导航器窗口将返回它在该 Excel 文件中的全部 Sheet 表。本例中的 Excel 文件只有一个 Sheet 表"基础数据"，从列表中选择它，右边导航器窗口便会显示该表的预览效果，如图 10-6 所示。

图 10-6　连接数据后的导航器窗口

在窗口底部选择"编辑"，则先编辑查询再加载表，也可以直接单击"加载"将表格加载到软件中。如果选择编辑，则会弹出查询编辑器。在查询编辑器中显示了表格的前 1000 行，右侧显示"查询设置"窗格，其中记录了对数据应用了哪些数据处理步骤，如图 10-7 所示。

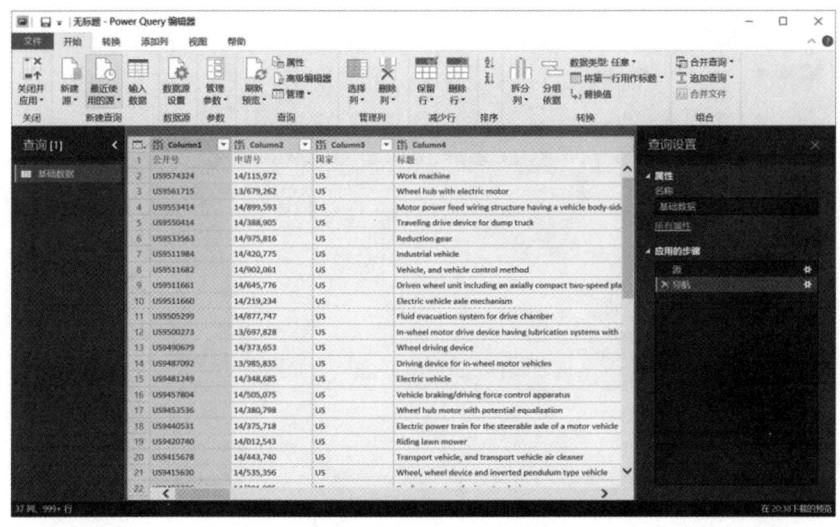

图 10-7　查询编辑器

查询编辑器主要用于清洗和转换专利数据，使其满足我们的分析需求。在查询编辑器中调整数据，不会影响到原始数据源，将仅调整或整理载入 Power BI 中的数据。图 10-7 中系统自动采用 Column * 作为列标题，这在后续的分析中会导致无法准确识别字段名称。此时单击"将第一行用作标题"，即可解决上述问题，如图 10-8 所示。

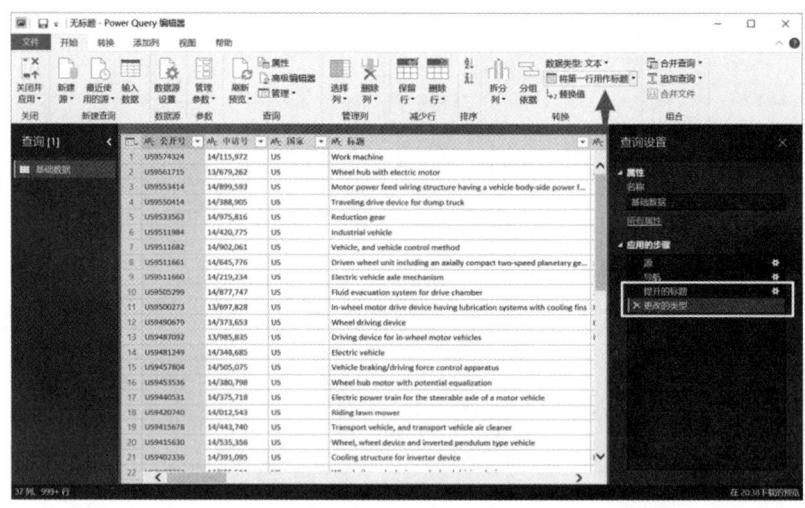

图 10-8　将第一行用作标题

还有多个清洗和转换的步骤在专利分析中经常用到，如重命名列或表格、筛选某些行、分列、替换某些字符、转化为日期格式等。这些功能大多数都能从查询编辑器的功能区中找到，并且大部分功能也可通过右键单击项目，并从所显示的菜单中进行选择。例如，在"申请人"字段名称上单击右键，选择"替换值…"，可以将该字段中的字符进行替换，如图 10-9 所示。

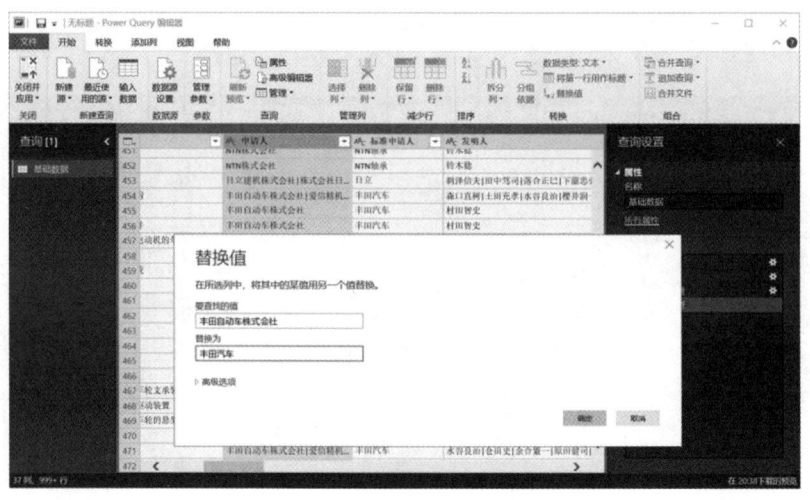

图 10-9　替换申请人字段

前面仅列举了两个数据清洗和转换的例子，在专利分析的实际工作中，清洗和转换的步骤有很多，查询编辑器的一个优点是能够记录全部清洗和转换的步骤，因此数据源更新后，只需要单击"刷新"，查询编辑器都会执行这些步骤，数据将按你指定的方式进行调整。当数据已经满足了分析需要，单击"开始"功能区选择"关闭并应用"即可，如图10-10所示。

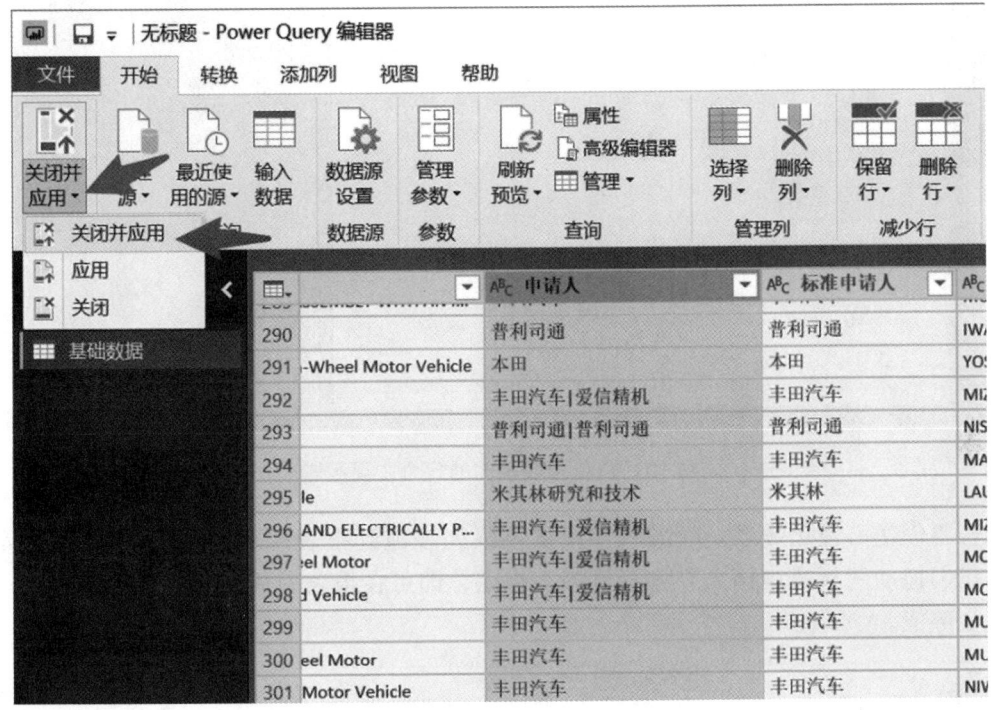

图10-10　数据处理结束后单击"关闭并应用"

三、在报表中创建可视化效果

Power BI Desktop 已经连接到专利数据，接下来就可以在报表视图中生成报表。首先介绍报表视图的5个主要区域，参见图10-11：

（1）功能区菜单栏，用于显示与报表和可视化效果相关联的常见任务；

（2）报表视图或画布，可在其中创建和排列可视化效果；

（3）底部的页面选项卡，用于选择或添加报表页；

（4）可视化效果窗格，可以在其中更改可视化效果、自定义颜色或轴、应用筛选器、拖动字段等；

（5）字段窗格，可在其中将查询元素和筛选器拖到报表视图，或拖到可视化效果的筛选器窗格。

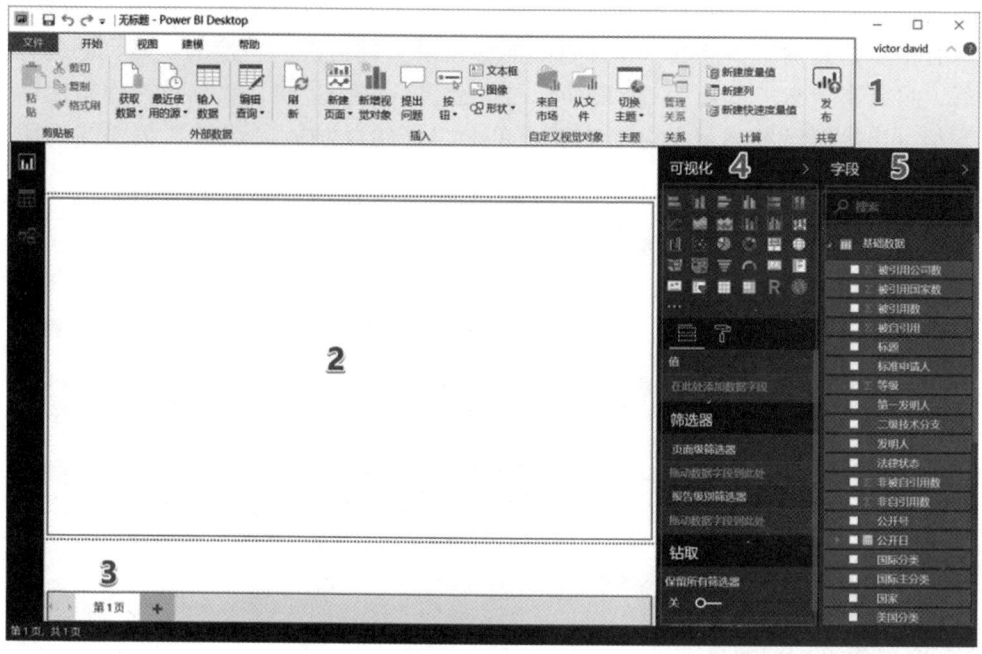

图 10-11　报表视图的 5 个主要区域

若要创建可视化效果,只需将字段从字段列表拖到报表视图。在图 10-12 的示例中,我们拖动"标准申请人"字段到报表视图,即可在报表中显示出"标准申请人"字段的全部值。

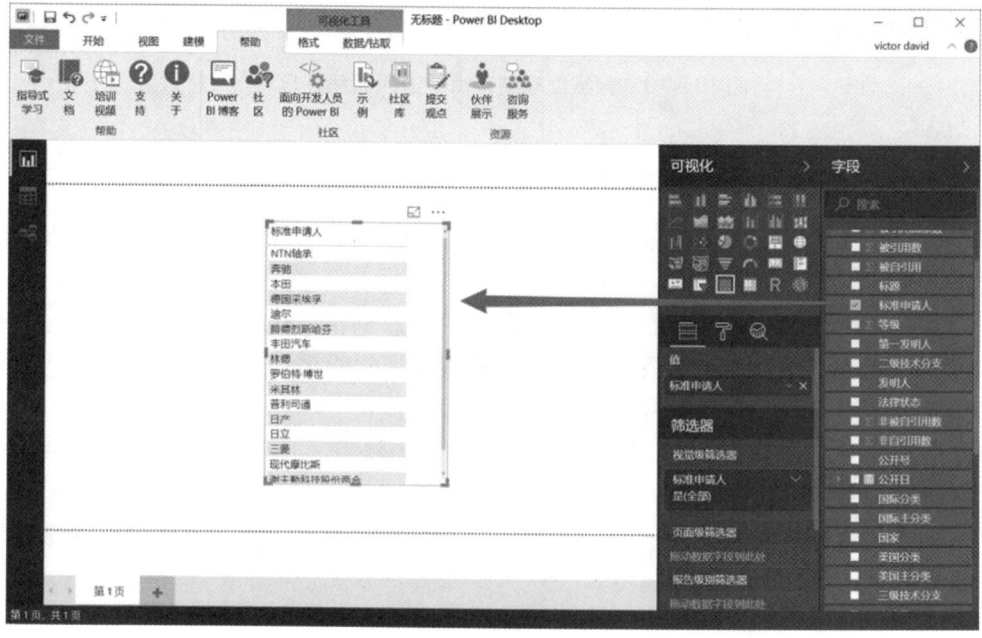

图 10-12　拖动"标准申请人"字段到报表视图

接下来，希望统计每个"标准申请人"的专利数量，但字段列表中并没有"专利数量"这样一个字段，因此统计每个申请人所拥有的专利公开号的数量，具体操作如下：拖动"公开号"到报表上已经生成的列表中，此时表格拥有了两列数据，但此时公开号是直接显示，并没有对公开号的数量进行计量，接着在可视化效果窗格找到"公开号"字段，单击右侧的下三角标志，选择"计数"项，即可令列表中的公开号转换为计数，参见图10－13。

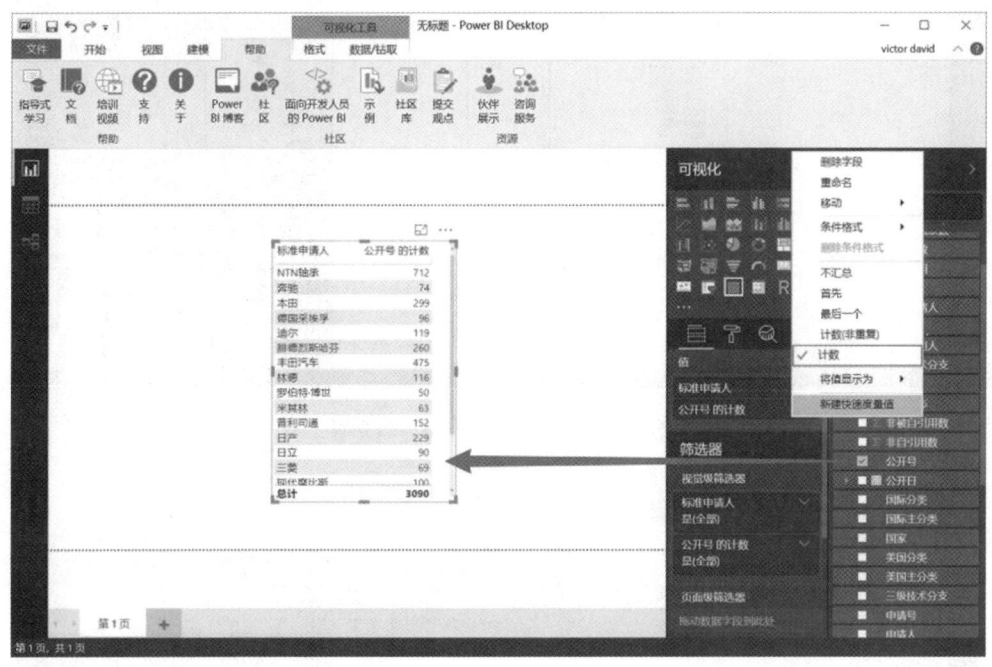

图10－13 将公开号的计数加入到表格

在可视化效果窗格中，可以选择不同类型的可视化效果，选中刚刚在报表中生成的表格并单击可视化效果窗格中的堆积条形图，即可将表格转为条形图，如图10－14所示。在可视化窗格下部的区域中，可以设置字段、调整可视化效果和添加分析元素。

继续在画布中的其他位置制作不同的图表，如图10－15所示，画布中绘制了3个可视化效果。当一个画布上具有多个可视化效果时，这些可视化效果之间会自动建立筛选关联，单击一个可视化效果中的图形元素，相当于采用相应的字段实现了筛选。单击标准化申请人公开号技术图中的"NTN轴承"，中间的趋势图进行了筛选，仅显示"NTN轴承"专利的趋势，右侧的柱状图则突出显示了"NTN轴承"所对应的一部分数据。

◎ 专利分析（修订版）

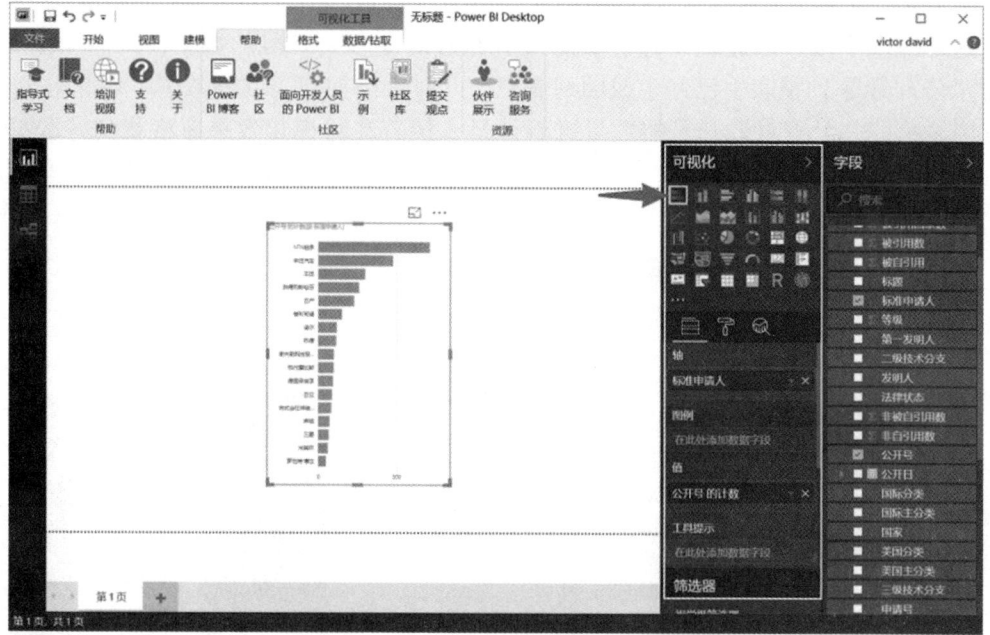

图 10-14　将表格转换为条形图

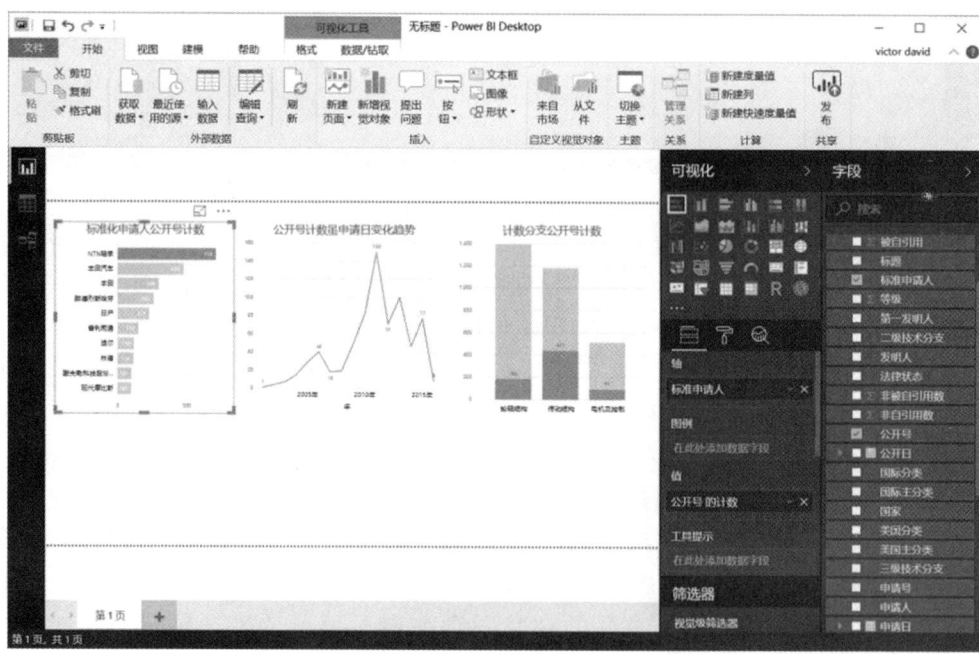

图 10-15　构建多个可视化效果并实现筛选

四、获取更多的可视化效果

Power BI 的可视化效果窗格中内置了常用的 30 余个视觉对象类型,包括折线图、饼图、柱状图、条形图、树状图、地图等。除此之外,还有其他许多视觉对象类型可以导入,导入方式有两种:从文件导入和从市场导入,登录账号的情况下采用后一种更为方便。单击可视化效果最后的"···",选择"从市场导入",弹出如图 10 – 16 所示的窗口,这里有近 200 个可视化效果可供选择,希望应用任何一个只需要单击"添加"即可。

图 10 – 16   "从市场导入"视觉对象类型

添加后的可视化效果出现在内置可视化效果后面,其用法与内置可视化效果相同。在图 10 – 17 的示例中,选中左侧的标准化申请人公开号计数条形图,然后单击新添加的泡泡图,可将条形图样式更改为泡泡图。

可扩展的可视化类型十分丰富,包括用于对比多维度数据的图表,实现多层次钻取的图表,表达关联关系的网络图、桑基图、和弦图、树形图,以及体现指标的各类 KPI 图表等。图 10 – 18 展示了利用网络可视化效果生成的某领域发明人共现网络图。

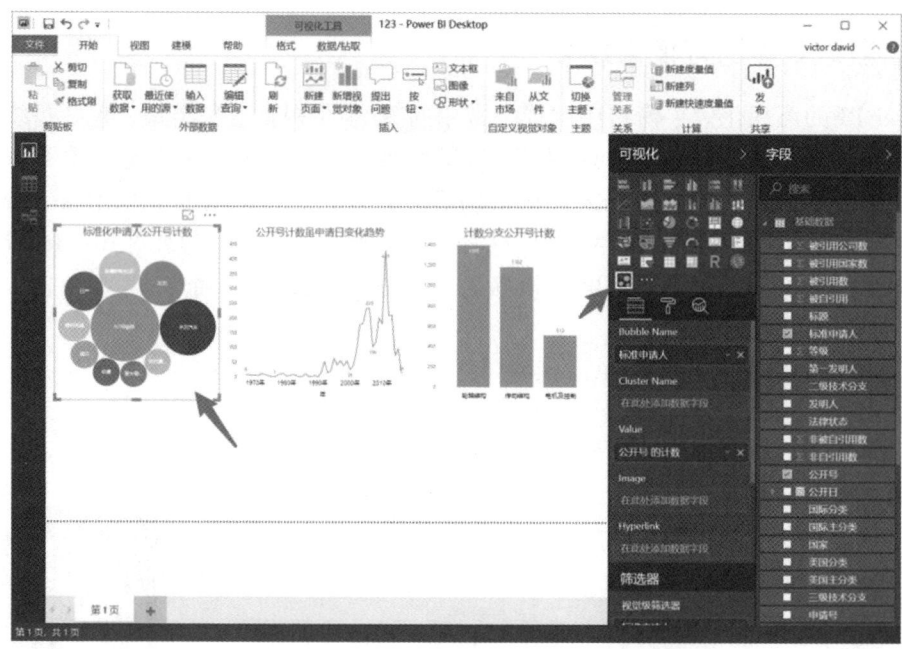

图 10-17 从市场导入视觉对象类型示例

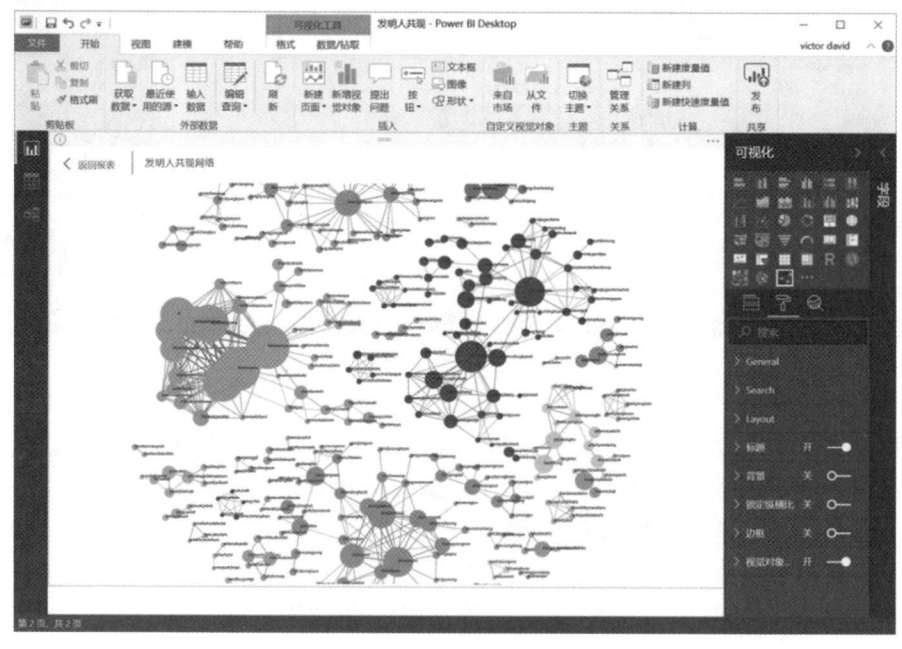

图 10-18 发明人共现网络图

五、在 Power BI 中开展专利数据分析

传统的可视化是在开展分析后将结论展示的过程,而在分析的过程中更加需要直观的方式观察和解读数据,Power BI 交互式的报表为此提供了便利,当建立好一个报表后,

·316·

通过交互式单击操作，可快速从多个维度中获取信息。这种特性有助于减少制作不同维度图表花费的时间，提升挖掘情报的便利性，让专利分析可视化工作从图表制作向数据分析转变。

Power BI 除了可视化效果可交互的特性外，其构建数据模型和定义度量值的功能也是提升专利分析师数据分析能力的重要工具。本节介绍构建数据模型和定义度量值的基本方法，最后介绍一套专利数据分析报表及构建思路。

1. 构建专利分析数据模型

在专利分析中，有时需要导入多个表，或将数据表中的一部分拆分出来单独进行转换处理，并最终使用这些表中的数据来开展一些分析。例如图 10-19 显示了统计发明人专利数量时常见的一个问题，由于发明人通常是多个值存储在一个字段中，数据透视时无法准确统计每个发明人申请的专利数量。

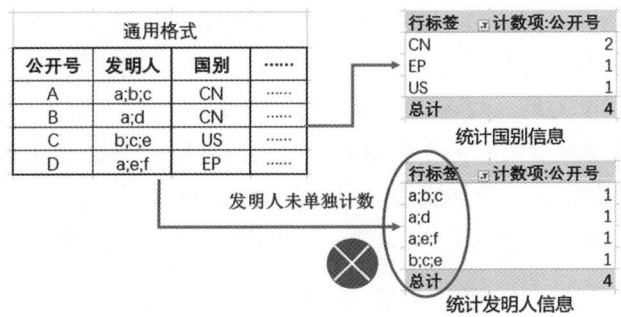

图 10-19　发明人专利数量统计中的问题

针对此类问题，我们通常的解决方法是对发明人字段进行拆分和转置，获得新的表格。然而，如果使用该表格统计其他列，则会出现各项统计值相加的和大于总量的问题，如图 10-20 所示。

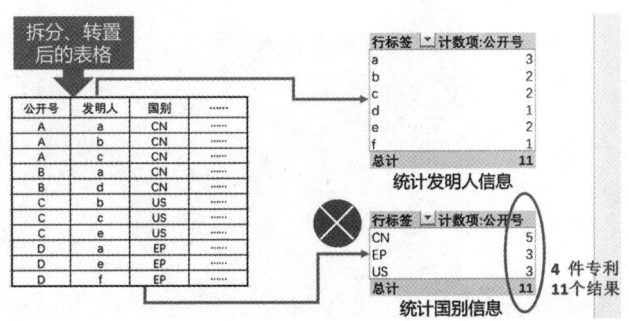

图 10-20　拆分表格统计其他项目产生的问题

而在 Power BI 中，可以采取以下方案：将发明人与公开号字段单独构成一个表格，对发明人进行拆分和转置，形成两列一一对应的数据，并在新表格与原始表格之间创建关系。这种带有关系的多个表格称为数据模型，利用正确的数据模型可以正确处理多值字段，并可以将多值字段与一般字段同时用在一个统计图表中。如图 10-21 所示，利用发明人分析数据模型，统计不同发明人在不同国别的专利数量。

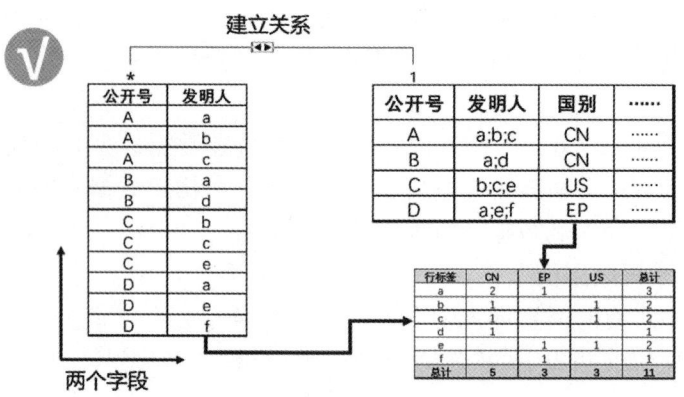

图10-21　通过建立数据模型解决发明人统计问题

为了构建专利分析数据模型，需要创建表格之间的关系，这在 Power BI Desktop 中是十分轻松的。在大多数情况下无须执行任何操作，系统能够自动检测并建立关系。有些情况下需要自行创建关系，或者对关系进行一些更改。

创建关系的前提是至少要有两个数据表。当我们需要手动创建关系时，在软件左侧选择关系视图，在两个数据表中找到能够确定两个表格之间关系的字段，在图10-22的示例中，单击一个表格中的"公开号"将其拖动到另一个表格的"公开号"上，即可完成关系的构建。

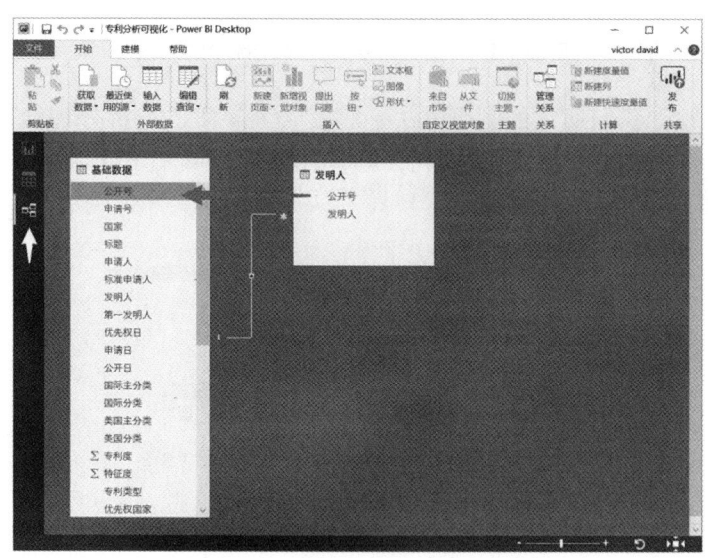

图10-22　表格关系创建方式

将上述两个表格构建起关系后，就可以如同单个表一样使用两个表格中的数据。如图10-23所示，将发明人表格中的"发明人"字段与基础数据表格中的"专利类型"字段生成在一个可视化效果中。

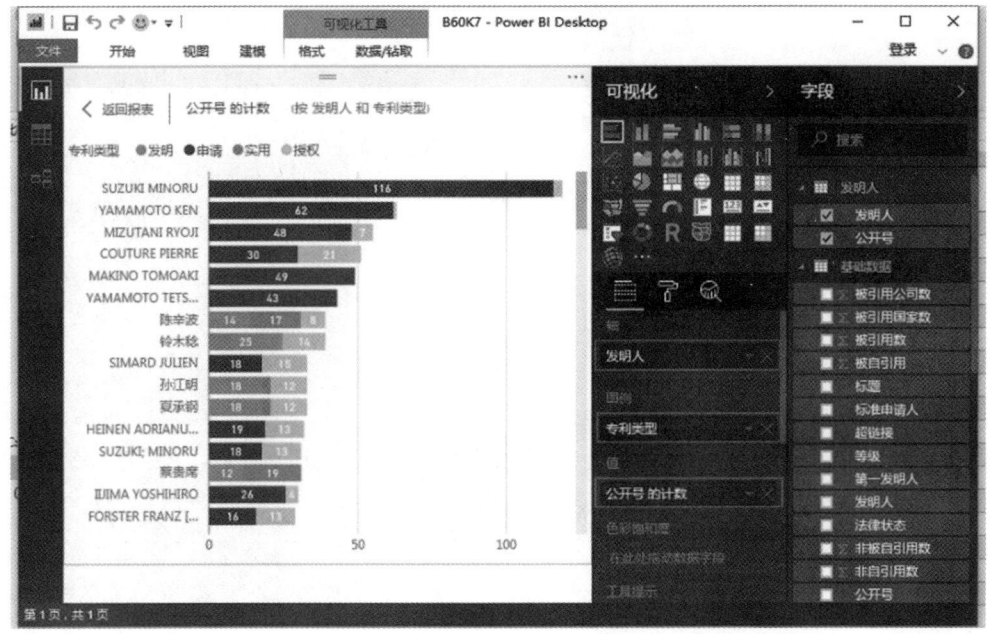

图10-23 多个表格的字段应用在同一个可视化效果中

2. 创建专利分析指标模型

利用专利数据表中的字段，可以完成大部分分析需求，但通过创建度量值，可以在 Power BI Desktop 中实现一些功能更加强大的数据分析解决方案。度量值通过数据分析表达式（DAX）编写，可在与报表进行交互时对数据执行计算。DAX 公式与 Excel 公式非常相似。要创建一个 DAX 公式，只需输入一个等号，后跟函数名或表达式以及所需的任何值或参数即可。

在上一节中，通过对公开号的计数对专利数量进行统计，图10-24 的例子展示了通过构建度量值，定义专利申请量这一指标。首先单击开始菜单中的"新建度量值"，公式栏出现在报表画布顶部，可以在此重命名度量值并输入一个 DAX 公式：

专利申请量 = DISTINCTCOUNT（'基础数据'[申请号]）

该公式的含义是定义一个"专利申请量"指标，其对基础数据表中的申请号执行非重复计数。该"专利申请量"指标，将出现在字段窗格中，可以随意拖动该指标应用到任何可视化效果中。将"专利申请量"指标与公开号计数放置在同一个柱形图中进行对比，可以看到"专利申请量"指标的数值要小于公开号计数的数值，这是由于原始数据集中部分专利申请同时具有公开文本和授权文本等多条记录。

DAX 公式使用许多与 Excel 公式相同的函数、运算符和语法。但是，DAX 函数与 Excel 公式最大的不同在于实时性和交互性，在与报表进行交互时执行更动态的计算。DAX 函数有 200 多个，包括简单的计数、求和、平均值等聚合计算，以及更复杂的统计和筛选函数，几乎可以执行任何所需的计算。

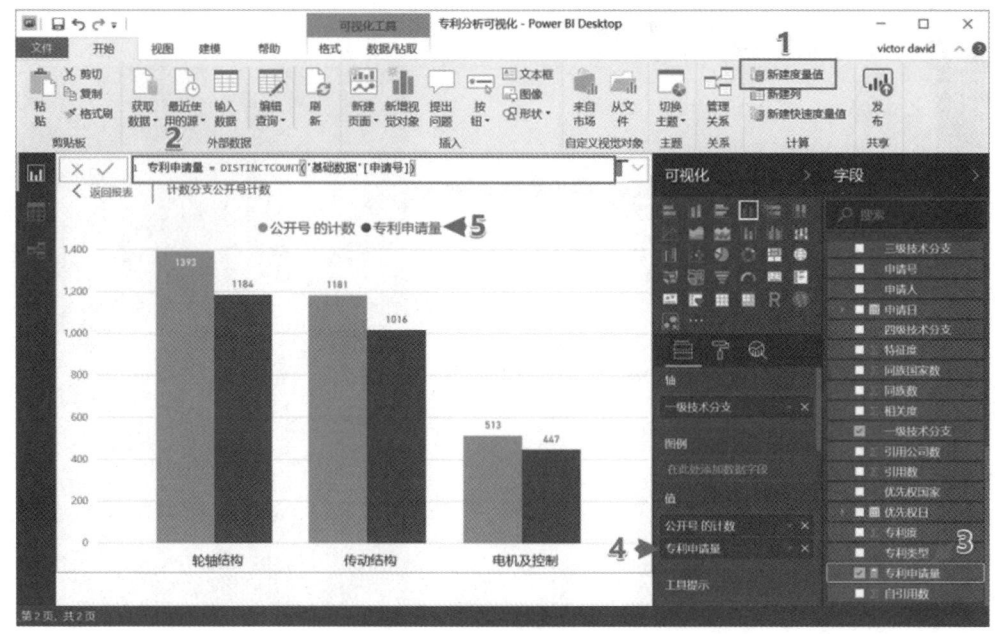

图 10-24　专利申请量指标的创建及应用

3. 设计交互式专利信息报表

充分利用 Power BI Desktop 提供的图表交互能力，按照专利分析的业务逻辑合理设计报表的结构，能够提升专利信息分析和情报挖掘的效率。本部分介绍一套基础的专利信息报表集，包含趋势与构成报表、申请目标国报表和发明人信息报表。

图 10-25 展示了专利申请趋势与构成报表，其用于展示专利申请、授权的趋势和多个分析指标的构成情况，具体由以下部分构成：

（1）报表右侧上部设置申请人筛选器，通过该筛选器便于快速查阅该领域的各主要申请人的专利信息；

（2）报表左侧上部设置了两个关键指标数字卡片，显示了当前筛选情况下的申请量和授权量；

（3）报表左侧中部的图是申请量、授权量柱状图，显示自 2000 年以来该领域的专利申请和授权数量；

（4）报表左侧下部的图是一级技术分支的申请趋势折线图，对比不同技术分支的专利申请趋势；

（5）报表右侧上部是申请目标国饼状图，可查看在各区域提交的专利申请的比例；

（6）报表右侧下部是 IPC 小类树状图，用于查看 IPC 分类号小类分布情况。

图 10-26 展示了专利申请目标国报表，其用于更进一步分析专利申请的地域分布情况，具体由以下部分构成：

（1）报表上部与"趋势与构成报表"相同；

（2）报表左侧中部是各国申请趋势分区图，用于对比各国的专利申请数量随申请日变化的趋势；

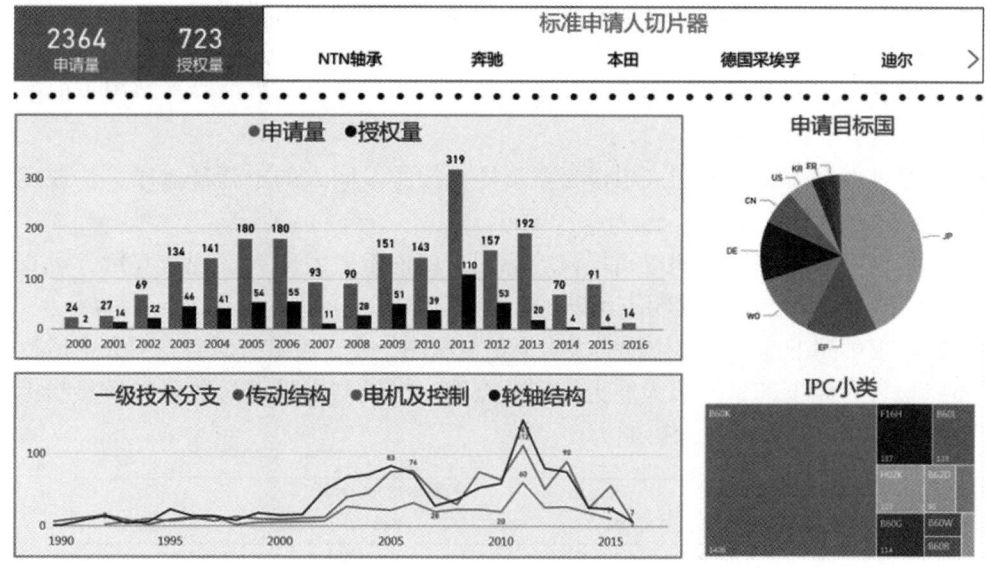

图10-25 专利申请趋势与构成报表

（3）报表左侧下部是各国专利布局数量与质量对比气泡图，其中横轴和纵轴分别是平均引用和被引用指标；

（4）报表右侧中部是申请目标国地图（本图中已删除地图），便于查看各国申请情况；

（5）报表右侧下部是申请人与申请国矩阵图，方便直接在报表上查阅每个申请人在各国的专利布局的具体数量。

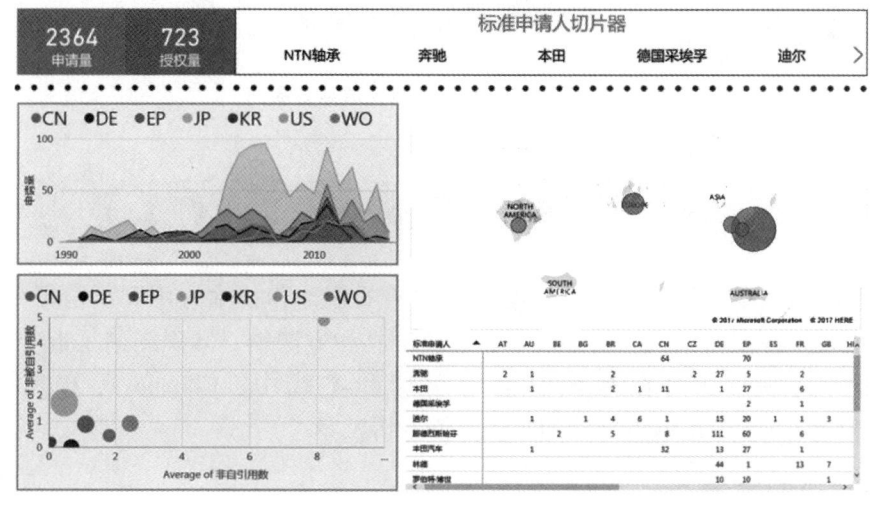

图10-26 专利申请目标国报表

（右侧中部实际有地图）

图10-27展示了重要发明人信息报表，其用于详细分析重要发明人信息，具体由以下部分构成：

(1) 报表右侧上部设置申请人筛选器，通过该筛选器便于快速查阅该领域的各申请人的专利信息；

(2) 报表左侧上部设置了两个关键指标数字卡片，显示了当前筛选情况下的发明人总数和人均申请量；

(3) 报表左侧下部是发明人申请量条形图，按照发明人的申请量排序，快速定位重要发明人；

(4) 报表中间上部是专利申请授权趋势图，单击重要发明人实现交互后，可查看相关发明人的申请趋势，了解发明人活跃的年代；

(5) 报表中间下部是前十位发明人申请量树状图，便于直观查看各发明人申请数量；

(6) 报表右侧下部是发明人能力模型散点图，横轴与纵轴通过数量和质量指标反映发明人的技术产出能力和技术影响力。

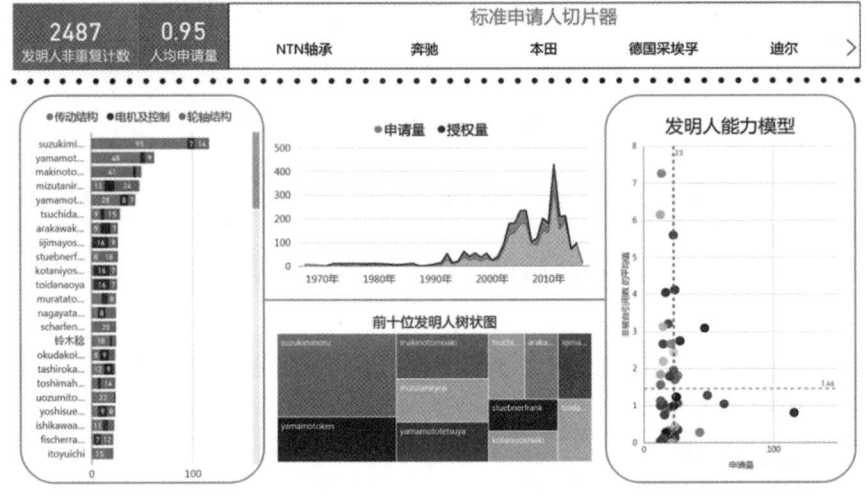

图 10-27　重要发明人信息报表

第三节　知识图谱分析工具介绍

一些学者将数学、计算机科学、图形学的相关理论和技术应用到了情报分析领域，近年来，出现了许多新工具和新方法。在这些工具和方法中，知识图谱是近年来非常热门的一个研究领域，而在知识图谱的理论和实践中，CiteSpace、CitNetExplorer、HistCite、VOSviewer 等是值得推荐的知识图谱分析工具。

一、知识图谱简介

知识图谱又称为知识域可视化或知识领域映射地图。可以认为知识图谱是显示知识发展进程与结构关系的一系列各种不同的图形，用可视化技术描述知识资源及其载体，挖掘、分析、构建、绘制和显示知识及它们之间的相互联系。

知识图谱通过将数学、图形学、信息可视化技术、信息科学等学科的理论与方法与计量学引文分析、共现分析等方法结合,并利用可视化的图谱形象地展示学科的核心结构、发展历史、前沿领域以及整体知识架构达到多学科融合目的的现代理论,为学科研究提供切实的、有价值的参考❶。

大连理工大学的刘则渊教授将科学知识图谱定义为"以知识域为对象,显示科学知识发展进程与结构关系的一种图像,具有解释与预见研究领域的理论功能"❷。

比如图10-28,展示了恐怖主义研究的前沿文献中,在由335个节点组成的被引文章(知识基础)和引文专业术语(知识前沿)混合网络中出现的3个明显的聚类:一是恐怖主义爆炸中的身体外伤(左上,绿色),二是与生化武器威胁相关的卫生保健(右上,黄-橘色),三是恐怖袭击事件对心理和精神的影响(中下,橘色)❸。这些不同的研究前沿在不同时期,被一些关键文献连接起来。通过这样一张图谱,我们可以非常直观地发现知识传播和演进过程中的关键节点,找出其中的关键文献,从而发现知识传播和演进的规律。

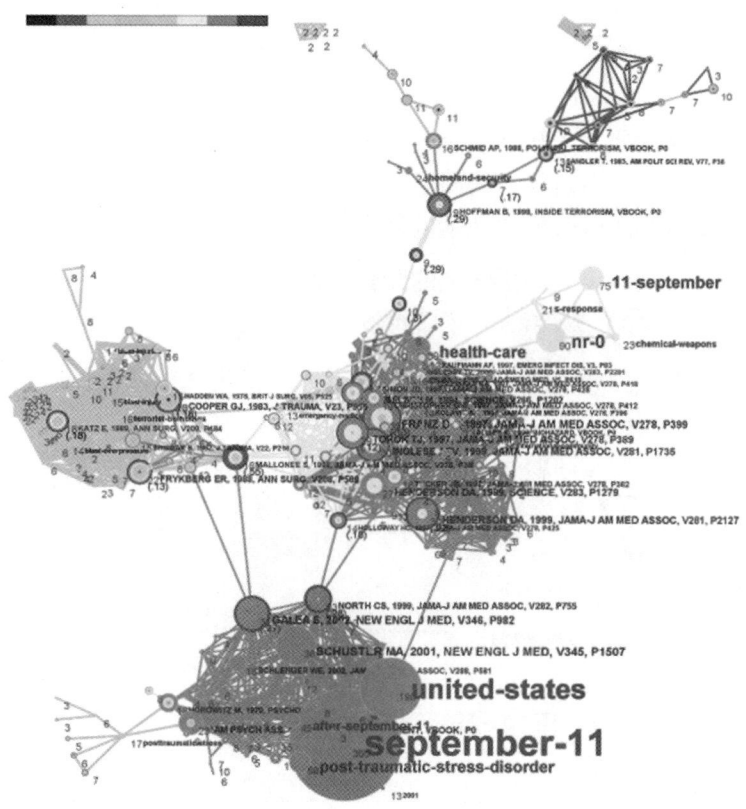

图10-28 科学知识图谱案例

---

❶ 百度百科. 知识图谱 [G/OL]. [2018-07-10]. https://baike.baidu.com/item/%E7%9F%A5%E8%AF%86%E5%9B%BE%E8%B0%B1/8120012? fr = aladdin.

❷ 陈悦,陈超美,刘则渊,等. CiteSpace知识图谱的方法论功能 [J]. 科学学研究, 2015, 33 (2):242-253.

❸ Chen C. CiteSpace II:Detecting and visualizing emerging trends and transient patterns in scientific literature [J]. Journal of the American Society for Information Science and Technology, 2006, 57 (3):359-377.

二、CiteSpace 简介

CiteSpace 是 Citation Space 的简称，可以直译为"引文空间"。CiteSpace 是一款着眼于分析科学文献中蕴含的潜在知识，并且在科学计量学（Scientometric）和数据信息可视化（Data and information visualization）的背景下逐渐发展起来的一款多元、分时、动态的引文可视化分析软件❶。

CiteSpace 的开发者是美国德雷塞尔大学（Drexel University）计算机与情报学教授陈超美。2004 年，陈超美教授在美国德雷塞尔大学使用 Java 语言开发了 Information Visualization – CiteSpace 信息可视化软件。其主要理论基础是"科学研究的重点随着时间变化，有些时候速度缓慢，有些时候会比较剧烈，科学发展可以通过其足迹从已经发表的文献中提取"❷。关于 CiteSpace 在科技论文分析方面的应用，读者可以参考陈超美教授的两篇论文❸❹。

简单来讲，CiteSpace 是一款应用于科学文献中识别并显示科学发展新趋势和新动态的软件，利用 CiteSpace 可寻找某一学科领域的研究进展和当前的研究前沿及其对应的知识基础。

图 10 - 29 为 CiteSpace 进行文献聚类分析的概念模型，用时间切片抓拍（Time – sliced snapshot）来显示研究领域的演变❺。图中的①为施引文献的集合，施引文献代表了研究前沿，②代表了共同被某一篇施引文献引证的文献的集合（共被引集合2），③代表了共同被另一篇施引文献引证的文献的集合（共被引集合1）。

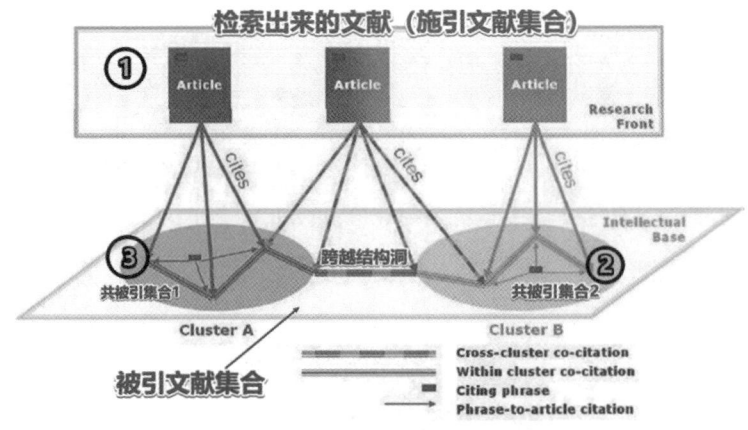

图 10 - 29 CiteSpace 的概念模型

---

❶ 李杰，陈超美. CiteSpace：科技文本挖掘及可视化 [M]. 2 版. 北京：首都经济贸易大学出版社，2017：2.

❷ Kuhn T S. The Structure of Scientific Revolutions [M]. Chicago：Chicago University Press，1962.

❸ Chen C. CiteSpace II：Detecting and visualizing emerging trends and transient patterns in scientific literature [J]. Journal of the American Society for information Science and Technology，2006，57（3）：359 – 377.

❹ Chen C，Ibekwe – SanJuan F，Hou J. The structure and dynamics of cocitation clusters：A multiple – perspective cocitation analysis [J]. Journal of the American Society for information Science and Technology，2010，61（7）：1386 – 1409.

❺ The conceptual model of CiteSpace II. Time – sliced snapshots are devised to highlight changes of prominent specialties over time. 引自 Chen C. CiteSpace II：Detecting and visualizing emerging trends and transient patterns in scientific literature [J]. Journal of the American Society for information Science and Technology，2006，57（3）：364.

我们知道，同一个研究领域的文献被本领域引用是大概率的事件，但是知识会发生流动和迁移，不同学科之间的边界也会被新的研究打破并产生新的连接。对文献的引用关系，尤其是共被引关系进行研究，可以发现知识流动的规律，并找出知识流动过程中，对知识的扩散和迁移起到关键作用的文献。

在共被引分析理论中，有一个"结构洞"概念，用来指代前沿领域的知识鸿沟。结构洞理论是 CiteSpace 设计灵感的来源之一。这个理论是芝加哥大学罗纳德·伯特在研究社会网络和社会价值时提出的。伯特认为，在一个完全连通的社交网络中，每个人和所有的人都直接联系。因此，各种信息可以随意地从一个人传播到另一个人，在这样的网络中，不存在结构洞。在另一类也是更常见的网络中，社交网络中不是每个人和所有其他人都有直接联系，要是如此，就会形成结构洞[1][2]。信息在网络中的流动受到其结构上的约束，每个人在网络中所能接触到的信息内容不再相同，传递和接受的时间也会出现差别。

陈超美教授认为，社交网络中的结构洞理论可以扩展到同类型的网络，尤其是引文网络[3]。结构洞的思想在 CiteSpace 中体现为寻找具有高度中介中心性的节点。这样可以放眼于文献在学术领域的整体发展中的作用，而不是拘泥于具体论文的局部贡献。

以图 10-30 为例，图中展示的是恐怖主义研究的重要节点[4]。图中出现了 3 个明显的聚类：

一是恐怖主义爆炸中的身体外伤（左上，绿色）；

二是与生化武器威胁相关的卫生保健（右上，黄-橘色）；

三是恐怖袭击事件对心理和精神的影响（中下，橘色）。

这 3 个研究前沿的内部，知识流动是频繁而通畅的。但是这 3 个研究前沿之间的结构洞造成了知识流动的困难，是七篇文献让 3 个研究前沿联系在了一起。

共被引分析（Co-Citation analysis）是 1973 年美国情报学家 Henry Small 首先提出来的。共被引指的是两篇文献共同出现在了第三篇施引文献的参考文献目录中，这两篇文献就构成共被引关系。文献共被引分析指的是通过对一个文献空间的数据集合进行共被引关系的挖掘过程。

图 10-31 为 CiteSpace 进行文献共被引分析的过程[5]。图 A 中施引文献 pa1、pa2、…、pa4 和它们的参考文献 pb1、pb2、…、pb5 共同组成了文献的引证网络。通过这个网络可以建立一个如图 B 所示的参考文献之间的共被引网络。比如，引证网络 A 的 pb1 和 pb4 共同被引用的次数为 3 次，pb1 和 pb2 共同被引的次数为 1 次。将这种引文信

---

[1] Burt R S. Structural holes and good ideas [J]. American Journal of Sociology, 2004, 110 (2): 349-399.

[2] Burt R S. Structural Holes: The Social Structure of Competition [M]. Cambridge: Harvard University Press, 1992.

[3] 陈超美. CiteSpace 的分析原理 [M] //科学知识图谱：前沿与实践. 北京：高等教育出版社，2016.

[4] A 515-node network of co-cited articles on mass extinction (1981-2004) based on twelve 2-year slices. Five clusters and the central area are marked by MeSH terms assigned to articles in individual clusters. MeSH terms were retrieved from PubMed on demand. The number at the corner of each rectangle is the number of articles found in the cluster. The youngest cluster is a 100-article cluster in the lower left of the visualization. 引自 Chen C. CiteSpace II: Detecting and visualizing emerging trends and transient patterns in scientific literature [J]. Journal of the American Society for information Science and Technology, 2006, 57 (3): 367.

[5] 李杰，陈超美. CiteSpace：科技文本挖掘及可视化 [M]. 2 版. 北京：首都经济贸易大学出版社，2017：139.

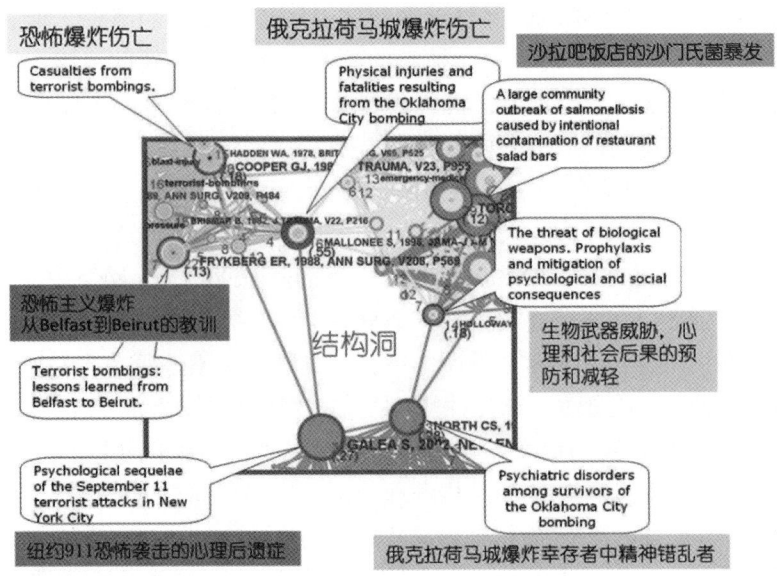

图 10-30 恐怖主义研究的重要节点

息用矩阵记录下来，然后通过矩阵运算得到文献共被引矩阵，就可以用计算机进行统计和可视化了。

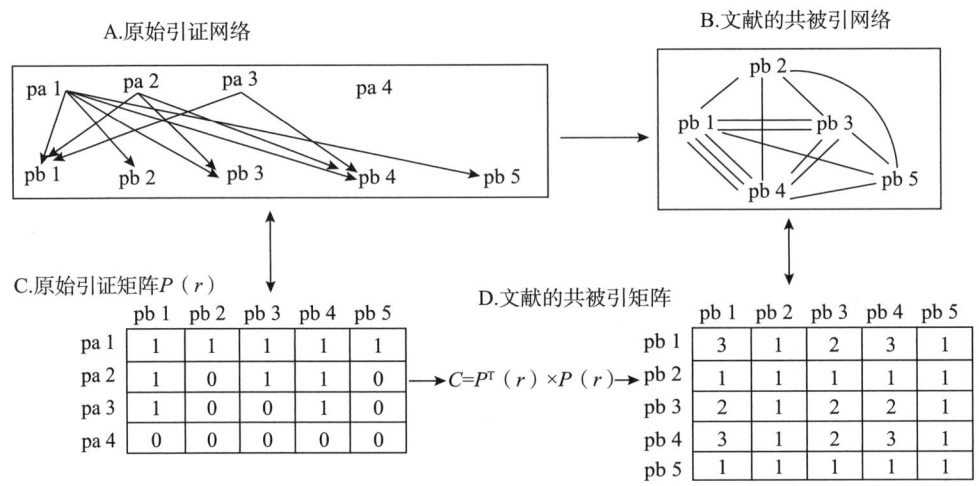

图 10-31 文献共被引网络分析

共词分析也称关键词共现分析，基本原理是对一组词汇进行两两统计，统计它们在同一组文献出现的次数。共同出现的次数越多，代表这些词之间的关系越紧密；共同出现的次数越少，词与词之间的关系越小。首先提取每一篇文献的关键词列表❶，相同的

---

❶ 专利文件没有关键词信息，我们可以通过语义分析的技术对专利文本进行挖掘和分词，在专利文本挖掘和索引词构建方面，索意互动信息技术有限公司的 Patentics 专利检索分析系统（www.patentics.com）目前走在前列，该系统专门为 CiteSpace 开放了数据接口，后文的案例介绍，我们也使用 Patentics 来获得适用于 CiteSpace 处理的专利的著录项目数据、引文数据和关键词数据。

关键词是将相同的字母和数字组合来表示。这样可以得到一个文档 – 关键词的 0 – 1 矩阵，表达某个关键词和某篇文献之间是否存在隶属关系。这个矩阵可以用来对文献的相似性进行测度。通过该矩阵，也可以进一步得到关键词和关键词的共现矩阵。

图 10 – 32 为 CiteSpace 进行可视化时最为重要的展示方式——年轮图❶。图中的节点带有一个被称为引文年环的彩色年轮，代表这篇文章的引文历史。引文年轮的颜色代表相应的引文时间。一个年轮的厚度与某个时间分区内的引文数量成比例。节点中心旁的数字代表整个时间跨度内的被引频次。

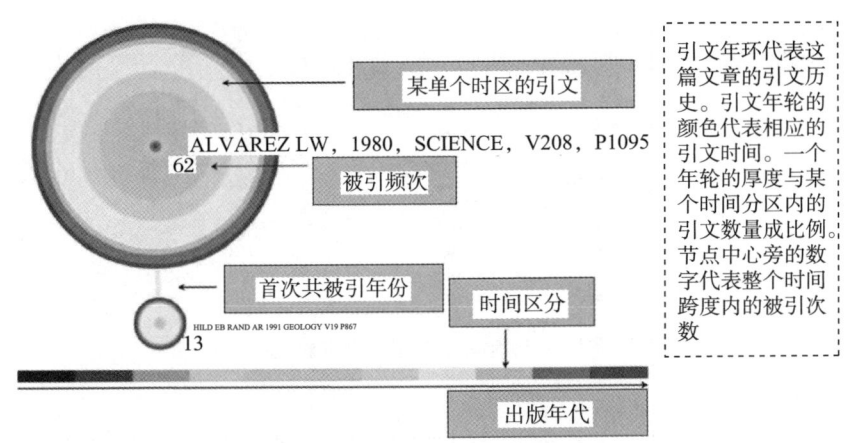

图 10 – 32　CiteSpace 年轮图例解释

三、CiteSpace 软件的获得与安装

可以访问 CiteSpace 的官网获得软件的下载链接。❷ CiteSpace 是一款基于 Java 语言开发的软件，在安装 CiteSpace 之前，需要在计算机上构建 Java 的运行环境。首先在 Download Java JRE 的链接中找到适合自己计算机操作系统的 Java。运行 CiteSpace 需要 Java Runtime（JRE），确保安装与系统匹配的 JRE。如果是 32 位系统，则需要安装适用于 Windows x86 的 JRE。如果是 64 位系统，需要安装适用于 Windows x64 的 JRE。CiteSpace 目前针对带有 Java 8 的 Windows 64 位进行了优化。

---

❶ Citation tree rings represent the citation history of an article. The color of a citation ring denotes the time of corresponding citations. The thickness of a ring is proportional to the number of citations in a given time slice. The small number next to the center of a node is the citations throughout the entire time interval. 引自 Chen C. CiteSpace II：Detecting and visualizing emerging trends and transient patterns in scientific literature ［J］. Journal of the American Society for information Science and Technology, 2006, 57（3）: 365.

❷ 网址为 http：//cluster. cis. drexel. edu/ ~ cchen/citespace/download/。

第四节　使用 CiteSpace 绘制专利知识图谱

一、CiteSpace 的数据格式

通过查看 CiteSpace 的数据样例，图 10-33 展示了数据样例的路径，我们可以看到 CiteSpace 需要专用的数据格式。这种格式是科睿唯安的 Web of Science（WOS）导出的文献著录项数据。

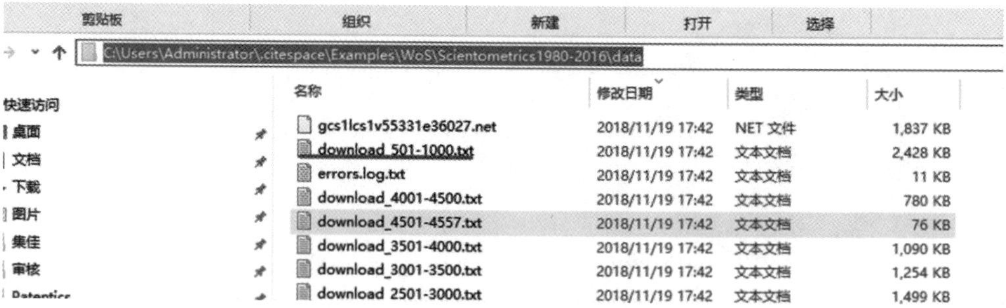

图 10-33　CiteSpace 数据样例文件的存储路径

CiteSpace 文献分析标准格式如下：

```
PT J
AU Chen, SJ
   Arsenault, C
   Gingras, Y
   Lariviere, V
AF Chen, Shiji
   Arsenault, Clement
   Gingras, Yves
   Lariviere, Vincent
TI Exploring the interdisciplinary evolution of a discipline: the case of
   Biochemistry and Molecular Biology
SO SCIENTOMETRICS
LA English
DT Article
DE Interdisciplinarity; Bibliometrics; References; Information
   visualisation
ID CROSS-DISCIPLINARY; MULTIDISCIPLINARY RESEARCH; INFORMATION-SCIENCE;
   DYNAMICS; INDICATORS; NETWORKS; PROGRAM; LIBRARY
```

AB This study explores interdisciplinarity evolution of Biochemistry and Molecular Biology (BMB) over a one-hundred-year period on several fronts, namely: change in interdisciplinarity, identification of core disciplines, discipline……

C1 [Chen, Shiji] Lib China Agr Univ, Beijing, Peoples R China.

[Chen, Shiji; Arsenault, Clement; Lariviere, Vincent] Univ Montreal, Ecole Bibliothecon & Sci Informat, Montreal, PQ, Canada.

[Gingras, Yves; Lariviere, Vincent] Univ Quebec, Ctr Interuniv Rech Sci & Technol, Observ Sci & Technol, Montreal, PQ H3C 3P8, Canada.

RP Arsenault, C (reprint author), Univ Montreal, Ecole Bibliothecon & Sci Informat, Montreal, PQ, Canada.

EM shiji. chen@ umonteal. ca; clement. arsenault@ umonteal. ca;

gingras. yves@ uqam. ca; vincent. lariviere@ umontreal. ca

RI chen, shiji/K-7282-2015; kiaie, robabeh/I-2157-2016; kiaie,

fatemeh/I-6083-2016

OI chen, shiji/0000-0002-5775-2516; kiaie, robabeh/0000-0001-5251-3201;

CR Abramo G, 2012, J AM SOC INF SCI TEC, V63, P2206, DOI 10. 1002/asi. 22647

Adams Jonathan, 2007, BIBLIOMETRIC ANAL IN

Garner J, 2013, RES EVALUAT, V22, P134, DOI 10. 1093/reseval/rvt001

Jahn T, 2012, ECOL ECON, V79, P1, DOI 10. 1016/j. ecolecon. 2012. 04. 017

Leydesdorff L, 2013, SCIENTOMETRICS, V94, P589, DOI 10. 1007/s11192-012-0784-8

Smajgl A, 2013, FUTURES, V52, P52, DOI 10. 1016/j. futures. 2013. 07. 002

……

NR 38

TC 1

Z9 1

U1 13

U2 54

PU SPRINGER

PI DORDRECHT

PA VAN GODEWIJCKSTRAAT 30, 3311 GZ DORDRECHT, NETHERLANDS

SN 0138-9130

EI 1588-2861

J9 SCIENTOMETRICS

JI Scientometrics

PD FEB

PY 2015

VL 102

IS 2

BP 1307

EP 1323

```
DI 10.1007/s11192-014-1457-6
PG 17
WC Computer Science, Interdisciplinary Applications; Information Science &
  Library Science
SC Computer Science; Information Science & Library Science
GA AZ6IS
UT WOS：000348324000011
ER
```

由于专利文件没有关键词信息，我们可以通过语义分析的技术对专利文本进行挖掘和分词，然后加工成 WOS 的标准格式即可❶。图 10-34 为专利数据与 WOS 数据的转换关系图。

图 10-34 专利数据与 WOS 数据的转换关系图

图 10-35 为转换之后的专利数据格式，其中方框内为一篇文献的信息。

---

❶ Patentics 专利检索分析系统为 CiteSpace 开放了数据接口，可以使用 Patentics 来获得适用于 CiteSpace 处理的专利的著录项目数据、引文数据和关键词数据。

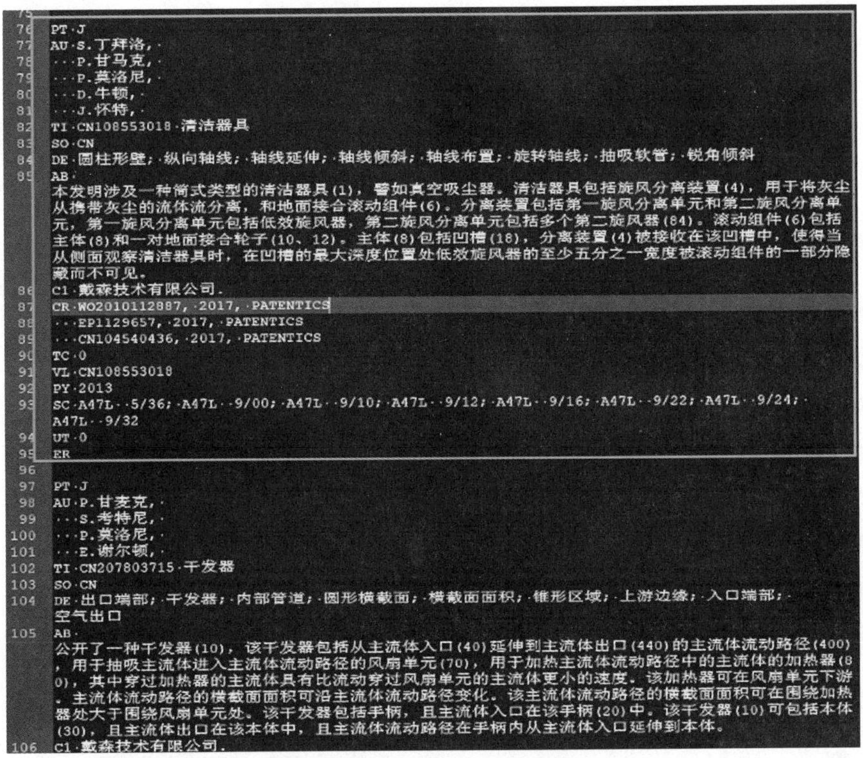

图 10-35 转换之后的专利数据

二、分析维度的选择

打开软件，建立好项目并加载数据之后，就可以选择分析维度进行分析了。如图 10-36 所示，CiteSpace 可以提供作者共现（发明人合作网络）、机构共现（申请人合作网络）、关键词共现、技术领域共现（IPC 分类号共现）、文献共被引、作者共被引等分析维度。选择相应的维度和分析阈值，系统运算之后就能够获得该维度对应的知识图谱。

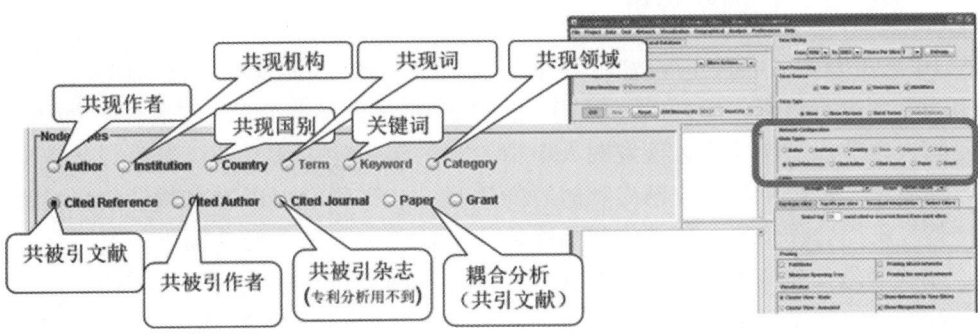

图 10-36 CiteSpace 的分析维度选择

三、分析阈值的选择

图 10-37 为 CiteSpace 的分析阈值设置界面。分析阈值用来确定各个时间段内提取对象的数量，其中，Thresholds 通过设置前、中、后 3 个时间段的 c、cc、ccv 的阈值来提取数据，即数据的起始、中间和结尾按照 c、cc、ccv 来赋值，其余采用线性差值算法处理❶。

3 个参数的含义如下：

c = 最低被引或者出现的频次（用来确定入选的点数）

cc = 本时间切片中共现、共引频次（用来确定连线数量）

$ccv(i,j) = \dfrac{cc(i,j)}{\sqrt{c(i)*c(j)}}$（用来表示共现率，或者共被引率，用来确定中心度高的节点的数量）

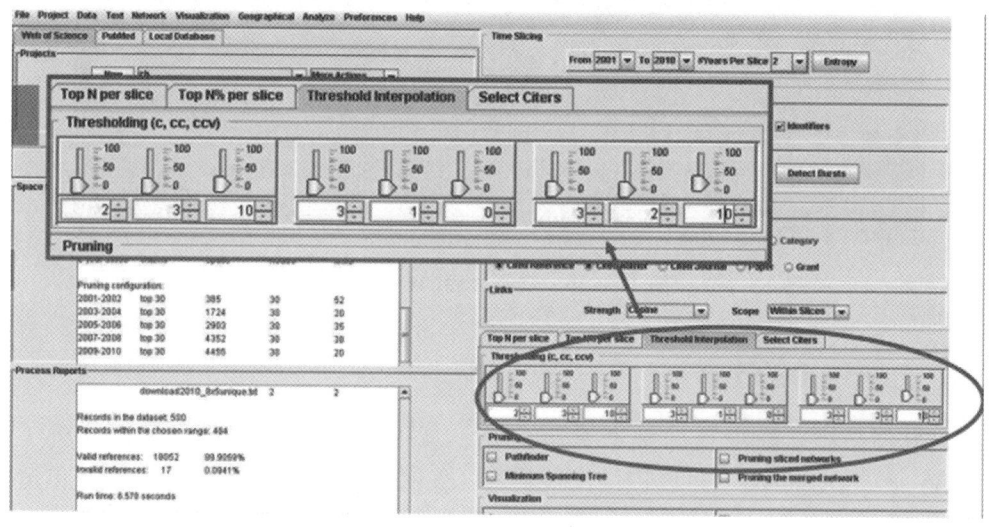

图 10-37 CiteSpace 分析阈值设置界面

四、发明人合作网络分析

图 10-38 为 CiteSpace 进行发明人合作分析的样例。我们选取戴森（Dyson）公司的全部中国专利进行分析，绘制出如图 10-38 所示的发明人合作网络图谱。图谱中的节点代表发明人，节点的年轮代表该发明人申请专利的年份的占比，颜色越冷，代表申请专利的时间越早，反之则代表申请专利的时间越晚，这样我们可以看出戴森的研发团队的新老交替及部门合作情况。节点之间的连线代表发明人之间曾经共同申请过专利，同样地，连线的颜色代表两个发明人首次共同申请专利的年份，连线的颜色越冷，代表共同申请专利的时间越早，颜色越暖，代表共同申请专利的年份越晚。图中节点年轮的最外圈被紫色圆圈包围的节点，意味着该节点是整个研发团队中不同研发方向的核心发明

---

❶ 李杰，陈超美. CiteSpace：科技文本挖掘及可视化 [M]. 2 版. 北京：首都经济贸易大学出版社，2017：86.

人，比如图 10-38 中的戴森和考特尼。

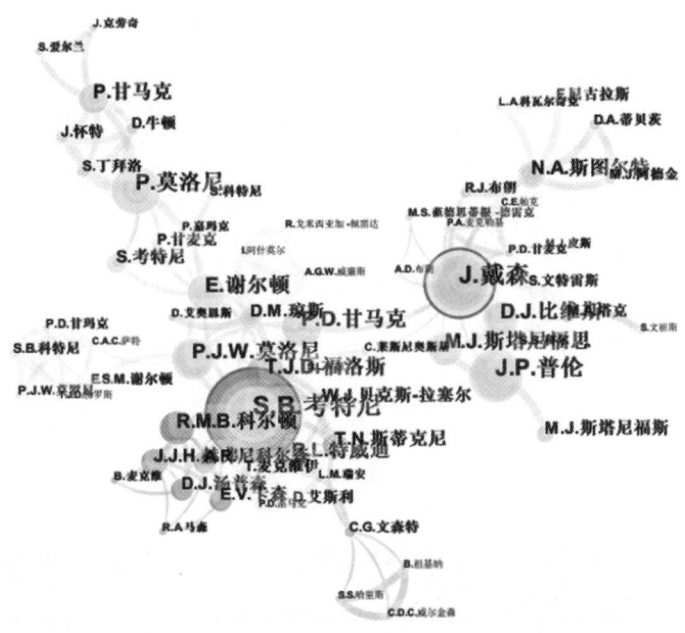

图 10-38　戴森（Dyson）公司的发明人合作网络图谱

五、分类号共现分析

图 10-39 为 CiteSpace 进行合作分析的样例。我们选取戴森（Dyson）公司的全部中国专利进行分析，绘制出如图 10-39 所示的技术领域（IPC 分类号）共现图谱。图谱中的节点代表 IPC 国际专利分类号，即专利所属的技术领域，节点的年轮代表该技术领域申请专利的年份的占比，颜色越冷，代表申请专利的时间越早，反之则代表申请专利的时间越晚，这样我们可以看出戴森公司的技术研发重点变化情况。节点之间的连线代表该分类号曾经共同出现在一篇专利文献之中。连线的颜色代表两个专利分类号首次共同出现的年份，连线的颜色越冷，代表技术领域之间产生关联的时间越早，颜色越暖，代表技术领域产生关联的时间越晚。图中节点年轮的最外圈被紫色圆圈包围的节点，意味着该节点是整个研发团队中不同研发方向的核心技术领域。

如图 10-39 所示的两张图，我们可以让节点的标签按照出现的频次，也就是分类号对应的专利量来显示大小，让专利申请量大的技术领域更加突出。也可以让分类号的标签按照中心度的数值来显示大小，这样可以让跨领域的关键性技术更加突出。

此外，CiteSpace 还可以让图谱按照时间序列进行展示。图 10-40 示出了戴森公司中国专利的技术领域共现时间序列图谱，可以非常直观地看出戴森公司的专利技术从吸尘器到电吹风的演变情况。还能看到不同技术方向之间并不是毫无关联，一些专利技术在技术的迁移中起到了主要作用。

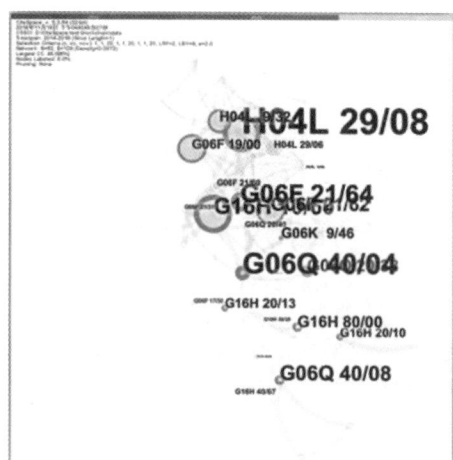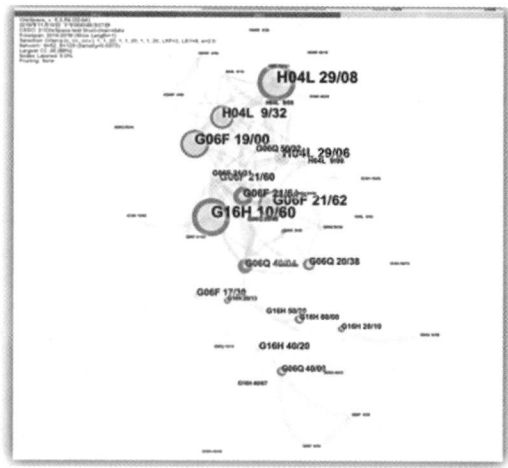

图 10 – 39　技术领域（IPC 分类号）共现图谱

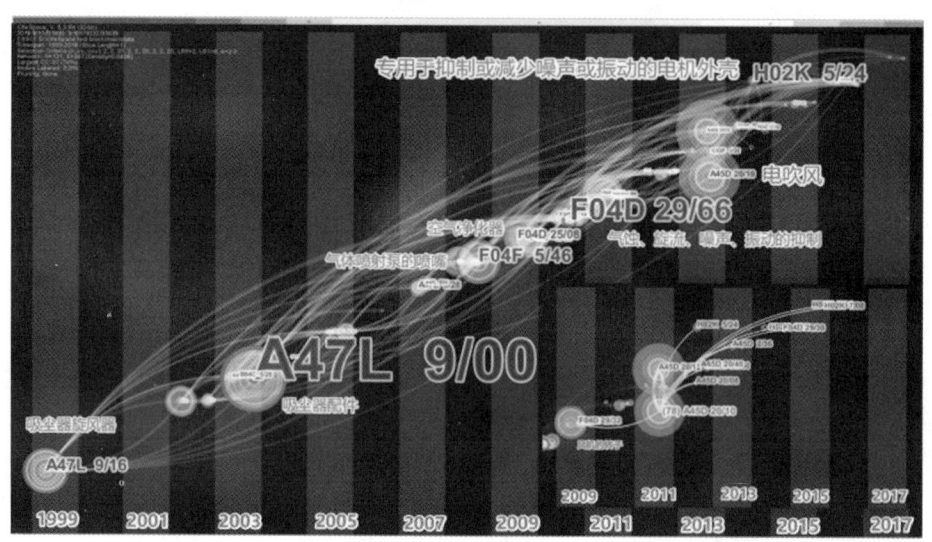

图 10 – 40　技术领域（IPC 分类号）共现时间序列图谱

六、专利共词网络分析

图 10 – 41 和图 10 – 42 为 CiteSpace 对区块链中国专利文件绘制的共词网络图谱。每个节点代表一个关键词，关键词之间的连线代表被联系的关键词曾经共同出现在同一篇专利中。如前文的介绍，节点和连线的颜色代表了关键词首次出现的时间，和关键词共同出现在同一篇专利的年份。通过此图，我们可以进一步发现中国区块链专利技术的演变情况。

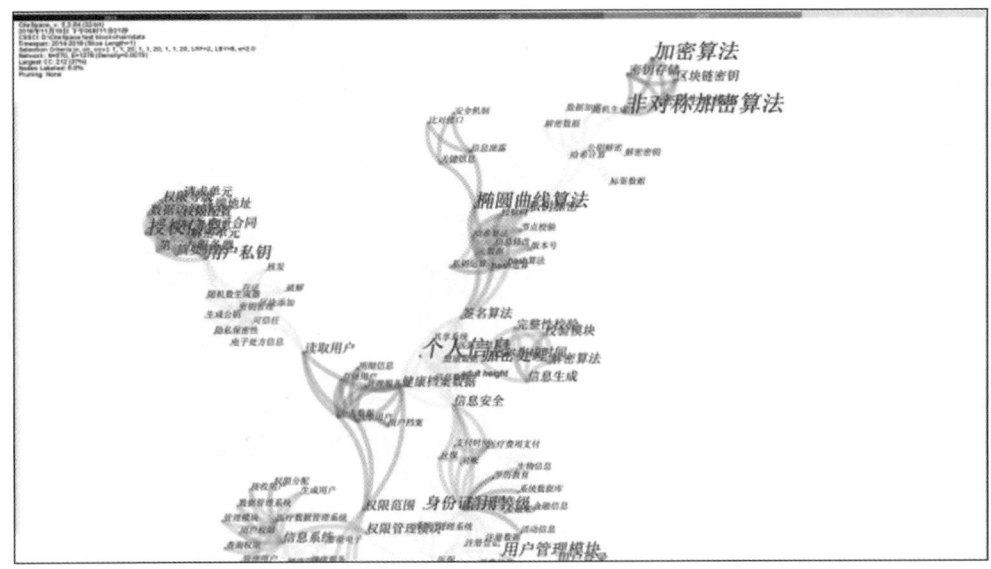

图 10-41　区块链中国专利共词网络图谱（局部一）

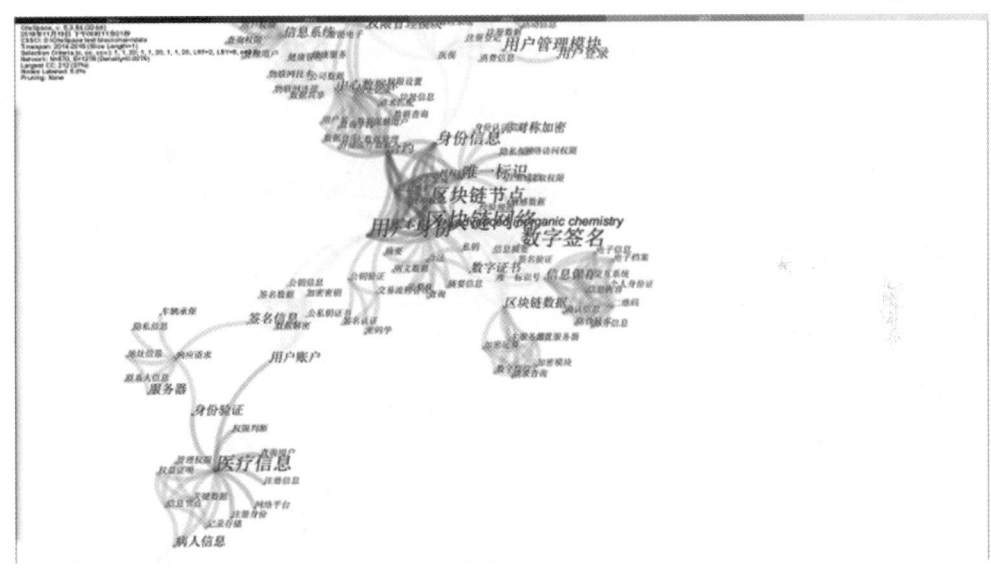

图 10-42　区块链中国专利共词网络图谱（局部二）

共词网络、合作网络、分类号共现网络都可以按照时间进行切片展示，如图 10-43 所示，图谱展示了 2017 年的区块链技术词共现情况。

右键单击其中一个节点，可以直接查看记载这个关键词的专利的详细信息和引文信息。如图 10-44 所示，可以清楚地看到"信用等级"这个词在区块链专利中首次出现是在 2017 年。

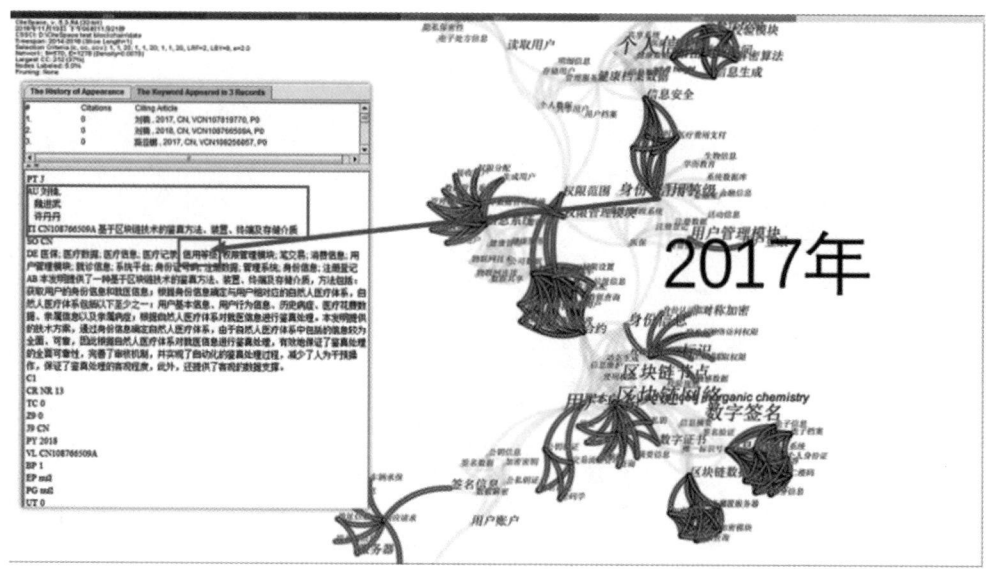

图 10-43　共词网络的时间切片（2017 年）

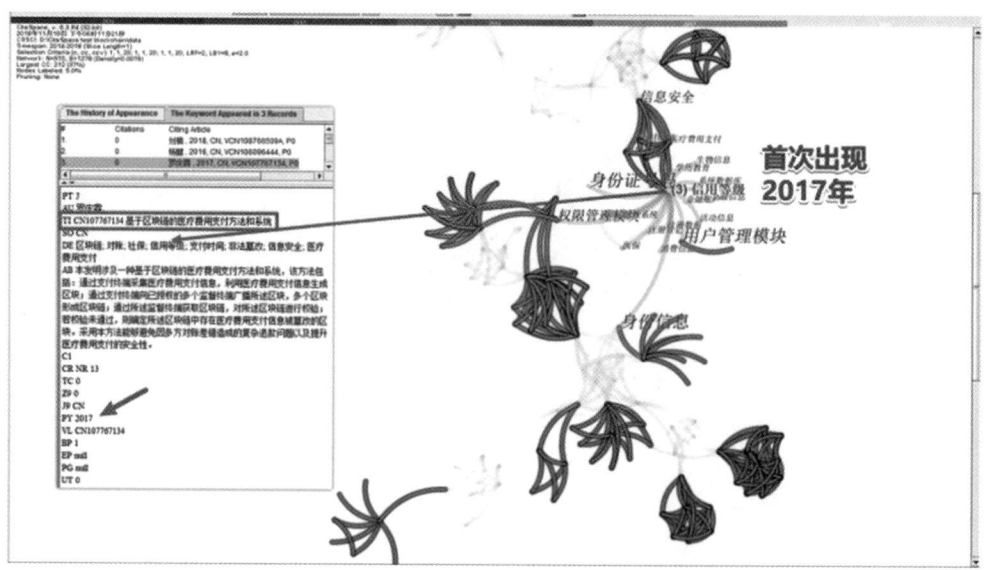

图 10-44　在共词网络的时间切片中查看专利信息（2017 年）

七、专利共被引网络分析

专利的引文信息是一个巨大的宝库，通过分析专利的引文，能够观察专利技术的演变路径。如图 10-45 所示，通过 CiteSpace 绘制了戴森公司中国专利的共被引图谱。图中的节点专利代表被戴森公司的中国专利引用过，很明显，有的专利被戴森公司的多篇专利频繁引用。从图 10-45 还可以看出，戴森公司的引用专利分成左图和右图两个大的系列。通过专利共被引网络分析,我们能够发现在不同时间段扮演了高被引或者被跨技术类别引用的重要专利。

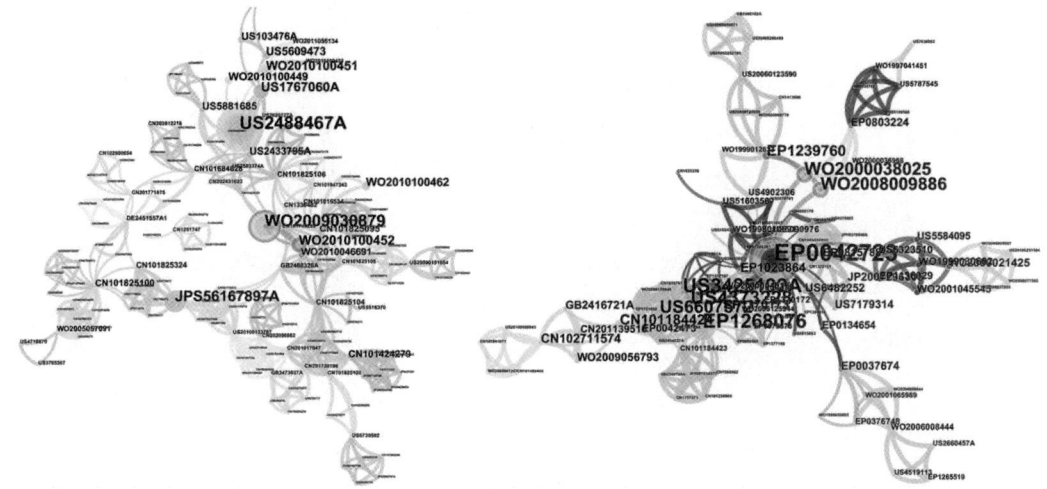

图10-45 CiteSpace绘制的戴森公司中国专利共被引图谱

报告撰写篇

专利分析报告是专利分析的最终成果,也是项目研究成果的重要表现形式。专利分析人员在撰写专利分析报告时,应充分理解各种项目背景和实际需求,以准确的专利信息为基础进行客观的分析,将形成的具有实用价值的结论和建议提供给项目委托方,以解决实际问题。

本篇首先阐述撰写专利分析报告的基本要求和执行过程,随后按照宏观、中观、微观3个层次,顺序讲解各类报告的撰写思路。包括对行业和产业专利状况进行纵向分析的产业专利分析报告,对区域整体状况进行横向分析的知识产权区域布局分析报告,对各类专利风险进行识别和应对分析的专利预警分析报告,对产业规划和企业运营形成引导的专利导航分析报告,对重大项目的知识产权分析评议报告,对企业风控、布局和战略的典型需求专利分析报告,对不同调查对象实际状况进行调查的专利尽职调查报告等。通过梳理各类型报告的应用场景、分析模块和分析思路,结合案例展示各类报告的撰写过程以及给出典型的报告框架,以便读者掌握和完成各类专利分析报告的撰写。

第十一章 专利分析报告撰写基础

专利分析报告是专利分析的最终成果,也是项目研究成果的重要表现形式。本章对专利分析报告的类型进行划分,列出常见的分析报告类型,阐述专利分析报告的撰写原则、规范要求和执行过程,提出撰写过程的常见注意事项,并归纳专利分析报告的基本框架以及设计过程。

第一节 专利分析报告的主要类型

一、专利分析报告的分类

专利分析报告并没有一个系统的分类方式,根据分析对象、分析目的、分析内容、分析规模、分析的深度和广度、面向的阅读群体等不同的角度,会有不同的分类。

为方便区分和理清差异,对于专利分析报告,从以下不同的维度进行分类。从分析的规模考虑,可以分为宏观、中观和微观专利分析报告;按照专利分析的应用群体,可以分为面向政府、面向行业和产业、面向创新主体(如企业、高校、科研院所、个人)、面向机构(如金融机构、服务机构等)的专利分析报告;按照专利分析的应用场景,可以分为管理类专利分析、技术类专利分析和市场类专利分析报告;按照分析内容,可以分为综合专利分析报告、专题专利分析报告等。❶

1. 按分析的规模划分

按照分析的对象类别以及分析的信息数据量可区分为宏观、中观和微观分析,或称"面、线、点"的分析,如表 11-1 所示。

表 11-1 专利分析报告的分类

应用群体	宏观	中观	微观
政府	区域专利布局分析报告	重大科技专项知识产权分析评议报告	
产业/行业协会	产业导航分析报告	知识产权分析评议报告	

---

❶ 占星. 浅谈我国专利分析现状 [EB/OL]. (2018-05-08). 专利分析可视化, https://mp.weixin.qq.com/s/TddVTtM8G0yGEEle7SIOTQ.

续表

应用群体	宏观	中观	微观
创新主体		专利预警分析、企业专利微导航、专利尽职调查报告	专利侵权分析、专利价值评估报告;专利稳定性分析报告
其他机构		围绕企业并购、投融资活动的尽职调查报告	

(1) 宏观分析

宏观分析的特点是分析的信息数据量庞大,分析的对象通常是一个地理区域或一段时间内各类产业和多项技术,以及大量申请人的整体情况。专利数据量通常达到十万件甚至百万件,分析模型多采用定量分析的方法,如国家与省市地区的专利分析、多项产业的发展趋势等。常见的报告如区域专利布局分析报告。

(2) 中观分析

中观分析的对象是某一产业和行业的相关申请人,也可以是某项重点技术的各阶段的发展过程中的专利。分析模型按照项目任务的需要可以选取定量分析也可以选取拟定量分析,分析数据量通常在数千至数万件。例如某产业专利分析、特定技术专利分析、主要竞争对手专利分析等。

(3) 微观分析

微观分析的对象是某一关键技术点或某一申请人/发明人的相关专利,也可以是某个专利包价值或最接近的对比文件,多采用定性分析和拟定量分析的方法进行研究。分析数据量在千件以内甚至少于十件。例如专利尽职调查、价值评估、风险评估等。

2. 按分析报告的应用群体划分

按照专利分析报告的应用群体,可区分为政府、产业/行业协会、创新主体、其他机构。

(1) 政府类

此类报告是围绕政府的政策需求开展的专利分析项目,它将分析结果作为政府的决策支撑,例如定期的专利统计分析,以及围绕重大科技专项立项、产业发展规划、重大技术引进和成果转化、各技术领域人才引进、国有资产重组等开展的分析项目。

(2) 产业和行业协会类

围绕某个具体产业发展的需求,针对该产业存在的切实问题和发展瓶颈,结合产业内部结构因素和产业外部环境因素,从国内外产业发展动向、产业链、技术链、市场竞争环境进行分析,研究产业的发展定位和方向。如产业专利分析报告、产业规划类专利导航分析报告等。

(3) 创新主体类

此类报告主要为创新主体例如企业、高校、科研机构和个人发明人提供分析结果,作为创新活动和生产经营的决策建议。如在技术研发立项、技术转移转化、人才引进、新产品上市、出口与参展、侵权应对、企业并购/上市等项目背景下开展专利分析形成的报告。

（4）其他机构

此类报告为金融机构或服务机构在企业上市与并购、投融资、专利许可和转让、专利信息情报研究过程中，提供专利尽职调查、价值评估、风险评估和情报分析等。

二、专利分析报告类别

国内常见的专利分析报告可以概括划分为如下 7 类。

1. 产业专利分析报告

产业专利分析主要是从行业与产业角度出发，针对与某一产业相关的技术进行深入的专利分析，形成产业上、中、下游的各企业和各技术的分布状况。通过分析，摸清国内外同一产业中的技术发展状况，厘清与竞争对手的优势或差距，同时根据我国的实际情况，为产业的转型升级和持续发展提供决策建议。

2. 知识产权区域布局报告

区域布局分析是通过对具体区域如国家、省、市、地区的专利状况进行分析和对比，形成各区域整体专利布局状况，梳理区域创新资源、知识产权资源和产业资源，厘清区域性知识产权资源、创新资源和产业发展的协调匹配关系，建立支撑政府决策、监测市场信息、辅助政府管理的信息支撑系统。

3. 专利预警分析报告

专利预警分析是通过专利分析对正在发生或潜在的专利风险进行风险识别、风险评估、风险控制。在有专利风险时触发提前警告，并制定应对预案，以消除或控制风险，进而减少损失。风险识别是对风险发生的可能性和风险来源进行判断，风险评估是对风险危害程度进行评价，风险控制是提出解决和降低风险危害的具体措施。

4. 专利导航分析报告

专利导航分析是通过利用专利信息等数据资源，分析产业发展格局和技术创新方向，明晰产业发展和技术研发路径，整合各类资源以引导产业/企业发展，形成有导航指引作用的决策意见。可划分为产业规划类专利导航分析报告、企业运营类专利导航分析报告。

5. 知识产权分析评议报告

分析评议是综合运用情报分析手段，对重大经济科技活动所涉及的知识产权竞争状况进行评估、评价和审查，针对潜在问题提出解决建议，依据技术趋势分析预测创新方向，以便为政府决策和企业参与市场竞争提供咨询参考，避免经济科技活动因知识产权导致的重大损失。[1]

6. 企业典型需求专利分析报告

企业典型需求专利分析是对于企业关注的竞争对手专利分布状况，从专利技术构成、专利技术的优劣势、各技术分支上的发展趋势以及市场分布等方面进行专利分析，

---

[1] 参见国家知识产权局保护协调司编写的《知识产权分析评议知多少》。

结合企业制定和实施知识产权战略的实际需求，对企业专利布局进行规划，围绕企业重点产品和关键技术的挖掘形成专利布局。

7. 专利尽职调查报告

按照项目委托人的调查需求，分析人员对调查对象开展分析研究，核实当前的真实状况，必要时还需要进行专利价值评估。专利尽职调查更侧重于企业的经营活动，分析内容包括：专利权核查、稳定性分析、风险点识别和价值评估等。对专利包的调查，可针对单件专利重点分析专利的新颖性、创造性和实用性，也可以从专利本身的技术方案进行分析。

需要指出的是，在各种划分方式下的类型并没有一定的界限，例如，有些行业类的专利分析报告，当其涉及重点技术领域时，又成为国家层面上的重大专项知识产权分析评议报告。随着情报学、统计学的发展与利用，以及对专利信息的研究和普及，可能还会从不同角度作出有价值的专利分析报告。

第二节　报告撰写的基本规范

一、严谨准确

专利分析报告是对专利信息的分析成果和分析价值的集中体现和归纳，无论是微观、中观还是宏观专利分析报告，都是以准确的专利信息为基础进行客观的分析，形成具有实用价值的结论和建议。因此，在撰写和完成专利分析报告时应遵循如下原则。

1. 依据需求

专利分析报告的目的是通过对专利信息中所反映的技术、法律和经济等信息进行科学分析以便为技术预测、政策制定和/或市场经营活动等决策提供重要的参考依据。专利分析根据委托人的具体项目需求有针对性地组织分析内容，并依托分析内容得到相应的分析结论。因此，专利分析报告所反映的内容是为项目需求服务，与项目需求无关的分析不需要反映在报告中。专利分析报告的目的性越明确，分析过程的针对性越强，分析结果越具有指导意义，从而满足委托人的项目需求。

2. 数据准确

专利分析报告是以专利文献中的专利信息为基础，经过采集、整理、清理、标引等一系列的处理得到的。为验证数据的准确，要从查全率和查准率两方面来考量，对于宏观项目要在确保查全的前提下考虑查准，对于微观项目要在确保查准的前提下考虑查全。由于专利检索无法检索到未公开的专利文献，因此在分析报告中应说明检索的截止时间或更新时间，还需要说明选用的检索系统和软件，以及未公开的专利文献对统计分析结果的影响。

3. 结论客观

专利分析报告是将发现问题、分析问题、解决问题的思维过程通过图表及文字进行体现，是体现专利分析作用的载体。专利分析报告对于产业发展的应用、政策制定的指导、企业的研发和经营决策等具有重要的参考作用和现实应用意义。结论应该是一个根据客观事实经过科学分析而得到的结果，是深思熟虑、综合分析后获得的信息。结论需要避免出现一些主观判断和没有根据的猜测内容，尽量保证是在一个客观中立的角度下作出判断。报告中的结论是结合客观分析结果提出的具有针对性的建议和应对方案，应可以实施并形成相应措施。

二、简练完整、逻辑严谨

1. 谨慎简练

专利分析报告的行文要谨慎，比如对未来进行预测需要留意，避免出现绝对化的措辞。对于技术空白点，在没有经过技术专家审核的情况下，可能会武断地认为该技术空白点是可开发的技术点。对于预测的内容避免出现"一定是""必然是"这样的绝对化的用语。

此外，专利分析报告行文语言要精练，尽量使用简练的语言来点明关注的重点，直指问题的核心。在各类专利分析报告中避免冗余文字描述和图表的堆砌。专利分析报告的质量高低首先在于内容正确、结论准确，其次就是行文语言问题。如果用词烦琐、语言不通、词不达意，就不能较好地表述分析的结果。所以，完成一篇较好的分析报告，应善于用确凿的数据、简练生动的语言来说明问题。

由于专利分析报告的读者群体有可能是多样性的（包括技术人员、管理人员、行政人员等），所以行文尽量要使用通俗易懂的语言，让各类读者群体均能够从报告中容易地理解报告陈述的内容，准确无误地获得所需要的信息。必要时，报告对于专业词汇应予以说明。

2. 完整有条理

专利分析报告的结构要完整，各章节的内容编排要有逻辑性、条理性。报告的内容编排如果不合理，就会使阅读者找不到重点内容，或者使前后内容衔接不上。在分析的过程中内容也需要前后呼应，例如，前后数据要保持一致，如果后文做了数据补充、调整，前文也要注意及时调整修订。

结构能否有条理，首先取决于撰稿人的思想认识和思路是否清晰、严密。撰稿人只有充分认识和掌握事物发展的内在规律，才能把它顺理成章地表达出来。分析报告需要完整地体现分析过程，使阅读者能够通过分析报告充分了解事物的起因、经过和结果，这样才能提高分析报告的可信度。

3. 逻辑严谨

判断推理的过程要符合逻辑，首先是使用的分析数据要准确可靠，而且还要准确地反映数据背后隐藏的关联和发展规律。这就要求撰写专利分析报告时，要在采集的专利信息的基础上进行深入分析，运用推理和判断的逻辑方法。正确地判断和推理，从事物发展上说，就是要有根有据，符合客观的规律性；从思维发展上说，就是要实事求是，合乎事物的逻辑性。判断和推理的结果，前后不能矛盾，左右不能脱节，要如实反映客观事物的内在联系。

三、图表要求

1. 选用合适

数据样本经处理后,可以由分析软件制作图表或者导出数据后在 Excel 中制作图表。各类专利分析图表是贯穿分析报告的主要部分,然而图表的形式只是可视化的体现,对图表的解读和评析才是形成专利分析结论的关键所在。只有在对图表所传递的信息作出全面、准确解读的前提下,才能够进行准确的分析,进而得出结论。因此绘制专利分析的图表选用的图表格式应统一。

2. 深度解读

图表分析解读的深度直接决定着专利分析的广度和深度,进而影响着结论的价值和针对性,分析的过程尽量要使用通俗易懂的语言来表达研究内容。图表分析解读分为 3 个阶段:再现—分析—结论,如图 11-1 所示。

图 11-1 专利图表分析解读阶段

从某种程度上来说,上述 3 个阶段也是发现问题、分析问题和解决问题的思维过程。分析内容的撰写就是把再现、分析和结论这样的逻辑思维过程通过文字表述出来。

(1) 再现是将观察到的主要信息通过文字复述出来,包括揭示主题、坐标轴或表格说明、数据或图表的描述(数据或图形的变化、拐点、数据比例等)、数据纠错等。如果专利地图理解难度较大,还要对该专利地图的构成、功能等进行介绍。例如,如果使用生命周期图,需要说明什么是技术萌芽期、技术成长期、技术成熟期、技术衰退期以及评判标准等。再现过程就是帮助委托方理解专利地图的同时发现问题的过程,例如,趋势图中曲线的急剧变化、拐点变化、数量变化、曲线变化和对比等,这些变化是后续要重点分析的对象。

(2) 分析是对图表进行解析,分析过程就是通过逻辑思维方式来解析图表所呈现的表象和蕴含的信息的过程。

(3) 这里所说的结论有别于报告总体框架中的结论。它是针对一项或一组分析项目的分析结果,再结合分析结果提出的解决方案或建议。结论包含两个内容:一是分析结果;二是针对分析结果所提出的解决方案或建议。不同于分析结果,解决方案和建议并不是每一个分析项目所必需的内容,根据分析项目的功能、专利分析报告的分析目的,以及报告内容的布局等因素来决定是否包含该内容。

要在一份图表中展现尽可能多的信息,避免图和表的堆积。报告应该具有清楚的分析结论,结论是对时间序列、区域分析、申请人分析、技术分析、竞争机会分析等各部分结论加以总结提炼而得到的,要避免各小结内容的简单罗列。

四、文字规范

1. 过渡和照应

过渡是指段与段之间的衔接，过渡得好，全文各层次、各段落之间就会浑然一体。研究报告段与段之间的过渡，以逻辑上的衔接为主，可以用序码、关联词语、句子、段落等来过渡。

照应是指前后内容上的呼应。也就是说，前文提到的问题，后文应有结果；后文说到的内容，前文可以有交代或暗示。常见的照应方式有：开头与结尾的照应，前伏与后垫的照应，内容与标题的照应。

2. 用语规范

专利分析报告是围绕专利进行的，因此报告用语需要严谨、规范，报告用语的规范说明如下：

（1）单个国家的专利数量统计以"件"为单位；同一项发明创造在多个国家申请而产生的一组内容相同或基本相同的系列专利申请为同族专利，在全球专利数量统计时，将这样的一组同族专利以"项"为单位。

（2）专利申请的法律状态表述为"授权""驳回""视撤"和"未决"。

（3）涉及地区分布时，经常会将欧洲作为一个整体，这个时候对于地区专利分析的表述用"国家"一词就不够恰当，应表述为"国家和地区"。

（4）在同一篇报告中"重点专利""重要专利""值得关注的专利"等术语需要进行详细的定义加以区分，类似的情况还有"构成""组成""比重""比例"，以及"小计""总计"等。

（5）台湾在正文、图、表格中不能与其他国家或地区并列，应当写为"中国台湾"；香港、澳门的机构名称可以直接用，因为它们属于中国的特别行政区。

涉及中国大陆、港、澳、台的表述时，通常将"中国大陆"表述为"中国内地"，且全书需统一。

（6）《巴黎公约》、TRIPS 协议、《欧洲专利公约》等国际公约名称全书需统一用法，例如，TRIPs、TRIPS、Trips 均应该用"TRIPS 协议"来表述。

（7）同一主体（政府机构、中外企业、外国人、中国人）使用的名称应使用正式名称，其简称、译文应全书统一，不应出现不同的简称。如果必须出现不同简称，需给予必要的注释说明。

例如，"日本专利局""日本知识产权局"应该统一写成"日本特许厅"。"中国专利局/中国知识产权局"应该统一写成"国家知识产权局/中国国家知识产权局"。

"佳能"与"佳能株式会社"、"索罗能源公司"与"索罗动力公司"应统一称谓。对于使用原文比译文更合适的企业名称，建议统一使用原文。但无论是原文还是译文，对于同一机构，书稿中名称应当统一为一个。

（8）国际条约、法律、行政法规、行政规章、司法解释的名称要使用标准名称。第一次出现时用全称，其后出现时可使用简称。

例如：《中华人民共和国专利法》（以下简称《专利法》）；《保护文学艺术作品伯尔

尼公约》（以下简称《伯尔尼公约》）；《专利审查指南》如果涉及不同时期的版本，应注明版本时间，如《专利审查指南 2010》。

3. 术语说明

专利术语的表达力求准确到位，同时根据专利分析报告面向的群体，在专业语言外也要求语言平实易懂，方便阅读。❶

（1）同族专利：同一项发明创造在多个国家申请专利而产生的一组内容相同或基本相同的专利文献出版物，称为一个专利族或同族专利。

（2）多边申请：因为同一项发明可能在多个国家或地区提出专利申请，报告中的"多边申请"是指同时在 3 个或 3 个以上国家或地区提出的专利申请。

（3）最近两年申请量下降的原因：最近两年专利文献数据不完整，中国发明专利申请通常自申请日起 18 个月（要求提前公布的申请除外）才能被公布，部分专利申请尚未完全公开。此外，PCT 专利申请可能自申请日起 30 个月甚至更长时间之后才进入国家阶段，从而导致与之相对应的国家公布时间更晚。因此，导致所采集的数据中专利申请的统计数量比实际的申请量要少。

（4）专利所属国家或地区：报告中的专利所属国家或地区是根据专利申请的首次申请优先权国别来确定的，没有优先权的专利申请根据该项申请的最早申请国别确定。

（5）有效：报告中的"有效"专利是指到检索截止日为止，专利权处于有效状态的专利申请。

（6）失效：报告中的"失效"专利是指到检索截止日为止，已经丧失专利权的专利，或者自始至终未获得授权的专利申请，包括专利申请被视为撤回或撤回、专利申请被驳回、专利权被无效、放弃专利权、专利权因费用终止、专利权届满等情形。

（7）未决：报告中的"未决"专利指的是该专利申请可能还未进入实质审查程序或者处于实质审查程序中，也有可能处于复审等其他待定法律状态。

第三节　报告框架

在专利分析报告撰写之前，应先建立报告框架。专利分析报告框架的搭建，是为研究分析做结构性支持。报告框架是课题研究报告的基本骨架，从程序上来讲，报告框架是撰写研究报告之前的必要准备，通常是在确定研究内容之后对报告框架进行相应的设计。从表现形式上来讲，是由序码和章节标题组成的一种逻辑图表；从内容上来讲，报告框架是把课题研究报告所要描述的内容，通过事先构思，以简要的语言分层次、有重点地有序罗列出来。专利分析报告需要经过课题项目组成员的反复修改和讨论，最后才能形成一份获得认可的专利分析报告。

一、框架搭建

形成专利分析报告的过程与开展课题研究的流程基本相同。

---

❶ 杨铁军. 产业专利分析报告（第 5 册）：立体成像 [M]. 北京：知识产权出版社，2012.

首先，撰写报告之前应有一个目的和目标。目的是引领整个报告的主线，而目标是用来圈定报告内容范围。

主线和范围确定后进行的准备工作包括研究背景资料，了解与目的目标相关的技术、市场、产业等信息；然后进行项目分解，进一步明确分析的技术内容；再进行数据采集，了解数据量，以便根据数据量等情况确定分析项目等工作。在这些准备过程中，将会形成一个专利分析的总体思路，这个思路也就是报告框架的雏形。

在基础的准备工作完成后，一般情况下就是建立报告框架，参见图 11 - 2。建立报告框架的好处在于能够总揽全局、把握报告的主线和范围，避免出现方向偏离，保证报告结构的完整性和逻辑性。

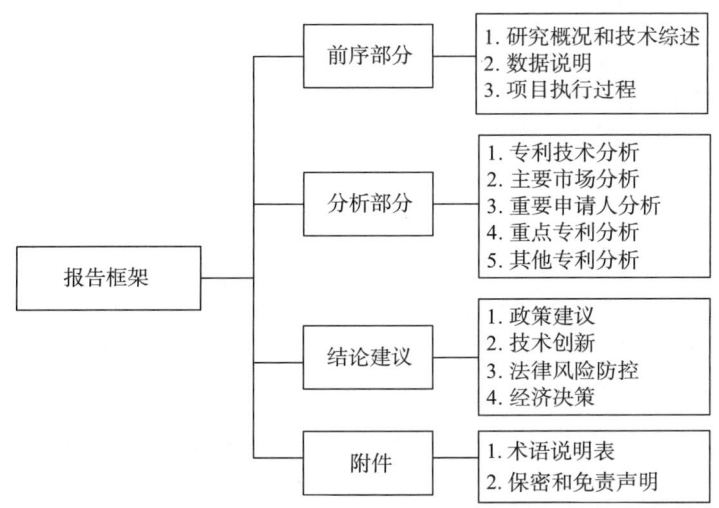

图 11 - 2　专利分析报告框架

框架搭建完成后，就是为框架准备内容即选择专利地图。框架搭建得越细致，后面准备内容的过程就越简单。例如，搭建框架考虑了需要分析哪些项，那么只需要对相应的数据进行图表制作即可。如果只有一些目的而没有建立相应的分析项目，那么后面在制作图表时，还需要考虑制作哪些图表来反映这些目的。

另外，在制作专利地图的过程中，如果发现一些新的问题，需要一些新的分析项目，那么可以灵活地调整框架内容。

内容准备完成后就可进入具体的撰写阶段，撰写的质量直接影响报告的质量。在撰写中也同样会做一些内容的增加和删减，一方面可能反馈到制作图表的过程中，另一方面也可能对框架做一些调整。无论是制图阶段还是撰写阶段对框架进行反馈，都会相应对框架作出一些调整，从总体上把握报告框架结构的完整性和逻辑性。

二、框架内容

1. 前序部分

前序部分的内容是围绕项目的主题为后续分析提供背景信息，针对不同的阅读者，如政府机关人员、行业主管、企业管理者、技术主管等提供不同程度的基本背景信息，以使阅读群体更好地理解分析报告的项目背景和分析目的。

（1）研究概况和技术综述

研究概况主要是为了说明课题研究的目的和意义、行业内的技术与市场发展概况，以及课题的数据基础和研究方法等各方面的情况而设置的章节，可以根据具体需要选择性地包括立题背景、技术概况、市场概况、项目调研对象的整体分析等，还可针对相关政策动向和市场环境的变化进行分析和说明。

技术综述通常是指专利分析所涉及的技术领域或行业的技术发展历史、现状和趋势，通常要介绍所涉及的背景技术的特征，被领域或行业普遍认可的技术热点以及技术发展趋势的基本情况。在撰写时，应当注意围绕分析的主题，考虑报告读者的情况，针对不同的读者提供不同程度的技术背景介绍，从而使读者对技术有大致的了解，清楚技术发展和技术重点，继而与分析研究的结论形成印证，保证结论的客观准确。

技术综述一般包括：①技术发展历史。梳理技术发展路线，关注核心技术出现的时间；关注技术热点和难点，它是确定重要技术分支的重要依据，以及为技术功效分析提供基础。②技术发展趋势。它对于全球和中国的专利发展趋势等分析所得的结论进行验证提供依据。

（2）数据说明

对项目的数据进行整体介绍，包括技术分解表、检索要素和检索式、检索的截止时间、检索结果的整体情况等。对专利信息源和数据的说明包括选用的数据库、分析软件工具、专利指标的定义、项目解析等内容。

例如：数据库包括中国、美国、欧洲专利局、世界知识产权组织的数据，具体包括：中国发明、实用新型、外观设计；美国申请、美国授权、美国外观设计；欧洲申请、欧洲授权；PCT 国际专利申请。提供摘要和全文，并对以上专利数据库进行标准化处理。时间范围：1985 年 1 月 1 日～2018 年 5 月 25 日。检索内容包括：公开号、公开日、申请号、申请日、国际主分类号、分类号、优先权、同族专利、申请人、发明人、国家代码、摘要、法律状态。

（3）项目执行过程

包括项目执行过程中各项目成员的分工、时间进度、阶段性的要求等安排。可参照表 11-2、表 11-3。

表 11-2　人员安排计划

姓名	职务	部门	项目职责
张某	*	*	课题选题、决策
汪某	*	*	项目实施、组织调研、需求分析
孟某	*	*	技术概况及趋势研究
周某	*	*	专利检索与分析、标引、加工
张某	*	*	专利地图绘制及分析
郑某	*	*	专利检索与分析、报告撰写
赵某	*	*	重点专利风险分析

表 11-3 项目进度安排

阶 段 名 称	第一阶段 (1月~ 2月底)	第二阶段 (3月~ 5月底)	第三阶段 (6月~ 8月底)	第四阶段 (9月~ 10月底)
1 前期准备阶段	√			
1.1 成立项目组	√			
1.2 背景资料研究	√			
1.3 确定研究方法	√			
1.4 确认分析目标	√			
1.5 项目分解	√			
1.6 选择数据库	√			
2 数据采集阶段		√		
2.1 制定检索策略		√		
2.2 专利检索		√		
2.2.1 确定检索式		√		
2.2.2 修正检索式		√		
2.2.3 提取数据		√		
2.3 确定数据筛选准则和方案		√		
2.4 数据初筛		√		
2.5 数据精筛		√		
3 分析阶段			√	
3.1 各技术专利布局状况分析			√	
3.2 目标市场专利分析			√	
3.3 竞争对手专利分析			√	
3.4 重点专利技术特征解读			√	
3.5 提出结论和建议			√	
4 撰写报告阶段				√
4.1 报告撰写				√
4.2 报告验收与发布				√

2. 分析部分

专利分析的研究内容通常都会包括专利技术分析、主要市场分析、重要申请人分析、重点专利分析以及其他专利分析等几个部分。❶

（1）专利技术分析

通过对专利技术的分析和研究，可以得到技术水平、发展趋势等情报。通常可以包括专利申请历年分布趋势分析、专利技术集中度分析、技术发展路线分析、技术生命周期分析、技术功效矩阵分析等方面。

---

❶ 杨铁军. 专利分析实务手册 [M]. 北京：知识产权出版社，2012.

(2) 主要市场分析

对全球主要市场如中、美、欧、日、韩等国家和地区的专利分布情况进行分析，有助于企业了解全球各主要市场的专利风险大小和市场潜力。不同项目会选择对中国专利进行进一步的深入分析，也可以包括省、市、区的区域市场分析。还可以根据行业的不同，对行业比较关注的国外市场或新兴市场进行专利分析，例如金砖四国、"一带一路"沿线国家。对于主要市场的分析，通常可以包括在该区域的专利布局、重要市场主体分析、重点技术发展趋势分析、产品上市专利风险分析等。

(3) 重要申请人分析

对行业内重要的竞争对手也就是申请人进行分析，关注竞争对手的专利分布状况，包括竞争对手的专利技术构成、专利技术的优劣势、在各技术分支上的专利技术发展趋势以及专利技术市场分布等方面的情况。重要申请人分析还可以从竞争对手专利区域布局、重点技术和重点产品、研发团队、技术合作或专利诉讼案件等方面展开。

(4) 重点专利分析

对项目筛选出的重点专利，着重分析专利的技术方案，梳理权利要求保护范围，形成该专利保护的关键技术点和相应的技术特征，如项目需要，还可以与其他技术或产品进行对比和分析判断。重点专利分析还可以从专利稳定程度、价值度或侵权风险等级等方面来进行。

(5) 其他专利分析

某些行业和企业会对外观设计专利重点关注，或对标准相关的专利对应情况进行深入分析，对专利稳定性和保护范围进行分析，对诉讼赔偿和许可费率进行计算，或对专利包的价值进行分析。

3. 结论部分

结论部分是对之前分析内容的概括总结，是报告的重点内容之一。结论部分应当与分析目的相呼应，以专利分析为支撑，对研究成果进行汇总和提炼，通过精练的语言描述专利技术的历史、现状和趋势，其中重点是现状和趋势部分。报告应该具有清楚的分析结论，结论是对时间序列、区域分析、申请人分析、技术分析、竞争机会分析等各部分结论加以总结提炼而得到的，而不是各小结内容的简单罗列。

结论的撰写需要注意从目的出发，聚焦于专利现状和未来，体现专利差距和趋势，重点突出，观点鲜明，先总体后具体。要考虑阅读群体的兴趣点和关注点，尽量通过平易的语言使不同的阅读者能够理解和清楚结论内容。要思路清晰，内容完整，主线突出，角度全面。

要根据项目目的和拟解决的问题，对政策决策、产业发展、企业研发和经营决策提出相应的建议，围绕政策、技术、法律、经济等方面总结形成结论。

(1) 政策建议方面

政策建议要围绕以下方面：国际上哪些国家在产业专利方面具有优势，优势点在哪里，国内哪些区域在该产业专利方面具有优势，国内产业的相关专利是否为外国申请人所控制，各自优势点和布局情况；主要国家、区域在目前发展阶段所处的地位；国际上重点专利申请人、专利权人，各自优势点和专利布局情况；国内重点专利申请人、专利权人是谁，各自优势点和布局情况，哪些具有扶持前景；从专利角度判断的目前的产业竞争态势和我国产业的竞争机会情况；对政策的建议，如扶持政策、立项或引进重大科技项目、人才引进和评议、专利运营和运用等。

（2）技术创新方面

总结技术在国际和国内的发展方向，梳理形成主要竞争对手的技术发展脉络、关键技术路线以及对应的重点专利和专利组合，为研发人员在创新活动中提供借鉴。研发人员通过关注可替代的技术方案和规避设计方向，形成技术热点和空白点的分析，对技术瓶颈的解决途径寻找不同的技术方案，实现技术上的突破和可专利化的保护。

（3）法律风险防控方面

对于专利挖掘布局的策略和方向，以及研究竞争对手的重点专利保护方案的方向进行借鉴和学习，定期监控和调查潜在的风险，对风险来源和时机进行判断，形成风险防控和应对的措施。例如，加强内部管理、严格保密措施、供应商筛选、质量审核和分级管理等；或采取对高风险专利的无效或公众意见、许可、转让、反诉、申请布局外围专利、技术规避等措施。

（4）经济决策方面

为生产经营和投融资活动如研发投入、新产品上市、公司上市、产品出口、并购等提供风险防控的措施和建议。对于寻找技术合作伙伴、引进和实施新技术、人才引进、许可转让等谈判活动形成分析报告和谈判材料，支撑决策。制定和实施整体的专利战略，规划长远发展方向，对外积极参与专利联盟和制定行业和技术标准等。

4. 附件

附件通常包括术语说明表、保密声明和免责声明。当需要对行业内的技术/市场发展状况进行补充说明时，可以将部分进一步反映行业内技术/市场发展状况、行业内技术标准/规范、市场发展状况、国家或行业政策等内容收录在附件中。

报告框架主要包括上述四部分，有些内容并非必选项目。一般情况下，各部分内容的表现形式没有一个统一的模式要求，可参照一些报告的范本模板进行灵活调整。

第十二章　产业专利分析报告撰写

产业专利分析聚焦于产业发展所面临的风险和问题，通过专利分析跟踪关键技术和龙头企业，为政府及相关部门的政策决策、企业技术研发和专利布局提供更有针对性的参考和指引，对产业的发展具有重要的参考价值。本章围绕产业链、技术链、企业竞争环境和专利影响力等方面，选用分析模块如专利技术发展趋势、专利区域分布、专利主要申请人和技术主题等进行研究。本章还对构建产业专利分析报告框架的思路进行说明，就政策层面和企业层面形成分析报告的结论和建议。

第一节　产业专利分析概述

一、产业专利分析的意义

产业专利分析是以促进产业发展为目标，以创新驱动发展战略为核心，将专利信息分析和专利运用融入产业技术创新、产品创新、组织创新和商业模式创新的过程中，从而提高产业自主发展实力、增强企业参与国际市场的核心竞争力。

产业专利分析围绕产业发展的实际需求，针对产业存在的切实问题和发展瓶颈，结合产业内部结构因素和产业外部环境因素，从国内外产业发展动向、核心技术、龙头企业和市场竞争环境入手，进行目标产业的发展定位，从而准确地研究分析产业需求以及专利政策的重点支持方向。

产业专利分析研究国内外产业发展的新格局和新变化，以及现有产业分工及产业承接和产业转移的新趋势。产业专利分析围绕产业高端发展目标所处阶段、特点和专利分析需求，以专利分析为切入点选择专利分析模块等，构建专利分析框架，形成围绕产业实际需求且涵盖产业链、技术链、企业竞争环境和专利影响力等方面的专利分析报告，为支撑产业技术创新发展提供翔实的专利信息情报。

二、产业专利分析内容

在开展产业专利分析前，应收集和调查行业及产业发展，信息来源可通过以下方式获得：
（1）通过互联网搜索或从咨询机构得到行业报告；
（2）查询行业期刊、专业杂志；
（3）行业协会走访和重点企业调查。
在完成资料收集后，在分析的过程中需要重点关注以下内容：

(1) 行业及产业未来的增长空间；
(2) 政府政策对行业的影响；
(3) 行业中主要的产品和技术水平；
(4) 行业竞争的关键因素，通过技术水平分析未来技术创新的方向与影响；
(5) 行业内龙头企业发展状况，如市场地位、核心技术、产品、服务等。

收集的产业和行业信息不应是数据或资料的罗列，需要紧密围绕专利分析报告的目的，概括形成项目背景。

1. 产业链方面

产业链分析环节从产业上、中、下游以及产业发展动态，了解产业发展历史，预测产业发展变化。研究产业竞争者框架，能够对竞争对手的现行战略、未来目标以及拥有能力进行初步掌握。了解市场信号变化趋势，能够从市场信号中得到包括竞争者意图、动机或目标在内的潜在行动。

【案例12-1】工业机器人产业链

工业机器人产业链，包括上游关键零部件、中游工业机器人本体及系统集成制造，以及下游行业应用，如图12-1所示。工业机器人70%以上的成本集中在上游关键零部件，如减速器、伺服系统和控制系统。关键零部件的技术瓶颈限制着中国工业机器人产业的发展，导致中国80%的工业机器人企业从事的是机器人系统集成工作，竞争主要集中在中低端领域，出现了"高端产业低端化"现象。

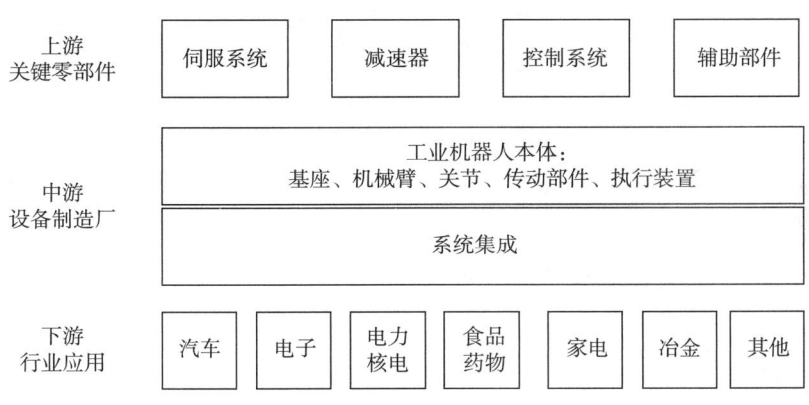

图12-1 工业机器人产业链

2. 技术链方面

技术链分析环节，重点分析产业内主流技术的演变情况，研究热点技术、关键技术、技术壁垒、空白技术和前瞻或先导技术的发展脉络，以及技术持有者的类型、产业影响力和市场控制力。

【案例12-2】可穿戴设备发展进程

可穿戴设备也叫作穿戴式计算机，从20世纪70年代就已经有相关产品面市，但直到21世纪，这一技术才显示出爆发性增长的力量，由于互联网技术革命带来的巨大发展潜力，引起了国际社会的关注和重视。可穿戴设备的发展经历了3个阶段，如图12-2

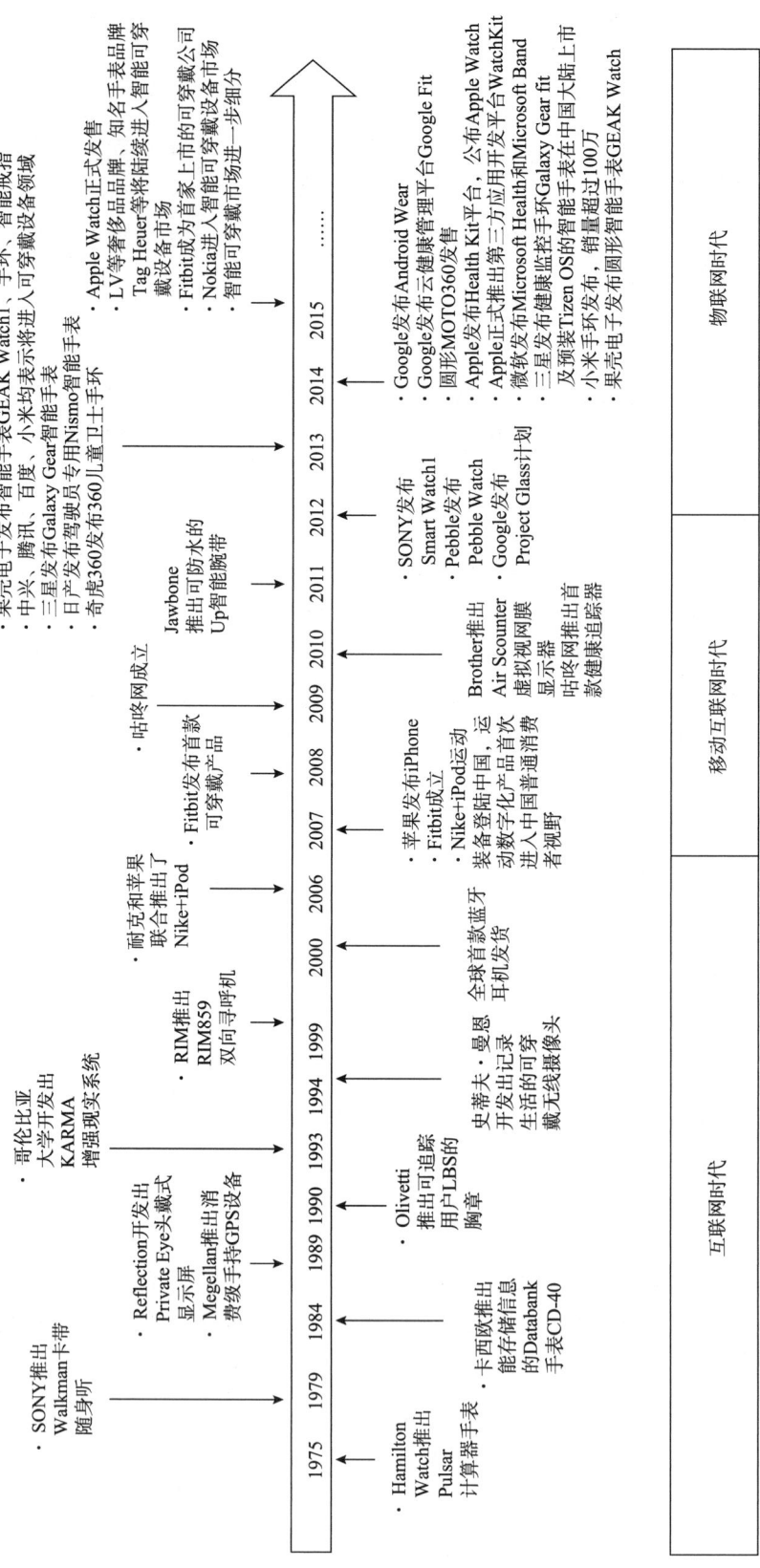

图 12-2 可穿戴式设备技术发展阶段

所示：2002 年及之前是可穿戴设备的发展起源阶段；2002～2014 年可穿戴设备蓬勃发展，各类世界顶尖企业纷纷涉足可穿戴设备的研发，出现了各种形态的产品；2015 年及之后可穿戴设备迎来更大发展，智能眼镜、智能手表、智能手环等只是可穿戴设备的一个开始，可穿戴设备产品将覆盖人体的各个重要部位和不同的行业，从头到脚，从衣物到饰品。❶

【案例 12-3】竹产业技术领域

竹产业结构可以划分为 3 个层次：第一产业，指以竹林资源为劳动对象，以经营笋竹林、用材林为主要途径，从事竹材培育、采伐、集运和贮存作业；以笋竹食品采集为主要内容的竹林副产品生产。第二产业，指包括以竹材为原料，生产各种竹材产品的竹材加工和竹制品业；竹家具及工艺品制造业；竹浆造纸及纸制品业；竹化学产品制造业；笋竹食品加工业。第三产业，指竹生态服务业、竹文化、旅游服务业和其他竹服务业。❷

竹产业中比较具有代表性的技术领域主要包括竹林资源、竹材制品、竹纤维制品、竹吸附杀菌制品、竹食用技术、竹医用技术、竹制能源、竹机械 8 个方面。

根据竹产业的技术领域，可将其分解为表 12-1 所示的技术分支。

表 12-1 竹产业领域技术分支

领　　域	一级分支	二级分支
竹产业技术领域	竹林资源	竹材培育
		采伐、集运、贮存
	竹食用技术	竹笋加工品
		竹饮料
	竹吸附杀菌制品	竹炭和竹醋液
	竹材制品	传统竹制品
		竹材加工、竹材人造板
	竹医用技术	竹叶成分入药
		竹身入药
	竹纤维制品	竹材制浆造纸
		竹纤维或纺织品
	竹制能源	竹制能源
	竹机械	竹机械

从图 12-3 全球竹产业专利技术构成可以看出，研究热点是竹材制品，占了 37% 的

---

❶ 可穿戴设备发展历程 [EB/OL]. 上海情报服务平台, http://www.istis.sh.cn/list/list.asp?id=9812.
❷ 选自 2017 年福建省软课题研究项目《竹产业专利分析研究》。

申请量。在这一技术分支中,涉及传统竹制品、竹材人造板,其中传统竹材制品占了总专利申请量的26%,超过总专利申请量的四分之一。竹纤维制品技术分支也是比较热门的研究方向,申请量占了26%,其中竹纤维或纺织品占了21%,剩余5%为竹材制浆造纸。另一占比较重的技术分支为竹机械,占了全球专利申请量的13%。竹材制品、竹纤维制品是与我们日常生活最为相关的产品,而竹机械是为了更方便快捷地加工生产竹制品配套的产品,因此这三大分支是竹产业链中最为传统和基础的三大领域,竹产业中四分之三以上的专利都是围绕这几个方向研究或布局的。竹吸附杀菌制品、竹食用技术、竹医用技术、竹林生态旅游、竹制能源相对来说,相关专利较少。其中竹林生态旅游、竹制能源方面的专利申请量各占2%;竹食用技术虽占了5%,然而其中的竹饮料只占了总量的1%。因此,可加大对这三个分支的研究、专利布局。同时也从侧面反映出来,竹吸附杀菌制品、竹食用技术、竹医用技术、竹林生态旅游、竹制能源方向的技术创新难度较大,专利含金量较高。

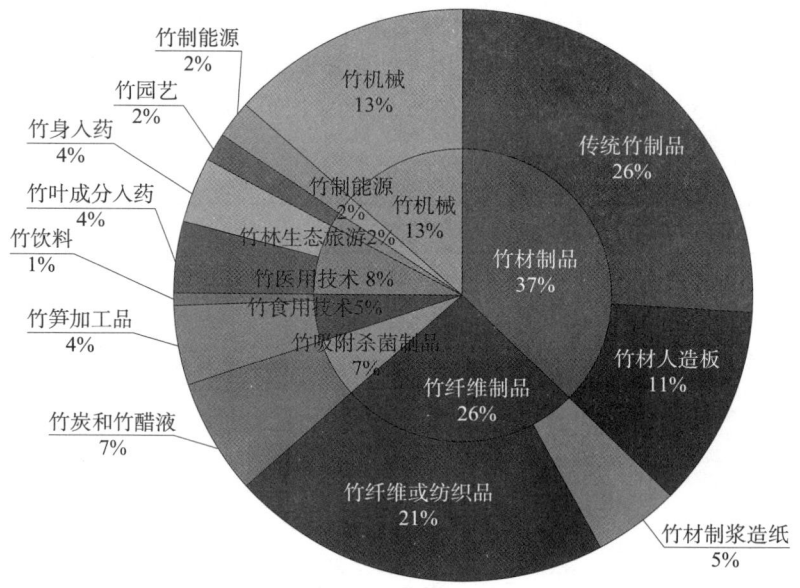

图12-3 全球竹产业专利技术构成

3. 企业竞争环境方面

梳理分析产业内各企业的基本状况及所处的位置,进而区分技术引领者、市场主导者、产业跟随者和新进入者。分析产业龙头企业在国内和国际上的定位,确定主要竞争对手和其发展目标,研究竞争者的市场策略。通过充分的市场调研,了解市场竞争要素,以及市场对产业发展的反馈影响。总结现有企业间的竞争、替代技术或替代品的威胁、新进入者的威胁,成本、人才、技术、资源等要素在市场竞争中的平衡点和交叉点。

4. 专利影响力方面

企业拥有的技术发展状况为开展专利分析提供了背景依据。通过国内外产业现状和专利焦点的比较,可以为产业发展圈定重点关注的专利问题,进行深入分析:针对重点产业技术领域及各技术分支进行专利检索和态势分析;针对主要国外专利权人在该领域的专利布局与国内该领域专利技术分布进行对比分析，提出国内技术创新点和突破口；针对中国相关领域的专利布局情况，挑选出国外主要竞争对手的重要专利，对比分析其专利技术特征，展开专利风险分析；针对技术创新点和突破口，结合中国该领域科研、产业现状和发展方向，以及专利布局情况，给出相关领域专利技术布局策略和促进产业发展的措施建议等。通过定量分析与定性分析相结合的方法，形成与产业密切结合的专利分析成果。

第二节 产业专利分析模块

产业专利分析可以从基础专利态势分析展开，从全球、中国和地区3个维度，对专利技术发展趋势、专利区域分布、专利主要申请人和技术主题进行全面研究；同时还可以围绕各项指标，结合产业发展特点，选择专利分析模型进行综合分析。

在此基础上，还可以进一步开展专利价值和运用分析，结合专利态势分析的成果，从专利创造、运用、保护和管理等环节入手，针对产业实际情况，突出专利在产业发展中的引导和支撑作用。

1. 专利态势分析

从全球、中国和地区3个维度，对专利技术发展趋势、专利区域分布、专利主要申请人和技术主题进行全面研究。

（1）专利技术发展趋势分析

专利数量可以从宏观上显示出专利技术在时间上的活跃度情况，微观上则可以显示出技术发展动向、企业专利布局动向和区域专利发展动向。可以显示全球和中国国内产业的专利经历了几个阶段和目前处于何种阶段——初始发展、高速发展、衰退期、衰退后平缓期、第二发展期等。

【案例12-4】柔性电池行业专利总体情况分析

A. 专利申请类型分析

在国内柔性电池技术领域，发明专利申请为1131件，实用新型专利为822件，外观设计专利为546件，发明占全部申请的45.3%。

表12-2 不同专利类型专利申请量

专利类型	申请量/件
发明	1131
实用新型	822
外观设计	546
合计	2499

B. 专利申请趋势分析

从图12-4可以看出，专利申请量呈现上升趋势，其中，在2016年专利申请达到403件。

图 12-4　柔性电池专利申请量

C. 技术生命周期分析

从图 12-5 可以看出，柔性电池技术中国专利中申请量与申请人数逐年递增，尤其是在 2015~2016 年，相关专利申请人数保持在 200 人以上，在 2016 年达到了 255 人，技术进入快速发展期。

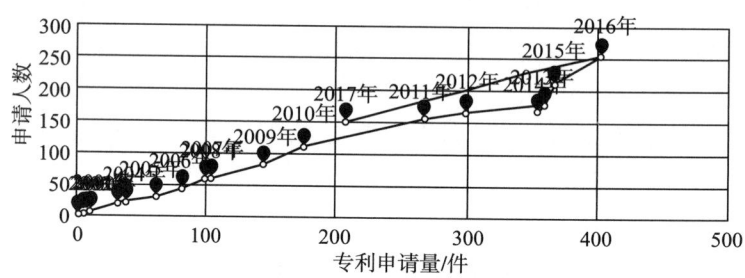

图 12-5　柔性电池技术生命周期分析

D. 专利技术来源国分析

从表 12-3 可以看出，国外申请人在中国申请相关柔性电池技术专利，美国、韩国和日本的专利申请数量分别达到了 203 件、115 件和 90 件，一定程度上表明国外申请人积极布局中国柔性电池市场，这 3 个国家的相关申请人需要重点关注。

表 12-3　四国专利申请量

申请国	申请量/件
US（美国）	203
KR（韩国）	115
JP（日本）	90
DE（德国）	39

（2）专利区域分布分析

通过分析专利在不同区域的专利分布情况，可以掌握专利聚集区的国家或地区：哪些国家在产业的专利方面具有优势，优势点在哪里；国内哪些区域在该产业专利方面具有优势；国内产业的相关专利是否为外国申请人所控制，各自优势点和布局情况；主要国家、区域在目前发展阶段所处的地位。当企业经营活动进入其他国家或地区时，还需要根据各国专利法进行深入的专利分析。

【案例12-5】区块链领域全球专利分析❶

2009～2017年，全球公开的区块链相关的专利家族约3500个，专利申请数超过5000件，如图12-6所示。

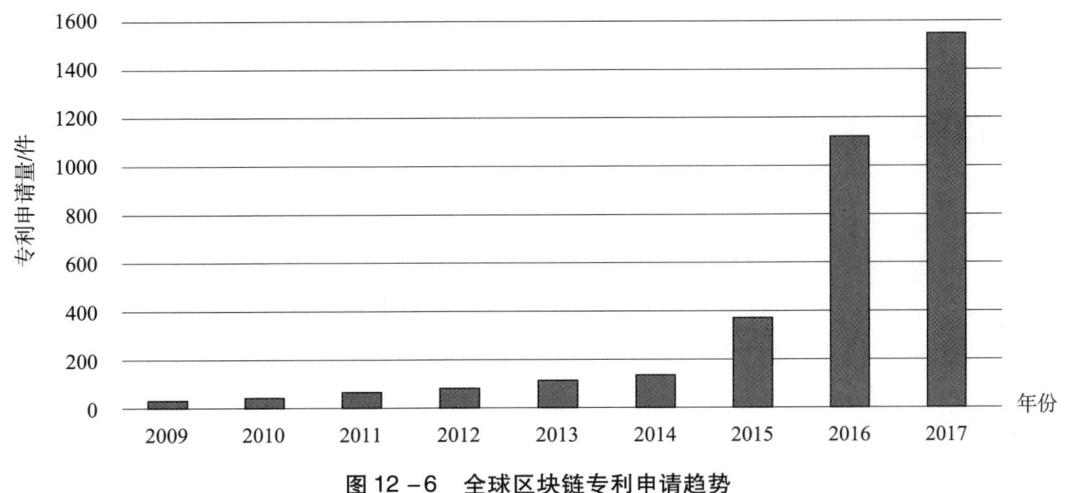

图12-6 全球区块链专利申请趋势

区块链领域相关专利主要是在近几年申请的，从2015年开始区块链领域专利申请急速上升，2016年申请数量接近1200件，2017年的专利申请还有大量未公开，但数量已经超过1400件，可以预见区块链领域的相关专利申请将会继续井喷式上升。

区块链专利申请的主要国家包括中国、美国、韩国、日本，中国的增长最为迅速。中国在区块链领域的专利申请约占全世界的一半，目前的申请量约2700件，其次是美国，专利申请数900多件。但中国绝大部分专利都是2016年和2017年申请的，授权的专利较少，美国的专利申请时间相对较早，授权专利也较多。

【案例12-6】国内竹产业专利省市分布❷

向国家知识产权局提交竹产业相关专利申请的申请人中，98.6%为中国申请人，其中国内申请量排名前七位的省份分别为：浙江省、江苏省、安徽省、福建省、山东省、广东省、湖南省。其中浙江省提交的相关专利申请最多，为7464件，江苏省为5404件，排第三名和第四名的分别是安徽省和福建省，分别申请了3285件和2383件专利，这4个省份的专利占中国专利总申请量的一半以上。

从福建省专利申请的地域分布可以看出，泉州市提交的专利申请最多，为473件，南平市次之，为372件，福州市、三明市和龙岩市的相关专利申请分别为326件、173件、162件，福建省其他城市的相关专利申请量之和为877件。

---

❶ 赵佑斌. 区块链领域全球专利分析报告［EB/OL］. https://mp.weixin.qq.com/s/bPSskHVSanktOuCJBDvTLw.

❷ 选自2017年福建省软课题研究项目《竹产业专利分析研究》。

(3) 专利申请人分析

专利申请人的分析能够反映出某一领域内专利申请人的技术活跃度情况及其专利布局策略。包括分析全球有哪些重点专利申请人、专利权人，各自优势点和专利布局情况；国内有哪些重点专利申请人、专利权人，各自优势点和布局情况，哪些具有扶持前景。

通过研究专利共同申请人的状况，可以了解产业内的技术合作群和研发合作趋势，形成产业内多个申请人之间的合作研发现状、合作研发模式、合作研发地域分布、涉及的具体技术分支等情况，可根据分析结果得出研发合作的借鉴和建议。

【案例12-7】重要专利申请人分析❶

图12-7为海上风力发电产业申请量排名前十位的申请人，其申请量均在30件以上。但在排名前十的企业中，中国企业仅占两家，即广东明阳风电产业集团有限公司和中国海洋石油总公司，而且排名相对靠后，而排名前十的申请人中包括3家韩国公司，分别为三星、大宇造船海洋株式会社和现代重工业株式会社。通过领域内专利申请人排名，可以看出排名靠前的申请人中欧美地区占据将近一半，这反映出海上风力发电产业的主要申请人还是以欧美地区为多，进一步证明上述领域的大部分技术仍掌握在欧美地区的申请人手中；而中国相对来说，在海上风力发电产业起引领作用的企业较少，但数量上占优势，这说明中国重视海上风力发电产业的企业多，但在技术上存在一定差距。

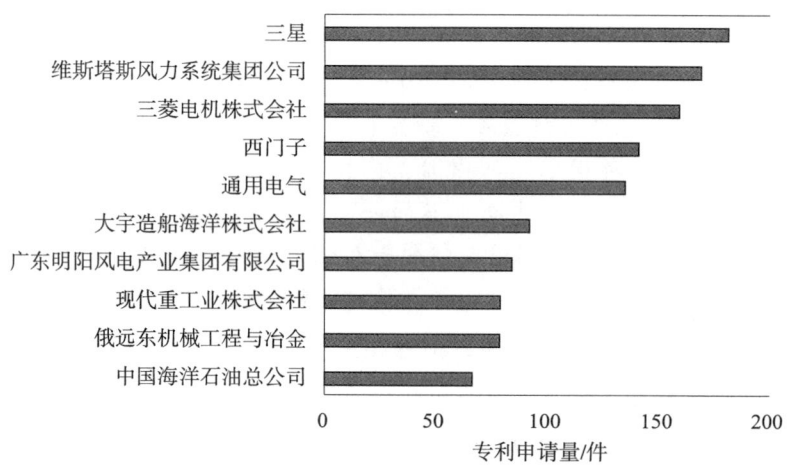

图12-7 海上风力发电技术主要专利申请人

从图12-8海上风力发电技术专利申请人合作关系可以看出，一些国外跨国大型企业如西门子（SIEMENS）、维斯塔斯（Vestas）等，他们均有合作申请的专利，在与其合作的申请人中，个人相对较少。相比较而言，我国的合作申请则更倾向于企业与企业、企业与高校、高校与研究机构，或者个人与个人等形式。

---

❶ 选自2016年中山市专利导航项目《中山市海洋工程装备产业专利导航报告》。

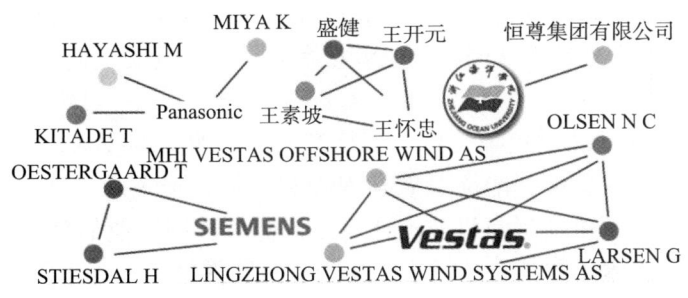

图 12-8　海上风力发电技术专利申请人合作关系

图 12-9 为主要申请人在海上风力发电方向各分支的技术优劣势对比情况。从基础安装技术分支整体上看，三星重工的专利申请最多，明阳风电集团在该技术分支的专利申请总量明显不如三星重工多；在风机及测风塔基础型式方面，明阳风电集团的专利申请占据明显优势，申请量明显多于三星重工及其他企业。这一定程度上表明明阳风电集团的技术优势在于风机及测风塔基础型式方面，三星重工则在风机及基础安装方面具有明显专利技术优势。通用电气、西门子、维斯塔斯和三菱集团在海上风力发电机方面的专利技术优势不相上下，他们在控制系统和主体机构方面也有较多的专利申请。

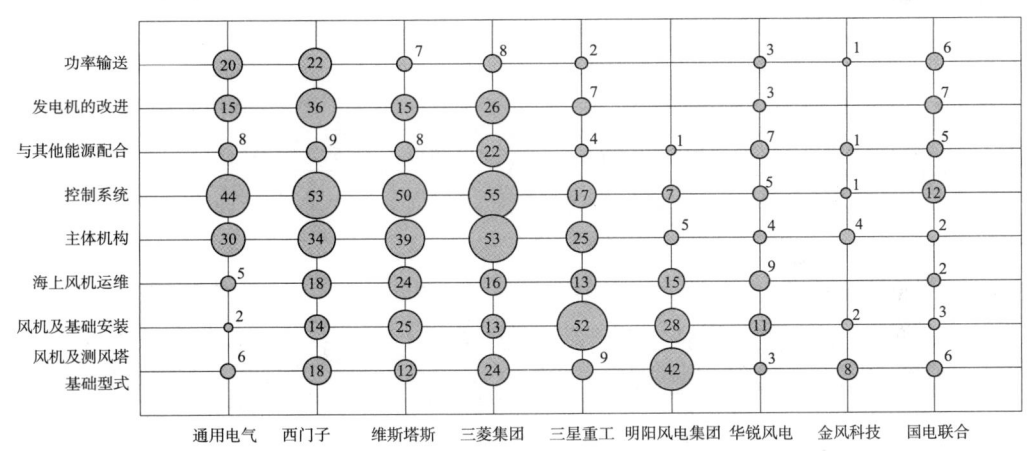

图 12-9　海上风力发电技术主要申请人技术优劣势对比

我国主要申请人在海上风力发电领域的技术优势比较一般，而且如明阳风电集团和金风科技存在技术空白点。相较于国外大型企业，我国企业仍需加强各技术分支的研发力度，对于自己的优势技术力争坐稳优势地位，而对于弱势技术更应弥补差距，力争越来越强。

(4) 专利技术主题分析

掌握专利技术主题的变化对了解技术的发展趋势、形成对未来发展的规划判断具有指导作用。专利技术主题分析是在前述专利分析内容的基础上，将专利与技术、专利与企业、专利与产业和专利与市场的关系进一步细化，从专利影响力入手进行更加深入的分析。分析的主要方向包括如下 3 个方面：

a. 技术路线演进中的关键专利分析。旨在摸清与产业发展相关的技术路线演进中的关键专利，化解产业化风险和实现有效专利包围。涉及目前产业专利技术国际上的发展方向是什么，主流技术是什么，国内的主流技术是什么，发展趋向有何异同，我国产业布局上的特点和问题等。

b. 重点技术的专利功效矩阵分析。围绕产业发展的重点技术，绘制包括全球和国内的重点技术专利功效矩阵，能够有效发现专利优势、聚集区、空白点，指导产业后续的专利规划，从专利角度判断目前产业竞争态势和我国产业的竞争机会情况。

c. 新增或衰退技术主题分布分析。围绕产业的发展程度，结合全球相关产业发展状况对近年来的发展态势进行初步分析，通过对不同技术主题进行对比，分析新增或衰退技术的专利申请布局状况，初步判断相关产业未来发展趋势。

【案例12-8】海上风力发电导管架形式技术路线图❶

从图12-10导管架在形式方面的发展历程可以看出，普通导管架以及桩导管架出现得均比较早，随后才出现其他导管架形式，而且其他导管架形式基本上零星分散于各个年份，这与其技术突破难点较大有密切的关系。海上风力发电基础对于基础的强度以及可靠性要求非常高，新导管架形式的强度上的试验等都存在一定的困难，其广泛运用也存在一定的难度。而普通的全导管架形式在运用于海上风力发电之前已广泛运用于海上石油钻井等行业，其对应的强度、可靠性被广泛认可，因此，普通全导管架相对而言更广泛地运用于海上风力发电基础中。

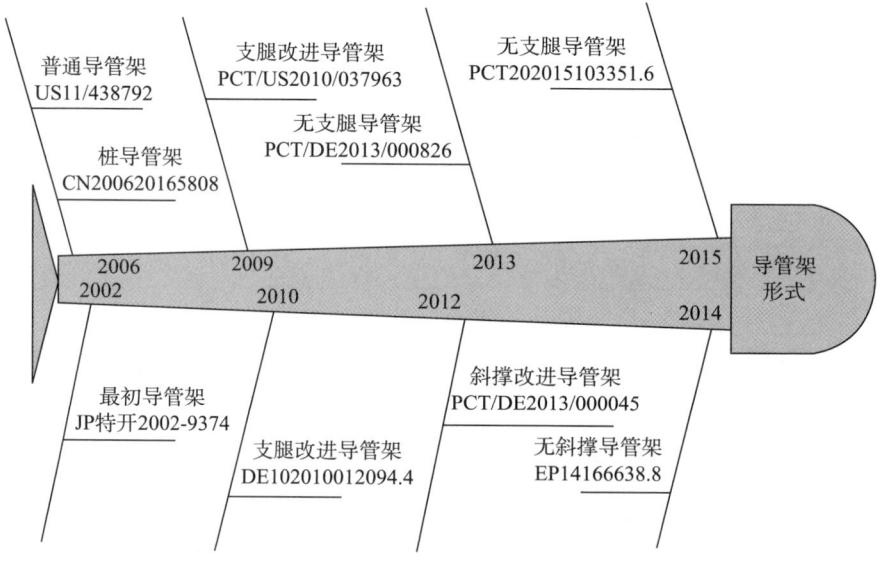

图12-10 海上风力发电导管架形式技术路线图

从图中的几篇重点专利申请可以看出，重要专利技术主要是由国外申请人申请，国内在这方面的研究还较少。

---

❶ 选自2016年中山市专利导航项目《中山市海洋工程装备产业专利导航报告》。

【案例12-9】硬质合金刀具材料专利技术-功效矩阵[1]

硬质合金刀具的功效可以从耐磨性、韧性、耐热性、寿命与效率这4个方面进行分析。由图12-11可以看出,硬质合金刀具专利申请涉及最多的技术功效是提高耐磨性能,虽然相关专利的申请量存在波动,但是总体上维持较高的增长态势。而提高韧性、耐热性、寿命与效率方面的专利申请虽然先后出现过短暂的快速增长阶段,但是近10年来的相关专利申请量相对较低,表明对其关注度有减弱的迹象。

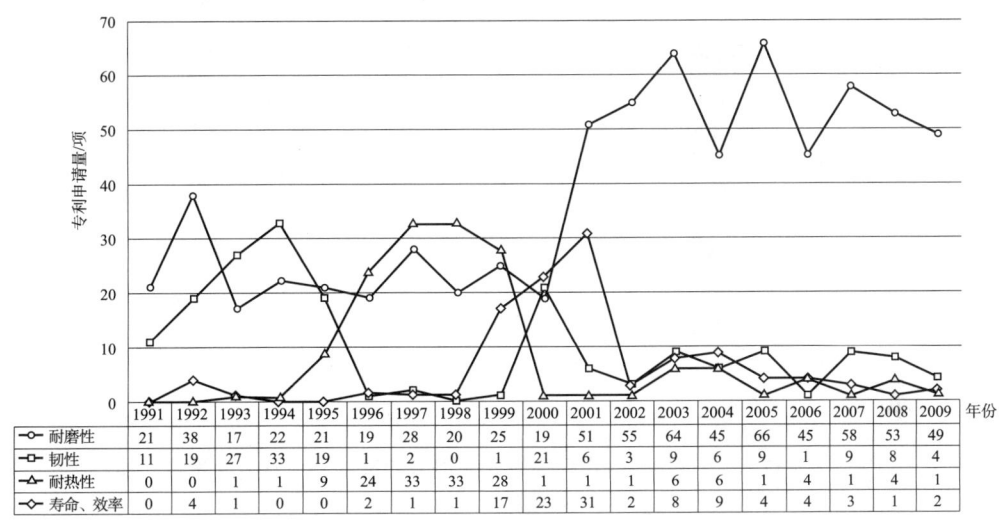

图12-11 硬质合金各技术功效历年专利申请分布

表12-4是硬质合金刀具材料专利技术-功效矩阵表,由表中可以看出4种硬质合金分别具有4种功效的数量,该表中数字越大代表申请量越集中,表明针对该技术分支的改进是解决相应技术需求的主要技术手段。细晶粒和超细晶粒硬质合金由于本身实现了强度(韧性)和耐磨性能的统一,相应地可以提高寿命和效率,因此在发明申请中并未强调突出这一点,所以尽管寿命、效率对于细晶粒和超细晶粒硬质合金而言是一个空白点,但是实际上并不应该是研究的方向。梯度硬质合金材料由于较多地用作涂层材料的基体,所以对于耐热性能的研究较为落后,而由于涂层技术的研究较为领先,基体材料只有具有更好的性能才能提高刀具整体性能,因而梯度硬质合金的耐热性能应是下一步研究的一个重点。

表12-4 硬质合金刀具材料专利技术-功效矩阵表   单位:项

材料	耐磨性能	韧性	耐热性能	寿命、效率
普通硬质合金	500	139	112	98
细晶粒和超细晶粒硬质合金	25	20	11	4
梯度硬质合金	23	21	4	9
金属陶瓷硬质合金	222	24	34	21

---

[1] 引自2011年专利分析普及推广项目《切削加工刀具行业专利分析报告》。

【案例12-10】各国/地区在废橡胶循环利用不同技术分支的专利布局[1]

废橡胶循环利用分为再生胶、胶粉、轮胎翻新、燃料热能、热裂解、橡胶沥青6个技术分支。通过对各国/地区专利申请的技术分支分布（见图12-12）进行分析，可以了解各国/地区在废橡胶循环利用行业中的发展重点以及发展方向。

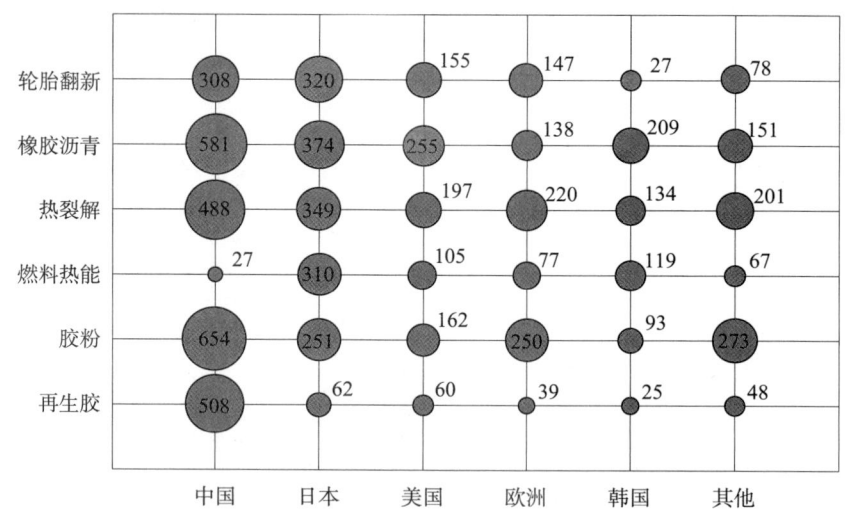

图12-12　各国/地区废橡胶循环利用专利申请的技术分支分布（单位：项）

再生胶是中国专利申请的重点，而在国外研究较少。在胶粉、橡胶沥青、轮胎翻新以及热裂解领域各个国家/地区分布相对均衡，可见在这几个领域各国/地区都具有平衡的研究投入。然而燃料热能分支中国申请量极少，只有27项，而其他国家/地区在百项上下，日本则高达310项，可见在中国废橡胶以燃烧获得热能的回收方式应用较少。

2. 专利价值和运用分析

（1）专利价值策略分析

专利价值策略分析围绕产业发展特点，结合专利创造、运用、保护或管理等环节，重点针对产业专利价值和专利运用展开分析，提升专利引导创新能力、增强专利价值分析能力和专利运用能力，为产业发展提供有效的引导和支撑。

【案例12-11】某产业高价值专利分布

对某产业细分领域的有效发明专利按价值评估指标评分后，得出法律价值度、技术价值度和经济价值度，再结合三者的评分值以及权重，得到各项专利的专利价值度总分。专利价值度总分的区间分布情况如图12-13所示。

授权发明专利经过实质审查，多数处于稳定、比较稳定甚至非常稳定的状态。但仍有少量授权发明专利处于不太稳定的状态，主要原因包括由于撰写的权利要求保护范围过大，从而带来无效风险的增加。如图12-14所示，很不稳定的1件专利存在授权缺

---

[1] 选自国家知识产权局专利局专利审查协作广东中心《废弃资源再生循环利用产业专利分析及预警项目报告》。

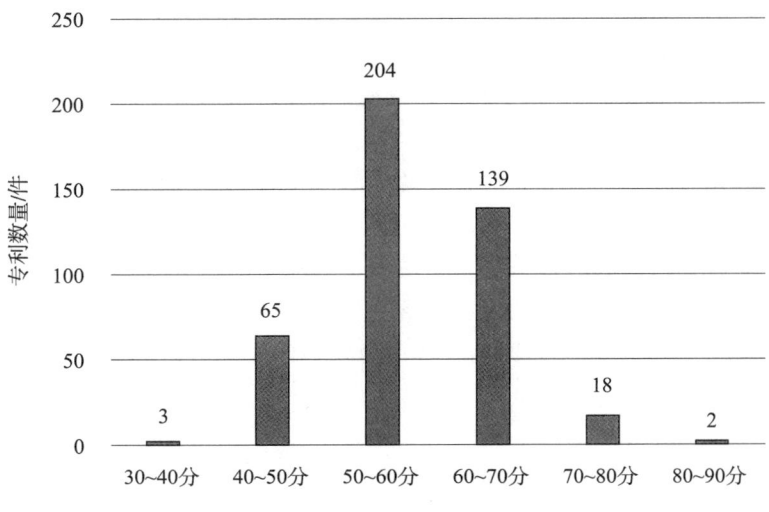

图 12-13 专利价值度总分的区间分布情况

陷,可能存在被无效的风险,9 件专利权处于不太稳定的状态。有效授权专利权处于"比较稳定"的有 292 件,占 67.75%;其次是"稳定",有 99 件,占 22.97%;处于"非常稳定"的有 30 件,占 6.96%。

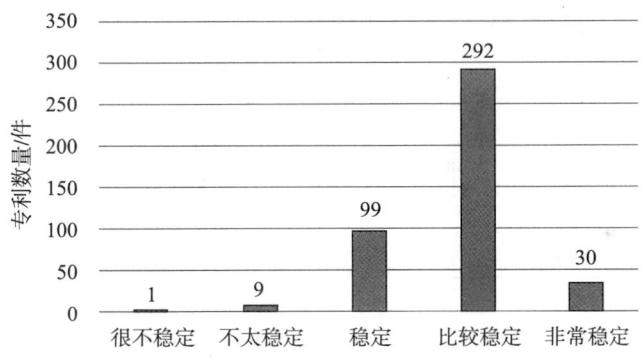

图 12-14 专利稳定性情况

(2) 专利运用策略分析

专利运用策略分析研究产业内在专利许可、专利并购、专利诉讼、专利融资、专利联盟、专利标准化等方面的专利运用模式,为实现专利运用效力的最大化形成分析依据和建议。

【案例 12-12】智能手机行业中苹果公司的并购历史[1]

在苹果公司的发展历程中,其并购策略基本上都是有目的地去收购某个领域技术实力突出的小公司,而不是去并购某个技术领域的领军者或者知名的大公司,如图 12-15 所示。由其并购历史以及所并购的公司的专利可以看出,苹果公司在智能手机领域的未

---

[1] 选自 2011 年专利分析普及推广项目《智能手机行业专利分析报告》。

来发展方向有如下几点：

① 语音识别技术是未来人机交互技术的研发重点；

② 基于位置服务是未来应用与服务的研发热点；

③ 低功耗设计依然是智能手机的研发难点。

苹果公司的并购历史以及所并购公司的专利带给国内企业的启示有：

① 高度重视语音识别技术的研发，加快其技术改进和应用，争取尽快在语音识别技术方面部署更多的专利，从而为手机市场占据有利先机；

② 利用本土化优势，深入挖掘中国智能手机用户的需求；

③ 低功耗设计依然是智能手机急需解决的技术问题。

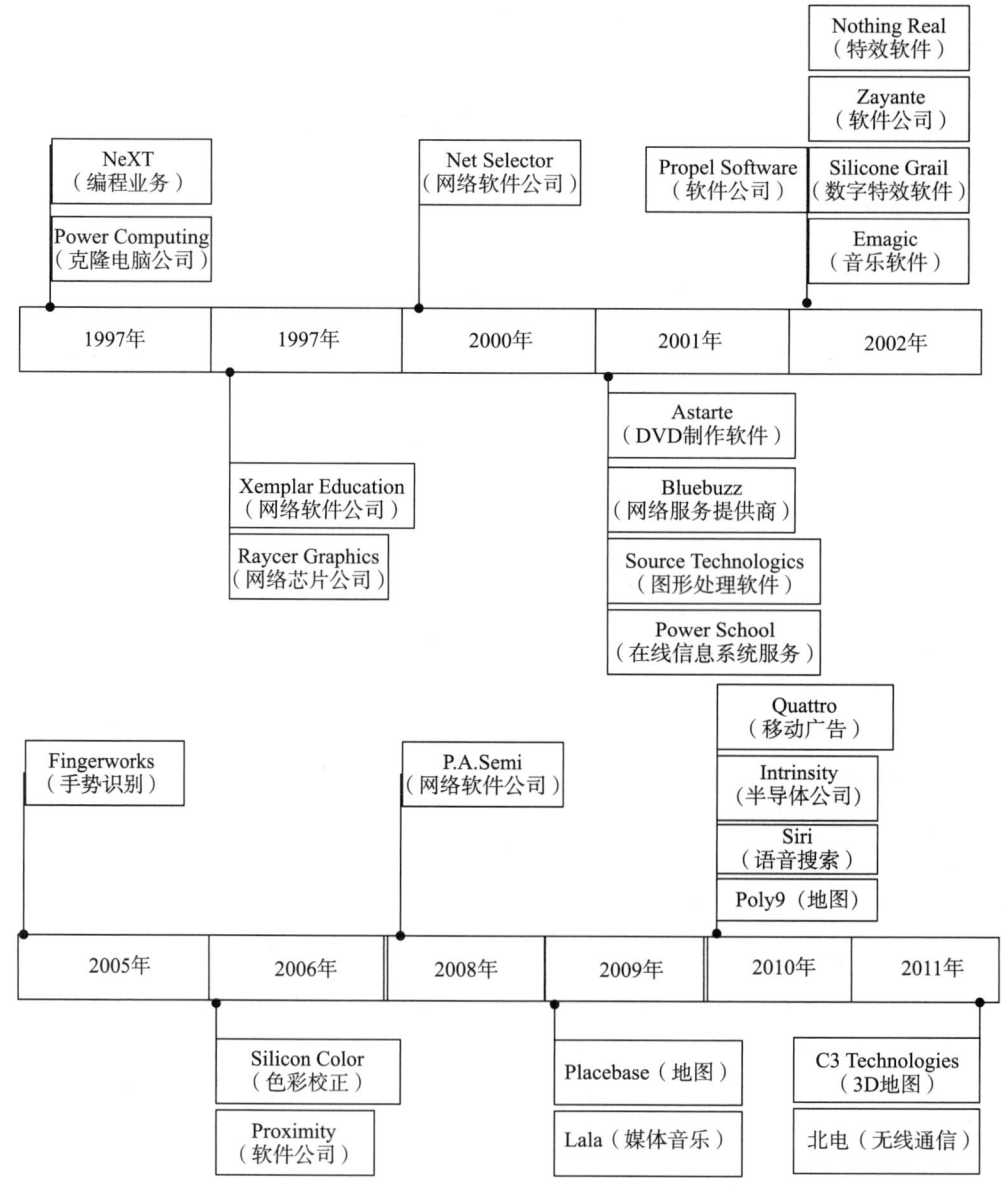

图 12-15　苹果公司的并购历史

第三节 产业专利分析报告框架

产业专利分析报告结合不同的研究内容，可以灵活选择研究方法，因此在设计报告框架时不必遵循统一的模式，可以体现出不同的特色。可以根据技术分解方式的不同、需要突出的研究重点不同来进行设计，还可以按照具体需要增加一些专题研究内容，相应地对报告框架的章节进行修订。

报告的基本内容通常包括：产业发展现状分析、分析研究内容与对象、产业总体专利分析、特定技术分支专利分析、主要结论和建议5个部分。

1. 产业发展现状分析

产业发展现状可包括产业技术发展综述和产业市场发展现状。产业技术发展综述可总结技术发展历程、现状和趋势，尤其是研发的技术热点和难点是确定重要技术分支的重要依据。产业市场发展现状是对产业的市场规模、产业链构成、主要企业、相关产业政策等进行分析。

2. 分析研究内容与对象

重点说明产业专利分析研究的项目背景和目的，以及课题的数据基础和研究方法以及实施过程等，可以根据具体需要选择性地包括立题背景、技术概况、市场概况、数据范围和研究方法等方面。

3. 产业总体专利分析

从全产业链角度，对国内外的专利整体情况分析历年分布趋势、专利技术集中度、技术生命周期、申请人专利分布、专利技术发展趋势以及专利技术市场分布等方面的情况。

4. 特定技术分支专利分析

可以根据产业分析的需要，对比较关注的特定技术分支进行专利分析。通常可以包括重点技术发展路径分析、重要申请人分析、重点产品相关专利、专利运用和运营等方面。

5. 主要结论和建议

完成专利分析各项内容后，需要根据专利分析的结果给出主要结论。

第四节 报告结论与建议

一、分析报告结论

完成产业专利分析的各项内容后，根据专利分析的结果，结合技术、市场、政策等信息为产业发展形成主要结论。结论部分是对之前分析内容的概括总结，是报告的重点内容之一。结论部分应当与分析目的呼应，以专利分析为支撑，对研究成果进行汇总和提炼，通过精练的语言描述专利技术的历史、现状和趋势，其中重点是现状和趋势部分。

【案例12－13】广东省新一代通信产业专利分析结论❶（有删节修订）

通过对全球、国内、广东省的横向—纵向二维对比，可得出如下结论：

1. 广东省技术研发起步晚于国外，后劲十足，呈现迅速追赶之势。广东省新一代通信产业专利申请量增长迅猛，在短时间内已处于国内领先地位，华为和中兴在各关键技术主题的申请量均进入全球领先行列。

2. 广东省各关键技术主题申请量比例与全球及在华申请比例基本一致，部分技术主题的研发存在优化提升空间。在协作多点传输和载波聚合技术主题上专利申请量较少，可以加大研发投入。

3. 美、中、日、韩原创实体强劲，中国在部分关键技术方面凸显优势。美国在除协作多点传输以外的技术主题中均位列第一，中国以华为、中兴为代表的创新主体，在协作多点传输技术上超过美国。

4. 美国、中国是全球重点市场。广东企业在海外布局相对薄弱，在拓展海外市场时可能面临较多的技术壁垒，也可能会由于缺少专利保护而遭遇知识产权纠纷。对于一些由我国企业独创的技术产品，如不进行完备的海外专利布局，会由于没有国外的专利保护而很容易被模仿进而失去竞争优势。

5. 全球专利申请集中在美、中、日、韩企业，在华申请中华为、中兴表现抢眼，但与世界巨头还有一定差距。全球申请人中美国高通、瑞典爱立信、韩国三星和LG在新一代通信产业的发展中技术研发实力雄厚，专利布局广而深；华为和中兴已经可以和爱立信、三星等公司相比赢得一定的话语权，但与高通相比仍存在不小差距。

6. 广东省在新一代通信领域处于国内领先地位，区域发展差异较大，申请人较为集中。广东省的申请人中华为、中兴已经处于国内领先水平，而京信通信、新邮通信等后起之秀也有所表现，整体参与该行业竞争的申请人较少。

7. 广东省部分关键技术主题专利失效比率较高，在各关键技术主题中，载波聚合的有效比率最高，移动性管理的失效比率最高。

8. 重点专利技术方面美国原创占有率高，在中国市场占有率高。美国在原创国分析中占据第一位，在移动性管理、协作多点传输、功率分配与控制、OFDM和MIMO等关键技术主题上专利数量排名第一。中国虽然已经成为重要的市场，但中国申请人在重点专利布局上仍需要加强。

二、产业发展建议

产业发展的建议可以从政策层面和企业层面两个角度提出。

1. 政策层面

（1）提升产业集聚

国内产业普遍存在企业规模小、分布零散、技术实力较弱无法形成规模经营的问题，这些都不利于产业的整体升级转型。因此，为促进产业的发展，必须提升产业集

---

❶ 选自广东省知识产权研究会、北京国知专利预警咨询有限公司编写的《新一代通信产业专利信息分析与预警研究报告》。

聚，促进产业做大做强。通过产业集聚，能够促进在区域内的分工与合作，有助于上下游企业减少寻找原料的成本和交易费用，使产品生产成本降低。产业集聚形成企业集群，集群内企业为提高协作效率，对产业链进行细化分工，有助于推动企业群生产效率的整体提高。产业集聚使企业能够更有效率地得到配套的相关服务，及时了解本行业所需要的各方面信息。并且，由于产业集聚能够提供集中的就业机会，对相关人才能够产生磁场效应，吸引高素质人才，降低企业招聘成本，提高企业效率。

推进产业园区的建设，以当前的产业集聚区建设为基础，推动产业的规模化、集约化的发展。突出重点企业在产业集聚中的引领作用。在区域范围内遴选出产业内龙头企业，在资金、技术、管理、研发等方面给予大力扶持，积极引导其打破地区、部门界限，实行跨地区、跨部门兼并重组改造企业，争取在区域范围内培育一批规模较大、技术水平较高、竞争力较强的企业，提高产业集中度和市场竞争力。

完善产业配套服务体系，发挥产业集聚优势。在产业集聚区内，建设和完善产业投融资、信息平台、知识产权中介、人才引进的相关配套服务体系，加快推进产业集聚区的高端技术服务业的发展，为企业提供全面的配套服务。

（2）建立产学研协同创新机制

产业的发展需要通过技术创新来推动，进行技术创新需要通过研发的投入。建立产学研协同创新机制，及时提供企业技术研发需求和高校科研机构信息，促进产业内企业与科研机构的信息对接。对企业与科研机构合作进行的技术研发项目，政府给予一定项目资金支持，在审批研发项目时，明确技术成果和成果转化指标，将科研项目成果用于产业实际运用。

引导重点高校和科研机构进入产业集聚区，与产业集聚区共建工程研发中心、专业化实验室等，为产业集聚区提供技术支撑，整合产业集聚区研发资源。对中小企业技术创新提供帮扶，引导部分重点高校科研机构，与具有发展潜力的中小企业进行科研合作。

（3）集群管理，打造知识产权密集型产业

知识产权密集型产业的衡量标准是其产业专利密度高于平均水平，在集群管理过程中，基于产业转型升级的方向和资源实际状况，进行科学的规划和决策。可以通过信息交流共享方式，互通有无，协作创新，构建创新链；利用全国甚至全球的创新资源，盘活知识产权资产；明确创新方向，找准企业的自身定位，形成互补竞争格局。通过集群式的管理，打造成知识产权密集型产业，以抱团的方式合作共赢、共同发展，合力应对风险危机。

（4）培育引进创新人才

可引进中上游产业链技术型企业和人才，加大企业与企业、企业与高校、企业与科研院所的合作力度，鼓励技术研发与创新，构建以企业为主体的"政、产、学、研、金、介"创新体系，深化产学研合作；加强人才队伍建设，形成具有层次性的人才梯队。

2. 企业层面

（1）加强企业知识产权管理，有效规避专利风险

加强企业内部专利管理部门的建设，与研发部门密切合作，做好研发项目前期专利

分析和预警工作，在进行市场投放之前，充分分析项目技术方向的专利现状，做好风险防控工作。

如果企业专利管理能力较弱，应积极与政府知识产权管理部门沟通，寻求知识产权援助。此外，企业之间应积极建立专利联盟，加强知识产权合作，共享专利技术信息，共同避免专利风险，同时在国内企业之间进行专利许可和技术转移，提高产业内各企业的知识产权运用和管理水平。

（2）积极与高校、科研机构进行产学研合作

通过对产业内国内主要申请人的专利分析，建议企业积极寻求科研机构合作伙伴，以求在技术方面作出更大创新，提高企业在市场中的竞争能力。

（3）提高企业自身技术创新能力

从专利技术层面而言，中小企业对科技创新投入资金不足，科技创新缺乏必要的资金支持，无力购买先进的技术。缺乏对科技创新的资金投入，自主创新能力不足，大多数中小企业缺少核心技术，技术创新能力薄弱。

（4）鼓励企业利用专利信息

企业根据自身发展的实际需要，按照产品或技术分类建立专利专题数据库，让已完成的数据信息均可在该专题数据库下进行查询，为企业的专利信息获取提供便利，更早地得知技术动向或政策导向，也便于后续的数据更新。针对产品主要出口对象国/地区进行专利分析、确定核心技术、筛查高风险专利，有利于及时进行专利预警，提出风险规避建议，可以降低企业重点出口产品"走出去"所面临的侵权风险，为产品顺利出口提供保障。

第十三章 知识产权区域布局分析报告的撰写

知识产权区域布局工作旨在发挥知识产权的市场经济属性,明确区域性知识产权资源、创新资源和产业发展的协调匹配关系,形成以知识产权资源为核心的资源配置机制,为知识产权强市、强省和强国建设提供支撑。❶ 本章主要从知识产权区域布局的概念出发,介绍知识产权区域布局工作的目标、意义和应用场景,重点阐明知识产权区域布局分析报告的分析模块、分析指标和报告框架,并结合案例介绍知识产权区域布局分析报告的撰写方法。

第一节 知识产权区域布局概述

一、知识产权区域布局概念

知识产权区域布局从知识产权的资源属性入手,以区域为载体,通过梳理区域创新资源、知识产权资源和产业资源,厘清区域性知识产权资源、创新资源和产业发展的协调匹配关系,建立支撑政府决策、监测市场信息、辅助政府管理的信息支撑系统,构建以市场竞争为导向、知识产权为核心的资源配置导向目录。以导向目录为指引,优化调整相关创新和产业政策,形成以知识产权为核心的资源配置体制机制,加强知识产权资源与创新资源和产业资源的紧密结合,提升知识产权对创新和产业发展的支撑作用,促进知识产权工作与经济社会发展深度融合。❷

二、知识产权区域布局分析的目标

知识产权区域布局分析的目标是通过分析特定区域的知识产权资源、创新资源、产业资源等经济创新发展要素,制定资源配置导向目录,明确产业发展和创新资源的知识产权布局方向,明确基于知识产权布局的区域和产业发展方向,明确基于区域和产业发展需求的知识产权及相关资源整合方向,在全球范围内为区域经济

---

❶ 贺化. 中国知识产权区域布局理论与政策机制[M]. 北京:知识产权出版社,2017:35-36.
❷ 知识产权区域布局试点工作方案[EB/OL]. http://www.sipo.gov.cn/ztzl/zscqqybjgz/zscqqybjgz_zcwj/1067911.htm.

创新发展所需的资源寻找匹配路径，提供解决方案。❶ 知识产权区域布局资源关系如图13-1所示。

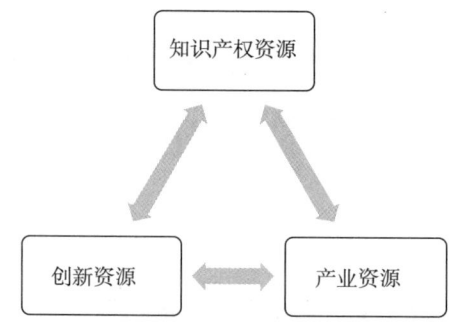

图13-1　知识产权区域布局资源关系

三、知识产权区域布局分析的意义❷

实施知识产权区域布局工作，在区域层面把握创新要素和创新资源的集聚与流动规律，推动创新资源的优化整合，有利于为高端产业和传统产业提供高水平技术供给，有利于为产业区域合理分工和梯次转移提供创新资源布局方案。知识产权区域布局分析是运用知识产权推动供给侧结构性改革、实施创新驱动发展战略的重要发力点，是促进地方经济转型升级的决策工具，是基层知识产权工作体系和管理方式的全面重塑，也是知识产权强国建设在地方层面的重要支撑。

四、知识产权区域布局分析的应用场景

知识产权区域布局分析工作有助于创新驱动发展战略实施过程中的一些重大问题的解决：一是可以监测知识产权区域布局状态，二是可以支撑区域资源优化配置方案设计，三是为区域知识产权政策制定提供决策参考。❸

1. 监测知识产权区域布局状态

知识产权区域布局状态是知识产权创造、保护和运用的空间属性描述，也是区域知识产权与产业发展匹配情况的反映。通过报告的研究和编制，能够使社会各界了解区域知识产权工作以及区域知识产权工作与产业发展的融合情况，可以从运行关系和发展质量角度分析、透视区域知识产权工作及其与产业发展的关系，从而使区域科技和经济活动的参与者和管理者能够及时利用报告信息进行相关决策。

2. 支撑区域资源优化配置方案设计

在区域层面上优化资源配置是实现我国经济社会协调发展的重要途径，区域资源优

---

❶ 知识产权区域布局试点工作方案［EB/OL］. http://www.sipo.gov.cn/ztzl/zscqqybjgz/zscqqybjgz_zcwj/1067911.htm.

❷ 贺化副局长在全国知识产权区域布局工作现场会上的讲话摘编［EB/OL］. http://www.sipo.gov.cn/ztzl/zscqqybjgz/zscqqybjgz_lljj/1067935.htm.

❸ 张志成副司长在全国知识产权区域布局工作现场会上的发言摘编［EB/OL］. http://www.sipo.gov.cn/ztzl/zscqqybjgz/zscqqybjgz_lljj/1067935.htm.

化配置的实现路径是建立以知识产权资源为核心的资源配置机制。为此需要探索创新驱动发展战略实施条件下,区域知识产权资源优化配置的具体路径和实施方案。知识产权区域布局分析报告从知识产权资源存量、知识产权资源运行状态、知识产权与产业发展的作用关系等角度分析区域知识产权资源的优化配置方案,报告结论对知识产权行政管理部门制定符合本区域实际的资源配置方案具有参考意义。

3. 为区域知识产权政策制定提供决策参考

制定和实施区域知识产权政策是优化知识产权区域布局的手段之一。随着全球科技和经济竞争的加剧,区域科技和经济系统运行关系越来越复杂多变,发生系统性风险的概率越来越大,区域知识产权政策制定就越来越依赖于知识产权区域布局现状的系统分析。❶ 知识产权区域布局政策分析是知识产权区域布局分析报告的重要组成部分,政策分析中有关政策制定的工作机制、政策工具运用的实际效果等方面的分析结论对于未来的知识产权政策制定具有重要参考和借鉴价值,是知识产权行政部门决策的重要依据。

第二节　知识产权区域布局分析模块

知识产权区域布局分析报告可分为国家和区域两个层面,国家层面以省级行政区为结构单元,区域层面以城市为结构单元。通常知识产权区域布局分析内容较多,本章重点针对知识产权资源静态分布分析、知识产权资源动态运行分析、知识产权区域布局质量分析和政策分析等基础模块(见图13-2)介绍知识产权区域布局分析的内容。同时,在每一模块中结合分析指标、分析方法和具体案例介绍知识产权区域布局分析报告的撰写方法。考虑到数据的可及性,本章的知识产权资源主要是指专利数据资源。

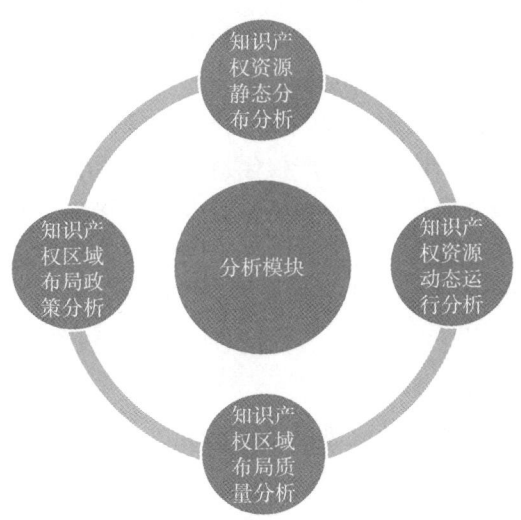

图13-2　知识产权区域布局分析模块

---

❶ Manuel González–López, Bjørn Terje Asheim, María del Carmen Sánchez–Carreira. New insights on regional innovation policies [J]. Innovation: The European Journal of Social Science Research, 2019, 32 (1).

一、知识产权资源静态分布分析

知识产权资源静态分布分析涉及对知识产权资源的空间存在状态的分析和评价，不涉及知识产权资源的空间流动特征❶。静态分布分析主要针对区域创新资源投入、产出和绩效3个环节，分析知识产权创造潜力、知识产权创造能力和知识产权运用能力，评价区域知识产权资源分布状况，定位区域创新发展实力。

1. 知识产权创造潜力

知识产权创造潜力很大程度上取决于创新要素集聚程度。数据表明，创新要素集聚程度越高，知识产权创造潜力越大，创新驱动发展水平越高。在各类创新要素中，人才和企业是最重要的创新资源，是推动区域经济发展的核心力量。因此，在知识产权创造潜力指标设计时，可以从研发人员、专利发明人、重点企业等维度分析，重点考察创新要素集聚情况，进而衡量区域知识产权创造潜力。

【案例13-1】某区域知识产权创造潜力分析

某区域研发人员参与发明创造的频率与增速在全国排名前列。高端发明人占比反映了高端发明创造人才密度，2018年某区域高端发明人占所有发明人的比重高于全国平均水平。2018年某区域重点创新主体占全国全部重点创新主体的比重超一成，在全国排名第三。某区域重点创新主体发明专利占某区域发明专利总量的比重超五成，发明专利在某区域具有较高的集中度。某区域重点创新主体中，企业占比超八成，企业拥有的发明专利占重点创新主体发明拥有量的比重也超八成。由此可见，人才、企业和专利等创新要素在该区域具有较高的集中度，知识产权创造潜力较大。

2. 知识产权创造能力

知识产权创造能力主要体现在区域知识产权创造数量和质量两个方面，从数量增长到质量提升，实现数量与质量的协调发展。在知识产权数量方面，可以选取万人发明专利拥有量指标，即每万人拥有经国务院知识产权行政部门授权且在有效期内的发明专利数量，是国际通用的衡量一个地区知识产权创造能力的综合指标。在知识产权创造质量方面，可以选取长时间维持的有效专利和高价值专利等指标。专利维持费用随着维持年限的延长而增加，通常专利权人主要为技术水平和经济价值较高的专利长久支付维持费用，专利权人维持专利的愿望越强烈，意味着专利的价值越高。涉及重大创新或重大技术进步的专利通常为高价值专利。因此，可以从知识产权创造数量和质量两个方面入手，衡量知识产权创造能力。

【案例13-2】某区域知识产权创造能力分析

以某区域为例，2018年每万人发明专利拥有量高于全国平均水平，在全国排名第五，同比增速超两成。维持五年以上有效发明专利数量全国排名第一，维持五年以上有效发明专利占某区域有效发明专利总量的比重全国排名第一位。高价值专利数量在全国排名第二位，同比增速位居全国第13位。由此可见，某区域创造的专利数量和专利质

---

❶ 贺化. 中国知识产权区域布局理论与政策机制［M］. 北京：知识产权出版社，2017：158-159.

量均在全国排名前列，知识产权创造能力较高。

3. 知识产权运用能力

知识产权运用涉及知识产权的转让、许可和质押等运营活动，一般情况下，知识产权运营越活跃，运营收益越高，知识产权运用能力相对越强。专利转让是指将专利申请权或专利权转移给他人的一种法律行为；专利许可是指专利权人或其授权人许可他人在一定期限、一定地区、以一定方式实施其所拥有的专利，并向他人收取使用费用，专利许可是专利运用和商业化的主要途径；专利质押是专利权利人将其合法拥有的且目前仍有效的专利权出质，从银行等金融机构取得资金，并按期偿还资金本息的一种融资方式。专利质押融资是科技与金融结合实现专利权价值的重要手段。因此，在知识产权运用能力指标设计时，可以从知识产权的转让、许可、质押等维度分析，进而衡量区域知识产权运用能力。

【案例13-3】某区域知识产权运用能力分析

某区域2018年包括专利转让、许可、质押等在内的专利运营次数位居全国第一，专利运营次数同比增长近六成，高于全国专利运营增幅。其中，专利转让次数排名第一，专利许可次数排名第三，专利质押次数排名第一。专利运营活跃度全国排名第一。专利许可数量全国排名第六位，同比增速超四成。专利质押数量同比增长1.24倍。专利密集型产业的发明专利密集度高，主要依赖技术创新与知识产权参与市场竞争，对社会经济的拉动能力强、贡献度大。专利密集型相关工业行业产值占某区域工业总产值的比重超五成，全国排名第五。由此可以看出，某区域2018年专利运营活跃度高，专利运营规模大，知识产权运用能力强。

二、知识产权资源动态运行分析

知识产权资源动态运行分析是对知识产权资源运行状态的分析。从区域经济系统发展演化的角度来看，知识产权资源的动态运行就是一个知识产权与产业不断融合的过程。一方面，知识产权的创造、运用支撑或引领区域产业发展；另一方面，产业发展又不断地产生对知识产权创造和运用的需求，从而引导知识产权活动。因此，知识产权与区域产业活动的耦合度是知识产权动态运行分析的重要组成部分。[1] 为了能够对各个价值环节之间的关系进行测度，并通过测度结果识别不同环节之间的耦合程度，本书将知识产权价值链分成知识产权与科技耦合度、知识产权与企业耦合度和知识产权与产业耦合度3个环节（见图13-3），对区域层面的知识产权动态运行进行分析。通过对知识产权资源动态运行分析可以明确知识产权资源与创新资源、产业资源的耦合关系。

---

[1] 贺化. 中国知识产权区域布局理论与政策机制 [M]. 北京：知识产权出版社，2017：210.

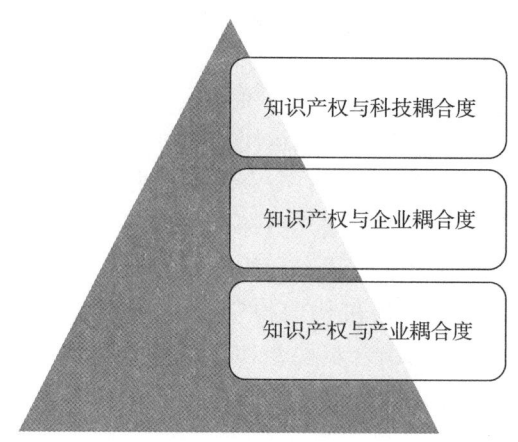

图 13-3 知识产权资源动态运行分析内容

1. 知识产权与科技耦合度

知识产权与科技耦合度主要表现为科技投入与专利产出的协同关系。科技投入包括研发费用及研发人员的投入。研发费用投入是创新投入力度的直接反映，研发人员投入决定着创新活动的质量。专利是技术创新产出成果的重要形式，单位研发费用投入专利产出数量反映了区域研发费用投入的专利产出密度，单位研发人员专利产出数量反映了区域研发人员投入的专利产出密度，体现了创新效率情况。因此，单位研发费用及研发人员的专利产出数量是衡量知识产权与科技耦合度的途径之一。

【案例 13-4】某区域知识产权与科技耦合度分析

以某区域为例，2018 年，单位研发费用投入专利数量高于全国平均水平，排名前五位；单位研发人员专利数量高于全国平均水平近 500 件，位列全国首位。由此可以看出，某区域单位研发费用及研发人员专利产出数量大，技术创新效率较高，专利与科技耦合程度较高。

2. 知识产权与企业耦合度

知识产权与企业耦合度主要表现为企业与专利产出的协同关系，反映专利活动与企业创新主体地位的耦合程度。企业作为经济活动的市场主体，是技术创新与市场的纽带，是科技与经济融合发展的桥梁。[1] 统计数据表明，企业规模与企业技术创新实力正相关，企业规模越大，技术创新实力越强。因此，可以从企业整体、特定类型企业和特定产业的企业专利产出情况等维度分析，如可以分析规模以上工业企业、高新技术企业、上市公司、高技术产业企业、战略性新兴产业企业等专利占比和覆盖度。观察专利活动与企业创新主体地位的耦合程度，从而衡量知识产权与企业耦合度。

【案例 13-5】某区域知识产权与企业耦合度分析

以某区域为例，2018 年获得专利授权的企业数量占比高于全国平均水平，高新技术

---

[1] Qin Xuanzi. Evaluation of Enterprise Technology Innovation Project Based on Low-carbon Economy [C]. Information Management, Innovation Management and Industrial Engineering (ICIII), 2010 International Conference, 2010.

企业发明专利拥有量高于全国平均水平，排名全国前列，A股上市公司发明专利拥有量位居全国前列，每亿元营业收入有效发明专利数量高于全国平均水平。由此可见，某区域企业是技术创新的主体，企业规模越大，专利优势越明显，专利活动与企业创新主体地位的耦合程度越高。

3. 知识产权与产业耦合度

知识产权与产业耦合度主要表现为产业规模与专利产出的协同关系，反映专利活动与产业地位的耦合程度。产业是区域经济的脊梁，从发达地区产业发展的经验看，产业专利数量与产业规模和发展状况正相关，产业专利与产业创新发展能力越耦合，产业竞争的优势就越明显。[1] 可以从战略性新兴产业、高技术产业、先进制造业等优势产业分析专利活动与产业发展的耦合程度。通常区域优势产业创新要素密集，对知识产权创造和运用依赖强。分析区域优势产业专利情况，是将区域产业发展定位和实际专利产出结果相关联，全面反映某区域经济转型升级的产业导向与实际专利活动的匹配程度，从而衡量知识产权与产业耦合度。

【案例13-6】某区域知识产权与产业耦合度分析

以某区域为例，2018年，战略性新兴产业专利数量占比超六成，增速全国排名第二位。绿色技术产业专利数量占比近两成，相对于全国具有比较优势。高端装备制造产业与专利活动匹配，电子信息制造、装备制造、汽车制造、石油化工等产值与专利规模较为匹配。由此可见，某区域优势产业专利优势明显，专利活动与产业地位耦合程度较高。

三、知识产权区域布局质量分析

知识产权资源静态分析与动态分析反映的是知识产权资源布局历史或现状，要想了解知识产权区域布局的效果如何，还需要对区域知识产权资源目前存在和运行的质量进行评价，如阐明布局模式的优劣、知识产权资源与产业发展的匹配程度，并从这些评价中识别问题及其成因，以便为相关政策调整提供依据。这样就有必要引入布局质量的概念，开展知识产权区域布局质量分析。[2]

知识产权区域布局质量的内涵是一系列创新活动满足区域发展要求的程度，[3] 对创新投入产出绩效的评价，反映的是区域知识产权资源静态分布状况；对创新投入产出转化过程的评价，反映的是区域知识产权资源动态运行状况。知识产权区域布局质量是区域知识产权资源静态分布结果与动态运行结果的耦合，如图13-4所示。

---

[1] Peizhi Wang, Shuyue Zhang. The Research of Technology Innovation Efficiency of High-tech Industry in Shandong Province Based on SBM-DEA Mode [C]. 2017 International Conference on Management, Education and Social Science (ICMESS 2017), 2017.

[2] 贺化. 中国知识产权区域布局理论与政策机制 [M]. 北京：知识产权出版社，2017：211.

[3] 杨红霞，鲁可鑫. 区域创新能力评价体系研究 [J]. 商场现代化，2018 (23)：173-174.

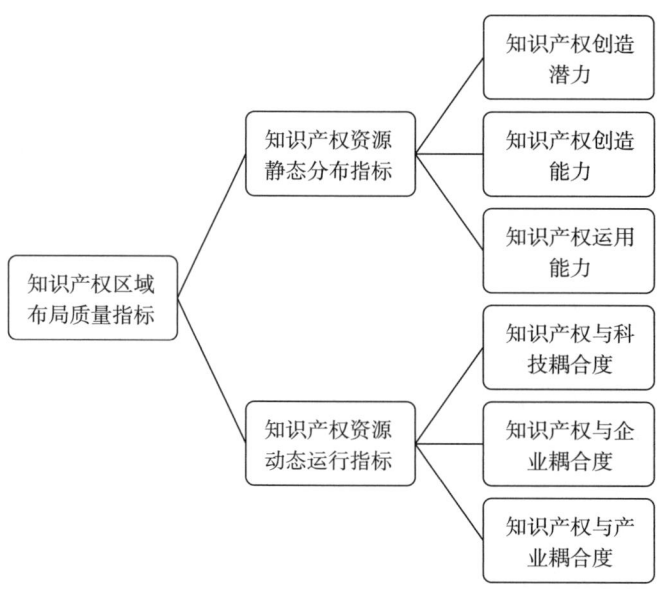

图 13-4 知识产权区域布局质量指标

基于知识产权资源静态分布指标与动态运行指标的耦合结果,形成知识产权区域布局质量指数。指数是客观反映区域知识产权资源静态分布与动态运行结果的相对数,用于系统化、多维度地反映知识产权区域布局效果。知识产权区域布局质量指数越高,说明知识产权区域布局质量越好。

【案例 13-7】某区域知识产权区域布局质量分析

以某区域为例,从整体测算结果来看,2018 年知识产权区域布局质量指数在全国排名前列,从二级指数来看,知识产权资源静态分布指数在全国位列第二,知识产权资源动态运行指数在全国位列第三。从以上分析可以看出,区域创新要素集聚度高,创新能力强,知识产权运用水平高,创新效率高,企业专利优势明显,专利与产业协调发展,知识产权区域布局质量较高。

四、知识产权区域布局政策分析

知识产权区域布局政策分析是对现有知识产权政策中有关布局调整的政策或条款进行收集、整理、分析,阐明知识产权区域布局政策的演化规律。[1] 政策分析主要从政策客体和政策制定主体两方面进行分析。政策客体分析是通过挖掘政策内容,明确在区域发展过程中知识产权政策运用的规律。政策制定主体分析是通过政策主体间的关系网络,分析政策主体的合作关系对政策实施效果的影响。

政策分析的目的是通过政策客体和主体分析,发现区域产业政策、科技政策、知识产权政策与知识产权区域布局优化之间的作用规律,明确知识产权区域布局政策的不

---

[1] 贺化. 中国知识产权区域布局理论与政策机制 [M]. 北京:知识产权出版社,2017:211.

足,为知识产权区域布局政策的优化完善提出意见与建议。❶

【案例13-8】某区域知识产权区域布局政策分析

以某区域为例,根据《国民经济和社会发展第十三个五年规划纲要》,某区域将坚持增量提升与存量优化并举、工业化与信息化融合,调结构和促发展并重,更加注重供给侧结构性改革,推动产业高端化、智能化、绿色化、集约化发展。组织实施智能制造等重大工程和行动,积极培育十大超万亿元产值(或增加值)产业,到2020年,基本建立具有国际竞争力的产业新体系。为贯彻落实"中国制造2025"战略部署,大力发展实体经济。推进信息化与工业化深度融合,以智能制造为主攻方向,大力推动制造业转型升级和优化发展。到2020年,高技术制造业增加值占规模以上工业增加值比重达到28%。对制造业布局进行优化,形成区域重大工业发展布局图。着力构建先进制造业产业体系,着力打造具有国际竞争力的世界制造业基地,引领制造业结构调整和转型升级。

根据某区域《战略性新兴产业发展"十三五"规划》,将战略性新兴产业摆在经济社会发展的突出位置,打造一批产业链条完善、辐射带动力强、具有国际竞争力的战略性新兴产业集群,增强经济发展的新动力。到2020年,高新技术产品产值占工业总产值比重超过43%,战略性新兴产业增加值占GDP比重达到16%。壮大新支柱产业新一代信息技术、生物技术、高端装备制造、新材料,扶持新优势产业新能源、节能环保、新能源汽车,形成七大战略性新兴产业。

某区域为加快构建开放型经济新体制,推动经济从高速增长转向高质量发展,必须坚定跨越发展阶段转换关口的紧迫感和责任感,准确把握当前所处的历史方位,因此,某区域需要坚持把高质量发展作为当前和今后一个时期确定发展思路、制定经济政策的根本要求,必须深化供给侧结构性改革,促进产业迈向中高端,推进现代化经济体系建设,必须以知识产权与经济社会发展融合为主线,打造以知识产权密集型产业为支撑的现代产业体系,推动重点产业链和技术创新链双向融合,抢占产业发展制高点,培育发展新动能。

通过收集整理某区域的国民经济和社会发展"十三五"规划、战略性新兴产业发展规划、"十三五"科技发展规划、先进制造业"十三五"规划、政府工作报告、领导讲话等政策文件,梳理某区域的主导产业、优势产业、新兴产业和特色产业,明确区域产业发展方向和布局重点,为知识产权资源动态运行分析奠定良好的基础。

在区域知识产权布局政策的指引下,根据知识产权资源静态分布分析、知识产权资源动态运行分析和知识产权区域布局质量的测算结果,分析区域知识产权创造潜力、知识产权创造能力和知识产权运用能力,分析知识产权与科技耦合度、知识产权与企业耦合度和知识产权与产业耦合度等特点,明确产业发展和创新资源的知识产权布局方向。

通过全面梳理分析特定区域的知识产权资源、创新资源、产业资源等经济创新发展要素,发现知识产权资源与其他创新资源和产业资源的发展特点和面临的问题,针对发现的问题,提出针对性的建议,以明确产业发展和创新资源的知识产权布局方向,明确

---

❶ Franz Tödtling, Michaela Trippl. Regional innovation policies for new path development – beyond neo – liberal and traditional systemic views [J]. European Planning Studies, 2018, 26 (9).

基于知识产权布局的区域和产业发展方向,明确基于区域和产业发展需求的知识产权及相关资源整合方向。如通过梳理和分析某区域知识产权资源、创新资源、产业资源等创新要素,发现某区域战略性新兴产业目标定位与实际专利活动趋势不匹配,部分主导优势产业的产值规模结构与专利活动不匹配,企业专利活动的均衡性、持续性、引领性不高等问题,提出相关政策建议,引导专利结构与产业发展相匹配,促进知识产权与某区域创新发展深度融合,为推动某区域经济发展提供有力支撑。

第三节 知识产权区域布局分析指标

为了全面掌握区域知识产权资源状况,明晰区域性知识产权资源、创新资源和产业发展的协调关系,摸清区域知识产权布局现状和竞争格局,了解区域创新发展优势和不足,需建立科学规范的知识产权区域布局分析指标体系,指标体系构建需遵循一定的原则,通过指标的筛选与确认,形成分析指标体系。

一、指标体系构建原则

知识产权区域布局分析指标体系建立要遵循科学性、系统性、可比性和可及性的原则,[1] 如图13-5所示。

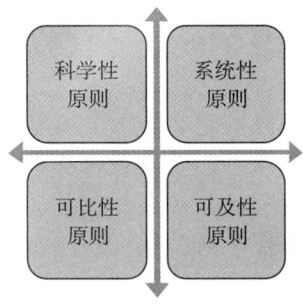

图13-5 知识产权区域布局分析指标体系构建原则

1. 科学性原则

科学性原则是指设计分析指标体系时要有科学理论依据,使分析指标体系能够在基本概念和逻辑结构上严谨、合理,抓住评价对象的实质,并具有针对性。同时,分析指标体系必须是客观的抽象描述,对客观实际抽象描述得越清楚、越简练、越符合实际,科学性就越强。

2. 系统性原则

系统性原则是指设计分析指标体系应采用系统的方法,形成树状结构的指标体系。分析指标体系是互相联系和互相制约的,有的指标之间有相互制约关系,有的指标之间

---

[1] Xu Zhao, Qi Hu, Chunlei Huang. Research on the Innovation of University Service Regional Economy in the Mode of Government, Industry, University and Research Institute [C]. 2016 International Seminar on Education Innovation and Economic Management (SEIEM 2016), 2016.

有包含关系。同层次指标之间尽可能有明确的界限,体现出很强的系统性。

3. 可比性原则

可比性原则是指分析指标体系可以进行纵向比较和横向比较。纵向比较,即同一对象这个时期与另一个时期作比较。横向比较,即不同对象之间的比较,找出共同点,按共同点设计分析指标体系。对于各种具体情况,采取调整权重的办法,综合评价各对象的状况再加以比较。

4. 可及性原则

可及性原则是指分析指标的可行性和可操作性。首先,分析指标体系和计算评价方法要简便易行,即分析指标体系不可设计得太烦琐,在能基本保证评价结果的客观性、全面性的条件下,指标体系尽可能简化。其次,数据要易于获取。分析指标所需的数据易于采集,无论是定性分析指标还是定量分析指标,其信息来源渠道必须可靠,并且容易取得。

二、分析指标筛选[1]

建立分析指标体系是知识产权能力评价的关键环节。能力分析指标体系构建不能根据测度主体的主观臆断,必须遵循科学研究的基本规范,按照从具体到抽象,再从抽象到具体的推理逻辑,建立知识产权能力要素测度指标体系筛选的基本流程,并以其为指导展开评价实践。根据上述分析,首先确定预选指标,分析指标的相关性;其次删除意义上重复的指标和鉴别力差的指标;最后确定筛选的指标。

相关性分析:在根据分析模型建立的指标体系中,部分指标之间可能存在一定的相关性,这种相关性会导致被测度对象信息的重复提取和使用,无形中拉大了测量单元之间的差距,降低测度结果的科学性和合理性。相关性分析的目的是通过测度指标的相关性分析,剔除一些隶属度偏低、与其他指标高度相关的指标,消除或降低测度指标重复反映测度信息所带来的负面影响,从而形成知识产权能力要素评价第二轮测度指标。

鉴别力分析:知识产权能力测度指标的鉴别力是指测度指标区分和鉴别不同区域知识产权能力强弱的能力。如果所有被测度区域在某个指标上的得分出现明显的不同,则表明这个测度指标具有较高的鉴别力,能够诊断和识别不同区域知识产权能力的强弱。否则需要删除意义上重复的指标和鉴别力差的指标,最后确定筛选指标。

三、分析指标体系

筛选分析指标后,需要科学确定衡量知识产权资源及布局情况的指标体系,通过综合分析不同区域的知识产权资源布局情况,揭示知识产权资源与科技、产业、经济及社会发展的匹配关系。[2] 知识产权区域布局指标体系可分为一级指标、二级指标和三级指标3个等级。一级指标包括知识产权资源静态分布指标和动态资源运行指标。

---

[1] 知识产权区域布局工作交流(第 11 期)[EB/OL]. http://www.sipo.gov.cn/ztzl/zscqqybjgz/zscqqybjgz_gzjb/1121252.htm.

[2] 郭海轩. 区域创新能力评价指标体系构建及分析方法研究[D]. 天津:天津大学,2016.

1. 知识产权资源静态分布指标

知识产权资源静态分布指标包括知识产权创造潜力、知识产权创造能力和知识产权运用能力 3 个二级指标。知识产权创造潜力包括研发人员数量、专利发明人数量、重点创新主体数量等多个三级指标;知识产权创造能力包括万人发明专利拥有量、长时间维持的有效专利数量、高价值专利数量等多个三级指标;知识产权运用能力包括专利转让、专利许可、专利质押等多个三级指标,如表 13-1 所示。

表 13-1 知识产权资源静态分布指标

二级指标	三级指标
知识产权创造潜力	研发人员数量
	专利发明人数量
	重点创新主体数量
	……
知识产权创造能力	万人发明专利拥有量
	长时间维持的有效专利数量
	高价值专利数量
	……
知识产权运用能力	专利转让
	专利许可
	专利质押
	……

2. 知识产权资源动态运行指标

知识产权资源动态运行指标包括知识产权与科技耦合度、知识产权与企业耦合度和知识产权与产业耦合度 3 个二级指标。知识产权与科技耦合度包括单位研发投入专利数量、单位研发人员专利数量等多个三级指标;知识产权与企业耦合度包括重点企业专利覆盖度、规模以上企业专利数量、中小微企业专利数量等多个三级指标;知识产权与产业耦合度包括新兴产业专利数量、优势产业专利数量、主导产业专利数量等多个三级指标;如表 13-2 所示。

表 13-2 知识产权资源动态运行指标

二级指标	三级指标
知识产权与科技耦合度	单位研发投入专利数量
	单位研发人员专利数量
	……

续表

二级指标	三级指标
知识产权与企业耦合度	重点企业专利覆盖度
	规模以上企业专利数量
	中小微企业专利数量
	……
知识产权与产业耦合度	新兴产业专利数量
	优势产业专利数量
	主导产业专利数量
	……

3. 知识产权区域布局综合分析指标

基于知识产权资源静态分布指标与动态运行指标构建一个综合指标，对知识产权区域布局质量进行综合分析评价。分析指标体系是开放和动态变化的，在具体工作中，可根据分析需求和分析目的对指标体系进行调整。知识产权区域布局综合分析指标如表13-3所示。

表13-3 知识产权区域布局综合分析指标

综合指标	一级指标	二级指标	三级指标
知识产权区域布局质量指标	知识产权资源静态分布指标	知识产权创造潜力	研发人员数量
			专利发明人数量
			重点创新主体数量
			……
		知识产权创造能力	万人发明专利拥有量
			长时间维持的有效专利数量
			高价值专利数量
			……
		知识产权运用能力	专利转让
			专利许可
			专利质押
			……
	知识产权资源动态运行指标	知识产权与科技耦合度	单位研发投入专利数量
			单位研发人员专利数量
			……

续表

综合指标	一级指标	二级指标	三级指标
知识产权区域布局质量指标	知识产权资源动态运行指标	知识产权与企业耦合度	重点企业专利覆盖度
			规模以上企业专利数量
			中小微企业专利数量
			……
		知识产权与产业耦合度	新兴产业专利数量
			优势产业专利数量
			主导产业专利数量
			……

第四节 知识产权区域布局分析报告框架

知识产权区域布局分析报告是知识产权区域布局的先导性工作，是知识产权区域布局工作的重要成果，应定期向社会发布。为了确保知识产权区域布局分析报告的质量，必须建立相应的知识产权区域布局分析报告制度，明确分析报告框架和报告内容，以便有效引导整个知识产权区域布局工作的开展。知识产权区域布局分析报告通常由项目背景、知识产权资源静态分布分析、知识产权资源动态运行分析、知识产权区域布局质量分析、知识产权区域布局政策分析、结论及建议6个部分组成，每个部分又可细化为多个分析维度。在实际工作中根据不同的目的与需求，报告框架可以进行相应的调整。

【案例13-9】知识产权区域布局分析报告框架

1. 项目背景
（1）项目概况
（2）项目目标
（3）分析方法
（4）相关说明
2. 知识产权资源静态分布分析
（1）知识产权创造潜力
（2）知识产权创造能力
（3）知识产权运用能力
3. 知识产权资源动态运行分析
（1）知识产权与科技耦合度
（2）知识产权与企业耦合度
（3）知识产权与产业耦合度

4. 知识产权区域布局质量分析
（1）知识产权资源静态分布质量分析
（2）知识产权资源动态运行质量分析
（3）知识产权区域布局质量分析
5. 知识产权区域布局政策分析
（1）产业政策分析
（2）科技政策分析
（3）知识产权政策分析
6. 结论及建议
（1）结论
（2）建议

第十四章 知识产权分析评议报告撰写

知识产权分析评议是"十三五"期间知识产权运用工作的重要工作内容之一,《国务院关于新形势下加快知识产权强国建设的若干意见》(国发〔2015〕71号)中明确提出要建立重大经济活动知识产权评议制度,《"十三五"国家知识产权保护和运用规划》(国发〔2016〕86号)明确提出要实施知识产权评议工程。知识产权分析评议报告是知识产权分析评议工作的重要成果载体,其撰写也是实践中比较有挑战性的工作。为了进一步提升知识产权分析评议报告撰写水平,本章着眼于如何提高报告撰写质量做了一些探索。本章以案例式分析为主,通过一些典型的案例来探讨如何提高报告质量,内容主要包括知识产权分析评议概念内涵,报告框架的基本形式和布局原则,以及报告撰写的典型案例分析。

知识产权分析评议的目的是为政府决策和企业参与市场竞争提供咨询参考,避免经济科技活动因知识产权导致重大损失[1]。知识产权分析评议一般分为面向政府的服务和面向企业的服务,在我国还有直接服务于政府决策与项目管理的特殊内涵。知识产权分析评议可运用于多种类别的经济科技活动场景,例如科技创新活动、技术贸易活动、技术产业化活动、人才识别与引进、投融资活动、战略与政策管理等。许多具体实践表明,在经济科技活动引入知识产权分析评议能够达到以下方面的效果:一是有效规避经济科技活动中涉及的知识产权相关风险;二是充分发掘经济科技活动中的创新成果价值并对其实现全面有效的知识产权保护;三是充分发挥知识产权的桥梁作用,实现技术创新成果、产业化以及金融投资的顺畅对接;四是提升经济科技活动决策的效率和科学性;五是充分发挥知识产权分析评议对经济科技活动的支撑作用,将经济科技活动中的创新成果固化并充分发挥其社会和经济效益。

知识产权评议,在国外一般称为知识产权分析、评估、审计或尽职调查。国外先进国家知识产权起步早、发展快,知识产权相关制度比较完善。在市场经济条件下,准备投资前,企业必须对项目潜在的各种风险进行分析,知识产权也是其中之一,唯有如此,才能确保自己的投资能够收回成本且创造收益。因此,国外的市场类经济科技活动一般由投资主体自行开展知识产权分析评议。更为重要的是,在世界经济领域,发达国家拥有更多的话语权与主动权,因此,许多跨国公司已经逐渐将对知识产权进行分析及评议当成是一种战略,这是值得我国企业学习借鉴的地方[2]。发展中国家由于在技术发

---

[1] 孟海燕. 知识产权分析评议基本问题研究[J]. 知识产权管理, 2013, 28 (4): 427-434.
[2] 贺化. 评议护航:经济科技活动知识产权分析评议案例[M]. 北京:知识产权出版社, 2014.

展上处于劣势,因此在国际经贸活动过程中面临的风险更大,为解决上述问题,对知识产权进行评议是方法之一,除此以外,还应适当考虑与其他措施相配合。例如韩国,从2005年开始采用政府购买服务的方式,直接对企业进行资助,帮助企业组织各项与知识产权评议相关的活动。由政府出面组织各方力量,对国内国外围绕知识产权而产生的各项纠纷进行分析,并将具体分析结果作为依据,创建科学合理的体制,专门处理各种知识产权纠纷问题。该体系相对完备,不但包括对知识产权进行分析,还包括对同类案件进行分析、制定合理的应对措施、准备进行诉讼等。除此以外,对于海外市场,韩国政府也投入大量人力、物力保护属于本国的知识产权,并对相关资助企业提供全程服务[1]。

第一节 知识产权分析评议概述

一、基本内涵及原则

知识产权评议是指综合运用情报分析手段,对经济科技活动所涉及的知识产权,尤其是与技术相关的专利等知识产权的竞争态势进行综合分析,对技术创新的可行性、活动中的知识产权风险、知识产权资产的品质价值及处置方式的合理性等进行评估、评价、核查与论证,提出对策建议,为政府和企事业单位开展经济科技活动提供咨询参考[2]。

建立重大经济科技活动知识产权评议机制,其目的是在以政府投资为主体的重大经济科技活动中,有关行政主管部门将知识产权纳入经济科技活动项目的评议内容,从而避免因知识产权问题导致的重大损失。

各级科技行政管理部门负责重大科技活动及相关项目知识产权评议工作的组织实施和监督管理、具体业务管理与指导工作。重大科技活动是指各级各类重大科技项目、对外科技合作、科学技术奖励、技术交易、人才引进等活动。

实施知识产权评议的所有相关方,包括评议的委托方、实施方、应用方等。委托方主要指知识产权分析评议的组织者,可以是政府部门和企事业单位,主要任务是明确需求、组织协调、提供保障,并将分析评议成果吸纳体现到决策活动中。对于重大经济科技活动,委托方一般应由经济科技活动的行政主管部门和知识产权行政管理部门联合组成,知识产权行政管理部门还负责监督并指导分析评议的实施,满足质量要求;实施方受委托方委托,在应用方的参与和配合下完成分析评议任务,是分析评议的具体承担者,一般指从事分析评议服务的知识产权服务机构或企事业单位内部的知识产权专门团队;应用方是指分析评议成果的实践应用者,一般指经济科技活动的具体实施者,负责将分析评议成果具体付诸实践。

实施知识产权评议的基本原则如下:

---

[1] 国家知识产权局. 韩国知识产权政策最新动向 [EB/OL]. [2015-04-03]. http://www.sipo.gov.cn/dtxx/gw/2010/201003/t20100305_502820.html.
[2] 国家知识产权局办公室关于印发《知识产权分析评议工作指南》的通知 [EB/OL]. (2014-12-23). http://www.sipo.gov.cn/pub/old/sipo2013/ztzl/xyzscqgz/zscqfxpy2/zc/1031800.htm.

（1）目标性。应从委托方经济科技活动的知识产权切实需求和实际问题出发。

（2）科学性。应根据委托方需求确定分析评议的任务，科学全面地开展法律、技术、市场方面的信息检索与情报分析。

（3）综合性。应立足经济科技活动的实施要求，在系统分析知识产权相关情报的基础上，结合产业环境、市场环境和法制政策环境等信息，进行综合研究与判断。

（4）建设性。应针对经济科技活动中的知识产权竞争态势特点、问题和风险，提出具有可操作性的策略建议。

二、工作特点及重点

1. 公共管理活动

公共管理活动常见的类型有：科技创新计划管理、科技产业化计划管理、科技奖励评审认定、高新技术企业及新产品认定、技术标准制修订审批、国有资产重组与剥离审批、重大投资项目审批、重大技术项目引进、企业上市监管、技术创新人才引进、科技创业人才引进、技术进出口管理、产业战略规划重点项目及产业政策制定等。

公共管理活动评议工作重点是：结合产业和区域规划、创新发展水平等要素，对重大经济科技活动的立项方向、知识产权风险、计划和项目的知识产权绩效、公共政策的可实施性等进行分析评议和综合研究，为重大经济科技活动的管理和决策提出合理化建议。

2. 工商管理活动

工商管理活动常见的类型有：研发项目管理、创新人才引进及管理、技术标准制修订或技术标准采用、技术/知识产权许可或转让、企业供应链构建、产品上市及出口、工业展会参展、企业无形资产管理、企业上市辅导、企业兼并购活动、企业资产重组与剥离、企业破产清算、企业战略规划编制、商业融资投资活动、知识产权维权、知识产权侵权应对等。

工商管理活动评议工作重点是：结合企事业单位的商业目标、资源状况、竞争环境等因素，对具体经济科技活动中的知识产权竞争态势、知识产权风险、知识产权资产状况、知识产权绩效等进行预测、评估、审计和评价，寻找创新空间，支撑知识产权布局，协助纠纷处理，为商业活动的顺利实施保驾护航。

三、工作流程

知识产权分析评议工作流程如图 14-1 所示，主要包括以下几个步骤：需求任务确定，分析评议准备，方案实施，成果交付，交付反馈，后续服务。

需求任务确定阶段：实施方应与委托方就知识产权分析评议的背景和需求进行充分沟通，在对经济科技活动的情境条件及具体要求、产业领域特点等进行综合分析的基础上，明确分析评议的任务目标。

分析评议准备阶段：实施方应根据既定任务目标、所属行业领域竞争状况、分析评议类型及其实施特点，制订工作方案与工作计划，组建工作团队，并开展前期的资料收集与调研。委托方应积极配合实施方提出的信息需求，提供所需的行业资讯和项目背景资料。

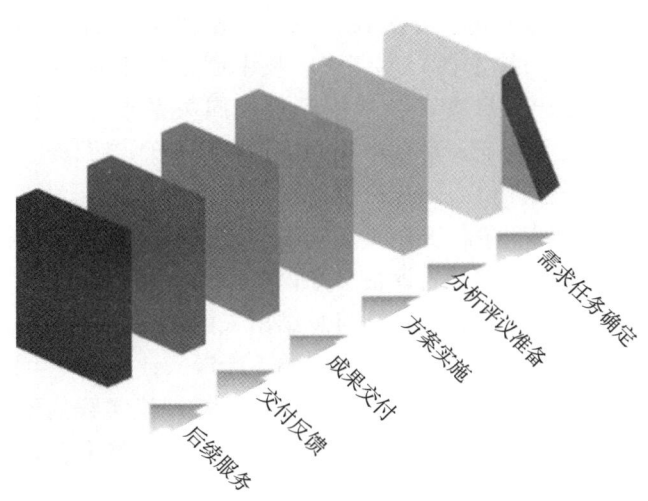

图 14-1 知识产权分析评议工作流程

方案实施阶段：实施方应按照工作方案和工作计划，根据分析评议的类别内容选择合适的分析模块进行组配。实施方应做好分析评议的时间管理、质量管理、成本管理、沟通管理和风险管理，保障团队投入时间，配置专业分析工具，确保采用信息准确完备，逻辑推理周延客观，分析结论有理有据，对策建议合理有效。

成果交付阶段：实施方应按照既定的计划安排，交付阶段性成果和最终成果。实施方应主动就阶段性成果与委托方进行沟通，委托方对于实施方提供的阶段性成果，应及时参与讨论并予以确认。

交付反馈阶段：实施方应建立分析评议质量控制体系，在分析评议过程中和成果交付后收集委托方和应用方的评价反馈信息，分析自身质量问题，确定改进目标，形成整改方案加以改进。

后续服务阶段：分析评议成果交付后，对于委托方提出的合理要求，实施方应积极响应并与委托方沟通解决方案。实施方应积极完成与之相关的咨询建议、应用培训、实施辅导等后续服务。

四、知识产权分析评议报告构成要素

知识产权分析评议的最终报告一般包括正文和附录。

报告正文一般包括经济科技活动的基本信息、分析评议的任务目标、分析评议模块的内容构成、主要结论以及应对策略建议。分析评议模块内容组成应当紧扣项目需求，进行逐条评议。分析评议结论应当明确、简明。策略建议应具有针对性和可操作性。

附录可根据委托方的具体需求设定，包括分析评议过程中产生的过程文档、基础数据、分项报告、引用文件等。

五、报告常用分析模块

报告常用的分析模块主要包括以下3类：

技术类：专利技术趋势分析、专利技术竞争热度分析、创新空间分析、创新启示分析、技术可替代性分析、技术核心度调查、技术创新度评价、技术成熟度调查等。

法律类：知识产权法律信息查证、知识产权权属关系查证、知识产权法律风险分析、知识产权相关权利义务调查、目标市场知识产权法律环境调查、知识产权相关协议条款审查、知识产权稳定性评价、知识产权保护强度评价等。

商业类：产业知识产权竞争状况调查、知识产权关联度调查、目标对象知识产权策略及实力评价、知识产权资产审计与评估、知识产权经济效益调查等。

上述各分析模块只是根据已有实践项目总结出来的使用频次较高且边界相对清晰的部分，并未穷举出所有的分析模块。随着实践的不断深入，还会发生以下变化：

一是各类分析模块数量会更多。随着知识产权分析评议实践的不断丰富和深入，会总结出更多的典型的适用不同分析评议场景的分析模块，必然会在现有总结的基础上增加更多的数量。

二是有些模块单元的边界会调整。现有的总结出的各分析模块有一部分会存在交叉重叠或者衔接不够的问题，随着对知识产权分析评议服务认识的深度和广度的扩展，会进一步厘清各模块单元之间的边界，有的两个或多个模块可整合在一个模块中，有的一个模块可拆分出两个或多个模块，这些都需要实践来验证。

三是各个模块的颗粒度一致性会更好。现有的各分析模块虽然较好地总结了已有的实践经验，但还存在颗粒度不够一致的情况，随着知识产权分析评议业务需求的发展和变化，各个模块的颗粒度的一致性会越来越好。

第二节　知识产权分析评议报告框架

一、报告框架基本形式

知识产权分析评议报告应根据委托方和应用方的使用要求，确定报告的呈现形式和内容重点。面向决策者的报告，应简明、准确地阐述问题，给出明确结论和对策建议；面向具体实施人员的报告，应详尽、全面地阐述问题，给出具体、可操作的策略建议。

如图 14-2 所示，无论何种形式的知识产权评议报告，都至少应该包含以下 4 个方面的要素：

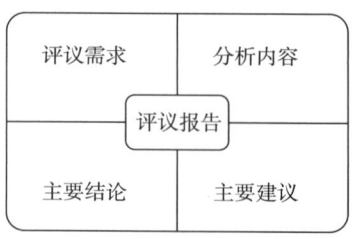

图 14-2　评议报告四要素

一是评议需求。评议需求反映了客户的主要关切，是客户所遇到的知识产权问题的聚焦，是服务方一切工作的起点，是决策者评估风险、权衡利益的基本出发点。

二是分析内容。从需求出发，适用什么样的评议场景，采用哪些分析模块，都将在分析内容中体现，同时服务方在面对评议需求时采用哪些视角、运用哪些信息、适用什么样的分析工具都将在分析内容中得到体现。

三是主要结论。基于分析内容，通过推理、归纳等方法，得出客观可靠、主次分明、清晰明确、严谨理性的结论既是对前述分析内容的总结升华，也是为后续建议提供评估、判读、预测的基础。

四是主要建议。基于主要结论，结合需求，根据客户自身实力及环境变化，从最大化社会或经济效益，提出切实可行、针对性强的解决方案，是知识产权分析评议工作最能体现价值的部分。

下面给出一个技术引进类知识产权分析评议项目的常见框架模板，供在具体实践中参考。

【案例14-1】"×××技术引进项目"评议项目典型报告框架

第一部分　基本信息及项目需求
1. 确定技术引进企业
2. 明确研发改进方向
3. 规避专利侵权风险
4. 全球专利布局方向

第二部分　分析评议分析模块内容
对全球该技术领域的主要竞争对手的关键技术、重要专利、专利侵权风险、全球专利布局和专利实力进行分析和评估。

第三部分　主要结论
1. 企业A、B、C均掌握的关键技术为T1、T2、T3，符合候选企业条件。
2. 对3家候选企业的专利技术在专利数量、专利质量、技术匹配性发明方面进行评估，企业A综合得分最高，企业A掌握的关键技术T2全面领先。
3. 将企业A关键技术T2的方案与检索到的相关专利进行侵权对比分析，判断出在主要目标市场国家或地区没有专利侵权风险。
4. 该技术领域专利布局热门地区为×××国等，冷门地区为×××国等，空白地区是×××国家等。

第四部分　主要建议
1. 建议将企业A作为技术引进企业。重点关注引进专利中的T1、T2、T3等核心技术，特别是企业A领先的T2技术。
2. 建议引进企业A的关键技术T2须要求联合设计制造，注重其再创新，重点关注企业A领先的T2的主要发明人P1等。
3. 建议对创新成果在全球进行专利布局：重点在现有主要出口国布局专利，同步在冷门地区布局专利，核心专利可进入热门地区。

二、报告框架布局原则

知识产权分析评议报告布局原则如下:

(1) 简明和详细结合。知识产权分析评议报告重在有的放矢,针对不同的需求确定不同的知识产权分析评议应用场景,针对不同的对象提出不同的建议,是知识产权分析评议报告成功的关键。因此同一个评议项目既要面对服务方的决策者又要面对服务方的一线实施者,将简明决策版报告和详细参考版报告结合能够较好地满足客户的需求。

(2) 基于任务阶段组合。有些知识产权分析评议场景需要解决的并不是单一的知识产权问题,有时候是以解决知识产权问题为主,有时候是以解决知识产权问题为辅。当处于后者的情况时,知识产权评议报告可分成多个阶段的报告,形成系列性阶段性报告。

(3) 基于业务领域跨界融合。有些知识产权分析评议场景是结合了多个业务领域的相互融合,每一个业务领域对知识产权的需求和关注程度不同。此时报告结构可以根据每个业务领域的不同需求和关注点形成多个分报告。

(4) 基于重点突出可将报告结构倒置。知识产权分析评议报告可以根据实际工作的需要将报告结构倒置,先呈现建议、结论,再呈现分析内容和需求。

(5) 必要的参考资料作为附录。对于不影响报告的主线逻辑,又能提供非常重要的佐证或者基础支撑的材料,可以不放在报告正文中,而以附录的形式放在报告后面,这也是知识产权分析评议报告常见的情形。

简要版报告常见格式如表 14-1 所示,可以通过一张表把知识产权分析评议报告的核心内容完整展示出来,便于客户快速掌握评议报告的背景、需求、研究内容要点、结论要点和建议要点。简要版报告的编制需要撰写人不仅要了解评议项目的来龙去脉,还要对项目的整体情况有全景把握,然后才能删繁就简,将报告中最有价值的部分展示出来,一般比较适合决策者阅读。

表 14-1 知识产权分析评议简要版报告模板示例

评议项目	×××知识产权评议
项目类别	技术研发合作
项目委托方	×××省科技厅
评议实施方	×××知识产权咨询有限公司
项目应用方	×××科技有限公司
评议需求	1. 寻找×××产业研发方向; 2. 发现×××产业技术风险; 3. 为×××企业发展寻找人才。

续表

评议内容	通过对×××产业发展状况的调查，在技术方面，对技术分支占比、技术热点和空白点、国外来华专利布局情况等进行分析，了解×××技术的技术重点。在市场方面，通过市场规模、专利权人、技术成熟度分析，了解×××技术的技术热点。通过对×××产业在×××技术领域的优劣势分析，帮助产业确立未来技术研发方向。 通过对×××技术知识产权诉讼涉及企业的分析，了解专利诉讼高发领域以及主要涉及企业；分析诉讼涉及技术领域、诉讼要点和最新变化。 通过专利价值评价体系，对×××技术领域专利进行评价分析，了解创造较高价值专利的主要人才，列出引进后备人才清单，通过技术对比分析，最终推选出适合引进的人才供龙头企业参考。
主要结论	1. ×××技术领域重点在技术点1、技术点2、技术点3等，×××技术是当前研发的主要方向。 2. ×××领域知识产权诉讼较多，形成以×××公司为主的诉讼群体，在×××应用领域具有较高诉讼风险，来华专利CN×××属于高诉讼专利，需重点关注。 3. 在×××技术领域王××、张××研发团队与企业×××具有较高的技术吻合度。
主要建议	1. 重点发展基于×××技术，构建×××产业链。 2. 在×××领域要重点跟踪关注×××企业专利布局，防范知识产权风险。 3. 企业××可将王××作为企业重点引进人才。

详细参考版报告常见框架结构如案例14-2所示，这是针对某一新兴产业如何更好地利用知识产权助力产业创新发展，因此需要知道行业全景信息，关键技术发展情况，是哪些主要企业在推动产业的发展，我们自己具有怎样的优势和劣势，机遇和风险，应该制定怎样的产业政策和选择怎样的创新路径。针对这些内容形成了如案例14-2所展示的目录。这样的报告形式体例简明，能够清楚展示评议项目的思考逻辑：基于需求，确定分析内容，基于分析内容，得到客观结论，基于客观结论结合自身、竞争对手以及外部环境特点，提出对策建议。整体来看，该案例切合上述逻辑，能够较好地实现该知识产权分析评议项目的目标。

【案例14-2】超高清产业专利分析评议报告章节目录[1]

第一章　超高清显示产业概况
1.1　超高清相关概念
1.2　超高清产业的发展历程
1.3　超高清产业标准体系

---

[1] 来源：《超高清产业专利分析评议报告》，2018年重点领域知识产权分析评议系列报告国家知识产权局、华智数创（北京）科技发展有限责任公司发布，2018年8月。

> 1.4 超高清产业链技术分解
>
> **第二章 超高清产业环境专利评议**
>
> 2.1 全球专利态势分析
>
> 2.1.1 全球历年专利申请量分析
>
> 2.1.2 全球技术产出实力现状区域分析
>
> 2.1.3 专利技术申请目标区域分析
>
> 2.1.4 全球申请人排名分析
>
> 2.2 中国专利态势分析
>
> 2.2.1 在华历年专利申请量分析
>
> 2.2.2 技术主题分布分析
>
> 2.2.3 国内各省市区域分析
>
> 2.2.4 在华申请人排名分析
>
> **第三章 提升企业创新能力专利评议**
>
> 3.1 关键技术分析
>
> 3.1.1 内容制作技术分析
>
> 3.1.2 音视频编码技术分析
>
> 3.2 竞争对手分析
>
> 3.2.1 索尼集团分析
>
> 3.2.2 三星集团分析
>
> **第四章 结论及建议**
>
> 4.1 主要结论
>
> 4.1.1 中国超高清产业发展 SWOT 分析结论
>
> 4.1.2 提升企业创新能力评议结论
>
> 4.2 发展建议
>
> 4.2.1 产业整体发展建议
>
> 4.2.2 创新能力提升建议

第三节 知识产权分析评议报告典型案例解析

知识产权分析评议报告是知识产权分析评议工作成果的主要载体之一。为了保证和提升报告的质量和效果，可将报告形成的过程简单地分为以下几个环节：报告需求确定阶段，报告分析内容阶段，报告结论形成阶段，报告建议梳理阶段，报告成果运用阶段。每一个阶段都有其自身的特点和要求，为了更好地理解各个阶段的特点和要求，下面结合一些具体的案例进行说明。

一、报告需求确定典型案例解析

报告需求确定是核心环节，这一阶段的工作质量直接决定了是否能满足客户需求。

为了更好地确定项目需求，通常需要经历以下阶段：需求收集阶段，需求凝练阶段，需求固化阶段和需求动态调整阶段。

（1）需求收集阶段。服务方就评议需求和客户进行沟通，尽可能地收集相关需求信息。

（2）需求凝练阶段。服务方对收集到的相关需求信息进行整理归纳，并对所有的需求根据重要性、紧迫性和时效性等因素进行排序筛选，凝练出客户较为关心或者较为重要的需求。

（3）需求固化阶段。服务方就凝练后的评议需求和客户进行沟通确认，并和评议常见场景进行拟合，等双方认同后就可以将需求初步固化下来，形成双方确认的书面材料，作为后面工作的基础。

（4）需求动态调整阶段。在评议项目实施的过程中，随着时间的推移会发生各种变化，服务方和客户都应当对变化有足够的心理准备，任何一方认为有必要时，都应当建议对评议需求进行动态调整，以保障评议项目的实施效果。当然，此时的动态调整是基于前一步固化需求后的微调。如果动态调整后的需求完全不同于前一步的固化需求，那就是一个新的评议项目了。

在项目初始阶段，由于信息不对称，服务方不清楚客户的真实需求，客户不清楚服务方可以做什么，这个时候服务方可以利用多种方法来尽快准确地和客户就评议需求形成共识。常用的方法有问题清单法、单刀直入法、旁敲侧击法，以此来提高沟通效率。

1. 问题清单法

（1）客户罗列问题

在此阶段，客户罗列问题不用受任何限制，只要客户认为是和知识产权相关的问题或者客户想解决的问题都可以罗列，不论长短，不论粗细，只要能够表述出来的均可记录，形成客户问题清单。

（2）服务方梳理问题

服务方针对客户问题清单进行整理，整理步骤如下：首先，服务方区分是否是能够利用知识产权解决的问题，形成服务方知识产权问题清单；其次，根据知识产权问题清单，请客户针对每一个问题详细阐述希望在什么时间、什么地点、可以付出多大的成本、达到什么方面的效果，形成客户方知识产权问题清单。

（3）问题重要性比较

服务方针对客户方知识产权问题清单，根据待解决问题的迫切性、重要性请客户方就客户方知识产权问题清单的问题两两比较排序，排序原则如下：首先是既迫切又重要的问题，其次是重要但不迫切的，然后是迫切但不重要的，最后是既不迫切也不重要的，形成客户知识产权问题排序清单。

（4）确定客户核心需求

服务方根据客户知识产权问题排序清单，按照可行性原则和客户进行沟通，最终形成客户核心需求清单。

2. 单刀直入法

（1）确定一个讨论方向

服务方以一个典型的问题或者一个典型的关键词作为唯一的讨论方向，确保在讨论过程中不偏离讨论方向。

（2）不断增加限制条件

在讨论的过程中，服务方引导客户在唯一的讨论方向上不断增加限制条件，并记录下服务方和客户方都认可的限制条件。

（3）由客户选择是否终止

由客户决定是否终止增加限制条件，当客户决定终止时，讨论方向加双方认可的限制条件很有可能就是客户真正的需求。

3. 旁敲侧击法

（1）列清单

服务方将常见的评议需求进行罗列，可按评议活动类型分门别类，按理解难度由浅及深进行排序，交由客户进行筛选。

（2）否定项

服务方请客户主要从否定方面去思考哪些不是客户想要的，对经服务方解释后客户还是确定不想要的需求——进行标记。

（3）见真需

客户确认完所有的不想要的否定项，剩下的很有可能就是客户的真实评议需求。

下面通过一个案例来看如何准确把握客户需求。

【案例14-3】 ×××产品知识产权问题清单实例[1]

企业产品要在国外出口上市，在产品上市和"走出去"之前做好知识产权分析评议工作十分必要，能够有针对性地形成有效的市场竞争策略和风险应对策略，规避知识产权潜在风险，提高研发效率和质量。

（1）确定产品出口到澳大利亚、南非、阿根廷和马来西亚四国是否存在侵犯他人知识产权的风险，并全面排查国内的相同技术领域知识产权情况，如果有风险，应该采取什么措施来规避风险？

（2）在全球范围内同行业的竞争对手是否已经在上述目标国有专利布局的记录，是否在未来会对出口产品构成一定的侵权威胁，企业应该采取何种专利布局方式来保护产品？

（3）企业自身专利拥有和布局状况，是否能够支撑应对专利风险，在目标国竞争对手销售的产品中是否包含了自己的知识产权，这些区域布局的专利能否成为和对方谈判的筹码，以及在未来是否能够主动提起专利诉讼？

二、报告分析内容典型案例解析

如第一节中所述，按照评议活动的类型，可以分为政府和企事业单位的公共管理和

---

[1] 黄俊，王亚利，等. 企业"走出去"知识产权分析评议案例分析［J］. 中国发明与专利，2015（7）.

工商管理活动。

在实际的经济科技活动中,由于活动类别的丰富多样性,导致了在每一个具体的活动场景中对知识产权的依赖程度不同,常见的知识产权问题不同,知识产权相关工作重点也不同。因此为了更为高效和精准地解决经济科技活动中的知识产权问题,非常有必要对具体经济科技活动场景进行识别,精准定位在不同的场景下知识产权分析评议工作的重点。

1. 科研立项与研发中的知识产权评议

科研立项与研发中的知识产权评议应用场景有:

(1) 科研方向的知识产权风险评估。对拟研究方向、技术方案和产业化专利技术做节点性评估,判断科研方向是属于不可替代型、改进型还是新兴领域型,帮助决定科研资源投入的程度。

(2) 科研项目产业化知识产权风险评估。对科研项目未来的产业化方面的知识产权风险进行排查,一方面要避免落入竞争对手的专利保护范围,另一方面要构建本项目的知识产权布局和应用策略。

【案例14-4】智能制造应用模式关键技术发展路线分析❶

图14-3示出了各应用模式的具体发展路线,可以看出应用模式各个分支的发展并不是同步进行的:1985~1995年,早期的生产控制主要集中在装备本身,通过加装传感器的方式使各种生产装备的信息被采集,进而对生产设备进行控制。1996~2008年,随着网络技术的发展,集散控制系统(DCS)、现场总线技术等应用提高了工业自动化的智能化发展水平。智能设备、互联网和大数据的结合催生了生产装备远程控制、生产装备故障诊断以及复杂生产过程控制。2009~2011年,智能化生产进一步发展,装配线控制和管理、工厂决策管理、产品设计优化、产品质量分析也开始有相应的专利布局。与此同时,随着云技术的出现和发展,基于云平台的网络化协同应用模式应运而生。2012年至今,大数据和云平台不断融合,实现生产过程虚拟仿真、产业链数据整合、满足客户在设计和售后的个性化需求是应用模式的发展方向。

2. 人才引进中的知识产权分析评议

科研项目技术团队的已有知识产权核查是人才引进中知识产权分析评议的一种场景。运用知识产权评议对技术团队的知识产权进行核查,通过公开的专利信息可以查证以下几个方面的内容:一是技术团队是否是该领域的主要发明人,如果不是,说明该团队的技术实力应当受到质疑;二是技术团队是否和待研发项目技术方向高度匹配,假如是该领域的主要发明人,但如果匹配度不够,其研发实力应当受到质疑;三是技术团队是否是该领域持续活跃的主要发明人,如果技术团队在该领域不够持续,仅靠临时突击成为一些专利申请的发明人,其研发能力同样应当受到质疑。上述3个方面的信息查证非常简单,只需要找出技术团队在全球申请的专利,对这些专利的申请人、发明人、申请日和授权日进行核查,就可以完成相应的工作。

---

❶ 来源:《智能制造产业专利分析评议报告》,2018年重点领域知识产权分析评议系列报告,国家知识产权局、国家知识产权局发展研究中心、国家知识产权局专利局专利审查协作北京中心发布,2018年10月。

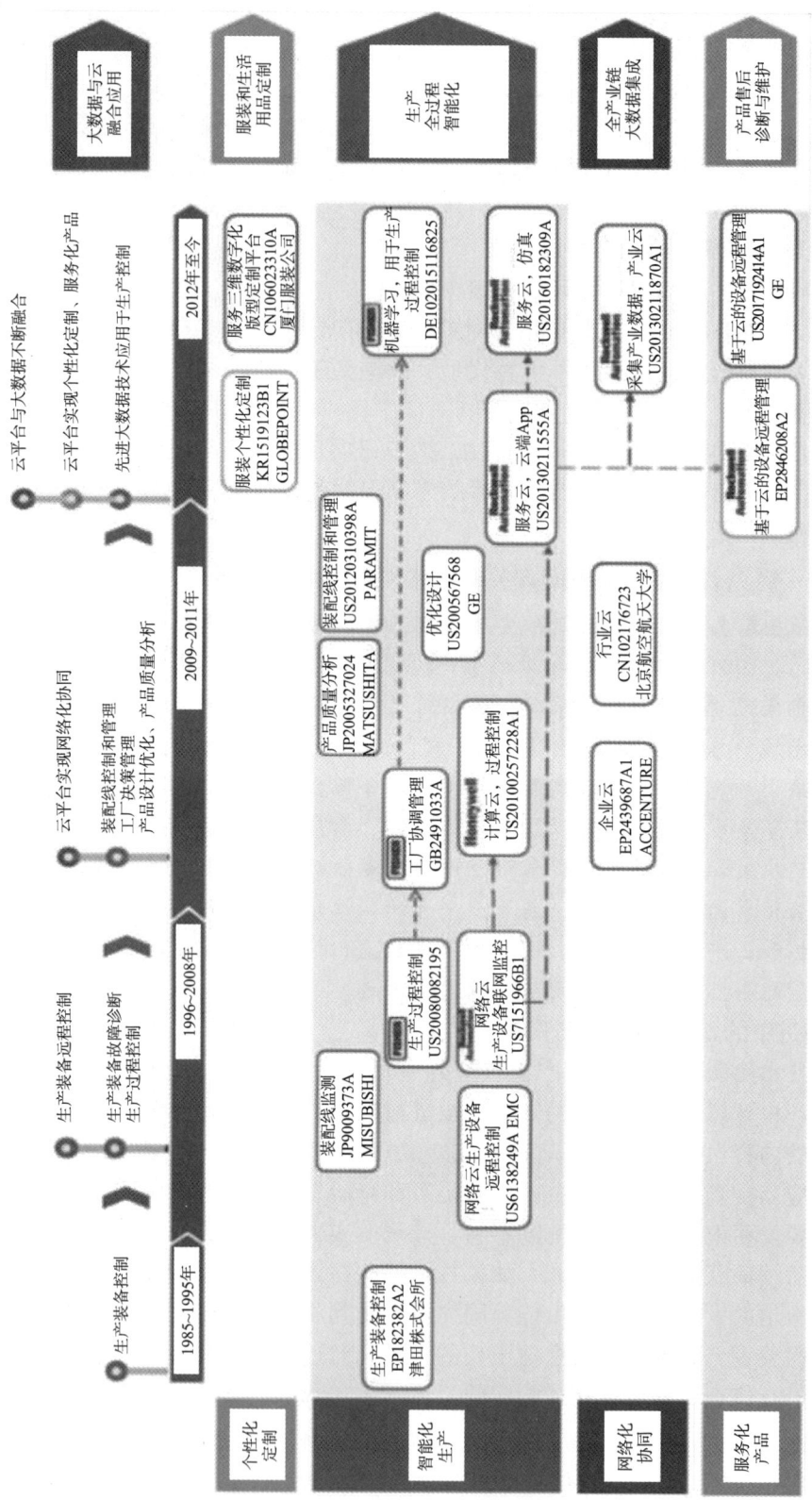

图14-3 智能制造应用模式关键技术发展路线

【案例14-5】人才创新能力分析[1]

如图14-4所示,斯坦福大学教授崔屹是能源和纳米材料科学领域世界领先的研究人员,在纳米材料和可持续能源方面做出了重要贡献,目前主要从事高能锂硫电池设计。1998年崔屹获得中国科学技术大学理学学士学位;2002年在哈佛大学获得博士学位;2003年在加州大学伯克利分校从事博士后研究;2004年入选世界顶尖100名青年发明家;2005年进入斯坦福大学材料科学与工程系任教,先后担任助理教授、副教授、教授;2014年获得首届纳米能源奖;2017年获得布拉瓦尼克青年科学大奖之物质科学与工程技术奖。截至2016年,崔屹在纳米材料研究领域取得了开创性研究成果,先后在包括 Science、Nature、Nature Nanotechnology、Nature Materials、Nature Communication、JACS 等世界顶级期刊发表高水平科技论文330多篇,其研究团队致力于纳米、新材料、新能源、环境保护和生物科学的研究,在科技创新与成果转化方面拥有丰富经验,其创新性的研究成果和发明亦引起了工业界的关注。

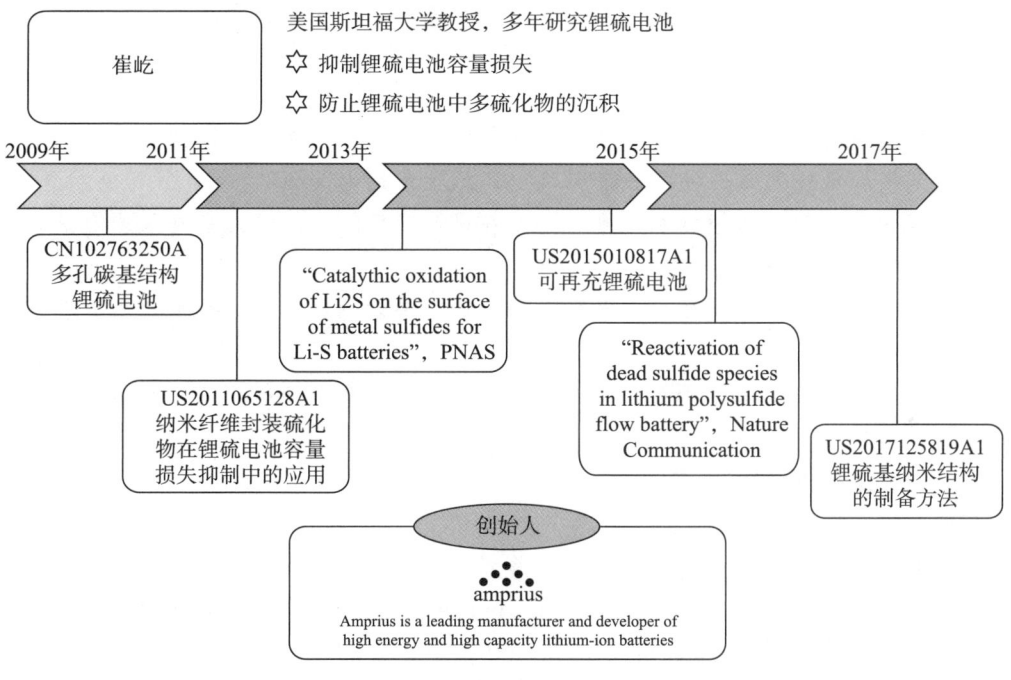

图14-4 人才创新能力分析

3. 产品出口中的知识产权评议

产品出口是我国企业发展壮大的必经之路。在产品出口之际开展知识产权分析评议工作可以未雨绸缪,减少因知识产权问题带来的不必要的风险。常见的产品出口知识产权风险主要包括以下几种类型:遭遇临时市场禁令风险、遭遇海关扣押风险、遭遇警方执法行动风险、遭遇侵权诉讼风险。尤其是前3种风险发生迅速,对市场声誉不良影响

---

[1] 来源:《锂离子动力电池产业专利分析评议报告》,2018年重点领域知识产权分析评议系列报告,国家知识产权局、国家知识产权局专利局专利审查协作天津中心发布,2018年9月。

显著,打破正常的交易流程导致合同违约以及影响人身自由等情况,让企业猝不及防,应对失措。其直接经济损失尚可计算,间接损失则难以估量。因此在产品出口前开展知识产权分析评议工作是非常有必要的。

产品出口知识产权分析评议工作常见的分析内容包括以下方面:一是产品出口目的地知识产权保护情况及风险判断;二是评价在产品出口目的地是否围绕自主创新产品形成了有效的知识产权布局,分析企业主要产品信息和技术方案,以及企业知识产权状况;三是判断产品在目的地是否存在侵犯他人知识产权的风险;四是形成产品出口及上市的知识产权风险控制预案;五是分析竞争对手全球主要市场分布情况,帮助指导企业在"走出去"过程中及时调整企业战略规划。

【案例14-6】"一带一路"知识产权风险地图❶

政府推动是"一带一路"倡议的特点之一,中国高铁已经成为我国的国家名片,政府也在向相关国家推销高铁、铁路项目和技术,这将为我国轨道交通产业带来千载难逢的出口机遇,而轨道交通光机电领域也将作为必要的配套产业参与其中。推进速度快是"一带一路"倡议的另一特点,发布至今已有蒙内铁路、印尼雅万高铁、老挝铁路等一系列重大项目落地。

经调研,我国很多产业企业已开始出口产品,很多企业提出了评估海外风险的迫切需求。按照侵权风险的大小将"一带一路"沿线国家划分如下:

(1)高风险国家:俄罗斯和印度。企业在进入高风险市场前应当开展专利海外预警工作,提前制定应对策略。

(2)中等风险国家:波兰、以色列、新加坡、匈牙利和捷克。企业进入这些市场将会面临一定的风险。

(3)低风险国家:马来西亚、乌克兰、希腊、斯洛文尼亚等国家。企业进入这些市场的侵权风险较低。

4. 企业并购中的知识产权评议

企业并购中应做到以下几点:

(1)选择恰当的知识产权并购策略。首先,知识产权并购策略的选择要与企业发展战略相适应,并充分考虑企业的发展方向、产品特征、企业文化及外部环境。其次,知识产权并购策略的选择要考虑并购后的协同和整合。并购行为本身只是并购过程中的一个环节,为使并购达到预期效果,还需要根据企业发展战略对并购获得的知识产权进行有效整合和运用。

(2)有效识别目标企业的知识产权。知识产权不同于一般的有形资产,它具有产权形式多样、法律权属复杂、法律状态难以辨认等特点,而这些特点为企业并购中有效地识别目标企业知识产权的法律权属和状态带来了困难。因此,对目标企业进行有效的知识产权尽职调查就成为并购的重要环节。首先,要了解目标企业拥有哪些知识产权,包括各种权利证书的查验。其次,了解目标企业知识产权的有效性。知识产权如果长时间

---

❶ 来源:《轨道交通产业光机电领域专利分析评议报告》,2018年重点领域知识产权分析评议系列报告国家知识产权局、北京国知专利预警咨询有限公司发布,2018年11月。

未予以有效维护,则可能失去相应的权利和法律保护,如专利权人需每年向专利行政管理机构缴纳专利年费。最后,判断目标企业知识产权的重要性和相关性。目标企业的知识产权并非全都具有高开发价值,可能只有部分核心知识产权能够创造高额利润。因此在知识产权并购中,并购方需判断目标企业知识产权的重要性。例如,就专利而言,并购企业需要了解目标企业专利技术与自己产品的关联性,通过专利文献检索途径弄清楚目标企业专利技术的现状、在同行业竞争者中的地位以及技术先进程度等。

(3) 合理评估知识产权的价值。在企业并购中,知识产权定价是确定并购对价的关键,合理、准确地确定知识产权的价值可以避免高价购买或低价出售知识产权。在这个问题上,我国企业在国际并购中曾付出过沉重代价,一些优质的知识产权被以较低的价格出售。因此,鉴于知识产权价值的特殊性和复杂性,应聘请专业知识产权评估机构对目标企业的知识产权进行价值评估,以确定其合理价值。

【案例14-7】航天科工并购IEE公司❶

航天科工在并购IEE公司过程中将知识产权评议工作纳入国际化收并购的重点项目计划,成立项目知识产权评议工作领导小组,并设置知识产权专业调查组,联合业内知名的知识产权评估机构制定收并购中知识产权分析计划书。如图14-5所示,这是航天科工在这次并购活动中的知识产权评议工作流程。在尽职调查阶段,航天科工发现IEE公司在全球专利申请总数896件,但是该公司提供的专利申请清单只有254件;在美国、德国有良好的专利布局,但是在中国只有37.5%的产品系列受到专利保护,存在一定的市场风险;在美国存在重大专利诉讼风险,若败诉,将承担赔偿金、诉讼费以及附加专利侵权许可费。这些信息的准确获取为后续的谈判阶段奠定了坚实的基础,并在此基础上制定了合理的谈判策略。国际收并购的成功使得航天科工迅速增加了汽车电子领域的424件专利,以及其他属于版权、商业秘密和其他未注册的知识产权。收购后制定了加强双方的市场协同、供应链整合、制造优化、技术研发合作以及知识产权协同创新等措施。

5. 企业上市过程中的知识产权分析评议

在上市过程中,企业必须妥善处理好自身可能存在的知识产权法律风险。在一系列规范公司上市的文件中对知识产权都提出了相关的要求,包括《首次公开发行股票并上市管理办法》《首次公开发行股票并在创业板上市管理办法》《上海证券交易所上市公司控股股东、实际控制人行为指引》《深圳证券交易所创业板上市公司规范运作指引》《保荐人尽职调查工作准则》《公开发行证券的公司信息披露内容与格式准则第1号——招股说明书》和《公开发行证券的公司信息披露内容与格式准则第28号——创业板公司招股说明书》❷。企业上市中的知识产权分析评议工作主要包括以下方面:

第一,制定科学合理的知识产权战略,合理建设自身的知识产权体系。在筹备上市前应当建立健全企业自身的知识产权体系,在事前化解可能存在的隐患。对于即将上市的企业,在上市之前,一定要先对企业拥有的知识产权进行系统梳理,对可能存在法律

---

❶ 贺化. 评议护航:经济科技活动知识产权分析评议案例[M]. 北京:知识产权出版社,2014.
❷ 高月红. 企业上市中的知识产权分析评议[J]. 竞争情报,2016(8):25.

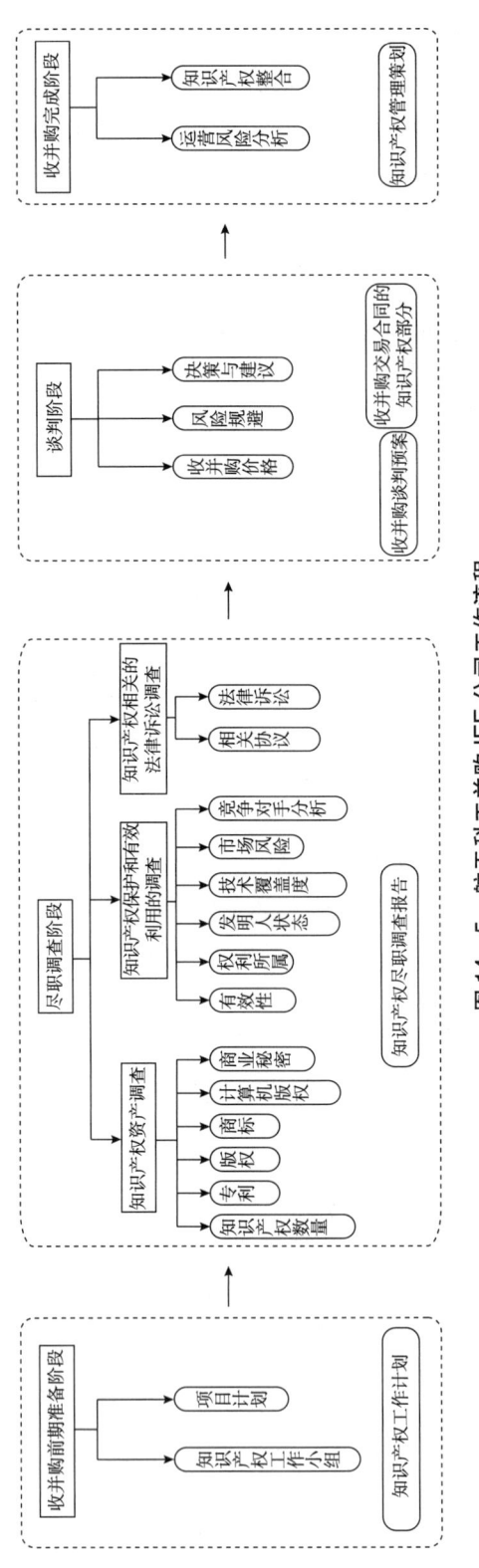

图 14-5 航天科工并购 IEE 公司工作流程

风险的知识产权进行完善或重构，并建立起以具有核心竞争力的知识产权为中心、以防御保护性知识产权为辅助的知识产权体系。对于已有的知识产权体系，应当做好规避其可能存在的法律风险的工作，消除可能存在的权利瑕疵，避免其给企业上市带来不确定性风险。

第二，建立有效的知识产权防卫体系，避免因知识产权的固有法律风险给企业带来的攻击。可以在事前与可能产生法律纠纷的当事人进行协商，争取在上市之前处理知识产权法律隐患，达成一致协议，避免在上市过程中可能发生的纠纷。同时，在上市过程中应当妥善利用现有知识产权体系保护自身合法权益。在企业上市遭遇知识产权危机时，应当首先运用自身的知识产权体系进行应对。对于合法拥有的知识产权遭到挑战时，不能一味委曲求全，而要勇于拿起法律的武器面对诉讼，避免更多类似的诉讼发生，为企业上市之路扫清障碍。

第三，在事前合理预测、妥善处理企业的知识产权纠纷，避免在上市过程中陷入知识产权诉讼，影响公司的上市进程。在因知识产权引发争议后，要运用多种方式迅速解决纠纷，减少负面影响。在企业上市时，最好能够事先发现法律隐患，通过协商、谈判等方式解决，然后再进入上市流程。如果在上市前未能发现知识产权隐患，而在上市过程中隐患又爆发，企业需要争取在诉讼前或者诉讼外通过协商谈判等方式解决问题，避免久拖不决的诉讼导致企业不能及时上市，错过资本市场上的融资机遇。

【案例14-8】企业上市中的信息披露知识产权分析评议

如图14-6所示，企业上市中的信息披露环节是知识产权问题集中迸发并容易带来各种不良影响的关键环节，因此做好这一环节的知识产权评议工作尤为重要。在公司上市中主要存在的知识产权问题通常体现在以下方面：

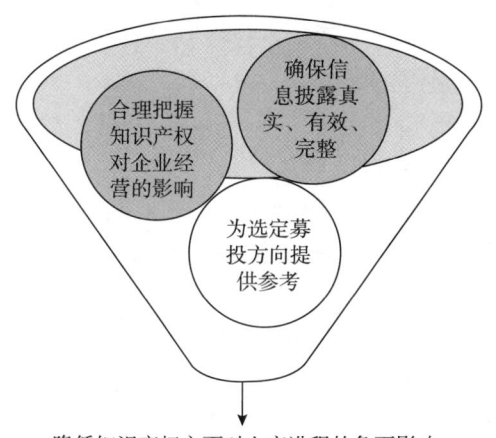

图14-6 公司上市中的知识产权评议工作要点

一是信息披露方面的问题。各方面会比较关注公司披露的知识产权资产是否真实，披露的知识产权资产法律状态上是否有瑕疵，披露的知识产权信息是否完整。

二是影响持续盈利能力方面的问题。各方面会比较关注公司相关知识产权的实施是否受制于他人，公司的知识产权是否存在无效风险，公司主营业务是否存在知识产权侵权风险。

三是影响对募投方向判断方面的问题。公司的募投方向是否存在技术风险,需要通过开展技术态势分析、知识产权布局分析和产业状况调查来评估募投技术在产业内应用和创新程度、未来的知识产权风险和产业方向及发展趋势。

三、报告结论形成典型案例解析

知识产权分析评议结论应当明确、简明。这些结论的形成并非一蹴而就,而是一个不断打磨的过程。通常报告结论形成过程可以分成以下阶段:

(1) 初稿阶段,根据项目中分析内容的结构顺序逐条罗列结论。在这个阶段需要做到:①全面,任何一条结论都不建议漏掉;②客观,任何一条结论都是相对客观事实的总结,不带有任何主观色彩或情感倾向;③可靠,无论是定量或定性分析得到的结论一定要保证其符合基本的逻辑推理原则;④明确,任何一条结论都要尽量减少使用模糊的、上位的或通用的术语或表述,能用数字表示的一定不用定性语言描述。

(2) 整理阶段,对照评议项目需求本身对所有罗列的结论进行整理。在这个阶段需要做到:①条理清晰,对应同一需求的结论可归类在一起,同一结论会对多项需求产生影响的应当单列并给予重点关注;②层次感强,每一条结论的立足点都会不同,需要根据不同的层次对结论进行分类;③小心求证,对于有些结论明显会产生质疑的,基本上都需要深入分析,通过深入分析往往会发现更接近客观事实的结论。

(3) 强化阶段,对照评议项目需求本身对整理好的结论进行强化。在这个阶段需要做到:①聚焦,针对同一需求的结论需要控制数量,将注意力集中到更加重要的方面;②深入,不同的结论之间的关系是多样化的,有的互为表里,有的因果相依,有的相互制约,因此需要深入理解多条结论之间的内在关系,找出比较核心关键的结论;③总结,好的总结是强化阶段最重要的工作,不仅要从整体方面概括好所有结论,也要体现关键局部的不同,然后形成最终的结论。

令人信服的结论往往具有以下特征:一是客观可靠,二是逻辑贯通,三是主次分明,四是清晰明确,五是严谨理性。

政府类项目的结论构成,可从以下角度总结:一是产业和区域规划、创新发展水平等,二是重大经济科技活动的立项方向、知识产权风险、计划和项目的知识产权绩效等,三是公共政策的可实施性等。

企业类项目的结论构成,可从以下角度总结:一是商业目标、资源状况、竞争环境等,二是知识产权竞争态势、知识产权风险、知识产权资产状况、知识产权绩效等,三是创新空间、知识产权布局、知识产权纠纷处理等。

【案例14-9】汉黄芩素专利权稳定性分析[1]

如图14-7所示,某企业已授权4件汉黄芩素相关专利。对其知识产权保护稳定性和强度进行分析发现,关于第一件汉黄芩素的新用途A的授权专利,获得可以使该专利不具备新颖性的无效证据,有被无效的风险;关于第二件汉黄芩素的新用途B的授权专

---

[1] 来源:《生物医药产业专利分析评议报告》,2018年重点领域知识产权分析评议系列报告,国家知识产权局、国家知识产权局专利局专利审查协作天津中心发布,2018年9月。

利，专利权稳定但是保护范围过小；关于第三件汉黄芩素的新用途 C 的授权专利，专利权稳定但是保护范围过小；关于第四件汉黄芩素的制备工艺的授权专利，获得可以使该专利不具备创造性的无效证据，有被无效的风险。由此可见，该企业授权专利存在不稳定、保护范围过小、实际保护力度很弱的问题。

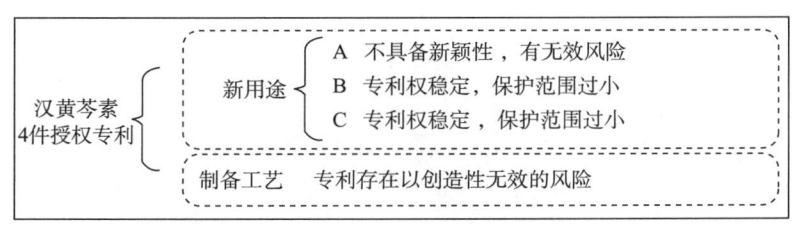

图 14-7 汉黄芩素专利权稳定性分析

四、报告建议梳理典型案例解析

知识产权分析评议策略建议应具针对性和可操作性。这些建议形成过程可以分成以下阶段：

公共管理类分析评议建议大致可以分为 3 类：一是提供可行性试点方案，这类方案更注重当下知识产权问题的解决，具有时效性，可行性是其重要特征；二是提供监管型暂行方案，这类方案注重组织机能的改善，至少是用来解决中长期知识产权问题的，所以可操作性是其重要特征；三是提供支撑性方案，这类方案注重长期效果，至少是用来解决长期问题的，所以可持续性是其重要特征。

这 3 类解决方案如何根据结论来提出针对性和操作性强的解决方案，都可以从以下视角去思考：一是出台相关政策，二是建立相关机制，三是实施相关项目，四是培育或引进相关人才，五是相关资源配套，例如资金支持力度等。

【**案例 14-10**】**超高清产业知识产权分析评议建议**[❶]

根据前述对我国超高清产业发展的优势、劣势、机遇和风险的综合研究结论，以产业情况结合专利信息为基础提出超高清产业发展的几点参考建议（见图 14-8）。

（一）把握视频编码、视频制作、图像处理引擎等方面的优势，弥补终端接口、音频制作、立体音频采集等方面的劣势，鼓励超高清产业链的参与者积极进行核心关键环节的专利布局。

建议在视频编码、视频制作、无压缩视频信号的光纤传输、图像处理引擎、基于 IP 技术的视频宽带传输和基带接口这些国外申请人在我国布局尚弱的区域，巩固我国申请人的优势。

建议在国内申请人不具备优势的终端接口、音频制作、立体音频采集、基于 MIMO 技术的移动转播、以 MMT 为基础的多路复用传输、立体音频编码、视频采集系统和传

---

❶ 来源：《超高清产业专利分析评议报告》，2018 年重点领域知识产权分析评议系列报告国家知识产权局、华智数创（北京）科技发展有限责任公司发布，2018 年 8 月。

□ 评议建议

取长补短，打造自主核心技术
巩固视频编码、视频制作、图像处理引擎等方面的优势，通过技术引进创新弥补终端接口、音频制作、立体音频采集等方面的劣势

形成风险联合应对机制
针对HEVC专利池多家收费的现状，鼓励国内企业形成联盟，通过联合谈判，降低企业成本，防范风险

把握技术发展方向提早布局
以HDR、视频编码的发展方向为指引，围绕算法优化及复杂度降低，通过借鉴公知技术等方式开展技术创新，完善专利布局

鼓励参与标准制定
积极完善AVS2的专利布局，鼓励国内企业参与国际标准制定，提升话语权

图14-8　超高清产业知识产权分析评议建议

输数据封装方面，结合产业链上我国企业的发展情况，引入拥有先进技术的企业，或者开展合作研发，提高国内申请人的研发水平。

（二）重点强化知识产权的运用水平，充分利用进入公知公用领域的技术，提高自身研发起点，开展技术创新，完善专利布局。

建议充分利用进入公知公用领域的技术，从专利角度绘制技术路线图，寻找切实的创新点，提升自身研发起点，例如可以研究FHD内容转4K方面的专利信息，让普通片源能在4K电视上呈现较好的效果，并完善相关专利布局。

（三）密切跟踪超高清标准及相关规范的动态，支持企业积极参与行业、国家和国际标准的研究制定工作。

建议鼓励我国企业积极参与国际和中国标准的制定，重点参与广电总局UHDTV视频编码标准AVS2、UHDTV节目制作及交换、4K高动态范围、三维立体声等标准研究项目，构建我国的超高清技术标准，从而在竞争中掌握主动权。

企业类分析评议建议可以从以下方面去考虑：一是减少或停止损失，二是增加收入，三是增强自身竞争力，四是对竞争对手形成有效竞争优势地位，五是提升自身市场品牌美誉度。

【案例14-11】MPOS产品蓝牙专利技术布局图谱分析❶

如图14-9所示，MPOS中与蓝牙相关的专利申请不多，为了更好地完善MPOS中的蓝牙技术，本部分根据蓝牙产品可升级完善的方向对专利一一进行了梳理，绘制了相关的技术完善图谱。从图谱中我们可以看到，完善蓝牙技术可以从提高安全性、提高通信稳定性、提高POS机可连接性、拓展应用场景以及完善蓝牙技术本身等角度着手。图谱中给出了经过筛选的较好的改进方案，而且大部分在国外并没有专利申请，非常适合合作企业应用在国外市场的改善产品中。

---

❶ 来源：《移动支付产业专利分析评议报告》，2018年重点领域知识产权分析评议系列报告，国家知识产权局、华智数创（北京）科技发展有限责任公司发布，2018年8月。

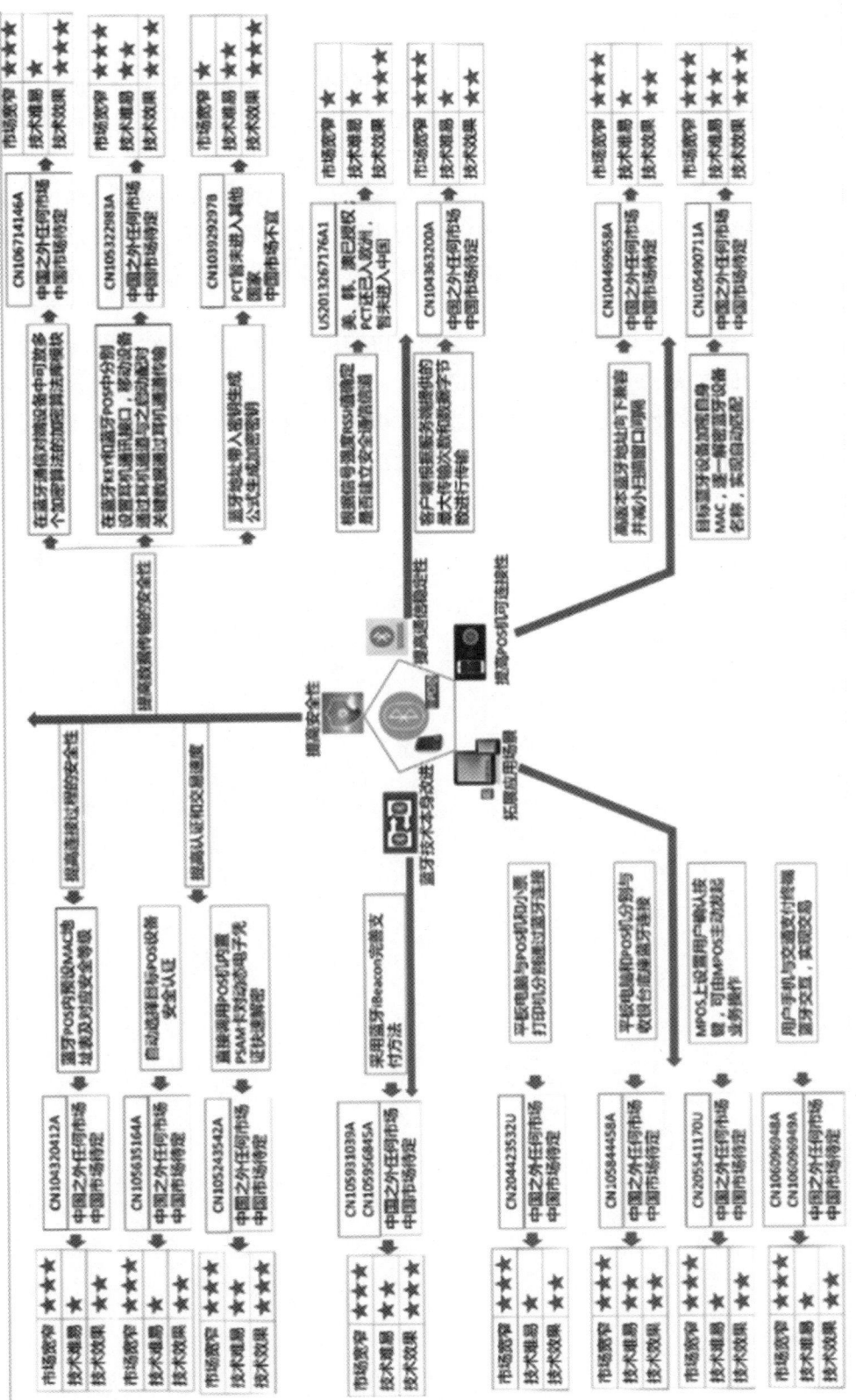

图 14-9 MPOS 产品蓝牙专利技术布局图谱

五、报告成果运用典型案例解析

注重报告成果运用,是知识产权分析评议工作开展以来一直非常重视的方面。只有通过报告成果运用的反馈,才能进一步改进知识产权分析评议工作。成果运用可以从以下方面去考虑:一是社会效益,二是经济效益,三是溢出效益。

公共管理类知识产权分析评议项目常见的报告成果运用较好的情形包括:建议被采纳实施;建议被考虑影响决策;建议被重点参考对决策产生积极效果。领导批示、政策出台、机制建立、广泛宣传、人才培育或引进力度及资金支持力度变化等都是表征成果的常见标准。

工商管理类知识产权分析评议项目成果运用可以用以下指标进行表征:节省或降低研发成本、避免合同损失、有力支撑其他部门发展、带来利润增长、改善管理水平、提升研发效率、促进二次创新、促进人才成长或人才引进、掌握核心技术、降低或避免风险、获得社会荣誉等。

第十五章 专利预警分析报告撰写

当前和未来一段时期内,我国将采取更严格的知识产权保护制度,进一步深化知识产权领域体制机制改革,完善法律法规,着力构建知识产权大保护工作格局。❶ 同时,我国技术创新和产业转型升级也将长期面对以发达国家为主的在全球范围内构建的专利壁垒,以及国外跨国公司以专利侵权为由对我国企业进行贸易打击。因此,我国企业、行业亟须完善专利预警机制,面向国内市场以及主要海外国家或地区,及时开展专业化、常态化的专利预警工作。本章介绍了专利预警的概念、作用,进一步明确了专利预警报告的撰写原则,并结合案例梳理了专利预警报告的内容模块,最后根据特定场景的专利预警需求,介绍了不同类型专利预警报告的撰写基本要求。

第一节 专利预警概述

一、专利预警的概念

预警是指潜在危险发生之前,根据以往规律或经验得到可能性前兆,发出紧急信号、报告危险情况,以维护相关主体利益和最大限度地减少损失的行为。专利预警是指由于专利风险而触发的提前警告,并制定应对预案,以消除或控制风险,❷ 进而减少损失的行为。简单地说,专利预警就是对外部专利威胁的预测和报警。❸❹ 这里所说的专利风险是指在技术创新和产业发展过程中某特定主体所承受的与专利相关的各类风险,一般可以概括为以下几种:

一是技术变革或更替的风险。一项技术从产品创新到工艺创新一般要经历一个周期,❺ 同时创新具有突发性和不连续性,❻❼ 把握技术创新规律、选择技术方向、集中配置创新资源、开展关键技术突破或替代性技术研发这一系列的创新决策和实施环节都可

---

❶ 申长雨. 全面开启知识产权强国建设新征程 [J]. 知识产权, 2017 (10): 3 - 21.
❷ 王玉婷. 面向不同警情的专利预警方法综述 [J]. 情报理论与实践, 2013 (9): 124 - 128.
❸ 赖院根, 朱东华. 专利预警警情的理论研究 [J]. 科技政策与管理, 2009 (2): 6 - 9.
❹ 张勇. 专利预警——从管控风险到决胜创新 [M]. 北京: 知识产权出版社, 2015.
❺ 约瑟夫·熊彼特. 经济周期循环论 [M]. 叶华, 编译. 北京: 中国长安出版社, 2009: 101 - 107.
❻ Kim. Imitation to Innovation: The Dynamics of Korea's Technological Learning [M]. Boston: Harvard Business School Press, 1997.
❼ Claudia Flores. Management of catastrophic risks considering the existence of early warning systems [J]. Scandinavian Actuarial Journal, 2009 (1): 38 - 62.

能面临技术创新不确定性的风险。

二是市场竞争的风险。政策环境、竞争对手的专利布局和商业策略等发生变化，可能引发市场需求、竞争格局变化，从而带来商业经营风险，比如龙头企业的研发热点转换往往能够引发新一轮的竞争热潮。

三是专利侵权风险。比如：某一企业面临的专利风险可能是对竞争对手专利的侵权风险，也可能是自身专利技术被竞争对手侵权的风险，还可能是自身专利管理不当带来的法律不稳定的风险等。在移动通信、生物医药、高端装备等行业领域，一些核心专利或基础专利对于产品或技术的市场控制较强，围绕专利的侵权纠纷成为彰显市场竞争力的重要手段，专利侵权风险已经上升为企业经营过程中的重大风险源。

由此可见，专利预警涉及多个层面的风险识别和应对，在实际的专利预警工作中，要根据不同层面的需求情况，制定具体的预警目标和内容，撰写不同要求的专利预警报告。

二、专利预警的作用

专利预警有企业专利预警、行业专利预警等多个层次，不同层次的专利预警需要从不同角度去理解，企业层面的专利预警是从私权的角度界定，行业专利预警是从均衡发展的角度界定，预警的内容和范围有所不同，在进行专利预警时应有所区别[1]。

从不同层面的预警主体来看，围绕区域开展专利预警，能够掌握目标区域整体的知识产权竞争环境，识别目标区域面临的国内外专利风险分布情况，为目标区域相关政府管理部门出台政策措施、化解全局性专利风险提供决策参考。

围绕特定产业开展专利预警，对于产业转型升级和企业创新发展具有重要的作用，有利于防范行业性、系统性专利风险，调整优化创新资源配置，推动产业联盟等中间组织联合应对和化解专利风险，由被动防范逐渐转变为主动应对。

围绕企业开展专利预警，能够促进企业提高专利意识，瞄准企业重点产品或关键技术，解决具体的专利预警难题，帮助企业提升研发创新能力和风险管控能力，增强企业的市场竞争力。

三、专利预警的内容

专利预警通常包括两方面的内容：一是风险的识别，通过信息收集、处理、对比、分析等过程识别各类风险；二是解决方案或风险防控预案的制定，针对风险的程度、竞争环境和自身实际情况，制定风险应对策略或风险应对机制，适时采取有效的、经济的措施，化解风险，或将风险造成的损失尽可能降到最低。

1. 对相关信息的分析及专利风险的评估

风险识别和评估是专利预警的重点。一方面，通过对专利信息以及相关信息的综合分析，可以明确行业、企业的竞争态势，掌握产品及技术发展周期，识别和跟踪主要竞争对手，评估技术领域的专利壁垒。另一方面，通过对比企业关注的具体产品或技术方

---

[1] 崔胜男，等. 我国专利预警理论研究概述 [J]. 科技情报开发与经济，2013 (14)：148–152.

案等,对是否存在侵权事实或未来是否有可能存在侵权风险进行判断和评估,明确专利侵权风险发生的可能性和前兆,具体包括:侵权专利的等级划分、主要竞争对手的专利竞争习惯等。

2. 专利风险应急应对方案

应急应对方案是专利预警的落脚点,是在专利风险识别和综合评估的基础上,结合自身发展实际,量身定制的专利侵权风险应对策略和措施。具体到宏观层面包括:行业系统性风险或壁垒的应对,行业关键核心技术的聚焦和突破,行业专利的整合和运营等。微观层面包括:企业常态化专利预警机制的建立,对高风险专利的应对策略,针对竞争对手的专利布局策略,以及自身技术方案或产品的规避设计等。

可见,专利预警工作从专利及相关信息的分析入手,识别和评估风险,在此基础上,综合研判给出排除或降低风险的解决方案,形成了一套完整的工作体系,如图15-1所示。预警分析阶段的重点和难点在于专利壁垒和专利侵权风险的评估;制定应急应对机制阶段,难点在于决策依据和决策过程,从长远看也就是如何构建常态化的风险监控和应急应对预案,增强专利纠纷和危机处理能力。

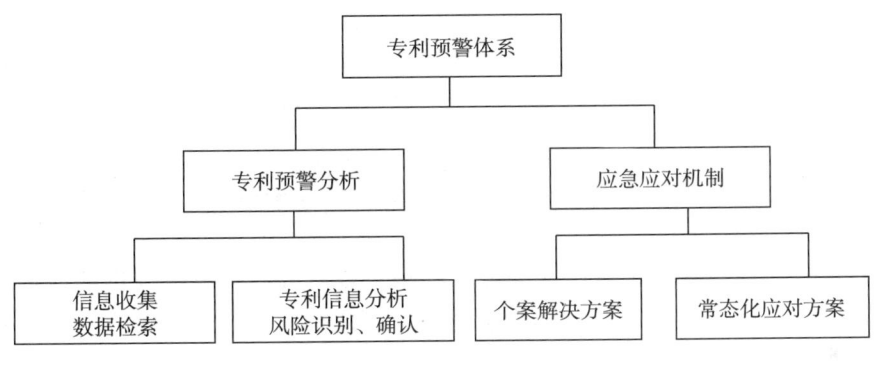

图15-1 专利预警工作体系

第二节 专利预警报告的撰写原则

专利预警报告将专利预警分析成果有条理、有层次地集中呈现出来,是专利预警项目的主要成果之一。为了提升专利预警报告的质量,促进其发挥实际效用,对于报告的撰写除了逻辑清晰、图文一致、文字精练等基本要求之外,至少还应遵循以下3条原则。

一、需求导向

专利预警不是一个笼统的专利分析和管理工作,而是有针对性的项目性活动,一般针对某一个或几个具体的预警目标。❶ 面向不同主体的专利预警侧重点可能存在差异,不同主体对于专利预警的需求也有可能是多样的,因此,专利预警报告的撰写要坚持需

---

❶ 邓亚君. 专利信息分析方法在专利预警中的应用研究 [D]. 武汉:华中科技大学, 2016:11-12.

求导向，根据相关主体的实际诉求和现实问题开展具体场景下的专利预警分析和解决方案制定，报告内容模块组合应该更加灵活，更具有针对性。

二、时效性

技术发展日新月异，市场环境瞬息万变，专利风险具有很强的时效性和不确定性，这给专利预警工作的及时性带来了严峻的考验，需要动态地对相关专利技术信息进行监测、收集、整理和分析，以满足不同的专利预警要求。[1] 当前的专利预警分析针对的专利数据普遍为静态截面数据，这就造成了专利预警分析与实际情况存在时间差。要解决这一问题，一方面要尽量缩短专利预警报告撰写周期，另一方面要加强专利预警数据与专利预警报告的动态关联。

三、点面结合

专利与市场竞争、研发创新活动密切关联，专利预警分析从专利信息入手开展分析，要拓宽视野，注重报告内容的层次性，做到有点有面，点面结合，提高报告的逻辑严密性和可读性。既要准确把握产业内、区域内竞争态势，以及面临的市场环境等，提高宏观层面专利风险评估的客观性，又要注重关键技术、核心专利、重点竞争对手、重点区域的深入分析，微观层面更加落地，面上有广度，点上有深度。

第三节　专利预警报告的内容

专利预警报告通常包括宏观层面的分析成果、微观层面的风险分析和评估成果、风险应对策略和应急预案等。本节将结合案例对专利预警报告主要模块的内容和要求进行介绍，最后给出专利预警报告的基本框架。

一、宏观专利预警分析模块

宏观专利预警分析模块主要是针对所涉及技术领域的专利宏观态势和竞争基本情况进行分析，数据检索、处理和分析方法比较常见。值得注意的是，在报告撰写过程中要根据需要选取不同的分析维度和指标组合。对于企业专利预警项目来说，宏观专利预警分析模块可以进行适当简化，重点体现所涉及技术领域的技术发展趋势、技术分布情况以及国内外主要竞争对手等。

1. 全球/中国专利发展态势

全球/中国专利发展态势分析是对相应的专利数据进行统计分析，利用时序分析方法，研究专利申请量（或授权量）随时间逐年变化的情况，分析相关领域专利技术的发展趋势[2]。进一步，可按照不同技术细分分支（例如基于专利分类号进行统计）、不同国家/区域、不同申请人等进行时间维度的统计，以获取不同维度的发展趋势。此外，可

---

[1] 乔林红. 基于专利信息分析的企业预警研究[J]. 图书情报论坛, 2012 (3): 48-50.
[2] Matti Karvonen, et al. Patent analysis for analysing technological convergence[J]. Foresight, 2011 (5): 34-50.

以截取近几年的专利数据计算专利的活跃度,还可以绘制专利的生命周期图,判断相应技术的演变趋势和所处的发展阶段。

【案例 15-1】石墨烯技术相关专利申请趋势分析❶

以石墨烯相关专利预警分析为例,图 15-2 统计了石墨烯技术专利申请趋势。从图 15-2 中可以看出,自 2000 年出现第一件石墨烯专利以来,石墨烯技术的发展历程大致分为两个阶段:第一阶段为技术萌芽期(2000~2007 年),石墨烯相关专利的申请数量较少,年申请量维持在较低的水平;第二阶段为技术发展期(2008 年以来),石墨烯申请数量出现迅猛增长,技术研发进入快速发展期,后续将涌现更多的专利申请。

对于专利申请趋势的分析,在撰写报告时一般采取总—分、总—分—总等结构,首先概括专利技术的整体发展趋势和历程;其次,分阶段具体介绍发展特征,必要时可将局部的趋势曲线或数据进行放大解读;最后,根据发展趋势对未来进行适当的预测和研判。

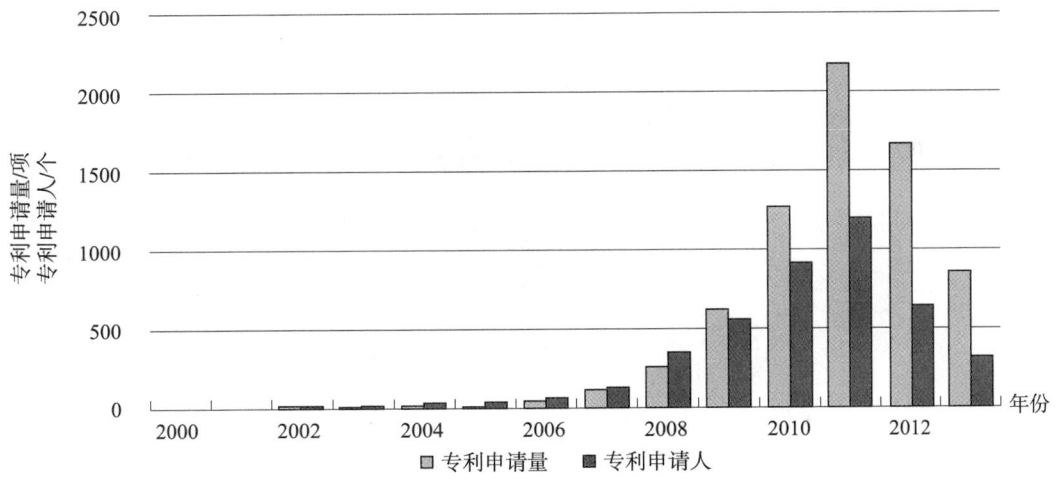

图 15-2 我国石墨烯技术专利申请趋势

2. 专利地域(区域)分布

专利地域分布分析可从全球、中国、地市区域等维度展开。首先,全球专利区域分布,主要体现在不同国家或区域的专利分布情况,需要分析原创技术国(来源国)和目标市场国的情况。需要说明的是,原创技术国是指一项技术的原始产出国/地区,一般而言,一个国家拥有的原创技术越多,其在该技术领域的研发能力和技术实力越强;目标市场国是指同一项专利技术可以在多个国家通过多种方式进行申请布局,一项专利的目标市场国越多,则一定程度上反映了这项专利技术的市场前景越好。其次,中国专利区域分布,可以区分为中国国内专利申请和国外来华专利申请,也可以从省、市分布进行统计分析,评价某专题技术相关专利在国内的地域分布。

---

❶ 案例改编自国家知识产权局 2013 年研究课题《石墨烯专利技术信息分析与研究》。

【案例15-2】云计算相关专利的全球分布❶

以云计算相关专利的全球分布为例,将相关专利按照产出国进行统计并绘制分布图(见图15-3)。从专利产出数量来看,我国排名第一,共有5万余项专利,占全球总量的45%;美国排名第二,有4万余项专利,占比为36%;日本以7500余项专利技术排名第三,远低于中国和美国;韩国以4000余项专利技术排名第四;此外,德国、英国、印度等国家也具有一定数量的专利产出。总体来看,中国云计算起步较晚,但是发展很快,一批云计算项目实施,产业链已初具规模,目前来看,专利总体规模全球最大。相比而言,美国在信息、医疗和军事等方面具备优势,拥有IBM、微软、思科、惠普、亚马逊等IT跨国企业,专利整体实力较强。此外,韩国和日本的代表性企业值得跟踪和关注。

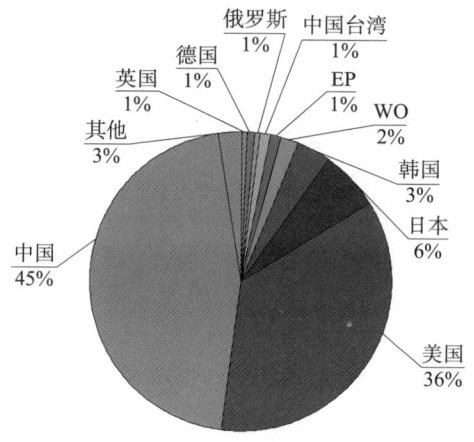

图15-3 全球专利产出

3. 全球/中国专利技术(主题)分布

专利技术分布通常按照技术主题或技术分类体系进行专利统计分析,主要分析各技术分支的发展态势,便于发现热点或重要的技术分支。技术主题的分类一般可以按照IPC分类体系或行业普遍认可的分类方法进行设定。

【案例15-3】稀土氧化物陶瓷专利技术分布分析❷

以稀土氧化物陶瓷专利技术分布分析为例,图15-4给出了三大技术分类材料体系的专利分布情况。

从图15-4中可以看出,YSZ(氧化钇稳定的氧化锆)专利文献最多,其次是CSZ(氧化铈稳定的氧化锆)、ScSZ(氧化钪稳定的氧化锆)。YSZ的专利产出量非常可观,总量已经超过世界总量的50%。从时间上看,进入2000年后,国内YSZ相关的专利申请量持续增长,并维持在相对高的水平,相比于其他的稀土掺杂体系明显更加活跃。由

---

❶ 案例改编自北京国知专利预警咨询有限公司《云计算产业专利分析及预警报告》。
❷ 案例改编自北京国知专利预警咨询有限公司《稀土氧化物复合陶瓷材料专利预警报告》。

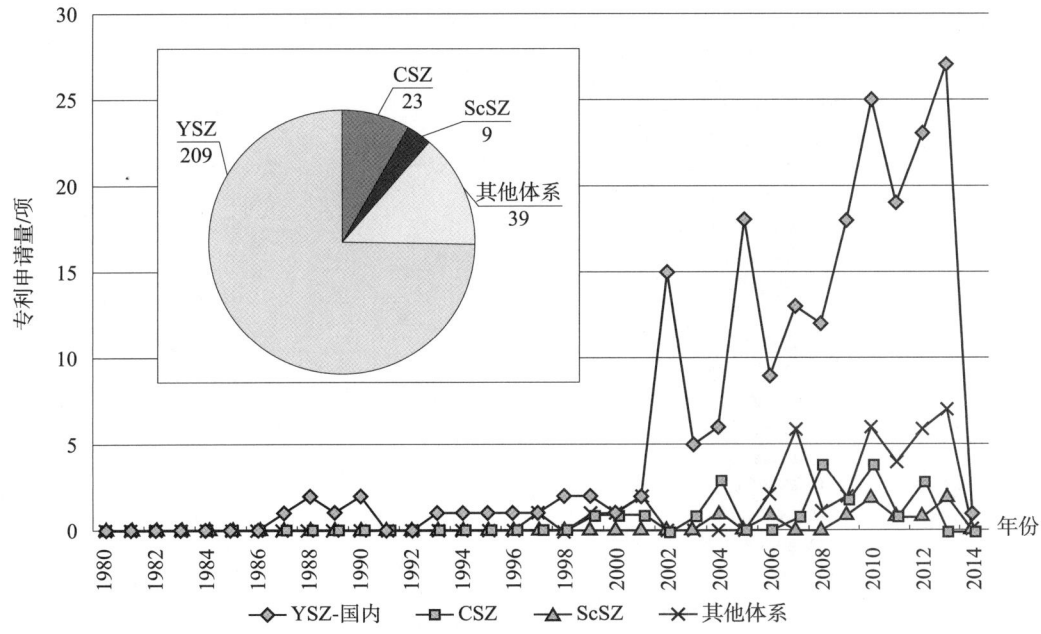

图15-4 氧化钇稳定的氧化锆陶瓷专利技术分布

此可见，YSZ 是国内研发的热点，并且有相当数量的专利积累，除此之外，涉及其他稀土掺杂的专利开始出现增长。

4. 全球/中国申请人分布

全球/中国申请人分布分析是对专利申请人或专利权人的申请量或授权量进行统计和排序，研究相关技术领域中活跃的企事业单位或个人，从中识别主要的竞争对手。进一步分析重点竞争对手的专利情况，可以评估其研发创新策略和专利布局策略，评估重点竞争对手是否构成强有力的威胁或风险。

【案例15-4】云计算专利申请人分布分析[1]

以云计算领域专利申请人的统计分析为例，图15-5给出了全球主要的云计算专利申请人排名情况。从图中可以看出，全球专利申请量排名前20位的申请人主要来自美国、中国、日本，其中美国有9家，中国有6家，日本有4家。

前20位申请人以提供服务器和网络基础设施的硬件提供商居多，如IBM、华为、中兴、思科、NEC、富士通、Intel、惠普、日本电报电话公司。由于云计算技术以计算机集群和网络存储技术为基础，这些以提供硬件设施为主的企业向提供云计算服务转型有其独特的优势。从专利申请量来看，IBM遥遥领先，远超排名第二的华为。IBM于2007年推出蓝云计划，积极进行自主创新，还投入了超过200亿美元的资金用于云计算领域的并购。由于我国政府出台有数据不能离岸的规定，一些国外云计算厂商无法对中国用户直接提供服务，因此，我国互联网公司纷纷在云计算市场布局，如腾讯、浪潮、中兴成为国内云计算技术的领军企业。

---

[1] 案例改编自北京国知专利预警咨询有限公司《云计算产业专利分析及预警报告》。

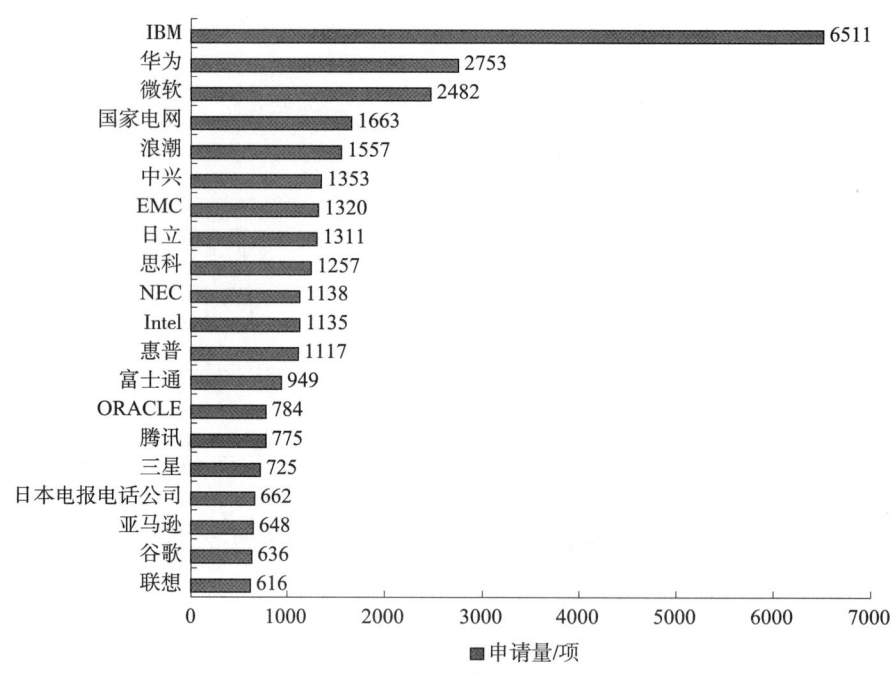

图 15-5 云计算领域专利申请人排名

二、专利预警重点模块分析

1. 重点竞争对手分析

重点竞争对手分析是按照专利申请人或专利权人的申请量或授权量进行统计,研究相关技术领域活跃的申请人或团队,结合产业实际情况,聚焦主要竞争对手,对重点竞争对手进行深入分析。

【案例 15-5】三星集团石墨烯专利分布分析❶

以三星集团在石墨烯方面的专利分布为例,对三星集团各子公司 2007~2012 年的专利布局进行统计(见表 15-1),分析三星集团在石墨烯技术领域研发的整体布局策略。

表 15-1 三星集团各子公司申请量分布　　　　　　　　单位:项

三星集团子公司	总申请量	各年申请量					
		2007 年	2008 年	2009 年	2010 年	2011 年	2012 年
三星电子	158	17	10	36	30	57	8
三星电机	40			1	16	22	1
三星 Techwin	34			4	19	11	
三星 LED	33				30	3	

---

❶ 案例改编自国家知识产权局 2013 年研究课题《石墨烯专利技术信息分析与研究》。

续表

三星集团子公司	总申请量	各年申请量					
		2007 年	2008 年	2009 年	2010 年	2011 年	2012 年
三星 SDI	8				1	7	
三星显示	7			1	2	3	1
三星移动显示	5			1	1	2	1
三星 Denkan	3					3	
三星康宁精密材料	2					2	
三星精细化学	1					1	

由表 15-1 可以看出，三星电子是三星集团最早申请石墨烯相关专利的子公司，占集团总申请量的 54.3%。2009 年，三星电机、三星 Techwin、三星显示和三星移动显示分别出现首件申请；2010 年，三星 LED、三星 SDI 出现首件申请，三星电机、三星 Techwin 申请量则快速增长，而刚成立的三星 LED 不仅出现首件申请，还以 30 项的申请量与三星电子并列当年第一；2011 年，三星电子和三星电机的申请量稳步增长，三星 Techwin、三星 LED 的申请量则出现不同程度的下滑，其他 3 家子公司即三星 Denkan、三星康宁精密材料以及三星精细化学出现首件申请。综上所述，三星集团参与石墨烯研发的子公司数量呈逐年递增的趋势。而随着多家不同研发方向的子公司的加入，三星沿全产业链布局专利的策略逐渐露出水面，这些相互补强的专利（组合）对于三星开拓石墨烯下游市场、实现对产业链的掌控具有重要价值。

【案例 15-6】轴承用钢重点专利申请人分析[1]

以轴承用钢技术重点专利申请人的解读为例，如图 15-6 所示，川崎钢铁的专利申请主要集中在 20 世纪 90 年代，其通过申请一系列具有不同特定添加元素的轴承钢专利，成为高品质轴承钢全球申请排名第一的申请人。川崎钢铁获得高品质轴承钢的技术手段比较单一，其主要通过向轴承钢中添加特定的元素，如 Si、Cr、Mn、Al、Ni、Mo、Cu、Nb、Sb、V 和 W 等，辅以对非金属氧化物的尺寸进行控制来获得具有所需的较好物理性能的高品质轴承钢。

2. 重点研发团队分析

重点研发团队分析是在专利预警分析样本中，对专利发明人拥有的专利量进行统计和排序，发现重要的发明人。结合对共同发明人的统计结果和重点申请人的分析，可以研究相关技术领域中重要的研发团队或个人，这有助于摸清重要申请人的主要研发团队或个人的专利布局情况，对于追踪研发动向和专利布局策略具有重要的参考意义。

---

[1] 案例改编自北京国知专利预警咨询有限公司《特种钢关键技术专利预警分析报告》。

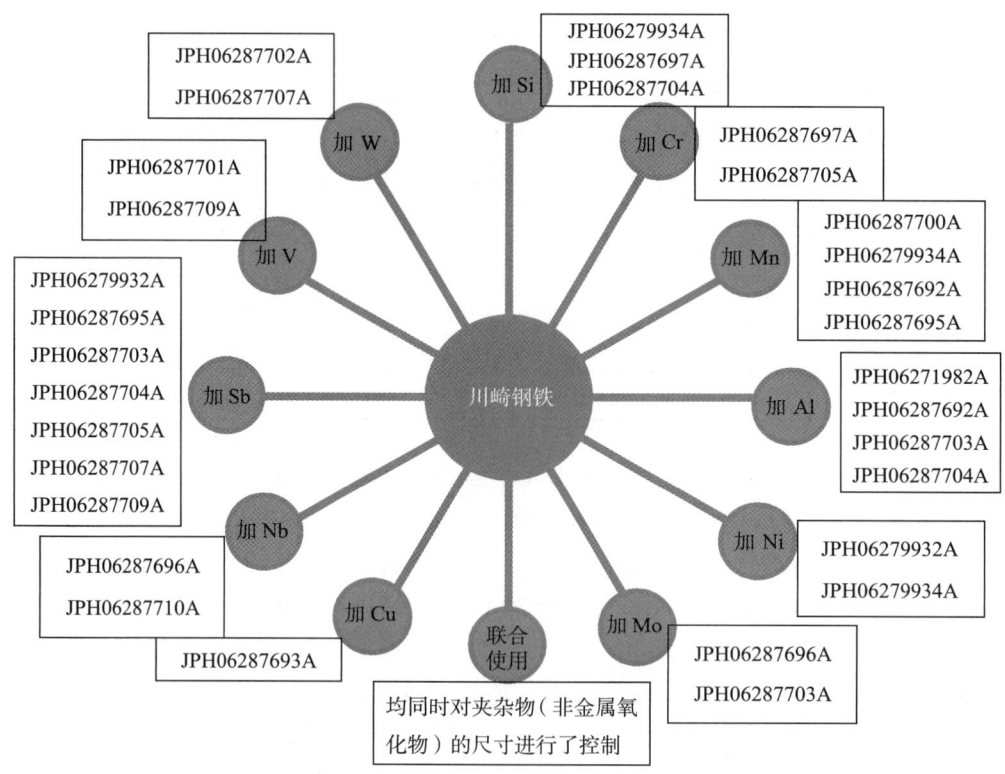

图 15-6 川崎钢铁在轴承用钢方面的专利涉及的改进点

【案例 15-7】高牌号铝合金技术重点研发团队分析[1]

以高牌号铝合金材料领域的重要申请人美国铝业公司为分析对象,如图 15-7 所示,统计其主要的发明人情况,发现排名第一的申请人为 J. C. 林,其申请量达到 12 件,占 PCT 申请总量将近一半。根据发明人的申请数量,进行发明人团队分析,发现美国铝业公司核心研发团队以 J. C. 林为代表,团队成员涉及多人,包括 R. R. 绍泰尔、J. 刘、G. H. 布雷和 J. M. 纽曼等,但也有部分团队成员新加入或离开团队。分析其涉及的相关申请,几乎覆盖了所有关于高端铝合金的研发方向,由此可以判断该团队在高端铝合金材料的研发方面开展了持续的创新,并进行了较为完善的专利布局。

3. 重点技术分支分析

该分析内容的前提是设置综合分析指标[2],对已有专利样本进行筛选和加工,获得相关技术领域的基础专利或核心专利,然后对这些专利进行定量和定性深入解读,主要包括:核心专利创新点/改进点的归纳分析、技术发展路线的梳理分析、核心技术功效矩阵的分析、技术空白点和潜在入口的分析等。

---

[1] 案例改编自北京国知专利预警咨询有限公司《高端先进金属材料专利分析报告》。
[2] 基础专利或核心专利的筛选指标多选择专利引证率、专利同组数量、专利法律状态、专利维持年限、专利文本撰写质量等指标进行综合评价,可根据技术领域的实际特点进行指标选择组合,必要时需要采取人工阅读或筛选。

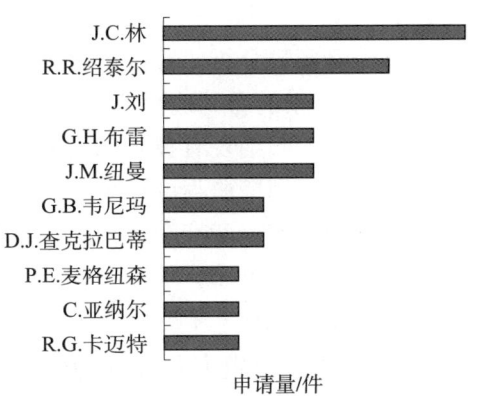

图 15-7 美国铝业公司在高端铝合金材料领域的主要发明团队人员专利申请量排名

【案例 15-8】某功能陶瓷材料核心专利分析❶

以 YSZ 功能陶瓷材料核心专利的分析为例，按照陶瓷材料的粉体制备、陶瓷体烧结和用途，分别筛选得到多篇核心技术专利，如表 15-2 所示。

表 15-2 YSZ 功能陶瓷材料核心专利列表

技术方向	2001 年	2002~2004 年	2006~2008 年	2010~2013 年
粉体制备技术	CN1454183 引入碱式碳酸锆，制备高纯度、小粒径粉体	US20060148950A1 水热法制备高绝缘性氧化锆复合粉体	CN101391812 溶胶法制备粉体，用有机膜	CN101891471 复合有机添加剂，微波加热
陶瓷制备技术	US20030027033A1 掺 Ni、Cu，添加表面活性剂	WO2004080340A2 掺 Al、Mg，复杂形状成型，抗腐蚀性好	EP1820786A1 易烧结，透明 US20100025874A1 10~100nm 粉体	WO2013001201A1 预烧成型以及缓慢升温烧结，高致密度
用途	耐磨材料	牙科，燃料电池	牙科，透明	有色陶瓷

从表 15-2 可以看出，相关核心专利发明点主要涉及三类：陶瓷成分、粉体制备以及陶瓷成型体制备。其中关于成分的专利数量最多，关于粉体制备和陶瓷成型体制备的专利数量相当。涉及成分控制的专利解决的主要问题是：烧结温度降低、理化性能提升，以及在同等性能下，通过调整原料种类和配比来降低成本；涉及粉体制备的专利解决的主要问题是：粉体的均匀化、粒度的控制以及成本的降低；涉及成型体的专利解决的主要问题是：复杂成型方法的开发、堆积密度的提升以及烧结制度的优化。粉体主要用作原料以及热障涂层或电池电极的涂层材料，成型体主要用作牙科材料及固体电

---

❶ 案例改编自北京国知专利预警咨询有限公司《稀土氧化物复合陶瓷材料专利预警报告》。

解质。

专利技术的功效矩阵分析是专利预警分析的重要内容之一，专利技术功效图一般指同时含有"技术"和"功效"两种元素的专利地图❶。功效矩阵分析一方面能够从现有核心专利或基础专利的解决方案出发，归纳现有技术的主要创新方向和手段，发现技术研发的热点和重点，识别现有技术的专利壁垒程度；另一方面能够从研发机会和切入点方面给出分析结论，对于矩阵中空白区域或专利布局稀疏的区域，结合科学规律，综合研判可能的研发切入点或潜在入口。由此可见，基于专利技术的功效矩阵分析既能够提升企业现有研发水平，又能够帮助企业识别未来的研发机遇和风险。

【案例15-9】CVD法制备石墨烯材料专利技术功效矩阵分析❷

以CVD法制备石墨烯材料专利技术功效矩阵分析为例，图15-8给出了基于核心专利披露的技术手段、技术问题绘制的功效矩阵图。

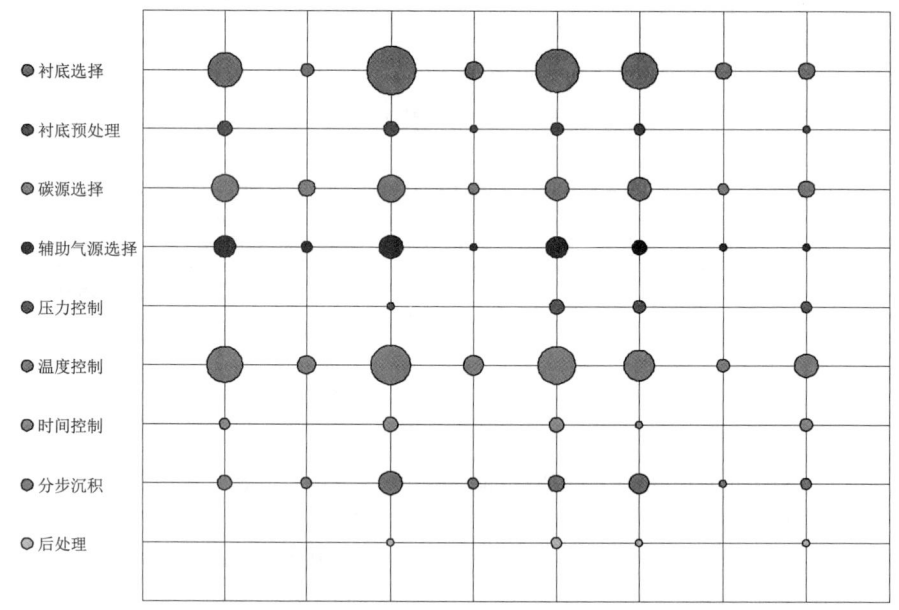

图15-8 CVD（化学气相沉积）法制备石墨烯专利技术功效矩阵图

由图15-8可以看出，CVD法制备石墨烯材料主要面对的技术问题或达到的功效有4个：增大尺寸、提高质量、简化工艺、降低成本；主要披露的技术手段有3个：衬底选择、温度控制、碳源选择。具体而言，衬底选择能够解决增大尺寸、层数可控等8个技术问题，衬底选择需要考虑金属的熔点、溶碳量以及是否有稳定的金属碳化物等，这些决定了石墨烯的生长温度、生长机制和使用的载气类型。温度控制不仅涉及碳源分解温度，还涉及石墨烯生长温度，是石墨烯制备工艺的关键因素。碳源选择，影响碳源的分解温度、分解速度和分解产物，很大程度上决定了生长温度。从研发的难度来看，

---

❶ 张兆锋, 等. 专利技术功效图智能构建研究进展 [J]. 情报理论与实践, 2017 (1): 139-144.

❷ 案例改编自北京国知专利预警咨询有限公司《石墨烯专利预警分析报告》。

"衬底选择""碳源选择""辅助气源选择"以及"温度控制"等技术手段有大量的现有技术作参考,能够获得性质比较好的产品。但是,国外企业在这些方面的专利布局密集,专利壁垒和专利风险相对较高。而"压力控制""时间控制"以及"后处理"这3种技术手段,可参考的专利技术较少,但是技术空白相对较多,容易形成突破口。

4. 核心专利技术分析

核心专利技术分析是通过设定专利引证率、同族专利规模、法律状态、技术关联度等对相关专利数据进行分析,筛选研判核心专利或基础专利,对这些核心专利进行多角度深入解读,比如:进行专利引证树分析,研究其前引证和后引证情况,综合判断该专利在技术发展过程中的位置和重要程度。另外,该类分析对核心专利进行逐一解读,判断其技术方案对现有技术的贡献和权利的范围等。

【案例15-10】某特种材料重点专利分析❶

以某特种材料重点专利的分析为例,通过重点专利评价指标体系的筛选,得到多篇该领域重点专利,对其中代表性的专利进行逐一解读和分析。如图15-9所示,按照该重点专利的引证数据绘制专利引证关系图,从中可以看出,该重点专利的引用包括被引证专利(被其他专利引用)和引证专利(引用其他专利)两类。专利GB2021147A涉及R-Co-Cu-Fe合金型永磁材料,R为至少一种稀土元素,Fe的含量高、Cu和R的含量低,该永磁材料具有高的矫顽力。非磁性物质Cu的加入降低了饱和磁化强度,但有效提高了R_2Co_{17}的矫顽力,而适量的Fe的加入则避免了饱和磁化强度的降低,R-Co-Cu-Fe合金型永磁材料具有高的矫顽力、高剩磁、高饱和磁化强度。明显呈现出的被引证专利数多于引证专利数,说明该专利在技术发展的初期出现,对后来的技术创新产生了重要的影响,在该专利基础上,持续开展了更加深入的创新。从引证文献的技术内容来看,主要涉及材料体系的扩展,比如Fe、Zr、Cu等过渡态金属的加入量对磁性能的影响。

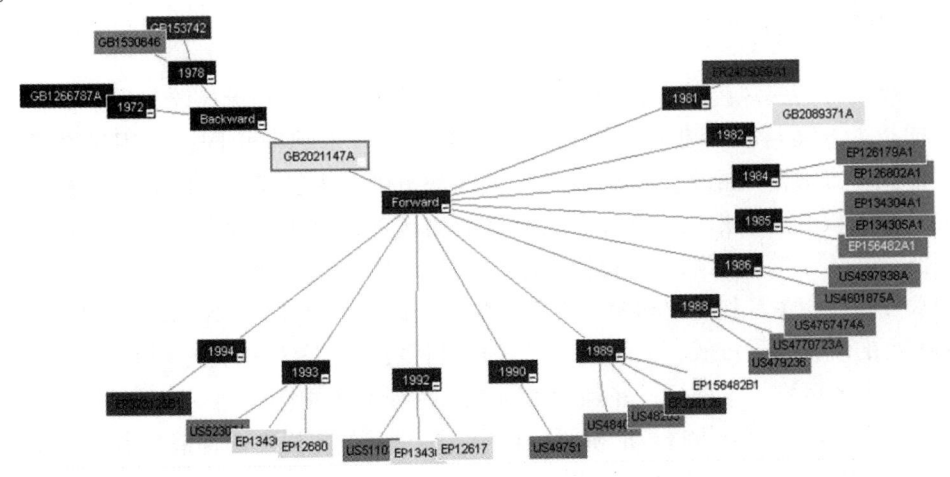

图15-9 某特种材料重点专利引证关系图

---

❶ 案例改编自北京国知专利预警咨询有限公司《稀土永磁合金材料专利预警分析报告》。

5. 专利侵权风险评估

专利侵权风险评估是对于某项重点产品/技术的专利侵权风险进行评估及提出应对策略。首先，确定待评估的产品或技术方案、侵权判断的具体国家或地区，针对该产品或技术方案进行技术特征拆分，制定专利检索策略，检索出与目标产品或技术方案相关的专利。其次，通过人工阅读确定潜在侵权专利，汇总全部潜在侵权专利，参照如表 15-3 所示的侵权分析判定表进行技术特征严格比对，依据侵权判定原则评估是否存在侵权或潜在侵权的可能性，并给出具体侵权结论。

表 15-3 专利侵权分析判定表❶

研究对象的产品或方法技术分解	相关专利权项分解	比较过程	是否全面覆盖	是否等同	侵权判定	风险等级
A＋B＋C	A＋B＋C	技术特征完全相同	是	×*	侵权	高
A＋B＋C＋D	A＋B＋C	产品或方法比相关专利增加一项或一项以上的技术特征	是	×	侵权	高
A＋B＋D	A＋B＋C	C 和 D 可能具有非实质性区别	否	可能	可能侵权	中
A＋B	A＋B＋C	产品或方法比相关专利减少一项或一项以上的技术特征	否	否	不侵权	低
A＋B＋E	A＋B＋C	C 和 E 确定具有实质性区别	否	否	不侵权	无
D＋E＋F	A＋B＋C	技术特征完全不同	否	否	不侵权	无

＊如全面覆盖则不用再判断是否等同。

侵权结论分为高风险等级、中等风险等级、低风险等级和无风险等级。高风险等级是指目标技术方案与相关专利的权利要求全部必要技术特征相同，适用于全面覆盖原则，目标技术方案落入相关专利的权利要求保护范围。中等风险等级是指目标技术方案与相关专利的权利要求相比，存在字面意义上的区别，但该区别在技术上被认定为等同技术特征，适用于等同原则，这种情况下，构成中等风险等级的侵权。低风险等级是指目标技术方案与相关专利的权利要求相比，少一个以上的区别技术特征，这种情况下，目标技术方案的侵权风险较低。无风险等级是指目标技术方案与相关专利的权利要求相比，存在一个以上的区别技术特征，并且该区别技术特征为实质性差别，这种情况下，不存在侵权风险。在专利预警分析报告的撰写过程中，应明确给出以上四种情况中的一种。

6. 产品或技术方案可专利性分析

技术创新成果能否转化为专利权至关重要，而专利法对专利权授权的要求相对比较

---

❶ 毛金生，冯小兵，陈燕. 专利分析和预警操作实务 [M]. 北京：清华大学出版社，2009：207-209.

高。因此，对于企业或其他创新主体而言，技术创新成果是否选择申报专利之前，需要开展可专利性预警分析，以防止创新成果由于无法满足专利法规定的新颖性、创造性要求，无法获得专利权；同时，防止技术方案通过专利申请文件公之于众，不利于创新成果的产业化和商业化。另一方面，通过可专利性预警分析，也能帮助创新主体客观评估自身创新成果的总体水平，构建合理、经济的专利布局体系。

可专利性分析通常按照如下流程开展：首先，根据拟申请专利的技术交底材料或技术资料，梳理形成待分析技术方案。其次，对待分析技术方案进行可专利性检索，获得相关专利/非专利证据。再次，比对分析，拆分技术方案，形成技术特征列表，将待分析技术方案与对比文件的技术方案进行技术特征比对，依据单独对比原则、同样的发明或者实用新型等原则，分析是否存在同样的发明或者实用新型，判断是否满足专利法规定的新颖性要求；将一份或者多份对比文件公开的不同技术内容进行组合，分析是否存在显而易见的发明或者实用新型，判断是否满足专利法规定的创造性要求。最后，针对所选用的对比文件进行新颖性、创造性具体理由的阐述，并给出分析结论，在此基础上给出综合意见或建议。

7. 专利权稳定性分析

根据《专利法》第45条、《专利法实施细则》第65条及《专利审查指南2010》的相关规定，任何单位或个人认为某项专利权的授予不符合专利法有关规定的，可以请求专利复审委员会宣告该专利权无效。可见，专利权获得授权后仍然存在被无效的风险，启动专利权的无效程序也是涉及侵权诉讼纠纷时被告往往采取的一项应对措施。❶ 对于涉及侵权诉讼的双方而言，开展专利权稳定性预警分析都是一项前置性工作，没有充分开展专利稳定性预警分析，就盲目向潜在侵权对象发起诉讼，很有可能导致自身专利权被竞争对手无效；同时，对于有可能存在侵犯他人专利权的企业或个人而言，及早识别专利侵权风险，并开展专利权稳定性专利预警分析，提前采取措施，能够化被动为主动。

专利权稳定性分析，首先要为判断一项已授权的专利权是否全部无效或者部分无效进行检索，找出对专利权的稳定性构成威胁的相关专利或非专利文献，对证据进行归类，分析收集到的证据，确定最佳的证据组合方式。再按照专利法规定的影响专利权稳定性的实质性条款顺序依次分析：保护的技术方案是否存在新颖性/创造性的问题；说明书是否存在公开不充分的问题；保护的技术方案是否存在不支持的问题；授权文本相对于原始申请的文本是否存在修改超范围的问题；其他影响专利权稳定性的因素。最后，针对所选用的证据进行稳定性具体理由的阐述，并给出分析结论，在此基础上给出综合意见或建议。

8. 专利风险应对策略、应急预案制定

专利风险的应对应急是一种竞争行为，也是与竞争对手博弈的过程。制定合理的应对策略和应急预案，对于防止诉讼发生、降低诉讼赔偿数额，甚至实现反守为攻至关重要。❷ 这也是专利预警报告的核心内容之一。专利风险应对策略应明确对于不同风险等

---

❶ 尹新天. 中国专利法详解 [M]. 北京：知识产权出版社，2012：355－365.
❷ 文家春，等. 专利侵权诉讼攻防策略研究 [J]. 科学学与科学技术管理，2008 (7)：55.

级专利的消除风险或降低风险的措施,专利风险应急预案一般是提前假设发生侵权诉讼等突发事件时启动的预警工作机制。

常见的消除专利风险的方法有很多种,无效或部分无效潜在侵权专利是消除专利风险的重要手段之一,对于高风险的专利,预警报告中可以给出无效或部分无效的可能性评估。而采取规避设计(也称为回避设计),也是常用的化解风险的技术手段,它通过改变或省略技术方案的部分技术特征,绕开相关侵权专利。❶ 规避设计要考虑两个方面的问题:一方面要评估寻找替代方案的难易程度;另一方面要评估规避设计可能带来配套设备更换和产品质量等方面的新风险。除了上述两种方式,还需要围绕侵权专利提前布局外围专利,在诉讼发生前提升自身专利实力,争取更多话语权,降低侵权赔偿额度。预警报告中应综合评估采取以上消除风险手段的可行性,给出合理的建议。

由于潜在的专利风险转变为专利诉讼具有不确定性,所以制定专利风险应急预案至关重要。应急预案中可以通过对竞争对手的专利及相关竞争情报的分析,评估竞争对手发起侵权的可能性。重点应针对发生侵权诉讼时的一系列应对措施和流程,包括具体操作层面,如何根据实际的场景灵活选择应对措施,比如:提出无效宣告请求、提出不侵权抗辩、提出管辖权异议、利用实体规定摆脱诉讼、寻找诉讼程序上的漏洞、反诉对方侵权、促成和解、降低赔偿数额等应对策略。❷ 此外,还包括应急预警运行机制的运行,比如:一个完整有效的企业专利侵权诉讼预警机制应当具有信息采集、数据监测、风险识别、趋势预测、后果评价、预控防范等功能,并配备专利情报分析人员、经济专家、法律专家、决策人员等各专业人才,形成以企业为主体,政府推动、行业协会辅助、中介机构互动的专利预警工作体系。❸

三、专利预警报告的基本框架

专利预警报告的撰写包括格式要求和内容要求。格式要求与典型的研究报告的要求一致❹,不再赘述,本节重点介绍内容要求。根据不同的预警目标和预警内容,专利预警分析报告的框架有所差异,本节给出基本的报告撰写框架作为参考,可在此基础上进一步补充或删减部分模块内容,以满足预警主体的需求。专利预警分析报告的基本框架包括:

(1)专利预警项目背景。将目标技术的基本情况分析清楚,明确报告的整体思路、目标和方法。

(2)目标技术的宏观专利态势分析。选取宏观专利预警分析模块,从时间维度、地域维度、法律维度等,分析整体专利技术发展趋势、技术热点、竞争对手等,研究技术领域的专利壁垒情况。

(3)目标技术的深度分析。选择专利预警重点模块组合,聚焦重点竞争对手、核心技术、热点方向和潜在的技术突破口等。

---

❶ 王乃莹. 科技型创业企业技术创新与专利战略[J]. 中国发明与专利, 2017(3): 17-23.
❷ 朱家涛, 张润利. 专利诉讼应诉策略[J]. 工程机械文摘, 2009(4): 24-27.
❸ 郭淑君. 企业专利侵权诉讼预警机制与应对研究[D]. 武汉: 华中科技大学, 2011: 60-63.
❹ 张建. 研究报告撰写指导[M]. 北京: 教育科学出版社, 2002: 15-39.

(4) 特定预警模块分析。根据实际需求，可选择侵权风险分析、可专利性分析、专利稳定性分析等模块，参照本节第二部分第 5~8 点开展分析，并撰写评价过程和结论。

(5) 结论与建议。总结归纳预警分析结果，给出风险应对机制和方案。需要说明的是，结论并非仅仅是各部分内容的简单重复，还要包括对各章节内容汇总后的整体性归纳结论，需要进行二次凝练。此外，专利预警报告最终的建议部分应提出多种可能的解决对策、方案、机制等，根据需求可适当对比其可行性。

最后，正文结束后，如还有需要交代的，可用附录的形式列在正文之后。通常附录内容可以包括：专利检索报告、高风险专利列表、核心专利列表、图表索引、引文等，这些内容作为附件放到分析报告结尾，可提高报告的可读性和完整性。

【案例 15-11】专利预警报告内容提纲示例

摘 要
一、专利预警项目背景
1. 技术背景
2. 行业竞争态势
3. 分析目标和方法
二、专利技术（领域）发展趋势分析
1. 全球/中国专利发展态势（时间、活跃度、生命周期分析）
2. 全球/中国专利地域分布
3. 全球/中国专利技术（主题）分布
4. 全球/中国申请人分布
三、专利技术深度分析
1. 重点竞争对手分析
2. 重点研发团队分析
3. 重点技术分支分析（技术发展路线、功效矩阵）
4. 核心专利技术分析
四、特定分析模块——以专利侵权风险评估为例
1. 目标技术方案确定
2. 侵权检索结果
3. 侵权比对
4. 侵权结论
5. 应对策略
五、结论与建议
附录 1：专利数据检索策略及过程
附录 2：核心专利列表
附录 3：高风险专利列表

第四节　特定场景的专利预警报告内容

专利是创新成果的重要载体，专利风险预警既有来自技术创新的风险，也有来自知识产权法律层面的风险。❶ 专利预警所针对的场景不同，预警工作重点也有所差异。本节介绍企业专利预警的主要场景，并指出分析报告撰写的侧重点和内容模块。

一、项目研发过程中的专利预警

1. 预警目的

对于企业或高校、研究院所开展的一系列重大研发项目，需要及时开展专利预警分析工作，防范项目研发的技术方案落入在先申请专利的保护范围，导致重复研发或研发投入无法达到预期收益。❷❸ 重大研发项目的专利预警贯穿于整个研发过程中，在不同的研发节点，专利预警的侧重点有所差异，总的目的在于专利侵权风险的排查和研发技术路线优化。

2. 预警内容要点

（1）项目立项前或项目研发前，专利预警分析主要内容包括：项目技术方案相关专利的宏观态势分析，掌握相关专利的分布情况，摸清相关专利壁垒，评价项目的总体技术领先程度和可行性，防止项目方案出现大的知识产权风险。

（2）项目研发过程中，专利预警分析主要通过对相关专利技术的深度解读，绘制技术发展路线图和技术功效矩阵，给出关键技术问题的优选技术解决方案或组合，辅助和支撑研发路径的选择，提高研发效率。同时，加强对关键研发节点成果的专利布局可行性分析，在研发过程中产出一定量的专利。

（3）项目研发后期，专利预警分析重点在于专利布局体系的完善，寻找专利布局的空白点，评估研发成果的可专利性，开展创新成果的市场化运营风险评价等。

3. 预警报告基本内容框架

（1）相关专利的检索和数据处理

（2）相关专利的整体竞争态势

（3）技术方案的专利壁垒分析

（4）技术方案的技术领先程度评价

（5）技术方案的技术发展路线分析

（6）技术方案的技术功效矩阵分析

（7）已有创新成果的可专利性及布局方向分析

（8）专利预警结论

---

❶ Osterberg E C. A primer on IP risk management and insurance [J]. The Licensing Journal, 2003, 23 (10): 1-11.

❷ 丁志新. 企业专利预警机制研究 [J]. 中国发明与专利, 2017 (10): 77-80.

❸ 朱月仙, 等. 研发项目专利风险分析及预警方法研究 [J]. 情报探索, 2018 (5): 39-45.

二、新产品上市前的专利预警

1. 预警目的

企业新产品上市前需要开展指定市场区域的专利侵权风险排查和评估,防止出现产品大规模生产、销售后发生专利侵权纠纷,从而保证企业的正常经营活动。值得一提的是,这项工作的开展与企业是否已经为新产品进行了专利保护没有直接关系。

2. 预警内容要点

要点包括将拟上市的新产品进行模块拆解,形成一个完整的技术方案,按照对该技术方案的理解,在专利数据库中划定目标市场国家或区域,进行专利检索,寻找相关专利,并进行专利侵权比对。比对的具体方法参见第三节第二部分第 5 点的内容。经过比对后给出是否存在专利侵权风险的结论,针对不同风险等级,给出相应的规避或应对策略。

3. 预警报告基本内容框架

(1)拟上市新产品的技术方案
(2)相关专利的检索策略和结果
(3)高风险专利的侵权比对分析
(4)拟上市新产品的专利侵权风险结论
(5)专利侵权风险应对建议

三、技术引进/合作的专利预警

1. 预警目的

在重大技术引进和输出的过程中,与高校、科研院所进行技术转移转化、园区招商引资过程中,都需要开展针对技术方案的专利风险监控和预警,防止决策者盲目乐观,导致项目仓促上马,埋下专利风险的"地雷"。更重要的是,通过专利预警分析,帮助决策者在面对专利风险时,知道如何通过规避设计化解风险,如何制定合理的侵权诉讼应对策略与竞争对手进行商业谈判和博弈。

2. 预警内容要点

要点有分析拟引进或合作的技术,梳理技术方案,进行专利检索和专利侵权比对。比对的具体方法参见第三节第二部分第 5 点的内容。经过比对后给出是否存在专利侵权风险的结论,针对不同风险等级,给出相应的应急应对预案。要点还有对企业拥有的一项或多项核心专利(组合)进行专利稳定性分析,进一步,对拟引进或合作的技术相关专利进行深度解读,评价该技术的领先程度和可替代性等,评价技术的潜在市场影响力和价值度。

3. 预警报告基本内容框架

(1)拟引进或合作技术的方案解读
(2)相关专利的检索策略
(3)专利的侵权比对分析
(4)专利侵权风险结论

（5）专利风险规避和应对策略
（6）拟引进或合作技术的领先程度评价
（7）拟引进或合作技术核心专利的稳定性分析

四、重点人才引进/合作的专利预警

1. 预警目的

高层次技术人才的引进需要对其开展专利预警分析，对拟引进的人才对象的研发方向、技术创新能力、研发成果以及是否涉及知识产权纷争和诉讼等进行调查，避免由于人才流动带来的知识产权风险。

2. 预警内容要点

（1）拟引进人才的专利的真实性和有效性。对拟上市企业的专利进行盘点，及时更新其专利的法律状态、保护期限、技术分布、专利数量和质量等内容。

（2）拟引进人才拥有的核心技术的专利侵权风险评估。分析拟引进人才的产品或技术，梳理技术方案，进行专利检索和专利侵权比对。比对的具体方法参见第三节第二部分第5点的内容。经过比对后给出是否存在专利侵权风险的结论。

（3）拟引进人才拥有的核心技术的稳定性、领先性和市场潜力评价。通过绘制相关专利技术的发展路线图，厘清技术发展脉络，评价拟引进人才的核心技术的先进性和可替代性，综合给出其市场发展潜力。

3. 预警报告基本内容框架

（1）拟引进人才的基本情况
（2）拟引进人才的知识产权情况
（3）拟引进人才核心技术的专利侵权评估
（4）拟引进人才核心技术的领先度评价
（5）拟引进人才核心专利的权利稳定性评价
（6）拟引进人才的综合评价结论

五、企业并购/重组中的专利预警

1. 预警目的

企业在重大并购/重组活动过程中，需要对拟并购或重组的对象开展专利预警分析，一方面摸清拟并购重组对象知识产权的现状，核实相关知识产权的真实性，必要时评价其知识产权的价值度；另一方面，对拟并购重组对象的主要产品或技术是否存在侵犯他人专利权进行分析评估，从而避免重大投资失误造成的企业经济利益受损。

2. 预警内容要点

（1）拟并购/重组企业的专利盘点。对拟并购/重组对象的专利进行分析，盘点专利的法律状态、保护期限、技术分布、总体规模、专利质量等内容，进一步评价其专利资产的市场影响力和价值度。

（2）拟并购/重组企业核心产品或技术的专利侵权风险评估。分析拟并购/重组企业的产品或技术，梳理技术方案，进行专利检索和专利侵权比对。比对的具体方法参见第

三节第二部分第 5 点的内容。经过比对后给出是否存在专利侵权风险的结论。

（3）拟并购/重组企业核心专利权的稳定性评估。对企业拥有的一项或多项核心专利（组合）进行专利稳定性分析，判断专利权是否存在被全部无效或者部分无效的风险。分析方法参见第三节第二部分第 7 点的内容。

3. 预警报告基本内容框架

（1）拟并购/重组对象的专利现状分析

（2）拟并购/重组对象的核心产品或技术方案的专利侵权评估

（3）拟并购/重组对象的核心专利权利稳定性评价

（4）拟并购/重组对象的总体评价

六、企业 IPO（首次公开募股）前的专利预警

1. 预警目的

目前，在我国资本市场，主板市场是企业进行传统的股权融资的场所，另外，中小板和创业板作为主板市场的重要补充，和主板市场共同构成我国的场内市场。场外市场以新三板为代表，即代办股份转让系统。企业上市前或上市过程中，专利资产的信息披露涉及拟上市企业的资产完整性，还涉及企业的持续赢利能力和竞争能力，直接影响着企业能否顺利上市。❶ 因此需要加强专利预警分析。一方面，证监会对于知识产权信息的披露有严格要求，为了防止由于知识产权信息的变更导致披露不真实，需要加强拟上市企业的知识产权基本情况的跟踪和适时监控；另一方面，企业上市的过程，是最有可能被诉侵权的危险时刻，需要针对潜在的专利侵权风险开展预警分析，提前准备应对措施；此外，企业自身专利权是否存在稳定性风险，也是专利预警分析的重要内容。❷

2. 预警内容

（1）拟上市企业的专利情况。对拟上市企业的专利进行盘点，及时更新其专利的法律状态、保护期限、技术分布、专利数量和质量等内容。

（2）拟上市企业核心产品或技术的专利侵权风险评估。分析拟上市企业的产品或技术，梳理技术方案，进行专利检索和专利侵权比对。比对的具体方法参见第三节第二部分第 5 点的内容。经过比对后给出是否存在专利侵权风险的结论。

（3）拟上市企业核心专利权的稳定性评估。对企业拥有的一项或多项核心专利（组合）进行专利稳定性分析，判断专利权是否存在被全部无效或者部分无效的风险。分析方法参见第三节第二部分第 7 点的内容。

3. 预警报告基本内容框架

（1）拟上市企业的专利现状分析

（2）拟上市企业的核心产品或技术方案的专利侵权评估

（3）拟上市企业的专利权稳定性评价

（4）拟上市企业的专利风险评估结论

---

❶ 张宾，赵成伟，等. 浅谈企业上市过程中的专利风险控制［J］. 中国发明与专利，2016（4）：6-8.

❷ 何春晖. 拟上市公司的专利风险应对［N］. 经济日报，2014-08-20（014）.

七、企业海外专利预警

1. 预警目的

海外专利预警针对的企业生产经营活动主要包括：①境外销售产品，包括直接销售和通过中间商销售的产品；②境外许诺销售，包括广告、展销会、博览会等方式作出销售商品的意思表示；③境外参展的产品；④境外工厂或研发中心涉及的产品；⑤境外收购专利；❶ ⑥境外其他与企业产品相关的商业活动。❷ 企业在以上生产经营活动中，可能会面临潜在的知识产权侵权风险，需要对于拟出口或参展的目标国开展专利预警分析，避免侵犯目标国的相关专利，造成无法出口、销售或被撤展，给企业带来经济损失。

2. 预警内容要点

要点有分析拟出口或参展的产品/技术，梳理技术方案，在专利数据库中划定目标国家或区域，进行专利检索，筛选相关专利，识别主要竞争对手，按照当地的法律和相关政策进行风险调查，并进行专利侵权比对。比对的具体方法参见第三节第二部分第 5 点的内容。经过比对后给出是否存在专利侵权风险的结论，针对不同风险等级，给出相应的应急应对预案，帮助企业制定高风险专利的无效方案、制定现有技术抗辩或在先不侵权证据链管理流程。例如：企业在产品出口美国前，需要开展专利预警分析，围绕产品及核心部件开展专利检索，提前预判进入美国市场的专利侵权风险，尤其是应对美国"337 调查"，❸ 制定相应的产品出口策略和专利风险应急预案。

3. 预警报告基本内容框架

（1）拟出口或海外参展产品的技术方案

（2）相关专利的检索策略和过程

（3）高风险专利的侵权比对分析

（4）专利侵权风险结论

（5）海外应急应对策略和预案

八、技术标准化的专利预警

1. 预警目的

近年来，技术标准的重要性日益凸显，专利权和技术标准相结合的情形越来越普遍。标准化组织在制定技术标准时，也越来越多地引用相关专利。这些在实施标准中难以"绕过"的、必须使用的专利称为标准必要专利。❹❺ 由于标准中专利权人拥有竞争优势，如果出现专利劫持现象，将使交易成本提高，殃及相关制造商和用户。❻ 实际上，

---

❶ 黄清华. 海外收购专利中如何识别知识产权风险因素（一）[N]. 中国保险报，2013-10-17（007）.

❷ 诸敏刚. 海外专利实务手册[M]. 北京：知识产权出版社，2013：128-130.

❸ 鲁甜. 337 调查管辖范围的最新发展及我国应对措施[J]. 国际商务-对外经贸大学学报，2017（2）：121-132.

❹ 马天旗. 专利布局[M]. 北京：知识产权出版社，2016：149-153.

❺ 刘鑫，等. 标准必要专利与我国企业策略研究[J]. 知识产权，2014（11）：59-63.

❻ 王加莹. 专利布局和标准运营——全球化环境下企业的创新突围之道[M]. 北京：知识产权出版社，2014：4-23.

在很多技术标准的制修订和实施过程中，发达国家、跨国公司占据着新技术制高点，拥有制定技术标准的话语权，通过在技术标准中滥用专利权、设计技术陷阱，将技术标准演变为技术壁垒和市场的壁垒。❶ 因此，对于我国企业来讲，针对技术标准开展专利预警至关重要，通过专利预警，可以评估技术标准涉及的专利情况，防止技术标准主导者有意隐瞒专利权、"包装"非必要专利、设置专利陷阱。

2. 预警内容要点

（1）分析技术标准相关的专利分布情况。围绕技术标准，开展专利检索，对标准相关专利进行分类，分析标准相关专利申请人的分布和技术分布等情况，甄别标准必要专利及未来可能写入标准的专利（申请）。

（2）分析自身技术方案或产品侵权风险。将自身技术方案与标准必要专利及相关专利进行特征对比，评估专利侵权风险的范围和涉及的专利。

（3）研究围绕技术标准进一步研发创新的方向和专利布局策略。针对技术标准的发展，分析技术创新方向，制定专利布局规划和对后续标准化过程施加影响的策略。

（4）制定标准化过程专利预警机制。收集整理主要市场国家涉及标准必要专利的反垄断法律法规，并根据 FRAND 原则，结合相关司法、行政审查机制或通过律师团队进行预评估，建立诉讼应急预案。

3. 预警报告基本内容框架

（1）技术标准及自身技术方案解读

（2）技术标准相关专利现状分析

（3）自身技术方案或产品侵权风险评估

（4）研发方向和专利布局策略制定

（5）标准化过程专利预警机制

九、专利联盟的专利预警

1. 预警目的

专利联盟由英文"patent pool"翻译而来，也译为"专利联营""专利池"等，是指由多个专利权人达成协议，为实现彼此间交叉许可或统一对外许可而形成的一种战略联盟。❷ 20 世纪 90 年代以后，专利联盟多是依附于某个技术标准执行，专利联盟与技术标准之间的关系更加紧密。在专利联盟许可过程中，专利联盟中的所有入池专利往往是通过打包方式统一对外许可的，被许可方要么付费获得整个专利池的许可，要么放弃这种交易方式，一般不允许仅就专利池中的某部分专利要求许可。事实上，专利联盟许可中仍然存在着搭售非核心专利、搭售同族专利、搭售无效专利、搭售另一专利池等现象。❸ 因此，我国企业在获得专利池许可之前需要开展专利预警工作，以期获得更加公平、合理的许可费率。此外，随着我国企业的竞争力不断提升，由我国企业组建的知识产权联

---

❶ 郭秋萍，等. 专利与技术标准融合的陷阱及其规避 [J]. 情报杂志，2014（9）：40 – 44，99.

❷ 李校林. 我国专利联盟研究述评 [J]. 科技与法律，2012（1）：12 – 16.

❸ 黄良才. 专利联盟中的搭售问题分析——以 MPEG LA 下的 H. 264、DVB – T 专利池为视角 [J]. 电子知识产权，2007（10）：26 – 29.

盟或专利联盟越来越多,将面对专利池的动态管理和运营难题,以及专利联盟带来的垄断性风险。❶

2. 预警内容要点

(1) 分析专利池内专利权的有效性。针对披露的专利池清单,查询和统计在目标许可国家或地区的专利有效性,一方面确认专利权的法律状态是否有效,另一方面对有效专利的保护期限进行统计分析,为后续开展专利许可费率评估提供依据。

(2) 识别专利池内核心专利和外围专利。设定专利质量评价指标组合,对专利池中的专利进行质量评价,结合技术发展周期,识别专利池内哪些专利是核心专利或基础专利,哪些专利是外围专利。必要时,对核心专利的稳定性进行评价。

(3) 评价专利池与技术的匹配度。解读专利池内专利的保护内容和范围,并与自身技术方案进行对比,判断专利池与自身技术方案的匹配程度。

(4) 对于专利池涉及技术标准的,参照本节第八部分的预警内容。

3. 预警报告基本内容框架

(1) 专利池内专利权有效性分析

(2) 专利池内核心专利和外围专利识别

(3) 专利池与技术的匹配度评价

(4) 参与专利池的风险综合分析

(5) 主导组建专利池的风险综合分析

---

❶ 陈欣. 专利联盟研究综述 [J]. 科技进步与对策, 2006 (4): 176-178.

第十六章 专利导航分析报告撰写

面向产业、企业发展需求的专利导航项目对于促进我国经济高质量发展具有积极意义。自2013年起,全国多个省、市、园区陆续开展了专利导航分析项目,不断探索专利导航在区域产业运行决策、企业创新发展中如何发挥导引作用。专利导航分析报告是专利导航项目的重要成果之一,❶ 也是集中体现专利导航思路和分析成果的重要载体,撰写好分析报告对于专利导航项目成果发挥实效至关重要。本章将从专利导航的基本概念和作用出发,结合专利导航试点工程项目案例经验,在现有专利导航项目实施指导性文件的基础上❷,介绍产业规划类专利导航分析报告和企业运营类专利导航分析报告的编写思路、内容框架,提高报告的适用性和针对性,更好地为产业、企业提供决策支撑和路径指引。

第一节 专利导航概述

一、专利导航的概念

2013年,国家知识产权局印发《国家知识产权局关于实施专利导航试点工程的通知》(国知发管字〔2013〕27号)❸,决定实施专利导航试点工程。试点工程是以专利信息资源利用和专利分析为基础,把专利运用嵌入产业技术创新、产品创新、组织创新和商业模式创新,引导和支撑产业科学发展的探索性工作。目前尚未有统一的专利导航定义,在GB/T 33251—2016《高等学校知识产权管理规范》中的定义是:专利导航是在科技研发、产业规划和专利运营等活动中,通过利用专利信息等数据资源,分析产业发展格局和技术创新方向,明晰产业发展和技术研发路径,提高决策科学性的一种模式。综上,专利导航是运用专利信息分析系统导引产业发展方向、准确定位产业发展水平,结合区域发展需求和比较优势,为产业转型升级发展提供解决方案、路径指引和决策支

---

❶ 专利导航项目的成果形式多样,以专利导航分析报告为基础,根据成果的使用方和适用方的不同,还能够以多种具体形式呈现,比如:面向特定产业的专利导航图、面向政府决策的专利导航产业创新发展规划、面向招商引资的专利导航指导目录、面向企业新产品开发的专利运营路线图或规划方案等。

❷ 国家知识产权局于2015年印发了《国家知识产权局办公室关于推广实施产业规划类专利导航项目的通知》(国知发办管字〔2015〕18号);2016年印发了《关于推广实施企业运营类专利导航项目的通知》(国知办发管字〔2016〕56号)。

❸ http://www.sipo.gov.cn/ztzl/zldhsdgc/zcwj1/1029186.htm.

撑的方法。

专利导航以专利信息分析为基础,更加关注产业升级、企业创新发展所面临问题的解决方案和对策。因此,专利导航是在现有的专利预警、专利分析等信息利用手段基础上的理念升级和方法创新,是专利大数据分析的最新成果。专利导航的主要目的是探索建立专利信息分析与产业运行决策深度融合、专利创造与产业创新能力高度匹配、专利布局对产业竞争地位保障有力、专利价值实现对产业运行效益支撑有效的工作机制,推动重点产业的专利协同运用,培育形成专利导航产业发展新模式❶。可以说,专利导航是专利制度在产业运行中的综合应用,也是专利战略在产业发展中的具体实施,更是知识产权战略支撑创新驱动发展战略的具体体现。

二、专利导航的作用

专利导航的作用可以概括为两个层面,一是区域产业创新发展层面,二是企业、高校院所等创新主体发展层面❷。在区域产业创新发展层面,专利导航能够有力支撑区域产业创新发展决策,提高产业运行决策的科学化程度。主要表现在:①优化区域产业结构,推动产业布局更加科学、产业结构更加合理❸;②提高区域产业创新资源配置效率,推动人才、资本、创新主体等创新资源向适合产业发展的关键技术领域聚集❹;③增强区域产业竞争优势,形成创新与知识产权深度融合的产业发展模式,推动产业价值链的不断攀升❺❻。在企业等创新主体发展层面,专利导航是企业创新驱动发展的指南针,专利导航分析着眼新产品开发的全过程,力求将专利的创造、保护、运用、管理与创新过程结合,发挥专利制度激励创新的基本作用,加快企业创新转化为现实经济效益,形成专利导航引领下的企业创新发展模式。

三、专利导航实施主体

专利导航在产业层面的实施主体包括:具有主导特色产业、具有产业集聚特征的园区或行政区域,例如高新区、经开区、新区、开发区等;具有产业特色和竞争优势的行业协同运用组织或机构,例如行业协会、产业联盟等。专利导航在创新主体层面的实施主体为科技型、创新型企业,理工科高校、科研院所等。

四、专利导航项目的实施

专利导航试点工程是专利导航实施的重要举措,自 2013 年国家知识产权局开始实施专利导航试点工程以来,共在全国 17 个特色产业园区设立了国家专利导航产业发展实

---

❶ 贺化. 专利导航产业和区域经济发展实务 [M]. 北京:知识产权出版社,2013.
❷ 在 2017 年起实施的《科研组织知识产权管理规范》(GB/T 33250—2016)以及《高等学校知识产权管理规范》(GB/T 33251—2016)中明显提出开展科研项目专利导航工作的相关要求。
❸ 黄岑宇,等. 专利导航产业发展对地方产业的影响——以镇江市为例 [J]. 江苏科技信息,2016(32):11–12.
❹ 王宇航,等. 地方开展专利导航产业发展工作的路径探讨——以镇江市为例 [J]. 江苏科技信息,2015(2).
❺ 王宇航,等. 地方开展专利导航产业发展工作的问题和思路 [J]. 江苏科技信息,2014(24).
❻ 韩黎敏. 专利导航产业发展探究 [J]. 合作经济与科技,2016(10):30–31.

验区。以实验区为实施主体，构建专利导航运行机制，形成专利导航工作体系，开展各类专利导航项目，主要包括：产业规划类专利导航项目、企业运营类专利导航项目等。

1. 产业规划类专利导航项目

产业规划类专利导航项目紧扣产业分析和专利分析两条主线，将专利信息与产业现状、发展趋势、政策环境、市场竞争等信息深度融合，明晰产业发展方向，找准区域产业定位，指出优化产业创新资源配置的具体路径。产业规划类专利导航项目注重产业链、产业创新生态圈的构建和优化，有助于提升知识产权尤其是专利对产业转型升级的引导力和贡献度，是产业专利大数据分析支撑区域产业决策的重要实践。

国家知识产权局于 2015 年印发了《国家知识产权局办公室关于推广实施产业规划类专利导航项目的通知》（国知办发管字〔2015〕18 号）❶，通知发布了《产业规划类专利导航项目实施导则（暂行）》。实施导则给出了产业规划类专利导航项目的分析方法和成果形式，其中，产业专利导航分析报告是主要成果之一。本章第二节将围绕产业专利导航分析报告的编写进行详细介绍。

2. 企业运营类专利导航项目

企业运营类专利导航项目是微观层面的专利导航，简称微导航项目。❷ 这类项目是在已有产业规划类专利导航项目成果基础上，围绕企业发展战略，结合企业的产业链地位和创新能力，以专利运营为目标开展的专利导航分析工作。企业运营类专利导航项目的实施能够促进创新主体将专利融入研发创新和市场运营全链条，发挥专利情报信息在微观层面的引导作用，对于企业创新资源的科学配置更具现实意义。

国家知识产权局于 2016 年印发了《关于推广实施企业运营类专利导航项目的通知》（国知办发管字〔2016〕56 号）❸，通知发布了《企业运营类专利导航项目实施导则（暂行）》。实施导则给出了面向创新主体开展微观层面专利导航项目的分析方法和成果形式等。本章第三节将围绕企业微观专利导航分析报告的编写进行详细介绍。

第二节 产业规划类专利导航项目分析报告的编写

一、编写原则

1. 需求导向

产业规划类专利导航项目分析报告立足产业发展实际，从产业发展现状中提炼、归纳问题，从产业发展趋势中总结、发现规律，从产业变迁和转移中厘清发展思路，瞄准产业转型升级的瓶颈问题，从产业专利大数据分析中寻找解决对策。因此，分析报告内容要体现"从产业中来，到产业中去"的过程，导航分析结果最终要运用到产业资源配置中去，通过对产业要素的优化，实现产业创新资源的科学调配，促进产业优势资源集

---

❶ http://www.sipo.gov.cn/gztz/1099234.htm.

❷ 唐宏，等. 着力打造中国钛谷产业发展"指南针"——宝鸡高新区大力发展专利导航实验区微导航项目[J]. 中国高新区，2016（2）：115－117.

❸ http://www.sipo.gov.cn/ztzl/zldhsdgc/zcwj1/1029191.htm.

聚和产业集群发展。

2. 前瞻性

产业规划类专利导航项目分析报告是区域产业决策的重要支撑，而产业结构优化和转型发展的宏观谋划要求具有前瞻性❶❷。因此，专利导航分析报告要具有一定的前瞻性，尤其是对于重点、热点技术创新领域的预判，以及围绕重点、热点技术创新方向整合配置创新资源的指引等。专利导航报告要总结过去、把握当前、着眼未来，由数据分析逐渐转变为战略研究和路径引领。这也是专利导航报告在实际应用层面应该坚持的原则。

3. 可操作性

产业规划类专利导航项目分析报告要注重可操作性，一方面给出产业创新发展的整体策略，另一方面则给出具体的实施路径，包括：产业链优化的路径、不同层次不同规模的企业培育路径、技术创新路径、产学研用协同创新路径、知识产权培育路径、各类创新人才的引进培育路径等。这些具体的实施路径给出了相应的数据支撑和行动路线，对于园区或地方主管部门的招商引资、招才引智、重大项目立项、创新主体培育等政策的落地实施提供了有力抓手。

二、编写思路

应从产业问题入手，寻找产业转型升级发展与专利布局的关联度，分析专利布局，指引产业创新发展。在产业分析的基础上，开展专利导航分析，揭示专利控制力与产业竞争格局的关系，分析产业创新方向和重点，明晰区域产业发展定位，研判产业创新发展路径，形成制作专利导航分析图谱和编写产业规划的决策依据。

三、报告内容模块

1. 目标产业的发展现状

产业发展现状部分主要目的是摸清产业发展的实际情况、所面临的内外部发展环境、存在的发展问题和瓶颈、未来的发展机遇和潜力等，必要时对产业的区位熵、聚集度等进行分析，摸清产业的发展特点。报告中，需要从目标区域出发，扩展视野，进一步从目标产业在全国的布局和转移情况、目标产业在全球层面的转移和分工情况等方面进行产业现状的剖析。报告中还要明确目标产业的产业链结构，为后续章节的专利导航分析奠定基础。

【案例 16-1】某园区铝产业发展现状研究❸

对某园区的铝产业开展专利导航分析，首先要分析铝产业的产业链结构，铝产业链如

---

❶ Matti Karvonen, Tuomo Kässi. Patent analysis for analysing technological convergence [J]. Foresight, 2011 (5): 34 – 50.

❷ Bryan Kelly, Dimitris Papanikolaou, et al. Measuring Technological Innovation over the Long Run [J]. Social Science Electronic Publishing, 2018 (11): 1 – 78.

❸ 案例改编自北京国知专利预警咨询有限公司《广西铝产业专利导航分析报告》。

图 16-1 所示。铝的完整产业体系主要包括：铝土矿开采、氧化铝生产、电解氧化铝生产、原铝加工。产业链中的铝土矿、氧化铝、电解铝以及铝加工纵向对应价值链的低端、中端和高端，产业链横向上每个环节中也存在着价值的低端和高端。

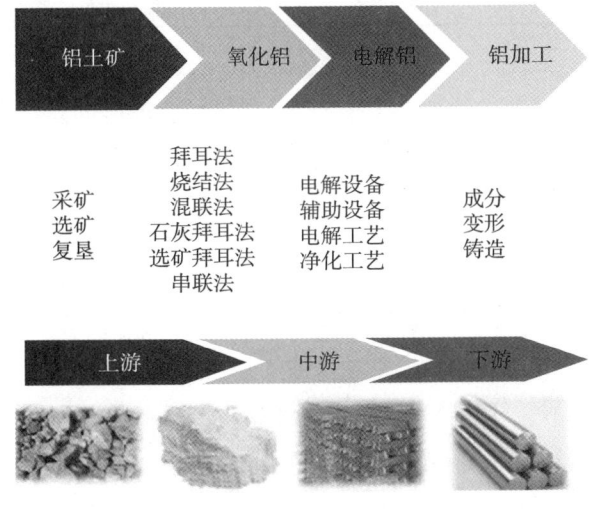

图 16-1　铝产业链示意

上游铝土矿和氧化铝市场竞争主要依赖传统的产能和成本等比较优势来维持，附加值在整个产业链中处于较低端。

中游电解铝环节，相关生产技术趋于成熟，专利布局较为完善，主要受限于原料的提供以及能源的获取，主要的发展方向是节能化以及材料循环利用等方面。

下游铝加工环节，产品分为成分类、挤压类和铸造类，涵盖条、杆类、管类、型材、线丝类、板片带箔、粉类、铸件等。产品更新速度较快，附加值较上游原材料更高。铝加工环节正处于技术发展阶段，技术发展快、学科交叉性强、涉及领域广、产品附加值高。高端应用产品现处于产品开发和市场需求引导阶段。

2. 专利导航区域产业发展定位

区域产业发展定位模块聚焦区域产业在全球和我国产业链的基本定位。以专利信息对比分析为基础，将区域产业的技术、人才、企业等要素资源在全球和我国产业链中进行定位，明确区域产业发展定位，揭示区域产业发展中存在的结构布局、企业培育、技术发展、人才储备等方面的问题。

（1）目标产业结构定位

产业结构定位目的在于从不同维度准确选择区域目标产业的位势，明确产业转型升级发展的起点；分析区域产业专利布局结构，对比其与全国/全球/发达国家/龙头企业专利布局结构的差异。

【案例 16-2】某园区集成电路设备产业专利导航定位分析[1]

在对某园区集成电路设备产业进行专利导航定位分析时，将该园区在产业链主要环

---

[1] 案例改编自北京国知专利预警咨询有限公司《沈阳集成电路装备产业专利导航分析报告》。

节的配比与全国和全球进行了对比，如表16-1所示。

表16-1 专利导航产业结构定位分析示例

技术分支	全球	国内	目标园区
清洗干燥设备	11%	21%	3%
注入设备	6%	5%	0
薄膜沉积设备	26%	29%	32%
扩散设备	3%	3%	0
光刻设备	26%	20%	19%
抛光设备	2%	2%	1%
辅助设备	26%	20%	45%

从表16-1可以看出，目标园区主要以薄膜沉积设备、光刻设备和辅助设备为主，而在清洗干燥设备和抛光设备方面专利布局比例仅为3%和1%，国内和全球的清洗干燥设备、薄膜沉积设备、光刻设备和辅助设备布局较多，注入设备、扩散设备和抛光设备布局较少。可见，目标园区与国内及全球的布局结构有相似之处，符合产业链布局的全球格局。

（2）企业创新实力定位

目标区域企业专利布局分析揭示其所处的产业链环节。该部分的分析目的在于通过专利布局分析，厘清目标区域内企业所处的产业链环节，进一步研究这些环节所代表的产业附加值的高低。

【案例16-3】某园区超硬材料相关企业产业链实力定位分析❶

在对某园区超硬材料产业进行专利导航分析时，为了摸清企业创新实力水平和在全球产业链、价值链环节中的定位，课题组将目标园区的龙头企业进行了专利实力的摸底，并与国内外主要竞争对手的专利布局进行了比对，构建了产业链环节和价值链增值的二维矩阵，如图16-2所示。

从图16-2可以看出，目标园区的多家龙头企业集中在产业链的上游环节，而美、日、欧的一些跨国企业占据着中游和下游环节，同时可以看出，跨国企业占据着附加值的高点。造成这一产业竞争格局的原因在于：目标园区发展初期利用劳动力、资金、土地等比较优势，发展规模经济，而发达国家则主导了中、下游高技术含量、高附加值环节，通过技术创新和专利布局等牢牢控制着产业竞争格局。

（3）产业技术创新实力定位

产业技术创新实力定位分析涉及区域各技术环节专利在全国/全球的占比，以及区域各技术环节近年专利申请的活跃度及其与全国/全球的对比。

---

❶ 案例改编自北京国知专利预警咨询有限公司《超硬材料产业专利导航分析报告》。

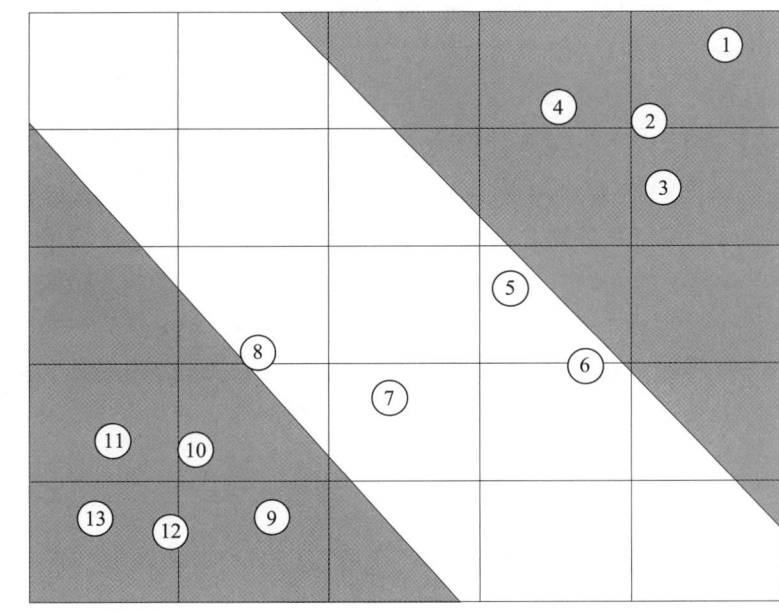

图 16-2　某园区企业在全球产业链、价值链中的定位示意图

【案例 16-4】某园区太阳能热水器产业技术创新实力定位分析❶

在对某园区的太阳能热水器产业进行专利导航分析时，将园区全部涉及太阳能热水器的专利进行了统计分析，发现目标园区的技术创新优势集中在集热管式热水器集热管的结构、制造、测试等方面，有少量平板热水器方面的创新成果，还有大量涉及热水器水箱、配件等的核心技术。另外，园区企业也部分掌握了涉及集热管式热水器与平板式热水器共同的核心技术——涂层及喷涂工艺的专利申请，这些核心技术的支撑，将是园区企业实现平板式热水器技术突破的重要基础。而"真空管热水器"和"平板型热水器"是热水器市场的两大流派，目前我国真空管型热水器的市场占比在 80% 以上，与欧、美、澳等国家和地区平板太阳能、热水器占到 95% 的市场份额恰恰相反。根据《2016 年太阳能热利用行业发展报告》，当前太阳能热水器的产品结构正经历从真空管型产品一枝独秀到与平板型产品并重发展的趋势，平板型产品 2014 年上半年占 10.2%，2015 年上半年占 10.6%，2016 年上半年占 13.4%。尤其是在近年来太阳能热水器总体市场滑坡的情况下，平板类热水器的市场向好，进一步强化了这种趋势。目标园区应将其在管式热水器方面积累的创新优势，逐步用于研发板式热水器，形成新的竞争优势。

（4）专利运营实力定位

专利运营实力定位分析内容有：区域专利运营的活跃度，其包括区域产业领域内专利交易许可的数量、金额等；区域专利运营主体情况，包括区域企业、高校、科研机

---

❶ 案例改编自北京国知专利预警咨询有限公司《德州太阳能光热产业专利导航分析报告》。

构、知识产权联盟、知识产权运营机构等运营主体情况，及其涉及的专利许可、转让、融资、诉讼及专利池等情况；区域专利运营潜力，包括区域专利运营主体与其他区域运营主体的基础实力和潜力等的对比。

【案例16-5】某园区汽车零部件企业专利运营实力定位分析❶

在开展汽车零部件产业专利导航分析时，发现日本阪上株式会社（SAKAGAMI，NOK）是一家重要的竞争对手，是日本最早生产油封的企业，是世界最大的密封产品生产厂家之一，全球最大的独立油封制造商。NOK产品在日本占有70%以上的市场，在其他国家占有50%以上的市场。重点分析了NOK的运营情况。该公司于1960年开始与欧洲最大的油封制造商德国科德宝展开合作，科德宝在密封、振动控制技术方面收购了NOK 23%的股份，技术上的互补性，使得两公司在联合研发方面取得了一系列进展。NOK的运营情况见表16-2。

表16-2 NOK的运营情况一览

2004年1月	在鸟取县南部町成立鸟取工厂
2004年3月	取得北辰工业股份公司全部股份
2005年3月	取得日东工业股份公司全部股份
2005年4月	在神奈川县藤泽市成立湘南开发中心
2010年4月	在茨城县北茨城市成立北茨城工厂
2013年10月	将子公司SYNZTEC株式会社解散分立，成立新公司

在国际市场上，德国科德宝与日本NOK早在2015年就在推进电动汽车用密封件的高端化。这两家企业借助各自的技术优势，开展了一系列紧密的商业运营和合作，瞄准电动汽车密封领域的强大市场。可以预见的是，这必将是我国电动车密封件市场的强劲对手。

3. 产业发展方向导航

产业发展方向导航模块以全景模式揭示产业发展的整体趋势与基本方向，主要分析产业结构调整方向、技术研发热点方向。

（1）产业结构调整方向分析

产业结构调整方向分析一般从两个方面展开：一是全球产业结构总体发展方向，通过对全球各产业环节专利布局变化分析反映全球产业结构的调整方向；二是部分发达国家产业结构调整方向，主要通过对部分发达国家产业环节专利布局结构变化反映其产业结构调整方向。

【案例16-6】某园区超硬材料产业结构调整方向分析❷

在对超硬材料产业结构调整方向进行分析时，通过对发达国家的产业结构分析，发

---

❶ 案例改编自北京国知专利预警咨询有限公司《安徽宁国橡塑密封件产业专利导航分析报告》。
❷ 案例改编自北京国知专利预警咨询有限公司《超硬材料产业专利导航分析报告》。

现在产业转移过程中,美国等发达国家主导着超硬材料产业的竞争格局,并且始终占据产业的高附加值端。在高端制品和应用技术上,以美国为首的发达国家占据绝对优势,如在勘探采掘用超硬材料高端制品技术上,美国的技术创新数量占全球的90%,并且将大量的技术在其他国家进行专利布局,以中国市场为例,美国企业在我国共布局了400余项专利,占所有外国在华申请的32%,保证其高端产品在中国市场的地位。在产业转型过程中,中国成为全球的主要超硬材料消费市场,但我国企业并未完成从要素投入型企业到创新驱动型企业的蜕变,因此我国成为跨国巨头专利布局的重点国家。以住友、元素六、DI和三菱为例,其在中国均以高端制品和应用技术为专利布局重点,其中,三菱66%以上的在华专利布局均为高端应用技术。跨国巨头正试图通过高端技术的专利布局,控制中国的超硬材料产业链的中下游,并对我国企业在高端制品和应用领域的产业突围形成巨大的专利壁垒和技术障碍。

(2)技术研发热点方向分析

a. 专利申请趋势热点方向。对比各技术方向的专利申请趋势、技术增长率变化趋势,分析技术研发热点方向。

【案例16-7】太阳能光热产业创新热点方向分析❶

在对太阳能光热产业创新热点方向进行导航分析时,将全球相关专利进行了产业链分类,并绘制了主要产业链环节的专利布局趋势(见图16-3)。从图中可以看出,用于人类日常生活的热水器、空调和供暖、太阳能灶具、太阳能一体化建筑方面的专利申请累计超过所有申请的一半,其中热水器则是专利积累最多的应用领域,仅布局在热水器方向上的专利数量就占申请总量的29%。用于工业干燥加热、海水淡化和污水处理的专利技术与用于发电的数量接近,分别为18%和17%,也是主要的技术应用方向。而用于农业的专利技术最少,约占8%。

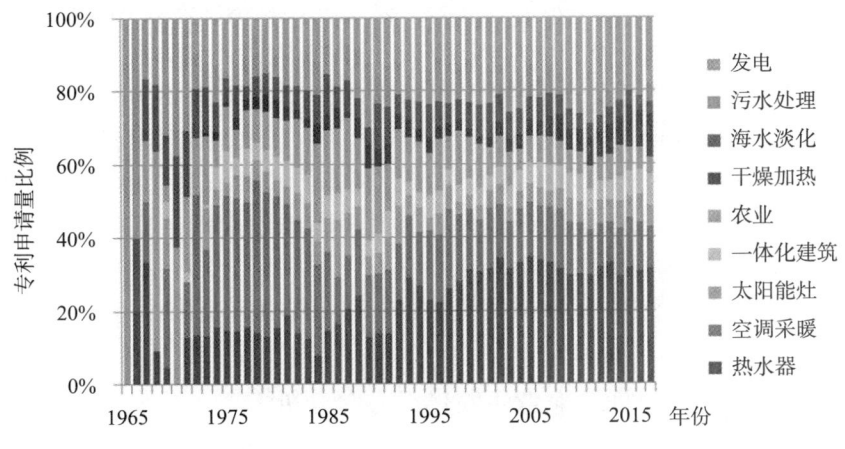

图16-3 全球太阳能光热应用领域专利布局趋势

---

❶ 案例改编自北京国知专利预警咨询有限公司《德州太阳能光热产业专利导航分析报告》。

b. 核心技术演进热点方向。梳理核心专利技术演进方向，分析技术研发重点方向。

【案例16-8】超临界火电用钢核心专利技术演进分析❶

在对超临界火电用钢进行专利导航分析时，重点研究核心技术的演进路线（见图16-4），其中奥氏体钢的改进方向主要集中在提高高温强度、耐高温腐蚀、抗蠕变和抗高温氧化等方面的性能。

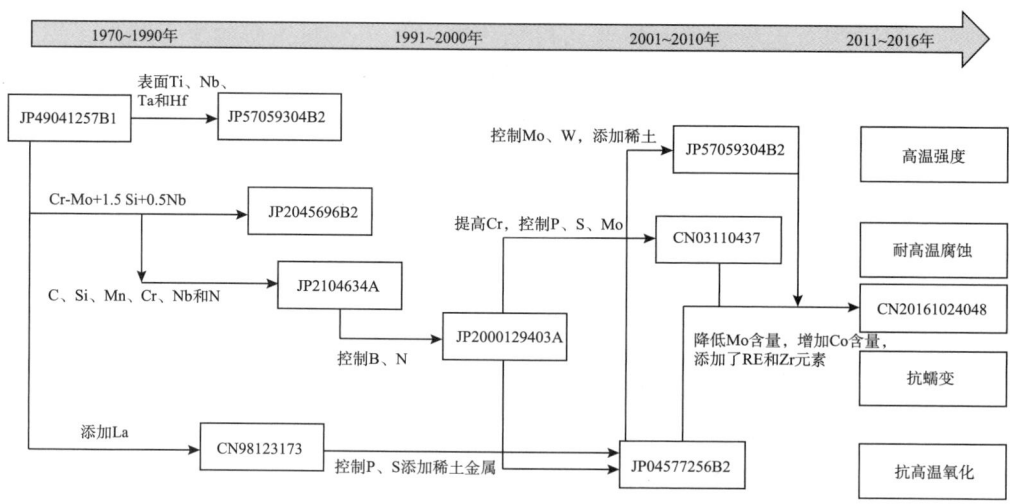

图16-4 超临界火电机组用奥氏体钢演进路线

应用在超临界火电机组用钢的奥氏体钢管最早专利为JP49041257B1，系锅炉用热交换器上的具有抗氧化腐蚀性能的钢管。在此基础上，日立于1977年申请了JP57059304B2，在过热器换热管的表面增加Ti、Nb、Ta和Hf等元素，用于提高强度和抗腐蚀性能；之后，日立于1981年又申请了JP2045696B2，在锅炉管用奥氏体钢中添加Ni、Cr、Mo等元素，用于提高抗腐蚀性能；NKK公司于1988年进一步将锅炉管用奥氏体钢中添加C、Si、Mn、Ni、Cr、Nb和N，用于增加抗腐蚀和耐高温腐蚀；日立公司在此基础上申请了JP2000129403A，控制B和N的量，进一步提高抗腐蚀性能，并同时提高抗蠕变的性能；桑德维克公司于1998年提出添加稀土元素La，提高产品的抗氧化性能。据此，国内外创新主体分别采用调整元素的配比和增加不同的稀土元素来提高奥氏体钢的高温强度、耐高温腐蚀、抗蠕变和抗高温氧化等性能。

c. 龙头企业研发热点方向。分析龙头企业专利布局热点变化方向，分析龙头企业的研发重点方向。

【案例16-9】铜产业龙头企业研发热点方向分析❷

在对铜产业进行专利导航时，研究了龙头企业在主流的炼铜工艺技术方面的研发热点。如图16-5所示，排名前四的住友、奥图泰、恩菲和三菱公司布局比较全面，均有较

---

❶ 案例改编自北京国知专利预警咨询有限公司《超临界火电用钢专利导航分析报告》。
❷ 案例改编自北京国知专利预警咨询有限公司《铜产业专利导航分析报告》。

多的专利申请，在各个技术分支均有一定的专利控制力。其中，住友公司涉及转炉吹炼和精炼的专利申请最多，分别为32项和26项；奥图泰涉及熔炼的专利申请最多，为104项，其中占优势地位的技术分支为闪速熔炼和闪速吹炼；恩菲在传统熔炼、顶吹熔炼、底吹熔炼、侧吹熔炼以及顶吹吹炼、底吹吹炼，三菱公司在三菱法吹炼中占绝对优势。除此之外，国内其他企业在熔炼、吹炼、精炼均进行了布局，但是数量不多。布局空白点多，主要在某一项或某几项技术进行重点布局。紫金矿业主要关注湿法炼铜，在火法炼铜技术中没有专利布局。重点申请人关注得最多的是熔炼，其次是吹炼，仅仅只有瑞林涉及吹炼和精炼且申请量相当，矿冶总院和恒邦在精炼方面属于空白。

企业	火法炼铜	熔炼	传统熔炼	闪速熔炼	顶吹熔炼	底吹熔炼	侧吹熔炼	吹炼	转炉吹炼	闪速吹炼	顶吹吹炼	底吹吹炼	三菱法吹炼	精炼
住友	149	85	8	47	7	0	4	51	(32)	4	0	1	3	(26)
奥图泰	120	(104)	8	(85)	11	2	1	30	4	(18)	4	0	0	6
恩菲	109	86	(11)	7	(24)	(27)	(18)	37	4	3	(9)	(18)	0	8
三菱	108	80	5	1	2	0	0	(74)	4	1	3	0	(63)	24
瑞林	65	35	0	10	7	0	13	18	3	5	3	1	0	16
长沙院	30	23	0	0	0	1	16	6	0	0	0	0	0	0
东营方圆	27	14	2	0	1	10	1	3	1	0	0	0	0	4
河南豫光	11	7	0	0	0	7	0	6	0	0	0	5	0	1
矿冶总院	6	4	0	1	2	0	0	1	1	0	0	0	0	0
恒邦	1	1	0	0	0	0	0	1	0	0	1	0	0	0
紫金矿业	0	0	0	0	0	0	0	0	0	0	0	0	0	0

专利申请量/项

图 16-5 龙头企业研发热点分析示意

d. 协同创新热点方向。分析合作申请专利集中的领域，这些领域可能是研发的热点、重点或难点。

【案例 16-10】人造金刚石协同创新热点方向分析[1]

在人造金刚石产业专利导航分析项目中，对重要的竞争对手元素六（element six）的协同创新进行了分析，绘制了专利协同创新图，如图 16-6 所示。从图中可以看出，元素六公司与戴比尔斯、ABB、贝克休斯等多家企业开展了协同创新，共同申请了多项专利，这些专利对应产业链的不同环节，图中线条的粗细代表了共同申请专利的数量的多少。从图中可看出，元素六公司主要的协同创新合作对象是戴比尔斯和贝克休斯，协同创新的热点方向主要涉及人造金刚石聚晶复合片（比如高端刀具用复合片）、人造金刚石钻进工具（比如钻头），同时热点方向还包括人造金刚石在电子工业和仪器仪表方面的应用。这些协同创新的热点方向有可能是目标园区重点跟踪或补强的产业链环节。

---

[1] 案例 16-10～案例 16-16 改编自北京国知专利预警咨询有限公司《超硬材料产业专利导航分析报告》。

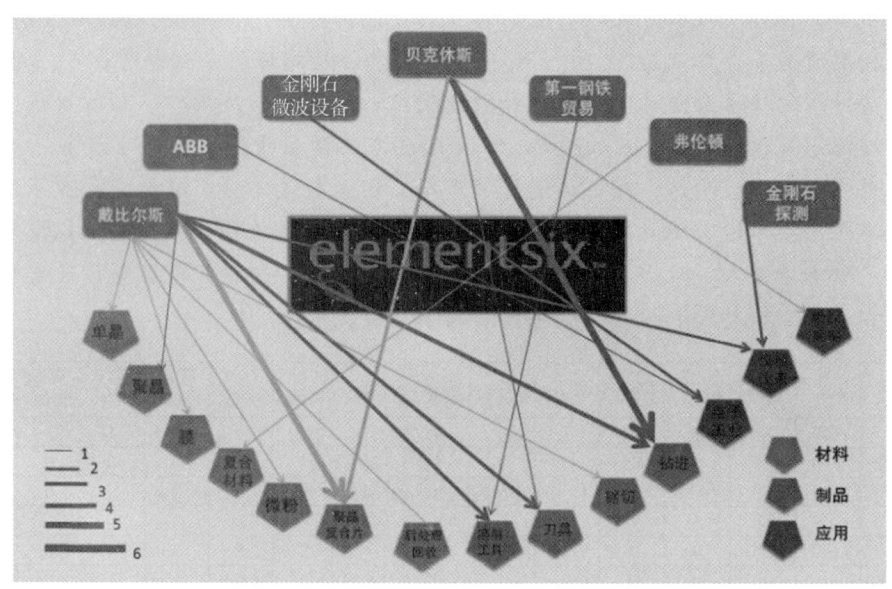

图 16-6 元素六公司合作申请专利情况

e. 新进入者集中的热点方向。新进入者占比较高或者近年申请量占比较高的方向通常是技术研发的热点方向。

【案例 16-11】超硬材料新进入者热点方向分析

在对超硬材料产业的创新方向进行导航分析时，除了对龙头企业的研发创新热点进行分析外，还通过专利布局分析发现行业新进入者。如图 16-7 所示，主要的新进入者有 3M 创新公司、IBM、丰田和诺利塔克公司，这些行业新进入者的主要切入点集中在高端磨削工具、刀具、电子工业应用环节，研发方向的选择具有强烈的下游新产品指向性，产业切入方向值得目标园区企业借鉴。

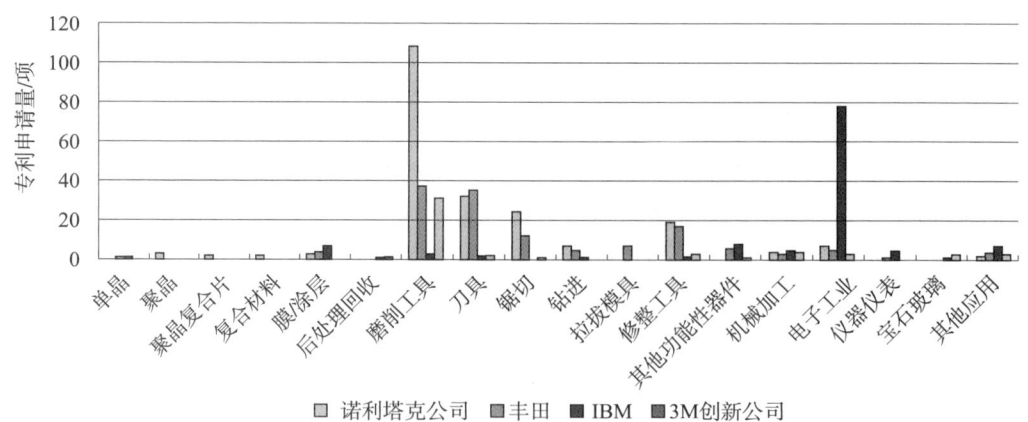

图 16-7 产业新进入者的专利技术布局分析

f. 专利运用的热点方向。专利诉讼、专利无效、专利许可转让等集中的方向通常是热点技术方向。

4. 区域产业发展路径导航

区域产业发展路径导航模块的主要内容是指出区域产业创新发展的具体路径，包括：产业布局结构优化路径、企业整合及引进培育路径、技术创新引进提升路径、创新人才引进培养路径、专利协同运用和市场运营路径等。

（1）产业布局结构优化路径分析

a. 强化产业链优势。对于分析确定为区域产业优势的细分领域和环节，主要通过研发创新、专利布局、技术合作等手段巩固区域产业优势。

b. 弥补产业链劣势。对于分析确定为区域产业链的劣势环节，可考虑结合政策驱动、人才引进、对外合作等加以提升。

c. 填补产业链空白。对于分析确定为产业链的空白领域，视产业结构优化需求和区域资源约束条件，可选择性地采取对外引进、合作等方式进行填补。

d. 防范系统性专利风险。对于产业链重点环节，根据专利储备情况和市场竞争态势，识别系统性专利风险，提出风险应对方案。

【案例16-12】某园区超硬材料产业布局结构优化路径分析

以超硬材料产业专利导航为例，在产业结构优化方面的专利导航路径可以概括为：一是从专利布局的发展趋势来看，产业结构优化总体方向由主要依靠要素投入向更多依靠创新驱动转变，从主要依靠传统比较优势向更多发挥综合竞争优势转换，从国际产业分工中低端向中高端提升。某园区以材料环节为基础，保持单晶和微粉产品和产能的同时，注重大型装备的专利保护，扩大装备的内销和出口。其将研发重点转向高品级单晶、聚晶和聚晶复合片制成的高端刀具、钻具、磨具等制品，出台政策激励区内高校/科研院所与企业合作开展技术跟踪和前沿研究。二是从产业结构比例优化来看，根据国外跨国巨头的技术研发结构，其材料、制品和应用专利的比例基本维持在4∶4∶2。随着产业的技术进步，材料尤其是中低端的单晶和微粉在产业价值链中的比重还会继续降低，这种产业结构比例值得某园区借鉴。此外，产业布局结构优化要根据技术、产品和市场的变化动态调整产业结构比例。

（2）企业整合及引进培育路径分析

a. 企业培育与整合路径。对于处于产业链不同环节的企业，鼓励区域内部整合；对于区域内特定环节具有较强创新实力和发展潜力的企业，进行重点支持和培育。

b. 企业引进与合作路径。对于区域的薄弱或空白技术领域，考虑引进国内外在该技术领域具有领先创新实力的企业或者与其开展合作。

【案例16-13】某园区企业整合培育路径

以某产业专利导航为例，整合、培育、引进、合作的路径可简要概括为以下内容：①整合形成一批具有较长产品链的重点企业，培育其成长为全产业链型龙头企业。②在不同环节存在优势的企业可以开展合作，优势互补，形成以市场应用为需求导向，制品和材料专用化改进的发展模式，开发高端制品以及应用技术和产品，形成优势企业。③特定环节较强的企业可以强强联合，形成特定环节的龙头企业。④鼓励企业通过并购扩大规模，优化资源配置，发挥规模效益。同质化企业采取横向并购，处于竞争优势地区的企业采取纵向并购。鼓励本地企业横向或纵向并购，对于一些同质化竞争激烈的企业可以采取横向并购，凸显规模效益的同时做强具体产业链环节，将产业链做长，打通企业的产业链，提高生产效率。

(3) 创新人才引进培养路径分析

a. 创新人才培养路径。优先支持符合本地产业发展目标的创新人才，鼓励创新人才向关键产业环节集聚；支持具有创新实力、拥有核心专利技术的创新人才。

b. 创新人才引进/合作路径。引进产业薄弱或缺失环节的创新人才；引进具有创新实力、拥有核心专利技术的创新人才或与其合作。

【案例16-14】某产业创新人才培育引进路径分析

以人造金刚石产业专利导航为例，上游高附加值材料环节的人才及团队引进路径可以简要概括为：①单晶、微粉国内、国外研发团队引进或合作潜在对象。具体包括：我国台湾地区的宋健民团队重点研究高品质单晶的制备技术；元素六的特维切、斯卡斯布鲁克、马蒂诺等人对于金刚石单晶的 CVD 制备工艺、金刚石单晶的掺杂及制备不同颜色单晶的研究比较充分等。②聚晶、聚晶复合片国内、国外研发团队引进或合作潜在对象。比如：燕山大学的田永君、王明智团队，元素六的戴维斯、马塞特团队，住友电工的角谷均、佐藤武等重点研究金刚石聚晶烧结技术；住友电工的冈村克己、久木野晓等重点研究 cBN 聚晶烧结技术。③超硬材料薄膜国内、国外研发团队引进或合作潜在对象。比如：南京航空航天大学的左敦稳团队重点开展 CVD 制备金刚石薄膜的制备装置和合成技术的研究。

(4) 技术创新引进提升路径分析

对于区域优势技术领域，可在专利布局优化、专利控制力方面给出提升策略和路径。对于具有一定创新实力，但与世界领先水平相比存在差距的产业环节，可跟踪并预警重点竞争对手的专利技术动向等。分析区域产业薄弱环节的专利风险和潜在技术切入点，提高研发起点和研发效率。对于区域缺失的关键产业环节，分析可考虑引进的专利技术及其来源等。

【案例16-15】某产业技术创新提升路径分析

以超硬材料产业专利导航为例，产业关键技术环节的创新路径可以概括如下：材料环节，聚晶和聚晶复合片为重点，金刚石膜材料为热点；制品环节，磨具、刀具、钻进工具、锯切工具为重点，功能性器件为热点；应用环节，采用磨削工具、刀具、钻进工具、锯切工具等制品制成的成套设备和相应的磨、车、钻、切等加工技术为重点，以功能性器件制备而成的新型光、电、热、声成套装置或产品及制备技术为热点。

(5) 专利协同运用和市场运营路径分析

a. 专利协同运用路径。重点支持区域产业薄弱或缺失环节的协同创新、联合引进、专利协同布局等。

b. 专利市场运营路径。支持区域创新主体运用优势专利资源，组建产业知识产权联盟，开展专利运营。

【案例 16-16】某园区超硬材料产业专利协同运用路径分析

以某园区超硬材料产业为例，其创新优势集中在原材料技术上，例如单晶、微粉和聚晶复合片等；制品环节主要集中在磨削工具、刀具和锯切工具等技术上；而在原材料的膜涂层、表面涂覆、复合材料、后处理回收等技术以及拉丝磨具、钻进工具以及高端应用环节专利布局较少。以上技术可作为未来专利协同运用的重点方向，通过依托行业协会，建立专利协同运用机构（专利池），提供专利导航以及许可、转让等专利运营，提升协同运用能力，发挥专利在市场运用运营中的作用。

四、报告基本框架

```
第一章   绪论
    1.1   项目背景及意义
    1.2   行业现状概述
    1.3   产业链和价值链构成
    1.4   产业发展特点
第二章   专利布局揭示产业发展方向
    2.1   专利布局整体情况
    2.2   产业布局方向分析
    2.3   技术研发热点方向
    2.4   小结
第三章   区域产业发展定位
    3.1   区域产业结构定位分析
    3.2   企业创新实力定位
    3.3   技术创新实力定位
    3.4   专利运营能力定位
    3.5   小结
第四章   区域产业创新发展路径
    4.1   产业结构优化策略
    4.2   企业创新培育路径
    4.3   关键核心技术创新路径
    4.4   高价值专利培育和产业化运营
```

第三节　企业运营类专利导航项目分析报告的编写

企业运营类专利导航项目以提升企业竞争力为目标，以专利导航分析为手段，以企业产品开发和专利运营为核心，贯通专利导航、创新引领、产品开发和专利运营，推动专利融入支撑企业创新发展❶❷。企业运营类专利导航项目与产业规划类项目有机衔接，但又相对独立，可以充分运用产业规划类专利导航项目成果，在产业专利布局态势和竞争格局的基础上开展，也可以直接从企业入手。

一、编写原则

1. 衔接性

企业运营类专利导航分析一般是在产业宏观专利导航分析基础上开展的，对于创新主体具有更加直接的指导意义。因此，企业运营类专利导航项目是产业宏观专利导航的深化和落地，分析报告的撰写应注意与产业专利导航分析报告的整体衔接性和一致性。

2. 重点突破

企业运营类专利导航项目分析报告的编写要抓住重点，集中解决企业迫切关注的难题，围绕目标企业的重点开发产品或技术，加强专利情报信息的深度挖掘，聚焦关键技术难题，跟踪重点竞争对手的创新动向和专利布局特点，对存在的专利侵权风险进行重点排查。

3. 统筹兼顾

企业运营类专利导航项目分析报告的内容要与企业发展阶段、创新能力、知识产权水平相协调，既要尊重事实，又要具有一定的前瞻性和预见性，对企业研发创新和专利布局运营发挥指引作用。

二、编写思路

企业运营类专利导航项目的目标是通过专利导航分析，指引企业将专利创造、保护、运用全链条与创新全过程深度融合，从而提升创新效率，加快企业知识产权资产转化为经济效益，促进企业形成知识产权支撑的研发创新发展模式。因此，企业运营类专利导航分析报告的编写要体现两方面的内容：一是分析成果应给出对重点产品/技术创新的研发策略，规划高效、经济、可行的研发路径；二是分析成果应给出未来创新成果的知识产权保护和运营策略，从市场竞争的角度，规划新产品/新技术转化为经济效益的具体方法途径。

三、报告内容模块

企业运营类专利导航项目报告主要包括3个模块：一是企业发展现状分析；二是企业重点产品专利导航；三是企业重点产品开发策略和路径。每个模块之间环环相扣，模块一对企业的发展现状、环境和定位进行分析，综合诊断企业特征与需求，选定导航项目分析的企业重点产品；模块二围绕企业重点发展的产品，开展核心技术、竞争对手和侵权风险等分析；模块三从企业重点产品开发的基本策略出发，将专利布局、储备和运

---

❶ 王美莉、成胤、刘昊等. "专利微导航"浅析 [J]. 中国科技信息，2016（23）：99 – 100.
❷ 曹洪、李广凯、郑少金等. 专利微导航企业发展应用——以特高压技术领域为例 [J]. 中国发明与专利，2016（10）：80 – 81.

营嵌入产品开发全过程,形成专利运营方案。

1. 企业产品/技术的发展现状

本模块主要目的在于确定专利导航分析的目标产品或技术,通过分析企业的整体发展现状,结合企业的外部发展环境和自身能力水平,立足现状,面向未来,找准定位,明确企业重点发展的产品或产品组合,进一步聚焦分析对象和范围。

(1) 企业现状分析

企业现状分析是分析企业的整体运行情况和创新水平,包括:企业的发展历程、人力资源、盈利能力、产品结构、创新能力等基本情况。企业发展历程可从产品技术换代、企业并购重组、经营模式升级等方面进行分析。收集企业的年产值、年产值增长率、年利润、年利润增长率、人力资源规模等评估企业的经营规模和盈利能力。对企业的主营产品进行梳理,并按照产业链结构进行产品归类,可以了解企业的产品结构。统计企业的年研发投入总额、研发投入占全年营收的百分比、研发人员数量、研发人员占比、新产品销售收入占比、知识产权产出等,可对企业的创新资源和能力进行客观评估。

【案例16-17】某企业发展现状分析❶

在对某企业开展微观专利导航分析时,首先对企业的现状进行梳理。通过发展历程(见图16-8)的梳理看出,该企业经历了从原材料供应商逐渐发展成刀具、高速刀具,再到高端车削刀具供应商的发展历程。近年来推出新产品的周期越来越短,逐渐形成了"原辅材料—触媒—单晶—微纳米粉—超硬复合材料—超硬工具"为一体的PcBN全产业链型企业。

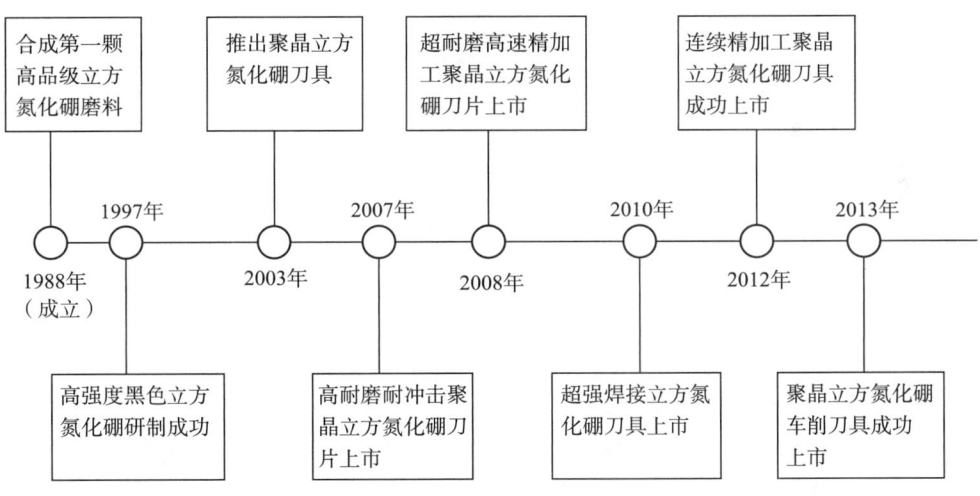

图16-8 某企业的发展历程

(2) 导航分析目标确定

从企业规模、市场份额、创新能力等多个角度综合判断企业整体定位;从产品、技

---

❶ 案例16-17~案例16-23改编自北京国知专利预警咨询有限公司《郑州某企业超硬材料微导航分析报告》。

术等不同方面出发,判断产业发展所处的阶段,比如萌芽期、成长期、成熟期或衰退转型期,分析企业的类型与发展阶段,比如:龙头企业、跟随型企业、新进入型企业等类型。在此基础上,根据企业发展战略和知识产权(专利)战略需求,结合市场发展需求,选定一种产品、一类产品或相关联的产品组合(以下统称"重点产品")作为专利导航分析的目标。

【案例16-18】某企业专利导航分析目标的确定

在对某企业开展专利导航分析时,从其众多产品中选择聚晶立方氮化硼(PCBN)作为重点导航分析的目标,如图16-9所示。相对于其他硬质材料,聚晶立方氮化硼具有更好的红硬性、耐磨性和努氏硬度。聚晶立方氮化硼是高温下硬度最高的物质,具有高耐磨、耐高温、耐腐蚀等优良性能,是加工黑色金属的理想材料。PCBN材料符合高端刀具"三高一低"的发展方向。

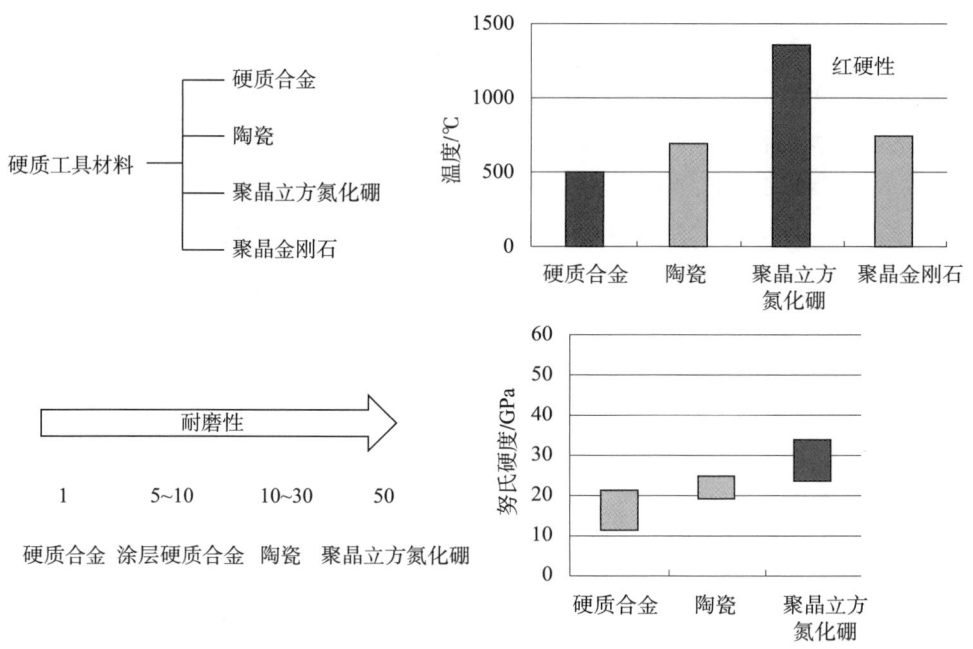

图16-9 多种产品性能的对比

2. 重点产品/技术专利导航分析

企业在明确重点发展产品的基础上,围绕产品相关的关键技术,通过分析产品相关核心专利分布格局,及其对于企业产品开发形成的潜在风险或直接威胁,综合给出企业开发重点产品应该采取的策略和路径。

(1)聚焦核心技术

围绕企业需要重点发展的产品,分析产品相关专利,确定企业改造升级或新开发该产品所需突破或引进的材料、装备、工艺等方面的关键技术。

a. 总体趋势分析。分析全球、中国的整体专利申请趋势,掌握重点产品技术发展的整体趋势;进一步绘制全球、中国的专利技术生命周期图,分析重点产品当前所处的技术生命周期阶段。

【案例 16-19】聚晶立方氮化硼（PCBN）的核心技术问题分析

通过对 PCBN 领域的重点专利技术进行技术发展方向统计分析（见图 16-10），可以发现，有 44% 的重点专利技术关注如何提高 PCBN 刀具的耐磨性，有 29% 的重点专利技术关注如何提高 PCBN 刀具的韧性，二者的总和占 73%。可见，对于 PCBN 刀具，提高耐磨性和韧性是该领域技术发展的主流，是要克服的主要技术障碍。从重点专利技术年代进行统计分析，发现提高耐磨性和如何提高韧性的重点专利申请出现了爆发式增长，说明行业发展的重点更多集中在这两个方向上。

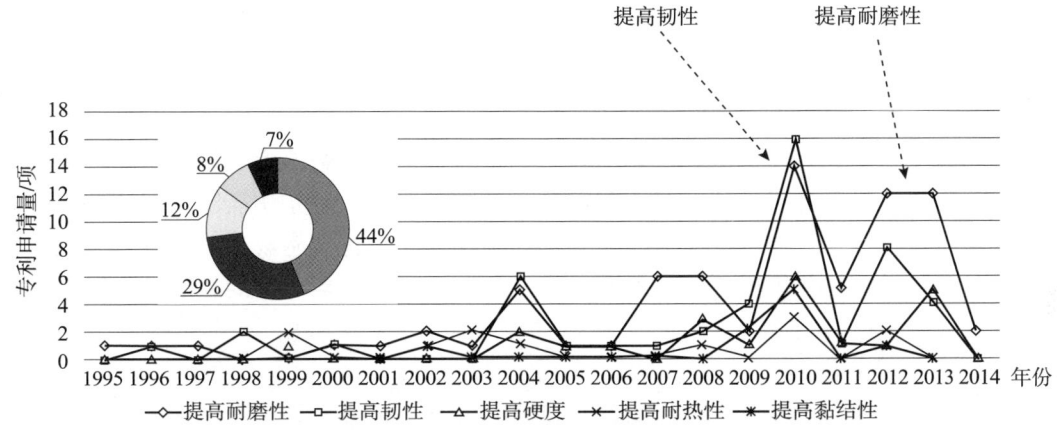

图 16-10 产品重点研发方向的专利导航分析示例

b. 技术构成分析。按照不同技术分支统计分析全球和中国的专利申请趋势，发现目前或未来技术研发的热点技术分支和热点技术方向；同时，从专利申请量排名靠前的技术分支的专利申请量占申请总量的比例，一定程度上分析出产品的活跃技术分支，从中发现核心技术环节。

c. 专利技术活跃度分析。选择合适的分析时段，统计该区间内重要申请人在各技术分支的专利申请量占该申请人累计总申请量的比重，该比重一定程度上反映技术分支的研发活跃程度和申请人的重要程度。

d. 技术功效矩阵分析。根据重点产品涉及的技术分类体系，结合对应的技术功效，形成技术与功效分类的架构，对相关专利进行技术解读、分类标引和聚类分析，统计分析并绘制功效矩阵图表，利用功效矩阵发现技术研发的热点和空白区域。

【案例 16-20】通过专利功效矩阵分析某产品核心技术

通过聚晶（复合片）技术的重点专利功效矩阵（见图 16-11）可以看出，对聚晶（复合片）技术本身的改进是提高韧性和耐磨性的重要方面，具体地，通过调整黏结剂成分、含量和调整烧结体的结构来提高耐磨性和韧性。而对于焊接刀具，则主要通过调整焊剂成分来提高其焊接强度。

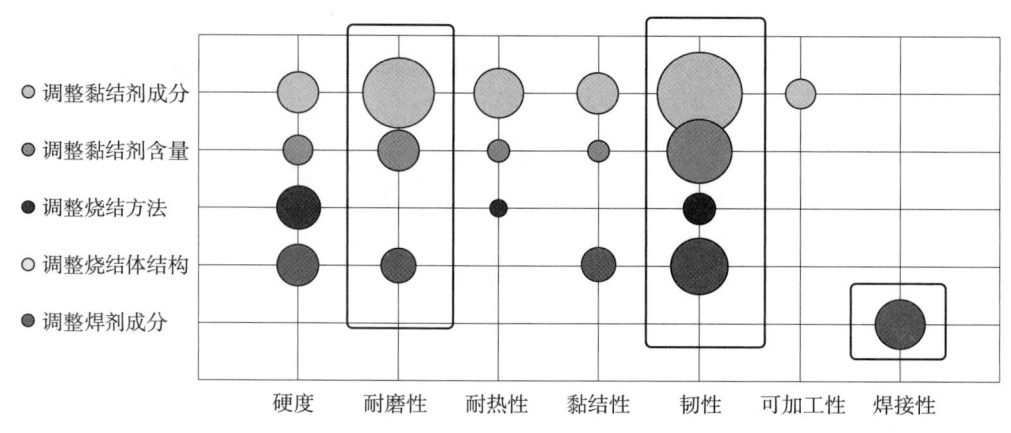

图 16-11 技术矩阵分析示例

e. 重点专利分析。选择权利要求数量、引证和被引证次数、专利同族数量、发生异议（或无效、诉讼及许可转让）情况等组成综合衡量指标，筛选出若干件重点专利，分析重点专利的权利要求技术特征构成和主要发明点，并进行技术解读、标注和聚类，通过对重点专利的统计分析揭示技术发展的关键节点，寻找重点产品的核心技术环节和技术点。

（2）竞争对手分析

围绕重点发展的产品，从产品相关专利主要持有人入手，识别竞争对手，分析掌握竞争对手的技术布局情况，以及运用专利开展运营的策略和习惯等。

a. 竞争对手识别。对重点产品或核心技术相关的专利按照申请人申请量进行统计，从排名情况可以发现专利总量较多的竞争者，这些竞争者有可能就是企业的竞争对手。统计排名前 N 位的申请人的专利申请量总和占总专利申请量的百分比，分析申请人集中程度可以进一步缩小竞争对手的识别范围，同时也有助于分析竞争格局和竞争强度。申请人专利活跃度是指在一段时期内申请人专利申请数量与该申请人专利申请总量的比值，分析申请人专利活跃度有助于识别和锁定当前需重点考虑和及时跟踪的竞争对手。对核心专利或基础专利进行筛选，统计这些专利的申请人情况，从中寻找直接或潜在竞争对手。

【案例16-21】刀具领域主要竞争对手分析

如图 16-12 所示，通过对对标企业技术进行分析，发现 4 个企业各有特点：住友、三菱是行业的巨头，其具有较多的专利数量，以及合理的专利分布，技术比较全面，三菱在焊接刀具方面也有很强的实力，为企业突破专利技术围堵制造了不小的障碍，突破难度很大；山高的关注点在涂层技术，重点是提高耐磨性，在发展涂层技术方面可以借鉴，但也存在强大的突围压力；株洲钻石是国内少有的关注涂层技术的企业，可以利用双方的优势，合作研究适合本企业发展方向的技术。

b. 竞争对手专利申请趋势分析。对竞争对手的专利按照时间进行统计，分析专利申请趋势，得出时间维度上竞争对手专利的产出规律，进而判断竞争对手在重点产品或核心技术上所处的发展阶段，为开展针对性的专利布局奠定基础。

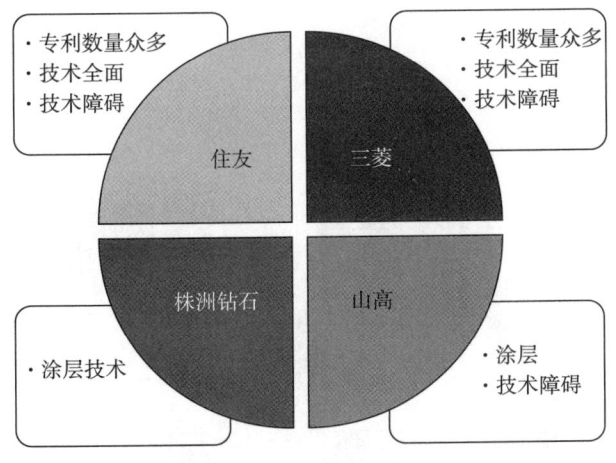

图 16 -12 竞争对手分析示例

c. 主要竞争对手研发方向分析。对重点产品涉及专利的申请人进行统计和分析，发现龙头企业和对标企业，对主要或潜在竞争对手的专利布局方向进行分析，综合判断重点产品的技术热点方向。

【案例16 -22】住友公司在刀具领域重点技术分析

通过对住友公司重点技术（见图 16 -13）的分析，可以发现，住友最关注的是如何提高聚晶（复合片）的韧性。对于涂层，住友早期关注如何提高涂层的耐热性，此后逐渐关注到涂层的韧性和润滑性；到近期，其关注重点转移到如何提高涂层的耐磨性。住友在刀具领域的专利技术全面，聚晶（复合片）和涂层并重，专利布局数量众多，适合本企业在技术研发和专利布局方面学习和借鉴。在未来市场竞争中，住友是强有力的对手，其专利布局的突破难度较大。

d. 新进入者技术方向分析。对重点产品相关专利的时间分布进行统计，寻找近期专利申请较活跃、专利申请质量较高的新进入者，结合这些企业的优势产品和技术，分析新进入者的研发动向，寻找重点产品的技术发展方向。

e. 协同创新方向分析。统计重点产品相关专利申请人的合作申请情况，厘清龙头企业及主要竞争对手的合作申请对象分布，找出合作申请较集中的技术领域或技术分支，以此为基础判断协同创新的重点方向。

f. 专利运营活动分析。当专利权发生许可、转让甚至诉讼时，可能会引入新的竞争者，这些竞争者有可能成为新的竞争对手。分析这些竞争对手围绕重点产品布局的重点专利相关权利变更和许可备案等情况，掌握其专利转让、许可等专利运营动向。

（3）评估侵权风险

围绕企业重点发展的产品，聚焦相关基础性核心专利及其关联专利，评估存在专利壁垒的强弱程度，发现可能的侵权专利，进行技术特征比对，评估侵权的可能性。当重点产品专利侵权风险较高时，深入分析侵权专利的权利要求结构和覆盖范围，评估通过规避设计突破专利壁垒的可行性。

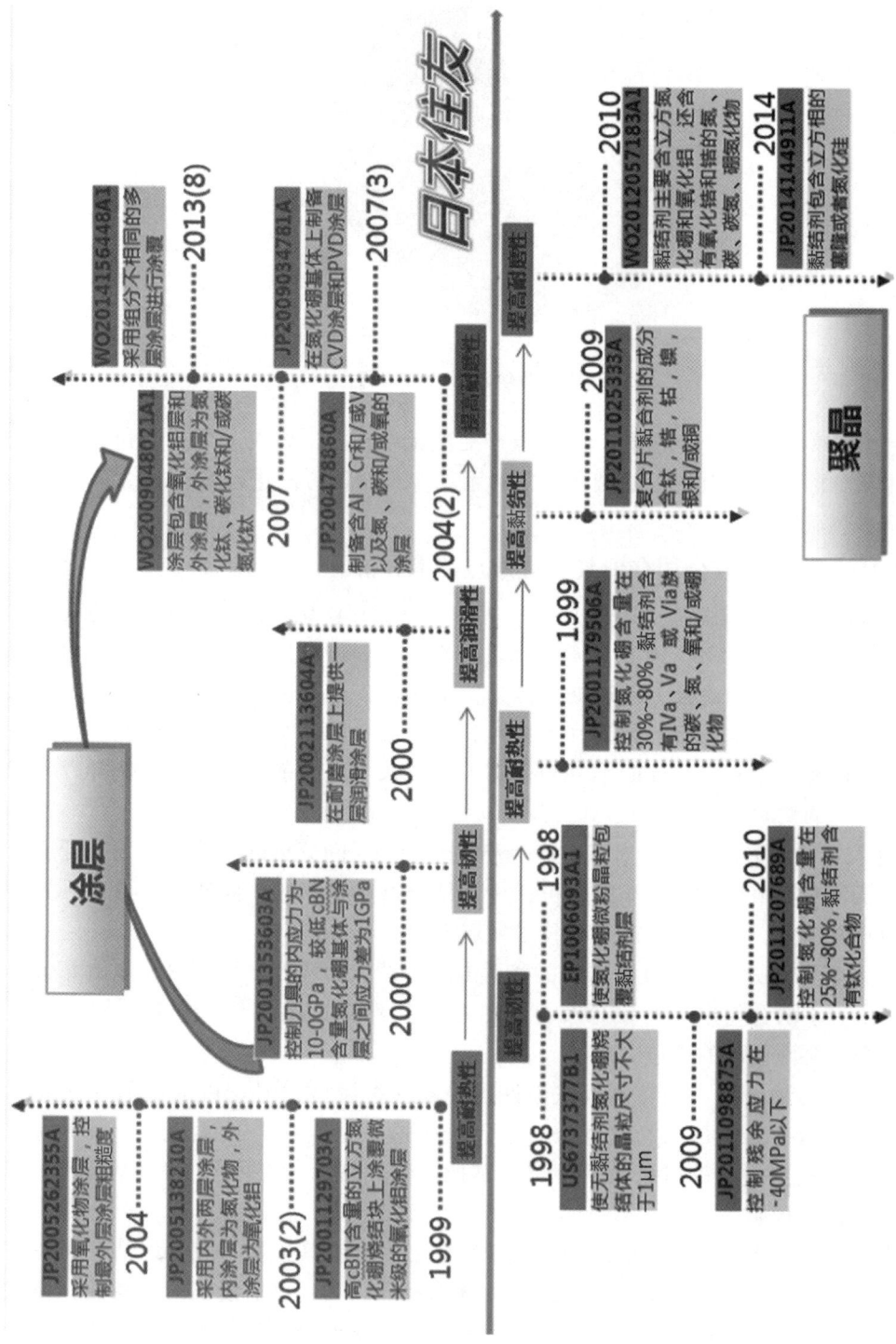

图 16-13 竞争对手技术路线分析示例

【案例16-23】企业应对侵权风险的解决方案

在磨料磨具领域，国外的主要竞争对手是圣戈班、日本则武、日本三菱、韩国浦项制铁和日本昭和电工。其中，圣戈班固结磨具世界第一，涂覆磨具世界第二；而日本则武，在中国市场定位在高速重负荷砂轮。针对国内某磨料磨具公司通过专利分析，筛选出目前有效的且可能对企业构成威胁的专利，从而为企业规避风险。针对上述专利风险的应对措施包括：一是绕开专利权，采用规避技术设计，开发不相抵触的技术方案。在此过程中企业应当弄清竞争者专利权的权利要求范围，研发不同的技术解决方案，或者基于对方的专利技术研发具有更高水平的技术路线，从而绕开对方的专利权保护范围。二是使用替代技术方案。替换的技术特征越多，侵权的可能性就越小，不过替代技术方案应该是具有明显技术效果的方案，而不是"变劣"的技术替代方案，否则仍有遭受专利风险侵害的危险。三是加强企业自身的专利储备，大量开发研究外围的技术方案，提升企业自身的专利抵御能力，特别是当竞争对手拥有难以回避的基础专利时，企业可以通过开发外围专利技术来围剿基础专利，从而实现自己的技术、生产和经营目的。

3. 重点产品开发策略及路径分析

该模块在对重点产品专利导航分析的基础上，结合企业发展的现状，给出企业重点产品的开发策略。该模块将专利的布局、储备和运营等环节融入产品开发的全过程中，提高重点产品的创新效率和运营效益。

（1）重点产品开发基本策略

基于以上对核心技术、主要竞争对手和专利风险的分析，为企业指明重点产品的开发策略，具体包括：

a. 自主研发策略。对于具有一定研发优势的关键技术，通过专利信息指引，优化研发创新方向，提高研发起点和效率。

b. 合作研发策略。对于具有一定研发基础的关键技术环节，可以结合上述重要申请人分析，通过专利信息指引，寻找合作研发的对象，开展合作研发或订单式研发。

c. 技术引进策略。对于缺乏研究基础的关键技术环节，可以结合上述核心专利分析结果，通过专利信息指引，寻找待引进或获得许可的专利技术，探索引进消化吸收再创新的研发思路。

【案例16-24】某企业重点产品开发策略

通过对某企业PCBN刀具重点产品的专利导航分析，提出该产品的创新策略（见图16-14）。其可以归纳为"1+2+3"发展策略，即围绕1类产品，重点提升2个关键性能（高耐磨性和高韧性）、重点突破3项关键技术（聚晶技术、焊接技术和涂层技术）。

（2）专利布局策略分析

在分析企业现有专利储备格局的基础上，结合企业发展现状和重点产品开发策略，围绕企业产品和技术发展目标，优化企业专利布局策略。

a. 专利布局基础分析。根据企业技术链、专利链的整体梳理情况，分析企业现有专利数量、专利类型、专利技术范围、专利申请时间分布、专利法律状态等，掌握企业专

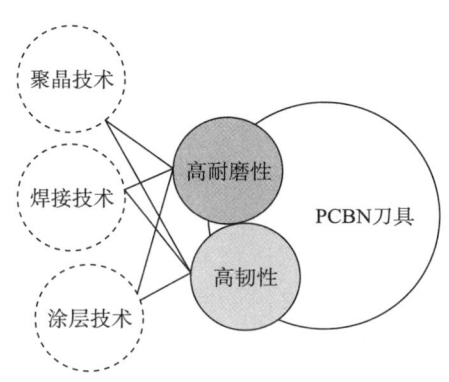

图16-14 企业产品开发策略示例

利布局数量、质量以及保护现状。在企业专利布局整体和分类分析的基础上，对企业专利实力与企业产品开发、技术研发和市场拓展等方面实力或需求的匹配度、支撑度进行分析，评价企业专利布局与市场经营协同情况，是否滞后或偏离等。

b. 专利布局方向指引。在企业专利布局定位分析基础上，结合技术发展热点方向，从补原有短板、强现有布局、谋未来储备3个方面，分析企业专利布局的重点。对于原有专利布局，从对标企业分析入手，借鉴对标企业专利布局策略，着眼企业现有专利链，立足"补链强链"，找准原有专利布局的短板；对于现有技术布局，围绕企业在研技术，结合技术发展方向，规避专利侵权风险，优化技术路线，按照产品开发策略确定的自主研发、合作研发或技术引进方式，明晰专利布局重点；对于前瞻专利储备，在把握技术发展热点方向的基础上，结合企业技术链结构和重点产品开发策略，分析下一代或中长期储备的预研技术及专利储备重点。

c. 专利布局策划与收储。策划、实施好企业专利布局，是将企业创新能力转换为市场竞争优势的关键；专利收储是专利布局的有益补充，通过专利收购或获得许可，突破自主创新的瓶颈，快速完善企业发展所需的专利储备。根据重点产品的不同开发策略，企业专利布局的着力点不同。

对于采取自主创新策略的重点产品，企业应围绕重点产品加强前瞻专利布局，提高对未来产品的需求引导和市场控制力。

对于采取协同创新策略的重点产品，企业应围绕重点产品加强对原有专利布局的整合与优化，汇聚和梳理不同合作对象的已有专利资产，通过协同创新体系内专利共享的方式，整合形成一批足以支撑重点产品市场拓展的专利布局，并在协同创新过程中进一步补强专利布局。

对于采取引进消化吸收再创新策略的重点产品，企业应围绕企业技术链的薄弱环节，明晰企业专利收储的重点领域，通过专利分析，识别专利收购或获取许可的对象，综合评估拟收储专利的质量和价值，进行自主研发与收储的成本分析，最终确定采取购买、许可或企业并购参股等方式获取专利权或其使用权的收储策略。

【案例16-25】某企业专利布局规划方案

在对某企业进行专利导航项目分析时，帮助企业围绕重点产品规划专利布局方案：

一是专利布局时间，在初期应当适当布局一些基础性专利。如磨料、结合剂方面，对于工艺中的气孔、烧结技术可以暂时作为商业秘密来保护；在制备砂轮的装置以及磨削装置上进行一定量的布局。二是专利布局地域。可以围绕竞争对手的专利，重新规划自身的专利布局，将专利布局延伸到日本这个精密砂轮最重要的产出与输出国，并围绕日本已存在的重点企业的重点专利进行专利布局。三是专利布局技术。从技术维度看，布局重点放在树脂结合剂与其他类型的结合剂的配合上。原料组分方面，从单质化合物的氧化物/碳化物入手进行布局；烧结技术方面，改善砂轮磨粒的紧固性和控制气孔则是主要布局方向。

(3) 专利运营方案制定

a. 现有专利分类评级。基于上述企业专利布局基础分析成果，从技术领域或产品应用等角度，对企业存量专利进行分类，并按照技术结构关系和专利保护范围等，对基础专利、核心专利、外围专利等进行分类。

按照专利价值分析指标，从法律、技术和经济 3 个维度，对专利或专利组合进行价值评级，评级结果作为后续资产处置、管理保护或发明人奖励等的依据。

b. 专利资产管理方案。按照企业无形资产会计核算和处置的规定，以存量专利资产分类评级结果为基础，结合企业产品、技术和财务等规划，对专利资产予以有效运用、合理处置，分类形成专利失效、转让、许可等有针对性的管理与处置措施。

c. 专利资本化运营方案。从企业融资、投资需求出发，以专利资产为基础开展质押融资、投资入股等，实现专利资本化。一是质押融资，根据企业发展的资金需求，分析企业专利质押的融资成本和当地专利质押融资相关扶持政策，确定企业是否采用专利进行质押融资，并基于专利分类评级的梳理结果，合理选择用于质押的专利包。二是投资入股，根据企业发展定位分析结果，从企业整体生产经营策略出发，选择具有市场前景的优质专利技术，可以采取专利权作价入股的方式，投资设立新的企业实体，引入所需相关产业资源，加速技术熟化和产品开发。

【案例 16-26】某企业重点产品的专利运营方案设定

将涉及某产品的核心技术进行专利布局，形成专利组合。寻找专利技术相关的专利申请主体，并根据技术的依赖程度和地域的不同，给出了不同的运营方式。对于该技术依赖性较大的本地企业，可以采取交叉许可，建立专利同盟，扩大区域优势等方式；对于国内大学、科研机构，可以建立产学研协同运用体系；对于国内其他地域的企业型创新主体，可以采用许可或交叉许可等方式；对于国外申请人，需要综合使用排查、跟进、规避，以及收储、交叉许可等方式。

四、报告框架

第一章　概论
　1.1　项目背景
　1.2　导航分析目标
　1.3　导航分析方法

第二章 重点产品/技术核心技术分析
   2.1 核心技术发展方向
   2.2 核心技术突破路径
   2.3 关键性专利解读
第三章 重点产品/技术竞争对手分析
   3.1 竞争对手分布
   3.2 主要竞争对手分析
第四章 重点产品/技术侵权风险评估
   4.1 专利壁垒分析
   4.2 专利侵权风险分析
   4.3 专利可规避性分析
第五章 重点产品/技术开发策略与路径
   5.1 产品开发总体策略
   5.2 产品开发路径指引
      5.2.1 技术突破路径
      5.2.2 协同创新路径
      5.2.3 研发团队/人才配置
      5.2.4 专利布局路径
      5.2.5 专利运营路径
      5.2.6 专利管理体系建设

第十七章　企业典型需求专利分析报告撰写

专利数据，是专利申请人/专利权人申请专利以及运用专利的行为记载；专利数据具有排他属性、资产属性、成本属性、数据属性以及产业化属性等，且不可切割。因此专利数据在企业各个经营环节以及场景中都可以发现其痕迹，且各个属性可能同时发挥作用。本章主要基于专利数据属性与企业关系，运用"以需求为中心的专利信息利用流程"，针对企业专利风控报告、专利布局报告以及专利战略分析报告三种典型报告，重点阐述企业典型需求与专利分析关系、专利分析思路和逻辑流程、企业典型需求与分析报告间关系、企业典型需求分析报告的案例、报告框架和注意事项等。

第一节　围绕企业典型需求的专利分析报告类别

一、企业典型需求与专利分析的关系

专利数据是专利申请人/专利权人申请专利以及运用专利的行为记载，其背后拥有丰富的技术和市场情报内容。因此，在企业经营各个环节以及场景中，我们都可能看到专利信息利用的痕迹。

1. 企业各个部门对专利信息的需求

从企业各个部门的角度，来看看哪些情景下可以运用专利信息帮助解决问题。

（1）R&D 部门

公司的 R&D 部门可以利用专利数据及分析结论选择研究和发展的技术路线，获得技术启发，了解竞争对手的技术发展趋势，挖掘合作伙伴及人才，识别技术风险以及知识产权风险，借鉴他人专利布局做好自身知识产权保护等。这样既能避免浪费研发性投入同时又能把握市场需求，既能识别风险、管控风险同时也能完善自身技术成果保护。

（2）知识产权管理部门

企业的知识产权管理部门可以利用专利数据获得"更广泛而强大的排他权"，同时控制知识产权风险。例如，专利撰写通常需要与相关现有技术（专利）比较，争取最大保护范围；技术成果权利化过程，需要参考他人的专利布局（例如产业上下游、可替代方案等）和专利运用经验，扩展自身的专利布局、完善自身专利保护，获得更广泛的排他权；在企业经营活动中，需要进行专利风险点识别以及评估，提出风险管控方案。

(3) 许可部门

从他人那里引进专利时，许可部门可以通过专利检索分析获取目标专利，会使用专利数据构建基础评价环境。运用专利分析方法搞清楚目标专利的技术地位，是否还存在其他具有明显影响力的类似专利，以及是否存在影响目标专利稳定性的在先专利。

向其他人提供专利时，需要对自身专利进行分析（包装），使专利（组合）价值显性化。在专利许可和交易过程中，通过专利相关数据分析预判某公司最有可能接受的许可费/转让费报价。

(4) 打假、诉讼部门

市场上出现假冒或侵权产品，不仅会对公司造成不利影响，也会损害该公司的市场秩序和商业信誉。打假、诉讼部门需要对侵权行为进行监控，其中一种方式就是通过专利检索分析寻找潜在的侵权方。

(5) 战略部门

知识产权战略应当匹配企业经营战略，因此在制定企业经营战略以及知识产权战略时也需要相关的专利信息和情报作为决策支撑。

在制定企业经营战略时，可以通过专利数据分析确定全球市场网络的专利布局情况，了解新进市场的竞争情报以及技术情报（例如利用波特五力分析、PEST分析、SWOT分析等模型），获知当地市场需求和专利保护司法环境，以及合作伙伴和竞争对手的知识产权实力和布局情况等，这些对制定公司战略非常重要。

(6) 人力资源部门

在人力资源部门，专利分析可用于寻找合适的技术、法律和专利实务人才，还可以用于人员培训的方案制定和研究人员的绩效评估。

在人才引进时，可以通过专利数据发现、挖掘本领域适合本公司的相关人才；也可以利用专利数据评价受聘人员的技术水平以及技术原创性等。培训技术人员进行专利数据检索以及绘制其各自技术领域的专利地图，可以帮助研发人员获得本领域的技术情报和竞争情报。在评估技术人员的能力时，可以使用专利数据对目标人员与公司同事或者行业从业人员的能力进行比较。

2. 围绕企业典型需求的专利分析思路

用户真正希望需要解答的问题才是需求，才是专利信息利用的目标。在逻辑上，专利信息利用流程应该围绕如何更好地接近需求而展开，这正是专利信息利用所遵循的新的实践方向。图17-1以用户需求为中心，通过需求确定要解决问题的目标，以此为导向，展示专利信息利用的思路及步骤。

(1) 情景。用户也许无法描述出真实需求，此时不妨在挖掘需求之前多了解这个事情的起源以及背景。服务方可以通过用户描述所遇到的情景，与用户一起梳理挖掘真正的需求，以及真正要解决的问题。服务方有时需要透过情景所涉及的用户相关人员，更全面真实地了解情景，获得充分信息，再与用户一起确定需求。

(2) 用户需求。在调研大量基础信息的基础上，诊断用户面临什么情况；与用户一起来确定要达成的目标，并将所要达成的目标分成轻重缓急次序；再针对不同目标，思

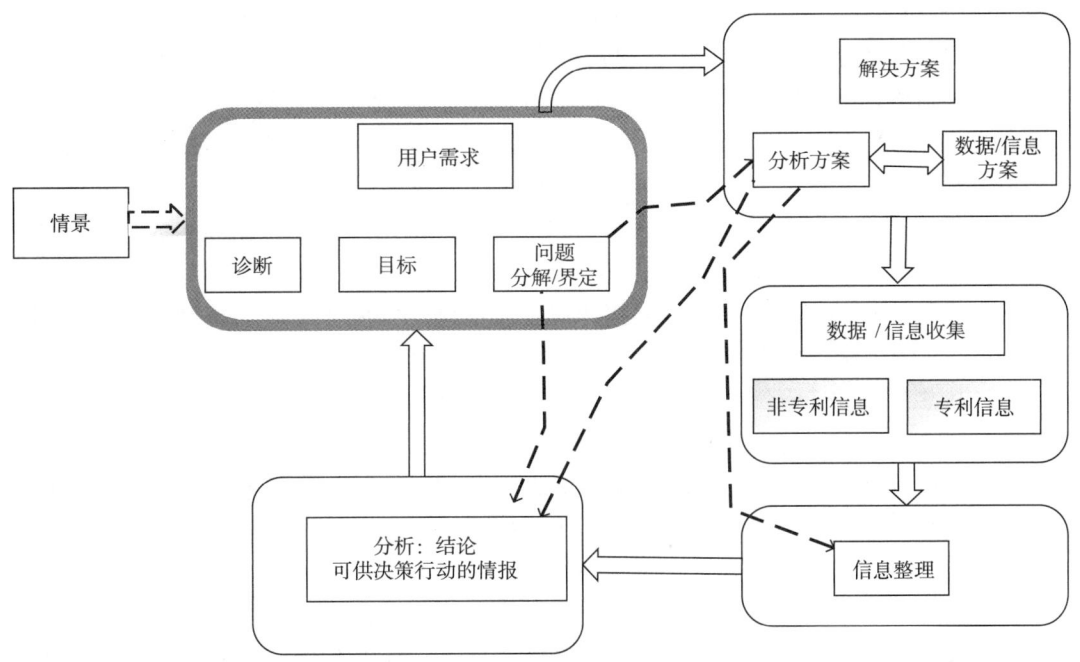

图 17-1 以用户需求为中心的专利信息利用流程

考要达成该目标需要解决哪些问题,哪些问题能够解决,哪些问题不能解决,即分解以及界定问题。

(3) 解决方案之分析方案。根据分解以及界定的问题匹配分析方案,分析方案就是为解决所界定问题设计的一系列分析任务或者模型。因此,即使界定问题相同,但是分析任务也未必会都一样,可以有多种选择(可选择专利信息分析,也可以选择非专利信息分析,或者二者融合)。宗旨是,分析任务/模型能够准确回答所分解的问题即可。当然,对于一个界定问题,如果备用多个分析任务的话更好,利于验证分析结果正确与否,也利于根据可操作性等问题进行调整选择。

(4) 解决方案之数据方案。当确定了分析方案以及所包含的分析任务时,其实对应分析任务的数据方案就确定了。数据方案包括数据样本来源、数据样本获取方式、数据样本整理以及加工。数据方案的内容其实也是与用户需求中所界定的问题有对应关系。也就是说,用户需求目标下界定的问题,在数据方案中也能体现。当然,如果发现所涉及的分析方案中分析任务所需要的数据不可获取,或者获取难度大、不易加工整理等,此时则需要调整分析任务及数据方案。但是调整分析任务也是根据对应的所界定的问题来调整,并不是随意调整。无论是分析方案还是数据方案都是为了回答所界定的问题,为了达成用户目标,为了解决用户的问题。实际上,解决方案的制定过程也是需要用户一起参与的。

(5) 执行方案。执行方案与制定方案的顺序正好逆过来:根据数据方案,获取、整理、加工数据/信息,最终获得分析数据样本,并根据目标以及分解的问题进行调整(即判断数据样本是否满足目标和要解决问题的需求,若不满足,则需要进行相应的调整）；根据分析方案，对数据/信息样本进行加工和整理，并根据目标以及分解的问题进行调整（即判断数据/信息加工和整理是否满足目标与所分解的问题，若不满足则需要进行相应的调整）。执行方案属于单纯操作方面，是传统专利信息利用流程所熟悉的，与其不同的是执行方案要时时关注和回顾界定问题以及要达成的目标，并且经常与相关干系人尤其用户沟通互动，补充、纠偏、调整执行方案。

（6）最终产品。将最终产品呈现给用户，与用户讨论分析是否能够达成目标并解决问题，否则需要纠偏、调整。

（7）值得注意的是，如果一开始需求确定不准确，则服务方容易出现项目范围不确定、需要返工等风险，这些则需要项目管理知识来操控。

（8）要想保证每个环节参与人都能关注目标、界定的问题或者相关调整，则需要领导组织。该领导组织使这个流程运转起来：创建、共享并维持目标。

这个流程由于确定了用户需求以及要解决问题的目标，这样就使得所有参与者可以共享该目标，并参与到所有流程环节中。所有参与者是指利益相关方或者项目干系人（尤其是用户方），包括：洽谈人员、方案制定人员、数据收集人员、分析人员、用户方经办人、用户方配合人员、用户方情报使用者等。

由于这个流程对于所有干系人共享并聚焦用户需求以及相关目标，则相关干系人会集体向这个目标导向努力：提出自己的意见、需求和方案等。整个团队都为专利信息利用的最终产品负责。

由于不同于传统专利信息利用流程的单向线性，本流程是一个包含许多反馈回路的网络流程。各个环节都会正向反馈回顾用户的需求（目标以及问题），时时纠偏，由此保证最大可能地满足客户需求。

由于用户相关干系人也会参与本流程，则专利信息利用的最终产品更有可能被采纳为决策参考。

二、针对企业典型需求的三类专利分析报告及内在关系

1. 企业进行专利信息利用的典型场景

提到专利信息利用典型场景，还是需要回归到专利信息的基本属性。就像医生开处方和营养师搭配营养膳食一样，需要了解药物与食物本身的属性和成分，这样才能有针对性地给出合适处方和营养搭配。我们了解专利的基本属性，也就会判断出来：专利信息能够关联到企业哪些环节，能够参与解决哪些问题，与哪些数据搭配一起解决问题等。从另一方面来说，专利数据不是万能的，不能解决所有问题，就像没有万能药一样。

专利数据具有以下几个方面的属性：

（1）专利，作为专利权，是一种无形资产，具有排他属性（也是专利数据法律属性的根源）、时间属性（一段时间内拥有排他权）以及地域属性（在哪个国家申请就在哪个国家获得保护）。因此专利权是一种垄断性竞争资源。越来越多的企业、政府以及投资者关注到专利权是垄断性竞争资源，例如硅谷创投教父、PayPal 创始人彼得·蒂尔在

《从 0 到 1》❶ 一书中提到垄断企业的特征之一即专利技术；世界知名评级机构晨星公司同样认为包括专利在内的无形资产是投资的护城河❷。无论是专利申请行为还是专利运用行为，都会存在对排他属性的诉求以及地域性和时间性限制条件的考虑。

（2）专利，作为数据，是一种信息资源载体。专利是技术成果权利化的一种方式，使专利成为技术载体，留存着技术的历史脚印，这让其具有技术属性，也让其成为非常重要的情报数据资源。专利具有地域性，根据专利布局地区，可以挖掘相应市场情报，当然市场情报不仅仅来源于专利地域性。

（3）专利，产生过程消耗很多成本。技术成果的载体一种是产品/服务，另一种是技术成果权利化，即形成专利。技术成果权利化的过程会耗费一些必然成本，例如知识产权管理成本、代理费、官费、年费等。另外，每项技术成果如果想保护完备，需要申请若干件专利构成专利组合，并在各个国家/地区（专利保护地域性）去布局相应专利族。专利量越大，意味着专利权人/申请人支付的成本就越高。从成本角度来说，有时企业的专利布局可以定位成奢侈品。

（4）专利，大部分申请人/专利权人是企业，这样意味着专利数据很大程度上代表着技术产业化程度。如果与科技文献数据结合使用，还可以分析出技术理论与产业化的关联。

鉴于专利存在这些属性，常常会发生如下这些情景（有一定必然性）：

（1）从专利排他力量积累角度：扩大本公司拥有的专利排他权给竞争对手公司带来的影响，相反缩小竞争对手公司/其他合作伙伴拥有的专利的排他性给本公司带来的影响，都是强化专利资产的重要手段。例如，公司研发一个新项目或者开发新产品，如何更完善地保护技术成果？用专利保护还是技术秘密保护？在什么时候提出专利申请合适？公司可能要求制定未来几年的知识产权战略与规划，如何制定呢？每年专利申请量规划依据什么进行制定呢？另一方面，从竞争对手角度而言，竞争对手公司拥有重要技术专利权时，如果替代技术获得专利权或者对竞争对手核心专利进行周边专利布局则能够稀释竞争对手的专利资产，并在提高本公司专利资产的过程中发挥巨大作用。这也是本公司专利风险管控的一部分方案。

（2）从专利权稳定性角度：如果本公司拥有的专利在有效性方面存在问题，那么即使该专利想要保护自己的经营业务，也发挥不了作用。因此，不仅要评估排他力量的范围，还要对该专利的有效性进行评估，而这一点也较常见。专利稳定性分析在专利运用时（诉讼、许可、并购等）常常遇到。

（3）从经营风险角度考虑：除了要注意本公司拥有的专利作为竞争对手的经营壁垒能发挥多大程度的阻碍作用外，更应该注意本公司业务是否可能侵犯竞争对手公司的专利权。不仅要考虑与经营相匹配的专利资产积累，同时也要考虑经营的安全性：本公司业务和产品是否侵犯竞争对手的专利权？竞争对手知识产权是否影响本公司技术自由实

---

❶ 彼得·蒂尔，布莱克·马斯特斯. 从 0 到 1：开启商业与未来的秘密［M］. 高玉芳，译. 北京：中信出版社，2015.

❷ 希瑟·布里林特，伊丽莎白·柯林斯. 投资的护城河：晨星公司解密巴菲特股市投资法则［M］. 北京：人民邮电出版社，2016.

施以及是否能够顺利切入市场？因此即使本公司拥有非常重要的技术成果，也要对专利风险进行识别和管控。如果切入新技术领域、切入新市场，或遇到新项目研发、并购、IPO等重大经营决策，那么专利风险识别以及评估都是必要的。

（4）从商业生态角度考虑：为了更好地运营业务，行业领先者或者行业上游企业会努力构建商业生态，例如谷歌安卓操作系统以及新材料公司等。为了运营好生态平台，其专利资产不仅要关注本企业以及竞争对手，还要关注上下游专利生态。

不同的商业生态具有不同的阶段：例如开放专利资产吸引上下游企业，或者积累相关专利资产保护上下游企业。例如，特斯拉产业化初期还未形成规模，开源自己的专利资产，旨在吸引上下游企业参与到特斯拉技术路线中来，形成商业生态。又例如，谷歌通过收购通信领域专利，储备该领域专利资产，旨在支持使用安卓操作系统的企业，帮助管控安卓操作系统使用者的专利风险，使得安卓操作系统商业生态得以持续。这种情景下，专利信息分析不仅仅局限于某个特定企业，还要关注其生态周边。

在不同行业中具有不同的专利生态：在机械、IT等产业中，企业拥有较多数量的专利，可以确保能有切入市场的资格；但是由于产业内专利数量巨大，也就没有一家企业可以垄断积累所有专利权。因此，一家公司要想独占产品制造方面的专利是极其困难的事情，一般要通过交叉许可来确保彼此间的产品制造和销售。在这种情景下，单件专利带来的风险可能没有想象的大。上述领域专利风险分析不仅专利申请数据重要，专利使用数据也非常重要。但在化学、医药等产业，如果一家企业拥有一件药物化合物专利，那么可能在此单件专利的基础上制造产品。由此，专利和产业领域之间密切关联，利润大的业务领域里专利排他力量大，专利价值高，带来的专利风险也大。

（5）从情报角度考虑：专利是技术信息、市场信息载体以及专利申请运用行为载体，因此通过分析，可以获得技术情报、细分市场情报、专利申请情报以及专利运用情报。

例如企业为了应对一家NPE（非执业实体），则需要对该NPE拥有专利情况、专利申请情况、该NPE诉讼许可情况、赔偿额以及许可费率情况等进行分析，获取相关情报，以便企业作出专利风险管控决策。

例如一家企业研发出新材料，则需要利用专利数据对各个细分下游应用市场作出分析，寻找下游细分产品以及潜在合作伙伴等。

（6）从成本预算角度考虑：从年度预算角度，企业知识产权相关部门也一定需要制定专利获取、管理、运营、风控的预算；同时需要规划在有限的预算下如何获取更有价值的专利资产。这样落实到每一个目标主题专利布局，同样会遇到预算问题。例如给一家区块链企业做核心技术专利布局，则需要结合政策、各国官费及代理费等进行费用预估。当面对专利风险时，也需要进行费用评估，例如许可费评估、诉讼赔偿评估、律师费评估等。

综上，专利数据有多方面属性，且不可切割。在某个场景下，专利多个属性都在发生作用，因此也需要同时从多个属性的角度进行分析。

2. 典型专利分析报告的内在关系

在切入新市场这个场景下，技术路径的选择，涉及利用专利信息获取技术和产业化情报；评价合作伙伴，利用专利数据可以分析出合作伙伴的专利资产排他能力、风险管控能力、技术实力以及核心技术人员等情报;新市场知识产权风险识别、评估以及处理则是以专利风控为重点;切入新市场的知识产权战略,涉及公司战略层面;在新市场环境下,某个技术路径落地过程技术成果如何完善布局,则重点在于专利布局。由此可见,在公司某个经营场景下,经常会同时遇到专利信息利用报告的类型,即情报、风控、布局以及专利战略。

① 情报。通过专利信息可以获取市场、技术、竞争、专利、合作、产业链等情报。例如技术情报,通过专利信息可以梳理技术发展趋势、路径、关键技术、技术掌握者、产业化程度、技术创新评价、知识产权壁垒、技术启示等重要信息;竞争情报,则可以通过专利信息利用波特五力模型分析同行业内现有竞争者、潜在竞争者、替代品、供应商及购买者。

② 风险管控。通过专利信息可以识别以及评估技术风险、专利风险、上下游产业风险、供应商风险及成本等,以及评估风险管控能力,并且进行风险分级应对:转移、减少及清除这些风险。

③ 专利布局。根据商业目标,确定布局目标,通过自身已有专利布局、竞争对手专利布局分析,以及技术调研分析,运用头脑风暴会等方式获得提案点,筛选提案点,根据目标确定专利组合,构成可预期的专利布局。

④ 专利战略。通过专利信息以及行业信息、企业发展战略信息进行"向外看""向内看"及"向前看",通过综合对比来定位该企业的专利价值,从而制定符合经营战略的专利战略,形成专利积累规划/布局、情报、风险管控等战略措施。

不同类型专利分析的关系如图17-2所示,鉴于专利多面属性同时发生作用,因此不同类型专利分析报告是彼此关联的,分析结论互为输入输出关系。不同类型分析报告有时也会出现在同一经营场景中,作为一整套解决方案。

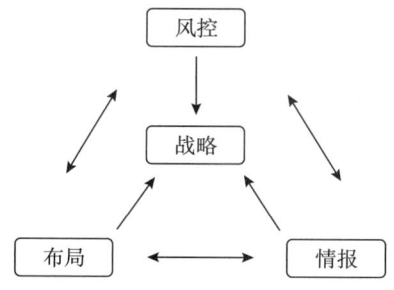

图17-2 不同类型专利分析的关系

以下我们通过假定一个经营场景,来直观理解不同类型专利分析报告结论的内在关系。

【案例17-1】经营场景——技术升级换代

A企业为一家LED企业,是产业的中游,提供LED照明解决方案。研发战略中想切入一项新LED技术,该新LED技术会涉及不同技术路径选择。对新LED技术进行初步调研,包括:新LED技术产业化程度、参与者、技术拥有者、专利分布以及纠纷情况;A企业技术路径选择倾向以及目标等。根据调研,制定专利整套解决方案(见表

17-1~表17-4）。

目标：A 企业定位于安全运营（不因专利问题拖市场后腿）的专利战略，子目标分解（根据实际情况制定优先级）为：

（1）A 企业需要全面保护创新成果，科学完善专利布局；
（2）目标市场专利风险管控；
（3）与专利战略匹配的知识产权管理方案。

表 17-1　情报方案示例

情报方案	方案内容	解决的问题	报告类型
新 LED 技术调研	目标市场新 LED 技术参与者以及新 LED 技术调研	确定目标市场中技术研发标杆企业及目标市场主要竞争对手，掌握新 LED 技术发展趋势	技术竞争情报（非专利信息）
	A 企业已有新 LED 技术调研	核心产品及新技术关联	
竞争对手新 LED 技术专利调查	竞争对手新 LED 技术领域专利布局状况	了解竞争对手在该技术领域的专利实力	技术竞争情报（专利信息）
新 LED 技术目标市场专利侵权诉讼调查	该技术领域专利诉讼活跃度	掌握涉及专利诉讼的具体技术、专利权人性格、典型专利诉讼等信息	专利诉讼情报（也可与专利许可情报联合使用）

表 17-2　专利风控方案示例

风控方案	方案内容	解决的问题	报告类型
专利风险点识别	A 企业的产品以及新技术路径与竞争对手专利的相关性分析	筛选、识别侵权风险点/潜在风险点，以及风险分级	风控报告（其中，技术竞争情报、诉讼情报是风控报告的输入）
风险评估	参考专利诉讼情报（以及专利许可情报），研究专利权人的诉讼动机，根据赔偿额度、竞争激烈程度等评估风险等级	对风险分级，找出风险可控方案	
风险应对	风险分级以及应对方案		
其他维度专利风险识别以及管控	调研采购、市场、展览等环节风险管理情况（例如合同、供应商管理等）	识别其他环节专利风险以及训导相关人员的专利风险意识	风控报告

表 17-3 专利布局方案示例

布局方案	方案内容	解决的问题	报告类型
自身专利布局诊断	A 企业现有专利布局是否能够保护目标市场的核心产品；A 企业现有专利布局能否与竞争对手技术与产品关联	自身专利排他能力评估	布局报告 （其中，技术竞争情报、风控、战略是布局报告的输入）
针对竞争对手专利的考虑	从竞争对手出发，根据目标竞争对手的专利布局、风险评估，LED 新技术的技术发展趋势及 A 企业的经营战略进行专利布局	竞争对手排他力量评估以及借鉴他人专利布局	
针对自身技术成果布局的考虑	从 A 企业新 LED 技术成果以及预研方向出发，进行专利挖掘布局	输入上述各个专利布局模块信息，更全面完成自身技术专利布局	
其他（省略）			

表 17-4 专利战略方案示例

战略方案	方案内容	解决的问题	报告类型
诊断	针对该技术，从行业、技术、自身经营战略、专利等维度向内看、向外看以及向前看	诊断自身专利排他能力是否与 A 企业经营战略相匹配以及主要存在哪些方面的问题	战略报告 （其中，技术竞争情报、风控、布局是战略报告的输入）
战略制定	根据诊断报告，明确专利战略目标，并匹配相应专利积累规划、风控规划以及知识产权管理方案等	解决与经营战略匹配的专利战略以及知识产权管理方案	
其他（省略）			

从这个技术升级换代的经营场景中，我们可以看到不同类型的专利分析报告：情报分析报告、风控报告、专利布局报告以及专利战略报告，且彼此作为信息的输入输出。其输入输出关系看起来是单向的，但实质上它们互为输入输出关系。例如，专利风控处理过程可能带来新的情报需求，这时专利风控就可以作为情报输入。项目操作实践中，为了方便，可从一个类型报告切入，例如从专利情报开始。不同经营场景实践中，每个类型都有可能成为切入点，或者作为单独的需求存在。

第二节　企业专利风控类分析报告

一、情景与方案

企业风险又称经营风险，国资委对企业风险的定义[1]是"未来的不确定性对企业实现其经营目标的影响"。从影响结果来看，企业风险主要指未来不确定性对企业经营可能造成的不利影响，风险管控就是对企业风险进行管理控制的行为。在现代企业管理学中，风险管控是指通过辨识、衡量（含预测）、监控、报告等手段，有计划地处理风险，降低不确定性带来的损失的行为，以保障企业的运营顺利。

根据专利数据属性，利用专利信息帮助企业进行经营风险控制通常可以分为两类：从技术情报角度来说是识别技术风险，例如技术产业化风险、技术原创性风险等，常见的经营场景有科技立项、引进新技术、投资项目、技术转移等；从专利排他属性角度来说是主要专利侵权风险的识别、评估和处理，常见的经营场景有投融资、立项、订单洽谈、产品上市、参展、收到专利侵权警告函、许可谈判、人才引进等。

如何从企业的经营场景中切入而获得专利风控解决方案，那还是要回到以"需求为中心的专利信息利用流程"中一步一步构建解决方案，参见本章第一节中的图17-1。基本阐述参见前面章节，此处不再赘述。

专利风控的场景很难穷尽，因此解决方案不能简单套路化，仍然需要追问本质问题以及所要达成的目标，按照情景—需求—解决方案的基本流程，逐步建立以需求为中心的解决方案。下面以案例方式，复盘一次以专利风控为主要需求的解决方案。

【案例17-2】切入新市场

1. 情景

某企业C生产销售智能终端（例如智能手机、智能电视等），此外该企业又是内容提供商（视频、游戏等），想通过智能硬件以及内容，打造智慧生态系统。

国内：由于宣传效果很好，因此在国内市场已经打开，供不应求，市场份额逐渐加大。国外智能终端厂商三星、苹果，国内智能终端厂商华为等都有雄厚的知识产权积累，会不会在这个时候出手呢？

国外：中国智能终端在国外销量很好，年报显示华为营收的40%来自国外。企业C能否进军国外市场呢？优先进入哪些国家的市场？以什么方式进入合适？

专利：智能终端知识产权纠纷非常激烈，涉及巨额赔偿（例如苹果和三星专利大战）。该企业智能终端采用安卓系统，必须要给微软缴纳专利许可费，但除了给微软缴纳专利许可费外还需要给别人缴纳吗？如果需要，则一件智能终端到底需要缴纳多少专利许可费？

企业C由于快速切入智能终端，初始阶段专利积累薄弱，但是数百人投入研发，可

---

[1] 参见国务院国有资产监督管理委员会2006年6月6日发布的《中央企业全面风险管理指引》。

以迅速积累智能终端专利，尤其在人机交互等容易创新的技术领域。

2. 企业 C 需求

目标疑问：当前是优先进行国内专利风险防范还是解决国外市场开拓专利风险管控问题？

目标确定：根据商业目标，国外市场开拓是当务之急。

参见图 17-3，为了管控专利风险以支撑企业 C 顺利进入海外市场，从如下几个方面进行问题分解：

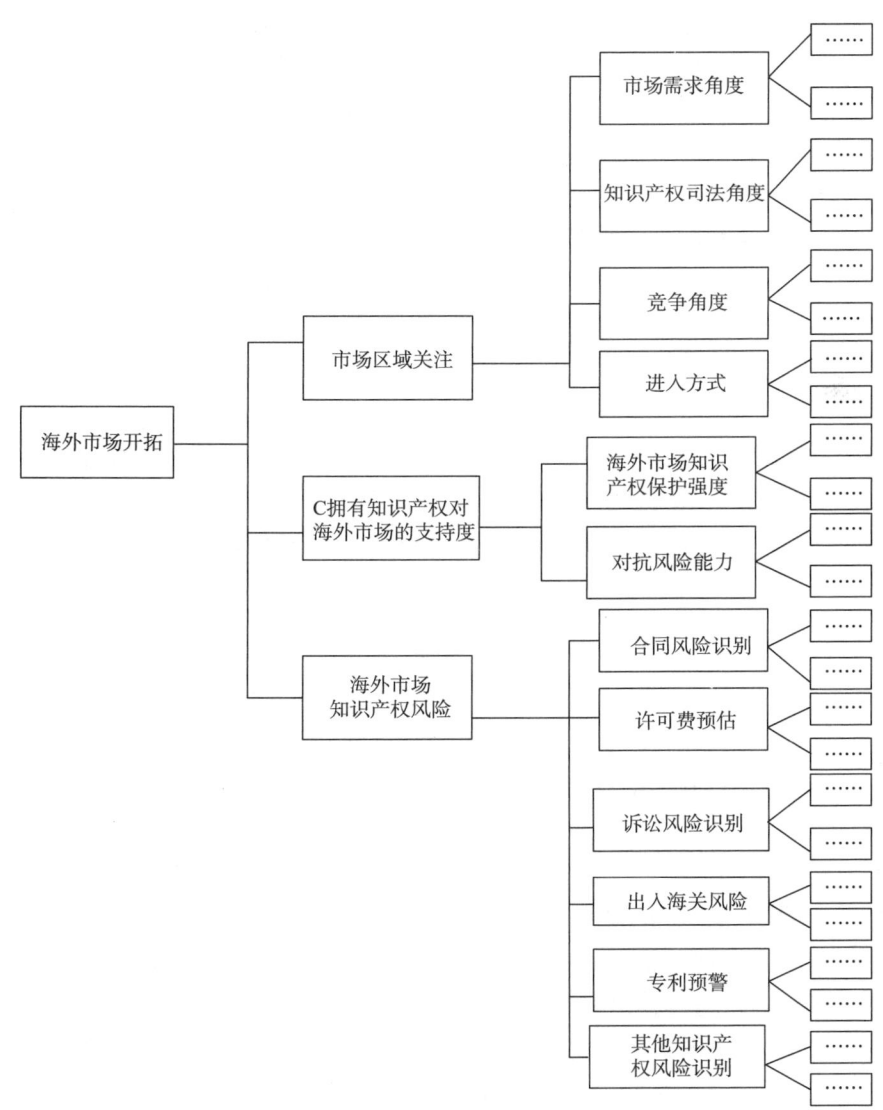

图 17-3 企业 C 切入海外市场知识产权（含专利）风险控制问题树

（1）从关注的市场区域，即根据企业 C 产品与海外市场（欧洲、美国、日本、韩国、东南亚、非洲）顾客需求匹配度（最好直接调研决策层来确定），圈定海外市场区域。针对海外市场不同区域进行问题分解以及分析宏观专利（或其他知识产权）风险。

（2）企业自身拥有专利以及其他知识产权在所关注的海外市场的情况，可以从自我产品知识产权（尤其专利）保护强度，以及对抗知识产权风险（尤其专利风险）的能力等方面分解问题以及分析问题。

（3）从可能面临的海外知识产权（尤其专利）风险微观层面，分解以及分析问题，包括：合同风险、诉讼风险、许可费预估、海关风险、专利预警等，以便更全面识别、评估以及处理知识产权（尤其专利）风险问题。

上述维度问题分解出来之后，专利风控解决方案也就浮出来了。当然，也可能因为优先级以及预算问题，企业C仅仅选择几个模块进行操作。

从需求到方案控制要点，挖掘本质需求是关键。

上述场景中，双方建立联合项目组，共同推进这个项目，以完成从需求调查到方案的最后敲定。企业C的项目组成员主要是知识产权部的专业人员。最开始企业C项目组成员提出的需求是国内市场专利风险预警，通过访谈企业C高层，获知企业C的决策者更关注海外市场。由于企业C内部信息不对称，为了项目效果，服务方花了很长时间将需求方引导至海外市场风险管控。关于海外市场风控，企业C为了控制成本只选择解决其中两个问题：支付许可费评估以及海外专利风险预警。

二、报告框架

从表达逻辑角度，报告的撰写通常有两种结构：一是金字塔结构[1]，自上而下表达，结论先行，即先结论后阐述分析过程以及依据，如图17-4所示；二是自下而上思考，总结概括，即按情况—问题—分析—结论的逻辑顺序进行描述。

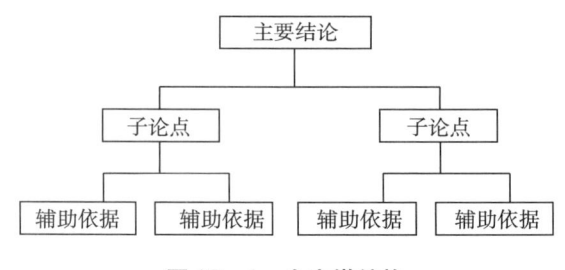

图17-4　金字塔结构

实践中，报告采用哪种结构，一般可以根据阅读对象加以区分。例如，企业决策层更需要参考报告结论作为决策依据，那么最好采用金字塔结构，结论在前论述在后。

我们可以继续C企业海外风险控制这个案例。执行方案过程中，由于两个子项目，分成两份报告，每份报告200多页，每次修改都会有大幅度调整。联合项目组双方成员都是非常认真负责的，但是在分析报告上屡屡不能达成共识，双方都没有具体修改方向，已呈胶着状态，项目进程越发困难了。

这种情况下，要跳出报告撰写细节，双方项目团队一起重新梳理、强调以及明确：项目目标、成果物及交付方式，兼顾效率与效果。

---

[1] 芭芭拉·明托. 金字塔原理：麦肯锡40年经典培训教材[M]. 汪洱, 高愉, 译. 海口：南海出版公司, 2013.

(1) 项目目标的共识：海外知识产权风险评估，目的是提供给决策层，作为进军海外市场决策参考之用，因此该项目最终用户是企业 C 的决策层。有效达成项目目标是双方团队共同的目标。

(2) 成果物共识：决策层应该没有时间阅读两份加起来 400 多页的报告，因此这 400 多页报告应该是交付给企业 C 知识产权团队而不是决策层。换句话，当务之急是完成交付给决策层的成果物，而不是仅仅纠结于 400 页报告。如果明确交付决策层成果物，那么两份含有细节分析报告的方向、思路、内容也就随之确定了。

(3) 决策层成果物逻辑结构及交付方式，控制要点：从决策层认知以及关注角度，越接近决策者越有价值。

a. 从篇幅角度，要考虑到决策者非常忙，要限制篇幅（例如 5 页以内），因此更要直奔主题，"简洁而清楚"，采用金字塔结构更合适。

b. 从逻辑角度，以决策层认知背景作为切入点，将其关注点作为节点构建在成果物的逻辑过程中。例如逻辑上，专利风险管控系统中"许可费评估"与"专利预警"两个子项目的关联与区别。

c. 从内容角度，关注决策层需求，例如该案例中决策层从经营角度最关注的是如何做决策：我们的产品能出去吗？专利风险如何？可管控吗？需要付出多大的代价呢？

具体地，"许可费评估"与"专利预警"两个子项目的关注点分别在于：

许可费关注点：企业 C 产品出海到底要交多少许可费？产品哪部分交许可费最多？谁在要许可费？各自采用什么方式索要许可费？如何降低许可费？针对企业 C 降低许可费的具体建议是什么？

专利预警关注点：企业 C 产品涉及多少高风险专利？高风险专利涉及哪些权利人？这些权利人的性格？高风险专利分布在产品哪部分？企业 C 如何管控这些高风险专利？接下来企业 C 应该做什么？针对于不同级别风险专利如何处理？

两个子项目共同焦点：许可费涉及风险专利与预警涉及风险专利，如何做区别处理？许可费与预警风险专利交集部分如何进行风险管控？

d. 从交付方式角度，建议采用总结报告＋PPT 口头汇报＋两件子项目详细报告的方式。其中口头汇报非常重要，项目组与决策层可以就项目成果形成互动。这样使决策层更清楚，能更深入地了解自己需要的信息，深化项目效果。

专利风控报告金字塔结构表达，可以参考风险来源—结论—风险处理—风险点识别和评估过程的形式。

1. 风险来源

风控报告在这部分陈述风险点来源、风险点特点以及对企业经营可能造成的影响。例如前述案例 17-2 中，风险主要来自非标准专利的风险以及标准相关的专利风险。这两者有很大区别：非标准专利风险，主要是与企业 C 自有技术相关的专利风险，例如人机互动；标准相关专利风险，主要是企业 C 采用安卓操作系统，安卓系统已成为事实标准，那么使用安卓系统到底需要支付多少许可费？

参见表 17-5，在企业不同经营场景下，可能涉及不同风险点来源：标准中必要专利、非标准专利、合同约定、海关备案专利等。

表17-5 企业专利风险点来源（包括但不限于）

经营场景		风险点来源
日常活动	采购	侵犯他人知识产权的可能
		侵权责任约定或者知识产权归属约定
	生产	侵犯他人知识产权的可能
		代加工合同知识产权约定
	市场/销售	市场推广知识产权风险
		展会展览知识产权风险
		销售合同知识产权约定
		侵犯他人知识产权的可能
		进出口海关扣押风险
		重要国际港口所在地知识产权风险
		专利许可费以及诉讼赔偿
技术活动	技术研发	技术研发方向和技术路径选择中的技术风险与专利风险
		具体技术方案是否可以自由使用
		委托研发合同知识产权约定； 合作研发合同知识产权约定
	技术引进	技术方向选择风险； 技术成果原创性风险； 技术人才风险； 技术是否可以自由实施； 技术引进合同知识产权约定
	技术输出	技术输出合同知识产权约定； 技术是否可以自由实施
资本活动	IPO	知识产权风险（纠纷、未披露、权属不清、业务独立性、专利保护强度等）以及其对IPO的影响评估
	投资/并购	投资对象具有专利排他力是否足以保护核心业务； 技术是否可以自由实施，知识产权制度风险等； 已有合同的知识产权风险； 专利许可费以及诉讼赔偿等
按标生产	技术标准	标准中必要专利

2. 结论

这部分陈列不同子项目结论，并综合所有子项目结论进行整体风险评估分级以及简述适合风险处理的方案。

3. 风险处理

风险处理是指针对不同类型、不同规模、不同概率的风险，采取相应的对策、措施或方法，使风险损失对企业生产经营活动的影响降到最小。

从专利风险来源以及结论,分别列举风险处理的可能方案,例如,人机互动技术领域专利风险是不是可以采用规避设计解决;专利许可费过高的风险,参考他人谈判策略以及可能的最低许可费,采取可行谈判思路;非自身研发技术的专利风险是否可以转移到供应商;专利积累差距巨大,风险点专利非常多,是否可以与其他专利优势企业联合或者购买相应专利等。有些专利风险可能通过商业合作来消除,例如平衡车行业,2014年美国企业 Segway(业内称平衡车始祖)曾在美国对中国企业 Ninebot 发起"337调查",最后 Ninebot 收购了 Segway,消除专利风险获得商业快速发展。通常专利权人是理性的,因此运用专利也是有商业目标的,例如有时候"战"是为了"合"。

企业风险管控的目标,是尽可能地避免高风险发生、减少中风险损失。企业风险管控的理想状态,是用有限的资源解决发生概率最大、造成损失最大的风险。

在以往专利风控项目操作中,往往会遇到以下误区:企业要求做专利风控项目(业内大多专利风控项目仅仅做到风险识别阶段就没有下文了)就能达到专利风险消除的效果;有的企业在识别专利风险点后,全面停止研发,只为了做回避设计。

当完成风险识别后,要综合分析,不能简单运用专利风险应对手段,例如专利无效和回避设计。一方面不是所有专利风险都适合采用回避设计来处理,例如医疗器械在进入临床试验阶段之后发现专利风险,如果采用回避设计,还需要重新走一遍药监局流程;另一方面一些产品上市前发现专利风险,回避设计之后可能重新走测试、客户采购等流程,这样也许会带来更大损失。况且不是所有专利都能无效掉和回避掉的,特别是面对完善、庞大的专利布局的情况下。

4. 风险点识别和评估过程

风控报告中可以根据风险来源,分别阐述风险点如何识别以及评估过程。不同专利风险来源,其风险识别过程的信息/数据载体也会不同,分析方法也会有差异。

对于风险分级评估,主要考虑:风险专利涉及哪些产品功能,对经营的影响以及风险发生的概率。对经营影响以及发生概率的判断,需要通过专利权人动机、竞争激烈程度、专利权人性格(专利运用行为习惯)、诉讼情报、专利权稳定性、企业自身专利排他能力等要素综合分析判断。

风险分级如图 17-5 所示,风险根据带来后果的严重程度以及发生概率,分为高、中、低风险。

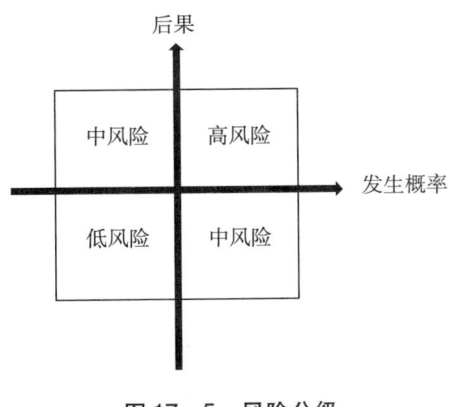

图 17-5 风险分级

例如前述案例17-2中提到安卓操作系统涉及相关专利或者标准必要专利,鉴于技术标准中的知识产权政策,通常情况下相关专利权人不会禁止他人使用其专利技术,但是需要技术使用者支付许可费或者交叉许可;由于操作系统市场推广度以及技术标准推广度,则按照技术标准生产制造就会侵犯标准必要专利,但专利权人的动机和目标不是想把其他参与者赶出市场,而是通过许可费来解决,因此此类专利风险带来的后果不是那么严重,因此可看作中风险,其风险应对方案主要是从降低许可费这个角度考虑。

但也有专利权人非常强势,例如麦克昆磁利用磁粉组分等基本专利曾发起大规模诉讼,获得烧结钕铁硼磁粉的绝对市场份额,一度打造了企业即行业的局面。麦克昆磁的专利权人性格非常强势(目标是通过专利将其他竞争对手排出市场之外),而且他人侵犯磁粉组分等基本专利概率很大。因此,麦克昆磁在烧结钕铁硼磁粉领域给一般磁粉企业带来的专利风险属于高风险(一些可以与他进行交叉许可的磁粉企业除外)。

三、小结

如何从企业的经营场景中切入而获得专利风控解决方案,那还是要回到以"需求为中心的专利信息利用流程"中逐步构建解决方案。

专利风控的目的是利于企业作出专利风险控制的决策,尽可能地避免高风险发生以及减少中风险损失;用有限的资源解决发生概率最大、造成损失最大的风险。但很多专利风控项目只进行到专利风险识别环节,风险来源非常局限且没有对风险进行评估分级,也就无从谈起针对性帮助企业考虑合适的风险应对方案。常见专利风控报告仅仅泛泛列出无效、回避以及不侵权报告这"三板斧"应对专利风险。但这样的风控报告离企业决策很远,也会让企业误会专利风控项目是没有价值的。

专利风控的步骤也会基本遵循管理学中风控的基本步骤:风险识别、风险评估以及风险处理,只是需要根据专利风险的特性,考虑其他要素(专利权人动机、竞争激烈程度、专利权人性格即专利运用行为习惯、专利诉讼情报、专利权稳定性、企业自身专利排他能力)来制定风险应对方案。

风控报告根据阅读对象不同,采用结构也会有区别,例如给企业决策者的专利风控报告通常是金字塔结构,且篇幅较短。

第三节 企业专利布局报告

一、企业专利布局需求

2012年,在讨论专利价值兑现时提出过"以终为始"的专利布局❶❷,即将专利当成产品,有目的地进行功能设计或者功能挖掘。专利布局则是根据商业目标,制定布局

---

❶ 李丽. 以终为始的专利布局[C]//柯晓鹏,林炮勤. IP之道. 北京:企业管理出版社,2017.
❷ 李丽,张妍,宋蓓蓓,等. 海外专利布局实务指引[Z]. 国家知识产权局保护协调司,工业和信息化部电信研究院知识产权中心,北京集慧智佳知识产权管理咨询有限公司,2014.

目标，挖掘筛选出若干专利组合或者购买若干专利组合，构成专利布局。

"以终为始"专利布局需要考虑以下要点。

1. 用产品设计思维来设计专利布局

产品设计是一个将人的某种目的或需要转换为一个具体的物理形式或工具的过程。在专利布局领域可以借用产品设计思维，即在专利申请之初，就设计或发掘出这件专利或者这组专利的预设需求，如果缺乏对专利布局的"产品设计"，而随意申请专利，则大概率会导致专利无用的结果。

2. 专利布局须匹配且支撑经营目标

如果将专利布局当作产品进行设计，那专利布局这个产品的目的和需求是什么呢？依据什么来确定专利布局的功能呢？

专利战略服务于经营战略目标，专利布局必须要与布局者的商业目标匹配。

在专利布局设计中针对哪些对象，应当依据经营活动来确定，例如市场活动、研发活动、采购管控等。

如何确定申请的区域，应当依据设计对象相关区域来确定。

如何确定专利布局数量，应当依据商业目标、预算、成本等综合要素来确定。

如何确定申请时机，应当依据商业时间要素和法定时限要素来确定。这些问题既是专利问题，本质上更是商业问题，是专利与商业的关键结合点。

因此，专利布局需要依据商业目标，结合经营活动，融于经营环节。

3. 针对"排他"目标开展专利布局

专利布局中，针对哪些对象进行设计呢？

中国《专利法》规定："发明和实用新型专利权被授予后，除本法另有规定的以外，任何单位或者个人未经专利权人许可，都不得实施其专利，即不得为生产经营目的制造、使用、许诺销售、销售、进口其专利产品，或者使用其专利方法以及使用、许诺销售、销售、进口依照该专利方法直接获得的产品。"

专利排他属性的"他"更多是指经营活动中的合作伙伴、竞争对手、客户、供应商、终端客户、上下游等。专利要想起作用，首先要考虑"排他性"设计是否关联到经营活动中的"他"。正如国内某著名科技公司的观点："我们的政策从来都是申请对别人有用的专利，而自己要用的则藏起来……"

专利对抗是排他力量的对抗：排他力量与风险管控能力成正比；排他力量不平衡时，对于力量弱的一方即风险，对于力量强的一方即优势。

例如专利布局的目的是提高对供应商的控制力，则需针对目标供应商/目标零部件布局有效专利，提高议价能力。

因此专利布局设计，首先要根据经营目标来对准"排他"目标。

4. 从地域性考量设计专利布局

专利地域性意味着哪里的"他"。"他"在哪儿，就应该在哪儿申请专利，而不是我在哪儿，就在哪儿申请专利。

5. 从市场周期考虑设计专利布局

市场周期可能比专利保护期长，也可能短。如果市场周期短，有可能不申请专利或者只是申请外观设计或实用新型专利。如果市场周期长，可能要想办法延长专利保护期限。例如一种材料的应用周期或者一种药物市场周期很可能远远超过专利的保护期，如果该材料或者药物基础专利失效，那么对于企业营收会是"断崖式"影响。因此为了延长专利对产品的保护周期，持续其垄断的竞争地位，企业会从微观角度开发相关晶型专利，在基础专利届满日前申请晶型专利，以不断延长专利保护期。

6. 考虑技术秘密与专利布局的协调

由于专利是以公开换取保护，未公开之前是商业秘密，在专利布局时，需要考虑尽可能保护商业秘密到最后一刻。

二、企业专利布局方案

根据不同专利布局功能目标，可以将专利布局分为但不限于以下类型：应对替代品威胁的专利布局、延长保护期限的专利布局、核心技术成果保护专利布局、标准中的专利布局、竞争对手对抗性专利布局、保护商业生态专利布局、管控供应商专利布局、区域市场专利布局以及未来战略专利布局等，参见表17-6。

表17-6 结合经营要素的专利布局类型（不限于所列）

序号	布局名称	经营要素	经营部门	价值目标
1	应对替代品威胁的专利布局	竞品	市场、IP、研发	保护市场，维持竞争优势
2	延长保护期限的专利布局	产品（周期）	IP、研发	长时间维持竞争优势
3	核心技术成果保护专利布局	创新成果	研发、IP、市场	保护市场提升竞争优势
4	标准中的专利布局	技术标准	标准、IP	市场切入，竞争对抗
5	竞争对手对抗性专利布局	竞争对手	市场、IP、研发	针对重点对象控制风险
6	管控供应商专利布局	供应商	采购、研发、市场、IP	提高议价能力，控制风险
7	保护客户专利布局	客户	研发、市场、IP	保护客户，进而提升市场竞争优势
8	干扰性专利布局	市场	研发、IP	反情报、市场泛泛防御
9	区域市场专利布局	区域市场	高层、市场战略、研发、IP	对抗风险或者提升竞争优势
10	未来战略专利布局	经营战略	高层、IP	为企业未来做准备，可跨界

如何从企业的经营场景中切入而获得专利布局解决方案，也还是要回到以"需求为中心的专利信息利用流程"中一步一步地构建解决方案。根据企业经营场景，明确需求，分解问题，聚焦问题，确定专利布局目标，制定与目标相应的专利布局方案。

专利布局总体上包括3个阶段。

1. 布局策划阶段

不同经营场景中，需要专利布局类型的侧重会有不同，因此专利布局需要布局策划阶段，即根据企业经营目标、当前重要的经营活动及内外专利积累情况，确定本次布局要达成的目标，考虑连接几个重点经营要素的专利布局类型，不同专利布局类型需要什么样的专利及组合等。根据本次布局目标制定专利布局方案，即布局目标、解决方案、执行步骤、进度、各方人员、配合部门、成果描述等。

2. 布局方案执行阶段

在执行布局阶段，根据专利布局方案，如果专利权来源为自己申请，则通过调研、分析、培训以及问题挖掘，与相关人员研讨，落实具体的专利提案；评估筛选专利提案，对可申请的专利提案，多维度构建专利提案组合；对于重要专利提案组合二次或多次挖掘；落实专利新申请，与专利申请环节衔接。

根据专利布局方案，如果专利权来源于他人，则通过调研、专利检索分析、与相关人员的研讨圈定目标专利来源；筛选评审目标专利群，进行布局目标拟合分析以及价值分析；接触、洽谈进入专利交易谈判环节；构建专利组合；制定权利转移方案，以便与专利维护环节衔接。

3. 布局落实阶段

审视前期的专利布局进行查漏补缺，并过渡进入专利创造或者专利维护环节，以最终落实专利布局。

下面以企业"出海"作为经营场景，来展示如何制定专利布局方案。

【案例17-3】海外专利布局

越来越多的中国企业参与国际竞争，在"出海"面临复杂海外形势的同时，还要面对严峻的知识产权方面的挑战。除了企业遭遇诉讼时进行紧急风险应对外，从长远来看，海外专利布局才是化解风险的关键。

参照图17-6，在企业准备走向海外时，"以终为始"理念在海外专利布局更为具体的运用，主要体现在布局策划阶段以及布局执行阶段。

1. 专利布局策划阶段

步骤1 明确专利布局目标以及相应布局类型

解析企业"出海"的经营场景，明确企业"出海"需要什么样的专利布局及其目标：通过梳理分析本企业在海外的经营目标、面临的海外市场形势、竞争态势、本企业产品受欢迎程度，预判当地知识产权司法保护是强是弱等，进而预判进入海外市场要面对的挑战（可能不限于此）：

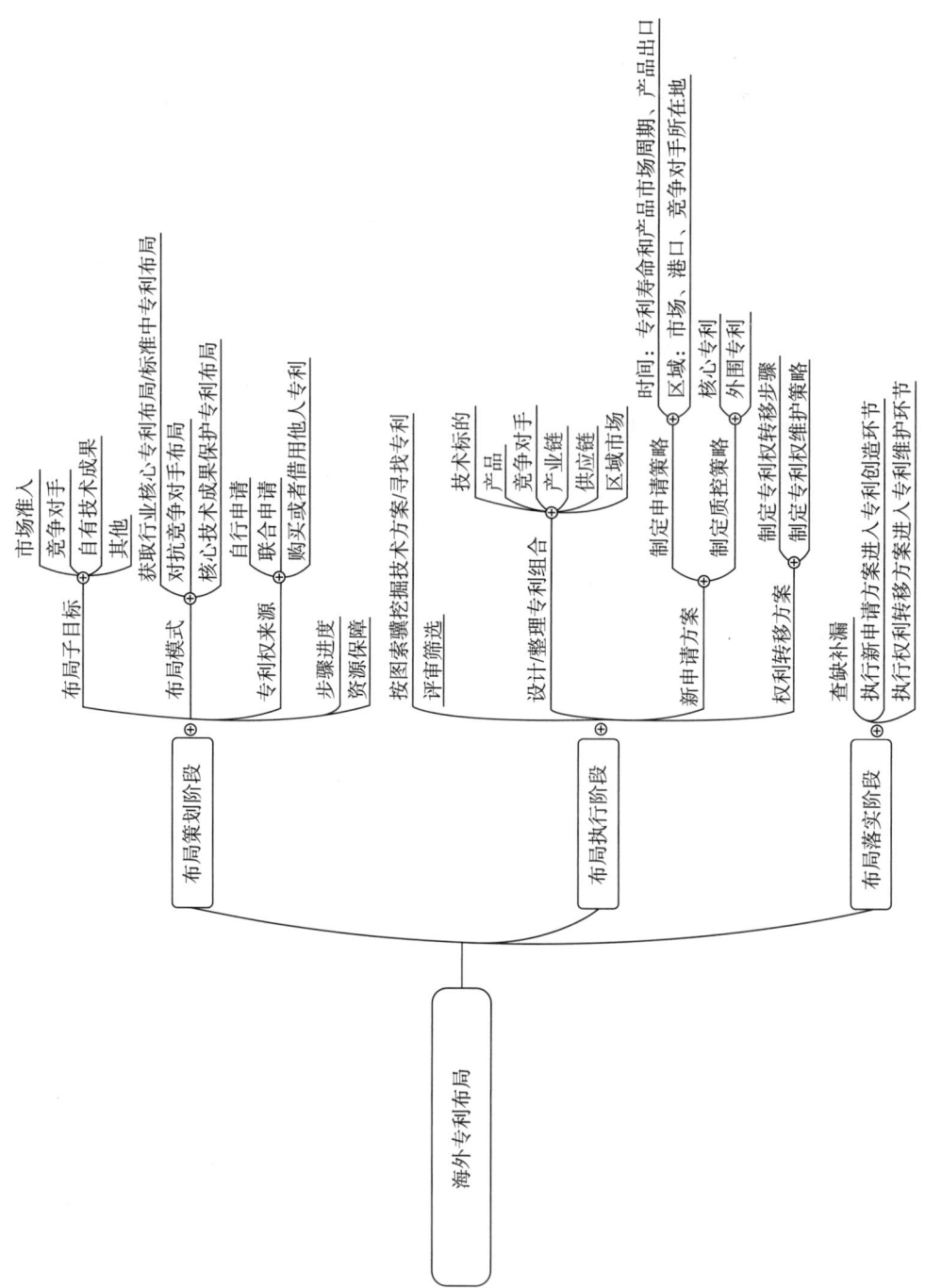

图17-6 海外专利布局方案

(1) 市场准入挑战：是否需要向各种标准组织专利池缴纳入门费；行业竞争是否激烈，所处行业专利地雷是否密集。此时企业需要行业核心专利布局或标准中的专利布局，以参与到游戏规则中，形成市场准入筹码。

(2) 面对强势竞争对手：本企业"出海"是否能够引起特定竞争对手关注，关注度如何；如果竞争对手强大且对本企业关注度高，则需要对抗竞争对手的专利布局。

(3) 自有技术成果保护疏漏：自己产品很受欢迎，但自有技术成果在海外专利保护有漏洞，尚不能巩固、提升、延长企业在海外市场的竞争优势。此时需要完善自身在海外的专利布局，修补布局漏洞。

步骤2　了解不同布局类型需要什么样的专利及组合

(1) 行业核心专利布局或标准中的专利布局：如果持有该产品在目标市场区域内的核心专利或者标准中的基本专利，不仅对竞争对手有广泛杀伤力，而且会持有谈判筹码或者交叉许可的可能，这样不会因专利问题而阻碍进入目标市场。

如果没有该产品核心专利或者标准中的基本专利，但在目标市场区域内持有一定数量且与产品相关的高价值的外围专利，也会起到一定的作用。

(2) 对抗竞争对手专利布局：针对特定竞争对手而设，布局与竞争对手产品（不一定是竞品）相关的专利，能够对冲竞争对手专利的排他力量。具体可以考虑：针对竞争对手产品核心专利设计外围专利；分析竞争对手产品发展趋势，提前部署相关专利；围绕竞争对手产品的产业链上下游进行布局，通过干扰竞争对手上下游，以对冲竞争对手专利的排他力量；站在行业制高点，预埋与技术/产品发展趋势相关的专利，以蛙跳式对抗竞争对手专利围剿。

(3) 核心技术成果无漏洞布局：核心技术成果代表企业竞争优势，想要巩固且延续这一优势，就需要以追求核心技术无漏洞布局为目标。首先至少自查自己申请专利组合是否有疏漏：可规避吗？能够覆盖住自己产品以及主要卖点吗？该产品有遗漏技术成果没有保护吗？对产品产业链上下游产品进行保护了吗？如果主张权利，诉讼证据可获得吗？权利稳定吗？等等。如果发现漏洞，要尽快弥补，向无漏洞布局方向努力。

步骤3　确定专利权来源

根据布局需要的专利及其组合确定专利权来源。专利权的获取，千万不要局限于自己的技术成果，只依靠自己申请专利。在明确需要什么的专利之后，可以运用各种方式获取：自己申请、联合第三方进行研发和申请，或者"借船出海"，借他人专利布局优势，以对抗海外风险。若创新能力不足，还想短时间内获取所需要专利布局，则"借/购船出海"是非常好的方式，例如联想曾收购摩托罗拉的专利，以赢取手机"出海"市场准入。

步骤4　最后制定专利布局方案

布局执行方案包括布局目标、解决方案、执行步骤、进度、各方人员、配合部门、成果描述等。

2. 专利布局方案执行阶段

专利布局方案执行阶段，即按步骤、进度调动资源实施专利布局方案。对于不同专利布局类型，最大的区别在于"按图索骥挖掘相应的专利提案或寻找目标专利"这个步骤。

步骤1　按图索骥挖掘相应的专利提案或寻找目标专利

该步骤确定从哪些维度来圈定目标专利提案或者目标专利，然后通过专利挖掘或者专利交易手段获取目标专利。

目标专利提案或者目标专利圈定要考虑以下几个维度：

（1）产品—专利技术维度

在技术—产品关联维度，根据确定的专利布局类型、相应专利及组合结构、专利权来源，挖掘出相应的专利提案或寻找目标专利、专利申请人、联系方式等。其中：

对于行业核心专利布局，考虑寻找目标专利/挖掘专利提案是否为行业核心技术，与产品核心功能、核心卖点相关联；

对于标准中的专利布局，考虑寻找目标专利/挖掘专利提案是否为技术标准（目标市场区域执行技术标准）中必要的，不可回避的，或者可选择的；

对于对抗竞争对手专利布局，考虑寻找目标专利/挖掘专利提案是否与竞争对手产品以及未来产品的关联可能；

对于核心技术成果无漏洞布局，考虑寻找目标专利/挖掘专利提案是否覆盖"出海"产品的核心功能、核心卖点等。

（2）市场区域—专利申请区域关联维度

对布局区域的考虑，通常指向有关商业应用较为活跃的地区，例如产品研发、生产、销售、使用、展示、存储、运输等相关地域，以及上述商业活动参与者的住所地。其中，运输过境、存储不是主要商业行为，因此专利布局在运输、存储所在区域常常被忽视。但有时候运输中途节点是可以被很好利用的。例如，分散到西欧各地销售的进口产品七成以上是通过欧洲最大的港口荷兰鹿特丹流入的，所以在荷兰进行专利布局对于扼制侵权产品来讲，可能会有事半功倍的效果。

不同的专利布局，其针对商业活动的参与者会有所区别：

a. 行业核心专利布局或标准中的专利布局区域，更多针对销售者、使用者以及标准使用者，因此专利布局区域更多在产品运输、存储地、销售地、使用地和展示地。

b. 对抗竞争对手专利布局区域，更多针对竞争对手相应产品的商业活动区域，因此专利布局区域可以考虑该产品研发、生产、销售、使用、存储、运输所在地等。因为在这里布局的专利能够对竞争对手起到遏制作用。即使企业自己在这里没有商业活动，当在其他任何领域与竞争对手产生冲突时，这些起遏制作用的专利将成为自己对抗对手从而对冲风险的宝贵筹码。

c. 核心技术成果无漏洞布局区域，考虑研发、当前/未来生产、销售、使用、展示、存储、运输等相关地域。为了使价值更大化，其他商业规划外的区域也进行布局，例如产品市场份额最大的区域、专利保护最强的区域，这样一方面可以尝试将专利销售或许可给当地第三方以获取收益，另一方面也可以留作以后拓展市场的战略储备。

（3）市场区域—区域知识产权保护制度维度

在不同目标市场区域，针对知识产权保护制度自身的特点，对专利进行个性化调整和布局，能够达到更好的效果。例如，中国明确不给予专利保护的手术等治疗方法，在美国、澳大利亚、俄罗斯等国是可以获得专利保护的；产品局部的外观目前在中国是不能获得外观保护的，但在美国、欧洲等地是可以的。

有关区域知识产权司法保护环境的总体状况也是需要考虑的问题。有些国家专利保护制度历史悠久，看起来很好，但在执行层面上存在问题；有的是专利申请长期得不到处理和授权；有的是授权专利难以得到有效司法保护。如果存在这样的问题，企业恐怕就需要重新考虑在这些地方申请专利的必要性。

（4）市场产品时间要素—专利时间要素维度

要考虑专利授权时间、专利寿命与产品"出海"时机、产品生命周期之间的关联，也要考虑泄密和第三方作出同样发明创造的风险和可能。

步骤2　筛选审核圈定的专利提案/目标专利

根据步骤1中的维度，制定筛选审核指标，通过筛选审核，挑选出最符合专利布局目标的专利提案/目标专利。

步骤3　设计/整理专利组合

不同类型专利布局对筛选后的专利提案/目标专利可构建多个维度的专利组合，不限于：

从技术成果上，对应技术架构、产品、功能、应用等维度；

从权利要求范围的配置上，区分核心、次核心、外围专利等，以构筑稳固有效的防御纵深；

从聚合形态上，可分为以产品为中心的专利组合、产业链上下游的专利组合或者供应链的专利组合；

从区域角度，分为研发地、生产地、销售地、使用地、展示地、存储地、运输地以及国别等。

步骤4　统筹新申请方案或者权利转移方案

根据步骤1、2、3中涉及的维度和要素制定不同类型的新申请方案及权利转移方案。其中，新申请方案涉及申请策略（申请时机、区域、"出海"方式等）以及质控策略；而权利转移方案涉及专利转移步骤以及权利维护方案等。

3. 专利布局落实阶段

将前面阶段获得的新申请方案进行撰写以及按照申请策略进行申请，落实专利转移步骤以及权利维护方案。

三、专利布局报告框架

专利挖掘布局，有太多信息是"黑匣子"而无法事先掌控，例如无法事先详细掌握"向内看"结果——企业技术成果只有调研之后才能了解，企业已有专利布局只有进行分析才知道；无法事先详细了解"向外看"部分——只有调研分析才能了解行业市场竞争情况、竞争对手以及合作伙伴的专利布局情况；也无法事先掌握"向前看"部分——通过调研分析才能了解未来技术发展方向。因此通常专利挖掘布局项目过程比最终专利布局报告更重要，因为只有完善设计项目步骤，掌握项目步骤之间的因果关联，才能有效执行项目步骤,最终才可能达成专利布局目标。

专利布局报告与专利风控报告架构有很大区别。由于专利风控报告是为了帮助企业做决策,因此金字塔结构更适合。虽然专利布局报告的最终结果即专利预期布局展示也重要,但是专利布局的方法和过程有时反而更重要,这是因为企业更想掌握专利挖掘布局的技能。因此专利布局报告更适合的架构可能是:目标—过程—结果或者目标—结果—过程。

以核心技术成果保护专利布局为例,其报告架构可以是:

第一部分,经营场景—项目目标—专利布局方案,一般根据专利布局方案提取出主要要素,逻辑主线清晰阐述即可。

第二部分,诊断—专利布局目标。参见图17-7,在诊断过程中,我们通常要从3个角度输入:向内看、向外看以及向前看。

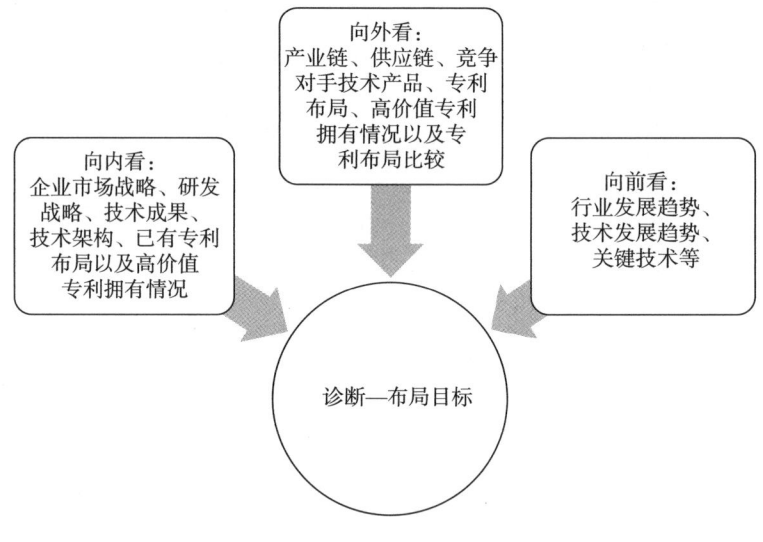

图17-7 专利布局诊断

向内看,主要看自己做了什么和计划做什么。从本案例专利布局角度,则需要了解企业自己的市场战略、研发战略、技术成果、技术架构、产品技术架构图、已有专利布局图以及已有专利价值分析等。

向外看,主要了解别人做了什么。从本案例专利布局角度,则需要了解产业链、供应链、竞争对手的技术和产品情况、竞争对手专利布局情况、竞争专利价值分析以及专利布局比较。

向前看,主要了解未来会发生什么。从本案例专利布局角度,则需要了解未来行业和技术发展以及哪些是关键技术。

通过以上诊断,最后获得自己应该怎么做。通过上述各个维度的信息输入,最后明确专利布局的目标。

在向外看、向内看以及向前看部分,可以通过商业分析(例如SWOT、波特五力分析等)、调研访谈以及专利分析等方式解决。

第三部分：本项目专利挖掘过程。参见图17-8，专利挖掘过程主要阐述：专利挖掘布局理念以及方法论导入、如何召开发明构思会、发明点筛选方法以及专利挖掘成果（专利提案）展示。

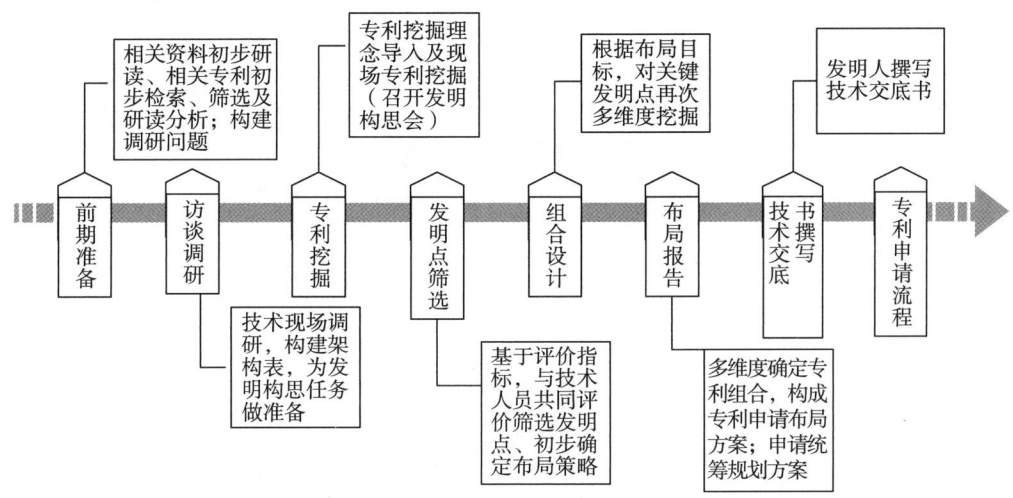

图17-8 专利挖掘布局流程

在诊断部分中获得的技术架构表/图上可以展示：已有专利布局、竞争对手专利布局比较、专利挖掘成果展示以及未来预期专利布局。这种展示一目了然，便于阅读。

前期对竞争对手专利布局进行梳理，可以总结本领域专利保护、挖掘、撰写表达的多种维度，以及获得更贴近本次专利挖掘的引例，这样可以给技术人员更好的启发，保证发明构思会有好的效果。

进行发明点筛选，可以将部分专利价值指标导入，以便识别区分哪些专利提案可能成为好专利。

这个部分的报告撰写不难，难点在于实际操作过程。

第四部分：本项目专利提案组合布局设计。本部分主要阐述专利布局与组合的基本概念、已筛选发明点分类，对专利提案多维度组合以及专利提案布局进行呈现。

其中，对已筛选专利提案的分类标引，可以按照技术产品架构分类，也可以按照发明点之间的从属关联或核心/外围分类。

专利提案组合的构建，可以通过多个维度，例如产品维度、系统维度、产业链维度、供应链维度、竞争对手维度等。对已筛选专利提案点进行组合并展示，有时在专利提案组合构建时发现不够充分，还会再次组织发明构思会进行再次挖掘。

专利提案布局呈现，最好以可视化方式，例如参见图17-9，将专利提案按照技术—应用进行可视化展示。

第五部分：本次项目专利新申请统筹策略。通过这一系列环节，会获得更多全面布局且质量有保证的专利提案，但是针对这些专利提案如何统筹规划申请策略呢？这部分需要考虑：专利申请类型、申请时机、布局区域、成本预算以及撰写原则等。这些要素要明确落实到每一件专利提案及其权利要求布局和说明书撰写上。

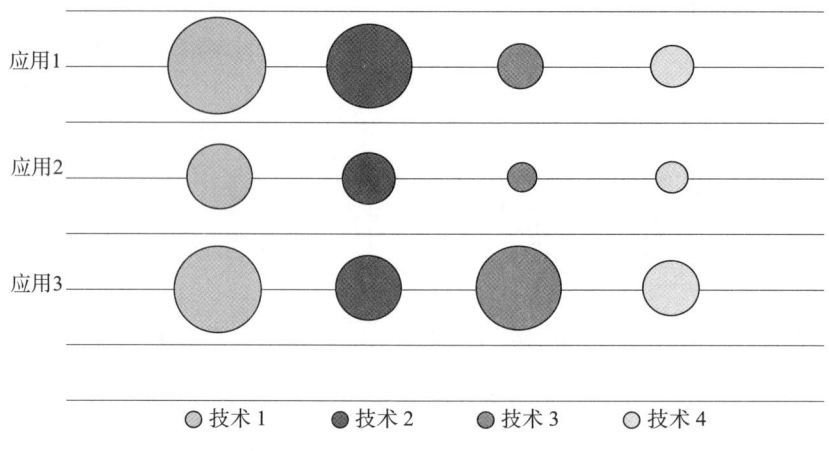

图 17-9 专利提案布局示意

到此,我们能够看到清晰的"以终为始"专利布局落实的脉络,从宏观商业层面落实到专利微观层面:商业目标—专利布局目标—专利挖掘布局过程—每一件专利提案权利要求布局和说明书撰写。

第六部分:本次专利布局与组合的维护和完善,主要阐述根据产品、技术更新以及竞争环境变化时如何对专利布局进行维护。

四、小结

如何从企业的经营场景中切入而获得专利布局解决方案,也是要回到"以需求为中心的专利信息利用流程"中一步一步构建解决方案。根据企业经营场景,明确需求,分解问题,聚焦问题,确定专利布局目标,制定与目标相应的专利布局方案。

通过专利挖掘获取专利布局,贯穿以终为始的专利布局理念,从宏观商业层面落实到专利微观层面:商业目标—专利布局目标—专利挖掘布局过程(其他方式获取)—每一个专利提案的权利要求布局和说明书撰写。

专利布局报告部分,重点展示获取专利布局的过程,最终可视化展示布局组合结果。

第四节 企业战略类分析报告

一、情景与分析方案

企业战略类分析报告的情景,通常发生在利用专利信息为企业战略性经营活动提供决策依据,例如发生在制定专利战略、制定研发战略、技术引进、投资并购等战略性经营活动中。每个场景下,对应的需求、目标以及解决方案都不尽相同。下面以专利战略为例进行阐述。

总体来说,企业专利战略以及专利战略制定的概念相对模糊,虽然提到很多"专利进攻战略""专利主动防御战略""跟随战略"等,但是在什么产业情况、市场状况、经营环境以及专利排他力量情况等适合"进攻战略""防御战略"或者"跟随战略",具体专利进攻策略和依据是什么,却鲜见报端。虽然经常见到依据专利信息检索及专利分析来制定专利战略,但从"专利"立脚点来制定专利战略,很可能"不识庐山真面目,只缘身在此山中"。虽然有的专利战略中也提到了企业专利管理体系,但彼此的动态关联却很少提及。

1. 何谓企业专利战略

参见图17-10,首先我们先了解一下何谓企业专利战略。尝试从以下几个维度阐述:

从战略特性上来看,企业专利战略也是一种战略,也应具备全局性、方向性、对抗性、预见性、谋略性以及计划性等战略特性。具体说:

专利战略全局性:站在企业经营角度,统筹规划专利整体工作。如果仅仅站在专利角度是看不到全局的,这样只能见到专利这类"叶子",但不见经营"这棵树",因此不可能指导专利战略目标以及专利管理工作。

专利战略方向性:为实现企业经营战略目标而制定专利战略目标,亦即当前经营目标下的企业专利的定位。

专利战略对抗性:主要对抗来自竞争对手的风险以及市场份额侵蚀。

专利谋略性:为实现专利战略目标,要匹配策略方案,要有近远期专利工作规划。

从执行环境来看,企业专利战略在企业内部环境执行,是企业管理经营战略中的分战略,与其他市场、研发等分战略密切关联,形成有机整体,其作用的合力指向企业经营战略目标。

从战略架构来看,专利战略也要有专利战略目标,以及为实现专利战略目标而制定的专利积累规划、解决方案、重要举措等。其中专利战略目标要与企业经营目标相匹配,并能够支持企业经营目标的实现,至少起到助力的作用。

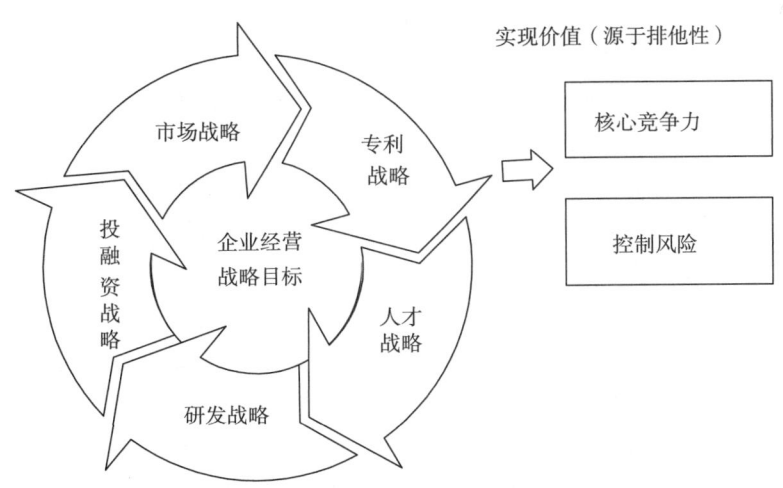

图17-10 专利战略与企业经营战略的关系

从专利战略价值实现原理来看,专利的权利属性为"排他权",也就是说专利权所有者通过禁止他人制造、销售、许诺销售、使用等经营行为来行使权利,而且法律没有赋予拥有专利权而有实施其专利技术的自由。专利正因为具有"排他"属性,因此通过与竞争对手"排他"力量对比强弱而影响市场竞争活动,排他力量强则会提升企业的核心竞争力,排他力量弱则会加大企业市场的运营风险。也正因为专利的"排他"属性,影响着企业的经营目标,因此制定与经营目标相匹配的专利战略就尤其必要。

根据战略的概念、商业咨询理论以及专利战略咨询项目实践经验,专利战略可以简略概括为:

(1) 从企业经营角度制定专利战略,即专利战略制定的立脚点——企业经营;

(2) 专利战略是企业经营战略的一部分,专利战略目标要与企业经营战略目标相匹配;

(3) 企业高层根据企业经营目标,对专利价值观定位,制定专利战略目标;

(4) 专利战略架构包括专利战略目标,以及为实现专利战略目标而制定的专利积累规划、风控规划解决方案、重要举措等。

2. 如何制定企业专利战略

参见图 17-11,PDCA 分别是英语单词 Plan(计划)、Do(执行)、Check(检查)和 Act(处理)的第一个字母,别称戴明环。PDCA 循环就是按照这样的顺序进行企业管理,并且循环不止地进行下去的科学程序。我们可以将 PDCA 循环运用到企业专利战略制定中。

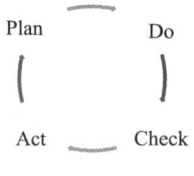

图 17-11 戴明环

P(Plan)计划:至少包括专利战略目标、专利积累规划以及相应的专利管理体系的方案制定。

D(Do)执行:根据前述方案执行,具体落实专利战略目标、专利积累、风控规划、运营规划以及相应的专利管理体系;再根据专利战略目标、专利积累规划、风控规划、运营规划等以及对应的专利管理体系进行具体运作,实施计划中的内容。

C(Check)检查:总结执行结果,明确效果,找出问题。

A(Act)处理:对总结检查的结果进行处理,对成功的经验加以肯定、强化以及标准化;对于没有解决的问题,应交给下一个 PDCA 循环去解决。

专利数据的利用主要在 P、D 环节中。P、D 环节仍然可以参考"以需求为中心的专利信息利用流程",依然是这些环节:情景—诊断—目标—问题分解/界定—方案。只不过问题分解之后,解决问题的方案不全部用专利数据来解决,有些则是通过调研来解决。

其中诊断环节非常重要，例如参见图17-12，诊断报告方案包括外部分析以及内部诊断。其中：

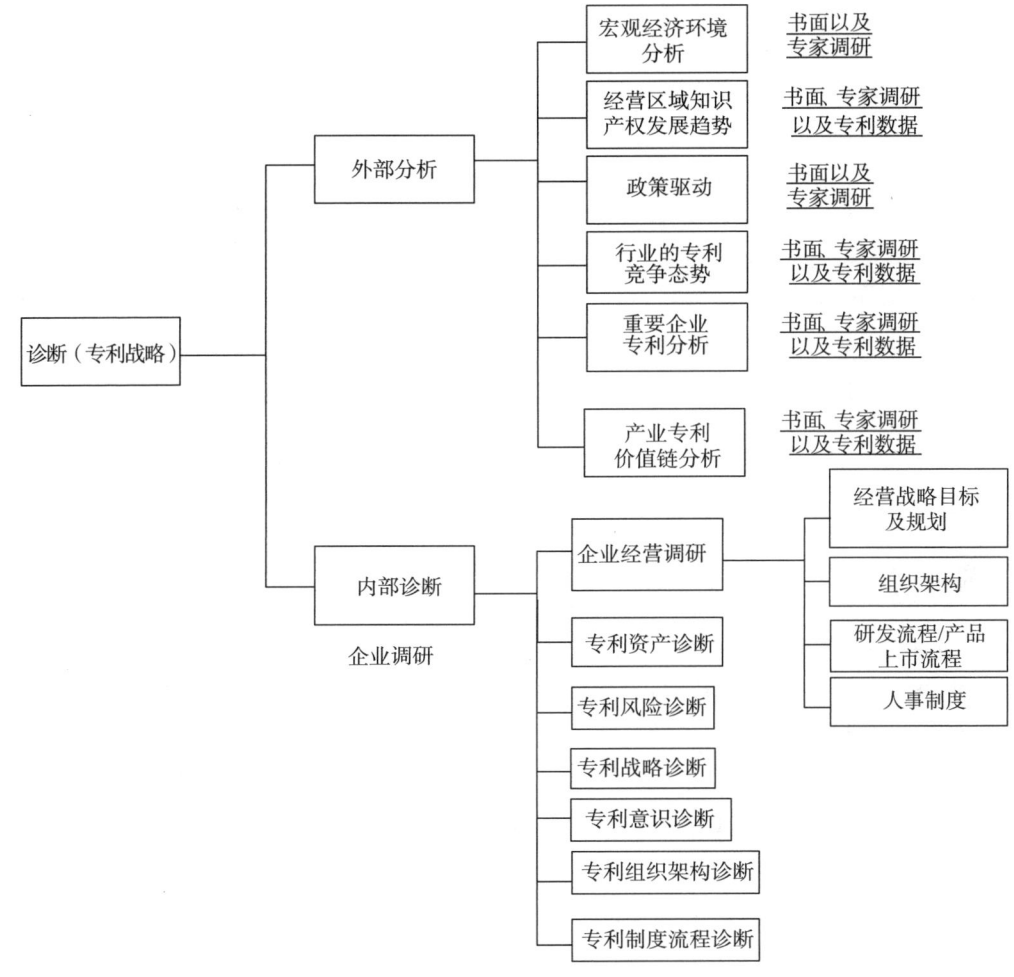

图17-12 专利战略中的诊断方案

外部分析主要包括：宏观经济环境分析，目的是了解宏观的经济态势，对本企业影响的优劣、挑战和机会；经营区域知识产权发展趋势，目的是了解该区域知识产权获取以及运用的司法和政策情况，以及对于本企业经营和知识产权的影响；政策驱动，主要关注经营区域产业政策对本企业经营以及知识产权的影响；行业专利竞争态势、重要企业专利分析以及专利价值链，则是进一步了解行业竞争情况、行业专利分布情况以及行业专利诉讼许可情况，尤其构成风险点专利布局情况以及专利权人性格特点，以判断对本企业经营的影响等。

内部诊断主要包括：企业经营情况调查（包括战略目标以及经营规划、组织架构、研发流程以及产品上市流程、人事制度等），目的是了解企业经营目标和经营情况，以及企业制度流程等，这样的专利战略目标更能与企业相匹配，相应的专利管理体系也能从原有管理体系长出来，而不是一份"死报告"。内部专利诊断会更细化与全面，包括专利资产诊断、专利风险诊断、专利战略诊断、专利意识诊断、专利管理的组织架构以及专利管理的制度流程等诊断,以便更全面了解企业当前专利管理出现的问题,有针对性地制定专利战略、规划以及相应的管理体系方案。

根据上述诊断报告,制定与经营目标相匹配的专利战略目标,以及为达成专利战略目标的专利积累规划、风控规划、情报规划、专利运营规划的方案,以及对应专利管理体系的方案和计划。

其中,专利积累规划是指在专利战略目标下,多长时间(1年,3年,5年?)、在哪个区域、哪个产品/技术上布局多少件专利。那么怎么解答专利积累规划这几个问题呢?例如可以采用对标法回答专利积累规划问题:将该企业经营目标、产品/技术、市场份额目标以及专利布局(已有)与对标企业(或虚拟对标企业)情况(市场份额及趋势、专利累计以及趋势等)进行相应比对,来解答本企业在一定计划周期里在哪个区域、哪个产品/技术上布局多少件专利。

二、专利战略报告框架

诊断报告可以包括在专利战略报告中,也可以不包括在其中。其中诊断报告架构继续参考图17-12,即可以包括图中各方面的诊断分析情况以及诊断结论和建议。专利战略主体部分的架构可以包括如下部分。

1. 企业专利需求和定位

根据企业发展战略、诊断报告信息、企业当前经营以及未来经营目标定位专利价值需求,即确定专利战略定位,并制定专利短中长期目标以及专利积累规划、风控规划、运营规划等。

在这里简单解释一下,图17-13揭示的不同经营阶段的企业专利价值需求,即可以作为专利战略定位的参考。

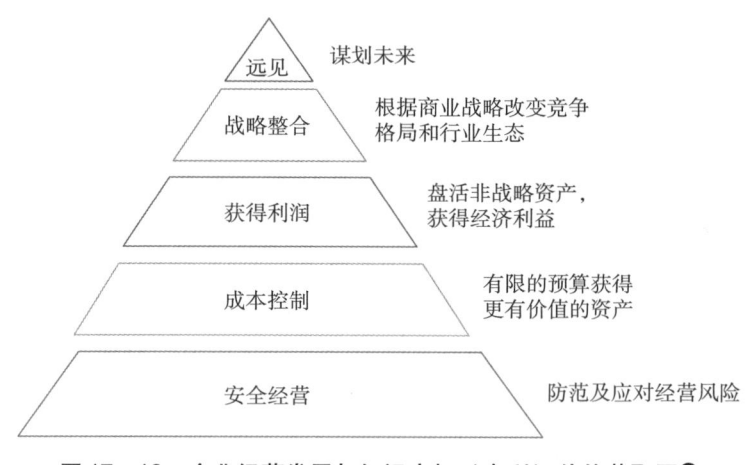

图17-13 企业经营发展与知识产权(专利)价值萃取图❶

---

❶ 戴维斯,哈里森. 董事会里的爱迪生:智力资产获利方法 [M]. 江林,等译. 北京:机械工业出版社,2003.

安全经营阶段：目前中国大多数企业处于这个阶段。企业知识产权尤其专利积累是为了业务安全，不会因知识产权问题拖业务的后腿，例如通过自己拥有专利交叉许可/专利抗衡等筹码换取市场准入机会，降低许可费成本，阻碍跟随者仿冒等。

成本控制阶段：企业不可能无限制投入在知识产权上，因此本阶段的目的不仅仅是降低成本，而是对专利价值提出更高要求。

获得利润阶段：当企业非战略专利资产越来越多时，是放弃维持专利而止损，还是通过许可转让获得利润呢？显然老板希望是后者，很多企业例如飞利浦、IBM 等也正是从知识产权上每年获得数亿美元收入。

战略整合阶段：从战略角度运用专利，进而改变竞争格局以及行业生态。例如在 2014 年 6 月，特斯拉公司宣布将无偿开放公司的所有专利；随后 2015 年年初，丰田"复制"特斯拉的思路，宣布将开放公司 5600 余件汽车氢燃料电池专利使用权。特斯拉公司的"专利开源"是为了改善电动汽车技术应用生态，而丰田"专利开源"是为了挑战纯电动汽车技术路线，同时颠覆和改变燃料电池在汽车产业格局中的地位。

远见阶段：专利帮助企业谋划未来，例如我们所知的百年来 IBM 的多次华丽转身，每次都是提前若干年研发未来趋势下的新技术并且申请专利。这样，IBM 在当前技术进入衰退阶段前，就拥有了重新选择新优势行业的机会。当然，也有企业没有研发未来趋势下的新技术，但是会收购未来趋势下的新技术研发团队或者只是购买未来趋势下新技术相关的专利，谋求未来的发展机会。

其实，各个阶段不会像图上那样泾渭分明，按照线性顺序递进，而完全可以多种情形并存，只是当下经营阶段下以哪个作为主要目标而已。

企业商业目标是专利管理工作中的重中之重。经营战略是对专利战略以及专利价值萃取提出需求以及要求，企业不同经营发展阶段对专利价值萃取的需求是不同的。

专利战略，根据经营战略以及对应专利价值萃取需求来制定，并相应配套专利管理工作内容和机制，例如专利积累规划与布局、情报、风险管控、管理体系等；并且企业专利管理工作应该为经营战略所需要萃取的专利价值而负责。专利管理工作中专利积累规划与布局、情报、风险管控、专利管理体系自成一个工作子系统，这个子系统与企业经营活动、经营活动主体以及最终商业目标密切关联，并应具有支持作用。

在专利战略目标下，应分别明确专利资产、专利风控、专利情报以及专利运营需求等。

其中，专利资产需求要根据专利战略调整需要多少专利、需要什么样的专利。专利资产需求的解决方式主要通过购买专利、改善现有专利组合、技术研发等途径。为了实现专利战略下的专利资产需求，可能需要做以下工作：

（1）分析评估已有专利组合价值，借鉴参照本领域内更完备的专利布局方案，挖掘自家技术成果，改进自身专利布局；

（2）利用专利信息检索寻找可购买/许可的专利组合，以及评估相应的成本。

在通过挖掘自家技术成果来获取专利的过程中，需要综合利用专利信息、市场信息、技术信息来提前评估专利提案的潜在价值，筛选专利提案；并且可以通过专利信息来挖掘新的专利保护维度及其组合方式；或者通过专利信息评价专利授权前景等。

在专利（也包括专利申请或专利提案）组合的评估和管理过程中，需要相关的价值定性评估：哪些专利（专利申请或专利提案）与核心业务相关；哪些专利（专利申请或专利提案）与企业未来相关；哪些专利（专利申请或专利提案）与竞争对手相关；哪些专利（专利申请或专利提案）可能需要放弃；哪些专利需要转让运营；哪些专利（专利申请）可以市场运用；哪些专利（专利申请）可以在与他人合作中运用；哪些专利可以出资入股；哪些专利（专利申请）可以打包在技术输出中；哪些专利可以质押融资等。同时把专利组合（也包括专利申请或专利提案）当成数据进行利用，来评价技术人员的创新能力、专利成本、专利营收等。

综上，在专利战略中仅仅在满足企业专利资产需求的过程中，就会有很多专利数据利用的场景；同样，在满足企业专利风控、专利情报以及专利运营需求中，也会有很多专利数据利用场景。

2. 企业专利管理体系方案

不同专利战略定位，匹配不同企业专利管理体系及团队。因此，根据专利战略目标以及专利积累规划、风险管控规划、专利情报规划、专利运营规划等，制定企业知识产权（尤其专利）组织架构方案（包括组织架构、部门职能、岗位职责及专利管理绩效等）、专利管理制度方案（包括专利管理制度、技术秘密管理制度、知识产权合同管理制度、专利人事管理制度、专利预算制度、专利风险管控制度、专利激励制度、专利信息管理制度及专利运营制度等）以及对应的流程方案等。关于专利管理体系方案可以参考目前国家标准《企业知识产权管理规范》，在此不再赘述。

三、小结

专利战略必须支持企业经营战略。通过企业经营战略信息、专利信息以及行业信息"向外看""向内看""向前看"，综合分析以定位该企业的专利价值需求。根据企业专利战略定位，再制定专利积累规划、专利布局、专利情报、专利风险管控等需求，以及各项工作目标、计划以及工作主线；为保证专利战略目标以及子目标的实现，配置相应的专利管理体系方案。

第十八章　专利尽职调查报告撰写

本章就专利尽职调查的作用与意义、各种应用场景进行说明，阐述调查准备、调查实施、调查结果分析、调查结果应用的4个环节。重点介绍专利交易尽职调查、企业专利尽职调查、技术自由实施尽职调查、专利侵权诉讼尽职调查的分析思路和方法，并给出相应案例。在调查与分析工作完成后，对实施调查涉及的资料分析情况、发现的问题及相应的处理意见等内容进行整合，形成专利尽职调查报告。

第一节　专利尽职调查概述

一、专利尽职调查的作用与意义

专利尽职调查（Patent due Diligence）是指通过收集和分析专利信息，预测和评价相关的风险问题和收益机会，作为委托调查方进行决策参考的依据。❶ 在一些特定的应用场景下，专利尽职调查会称为专利交易风险调查、专利审慎调查、技术自由实施尽职调查等。开展专利尽职调查有助于预防侵权争议、控制运营风险、防止专利欺诈、避免研发和投资浪费、降低交易费用等，从而整体提高专利运用的水平。

二、调查实施步骤

专利尽职调查过程，主要由专利尽职调查准备、调查实施、调查结果分析、调查结果应用4个环节构成。调查通常需经历以下程序：❷

立项→成立工作小组→拟订调查计划→整理/汇总资料→专利权核查→调查风险→撰写调查报告→内部复核→递交汇报→归档管理→应用实施

1. 专利尽职调查的准备

准备阶段，需要制订调查活动计划，应包括以下内容：明确调查哪些主体，包括公司本身、母公司、子公司等关联主体，以及发明人、设计人等个人关联主体；被调查权利对象，明确调查哪些专利并形成专利清单；调查时间进度；需要委托方和调查对象提供哪些信息和文件资料；重点调查事项，如是否存在隐名关联方权利人；调查团队内部

---

❶ 袁真富. 论专利交易的风险调查——以法律风险为主要视角 [J]. 中国发明与专利，2009（12）.
❷ 中华全国律师协会知识产权专业委员会. 知识产权尽职调查操作指引 [EB/OL]. http://www.acla.org.cn/article/page/detailById/21827.

人员分工。

专利尽职调查一般会涉及专业的技术、法律问题,以及信息检索和技术与市场分析等,如果组成人员仅仅由律师或者律师与专利代理人构成,可能难以全面有效开展调查。因此,应根据具体情况,由有经验的专利律师、技术人员、信息检索人员、市场调查分析人员等共同组成工作小组,合理安排不同专业人员的分工和配合,将不同方面所获得的信息、分析结果进行科学有效的整合处理。

2. 专利尽职调查的实施

实施阶段,工作小组依据调查计划,运用调查方法开展调查,并对调查过程进行控制和调整,包括对调查内容、调查方法、调查人员的调整,必要情况下前往现场进行调查,最终达到获取有效信息的目的。

调查的文件资料由委托方或调查对象主动提供,或通过检索取得与调查对象相关的公开披露的信息资料。例如,在知识产权局官方网站和专业的数据库中检索,在相关法院网站查询专利诉讼情况或者通过媒体报道了解调查对象的最新运营动态等。工作小组获取到相应的文件资料后,要认真核查对比相关资料,确保文件资料的真实完整,并对文件资料进行深入分析,以充分挖掘文件资料背后隐藏的真实信息。

工作小组可以采用现场访谈的形式获取信息,着重走访调查对象的技术研发部门和知识产权部门,向技术研发人员了解技术研发情况,向知识产权管理人员了解管理制度和管理流程,查阅核实获得的荣誉资质及相关协议。

3. 基于专利尽职调查结果的分析

结果分析阶段,工作小组结束调查活动后,需要对所获得的信息进行提取和分析,判别是否存在重大的风险或法律隐患。在分析和比较的基础上,形成调查结果的总结报告。完成每项调查内容后,要及时记录调查信息结果,判断甄别信息的客观性、真实性,记录结果应方便进行再核实和再调查。

4. 专利尽职调查分析结果的应用

结果应用阶段,根据调查报告的结论和建议,在项目的各应用场景下实施。

在调查项目的执行过程中,还应注意的事项包括:

(1) 在项目立项后,组织专业人员加入工作小组实施尽职调查;

(2) 拟订计划需建立在充分了解项目背景和需求基础上;

(3) 尽职调查报告必须通过复核程序后方能提交;

(4) 尽职调查报告应签订严谨的保密协议,遵守保密要求;

(5) 尽职调查方法、调查范围、调查深度要事先取得委托方同意,作为调查是否"尽职"的考核依据。

尽职调查时往往需要获取和披露大量信息资料,其中可能涉及经营秘密、技术秘密的信息,一旦泄露会对经营活动造成重大影响。工作小组在进行尽职调查时应时刻遵守保密性原则,对因从事尽职调查而取得的资料、文件、了解到的相关信息等内容要信守保密义务,防止信息资料泄露。

三、应用场景

根据项目委托人及应用场景的差异,不同场景下尽职调查的目的(见表18-1)可以概括为两方面:一是在厘清知识产权状况的基础上发现机会,二是分析与知识产权相关的事项涉及的风险。

表18-1 知识产权尽调的场景和目的❶

尽调场景	尽调需求方	尽调对象	尽调目的
并购	潜在并购方	目标公司/目标资产	1. 厘清知识产权状况,包括范围、内容、权属、法律状态、来源、权利负担,乃至价值等; 2. 分析法律风险,包括自由实施、知识产权管理风险等
投资	投资方	被投资方的知识产权	
知识产权出资	其他出资方	用于出资的知识产权	
知识产权融资	资金提供方	用于融资的知识产权	
知识产权许可	被许可方	用于许可的知识产权	
上市准备	拟上市公司	公司自身知识产权	
技术合作	合作方	合作相对方知识产权	
新技术研发 新产品上市	研发单位 产品上市方	新技术/新产品涉及的知识产权	
知识产权自我诊断	知识产权持有企业	知识产权管理、资产、风险	

尽职调查的内容和对象存在差异,概括为以下四类:专利交易尽职调查、企业专利尽职调查、技术自由实施尽职调查、专利侵权诉讼尽职调查。

1. 专利交易尽职调查

企业在专利交易活动中,为确保双方谈判基础的合理性,应事先针对目标专利进行尽职调查。尽职调查可以帮助企业控制交易成本、降低交易风险。专利尽职调查工作有助于正确评估专利的价值,以及专利存在的潜在风险,确保己方利益的最大化,促成交易的顺利完成。通过开展专利尽职调查,为确定专利许可或专利转让的目标提供谈判参考材料,并且可以有效地保证过程的合法、合理和公平,避免企业交易不需要的或是价格远高于其实际价值的,甚至是已经失效或过期的专利。

2. 企业专利尽职调查

在企业上市项目中进行专利尽职调查,通过调查拟上市企业的相关专利状况并发现问题和潜在风险。对企业自身的专利尽职调查可以分析自身的专利资产状况,了解专利的分布状况、整体价值以及布局的不足。可以有效避免企业在上市过程中因为对自身专利资产认识不足和疏漏而导致其专利价值被低估、技术未得到充分应用发挥或对外公布的信息不实等风险。

并购和投融资时如果对目标公司的专利状况调查不到位,就会影响并购的效果,面临因为相关专利权所衍生的侵权纠纷等问题,甚至导致取得的专利反而成为沉重负担。

---

❶ 王桂香. 一文读懂知识产权尽职调查实务 [EB/OL]. IPRDaily, http://www.iprdaily.cn/article1_16702_20170708.html.

在并购和投融资的过程中除了进行一系列的尽职调查之外,需就目标公司的专利进行专门的专利尽职调查,这样才能充分评估目标公司的专利组合是否真正值得并购,以及在并购程序中和并购完成后潜在的法律风险。

3. 技术自由实施尽职调查

在技术转移过程中要对拟转移的技术及相关专利进行全面、充分的尽职调查。如果一项技术是在其他专利或者技术秘密的基础上改进获得的,在实施该项技术时,还需要依赖背景技术权利人的许可,才能消除法律上的侵权障碍。企业实施所获得技术方案时,需使用背景技术权利人的其他专利中的技术,或者背景技术权利人已经围绕该专利设置了一系列的外围专利来限制企业对其技术方案进行优化和改进,则该专利权对于企业而言存在实施的障碍和风险。

对于这种情况,可以通过围绕该领域所拥有的专利开展尽职调查,辨识出背景技术权利人可能对企业带来限制的其他专利权,从而作为技术规避和谈判的依据。可委托专业的律所或知识产权咨询机构完成专业的尽职调查,最大限度地降低风险,以最小的代价获得真正的核心技术。

4. 专利侵权诉讼尽职调查

通过尽职调查,判断产品是否侵犯了诉讼原告的专利权,如初步判定产品的技术特征落入了原告专利权利要求保护的范围内,被告应考虑行使专利无效抗辩权或现有技术抗辩。在专利侵权诉讼中,如有被告提出专利无效抗辩,并且提交了相关证据,审理专利侵权案件的法院通常会中止案件的审理,等候被告向国家知识产权局专利局复审和无效审理部申请宣告原告涉案专利无效。针对原告涉案专利做好尽职调查是被告取得胜诉或争取和解的关键。

第二节 调查方向及分析模块

一、专利交易的尽职调查

专利交易的尽职调查结合项目的需要,可以从专利权核查、权利要求保护范围、专利稳定性、专利价值度等方面进行。由于调查的专利范围有可能是单件也可能是批量的专利组合,在调查时可结合需要划分工作。

对专利组合或专利包进行调查时,可能遇到几十上百甚至成千上万的专利。如果专利数量众多,可以采用专利分级管理的思路,对专利进行盘点,通过分级和标引归类后,对相关程度高的专利组合重新进行打包,从而将重复工作简化,提升调查效率。从专利组合中筛选出重要专利后,再结合单件专利的调查模型进行分析。

1. 专利权核查

专利权核查即是对专利有效状况的调查,主要包括确认专利权的法律状态、专利保护的国家/地区以及保护的时间。

(1) 专利权的法律状态

法律状态有效的专利,应该是已被授权且处于维持阶段的专利。检索截止日为止,自始至终未获得授权的专利申请,包括专利申请被视为撤回或撤回、专利申请被驳回、专利权被无效等情形。专利授权后,可能会因为到达法定的保护期限、被提起无效、未及时缴纳相关费用、专利权人主动放弃、专利权届满等情形而导致其专利权终止或丧失。仅通过专利授权证书,是无法获得当前准确的专利权法律状态的。专利权是否有效,必须以专利局官方记载的法律状态为准。特别需要注意专利年费是否按时缴纳,以防交易的目标专利因未缴年费而失效。专利年费的支付虽然是一项简单的工作,但是未能按时足额缴纳年费,导致专利失效的遗憾也时有发生。在调查时可通过查阅专利授权证书、必要的缴费凭证、专利主管部门的相关登记和备案文件等来综合确认专利权在法律状态上的有效性。

对于某项专利权而言,如果其之前已经对其他人发放过许可,或者进行过质押担保,或者有过以专利权入股的行为发生等,都可能会对该专利权的实际效力产生影响。企业在接受了该专利的许可或买入该专利后,在行使专利权的过程中会受到这些在先权利的限制。在调查时可以通过收集该专利的交易历史等资料,或由专利权人主动提供并确认。

(2)专利保护的国家/地区

由于专利权的地域性特点,在中国申请的专利只在中国有效。因此必须对同一技术方案的专利在哪些国家/地区已经获得授权并维持有效,以及在这些地域的专利权进行调查。否则,很可能发生企业在其目标市场地域并不拥有有效的权利,或者企业仅在个别市场地域获得专利权,而在其他市场地域并未获得,这都会对企业未来拓展其市场地域范围带来不利影响。

(3)专利权保护时间

专利距离法定保护期限届满所剩余的时间长短,决定着专利还可能在多长时期内有效发挥其权利作用,进而也会影响到该专利的价值高低。因此,需要通过查验专利的类型、专利申请的时间以及相关国家/地区的法律规定,确定专利权有效的保护时间。在我国,发明专利的保护期为自申请之日起 20 年,实用新型专利的保护期为自申请之日起 10 年,外观设计专利的保护期为自申请之日起 15 年,超过保护期后,专利技术就进入公知领域。

【案例 18-1】某专利组合的专利权核查清单

某委托人拟对 A 公司的一项专利包进行收储购买,通过初步的专利尽职调查确认专利权利人,并按照专利分级(核心、重要、一般)和技术分类进行标记,最终形成表 18-2 的专利权核查清单。

表 18-2 某专利组合的专利权核查清单

专利号	同族情况	专利名称	申请年	法律状态	专利权人	发明人	技术分类	重要等级	剩余年限	许可/转让/质押	复审/无效宣告
CN10××××××B	无	(略)	2008	有效	A公司	××	结构	一般	9年	无	无

续表

专利号	同族情况	专利名称	申请年	法律状态	专利权人	发明人	技术分类	重要等级	剩余年限	许可/转让/质押	复审/无效宣告
CN10××××××B	PCT/美国/日本	（略）	2009	有效	A公司	××	材料	重要	10年	无	无
US84××××××		（略）	2010	有效	A公司	××	材料	重要	11年	无	无
JP52×××××		（略）	2010	有效	A公司	××	材料	重要	11年	无	无
CN10××××××B	无	（略）	2010	有效	A公司	YY	结构	一般	11年	无	无
CN10××××××B	无	（略）	2011	有效	A公司	YY	结构	一般	12年	无	无
CN10××××××B	无	（略）	2011	有效	A公司	YY	结构	一般	12年	无	无
CN10××××××B	无	（略）	2012	有效	A公司	××	控制	重要	13年	无	无
CN10××××××B	无	（略）	2012	有效	A公司	YY	制备	一般	13年	无	无
CN11××××××B	无	（略）	2013	有效	A公司 B高校	YY	制备	一般	14年	无	无

调查结果：通过调查，截至2019年×月×日，该专利包合并同族后共计8项，其中7项为A公司申请，一项为A公司与B高校共同申请，法律状态均为有效。涉及材料的一项专利可评级为重要专利（具有美国和日本的同族专利），涉及制备方法的一项专利也评级为重要专利。建议对以上两项重要专利及其同族的权利要求保护范围和专利稳定性进一步分析和评价。

2. 专利权利要求保护范围分析

针对单件专利进行调查，首先是分析权利要求保护范围，如果是尚未授权的申请，可以对授权前景进行分析。如是已授权的专利，由于与最初的申请文件相比，专利在审查过程中其权利要求的保护范围往往会发生变化，甚至在授权之后，还可能因为无效程序而被迫通过缩小其保护范围或放弃某些权利要求来寻求专利权的维持；另外，由于权利要求要以说明书充分公开的内容为依据，并且说明书可以用来解释权利要求，因此还需要综合说明书的内容来考虑授权专利的实际保护范围。

如果权利要求的保护范围写得很窄，则会影响专利的经济价值；而权利要求的保护范围写得太宽，又容易遭到竞争对手的无效宣告，因为太宽的保护范围就意味着面临更多的"在先技术"的挑战。公开或处于实质审查中的未授权专利，并非一定可获得授权。此外，不同国家或地区在相关法律规定上的差异，也会导致对同一内容的权利要求的保护范围产生不同的解释。因此在确认其有效的授权文本后，通过收集审查过程以及授权后的无效、诉讼历史，分析说明书的公开内容，研究不同国家或地区的专利审查要求、涉及和影响保护范围解释的法律法规、相关判例等，综合判断专利权有效的保护范围。

【案例18-2】重点专利权利要求范围及技术特征

CN104494776为"带有球鼻艏的高速浅吃水三体船及系统",其相关信息见表18-3。其结构见图18-1。

表18-3 专利的相关信息

申请号	CN201410722766.0
申请日	20141203
公开（公告）号	CN104494776B
公开（公告）日	20170222
首次公开日	20150408
申请人（原始）	珠海×××公司
法律状态	20170222 授权
法律状态	20180914 质押生效

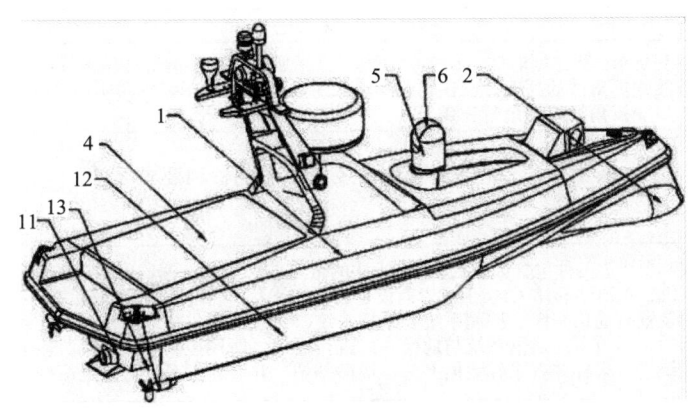

图18-1 带有球鼻艏的高速浅吃水三体船及系统

该专利的申请文件的权利要求共有两组,其中权利要求1~6为涉及船的权利要求,权利要求7~10为涉及系统的权利要求。两组权利要求引用关系见图18-2和图18-3。申请文件中涉及三体船的权利要求要件见图18-4。涉及系统的权利要求要件见图18-5。

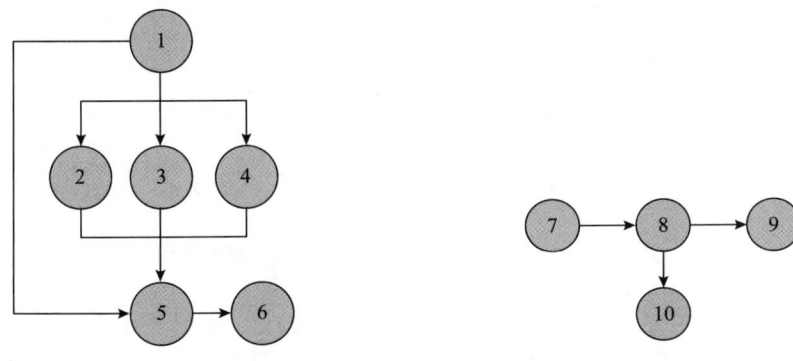

图18-2 涉及三体船的权利要求引用关系　　图18-3 涉及系统的权利要求引用关系

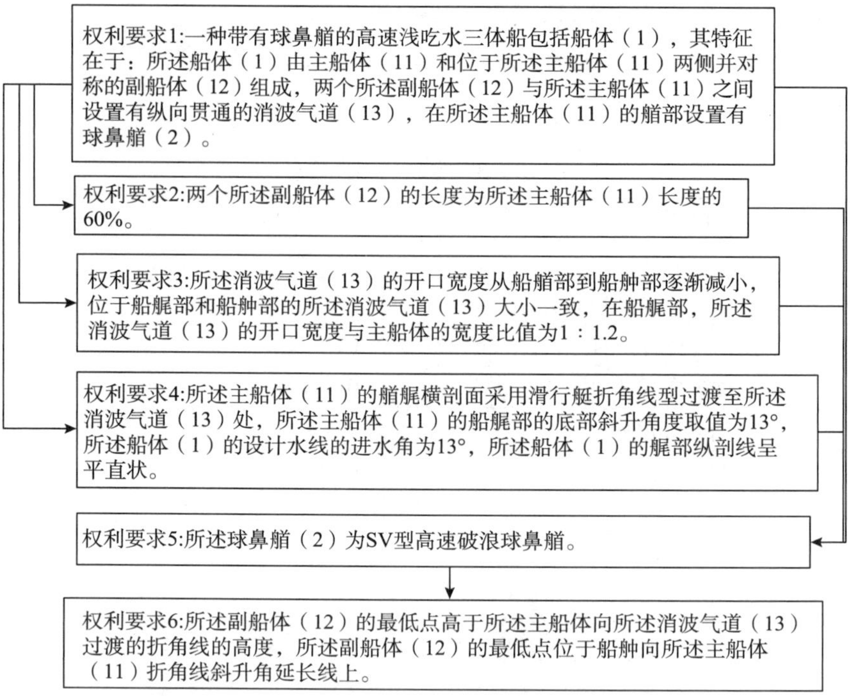

权利要求1:一种带有球鼻艏的高速浅吃水三体船包括船体（1），其特征在于：所述船体（1）由主船体（11）和位于所述主船体（11）两侧并对称的副船体（12）组成，两个所述副船体（12）与所述主船体（11）之间设置有纵向贯通的消波气道（13），在所述主船体（11）的艏部设置有球鼻艏（2）。

权利要求2:两个所述副船体（12）的长度为所述主船体（11）长度的60%。

权利要求3:所述消波气道（13）的开口宽度从船艏部到船舯部逐渐减小，位于船艉部和船舯部的所述消波气道（13）大小一致，在船艉部，所述消波气道（13）的开口宽度与主船体的宽度比值为1：1.2。

权利要求4:所述主船体（11）的艏艉横剖面采用滑行艇折角线型过渡至所述消波气道（13）处，所述主船体（11）的船艏部的底部斜升角度取值为13°，所述船体（1）的设计水线的进水角为13°，所述船体（1）的艉部纵剖线呈平直状。

权利要求5:所述球鼻艏（2）为SV型高速破浪球鼻艏。

权利要求6:所述副船体（12）的最低点高于所述主船体向所述消波气道（13）过渡的折角线的高度，所述副船体（12）的最低点位于船舯向所述主船体（11）折角线斜升角延长线上。

图 18-4　申请文件中涉及三体船的权利要求要件

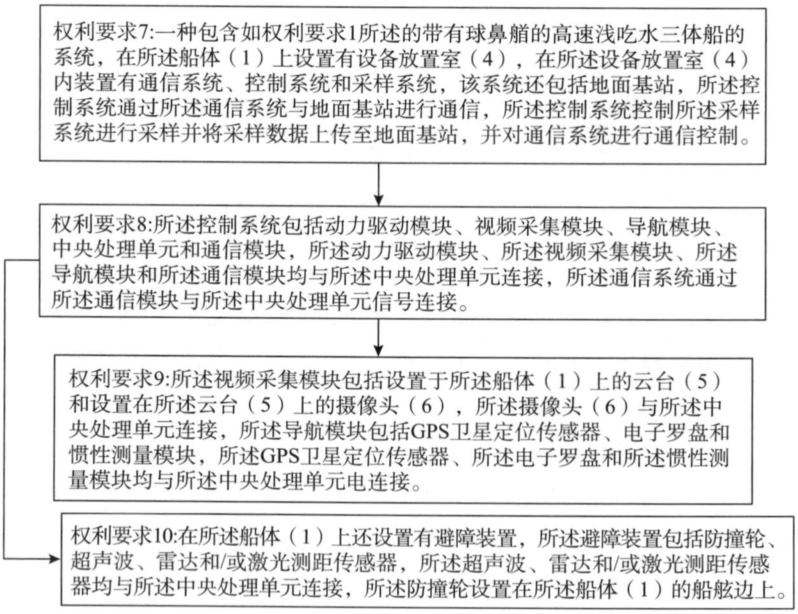

权利要求7:一种包含如权利要求1所述的带有球鼻艏的高速浅吃水三体船的系统，在所述船体（1）上设置有设备放置室（4），在所述设备放置室（4）内装置有通信系统、控制系统和采样系统，该系统还包括地面基站，所述控制系统通过所述通信系统与地面基站进行通信，所述控制系统控制所述采样系统进行采样并将采样数据上传至地面基站，并对通信系统进行通信控制。

权利要求8:所述控制系统包括动力驱动模块、视频采集模块、导航模块、中央处理单元和通信模块，所述动力驱动模块、所述视频采集模块、所述导航模块和所述通信模块均与所述中央处理单元连接，所述通信系统通过所述通信模块与所述中央处理单元信号连接。

权利要求9:所述视频采集模块包括设置于所述船体（1）上的云台（5）和设置在所述云台（5）上的摄像头（6），所述摄像头（6）与所述中央处理单元连接，所述导航模块包括GPS卫星定位传感器、电子罗盘和惯性测量模块，所述GPS卫星定位传感器、所述电子罗盘和所述惯性测量模块均与所述中央处理单元电连接。

权利要求10:在所述船体（1）上还设置有避障装置，所述避障装置包括防撞轮、超声波、雷达和/或激光测距传感器，所述超声波、雷达和/或激光测距传感器均与所述中央处理单元连接，所述防撞轮设置在所述船体（1）的船舷边上。

图 18-5　申请文件中涉及系统的权利要求要件

该专利经过实质审查，对权利要求范围进行了修改，权利要求4～6加入到权利要求1形成新的权利要求1，如图18-6所示。

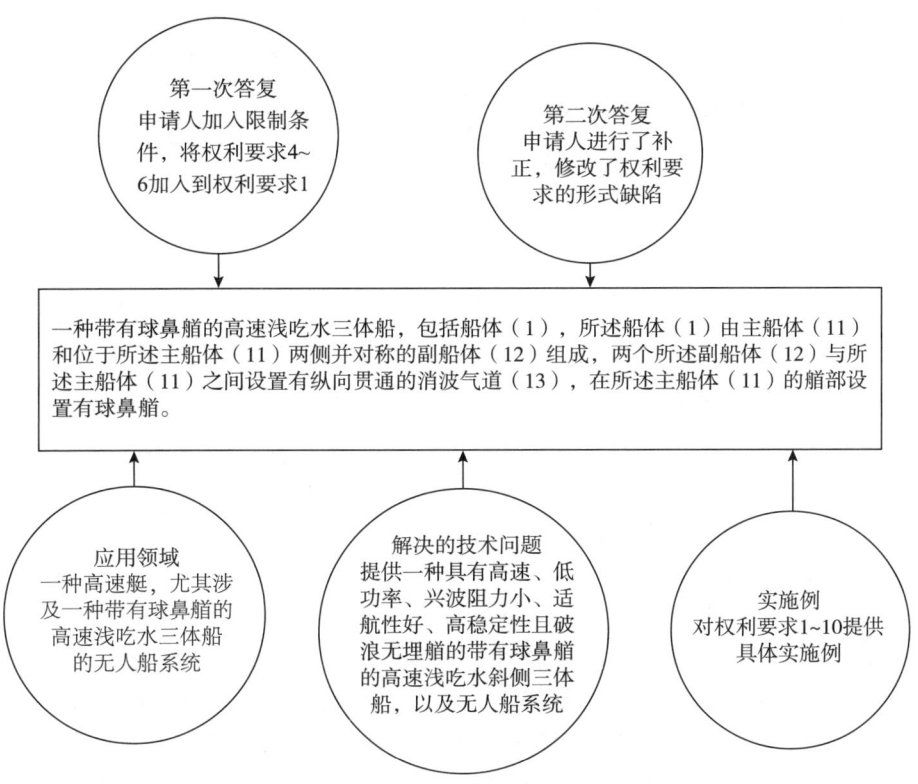

图 18-6　CN104494776B 专利中的权利要求限制图

该专利的权利要求 1 包括两个技术特征：A. 由主船体和副船体以及之间的消波气道组成的船体；B. 在主船体艏部设置有球鼻艏。其说明书部分分别就应用领域、应用系统、解决的技术问题以及实施例对该权利要求 1 所包含的技术方案进行了限定：应用了空气动力学和流体力学的原理，依靠随着航速增加而升高的水动升力支撑了绝大部分船体的重量，使得被托起后的船体形成很小的排水量，吃水也很浅，艏部增加了一个 SV 型破浪球鼻艏，有利于降低艏波，减缓波浪对船艏的拍击，有明显的消波作用。经过修改后的权利要求，加入了原权利要求 2、3 的技术特征，独立权利要求的范围缩小，提高了专利的稳定性。

3. 专利稳定性

专利稳定性分析通常是针对专利权的稳定性在全球范围内进行检索和分析。对专利稳定性的调查，一方面，可以结合该专利的类型对审查、无效、诉讼等过程中的相关文件和结论进行判断；另一方面，还可以通过针对该专利有效的保护范围的再次检索，重新评价其相对于现有技术的区别，进一步确认该专利的新颖性和创造性，起到提前规避、自我防御、进攻准备、降低交易风险的作用。

专利稳定性评估考虑可能影响专利/申请文件稳定性的因素，充分检索并进行全面评价，涉及新颖性、创造性、实用性、公开不充分、清楚、缺少必要特征、修改超范围、不授权客体等。

由于普遍认为实用新型专利和外观设计专利其稳定性要弱于发明专利，对于实用新型专利稳定性的判断，必须通过检索确认。如果某项专利的专利权存在不稳定的潜在风险，则将给专利运用过程带来风险，进而影响对该专利价值的评估。

【案例18-3】某授权专利的稳定性评价

申请日之前最接近的技术见表18-4。

表18-4 最接近的技术

编 号	文献号或名称	公开日
对比文件1	CN2867×××	2007年2月7日

最接近的技术方案简介及其对本专利的新颖性和创造性的影响如下：

（1）最接近的技术方案简介

对比文件1公开了一种瓦斯热水器定温装置，其技术方案包含有……

（2）本专利的"三性"分析

本专利的新颖性分析：

本专利的独立权利要求1公开了一种燃气热水器的恒温控制装置，其特征在于……

与对比文件1相比，其区别技术特征在于……由于本专利独立权利要求1的上述区别技术特征并没有被对比文件1所公开，因此本专利独立权利要求1的方案与对比文件1的方案相比具有新颖性；由于本专利的权利要求2~7为独立权利要求1的从属权利要求，在独立权利要求1具备新颖性的前提下，该权利要求2~7也具备新颖性。

本专利的创造性分析：

基于本专利的上述区别技术特征，可以确定本专利保护的技术方案相对于对比文件1所实际要解决的技术问题是：如何更精确地实现热水器的温度控制以及如何在实现同样功能的保证下节约更多的电能。

本专利公开的一种燃气热水器的恒温控制装置，其创新之处在于……本专利实现了对现有技术的改进，不是本领域的惯用技术手段，现有技术未给出任何可以获取本专利方案的技术启示，因此，本专利的独立权利要求1的技术方案是非显而易见的，具备突出的实质性特点。

此外，由于本专利的独立权利要求能更精确地实现热水器的温度控制以及在同样硬件设备的条件下能节约更多电能，因此具有显著的进步。

综上所述，本专利独立权利要求1的技术方案相对于对比文件1具有突出的实质性特点和显著的进步，具备《专利法》所规定的创造性。另外，由于本专利的权利要求2~7为独立权利要求1的从属权利要求，在独立权利要求1具备创造性的前提下，权利要求2~7也具备《专利法》第二十二条第三款规定的创造性。

本专利的实用性分析：

结合实施情况的相关证明材料，该专利的技术方案能够制造或使用，并已产生了积极的效果。

（3）其他实质性缺陷分析

说明书清楚、完整地公开了发明的内容，并使所属技术领域的技术人员能够理解和实施。

首先，本专利说明书主题明确，发明名称为"一种燃气热水器恒温控制装置"，明确反映了其应用领域。

其次，本专利说明书包含对技术领域、背景技术状况的准确描述，专利技术方案记载了详细的具体实施方式，通过图文结合的方式，对本专利技术方案的细节以及由实施本专利所获得的技术效果进行了清晰、准确的记载。

故本专利的说明书已清楚、完整地公开了发明的内容，本领域技术人员参照说明书可实施本专利。

权利要求书清楚、简要：

本专利共 7 项权利要求，包括 1 项独立权利要求和 6 项从属权利要求；各项权利要求用词准确，表述严谨；各项权利要求之间引用关系清楚。各权利要求以及权利要求书整体上满足清楚、简要的要求。

权利要求以说明书为依据，保护范围合理：

本专利的说明书清楚、完整地记载了权利要求的全部技术方案，并且独立权利要求 1 记载了解决本专利技术问题的全部必要技术特征符合以说明书为依据的要求。各项从属权利要求在引用在先权利要求的基础上，对技术方案的具体细节进行逐层限缩，形成层次分明、布局合理的保护范围。

综上所述，本专利的授权文件稳定性评价为"强"。

4. 专利价值评估

专利价值评估是影响专利运营判断的重要因素，也是对科技企业重要无形资产的统计分析，其结论可以作为企业无形资产的价值参考。常见的专利价值评估的方法包括：成本法、市场法、收益法等。❶

专利价值度评估，一般认为高价值发明专利数量与科技企业的创新能力和企业价值存在正相关关系。专利价值度分析方法包括法律价值分析、技术价值分析以及经济价值分析。❷

通过专利尽职调查分析交易涉及的专利是否与对方声称或之前商定的情形一致，确认对方是否具有合法的专利权人资格；评判这些专利所覆盖的技术、产品、地域范围是否与企业预期的需求相符合，以及企业获得相应的专利权或专利许可后，能否实现其预期的商业目的等。

二、企业专利尽职调查

1. 拟上市企业的专利尽职调查

企业在 IPO 拟上市辅导期，券商、证券律师、投资机构等都会对该公司做全面的尽职调查，调查内容包括但不限于企业管理结构、财务状况、法律相关、业务相关的尽职

---

❶ 马天旗. 高价值专利培育与评估［M］. 北京：知识产权出版社，2018.
❷ 国家知识产权局专利管理司，中国技术交易所. 专利价值分析指标体系操作手册［M］. 北京：知识产权出版社，2014.

调查。实践中，由于时间、经费及专业性等各种原因，开展尽职调查的团队可能会忽视某些知识产权资产的风险，尤其是专利的风险，造成调查不充分、流于表面不够深入的问题。

2018年11月5日，国家主席习近平在上海举行的首届中国国际进口博览会开幕式上宣布，将在上海证券交易所设立科创板并试点注册制——科创板登场，知识产权作为企业的无形资产的核心，成为科创板拟上市企业的关键调查对象。在《首次公开发行股票并上市管理办法》第三十条规定的"发行人不得有下列影响持续盈利能力的情形：（一）发行人的经营模式、产品或服务的品种结构已经或者将发生重大变化，并对发行人的持续盈利能力构成重大不利影响……（五）发行人在用的商标、专利、专有技术以及特许经营权等重要资产或技术的取得或者使用存在重大不利变化的风险"属于不具备发行条件。另外还包括《首次公开发行股票并在创业板上市管理办法》《保荐人尽职调查工作准则》《公开发行证券的公司信息披露内容与格式准则第1号——招股说明书》等文件中关于知识产权的相关规定。

在《科创板首次公开发行股票注册管理办法（试行）》第十二条中规定："发行人业务完整，具有直接面向市场独立持续经营的能力：……（三）发行人不存在主要资产、核心技术、商标等的重大权属纠纷，重大偿债风险，重大担保、诉讼、仲裁等或有事项，经营环境已经或者将要发生重大变化等对持续经营有重大不利影响的事项。"科创板重点稽查企业的知识产权风险成为众多企业上市失败的根本原因。表18-5整理了目前科创板上市的最新规则中对于知识产权的相关指标要求，也就是俗称的"三加五"指标。

表18-5 科创板上市企业对知识产权的要求

	常规指标：同时符合下列三个指标	额外指标：符合下列五种情形之一
科创属性认定——科创属性评价指引（试行）	（1）最近三年研发投入占营收比例5%以上，或最近三年研发投入金额累计在6000万元以上； （2）形成主营业务收入的发明专利5项以上； （3）最近三年营收符合增长率达到20%，或最近一年营业收入金额达到3亿元	（1）发行人拥有的核心技术经国家主管部门认定具有国际领先、引领作用或者对于国家战略具有重大意义； （2）发行人作为主要参与单位或者发行人的核心技术人员作为主要参与人员，获得国家科技进步奖、国家自然科学奖、国家技术发明奖，并将相关技术运用于公司主营业务； （3）发行人独立或者牵头承担与主营业务和核心技术相关的"国家重大科技专项"项目； （4）发行人依靠核心技术形成的主要产品（服务），属于国家鼓励、支持和推动的关键设备、关键产品、关键零部件、关键材料等，并实现了进口替代； （5）形成核心技术和主营业务收入的发明专利（含国防专利）合计50项以上
备注	A. 同时符合3项指标； B. 采用《上海证券交易所科创板股票发行上市审核规则》第二十二条第（五）款规定的上市标准，可不适用第（3）项指标中关于"营业收入"的规定；软件行业不适用第（2）项指标要求，研发占比应在10%以上。	

企业 IPO 上市过程中一旦发现存在披露信息与事实不符的情况，证监会将依程序终止审核，或作出不予批准的决定。IPO 受阻、上市失败是对企业最直接的影响，更为重要的是，还会损害企业形象，打击投资者的信心。拟上市公司的专利风险，通常出现在以下几个方面：

（1）企业申请和维护的管理风险。对于拟上市公司而言，围绕重点产品、关键技术和目标市场，是否通过专利提交申请，并持续维护？核心技术是否能通过专利保护证明具有市场竞争力？

（2）企业专利权属不明的风险。如企业专利权来源不明确、专利权转让存在争议、专利权权属与发明人形成争议、关键技术人才的流失和技术秘密的外泄等。

（3）由于专利侵权带来的风险。公司在管理好自身知识产权的同时，需要尊重他人的知识产权，防止因侵犯他人权利引发法律纠纷，还要警惕竞争对手提起的异议或提起侵权诉讼的情况。

对拟上市企业的知识产权尽职调查尤其是专利尽职调查，是对公司进行的一次全面、彻底"体检"，包括企业的知识产权现状、存在问题、潜在风险、市场价值等内容，报告中应当提出专业性建议和解决方案。具体来说，科创板拟上市企业知识产权管理与战略有几点应重点加强：

①针对核心技术不断创新，强化知识产权管理；
②为上市计划时间表做规划和长期准备；
③高价值专利培育、挖掘布局；
④搭建知识产权风险防范和应急机制；
⑤积极主动应对证券交易所的严格审核；
⑥对来自行业同行或竞争对手的挑战做好充分预案；
⑦公司内部全员参与高度重视创新和知识产权保护。

2. 投资并购专利尽职调查

在投资或并购的全过程中，尽职调查于前期和中期进行，形成的调查结果为后续的价值评估和商业谈判形成必要的参考资料，为投资人进行商业决策提供切实客观的依据。开展专利尽职调查需站在委托人即投资人的角度，从目标企业的长远发展角度出发，调查分析投资风险中的专利风险。在前期可用较短时间对目标企业的专利资产进行核查，暂不进行深入的调查。

在项目进入中期后，进一步通过调查协助投资方了解目标企业未来的发展前景，准确把握技术实施风险，帮助投资方在投资、收购后有效规避知识产权侵权等法律纠纷，避免风险损失。被收购企业的核心资产中知识产权的比重越大，企业经营和发展的变数和不确定因素也越大，同时也决定了收购方是否能够最终通过收购达到其战略目的。❶

当存在第三方或者潜在第三方对目标公司的知识产权提出诉讼或仲裁时，并购可能会因此而陷入停滞甚至终止。即使已经结案的诉讼案件也可能使目标公司再次陷入诉讼或者仲裁纠纷之中。

---

❶ 贾晓海. 企业并购中的知识产权尽职调查［J］. 今日财富（中国知识产权），2010（1）：37 - 39.

3. 调查企业的专利状况

无论是对拟上市企业，还是对投资并购的目标企业进行专利尽职调查，重点调查的内容包括以下方面：

（1）企业专利台账。包括本企业所有、与共有人共同所有或该企业具有使用权的专利，以及相关的权利证书和使用许可证、合同等法律文件。

（2）已授权的专利。审查内容包括专利证书、专利登记簿副本、授权文本、有效期限、年费缴纳凭证等内容。对已提交申请但尚未获得授权的专利，需要对申请文件提交回执、专利申请受理通知书、进入实质审查通知书、审查意见通知书等官方发文及缴费凭证等内容进行审查。

（3）通过自行研发取得的专利申请权或专利权。需要对研发利用的技术来源进行调查，并对专利权证书、技术研发记录文件等内容进行审查。

（4）通过委托开发或合作开发取得的专利申请权或专利权。需要调查是否存在其他的共同专利权人，需要对委托开发协议、合作开发协议、权利归属相关条款或协议等内容进行审查，是否已经得到其他共同专利权人的书面授权。

（5）企业获得专利权的过程是否符合法律的规定，与关联方之间是否存在合法有效的协议。通过专利转让取得专利，需要对转让协议、转让登记证明、专利著录变更证明、变更公告、转让费支付凭证等内容进行审查；通过被许可方式取得专利使用权，需要对专利权属证明、许可使用协议、许可使用合同备案登记证明、许可使用费支付凭证、被许可使用的权利范围、被许可的类型及使用期限约定等内容进行审查；对于专利权质押，需要对专利权属证明、质押协议、专利权质押登记证、年费缴纳情况等内容进行审查。

（6）企业与专利权相关或者与专利权协议相关的诉讼、仲裁等涉诉情况。包括过去或现在发生的知识产权诉讼、仲裁情况说明、判决书以及行政机关的处罚通知书。

（7）竞争对手的产品和专利情况。需要分析竞争对手产品是否有侵害目标公司专利权的可能性，或者目标公司产品（特别是核心产品）是否有侵害竞争对手专利权的可能性。

4. 企业知识产权管理制度风险调查

对企业的知识产权管理制度，以及相关人员的风险调查也是调查重点。

（1）对企业知识产权管理制度，尤其是涉及专利奖励办法、职务发明，以及正在研发过程中的核心技术的相关保密制度和措施进行调查。包括对企业研发体制、研发机构设置、激励制度、研发人员等资料进行调查，对关键技术人员是否实施了有效约束和激励，是否有效避免了关键技术人才的流失和技术秘密的外泄进行调查。

（2）对企业知识产权管理部门结构、人员名单等；聘请的律师事务所、知识产权代理机构、外聘知识产权顾问名单及相关的委托合同和保密协议进行调查。

（3）对发明人如研发人员及管理人员与企业签订合法的劳动合同、收益分配协议进行调查，避免由于发明人对专利收益的争议而影响到专利运用实施。对于核心、关键技术，可以要求参与研发的人员与公司签署知识产权归属协议。调查参与技术开发、产品研发人员的来源，尤其需要排查关键技术项目启动后从竞争对手、相关领域企业跳槽进入该企业的人员。

（4）了解企业的研发模式和研发系统的设置和运行情况，调查企业主要研发成果、在研项目、研发目标等资料，调查目标企业历年研发费用占目标企业主营业务收入的比重、自主知识产权的数量与质量、技术储备等情况，对企业的研发能力进行分析。分析是否存在良好的技术创新机制，是否能够满足企业未来发展的需要。

【案例18-4】云洲智能专利尽职调查

珠海云洲智能科技有限公司、深圳市云洲创新科技有限公司的创始人是张云飞、成亮，从事民用无人船研发和供应，其产品主要应用于水质监测、水文测绘、核辐射监测和水文研究等领域。截至2018年10月累计申请专利89件，其中涉及发明43件（授权12件），实用新型34件，外观设计12件。其专利类型分布、专利布局见图18-7、图18-8。

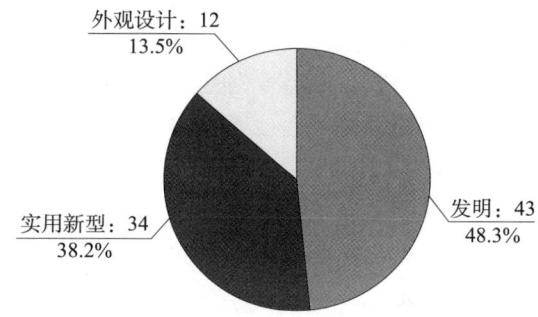

图18-7 专利类型分布（单位：件）

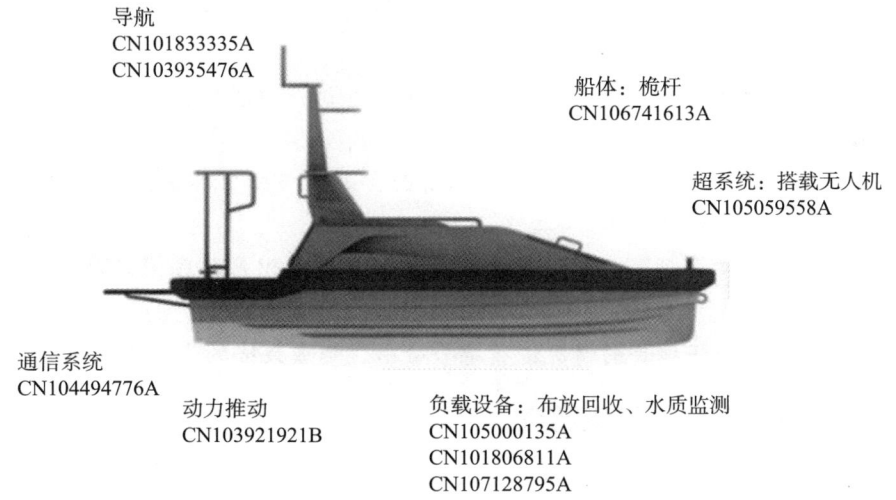

图18-8 珠海云洲专利布局

由图18-8技术领域分布可以看出，该公司的无人船相关专利主要在负载设备、导航、通信系统、动力推动、船体和超系统，围绕产品初步形成了专利布局。

经过逐一阅读申请人的专利发现，2010年左右的专利申请主要以水质采样机器人、小型机器人的专利为主；2012年左右的专利申请主要以无人船推进器的专利为主；2014

年左右的专利申请主要以无人船的自主导航、智能管理的专利为主；2015年左右的专利申请主要以无人船的自动收放系统、起降系统、船体材料的专利为主；2016年左右的专利申请主要以无人船的船体结构、桅杆、支架、附属设备的专利为主。云洲智能专利在收放系统中以提高可靠性的技术效果研究较为深入，以及在智能化自动避障方向申请的专利较多。

专利尽职调查风险点：

由珠海云洲、深圳云洲分别申请和共同申请；有1件发明专利是与广州市香港科大霍英东研究院共同申请，需要查看委托开发或合作开发协议进一步确认权属。有2件发明专利通过专利质押，处于质押状态。主要发明人共28人，可进一步调查劳动合同中是否明确知识产权归属。授权的专利主要涵盖无人船的自动收放系统、起降系统、船体、水质采样机器人和动力推动等技术；而涉及导航、通信系统、负载系统的专利申请尚在审查中。

结合通过检索了解的风险点，形成现场专利尽职调查问题清单：

（1）企业的基本信息。包括经营范围、主要产品、专利产品占比，行业内的竞争对手状况、行业地位、上下游企业等。

（2）企业专利台账。包括本企业所有、与共有人共同所有及本企业只具有使用权的专利、外观设计、实用新型，以及正在申请的知识产权清单，相关的权利证书和使用许可证、合同，缴费情况及缴费单据。

（3）使用许可合同、共同技术开发合同、委托合同、权利转让合同、专利质押合同等。

（4）过去或现在发生的知识产权诉讼、仲裁情况说明、判决书以及行政机关的处罚通知书。

（5）知识产权管理制度。包括职务发明制度、知识产权激励制度、商业秘密保护的制度。

（6）研发人员即主要发明人在职和离职情况，是否与公司签署知识产权归属协议，企业知识产权管理部门人员名单。

（7）聘请的律师事务所、知识产权代理机构、外聘知识产权顾问名单及相关的委托合同、保密协议。

结合检索结果和现场调查的情况进行综合分析，形成最终的专利尽职调查报告。

三、技术自由实施的尽职调查

企业在自主研制和技术引进前，可开展技术自由实施的尽职调查（Freedom to Operate，FTO），调查技术方是否可以自由使用、实施其技术以及通过该技术生产、销售的产品，并且不侵犯他人权利、不违反法律法规规定。如果涉及进出口技术，还需要对其是否符合《中华人民共和国技术进出口管理条例》的规定，以及目标国/地区当地的法律进行评估和分析。开展技术自由实施尽职调查，需要针对技术自由实施的地域、技术自由实施的时间期间、在地域和期间内影响技术自由实施的事由即风险专利进行调查，形成影响技术自由实施的关键事由的应对方案。

1. 技术自由实施的尽职调查内容

调查内容可包括检索专利技术法律状态是否有效；分析目标技术的趋势、上下游配套技术；寻找目标技术的主流发展方向及是否有可替代技术；调查目标技术的来源，能否自由使用目标技术而不侵犯第三方知识产权，确保目标技术的知识产权的范围、保护力度、有效性和可执行性，以及核心知识产权无遗漏的转移；明确知识产权的权属关系，避免与未知知识产权共有人产生纠纷等。❶

如果企业研发或实施某项专利的技术方案时，必须使用其他权利人的相关专利中的技术，或者有其他权利人已经围绕该专利设置了一系列的外围专利来限制企业对其技术方案进行优化和改进，则企业在生产经营中可能仍然会受制于对方，需要向相对方继续谋求其他专利的许可或转让。对于这种情况，可以通过围绕相对方在该领域所拥有的所有专利或专利申请开展检索和分析，辨识出可能给企业带来限制的其他相关专利权。

对新产品上市、出口到目标国需要做专利尽职调查。原因是可能有第三方在国内申请了专利，也可能有第三方在产品的目标市场申请了专利。因此，新品上市前专利尽职调查的范围，除了整个的产品和方法之外，部件、半成品、合作厂商也可能在尽职调查的范围内。由于一个产品的技术特征可能有很多，即使一个全新的产品，也有很多标准件，不可能对每个特征进行调查，一般只分析侵权可能性大、企业自身研究开发及产品上有创新的技术特征。

2. 技术自由实施的尽职调查结论

技术自由实施的尽职调查的结论需要特别谨慎，一般论述该技术是现有技术或者不侵犯任何相关的专利，尽量不出现侵权、风险高等描述。在出现较高风险专利的情况时，需要与委托方业务部门商量，写在分析报告中的高度侵权和风险的结论有可能起到相反的效果。企业很多商业活动是明知风险而为之，很少会有完全无风险的情况，更重要的是对风险和收益的权衡。

若技术自由实施的尽职调查结果显示被调查的技术可能会侵犯他人的在先专利权，则欲实施该技术的企业应在商业策略上作出调整。建议企业作出的商业决策可能包括：❷

（1）修改欲实施的技术方案，避免落入在先专利权的保护范围；
（2）等待在先专利权保护期期满后再开发和实施该技术；
（3）针对在先专利权提起专利无效程序；
（4）与在先专利权人就专利转让、许可使用、交叉许可和/或建立专利联盟等进行协商；
（5）彻底放弃实施该技术。

【案例18-5】一种体外血糖监测方法的专利尽职调查

目前广泛使用的血糖监测方法为指血血糖监测，主要通过指尖或者手臂采血，再利用光电或电极测量的原理，对采集到的血液中的葡萄糖浓度进行测定。该方法准确有

---

❶ 赵佑斌. 如何进行 FTO 分析与报告制作［EB/OL］. https://mp.weixin.qq.com/s/_qcKF-KA9i2TvJqUE Wh1EA.
❷ 桂佳. 技术的自由实施（FTO）尽职调查实务介绍［EB/OL］. 环球律师事务所，http://www.globallawoffice.com.cn/content/details_13_603.html.

效,是目前广泛使用的血糖自检方法,但是该方法也有明显的缺点,就是每次检测都需要采血,具有创伤,这给病人带来了很大的痛苦。因此寻找操作便捷、无创伤、准确性高的血糖监测方式对患者和市场而言有强烈的需求。

某企业拟引进一种通过测量眼液中的血糖值来进行体外无创血糖检测的设备,其中重要的技术改进是解决技术问题二中的手段D。对是否能在中国自由实施该技术进行专利尽职调查。

第一步:全面检索,确定背景技术及在中国的相关专利。

通过眼睛无创体外测定血糖大多使用的是偏振光、近红外光和荧光。偏振光的使用与房水中的葡萄糖具有旋光特性有关,而近红外光是利用房水中的葡萄糖分子在近红外光谱区内的振动信息丰富,同时谱线特征也会产生相应的变化来测定。

有关无创测定血糖的技术在中国有6件专利申请,具体如表18-6所示。

表18-6 无创测定血糖

序号	标题	申请号	申请日	申请人	法律状态
1	基于人眼虹膜反射房水近红外光谱的无创血糖检测装置	CN20151048×××.6	2015/8/11	南京理工大学	审中
2	基于眼血管血液拉曼散射的无损血糖检测仪及检测方法	CN20141022×××.4	2014/5/27	普林斯顿医疗科技(珠海)有限公司	审中
3	非侵入式血糖监测装置与方法以及生化分子的分析方法	CN20151081×××.6	2012/4/27	台医光电科技股份有限公司	审中
4	非侵入式血糖监测装置与方法以及生化分子的分析方法	CN20121013×××.2	2012/4/27	台医光电科技股份有限公司	有效
5	测量眼液中血糖值的组合装置	CN20058002×××.7	2005/6/13	视觉股份公司	有效
6	非侵入性血糖测定	CN20048001×××.9	2004/6/9	福威光学公司	失效

第二步:对筛选出的障碍专利的技术特征与拟引进实施的技术进行对比。

通过筛选确定高相关的障碍专利(见表18-7),与委托人拟引进的技术特征进行对比,分析多件专利保护范围。

表 18-7　高相关专利

专利号	技术问题一的解决手段	技术问题二的解决手段		
	手段 A	手段 B	手段 C	手段 D
CN20141022×××.4	包含		包含	
CN20151081×××.6	包含			包含
CN20121013×××.2	包含	包含	包含	包含
CN20058002×××.7	包含	包含		
CN20151048×××.6	包含	包含		

其中 CN20121013×××.2 公开了多种解决技术问题的手段，CN20151081×××.6 也公开了解决技术问题二的手段 D，可与委托人拟引进的技术进行进一步的对比。对比过程为：①首先确定是否为同一技术领域即是否属于血糖监测领域，涉及血糖监测的装置和方法；②所采用的技术方案是否相同，即对技术特征一一对比；③所要解决的技术问题是否相同。具体见表 18-8。

表 18-8　对比过程及内容

对比的对象	技术领域	技术手段（技术特征对比）	要解决的技术问题
拟引进的技术	属于血糖监测领域，涉及血糖监测的装置和方法	通过测量眼液中的血糖值	解决现有技术中每次需要指尖采血检测血糖的问题
CN20121013×××.2	属于血糖监测领域，涉及血糖监测的装置和方法	非侵入式检测，光检测器，测量由眼球反射、再凭借分光器传送的该光线的旋光信息及吸收能量信息，获得生化分子信息进而获得葡萄糖信息	解决现有技术中每次需要采血检测血糖的问题
CN20151081×××.6	属于血糖监测领域，涉及血糖监测的装置和方法	光源发射至少一光线，分光器聚焦入射到眼球，光检测器组，测量该光线的旋光信息及吸收能量信息，获得生化分子信息进而获得葡萄糖信息	解决现有技术中每次需要采血检测血糖的问题

第三步：形成结论。

通过如上分析可知，该技术存在可替代性的技术，但在中国的专利数量较少，集中度较低,存在一定的研发机遇。委托人如打算实施该技术,应进一步研发和改进,加快布局专利。同时需要避免台医光电科技股份有限公司的两件障碍专利,可考虑进行技术规避或取得专利权人的许可。

四、专利侵权诉讼的尽职调查

1. 对发起诉讼前的尽职调查❶

专利权人发现第三人存在侵犯专利权的行为后,首先要对侵权产品技术特征是否落入了专利权利要求保护范围进行调查;其次要对侵权行为人是否享有任何侵权豁免进行调查;最后要对己方专利的有效性和稳定性进行调查。被诉侵权人也可能提出专利无效抗辩或现有技术抗辩,被告行使这两个抗辩权时会对原告专利权人造成风险,因为原告的专利可能被专利复审和无效审理部宣告为无效。此外,专利权人还需要分析侵权行为人是否有反诉的能力以及障碍专利,做到知己知彼。

2. 对涉案专利的尽职调查

对被告的专利尽职调查与做原告时的尽职调查方法相同,但是目的正好相反。被告首先要调查自己的产品是否侵犯了原告的专利权,以便行使不侵权抗辩。如果初步判定产品的技术特征落入了原告专利权利要求保护的范围内,被告应考虑行使专利无效抗辩权或现有技术抗辩权。在专利侵权诉讼中,如有被告提出专利无效抗辩,并且提交了相关证据,审理专利侵权案件的法院通常会中止案件的审理,等候被告向专利复审和无效审理部申请宣告原告涉案专利无效。针对原告涉案专利做好尽职调查是被告取得胜诉或争取和解的关键。

《中华人民共和国专利法》第五十九条规定:"发明或者实用新型专利权的保护范围以其权利要求的内容为准,说明书及附图可以用于解释权利要求的内容。"而专利的独立权利要求记载了解决技术问题的必要技术特征,其保护范围与从属权利要求相比最大。因此,应当将专利的独立权利要求中记载的全部技术特征所描述的技术方案作为一个整体来看待,记载在前序部分的技术特征和记载在特征部分的技术特征,对于限定专利保护范围具有相同作用。在做侵权分析时以独立权利要求中记载的全部技术特征与产品所对应的技术特征逐一进行比较,以表格的形式呈现,并给出相应的比较结果和侵权分析参考意见。

需要指出的是,发明或者实用新型专利权的保护范围以其权利要求的内容为准,说明书及附图可以用于解释权利要求的内容。所以,尽管有时候产品/方法与专利说明书中描述的具体实施例不同,但仍然有可能落入专利权的保护范围之内。

结合专利侵权诉讼案件的进展,调查分析人员还会进行对抗辩权的调查、对法律责任和救济措施的调查、对关键诉讼程序的调查、对和解可行性的调查、对合理维权费用的调查等。

【案例18-6】某制造模具专利侵权分析

针对委托人的一种制造模具的方法,与重点专利CN××××××的技术特征进

---

❶ 马德刚. 如何组织专利尽职调查 [J]. 竞争情报, 2017 (6): 23-29.

行比对，展开专利侵权分析。比对结果见表18-9。

表18-9　比对结果

权项	特征序号	重点专利	委托人技术方案	结论
权利要求1	特征1	一种制造模具的方法	制造模具的方法	同
	特征2	形成一个具有理想尺寸的基准CAD模型（7）	利用计算机获得具有理想尺寸的CAD模型	同
	特征3	形成一个超尺寸CAD模型	无超尺寸	不同
	特征4	根据超尺寸CAD模型制造一个超尺寸模型铸件	无	不同
权利要求9	特征1	用于制造模具的系统	制造模具的系统或设备	同
	特征2	用于形成模具的基准CAD模型（7）的装置，该模具具有将要制造的理想尺寸	计算机系统，用于构建三维模型	同
	特征3	用于形成模具的超尺寸CAD模型的装置，所述超尺寸CAD模型（8）包括多个基准点，这些基准点足以限定关于CAD模型的三维坐标系统	无	不同

独立权利要求1和独立权利要求9分别保护了一种制造模具的方法和系统，在该方法和系统中，需要形成一个具有理想尺寸的基准CAD模型和一个超尺寸的模型，委托人产品没有全面覆盖专利CN××××××的独立权利要求1和9的全部技术特征，本产品也没有与这些特征等同的技术特征。因此，本产品没有落入该专利独立权利要求1和9的保护范围之内。

第三节　项目报告框架

在调查与分析工作完成后，调查人员就调查工作的开展实施、调查涉及的资料分析情况、发现的问题及相应的处理意见等内容进行整合，并撰写成书面报告。专利尽职调查报告应当具有针对性，与项目的实际需求和开展尽职调查的目的相一致。

报告的前言应包括以下内容：专利尽职调查报告用途及责任限制声明，相关用语的释义，接受委托及尽职调查的范围，尽职调查的背景。

正文应包括：调查分析结果，包括工作计划及完成情况、尽职调查的基本情况、竞争对手知识产权情况、相关行业领域基本情况等内容。

法律风险分析及建议部分：调查人员应当根据调查所得的资料以及现有法律法规等依据，充分客观地披露存在的法律风险，并据此提出专业的处理意见或解决方案。

尽职调查报告的附件：可以将调查的资料清单、对报告中揭示的法律风险有重要作用的文件、相关的证明资料等内容以及根据相关资料整理制作的图表、汇总表等信息作为尽职调查报告的附件，以使报告内容更为完整全面。

【案例18-7】×××项目的专利尽职调查报告

> **前言及法律责任声明**
>
> 受×××公司（下称"委托人"）委托，××事务所（下称"受托人"）就××项目的专利状况及风险展开尽职调查，出具本报告。
>
> 本报告是基于截至本报告出具之日×年×月×日相关人员向受托人提供的文件、说明、访谈等信息，以及通过公开途径查询获得的信息作出。
>
> 本报告仅基于调查对象提供的资料和本所查证的事实中获得的信息编写。因此，如果在本报告出具后获得进一步的信息，则本报告可能导致其中的某些结论发生变化。
>
> 本报告仅从中国法律角度根据委托人的要求进行尽职调查。在本报告中对有关问题进行的分析、提供的建议均依据截至本报告出具之日中国已公开发布且现行有效的法律法规作出。
>
> 未经事先书面同意，本报告不应被任何其他单位或个人使用，亦不应被用于任何其他目的。
>
> **调查内容**
>
> 一、本项目的背景
>
> 二、调查工作计划及工作内容
>
> 三、本项目参与人员基本情况
>
> 四、本项目专利尽职调查范围
>
> 五、专利调查基本状况
>
> 六、法律风险分析
>
> 七、调查结果及建议
>
> **附录**
>
> 调查的资料清单
>
> 专利清单
>
> 相关重要文件（专利稳定性分析报告、专利价值评估报告等）
>
> 图表汇总表
>
> 依据的主要相关法律

在完成报告初稿后，应安排专人对报告进行审慎的核查和校对，避免出现笔误或格式错误、与工作底稿不符等失误。如调查发现相关事实有所变更，信息资料存在真实性、有效性存疑、有误或者不完整，以及遗漏或新发现重大关键信息等情形，视需要进行补充调查或修改报告内容，重新判断法律风险，将相关内容及时更新到尽职调查报告当中。调查人员在对专利尽职调查工作进行全面系统整理和复查的基础上，结合相关的反馈和修改意见，最终完成专利尽职调查报告。

  报告应当注明报告日期及获取相关资料的截止日期，并签字盖章，表明对专利尽职调查报告及其结果负相应的法律责任。

# 参考文献

[1] 芭芭拉·明托. 金字塔原理：麦肯锡40年经典培训教材 [M]. 汪洱, 高愉, 译. 海口：南海出版公司, 2013.
[2] 彼得·蒂尔, 布莱克·马斯特斯. 从0到1：开启商业与未来的秘密 [M]. 高玉芳, 译. 北京：中信出版社, 2015.
[3] 曾志华. 专利文献与信息检索 [M]. 北京：知识产权出版社, 2013.
[4] 陈超美. CiteSpace的分析原理 [M]//科学知识前沿图谱实践. 北京：高等教育出版社, 2016.
[5] 戴维斯, 哈里森. 董事会里的爱迪生：智力资产获利方法 [M]. 江林, 等译. 北京：机械工业出版社, 2003.
[6] 国家知识产权局专利管理司, 中国技术交易所. 专利价值分析指标体系操作手册 [M]. 北京：知识产权出版社, 2014.
[7] 贺化. 评议护航：经济科技活动知识产权分析评议案例 [M]. 北京：知识产权出版社, 2014.
[8] 贺化. 中国知识产权区域布局理论与政策机制 [M]. 北京：知识产权出版社, 2017.
[9] 贺化. 专利导航产业和区域经济发展实务 [M]. 北京：知识产权出版社, 2013.
[10] 黄慧敏. 最简单的图形与最复杂的信息：如何有效建立你的视觉思维 [M]. 杭州：浙江人民出版社, 2013.
[11] 李建蓉. 专利文献与信息 [M]. 北京：知识产权出版社, 2002.
[12] 李杰, 陈超美. CiteSpace：科技文本挖掘及可视化 [M]. 2版. 北京：首都经济贸易大学出版社, 2017.
[13] 李丽, 张妍, 宋蓓蓓, 等. 海外专利布局实务指引 [Z]. 国家知识产权局保护协调司, 工业和信息化部电信研究院知识产权中心, 北京集慧智佳知识产权管理咨询有限公司, 2014.
[14] 李丽. 以终为始的专利布局 [C]//柯晓鹏, 林炮勤. IP之道. 北京：企业管理出版社, 2017.
[15] 马天旗. 高价值专利培育与评估 [M]. 北京：知识产权出版社, 2018.
[16] 马天旗. 专利布局 [M]. 北京：知识产权出版社, 2016.
[17] 马天旗. 专利分析：方法、图表解读与情报挖掘 [M]. 北京：知识产权出版社, 2015.
[18] 毛金生, 冯小兵, 陈燕. 专利分析和预警操作实务 [M]. 北京：清华大学出版社, 2009.
[19] 毛金生. 专利分析和预警操作实务 [M]. 北京：清华大学出版社, 2009.
[20] 时雪峰, 等. 科技文献信息检索与利用 [M]. 北京：清华大学出版社, 北京交通大学出版社, 2015.
[21] 田力普. 发明专利审查基础教程·检索分册 [M]. 北京：知识产权出版社, 2008.
[22] 王加莹. 专利布局和标准运营——全球化环境下企业的创新突围之道 [M]. 北京：知识产权出版社, 2014.
[23] 希瑟·布里林特, 伊丽莎白·柯林斯. 投资的护城河：晨星公司解密巴菲特股市投资法则 [M]. 北京：人民邮电出版社, 2016.

［24］杨铁军. 产业专利分析报告（第 14 册）：高性能纤维［M］. 北京：知识产权出版社，2013.
［25］杨铁军. 产业专利分析报告（第 15 册）：高性能橡胶［M］. 北京：知识产权出版社，2013.
［26］杨铁军. 产业专利分析报告（第 4 册）：有机发光二极管［M］. 北京：知识产权出版社，2012.
［27］杨铁军. 产业专利分析报告（第 5 册）：立体成像［M］. 北京：知识产权出版社，2012.
［28］杨铁军. 产业专利分析报告（第 9 册）：汽车碰撞安全［M］. 北京：知识产权出版社，2013.
［29］杨铁军. 专利分析可视化［M］. 北京：知识产权出版社，2017.
［30］杨铁军. 专利分析实务手册［M］. 北京：知识产权出版社，2012.
［31］尹新天. 中国专利法详解［M］. 北京：知识产权出版社，2012.
［32］约瑟夫·熊彼特. 经济周期循环论［M］. 叶华，编译. 北京：中国长安出版社，2009.
［33］张建. 研究报告撰写指导［M］. 北京：教育科学出版社，2002.
［34］张勇. 专利预警——从管控风险到决胜创新［M］. 北京：知识产权出版社，2015.
［35］诸敏刚. 海外专利实务手册［M］. 北京：知识产权出版社，2013.
［36］Burt R S. Structural Holes：The Social Structure of Competition［M］. Cambridge：Harvard University Press，1992.
［37］Kim. Imitation to Innovation：The Dynamics of Korea's Technological Learning［M］. Boston：Harvard Business School Press，1997.
［38］Kuhn T S. The Structure of Scientific Revolutions［M］. Chicago：Chicago University Press，1962.
［39］Gerdsri N，Daim T U. Generating intelligence on the research and development progress of emerging technologies using patent and publication information［C］. Management of Innovation and Technology，2008. 4th IEEE International Conference，2008.
［40］Peizhi Wang，Shuyue Zhang. The Research of Technology Innovation Efficiency of High–tech Industry in Shandong Province Based on SBM–DEA Mode［C］. 2017 International Conference on Management，Education and Social Science（ICMESS 2017），2017.
［41］Qin Xuanzi. Evaluation of Enterprise Technology Innovation Project Based on Low–carbon Economy［C］. Information Management，Innovation Management and Industrial Engineering（ICIII），2010 International Conference，2010.
［42］Xu Zhao，Qi Hu，Chunlei Huang. Research on the Innovation of University Service Regional Economy in the Mode of Government，Industry，University and Research Institute［C］. 2016 International Seminar on Education Innovation and Economic Management（SEIEM 2016），2016.
［43］曹洪，等. 专利微导航企业发展应用——以特高压技术领域为例［J］. 中国发明与专利，2016（10）：80–81.
［44］陈绍宇，等. 关系网格：一种基于小世界模型的社会关系网络［J］. 计算机应用研究，2006（5）：194–197.
［45］陈欣. 专利联盟研究综述［J］. 科技进步与对策，2006（4）：176–178.
［46］陈燕，方建国. 专利信息分析方法与流程［J］. 中国发明与专利，2005（12）.
［47］陈颖，张晓林. 专利技术功效矩阵构建词汇模型研究［J］. 情报科学，2012（11）.
［48］陈悦，陈超美，刘则渊，等. Citespace 知识图谱的方法论功能［J］. 科学学研究，2015，33（2）：242–253.
［49］崔胜男，等. 我国专利预警理论研究概述［J］. 科技情报开发与经济，2013（14）：148–152.
［50］丁志新. 企业专利预警机制研究［J］. 中国发明与专利，2017（10）：77–80.
［51］付立伟. 新时期图书情报服务的 SWOT–PEST 分析影响研究［J］. 科技创新导报，2017，14（27）：255–256.

[52] 高月红. 企业上市中的知识产权分析评议 [J]. 竞争情报, 2016 (8): 25.
[53] 郭秋萍, 等. 专利与技术标准融合的陷阱及其规避 [J]. 情报杂志, 2014 (9): 40-44, 99.
[54] 韩黎敏. 专利导航产业发展探究 [J]. 合作经济与科技, 2016 (10): 30-31.
[55] 黄岑宇, 等. 专利导航产业发展对地方产业的影响——以镇江市为例 [J]. 江苏科技信息, 2016 (32): 11-12.
[56] 黄俊, 王亚利, 等. 企业"走出去"知识产权分析评议案例分析 [J]. 中国发明与专利, 2015 (7).
[57] 黄立业, 赵辉, 王坚, 等. 基于专利分析的产业竞争情报分析框架研究 [J]. 情报科学, 2015, 33 (4): 59-63.
[58] 黄良才. 专利联盟中的搭售问题分析——以 MPEG LA 下的 H.264、DVB-T 专利池为视角 [J]. 电子知识产权, 2007 (10): 26-29.
[59] 贾晓海. 企业并购中的知识产权尽职调查 [J]. 今日财富 (中国知识产权), 2010 (1).
[60] 赖院根, 朱东华. 专利预警警情的理论研究 [J]. 科技政策与管理, 2009 (2): 6-9.
[61] 李春燕. 基于专利信息分析的技术生命周期判断方法 [J]. 现代情报, 2012, 32 (2).
[62] 李晓青. 日本外观设计文献及其检索 [J]. 专利文献研究, 2005 (2): 44-52.
[63] 李校林. 我国专利联盟研究述评 [J]. 科技与法律, 2012 (1): 12-16.
[64] 刘佳, 宋之杰. 基于文本聚类的稀土萃取技术专利信息分析 [J]. 燕山大学学报, 2014, 38 (3): 243-251.
[65] 刘鑫, 等. 标准必要专利与我国企业策略研究 [J]. 知识产权, 2014 (11): 59-63.
[66] 鲁甜. 337 调查管辖范围的最新发展及我国应对措施 [J]. 国际商务-对外经贸大学学报, 2017 (2): 121-132.
[67] 马德刚. 如何组织专利尽职调查 [J]. 竞争情报, 2017 (6).
[68] 马竹青. 数据透视表实现数据分析 [J]. 电脑知识与技术, 2015, 11 (21): 58-59, 63.
[69] 孟海燕. 知识产权分析评议基本问题研究 [J]. 知识产权管理, 2013, 28 (4): 427-434.
[70] 乔林红. 基于专利信息分析的企业预警研究 [J]. 图书情报论坛, 2012 (3): 48-50.
[71] 申长雨. 全面开启知识产权强国建设新征程 [J]. 知识产权, 2017 (10): 3-21.
[72] 唐宏, 等. 着力打造中国钛谷产业发展"指南针"——宝鸡高新区大力发展专利导航实验区微导航项目 [J]. 中国高新区, 2016 (2): 115-117.
[73] 王康, 王心妍, 王晓慧. 基于产业竞争情报的产业风险预警体系框架研究 [J]. 竞争情报, 2018, 14 (4): 26-31.
[74] 王美莉, 等. "专利微导航"浅析 [J]. 中国科技信息, 2016 (23): 99-100.
[75] 王乃莹. 科技型创业企业技术创新与专利战略 [J]. 中国发明与专利, 2017 (3): 17-23.
[76] 王贤文, 刘趁, 毛文莉. 基于专利共被引方法的技术聚类分析——以苹果公司专利为例 [J]. 科学与管理, 2014, 34 (5): 31-37.
[77] 王宇航, 等. 地方开展专利导航产业发展工作的路径探讨——以镇江市为例 [J]. 江苏科技信息, 2015 (2).
[78] 王宇航, 等. 地方开展专利导航产业发展工作的问题和思路 [J]. 江苏科技信息, 2014 (24).
[79] 王玉婷. 面向不同警情的专利预警方法综述 [J]. 情报理论与实践, 2013 (9): 124-128.
[80] 文家春, 等. 专利侵权诉讼攻防策略研究 [J]. 科学学与科学技术管理, 2008 (7): 55.
[81] 严笑卫. 专利文献著录项目解析 [J]. 中国发明与专利, 2007 (5): 20-22.
[82] 杨红霞, 鲁可鑫. 区域创新能力评价体系研究 [J]. 商场现代化, 2018 (23): 173-174.
[83] 袁真富. 专利交易的风险调查——以法律风险为主要视角 [J]. 中国发明与专利, 2009 (12):

50-52.

[84] 张宾,赵成伟,韩冰. 浅谈企业上市过程中的专利风险控制 [J]. 中国发明与专利, 2016 (4): 6-8.

[85] 张兆锋,等. 专利技术功效图智能构建研究进展 [J]. 情报理论与实践, 2017 (1): 139-144.

[86] 朱家涛,张润利. 专利诉讼应诉策略 [J]. 工程机械文摘, 2009 (4): 24-27.

[87] 朱涛,吴泉洲. 专利文献著录项目的情报特征分析 [J]. 专利文献研究, 2007 (3): 18-22.

[88] 朱月仙,等. 研发项目专利风险分析及预警方法研究 [J]. 情报探索, 2018 (5): 39-45.

[89] Bryan Kelly, Dimitris Papanikolaou, et al. Measuring Technological Innovation over the Long Run [J]. Social Science Electronic Publishing, 2018 (11): 1-78.

[90] Burt R S. Structural holes and good ideas [J]. American Journal of Sociology, 2004, 110 (2): 349-399.

[91] Chen C, Ibekwe-SanJuan F, Hou J. The structure and dynamics of cocitation clusters: A multiple-perspective cocitation analysis [J]. Journal of the American Society for information Science and Technology, 2010, 61 (7): 1386-1409.

[92] Chen C. CiteSpace II: Detecting and visualizing emerging trends and transient patterns in scientific literature [J]. Journal of the American Society for Information Science and Technology, 2006, 57 (3): 359-377.

[93] Chen C. CiteSpace II: Detecting and visualizing emerging trends and transient patterns in scientific literature [J]. Journal of the American Society for information Science and Technology, 2006, 57 (3): 364-367.

[94] Claudia Flores. Management of catastrophic risks considering the existence of early warning systems [J]. Scandinavian Actuarial Journal, 2009 (1): 38-62.

[95] Franz Tödtling, Michaela Trippl. Regional innovation policies for new path development-beyond neo-liberal and traditional systemic views [J]. European Planning Studies, 2018, 26 (9).

[96] Manuel González-López, Björn Terje Asheim, María del Carmen Sánchez-Carreira. New insights on regional innovation policies [J]. Innovation: The European Journal of Social Science Research, 2019, 32 (1).

[97] Matti Karvonen, et al. Patent analysis for analysing technologicalconvergence [J]. Foresight, 2011 (5): 34-50.

[98] Matti Karvonen, Tuomo Kässi. Patent analysis for analysing technological convergence [J]. Foresight, 2011 (5): 34-50.

[99] Osterberg E C. A primer on IP risk management and insurance [J]. The Licensing Journal, 2003, 23 (10): 1-11.

[100] 何春晖. 拟上市公司的专利风险应对 [N]. 经济日报, 2014-08-20 (014).

[101] 黄清华. 海外收购专利中如何识别知识产权风险因素 (一) [N]. 中国保险报, 2013-10-17 (007).

[102] 邓亚君. 专利信息分析方法在专利预警中的应用研究 [D]. 武汉: 华中科技大学, 2016: 11-12.

[103] 郭海轩. 区域创新能力评价指标体系构建及分析方法研究 [D]. 天津: 天津大学, 2016.

[104] 郭湫君. 企业专利侵权诉讼预警机制与应对研究 [D]. 武汉: 华中科技大学, 2011: 60-63.

[105] 侯筱蓉. 基于引文路径分析的专利技术演进图研究 [D]. 重庆: 重庆大学, 2008.

[106] 高飞. 这是一个自助式 BI 的时代 [EB/OL]. https://www.jianshu.com/p/904f537115f5.

［107］桂佳. 技术的自由实施（FTO）尽职调查实务介绍［EB/OL］. 环球律师事务所，http：//www. globallawoffice. com. cn/content/details_13_603. html.

［108］国家知识产权局. 韩国知识产权政策最新动向［EB/OL］.［2015－04－03］. http：//www. sipo. gov. cn/dtxx/gw/2010/201003/t20100305_502820. html.

［109］可穿戴设备发展历程［EB/OL］. 上海情报服务平台，http：//www. istis. sh. cn/list/list. asp? id＝9812.

［110］王桂香. 一文读懂知识产权尽职调查实务［EB/OL］. IPRDaily，http：//www. iprdaily. cn/article1_16702_20170708. html.

［111］占星. 浅谈我国专利分析现状［EB/OL］.（2018－05－08）. 专利分析可视化，https：//mp. weixin. qq. com/s/TddVTtM8G0yGEEle7SIOTQ.

［112］赵佑斌. 区块链领域全球专利分析报告［EB/OL］. https：//mp. weixin. qq. com/s/bPSskHVSanktOuCJBDvTLw.

［113］赵佑斌. 如何进行 FTO 分析与报告制作［EB/OL］. https：//mp. weixin. qq. com/s/_qcKF－KA9i2TvJqUE Wh1EA.

［114］中华全国律师协会知识产权专业委员会. 知识产权尽职调查操作指引［EB/OL］. http：//www. acla. org. cn/article/page/detailById/21827.

［115］WIPO. About the International Patent Classification［EB/OL］.［2019－01－06］. https：//www. wipo. int/classifications/ipc/en/preface. html.

［116］WIPO. Guide to the International Patent Classification（V. 2018）［EB/OL］.［2019－01－06］. https：//www. wipo. int/export/sites/www/classifications/ipc/en/guide/guide_ipc. pdf：8－12.

［117］WIPO. IPC Statistics［EB/OL］.［2019－01－06］. https：//www. wipo. int/classifications/ipc/en/ITsupport/Version20190101/transformations/stats. html.

［118］百度百科［EB/OL］.［2019－01－06］. https：//baike. baidu. com/item/%E8%A1%8C%E4%B8%9A/2063999? fr＝aladdin.

［119］关于印发《国际专利分类与国民经济行业分类参照关系表（2018）》的通知［EB/OL］.［2019－01－01］. http：//www. cnipa. gov. cn/gztz/1132609. htm.

［120］国家统计局机构职能［EB/OL］. http：//www. stats. gov. cn/zjtj/jgzn/201310/t20131029_449581. html.

［121］国家知识产权局办公室关于印发《知识产权分析评议工作指南》的通知［EB/OL］.（2014－12－23）. http：//www. sipo. gov. cn/pub/old/sipo2013/ztzl/xyzscqgz/zscqfxpy2/zc/1031800. htm.

［122］国民经济行业分类［EB/OL］.［2019－01－01］. https：//baike. baidu. com/item/%E5%9B%BD%E6%B0%91%E7%BB%8F%E6%B5%8E%E8%A1%8C%E4%B8%9A%E5%88%86%E7%B1%BB/1640176? fr＝aladdin.

［123］锂电池化学品：最具应用前景的电子化学品材料［EB/OL］.（2013－12－09）［2019－01－06］. http：//www. chyxx. com/industry/201312/224860. html.

［124］三星公司在 3D NAND 存储领域的后发赶超策略解析［EB/OL］. https：//mp. weixin. qq. com/s/Gx－vr3fvF78MPqQjcbdSxQ.

［125］知识产权区域布局工作交流（第 11 期）［EB/OL］. http：//www. sipo. gov. cn/ztzl/zscqqybjgz/zscqqybjgz_gzjb/1121252. htm.

［126］知识产权区域布局试点工作方案［EB/OL］. http：//www. sipo. gov. cn/ztzl/zscqqybjgz/zscqqybjgz_zcwj/1067911. htm.

［127］CPC Annual Report 2016［EB/OL］.［2019－01－06］. http：//www. cooperativepatentclassification. org/

publications/AnnualReports/CPCAnnualReport2016. pdf.

[128] Guide to the CPC [EB/OL]. [2019 – 01 – 06]. http://www. cooperativepatentclassification. org/publications/GuideToTheCPC. pdf.

[129] OECD Patent Statistics Manual [EB/OL]. https://www. oecd – ilibrary. org/docserver/9789264056442 – en. pdf.

[130] 百度百科. 知识图谱 [G/OL]. [2018 – 07 – 10]. https://baike. baidu. com/item/%E7%9F%A5%E8%AF%86%E5%9B%BE%E8%B0%B1/8120012?fr = aladdin.